에듀윌과 함께 시작하면,
당신도 합격할 수 있습니다!

대학 졸업 후 취업을 위해 바쁜 시간을 쪼개며
전기기사 자격시험을 준비하는 취준생

비전공자이지만 더 많은 기회를 만들기 위해
전기기사에 도전하는 수험생

전기직 업무를 수행하면서 승진을 위해
전기기사에 도전하는 주경야독 직장인

누구나 합격할 수 있습니다.
시작하겠다는 '다짐' 하나면 충분합니다.

마지막 페이지를 덮으면,

**에듀윌과 함께
전기기사 합격이 시작됩니다.**

전기기사 1위

꿈을 실현하는 에듀윌
real 합격 스토리

이O름 3주 초단기 동차합격

3주 만에 전기기사 취득, 과목별 전문 교수진 덕분

자격증을 따야겠다고 결심했던 시기가 시험 접수 기간이었습니다. 친구들에게 좋은 이야기를 많이 들었던 에듀윌이 생각나서 상담을 받고 본격적인 준비를 시작했습니다. 에듀윌은 과목별로 교수 라인업이 잘 짜여 있고, 취약한 부분은 교수님 별로 다양한 관점의 강의를 들을 수 있어서 많은 도움이 됐습니다. 또, 이 과정을 통해 학습 내용을 정리할 수 있는 점도 정말 좋았습니다.

이O학 3개월 단기 합격

나를 합격으로 이끌어 준 에듀윌 전기기사

공기업 취업을 준비하던 중에 취업에 도움이 될 거라는 생각에 전기기사 자격증 공부를 시작했습니다. 강의를 듣고 난 당일 복습했던 게 빠르게 합격할 수 있었던 이유라고 생각합니다. 아버지께서 에듀윌에서 전기산업기사 준비를 하셔서 자연스럽게 에듀윌을 선택하게 됐습니다. 전문 교수님들이 에듀윌의 가장 큰 장점이라고 생각합니다. 그리고 학습 상황을 객관적으로 파악할 수 있었던 모의고사 서비스도 만족스러웠습니다.

김O연 비전공자 3개월 합격

에듀윌이라 가능했던 3개월 단기 합격

비전공자임에도 불구하고 3개월 만에 전기기사 자격증을 취득할 수 있었습니다. 제게 맞는 강의를 선택할 수 있도록 다양한 콘텐츠를 지원해 준 에듀윌에 감사드립니다. 일반 물리학 정도의 지식만 있던 상태라 강의를 따라가기가 쉽지만은 않았습니다. 하지만 힘들어서 포기하고 싶을 때마다 용기를 주시고 격려해주신 교수님과 학습 매니저 분들에게 정말 감사 인사를 전하고 싶습니다.

다음 합격의 주인공은 당신입니다!

더 많은 합격 비법

* 2023 대한민국 브랜드만족도 전기(산업)기사 교육 1위(한경비즈니스)

1위 에듀윌만의
체계적인 합격 커리큘럼

쉽고 빠른 합격의 첫걸음
필기 핵심개념서 무료 신청

원하는 시간과 장소에서, 1:1 관리까지 한번에
온라인 강의

① 전 과목 최신 교재 제공
② 업계 최강 교수진의 전 강의 수강 가능
③ 맞춤형 학습플랜 및 커리큘럼으로 효율적인 학습

필기 핵심개념서
무료 신청

친구 추천 이벤트

"**친구 추천**하고 한 달 만에
920만원 받았어요"

친구 1명 추천할 때마다 현금 10만원 제공
추천 참여 횟수 무제한 반복 가능

※ *a*o*h**** 회원의 2021년 2월 실제 리워드 금액 기준
※ 해당 이벤트는 예고 없이 변경되거나 종료될 수 있습니다.

친구 추천 이벤트
바로가기

전기기사 1위

이제 국비무료 교육도
에듀윌

수강생을 반겨주는 에듀윌의 환한 복도 (구로)

언제나 전문 학습 매니저와 상담이 가능한 안내데스크 (부평)

고품질 영상 및 음향 장비를 갖춘 최고의 강의실 (구로)

재충전을 위한 카페 분위기의 아늑한 휴게실 (부평)

다용도로 활용이 가능한 휴게실 (성남)

전기/소방/건축/쇼핑몰/회계/컴활 자격증 취득
국민내일배움카드제

에듀윌 국비교육원 대표전화

서울 구로	02)6482-0600	구로디지털단지역 2번 출구
경기 성남	031)604-0600	모란역 5번 출구
인천 부평	032)262-0600	부평역 5번 출구
인천 부평2관	032)263-2900	부평역 5번 출구

국비교육원 바로가기

* 2023 대한민국 브랜드만족도 전기(산업)기사 교육 1위(한경비즈니스)

시험 직전, CBT 시험 적응을 위한

최신기출 CBT 모의고사

💻 PC로 응시하기

1 | 최신 출제경향을 반영한 CBT 모의고사

실제 시험과 동일한 시험 환경 구현
CBT 시험 완벽 대비

총 3회 분량의 모의고사 제공

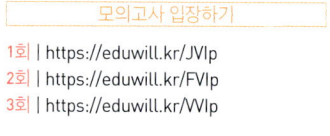

1회 | https://eduwill.kr/JVlp
2회 | https://eduwill.kr/FVlp
3회 | https://eduwill.kr/VVlp

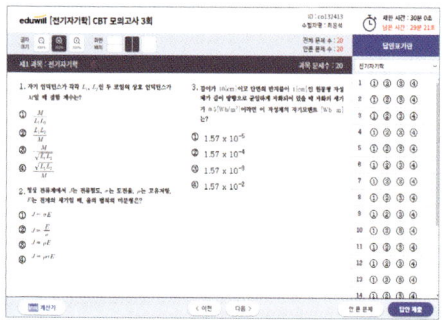

2 | 학습자 맞춤형 성적분석

전체 응시생의 평균점수 비교를 통한
시험의 난이도와 합격예측 확인

과목별 점수와 난이도를 비교하여
스스로 취약한 부분 확인

STEP 1 모의고사 응시 후 [성적분석] 클릭

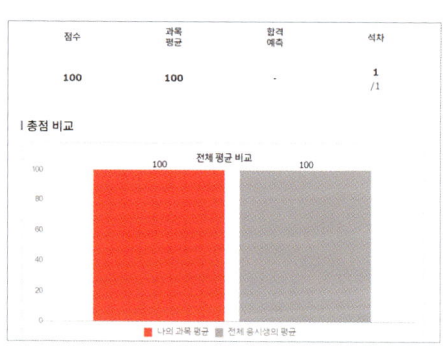

3 | 쉽고 빠르게 확인하는 오답해설

모의고사 채점을 통한 과목별 성적 및
상세한 해설 제공

문제별 정답률을 확인하여 문제 난이도를
한눈에 파악

STEP 1 모의고사 응시 후 [채점 결과] 클릭
STEP 2 점수 확인 후 [해설 보기] 클릭

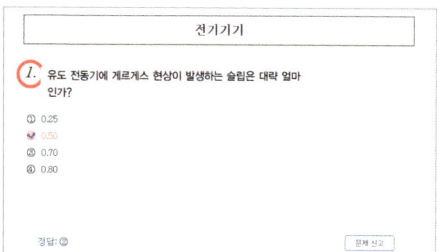

에듀윌 전기
전기설비기술기준 필기
+무료특강

끝맺음 노트

☑ 핵심이론 및 빈출문제
☑ 최신기출 CBT 모의고사 (+무료특강 3강)

eduwill

에듀윌 전기
전기설비기술기준 필기
+무료특강

에듀윌 전기
전기설비기술기준
필기 기본서+유형별 N제

끝맺음 노트

eduwill

핵심이론 및 빈출문제

최근 20개년 동안 가장 많이 출제된 핵심이론만 모았습니다.
이론과 관련된 빈출문제를 풀어보면서 개념을 확립할 수 있습니다.

전기설비기술기준 본권 학습 후 마무리를 도와주는 끝맺음 노트

핵심이론 및 빈출문제

시험에 나오는 요점만 정리한 이론과 문제!

1 전로의 절연저항 및 절연내력(한국전기설비규정 132)

(1) 절연내력 시험전압

① 전로(권선)와 대지 사이에 연속 10분간 실시
② 고압 및 특고압의 전선로 기타 기기(직류 = 교류 × 2)
③ 분류

접지방식	구분	배율	최저 시험전압
비접지식	7[kV] 이하	1.5	−
	7[kV] 초과 60[kV] 이하	1.25	10.5[kV]
	60[kV] 초과	1.25	−
중성점 다중접지식	7[kV] 초과 25[kV] 이하	0.92	−
중성점 접지식	60[kV] 초과	1.1	75[kV]
중성점 직접접지식	60[kV] 초과 170[kV] 이하	0.72	−
	170[kV] 초과	0.64	−

대표 빈출 문제

최대사용전압이 22,900[V]인 3상 4선식 중성선 다중접지식 전로와 대지 사이의 절연내력 시험전압은 몇 [V]인가?

① 32,510 ② 28,752 ③ 25,229 ④ 21,068

해설 전로의 절연저항 및 절연내력(한국전기설비규정 132)

전로의 종류	시험전압
최대사용전압 7[kV] 초과 25[kV] 이하인 중성점 접지식 전로(중성선을 가지는 것으로서 그 중성선을 다중접지하는 것에 한함)	최대사용전압의 0.92배의 전압

$22{,}900 \times 0.92 = 21{,}068[\text{V}]$

| 정답 | ④

2 접지도체·보호도체(한국전기설비규정 142.3)

(1) 접지도체(142.3.1)

① 접지도체의 선정
- 큰 고장전류가 접지도체를 통하여 흐르지 않을 경우 접지도체의 최소 단면적
  - 6[mm^2] 이상의 구리
  - 50[mm^2] 이상의 철제
- 접지도체에 피뢰시스템이 접속되는 경우 접지도체의 최소 단면적
  - 16[mm^2] 이상의 구리
  - 50[mm^2] 이상의 철

② 보호도체의 종류
- 보호도체는 다음 중 하나 또는 복수로 구성하여야 한다.
  - 다심케이블 도체
  - 충전도체와 같은 트렁킹에 수납된 절연도체 또는 나도체
  - 고정된 절연도체 또는 나도체

대표빈출문제 큰 고장전류가 구리 소재의 접지도체를 통하여 흐르지 않을 경우 접지도체의 최소 단면적은 몇 [mm^2] 이상이어야 하는가?(단, 접지도체에 피뢰시스템이 접속되지 않는 경우이다.)

① 0.75 ② 2.5 ③ 6 ④ 16

해설 접지도체·보호도체(한국전기설비규정 142.3)

접지도체의 선정
- 큰 고장전류가 접지도체를 통하여 흐르지 않을 경우 접지도체의 최소 단면적
  - 6[mm^2] 이상의 구리
  - 50[mm^2] 이상의 철제
- 접지도체에 피뢰시스템이 접속되는 경우 접지도체의 최소 단면적
  - 16[mm^2] 이상의 구리
  - 50[mm^2] 이상의 철

|정답| ③

---

3 계통접지 구성(한국전기설비규정 203.1)

(1) 저압전로의 보호도체 및 중성선의 접속방식에 따른 접지계통의 분류
① TN 계통
② TT 계통
③ IT 계통

(2) 계통접지에서 사용되는 문자의 정의
① 제1문자 – 전원계통과 대지의 관계
- T: 한 점을 대지에 직접 접속
- I: 모든 충전부를 대지와 절연시키거나 높은 임피던스를 통하여 한 점을 대지에 직접 접속

② 제2문자 - 전기설비의 노출도전부와 대지의 관계
- T: 노출도전부를 대지로 직접 접속. 전원계통의 접지와는 무관
- N: 노출도전부를 전원계통의 접지점(교류 계통에서는 통상적으로 중성점, 중성점이 없을 경우는 선도체)에 직접 접속
③ 그다음 문자(문자가 있을 경우) - 중성선과 보호도체의 배치
- S: 중성선 또는 접지된 선도체 외에 별도의 도체에 의해 제공되는 보호 기능
- C: 중성선과 보호 기능을 한 개의 도체로 겸용(PEN 도체)

기호	설명
─┼─	중성선(N), 중간도체(M)
─┼─	보호도체(PE)
─┼─	중성선과 보호도체겸용(PEN)

▲ 계통에서 사용하는 기호

대표 빈출 문제

저압전로의 보호도체 및 중성선의 접속방식에 따른 접지계통의 분류가 아닌 것은?

① IT 계통   ② TN 계통   ③ TT 계통   ④ TC 계통

해설 계통접지 구성(한국전기설비규정 203.1)
저압전로의 보호도체 및 중성선의 접속방식에 따라 접지계통은 다음과 같이 분류한다.
- TN 계통
- TT 계통
- IT 계통

| 정답 | ④

4 과전류에 대한 보호(한국전기설비규정 212)

(1) 단락전류에 대한 보호

① 단락보호장치
- 단락보호장치의 시설: 단락전류 보호장치는 분기점(O)에 설치해야 한다. 다만, 다음 그림과 같이 분기회로의 단락보호장치 설치점(B)과 분기점(O) 사이에 다른 분기회로 또는 콘센트의 접속이 없고 단락, 화재 및 인체에 대한 위험이 최소화될 경우, 분기회로의 단락보호장치 P_2는 분기점(O)으로부터 3[m]까지 이동하여 설치할 수 있다.

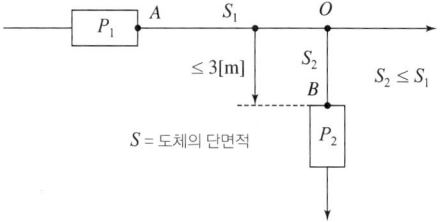

▲ 분기회로 단락보호장치(P_2)의 제한된 위치 변경

② 단락보호장치의 특성
- 차단용량: 정격차단용량은 단락전류 보호장치 설치점에서 예상되는 최대 크기의 단락전류보다 커야 한다. 다만, 전원 측 전로에 단락고장전류 이상의 차단능력이 있는 과전류 차단기가 설치되는 경우에는 그러하지 아니하다.
- 케이블 등의 단락전류: 단락지속시간이 5초 이하인 경우, 통상 사용조건에서의 단락전류에 의해 절연체의 허용온도에 도달하기까지의 시간 t는 다음과 같이 계산할 수 있다.

$$t = \left(\frac{kS}{I}\right)^2$$

(단, t: 단락전류 지속시간[초], S: 도체의 단면적[mm²], I: 유효 단락전류(실횻값)[A], k: 도체 재료의 저항률, 온도계수, 열용량, 해당 초기온도와 최종온도를 고려한 계수)

대표 빈출 문제

한국전기설비규정에 의하여 분기회로의 과부하보호장치 설치점과 분기점 사이에 다른 분기회로 또는 콘센트의 접속이 없고, 단락의 위험과 화재 및 인체에 대한 위험성이 최소화되도록 시설된 경우 과부하보호장치는 분기점으로부터 몇 [m]까지 이동하여 설치할 수 있는가?

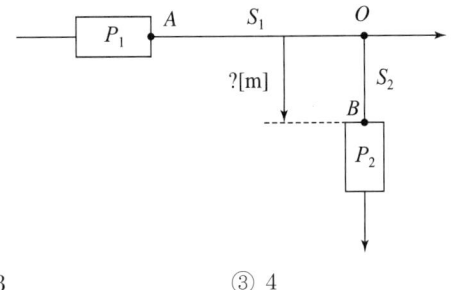

① 2　　② 3　　③ 4　　④ 5

해설 과부하전류에 대한 보호(한국전기설비규정 212.4)
분기회로의 분기점 사이에 다른 분기회로 또는 콘센트의 접속이 없고, 단락의 위험과 화재 및 인체에 대한 위험성이 최소화되도록 시설된 경우, 분기회로의 과부하보호장치는 분기점으로부터 3[m]까지 이동하여 설치할 수 있다.　　|정답| ②

5 고압 및 특고압전로 중의 과전류 차단기의 시설(한국전기설비규정 341.10)

종류	정격전류	용단 전류	용단 시간
비포장 퓨즈	1.25배에 견딤	2배의 전류에 용단	2분
포장 퓨즈	1.3배에 견딤	2배의 전류에 용단	120분

(1) 고압 또는 특고압의 전로에 단락이 생긴 경우에 동작하는 과전류 차단기는 이것을 시설하는 곳을 통과하는 단락전류를 차단하는 능력을 가지는 것이어야 한다.

(2) 고압 또는 특고압의 과전류 차단기는 그 동작에 따라 그 개폐상태를 표시하는 장치가 되어 있는 것이어야 한다. 다만, 그 개폐상태가 쉽게 확인될 수 있는 것은 적용하지 않는다.

> **대표빈출문제** 과전류 차단기로 시설하는 퓨즈 중 고압전로에 사용하는 비포장 퓨즈는 정격전류 2배 전류 시 몇 분 안에 용단되어야 하는가?
> ① 1분 ② 2분 ③ 5분 ④ 10분
>
> **해설** 고압 및 특고압전로 중의 과전류 차단기의 시설(한국전기설비규정 341.10)
> 과전류차단기로 시설하는 퓨즈 중 고압전로에 사용하는 비포장 퓨즈는 정격전류의 1.25배의 전류에 견디고 또한 2배의 전류로 2분 안에 용단되는 것이어야 한다.
> | 정답 | ②

6 고압 옥내배선 등의 시설(한국전기설비규정 342.1)

(1) 애자사용공사(건조한 장소로서 전개된 장소에 한한다)
  ① 전선
  • 공칭단면적 6[mm²] 이상의 연동선 또는 동등 이상의 세기 및 굵기의 고압 절연전선 또는 특고압 절연전선
  • 인하용 고압 절연전선
  ② 전선의 지지점 간 거리: 6[m] 이하(조영재의 면을 따라 붙이는 경우에는 2[m])
  ③ 전선 상호 간의 간격: 0.08[m] 이상
  ④ 전선과 조영재 사이의 간격(이격거리): 0.05[m] 이상
  ⑤ 애자사용공사에 사용하는 애자는 절연성·난연성 및 내수성의 것일 것

(2) 케이블공사
  ① 전선: 케이블
  ② 관 기타의 케이블을 넣는 방호장치의 금속제 부분, 금속제의 전선 접속함 및 케이블 피복에 사용하는 금속체에는 접지공사를 할 것

(3) 케이블트레이공사
  ① 전선
  • 난연성 케이블(연피 케이블, 알루미늄피 케이블)
  • 기타 케이블(적당한 간격으로 연소방지 조치)

② 금속제 케이블트레이계통은 기계적 및 전기적으로 완전하게 접속할 것
③ 금속제 트레이에는 적합한 도체로 접지시스템에 접속할 것
(4) 고압 옥내배선·저압 옥내전선·관등회로의 배선·약전류전선 등 또는 수관·가스관이나 이와 유사한 것과 접근하거나 교차하는 경우의 간격(이격거리)은 0.15[m](애자사용공사에 의하여 시설하는 저압 옥내전선이 나전선인 경우에는 0.3[m], 가스계량기 및 가스관의 이음부와 전력량계 및 개폐기와는 0.6[m]) 이상일 것

대표빈출문제 건조한 장소로서 전개된 장소에 한하여 고압 옥내배선을 할 수 있는 것은?

① 금속관공사 ② 애자사용공사 ③ 합성수지관공사 ④ 가요전선관공사

해설 고압 옥내배선 등의 시설(한국전기설비규정 342.1)
- 애자사용공사(건조한 장소로서 전개된 장소에 한한다)
- 케이블공사
- 케이블트레이공사

| 정답 | ②

7 옥내 고압용 이동전선의 시설(한국전기설비규정 342.2)

(1) 전선은 고압용의 캡타이어케이블일 것
(2) 이동전선과 전기사용기계기구와는 볼트 조임 기타의 방법에 의하여 견고하게 접속할 것
(3) 이동전선에 전기를 공급하는 전로(유도 전동기의 2차 측 전로 제외)에는 전용 개폐기 및 과전류 차단기를 각 극(과전류 차단기는 다선식 전로의 중성극 제외)에 시설하고, 또한 전로에 지락이 생겼을 때에 자동적으로 전로를 차단하는 장치를 시설할 것

대표빈출문제 옥내 고압용 이동전선의 시설기준에 적합하지 않은 것은?

① 전선은 고압용의 캡타이어케이블을 사용하였다.
② 전로에 지락이 생겼을 때에 자동적으로 전로를 차단하는 장치를 시설하였다.
③ 이동전선과 전기사용기계기구와는 볼트 조임 기타의 방법에 의하여 견고하게 접속하였다.
④ 이동전선에 전기를 공급하는 전로의 중성극에 전용 개폐기 및 과전류 차단기를 시설하였다.

해설 옥내 고압용 이동전선의 시설(한국전기설비규정 342.2)
옥내에 시설하는 고압의 이동전선은 다음에 따라 시설하여야 한다.
- 전선은 고압용의 캡타이어케이블일 것
- 이동전선과 전기사용기계기구와는 볼트 조임 기타의 방법에 의하여 견고하게 접속할 것
- 이동전선에 전기를 공급하는 전로(유도 전동기의 2차 측 전로 제외)에는 전용 개폐기 및 과전류 차단기를 각 극(과전류 차단기는 다선식 전로의 중성극 제외)에 시설하고, 또한 전로에 지락이 생겼을 때에 자동적으로 전로를 차단하는 장치를 시설할 것

| 정답 | ④

8 풍압하중의 종별과 적용(한국전기설비규정 331.6)

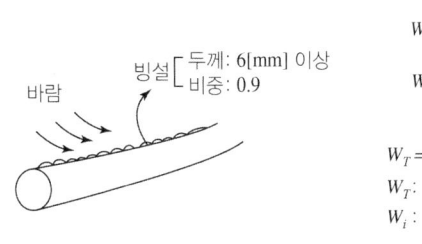

$W_T = \sqrt{(W_c + W_i)^2 + W_w^2}$

W_T: 전선의 합성하중　　W_c: 전선의 자체하중
W_i: 빙설하중　　　　　W_w: 풍압하중

▲ 을종 풍압하중　　　　　　　　　▲ 전선의 합성하중

(1) **갑종 풍압하중**: 수직투영면적 1[m²]에 대한 풍압을 기초로 하여 계산

풍압을 받는 구분				구성재의 수직투영면적 1[m²]에 대한 풍압
목주				588[Pa]
지지물	철주	원형의 것		588[Pa]
		삼각형 또는 마름모형의 것		1,412[Pa]
		강관에 의하여 구성되는 사각형의 것		1,117[Pa]
		기타의 것		복재(腹材)가 전·후면에 겹치는 경우에는 1,627[Pa], 기타의 경우에는 1,784[Pa]
	철근 콘크리트주	원형의 것		588[Pa]
		기타의 것		882[Pa]
	철탑	단주 (완철류는 제외함)	원형의 것	588[Pa]
			기타의 것	1,117[Pa]
		강관으로 구성되는 것(단주는 제외함)		1,255[Pa]
		기타의 것		2,157[Pa]
전선 기타 가섭선	다도체(구성하는 전선이 2가닥마다 수평으로 배열되고 또한 그 전선 상호 간의 거리가 전선의 바깥지름의 20배 이하인 것에 한한다)를 구성하는 전선			666[Pa]
	기타의 것			745[Pa]
애자장치(특고압 전선용의 것에 한한다)				1,039[Pa]
목주·철주(원형의 것에 한한다) 및 철근 콘크리트주의 완금류(특고압 전선로용의 것에 한한다)				단일재로서 사용하는 경우에는 1,196[Pa], 기타의 경우에는 1,627[Pa]

(2) **을종 풍압하중**: 갑종 풍압하중의 1/2

(3) **병종 풍압하중**: 갑종 풍압하중의 1/2

(4) **각종 풍압하중의 적용**

지방별		풍압하중	
		고온계절	저온계절
빙설이 많지 않은 지방		갑종	병종
빙설이 많은 지방	최대풍압이 생기는 지방	갑종	갑종과 을종 중 큰 것
	그 외의 지방	갑종	을종

(5) 인가가 많이 이웃 연결(연접)되어 있는 장소에 시설하는 가공전선로의 구성재 중 다음의 풍압하중에 대해서는 갑종 또는 을종 풍압하중 대신에 병종 풍압하중을 적용할 수 있다.
  ① 저압 또는 고압 가공전선로의 지지물 또는 가섭선
  ② 사용전압이 35[kV] 이하의 전선에 특고압 절연전선 또는 케이블을 사용하는 특고압 가공전선로의 지지물, 가섭선 및 특고압 가공전선을 지지하는 애자장치 및 완금류

대표빈출문제 가공전선로에 사용하는 지지물의 강도계산에 적용하는 갑종 풍압하중은 단도체 전선의 경우 구성재의 수직투영면적 1[m²]에 대한 몇 [Pa]의 풍압으로 계산하는가?

① 588 ② 745 ③ 1,255 ④ 1,039

해설 풍압하중의 종별과 적용(한국전기설비규정 331.6)

풍압을 받는 구분		구성재의 수직투영면적 1[m²]에 대한 풍압
전선 기타 가섭선	다도체(구성하는 전선이 2가닥마다 수평으로 배열되고 또한 그 전선 상호 간의 거리가 전선의 바깥지름의 20배 이하인 것에 한한다)를 구성하는 전선	666[Pa]
	기타의 것	745[Pa]

|정답| ②

9 지지선의 시설(한국전기설비규정 331.11)

(1) 철탑은 지지선(지선) 사용 금지
(2) 지지선의 시설
  ① 안전율 2.5 이상, 허용 인장하중의 최저는 4.31[kN]
  ② 연선을 사용할 경우
   • 소선 3가닥(=조) 이상의 연선
   • 소선의 지름 2.6[mm] 이상 금속선
  ③ 지중부분 및 지표상 0.3[m]까지: 내식성이 있는 것 또는 아연도금 철봉 사용
  ④ 지지선의 설치 높이
   • 도로 횡단: 5[m] 이상
   • 교통에 지장이 없는 장소: 4.5[m] 이상
   • 보도: 2.5[m] 이상

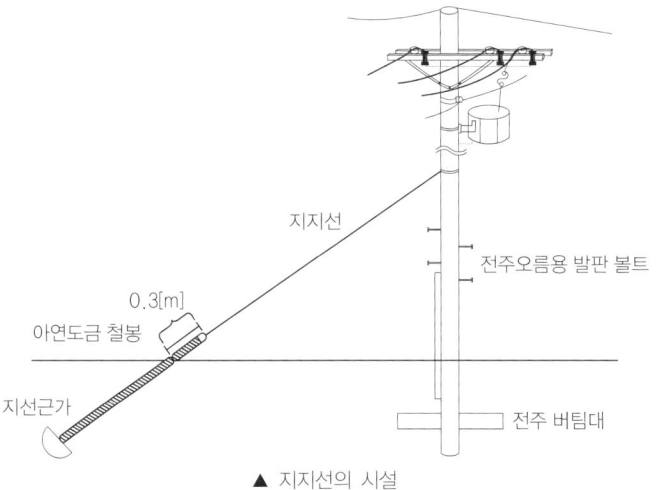

▲ 지지선의 시설

대표 빈출 문제 가공전선로의 지지물에 지지선(지선)을 시설하는 기준으로 옳은 것은?

① 소선 지름: 1.6[mm], 안전율: 2.0, 허용 인장하중: 4.31[kN]
② 소선 지름: 2.0[mm], 안전율: 2.5, 허용 인장하중: 2.11[kN]
③ 소선 지름: 2.6[mm], 안전율: 1.5, 허용 인장하중: 3.21[kN]
④ 소선 지름: 2.6[mm], 안전율: 2.5, 허용 인장하중: 4.31[kN]

해설 지지선의 시설(한국전기설비규정 331.11)
- 지지선(지선)의 안전율은 2.5 이상일 것. 이 경우에 허용 인장하중의 최저는 4.31[kN]으로 한다.
- 지지선(지선)에 연선을 사용할 경우에는 다음에 의할 것
  - 소선(素線) 3가닥 이상의 연선일 것
  - 소선의 지름이 2.6[mm] 이상의 금속선을 사용한 것일 것
- 지중 부분 및 지표상 0.3[m]까지의 부분에는 내식성이 있는 것 또는 아연도금을 한 철봉을 사용한다. |정답| ④

10 특고압 가공전선로의 철주·철근 콘크리트주 또는 철탑의 종류(한국전기설비규정 333.11)

(1) **직선형**: 전선로의 직선 부분(3° 이하인 수평각도를 이루는 곳을 포함한다)에 사용하는 것. 다만, 내장형 및 보강형에 속하는 것을 제외한다.

(2) **각도형**: 전선로 중 3°를 초과하는 수평각도를 이루는 곳에 사용하는 것

(3) **잡아당김형(인류형)**: 전가섭선을 잡아당기는(인류하는) 곳에 사용하는 것

(4) **내장형**: 전선로의 지지물 양쪽의 지지물 간 거리(경간)의 차가 큰 곳에 사용하는 것

(5) **보강형**: 전선로의 직선 부분에 그 보강을 위하여 사용하는 것

> **대표빈출문제** 특고압 가공전선로의 지지물로 사용하는 B종 철주, B종 철근 콘크리트주 또는 철탑의 종류에서 전선로의 지지물 양쪽의 지지물 간 거리(경간)의 차가 큰 곳에 사용하는 것은?
>
> ① 각도형 ② 잡아당김형(인류형) ③ 내장형 ④ 보강형
>
> **해설** 특고압 가공전선로의 철주·철근 콘크리트주 또는 철탑의 종류(한국전기설비규정 333.11)
> - 각도형: 전선로 중 3°를 넘는 수평각도를 이루는 곳에 사용
> - 잡아당김형(인류형): 전가섭선을 잡아당기는(인류하는) 곳에 사용
> - 내장형: 전선로의 지지물 양쪽의 지지물 간 거리(경간)의 차가 큰 곳에 사용
> - 보강형: 전선로의 직선 부분에 그 보강을 위하여 사용
>
> |정답| ③

11 지중전선로의 시설(한국전기설비규정 334.1)

(1) 전선에 케이블을 사용하고 또한 관로식·암거식 또는 직접 매설식에 의하여 시설

(2) 매설 깊이
　① 차량 기타 중량물의 압력을 받을 우려가 있는 장소
　　• 직접 매설식: 1[m] 이상
　　• 관로식: 1[m] 이상
　② 기타 장소: 0.6[m] 이상

(3) 지중전선을 견고한 트로프 기타 방호물에 넣어 시설

(4) 지중전선을 견고한 트로프 기타 방호물에 넣지 않아도 되는 경우
　① 차량 기타 중량물의 압력을 받을 우려가 없는 경우에 그 위를 견고한 판 또는 몰드로 덮어 시설하는 경우
　② 저압 또는 고압의 지중전선에 콤바인덕트 케이블로 시설할 경우
　③ 지중전선에 파이프형 압력케이블을 사용하거나 최대 사용전압이 60[kV]를 초과하는 연피 케이블, 알루미늄피 케이블 그 밖의 금속피복을 한 특고압 케이블을 사용하고 또한 지중전선의 위를 견고한 판 또는 몰드 등으로 덮어 시설하는 경우

> **대표빈출문제** 지중전선로를 직접 매설식에 의하여 차량 기타 중량물의 압력을 받을 우려가 있는 장소에 시설하는 경우 매설 깊이는 몇 [m] 이상으로 하여야 하는가?
>
> ① 0.6 ② 1 ③ 1.5 ④ 2
>
> **해설** 지중전선로의 시설(한국전기설비규정 334.1)
> 지중전선로를 직접 매설식에 의하여 시설하는 경우에는 매설 깊이를 차량 기타 중량물의 압력을 받을 우려가 있는 장소에는 1.0[m] 이상, 기타 장소에는 0.6[m] 이상으로 하고 또한 지중전선을 견고한 트로프 기타 방호물에 넣어 시설하여야 한다.
>
> |정답| ②

12 수상전선로의 시설(한국전기설비규정 335.3)

(1) 전선
① 저압: 클로로프렌 캡타이어케이블
② 고압: 캡타이어케이블

(2) 접속점의 높이
① 육상에 있는 경우
  • 지표상 5[m] 이상
  • 사용전압이 저압인 경우에 도로상 이외의 곳에 있을 때: 지표상 4[m]까지
② 수면상에 있는 경우
  • 저압: 수면상 4[m] 이상
  • 고압: 수면상 5[m] 이상

대표 빈출 문제 저압 수상전선로에 사용되는 전선은?

① 옥외 비닐 케이블
② 600[V] 비닐절연전선
③ 600[V] 고무절연전선
④ 클로로프렌 캡타이어케이블

해설 수상전선로의 시설(한국전기설비규정 335.3)
수상전선로를 시설하는 경우 전선로의 사용전압이 저압인 경우에는 클로로프렌 캡타이어케이블이어야 하며, 고압인 경우에는 캡타이어케이블일 것

| 정답 | ④

---

13 발전소 등의 울타리·담 등의 시설(한국전기설비규정 351.1)

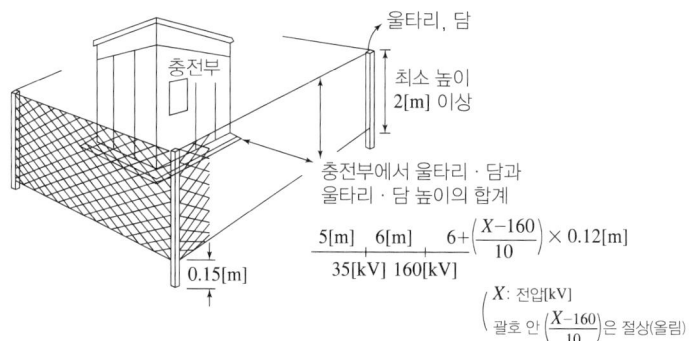

▲ 발전소 등의 울타리·담 등의 시설

(1) 울타리·담 등의 높이는 2[m] 이상으로 하고, 지표면과 울타리·담 등의 하단 사이 간격은 0.15[m] 이하로 할 것

(2) 출입구에는 출입금지의 표시를 할 것

(3) 출입구에는 자물쇠 장치 또는 기타 적당한 장치를 할 것

(4) 울타리·담 등과 고압 및 특고압의 충전 부분이 접근하는 경우에는 울타리·담 등의 높이와 울타리·담 등으로부터 충전 부분까지 거리의 합계는 다음 표에서 정한 값 이상으로 할 것

사용전압의 구분	울타리·담 등의 높이와 울타리·담 등으로부터 충전 부분까지의 거리의 합계
35[kV] 이하	5[m]
35[kV] 초과 160[kV] 이하	6[m]
160[kV] 초과	6[m]에 160[kV]를 초과하는 10[kV] 또는 그 단수마다 0.12[m]를 더한 값

대표 빈출 문제

변전소에 울타리·담 등을 시설할 때, 사용전압이 $345[kV]$이면 울타리·담 등의 높이와 울타리·담 등으로부터 충전부분까지의 거리의 합계는 몇 $[m]$ 이상으로 하여야 하는가?

① 8.16　　② 8.28　　③ 8.40　　④ 9.72

해설　발전소 등의 울타리·담 등의 시설(한국전기설비규정 351.1)

고압 또는 특고압의 기계기구·모선 등을 옥외에 시설하는 발전소·변전소·개폐소 또는 이에 준하는 곳에는 구내에 취급자 이외의 사람이 들어가지 아니하도록 시설하여야 한다.

사용전압의 구분	울타리·담 등의 높이와 울타리·담 등으로부터 충전부분까지의 거리의 합계
35[kV] 이하	5[m] 이상
35[kV] 초과 160[kV] 이하	6[m] 이상
160[kV] 초과	6[m]에 160[kV]를 초과하는 10[kV] 또는 그 단수마다 0.12[m]를 더한 값 이상

단수 $= \dfrac{345-160}{10} = 18.5 \rightarrow 19$단

∴ $6 + 19 \times 0.12 = 8.28[m]$

|정답| ②

14 특고압전로의 상 및 접속 상태의 표시(한국전기설비규정 351.2)

(1) 발전소·변전소 또는 이에 준하는 곳의 특고압전로에는 그의 보기 쉬운 곳에 상별 표시를 하여야 한다.

(2) 발전소·변전소 또는 이에 준하는 곳의 특고압전로에 대하여는 그 접속 상태를 모의모선의 사용 기타의 방법에 의하여 표시하여야 한다. 다만, 이러한 전로에 접속하는 특고압 전선로의 회선수가 2 이하이고 또한 특고압의 모선이 단일모선인 경우에는 그러하지 아니하다.

> **대표빈출문제**
> 변전소에서 오접속을 방지하기 위하여 특고압전로의 보기 쉬운 곳에 반드시 표시해야 하는 것은?
> ① 상별 표시 ② 위험 표시 ③ 최대 전류 ④ 정격 전압
>
> **해설** 특고압전로의 상 및 접속 상태의 표시(한국전기설비규정 351.2)
> 발전소·변전소 또는 이에 준하는 곳의 특고압전로에는 그의 보기 쉬운 곳에 상별 표시를 하여야 한다. | 정답 | ①

15 특고압용 변압기의 보호장치(한국전기설비규정 351.4)

특고압용의 변압기에는 그 내부에 고장이 생겼을 경우에 보호하는 장치를 다음의 표와 같이 시설하여야 한다. 다만, 변압기의 내부에 고장이 생겼을 경우에 그 변압기의 전원인 발전기를 자동적으로 정지하도록 시설한 경우에는 그 발전기의 전로로부터 차단하는 장치를 하지 아니하여도 된다.

뱅크용량의 구분	동작조건	장치의 종류
5,000[kVA] 이상 10,000[kVA] 미만	변압기 내부 고장	자동차단장치 또는 경보장치
10,000[kVA] 이상	변압기 내부 고장	자동차단장치
타냉식 변압기	냉각장치에 고장이 생긴 경우 또는 변압기의 온도가 현저히 상승한 경우	경보장치

> **대표빈출문제**
> 특고압용 변압기로서 그 내부에 고장이 생긴 경우에 반드시 자동차단되어야 하는 변압기의 뱅크용량은 몇 [kVA] 이상인가?
> ① 5,000 ② 10,000 ③ 50,000 ④ 100,000
>
> **해설** 특고압용 변압기의 보호장치(한국전기설비규정 351.4)
>
> | 뱅크용량의 구분 | 동작조건 | 장치의 종류 |
> |---|---|---|
> | 5,000[kVA] 이상
10,000[kVA] 미만 | 변압기 내부 고장 | 자동차단장치
또는 경보장치 |
> | 10,000[kVA] 이상 | 변압기 내부 고장 | 자동차단장치 |
> | 타냉식변압기 | 냉각장치에 고장이 생긴 경우 또는 변압기의 온도가 현저히 상승한 경우 | 경보장치 |
>
> 변압기의 내부 고장 시 자동차단장치 시설기준: 10,000[kVA] 이상 | 정답 | ②

16 조상설비의 보호장치(한국전기설비규정 351.5)

조상설비에는 그 내부에 고장이 생긴 경우에 보호하는 장치를 다음 표와 같이 시설하여야 한다.

설비종별	뱅크용량의 구분	자동적으로 전로로부터 차단하는 장치
전력용 커패시터 및 분로리액터	500[kVA] 초과 15,000[kVA] 미만	• 내부에 고장이 생긴 경우 • 과전류가 생긴 경우
	15,000[kVA] 이상	• 내부에 고장이 생긴 경우 • 과전류가 생긴 경우 • 과전압이 생긴 경우
무효전력 보상장치(조상기)	15,000[kVA] 이상	• 내부에 고장이 생긴 경우

대표빈출문제 조상설비 내부 고장, 과전류 또는 과전압이 생긴 경우 자동적으로 차단되는 장치를 해야 하는 전력용 커패시터의 최소 뱅크용량은 몇 [kVA]인가?

① 10,000 ② 12,000 ③ 13,000 ④ 15,000

해설 조상설비의 보호장치(한국전기설비규정 351.5)

설비종별	뱅크용량의 구분	자동적으로 전로로부터 차단하는 장치
전력용 커패시터 및 분로리액터	500[kVA] 초과 15,000[kVA] 미만	내부에 고장이 생긴 경우에 동작하는 장치 또는 과전류가 생긴 경우에 동작하는 장치
	15,000[kVA] 이상	내부에 고장이 생긴 경우에 동작하는 장치 및 과전류가 생긴 경우에 동작하는 장치 또는 과전압이 생긴 경우에 동작하는 장치
무효전력 보상장치(조상기)	15,000[kVA] 이상	내부에 고장이 생긴 경우에 동작하는 장치

| 정답 | ④

17 계측장치(한국전기설비규정 351.6)

(1) 발전소에서 계측하는 장치
   ① 발전기·연료전지 또는 태양전지 모듈의 전압 및 전류 또는 전력
   ② 발전기의 베어링(수중 메탈 제외) 및 고정자의 온도
   ③ 정격출력이 10,000[kW]를 초과하는 증기터빈에 접속하는 발전기의 진동의 진폭
   ④ 주요 변압기의 전압 및 전류 또는 전력
   ⑤ 특고압용 변압기의 온도

(2) 정격출력 10[kW] 미만의 내연력 발전소는 전류 및 전력을 측정하는 장치를 시설하지 아니할 수 있다.

대표빈출문제 변전소의 주요 변압기에서 계측하여야 하는 사항 중 계측장치가 꼭 필요하지 않은 것은?(단, 전기철도용 변전소의 주요 변압기는 제외한다.)

① 전압 ② 전류 ③ 전력 ④ 주파수

해설 계측장치(한국전기설비규정 351.6)
발전소 또는 이에 준하는 장소에는 다음에 해당하는 계측장치를 시설하여야 한다.
- 발전기의 전압 및 전류 또는 전력
- 발전기의 베어링 및 고정자의 온도
- 주요 변압기의 전압 및 전류 또는 전력
- 특고압용 변압기의 온도

|정답| ④

18 전력보안통신선의 시설 높이와 간격(한국전기설비규정 362.2)

구분		가공통신선	첨가통신선	
			고·저압	특고압
철도 횡단		6.5[m] 이상	6.5[m] 이상	
도로나 차도 위 또는 횡단	일반 경우	5[m] 이상	6[m] 이상	6[m] 이상
	교통 지장 ×	4.5[m] 이상	5[m] 이상	–
횡단보도교의 위		3[m] 이상	3.5[m] 이상	5[m] 이상
			절연효력: 3[m] 이상	광섬유 케이블: 4[m] 이상
그 외		3.5[m] 이상	4[m] 이상 (광섬유 케이블: 3.5[m])	5[m] 이상

대표빈출문제

횡단보도교 위에 시설하는 경우 그 노면상 전력보안 가공통신선의 높이는 몇 [m] 이상인가?

① 3　　② 4　　③ 5　　④ 6

해설 전력보안통신선의 시설 높이와 간격(한국전기설비규정 362.2)

전력보안 가공통신선의 높이는 다음을 따른다.
- 도로 위를 시설하는 경우에는 지표상 5[m] 이상. 다만, 교통에 지장을 줄 우려가 없는 경우에는 4.5[m]까지로 감할 수 있다.
- 철도 또는 궤도를 횡단하는 경우에는 레일면상 6.5[m] 이상
- 횡단보도교 위에 시설하는 경우에는 그 노면상 3[m] 이상
- 이외의 경우에는 지표상 3.5[m] 이상

|정답| ①

19 특고압 가공전선로 첨가설치 통신선의 시가지 인입 제한(한국전기설비규정 362.5)

특고압 가공전선로의 지지물에 첨가하는 통신선 또는 이에 직접 접속하는 통신선과 시가지의 통신선과의 접속점에 특고압용 제1종 보안장치, 특고압용 제2종 보안장치 또는 이에 준하는 보안장치를 시설하여야 한다.

(1) 급전전용통신선용 보안장치

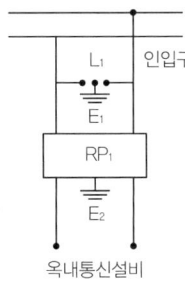

RP_1 : 교류 300[V] 이하에서 동작하고, 최소 감도전류가 3[A] 이하로서 최소 감도전류 때의 따라 움직임(응동) 시간이 1사이클 이하이고 또한 전류용량이 50[A], 20초 이상인 자동복구성(자복성)이 있는 릴레이 보안기

L_1 : 교류 1[kV] 이하에서 동작하는 피뢰기

E_1 및 E_2 : 접지

(2) 저압 가공전선로의 지지물에 시설하는 통신선 또는 이것에 직접 접속하는 통신선인 경우의 저압용 보안장치

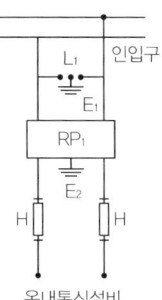

RP₁ : 교류 300[V] 이하에서 동작하고, 최소 감도전류가 3[A] 이하로서 최소 감도전류 때의 따라 움직임(응동) 시간이 1사이클 이하이고 또한 전류용량이 50[A], 20초 이상인 자동복구성(자복성)이 있는 릴레이 보안기

L₁ : 교류 1[kV] 이하에서 동작하는 피뢰기

E₁ 및 E₂ : 접지

H : 250[mA] 이하에서 동작하는 열 코일

대표빈출문제 다음 그림에서 L₁은 어떤 크기로 동작하는 기기의 명칭인가?

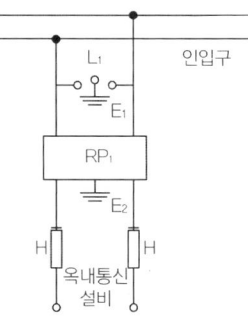

① 교류 1,000[V] 이하에서 동작하는 단로기
② 교류 1,000[V] 이하에서 동작하는 피뢰기
③ 교류 1,500[V] 이하에서 동작하는 단로기
④ 교류 1,500[V] 이하에서 동작하는 피뢰기

해설 특고압 가공전선로 첨가설치 통신선의 시가지 인입 제한(한국전기설비규정 362.5)

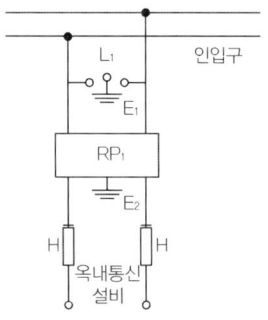

- RP₁ : 교류 300[V] 이하에서 동작하고, 최소 감도전류가 3[A] 이하로서 최소 감도전류 때의 따라 움직임(응동) 시간이 1사이클 이하이고 또한 전류용량이 50[A], 20초 이상인 자동복구성(자복성)이 있는 릴레이 보안기
- L₁ : 교류 1[kV] 이하에서 동작하는 피뢰기
- E₁ 및 E₂ : 접지
- H : 250[mA] 이하에서 동작하는 열 코일

| 정답 | ②

20 저압 옥내배선의 사용전선(한국전기설비규정 231.3.1)

(1) **전선**: 단면적 2.5[mm²] 이상의 연동선

(2) **사용전압이 400[V] 이하인 경우(전광표시장치, 제어회로)**
   ① 단면적 1.5[mm²] 이상의 연동선
   ② 단면적 0.75[mm²] 이상인 다심 케이블 또는 다심 캡타이어케이블을 사용

대표빈출문제 저압 옥내배선에 사용하는 연동선의 최소 굵기는 몇 [mm²]인가?

① 1.5   ② 2.5   ③ 4.0   ④ 6.0

해설 저압 옥내배선의 사용전선(한국전기설비규정 231.3.1)
저압 옥내배선은 2.5[mm²] 이상의 연동선 또는 이와 동등 이상의 강도 및 굵기의 것이어야 한다. |정답| ②

---

21 나전선의 사용 제한(한국전기설비규정 231.4)

옥내에 시설하는 저압 전선은 다음의 경우를 제외하고 나전선을 사용하여서는 아니 된다.(나전선 사용 가능 장소)

(1) 애자공사에 의하여 전개된 곳에 다음의 전선을 시설하는 경우
   ① 전기로용 전선
   ② 전선의 피복 절연물이 부식하는 장소에 시설하는 전선
   ③ 취급자 이외의 자가 출입할 수 없도록 설비한 장소에 시설하는 전선

(2) 버스덕트공사에 의하여 시설하는 경우

(3) 라이팅덕트공사에 의하여 시설하는 경우

(4) 접촉전선을 시설하는 경우

대표빈출문제 옥내에 시설하는 저압전선에 나전선을 사용할 수 있는 경우는?

① 금속관공사에 의하여 시설
② 합성수지관공사에 의하여 시설
③ 라이팅덕트공사에 의하여 시설
④ 취급자 이외의 자가 쉽게 출입할 수 있는 장소에 시설

해설 나전선의 사용 제한(한국전기설비규정 231.4)
옥내에 시설하는 저압전선은 다음의 경우를 제외하고 나전선을 사용하여서는 아니 된다.
• 애자공사에 의하여 전개된 곳에 다음 전선을 시설하는 경우
  - 전기로용 전선
  - 전선의 피복 절연물이 부식하는 장소에 시설하는 전선
  - 취급자 이외의 자가 출입할 수 없도록 설비한 장소에 시설하는 전선
• 버스덕트공사에 의해 시설하는 경우
• 라이팅덕트공사에 의해 시설하는 경우
• 규정에 의한 접촉전선을 시설하는 경우 |정답| ③

22 애자공사(한국전기설비규정 232.56)

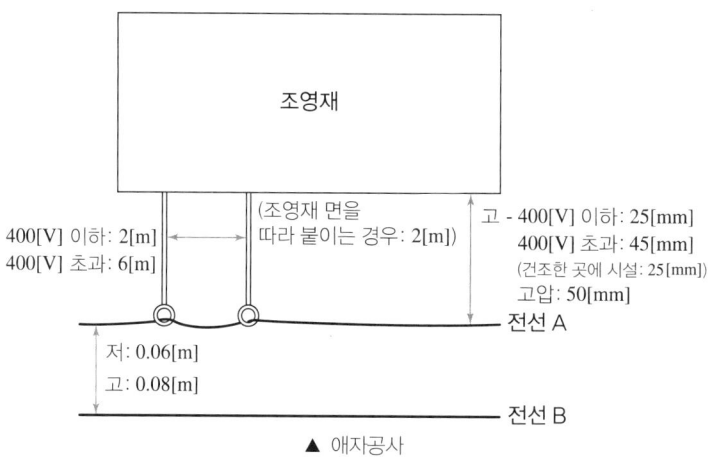

▲ 애자공사

(1) 사용전선

　절연전선(옥외용 비닐절연전선 및 인입용 비닐절연전선 제외)

(2) 사용전압에 따른 분류

구분	사용전압	
	$400[\text{V}]$ **이하**	$400[\text{V}]$ **초과**
전선 상호 간의 간격	$0.06[\text{m}]$ 이상	
전선과 조영재 사이의 간격	$25[\text{mm}]$ 이상	$45[\text{mm}]$ 이상 (건조한 장소: $25[\text{mm}]$ 이상)
지지점 간의 거리	–	$6[\text{m}]$ 이하
	조영재의 윗면 또는 옆면에 따라 붙일 경우: $2[\text{m}]$ 이하	

(3) 애자공사에 사용하는 애자는 절연성·난연성 및 내수성의 것

대표빈출문제 사용전압이 $380[\text{V}]$인 옥내배선을 애자공사로 시설할 때 전선과 조영재 사이의 간격(이격거리)은 몇 $[\text{cm}]$ 이상이어야 하는가?

① 2　　　　② 2.5　　　　③ 4.5　　　　④ 6

해설 애자공사(한국전기설비규정 232.56)
- 전선의 종류: 절연전선(단, 옥외용 비닐절연전선(OW) 및 인입용 비닐절연전선(DV)은 제외)

전압		전선과 조영재와의 간격	
저압	$400[\text{V}]$ 이하	$25[\text{mm}]$ 이상	
	$400[\text{V}]$ 초과	건조한 장소	$25[\text{mm}]$ 이상
		기타의 장소	$45[\text{mm}]$ 이상

|정답| ②

23 케이블트레이공사(한국전기설비규정 232.41)

(1) 종류: 사다리형, 바닥밀폐형, 펀칭형, 그물망(메시)형

(2) 시설 조건

전선은 연피 케이블, 알루미늄피 케이블 등 난연성 케이블, 기타 케이블(적당한 간격으로 연소방지 조치를 하여야 함) 또는 금속관 혹은 합성수지관 등에 넣은 절연전선을 사용하여야 한다.

(3) 케이블트레이의 선정

① 케이블트레이의 안전율: 1.5 이상
② 비금속제 케이블트레이는 난연성 재료의 것일 것
③ 전선의 피복 등을 손상시킬 수 있는 돌기 등이 없이 매끈할 것
④ 금속재의 것은 적절한 방식처리를 한 것이나 내식성 재료의 것일 것
⑤ 케이블트레이가 방화구획의 벽, 마루, 천장 등을 관통하는 경우에 관통부는 불연성의 물질로 충전할 것

(4) 접지공사

금속제 케이블트레이시스템은 기계적 및 전기적으로 완전하게 접속하여야 하며 금속제 트레이는 접지공사를 하여야 한다.

대표빈출문제 케이블트레이공사에 사용하는 케이블트레이에 적합하지 않은 것은?

① 비금속제 케이블트레이는 난연성 재료가 아니어도 된다.
② 금속재의 것은 적절한 부식방지(방식)처리를 한 것이거나 내식성 재료의 것이어야 한다.
③ 금속제 케이블트레이 계통은 기계적 및 전기적으로 완전하게 접속하여야 한다.
④ 케이블트레이가 방화구획의 벽 등을 관통하는 경우에 관통부는 불연성의 물질로 충전하여야 한다.

해설 케이블트레이의 선정(한국전기설비규정 232.41.2)
- 금속재의 것은 적절한 부식방지(방식)처리를 한 것이거나 내식성 재료의 것이어야 한다.
- 비금속제 케이블트레이는 난연성 재료의 것이어야 한다.
- 금속제 케이블트레이시스템은 기계적 및 전기적으로 완전하게 접속하여야 한다.
- 케이블트레이가 방화구획의 벽, 마루, 천장 등을 관통하는 경우에 관통부는 불연성의 물질로 충전하여야 한다.

|정답| ①

---

24 점멸기의 시설(한국전기설비규정 234.6)

(1) 전로의 비접지 측에 시설

(2) 노출형 점멸기는 기둥 등의 내구성이 있는 조영재에 견고하게 설치할 것

(3) 점멸기를 조영재에 매입할 경우 매입형 점멸기는 금속제 또는 난연성 절연물의 박스에 넣어 시설할 것

(4) 욕실 내는 점멸기를 시설하지 말 것

(5) 가정용 전등은 매 등기구마다 점멸이 가능하도록 할 것

(6) 센서등(타임스위치 포함)의 시설
① 「관광진흥법」과 「공중위생관리법」에 의한 관광숙박업 또는 숙박업(여인숙업 제외)에 이용되는 객실의 입구등은 1분 이내에 소등되는 것
② 일반주택 및 아파트 각 호실의 현관등은 3분 이내에 소등되는 것

(7) 가로등, 보안등 또는 옥외에 시설하는 공중전화기를 위한 조명등용 분기회로에는 주광센서를 설치하여 주광에 의하여 자동점멸하도록 시설할 것

대표빈출문제 일반주택 및 아파트 각 호실의 현관등은 몇 분 이내에 소등되는 타임스위치를 시설하여야 하는가?

① 1분　　② 3분　　③ 5분　　④ 10분

해설 점멸기의 시설(한국전기설비규정 234.6)
- 「관광진흥법」과 「공중위생관리법」에 의한 관광숙박업 또는 숙박업(여인숙업 제외)에 이용되는 객실의 입구등은 1분 이내에 소등되는 것
- 일반주택 및 아파트 각 호실의 현관등은 3분 이내에 소등되는 것

|정답| ②

---

25 소세력 회로(한국전기설비규정 241.14)

(1) 소세력 회로에 전기를 공급하기 위한 변압기는 절연변압기(대지전압 300[V] 이하)일 것

(2) 절연변압기의 2차 단락전류는 다음 표에서 정한 값 이하의 것일 것. 다만, 그 변압기의 2차 측 전로에 표에서 정한 값 이하의 과전류 차단기를 시설하는 경우에는 그러하지 아니하다.

소세력 회로의 최대 사용전압의 구분	2차 단락전류[A]	과전류 차단기의 정격전류[A]
15[V] 이하	8	5
15[V] 초과 30[V] 이하	5	3
30[V] 초과 60[V] 이하	3	1.5

▲ 절연변압기의 2차 단락전류 및 과전류 차단기의 정격전류

대표빈출문제 소세력 회로의 최대 사용전압이 15[V]라면 절연변압기의 2차 단락전류는 몇 [A] 이하이어야 하는가?

① 1　　② 3　　③ 5　　④ 8

해설 소세력 회로(한국전기설비규정 241.14)
- 소세력 회로에 전기를 공급하기 위한 변압기는 절연변압기(대지전압 300[V] 이하)일 것
- 절연변압기의 2차 단락전류는 다음 표에서 정한 값 이하의 것일 것. 다만, 그 변압기의 2차 측 전로에 표에서 정한 값 이하의 과전류 차단기를 시설하는 경우에는 그러하지 아니하다.

소세력 회로의 최대 사용전압의 구분	2차 단락전류[A]	과전류 차단기의 정격전류[A]
15[V] 이하	8	5
15[V] 초과 30[V] 이하	5	3
30[V] 초과 60[V] 이하	3	1.5

|정답| ④

26 위험장소에서의 시설(한국전기설비규정 242.2, 242.3, 242.4)

장소	합성수지관공사	금속관공사	케이블공사	금속제 가요전선관공사
폭연성 먼지 (마그네슘·알루미늄·티탄·지르코늄 등의 먼지)	×	○	○	×
가연성 먼지 (소맥분·전분·유황 기타 가연성의 먼지)	○	○	○	×
가연성 가스 등이 있는 곳	×	○	○	×
위험물 (셀룰로이드, 성냥, 석유류 기타 타기 쉬운 위험한 물질)	○	○	○	×

○: 시설 가능, ×: 시설 불가

대표빈출문제 폭연성 먼지(분진) 또는 화약류의 분말이 존재하는 곳의 저압 옥내배선은 어느 공사에 의하는가?

① 금속관공사   ② 애자공사   ③ 합성수지관공사   ④ 캡타이어케이블공사

해설 폭연성 먼지 위험장소(한국전기설비규정 242.2.1)
폭연성 먼지(분진) 또는 화약류의 분말이 존재하는 곳에는 금속관공사 및 케이블공사(캡타이어케이블을 사용하는 것은 제외)를 적용한다.

| 정답 | ①

27 레일 전위의 위험에 대한 보호(한국전기설비규정 461.2)

(1) 레일 전위는 고장 조건에서의 접촉전압 또는 정상 운전조건에서의 접촉전압으로 구분하여야 한다.

(2) 교류 전기철도 급전시스템에서의 레일 전위의 최대 허용 접촉전압은 다음 표의 값 이하여야 한다. 단, 작업장 및 이와 유사한 장소에서는 최대 허용 접촉전압이 25[V](실횻값)를 초과하지 않아야 한다.

시간 조건	최대 허용 접촉전압(실횻값)
순시 조건($t \leq 0.5$초)	670[V]
일시적 조건(0.5초 $< t \leq 300$초)	65[V]
영구적 조건($t > 300$초)	60[V]

▲ 교류 전기철도 급전시스템의 최대 허용 접촉전압

(3) 직류 전기철도 급전시스템에서의 레일 전위의 최대 허용 접촉전압은 다음 표 값 이하여야 한다. 단, 작업장 및 이와 유사한 장소에서 최대 허용 접촉전압은 60[V]를 초과하지 않아야 한다.

시간 조건	최대 허용 접촉전압(실횻값)
순시 조건($t \leq 0.5$초)	535[V]
일시적 조건(0.5초 $< t \leq 300$초)	150[V]
영구적 조건($t > 300$초)	120[V]

▲ 직류 전기철도 급전시스템의 최대 허용 접촉전압

(4) 직류 및 교류 전기철도 급전시스템에서 최대 허용 접촉전압을 초과하는 높은 접촉전압이 발생할 수 있는지를 판단하기 위해서는 해당 지점에서 귀선 도체의 전압강하를 기준으로 하여 정상동작 및 고장 조건에 대한 레일 전위를 평가하여야 한다.

(5) 직류 및 교류 전기철도 급전시스템에서 레일 전위를 산출하여 평가할 경우, 주행레일에 흐르는 최대 동작전류와 단락전류를 사용하고, 단락 산출의 경우에는 초기 단락전류를 사용하여야 한다.

대표빈출문제 순시 조건(t≤0.5초)에서 교류 전기철도 급전시스템에서의 레일 전위의 최대 허용 접촉전압(실횻값)으로 옳은 것은?

① 60[V] ② 65[V] ③ 440[V] ④ 670[V]

해설 레일 전위의 위험에 대한 보호(한국전기설비규정 461.2)

교류 전기철도 급전시스템에서의 레일 전위의 최대 허용 접촉전압은 다음 표의 값 이하이어야 한다. 단, 작업장 및 이와 유사한 장소에서는 최대 허용 접촉전압이 25[V](실횻값)를 초과하지 않아야 한다.

시간 조건	최대 허용 접촉전압(실횻값)
순시 조건(t≤0.5초)	670[V]
일시적 조건(0.5초<t≤300초)	65[V]
영구적 조건(t>300초)	60[V]

| 정답 | ④

28 전기저장장치 일반사항(한국전기설비규정 511)

(1) 시설장소의 요구사항
① 기기 등을 조작 또는 보수·점검할 수 있는 공간을 확보하고 조명을 설치할 것
② 폭발성 가스의 축적을 방지하기 위한 환기시설을 갖추고 제조사가 권장하는 온도·습도·수분·먼지 등의 운영환경을 상시 유지할 것
③ 침수 및 누수의 우려가 없도록 할 것
④ 외벽 등 확인하기 쉬운 위치에 '전기저장장치 시설장소' 표지를 하고, 일반인의 출입을 통제하기 위한 잠금장치 등을 설치할 것

(2) 설비의 안전 요구사항
① 충전부 등 노출부분은 설비의 안전확보 및 인체 감전보호를 위해 절연하거나 접촉방지를 위한 방호 시설물을 설치할 것
② 전기저장장치의 고장이나 외부 환경요인으로 인하여 비상상황 발생 또는 출력에 문제가 있을 경우 안전하게 작동하기 위한 비상정지 스위치 등을 시설할 것
③ 전기저장장치의 모든 부품은 내열성을 확보할 것
④ 동일 구획 내에 직병렬로 연결된 전기저장장치는 식별이 용이하도록 그룹별로 명판을 부착하고, 이차전지, 전력변환장치 및 감시·보호장치 간의 잘못 연결되지 않도록 시설하여야 한다.
⑤ 금속제 및 부속품은 녹방지 처리를 하여야 하며, 절단가공 및 용접부위는 방식처리를 할 것

(3) 옥내전로의 대지전압 제한

주택에 시설하는 전기저장장치는 이차전지에서 전력변환장치에 이르는 옥내 직류 전로를 다음에 따라 시설하는 경우 옥내전로의 대지전압은 직류 600[V]까지 적용할 수 있다.
① 전로에 지락이 생겼을 때 자동적으로 전로를 차단하는 장치를 시설할 것
② 사람이 접촉할 우려가 없는 은폐된 장소에는 합성수지관공사, 금속관공사, 케이블공사에 의하여 시설할 것
③ 사람이 접촉할 우려가 있는 장소에 케이블공사에 의하여 시설하는 경우 전선에 방호장치를 시설할 것

대표 빈출 문제 주택의 전기저장장치의 축전지에 접속하는 부하 측 옥내전로에 지락이 생겼을 때 자동적으로 전로를 차단하는 장치를 시설한 경우에 주택의 옥내전로의 대지전압은 직류 몇 [V]까지 적용할 수 있는가?

① 150　　　　② 300　　　　③ 400　　　　④ 600

해설 옥내전로의 대지전압 제한(한국전기설비규정 511.3)
주택의 전기저장장치의 축전지에 접속하는 부하 측 옥내배선을 다음에 따라 시설하는 경우에 주택의 옥내전로의 대지전압은 직류 600[V]까지 적용할 수 있다.
- 전로에 지락이 생겼을 때 자동적으로 전로를 차단하는 장치를 시설할 것
- 사람이 접촉할 우려가 없는 은폐된 장소에서 합성수지관공사, 금속관공사 및 케이블공사에 의하여 시설하거나, 사람이 접촉할 우려가 없도록 케이블공사에 의하여 시설하고 전선에 적당한 방호장치를 시설할 것

|정답| ④

최신기출 CBT 모의고사

시험 전 최신 기출문제를 풀며 최종 점검을 할 수 있습니다.
CBT 모의고사로 학습하면 온라인 시험 방식에 적응할 수 있습니다.
무료특강과 함께라면 소화력은 배가 됩니다.(무료특강은 2025년 9월 중 오픈 예정입니다.)

전기설비기술기준 본권 학습 후 마무리를 도와주는 끝맺음 노트

2025년 1회 최신기출 CBT 모의고사

01
배선공사 중 전선이 반드시 절연전선이 아니더라도 상관없는 공사 방법은?

① 금속관공사　　② 합성수지관공사
③ 버스덕트공사　④ 플로어덕트공사

02
주택 등 저압 수용장소에서 고정 전기설비에 TN-C-S 접지 방식으로 접지공사 시 중성선 겸용 보호도체(PEN)를 알루미늄으로 사용할 경우 단면적은 몇 $[mm^2]$ 이상이어야 하는가?

① 2.5　　② 6
③ 10　　④ 16

03
아크로부터 화재의 발생 우려가 없도록 제한되어 있는 $35[kV]$ 이하인 특고압용 차단기 등의 동작 시에 아크가 발생하는 기구는 목재의 벽 또는 천장 등 가연성 구조물 등으로부터 몇 $[m]$ 이상 이격하여 시설하여야 하는가?

① 1　　② 1.5
③ 2　　④ 2.5

04
직류 전기철도 시스템이 매설 배관 또는 케이블과 인접할 경우 누설전류를 피하기 위해 최대한 이격시켜야 하며, 주행레일과 최소 몇 $[m]$ 이상 거리를 유지하여야 하는가?

① 5　　② 2
③ 1　　④ 0.5

05
사용전압이 $22.9[kV]$인 특고압 가공전선과 그 지지물·완금류·지지기둥 또는 지지선 사이의 간격(이격거리)은 몇 $[cm]$ 이상이어야 하는가?

① 15　　② 20
③ 25　　④ 30

06

주택의 전기저장장치의 축전지에 접속하는 부하 측 옥내전로에 지락이 생겼을 때 자동적으로 전로를 차단하는 장치를 시설한 경우에 주택의 옥내전로의 대지전압은 직류 몇 [V]까지 적용할 수 있는가?(단, 전로에 지락이 생겼을 때 자동적으로 전로를 차단하는 장치를 시설한 경우이다.)

① 150　　　　　② 300
③ 400　　　　　④ 600

07

시가지에 시설하는 154[kV] 가공전선로에 지락 또는 단락이 생겼을 때 몇 초 안에 자동적으로 이를 전로로부터 차단하는 장치를 시설하여야 하는가?

① 1　　　　　② 3
③ 5　　　　　④ 10

08

전기철도에서 사용되는 용어 중 전기철도차량의 집전장치와 접촉하여 전력을 공급하기 위한 전선을 무엇이라고 하는가?

① 조가선　　　　② 전차선
③ 급전선　　　　④ 귀선

09

한국전기설비규정에서 정하고 있는 합성수지관 공사에 의한 저압 옥내배선 시설방법에 대한 설명 중 틀린 것은?

① 절연전선을 사용하였다.
② 합성수지관 안에 접속점이 없도록 시설하였다.
③ 중량물의 압력 또는 현저한 기계적 충격을 받을 우려가 없도록 시설하였다.
④ 이중천정 안에 시설하였다.

10

고압 보안공사에서 지지물이 철탑인 경우 지지물 간 거리(경간)는 몇 [m] 이하이어야 하는가?(단, 단주가 아닌 경우이다.)

① 100　　　　　② 150
③ 400　　　　　④ 600

11

가공전선로의 지지물에 하중이 가하여지는 경우에 그 하중을 받는 지지물의 기초 안전율은 얼마 이상이어야 하는가?(단, 이상 시 상정하중은 무관하다.)

① 1.5 ② 2.0
③ 2.5 ④ 3.0

12

주택의 전기저장장치의 시설에 관한 사항으로 옳지 않은 것은?

① 주택의 옥내전로의 대지전압은 직류 600[V] 이하여야 한다.
② 충전부분은 노출되지 않도록 시설해야 한다.
③ 모든 부품은 충분한 내수성을 확보해야 한다.
④ 전선은 공칭단면적 2.5[mm²] 이상의 연동선을 사용한다.

13

진열장 내의 배선으로 사용전압 400[V] 이하에 사용하는 코드 또는 캡타이어케이블의 최소 단면적은 몇 [mm²]인가?

① 1.25 ② 1.0
③ 0.75 ④ 0.5

14

과부하 보호장치는 분기점에 설치해야 하나, 단락의 위험과 화재 및 인체에 대한 위험성이 최소화되도록 시설된 경우, 분기회로의 보호장치는 분기회로의 분기점으로부터 몇 [m]까지 이동하여 설치할 수 있는가?

① 2 ② 3
③ 4 ④ 5

15

사용전압이 60[kV] 이하인 경우 전화선로의 길이 12[km]마다 유도전류는 몇 [μA]를 넘지 않도록 하여야 하는가?

① 1 ② 2
③ 3 ④ 5

16
상주 감시를 하지 않는 변전소에서 수소냉각식 무효전력 보상장치(조상기)를 시설하는 경우, 무효전력 보상장치(조상기) 안의 수소의 순도가 몇 [%] 이하로 저하한 경우 경보장치를 설치해야 하는가?

① 70　　　　② 80
③ 90　　　　④ 95

17
지중전선로를 직접 매설식에 의하여 시설하는 경우에 매설깊이를 차량 기타 중량물의 압력을 받을 우려가 있는 장소에서는 몇 [cm] 이상으로 하면 되는가?

① 40　　　　② 60
③ 80　　　　④ 100

18
옥내에 시설하는 저압전선에 나전선을 사용할 수 있는 경우는?

① 버스덕트배선에 의하여 시설하는 경우
② 금속덕트배선에 의하여 시설하는 경우
③ 합성수지관배선에 의하여 시설하는 경우
④ 후강전선관배선에 의하여 시설하는 경우

19
태양전지 발전소에 시설하는 태양전지 모듈, 전선 및 개폐기의 시설에 대한 설명으로 잘못된 것은?

① 태양전지 모듈에 접속하는 부하 측 전로에는 개폐기를 시설할 것
② 옥측에 시설하는 경우 금속관공사, 합성수지관공사, 애자공사로 배선할 것
③ 태양전지 모듈을 병렬로 접속하는 전로에 과전류차단기를 시설할 것
④ 전선은 공칭단면적 2.5[mm^2]이상의 연동선을 사용할 것

20
저압전로에 사용하는 주택용 배선차단기의 경우 63[A]를 초과할 때 120분 내에 동작되는 전류의 배수로 알맞은 것은?

① 1.05　　　② 1.13
③ 1.3　　　　④ 1.45

2025년 1회 정답과 해설

무료 해설 강의

1회 SPEED CHECK 빠른정답표

01	02	03	04	05	06	07	08	09	10
③	④	①	③	②	④	①	②	④	③
11	12	13	14	15	16	17	18	19	20
②	③	③	②	②	③	④	①	②	④

01 | ③
나전선의 사용 제한(한국전기설비규정 231.4)
옥내에 시설하는 저압 전선은 다음의 경우를 제외하고 나전선을 사용하여서는 아니 된다.(나전선 사용 가능 장소)
- 애자공사에 의하여 전개된 곳에 다음의 전선을 시설하는 경우
  - 전기로용 전선
  - 전선의 피복 절연물이 부식하는 장소에 시설하는 전선
  - 취급자 이외의 자가 출입할 수 없도록 설비한 장소에 시설하는 전선
- 버스덕트공사에 의하여 시설하는 경우
- 라이팅덕트공사에 의하여 시설하는 경우
- 접촉 전선을 시설하는 경우

02 | ④
주택 등 저압수용장소 접지(한국전기설비규정 142.4.2)
저압수용장소에서 계통접지가 TN-C-S 방식인 경우의 보호도체
- 중성선 겸용 보호도체(PEN)는 고정 전기설비에만 사용할 수 있고, 그 도체의 단면적이 구리는 $10[mm^2]$ 이상, 알루미늄은 $16[mm^2]$ 이상이어야 한다.

03 | ①
아크를 발생하는 기구의 시설(한국전기설비규정 341.7)
고압용 또는 특고압용의 개폐기·차단기·피뢰기 기타 이와 유사한 기구로서 동작 시에 아크가 생기는 것은 목재의 벽 또는 천장 기타의 가연성 물체로부터 표에서 정한 값 이상 이격하여 시설하여야 한다.

기구 등의 구분	간격
고압용의 것	$1[m]$ 이상
특고압용의 것	$2[m]$ 이상 (사용전압이 $35[kV]$ 이하의 특고압용의 기구 등으로서 동작할 때에 생기는 아크의 방향과 길이를 화재가 발생할 우려가 없도록 제한하는 경우에는 $1[m]$ 이상)

04 | ③
누설전류 간섭에 대한 방지(한국전기설비규정 461.5)
직류 전기철도 시스템이 매설 배관 또는 케이블과 인접할 경우 누설전류를 피하기 위해 최대한 이격시켜야 하며, 주행레일과 최소 $1[m]$ 이상의 거리를 유지하여야 한다.

05 | ②
특고압 가공전선과 지지물 등의 간격(한국전기설비규정 333.5)

사용전압	간격[m]
$15[kV]$ 미만	0.15
$15[kV]$ 이상 $25[kV]$ 미만	0.2
$25[kV]$ 이상 $35[kV]$ 미만	0.25
$35[kV]$ 이상 $50[kV]$ 미만	0.3

※ 기술상 부득이한 경우에 위험의 우려가 없도록 시설한 때에는 표의 0.8배

06 | ④
옥내전로의 대지전압 제한(한국전기설비규정 511.1.3)
주택의 전기저장장치의 축전지에 접속하는 부하 측 옥내배선을 다음에 따라 시설하는 경우 주택의 옥내전로의 대지전압은 직류 $600[V]$까지 적용할 수 있다.
- 전로에 지락이 생겼을 때 자동적으로 전로를 차단하는 장치를 시설할 것
- 사람이 접촉할 우려가 없는 은폐된 장소에서 합성수지관공사, 금속관공사 및 케이블공사에 의하여 시설하거나, 사람이 접촉할 우려가 없도록 케이블공사에 의하여 시설하고 전선에 적당한 방호장치를 시설할 것

07 | ①

시가지 등에서 특고압 가공전선로의 시설(한국전기설비규정 333.1)
사용전압이 170[kV] 이하인 전선로를 다음에 의하여 시설하는 경우 시가지 그 밖에 인가가 밀집한 지역에 시설할 수 있다.
- 사용전압이 100[kV]를 초과하는 특고압 가공전선에 지락 또는 단락이 생겼을 때에는 1초 이내에 자동적으로 이를 전로로부터 차단하는 장치를 시설할 것

08 | ②

- 조가선: 전차선이 레일면상 일정한 높이를 유지하도록 행어이어, 드로퍼 등을 이용하여 전차선 상부에서 조가하여 주는 전선을 말한다.
- 전차선: 전기철도차량의 집전장치와 접촉하여 전력을 공급하기 위한 전선을 말한다.
- 급전선: 전기철도차량용 변전소로부터 다른 전기철도용 변전소 또는 전차선에 이르는 전선을 말한다.
- 귀선: 전기철도차량에 공급된 전력을 변전소로 되돌리기 위한 전선을 말한다.

09 | ④

합성수지관공사(한국전기설비규정 232.11)
- 전선은 절연전선(옥외용 비닐절연전선을 제외한다)일 것
- 전선은 연선일 것. 다만, 다음의 것은 적용하지 않는다.
  - 짧고 가는 합성수지관에 넣은 것
  - 단면적 $10[mm^2]$(알루미늄선은 단면적 $16[mm^2]$) 이하의 것
- 전선은 합성수지관 안에서 접속점이 없도록 할 것
- 중량물의 압력 또는 현저한 기계적 충격을 받을 우려가 없도록 시설할 것
- 이중천장(반자 속 포함) 내에는 시설할 수 없다.

10 | ③

고압 보안공사(한국전기설비규정 332.10)

지지물의 종류	지지물 간 거리 (경간)[m]
목주, A종 철주 또는 A종 철근 콘크리트주	100
B종 철주 또는 B종 철근 콘크리트주	150
철탑	400

11 | ②

가공전선로 지지물의 기초의 안전율(한국전기설비규정 331.7)
가공전선로의 지지물에 하중이 가하여지는 경우에 그 하중을 받는 지지물의 기초의 안전율은 2 이상이어야 한다.

암기
가공전선로의 지지물의 기초 안전율: 2 이상

12 | ③

전기저장장치의 공통사항(한국전기설비규정 511, 521)
- 주택의 옥내전로의 대지전압은 직류 600[V]까지 적용할 수 있다.
- 태양전지 모듈, 전선, 개폐기 및 기타 기구는 충전부분이 노출되지 않도록 시설하여야 한다.
- 전기저장장치의 모든 부품은 내열성을 확보해야 한다.
- 전선은 공칭단면적 $2.5[mm^2]$ 이상의 연동선 또는 이와 동등 이상의 세기 및 굵기의 것을 사용한다.

13 | ③

진열장 또는 이와 유사한 것의 내부 배선(한국전기설비규정 234.8)
- 배선은 단면적 $0.75[mm^2]$ 이상의 코드 또는 캡타이어 케이블일 것
- 건조한 장소에 시설하고 또한 내부를 건조한 상태로 사용하는 진열장 또는 이와 유사한 것의 내부에 사용전압이 400[V] 이하의 배선을 외부에서 잘 보이는 장소에 한하여 코드 또는 캡타이어케이블로 직접 조영재에 밀착하여 배선할 수 있다.

14 | ②

과부하 보호장치의 설치 위치(한국전기설비규정 212.4.2)
과부하 보호장치는 분기점에 설치해야 하나, 단락의 위험과 화재 및 인체에 대한 위험성이 최소화되도록 시설된 경우, 분기회로의 보호장치는 분기회로의 분기점으로부터 3[m]까지 이동하여 설치할 수 있다.

15 | ②
유도장해의 방지(한국전기설비규정 333.2)
- 사용전압이 60[kV] 이하인 경우에는 전화선로의 길이 12[km]마다 유도전류가 2[μA]를 넘지 아니할 것
- 사용전압이 60[kV]를 넘는 경우에는 전화선로의 길이 40[km]마다 유도전류가 3[μA]를 넘지 아니할 것

16 | ③
상주 감시를 하지 아니하는 변전소의 시설(한국전기설비규정 351.9)
다음의 경우에는 변전제어소 또는 기술원이 상주하는 장소에 경보장치를 시설할 것
- 운전조작에 필요한 차단기가 자동적으로 차단한 경우(차단기가 재연결(재폐로)한 경우 제외)
- 주요 변압기의 전원 측 전로가 무전압으로 된 경우
- 제어회로의 전압이 현저히 저하한 경우
- 옥내 및 옥외변전소에 화재가 발생한 경우
- 출력 3,000[kVA]를 초과하는 특고압용변압기의 그 온도가 현저히 상승한 경우
- 특고압용 타냉식변압기는 그 냉각장치가 고장난 경우
- 무효전력 보상장치(조상기)는 내부에 고장이 생긴 경우
- 수소냉각식 무효전력 보상장치(조상기)는 그 무효전력 보상장치(조상기) 안의 수소의 순도가 90[%] 이하로 저하한 경우, 수소의 압력이 현저히 변동한 경우 또는 수소의 온도가 현저히 상승한 경우
- 가스절연기기(압력의 저하에 의하여 절연파괴 등이 생길 우려가 없는 경우 제외)의 절연가스의 압력이 현저히 저하한 경우

17 | ④
지중전선로의 시설(한국전기설비규정 334.1)
매설 깊이
- 차량 기타 중량물의 압력을 받을 우려가 있는 장소: 1[m] 이상
- 기타 장소: 0.6[m] 이상

18 | ①
나전선의 사용 제한(한국전기설비규정 231.4)
옥내에 시설하는 저압전선에는 나전선을 사용하여서는 아니 된다. 다만, 다음 중 어느 하나에 해당하는 경우에는 그러하지 아니하다.
- 애자사용공사에 의하여 전개된 곳에 시설하는 경우
- 버스덕트공사에 의하여 시설하는 경우
- 라이팅덕트공사에 의하여 시설하는 경우

19 | ②
태양광 발전설비의 시설규정(한국전기설비규정 521, 522)
- 태양전지 모듈에 접속하는 부하측의 태양전지 어레이에서 전력변환장치에 이르는 전로에는 그 접속점에 근접하여 개폐기 기타 이와 유사한 기구를 시설할 것
- 옥내, 옥측 또는 옥외에 시설할 경우 배선설비 공사는 합성수지관공사, 금속관공사, 금속제 가요전선관공사, 케이블공사로 시설할 것
- 모듈을 병렬로 접속하는 전로에는 그 전로에 단락전류가 발생할 경우에 전로를 보호하는 과전류차단기 또는 기타 기구를 시설할 것(전로가 단락전류에 견딜 수 있는 경우 제외)
- 전선은 공칭단면적 2.5[mm²] 이상의 연동선 또는 이와 동등 이상의 세기 및 굵기의 것을 사용할 것

20 | ④
보호장치의 특성(한국전기설비규정 212.3.4)
주택용 배선차단기의 특성

정격전류의 구분	시간	주택용 정격전류의 배수 (모든 극에 통전)	
		부동작 전류	동작 전류
63[A] 이하	60분	1.13배	1.45배
63[A] 초과	120분	1.13배	1.45배

2025년 2회 최신기출 CBT 모의고사

01
저압전로의 보호도체 및 중성선의 접속방식에 따른 접지계통의 분류가 아닌 것은?

① IT 계통
② TN 계통
③ TT 계통
④ TC 계통

02
일반적으로 사용되며 일반인이 사용하는 콘센트는 정격전류 몇 [A] 이하일 때 누전차단기에 의한 추가적인 보호를 해야 하는가?

① 10
② 15
③ 20
④ 25

03
임시 전선로의 시설에서 저압 방호구에 넣은 절연전선등을 사용하여 저압 가공 전선과 건조물의 상부 조영재 사이의 간격은 얼마인가?

① 위쪽: 0.3[m], 옆쪽 또는 아래쪽: 1[m]
② 위쪽: 1[m], 옆쪽 또는 아래쪽: 0.3[m]
③ 위쪽: 0.4[m], 옆쪽 또는 아래쪽: 1[m]
④ 위쪽: 1[m], 옆쪽 또는 아래쪽: 0.4[m]

04
교통신호등 제어장치의 2차 측 배선의 최대 사용전압은 몇 [V] 이하이어야 하는가?

① 150
② 250
③ 300
④ 400

05
귀선로에 대한 설명으로 틀린 것은?

① 나전선을 적용하여 가공식 가설을 원칙으로 한다.
② 사고 및 지락 시에도 충분한 허용전류용량을 갖도록 하여야 한다.
③ 비절연보호도체, 매설접지도체, 레일 등으로 구성하여 단권변압기 중성점과 공통접지에 접속한다.
④ 비절연보호도체의 위치는 통신유도장해 및 레일전위의 상승의 경감을 고려하여 결정하여야 한다.

06
고압 가공인입선이 케이블 이외의 것으로서 그 전선의 아래쪽에 위험표시를 하였다면 전선의 지표상 높이는 몇 [m]까지로 감할 수 있는가?

① 2.5
② 3.5
③ 4.5
④ 5.5

07
단상 교류 $25,000[\text{V}]$인 전기철도의 전차선로에서 건조물과 전차선, 급전선 및 집전장치의 충전부 비절연 부분 간의 공기절연 간격(이격거리)은 비오염 지역의 정적일 때 몇 [mm] 이상을 확보해야 하는가?

① 170
② 220
③ 270
④ 320

08
발전소, 변전소, 개폐소 또는 이에 준하는 곳에서 차단기에 사용하는 압축공기장치는 사용압력의 몇 배의 수압으로 몇 분간 연속하여 가했을 때 이에 견디고 새지 않아야 하는가?

① 1.25배, 15분
② 1.25배, 10분
③ 1.5배, 15분
④ 1.5배, 10분

09
사용전압이 $22.9[\text{kV}]$인 가공전선이 철도를 횡단하는 경우, 전선의 레일면상의 높이는 몇 [m] 이상인가?

① 5
② 5.5
③ 6
④ 6.5

10
전기저장장치를 전용건물에 시설하는 경우에 대한 설명이다. 다음 (　)에 들어갈 내용으로 옳은 것은?

> 전기저장장치 시설장소는 주변 시설(도로, 건물, 가연물질 등)로부터 (㉠)[m] 이상 이격하고 다른 건물의 출입구나 피난계단 등 이와 유사한 장소로부터는 (㉡)[m] 이상 이격하여야 한다.

① ㉠ 3　㉡ 1
② ㉠ 2　㉡ 1.5
③ ㉠ 1　㉡ 2
④ ㉠ 1.5　㉡ 3

11
풍력발전설비의 시설기준에 대한 설명으로 틀린 것은?

① 간선의 시설 시 단자의 접속은 기계적, 전기적 안전성을 확보하도록 하여야 한다.
② 나셀 등 풍력발전기 상부시설에 접근하기 위한 안전한 시설물을 강구하여야 한다.
③ 100[kW] 이상의 풍력터빈은 나셀 내부의 화재 발생 시, 이를 자동으로 소화할 수 있는 화재방호설비를 시설하여야 한다.
④ 풍력발전기에서 출력배선에 쓰이는 전선은 CV선 또는 TFR-CV선을 사용하거나 동등 이상의 성능을 가진 제품을 사용하여야 한다.

12
전기철도차량에 사용할 전기를 변전소로부터 전차선에 공급하는 전선을 무엇이라고 하는가?

① 전차선   ② 급전선
③ 조가선   ④ 궤전선

13
전기욕기에 전기를 공급하기 위한 전원장치에 내장되어 있는 전원변압기의 2차 측 전로의 사용전압은 몇 [V] 이하인 것을 사용하여야 하는가?

① 5   ② 10
③ 20   ④ 30

14
B종 철주 또는 B종 철근 콘크리트주를 사용하는 특고압 가공전선로의 지지물 간 거리(경간)는 몇 [m] 이하이어야 하는가?

① 150   ② 250
③ 400   ④ 600

15
사용전압이 22.9[kV]인 가공전선로를 시가지에 시설하는 경우 전선의 지표상 높이는 몇 [m] 이상인가?(단, 전선은 특고압 절연전선을 사용한다.)

① 6   ② 7
③ 8   ④ 10

16
지중전선로를 직접 매설식에 의하여 시설할 때, 중량물의 압력을 받을 우려가 있는 장소에 저압 또는 고압의 지중전선을 견고한 트로프 기타 방호물에 넣지 않고도 부설할 수 있는 케이블은?

① PVC 외장케이블
② 콤바인덕트 케이블
③ 염화비닐 절연케이블
④ 폴리에틸렌 외장케이블

17
과전류차단기로 시설하는 퓨즈 중 고압전로에 사용하는 비포장 퓨즈는 정격전류 2배 전류 시 몇 분 안에 용단되어야 하는가?

① 1분
② 2분
③ 5분
④ 10분

18
저압 옥내배선을 금속덕트공사로 할 경우 금속덕트에 넣는 전선의 단면적(절연 피복의 단면적 포함)의 합계는 덕트 내부 단면적의 몇 [%]까지 할 수 있는가?

① 20
② 30
③ 40
④ 50

19
건축물 외부의 전기사용장소에서 그 전기사용장소에서의 전기사용을 목적으로 조영물에 고정시켜 시설하는 전선을 무엇이라고 하는가?

① 가섭선
② 옥내배선
③ 옥외배선
④ 옥측배선

20
다음에 해당하는 장소의 명칭은?

> 발전기・원동기・연료전지・태양전지・해양에너지발전설비・전기저장장치 그 밖의 기계기구[비상용 예비전원을 얻을 목적으로 시설하는 것 및 휴대용 발전기를 제외한다]를 시설하여 전기를 생산[원자력, 화력, 신재생에너지 등을 이용하여 전기를 발생시키는 것과 양수발전, 전기저장장치와 같이 전기를 다른 에너지로 변환하여 저장 후 전기를 공급하는 것]하는 곳을 말한다.

① 발전소
② 변전소
③ 개폐소
④ 급전소

2025년 2회 정답과 해설

2회 SPEED CHECK 빠른정답표

01	02	03	04	05	06	07	08	09	10
④	③	④	③	①	②	③	④	④	④
11	12	13	14	15	16	17	18	19	20
③	②	②	②	③	②	②	①	④	①

01 | ④
계통접지 구성(한국전기설비규정 203.1)
저압전로의 보호도체 및 중성선의 접속방식에 따라 접지계통은 다음과 같이 분류한다.
- TN 계통
- TT 계통
- IT 계통

02 | ③
전기용품안전기준 KC 60364-4-41에 의해, 일반적으로 사용되며 일반인이 사용하는 정격전류 20[A] 이하 콘센트는 누전차단기에 의한 추가적인 보호를 해야 한다.

03 | ④
임시전선로의 시설(한국전기설비규정 335.10)
임시 전선로 시설(저압 방호구)의 간격

조영물 조영재의 구분		접근형태	간격[m]
건조물	상부 조영재	위쪽	1
		옆쪽 또는 아래쪽	0.4
	상부이외의 조영재		0.4
건조물 이외의 조영물	상부 조영재	위쪽	1
		옆쪽 또는 아래쪽	0.4 (저압 가공전선은 0.3)
	상부 조영재 이외의 조영재		0.4 (저압 가공전선은 0.3)

04 | ③
교통신호등 사용전압(한국전기설비규정 234.15.1)
교통신호등 제어장치의 2차 측 배선의 최대 사용전압은 300[V] 이하이어야 한다.

05 | ①
귀선로(한국전기설비규정 431.5)
- 귀선로는 비절연보호도체, 매설접지도체, 레일 등으로 구성하여 단권변압기 중성점과 공통접지에 접속한다.
- 비절연보호도체의 위치는 통신유도장해 및 레일전위의 상승의 경감을 고려하여 결정하여야 한다.
- 귀선로는 사고 및 지락 시에도 충분한 허용전류용량을 갖도록 하여야 한다.

06 | ②
가공인입선의 시설(한국전기설비규정 221.1.1, 331.12)
저압 가공인입선의 높이는 '기술상 부득이한 경우' 도로 횡단은 3[m] 이상, 일반 장소는 2.5[m] 이상으로, 고압 가공인입선의 높이는 '전선의 아래쪽에 위험 표시를 한 경우' 일반 장소에서만 3.5[m] 이상으로 감할 수 있다.

07 | ③
전차선로의 충전부와 차량 간의 절연이격(한국전기설비규정 431.3)

시스템 종류	공칭전압[V]	동적[mm]	정적[mm]
직류	750	25	25
	1,500	100	150
단상 교류	25,000	170	270

08 | ④
압축공기계통(한국전기설비규정 341.15)
발전소·변전소·개폐소 또는 이에 준하는 곳에서 개폐기 또는 차단기에 사용하는 압축공기장치는 최고 사용압력의 1.5배의 수압을 연속하여 10분간 가하여 시험을 한 경우에 이에 견디고 또한 새지 아니할 것

암기
압축공기계통의 시설은 자주 출제되는 문제이므로 1.5배, 10분을 암기하는 것이 좋다.

09 | ④

특고압 가공전선의 높이(한국전기설비규정 333.7)

사용전압의 구분	지표상의 높이
35[kV] 이하	5[m](철도 또는 궤도를 횡단하는 경우에는 6.5[m], 도로를 횡단하는 경우에는 6[m], 횡단보도교의 위에 시설하는 경우로서 전선이 특고압 절연전선 또는 케이블인 경우에는 4[m]) 이상
35[kV] 초과 160[kV] 이하	6[m](철도 또는 궤도를 횡단하는 경우에는 6.5[m], 산지(山地) 등에서 사람이 쉽게 들어갈 수 없는 장소에 시설하는 경우에는 5[m], 횡단보도교의 위에 시설하는 경우 전선이 케이블인 때에는 5[m]) 이상
160[kV] 초과	6[m](철도 또는 궤도를 횡단하는 경우에는 6.5[m], 산지 등에서 사람이 쉽게 들어갈 수 없는 장소를 시설하는 경우에는 5[m])에 160[kV]를 초과하는 10[kV] 또는 그 단수마다 0.12[m]를 더한 값 이상

10 | ④

전용건물에 시설하는 경우(한국전기설비규정 512.1.5)
전기저장장치를 일반인이 출입하는 건물과 분리된 별도의 장소에 시설하는 경우에는 다음에 따라 시설하여야 한다.
- 바닥, 천장(지붕), 벽면 재료는 불연재료로 할 것. 단, 단열재는 준불연 재료 또는 이와 동등 이상의 것을 사용할 수 있다.
- 지표면을 기준으로 높이 22[m] 이내로 하고 해당 장소의 출구가 있는 바닥면을 기준으로 깊이 9[m] 이내로 하여야 한다.
- 주변 시설(도로, 건물, 가연물질 등)로부터 1.5[m] 이상 이격하고 다른 건물의 출입구나 피난계단 등 이와 유사한 장소로부터는 3[m] 이상 이격하여야 한다.

11 | ③

풍력발전설비(한국전기설비규정 530)
- 나셀 등의 접근 시설: 나셀 등 풍력발전기 상부시설에 접근하기 위한 안전한 시설물을 강구하여야 한다.
- 간선의 시설 시 단자의 접속은 기계적, 전기적 안전성을 확보하도록 하여야 한다.
- 화재방호설비 시설: 500[kW] 이상의 풍력터빈은 나셀 내부의 화재 발생 시, 이를 자동으로 소화할 수 있는 화재방호설비를 시설하여야 한다.
- 간선의 시설기준: 풍력발전기에서 출력배선에 쓰이는 전선은 CV선 또는 TFR-CV선을 사용하거나 동등 이상의 성능을 가진 제품을 사용하여야 하며, 전선이 지면을 통과하는 경우에는 피복이 손상되지 않도록 별도의 조치를 취하여야 한다.

12 | ②

- 전차선: 전기철도차량의 집전장치와 접촉하여 전력을 공급하기 위한 전선을 말한다.
- 급전선: 전기철도차량에 사용할 전기를 변전소로부터 전차선에 공급하는 전선을 말한다.
- 조가선: 전차선이 레일면상 일정한 높이를 유지하도록 행어이어, 드로퍼 등을 이용하여 전차선 상부에서 조가하여 주는 전선을 말한다.
- 궤전선: 발전소 또는 변전소로부터 다른 발전소 또는 변전소를 거치지 아니하고 전차선에 이르는 전선을 말한다.

13 | ②

전기욕기 전원장치(한국전기설비규정 241.2)
- 전기욕기에 전기를 공급하기 위한 전기욕기용 전원장치의 전원변압기 2차 측 전로의 사용전압: 10[V] 이하

14 | ②

특고압 가공전선로의 지지물 간 거리 제한(한국전기설비규정 333.21)
특고압 가공전선로의 지지물 간 거리(경간)는 다음 표에서 정한 값 이하여야 한다.

지지물의 종류	지지물 간 거리(경간)[m]
목주·A종 철주 또는 A종 철근 콘크리트주	150
B종 철주 또는 B종 철근 콘크리트주	250
철탑	600 (단주인 경우에는 400)

15 | ③

시가지 등에서 특고압 가공전선로의 시설(한국전기설비규정 333.1)

사용전압의 구분	지표상의 높이
35[kV] 이하	10[m](전선이 특고압 절연전선인 경우에는 8[m]) 이상
35[kV] 초과	10[m]에 35[kV]를 초과하는 10[kV] 또는 그 단수마다 0.12[m]를 더한 값 이상

16 | ②

지중전선로의 시설(한국전기설비규정 334.1)
저압 또는 고압의 지중전선에 콤바인덕트 케이블을 사용하여 시설하는 경우 지중전선을 견고한 트로프 기타 방호물에 넣지 아니하여도 된다.

17 | ②
고압 및 특고압 전로 중의 과전류차단기의 시설(한국전기설비규정 341.10)
과전류차단기로 시설하는 퓨즈 중 고압전로에 사용하는 비포장 퓨즈는 정격전류의 1.25배의 전류에 견디고 또한 2배의 전류로 2분 안에 용단되는 것이어야 한다.

18 | ①
금속덕트공사(한국전기설비규정 232.31)
전선은 절연전선(OW 제외)으로 금속덕트에 넣는 전선의 단면적(절연 피복 포함) 합계는 덕트 내부 단면적의 20[%](전광 표시 장치 기타 이와 유사한 장치 또는 제어회로 등의 배선만을 넣는 경우는 50[%]) 이하일 것

19 | ④
용어 정의(한국전기설비규정 112)
- 가섭선: 지지물에 가설되는 모든 선류를 말한다.
- 옥내배선: 건축물 내부의 전기사용장소에 고정시켜 시설하는 전선을 말한다.
- 옥외배선: 건축물 외부의 전기사용장소에서 그 전기사용장소에서의 전기사용을 목적으로 고정시켜 시설하는 전선을 말한다.
- 옥측배선: 건축물 외부의 전기사용장소에서 그 전기사용장소에서의 전기사용을 목적으로 조영물에 고정시켜 시설하는 전선을 말한다.

20 | ①
전기설비기술기준 제1장 제3조(정의)
- 발전소: 발전기·원동기·연료전지·태양전지·해양에너지발전설비·전기저장장치 그 밖의 기계기구(비상용 예비전원을 얻을 목적으로 시설하는 것 및 휴대용 발전기를 제외한다)를 시설하여 전기를 생산(원자력, 화력, 신재생에너지 등을 이용하여 전기를 발생시키는 것과 양수발전, 전기저장장치와 같이 전기를 다른 에너지로 변환하여 저장 후 전기를 공급하는 것)하는 곳을 말한다.
- 변전소: 변전소의 밖으로부터 전송받은 전기를 변전소 안에 시설한 변압기·전동발전기·회전변류기·정류기 그 밖의 기계기구에 의하여 변성하는 곳으로서 변성한 전기를 다시 변전소 밖으로 전송하는 곳을 말한다.
- 개폐소: 개폐소 안에 시설한 개폐기 및 기타 장치에 의하여 전로를 개폐하는 곳으로서 발전소·변전소 및 수용장소 이외의 곳을 말한다.
- 급전소: 전력계통의 운용에 관한 지시 및 급전조작을 하는 곳을 말한다.

2025년 3회 최신기출 CBT 모의고사

01
고압 옥측전선로에 사용할 수 있는 전선은?
① 케이블 ② 나경동선
③ 절연전선 ④ 다심형 전선

02
22.9[kV]의 전압을 변압하는 변전소가 있다. 이 변전소에 울타리를 시설하고자 하는 경우 울타리의 높이와 울타리로부터 충전부분까지 거리의 합계는 몇 [m] 이상으로 하여야 하는가?
① 4 ② 5
③ 6 ④ 8

03
다리(교량)의 윗면에 시설하는 고압 전선로는 전선의 높이를 다리(교량)의 노면상 몇 [m] 이상으로 하여야 하는가?
① 3 ② 4
③ 5 ④ 6

04
아래 그림은 전력보안통신설비의 보안장치이다. RP_1에 대한 설명으로 틀린 것은?

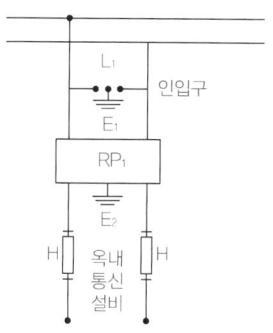

① 전류용량은 50[A]이다.
② 자동복구성(자복성)이 없는 릴레이 보안기이다.
③ 최소 감도 전류 때의 따라 움직임(응동)시간이 1사이클 이하이다.
④ 교류 300[V] 이하에서 동작하고, 최소 감도 전류가 3[A] 이하이다.

05
순시조건($t \leq 0.5$초)에서 교류 전기철도 급전시스템에서의 레일 전위의 최대 허용 접촉전압(실횻값)으로 옳은 것은?
① 60[V] ② 65[V]
③ 440[V] ④ 670[V]

06
금속제 외함을 가진 저압의 기계기구로서 사람이 쉽게 접촉될 우려가 있는 곳에 시설하는 경우, 전기를 공급받는 전로에 지락이 생겼을 때 자동적으로 전로를 차단하는 장치를 설치하여야 하는 기계기구의 사용전압이 몇 [V]를 초과하는 경우인가?

① 30
② 50
③ 100
④ 150

07
수중조명등에 전기를 공급하기 위해 사용되는 절연변압기에 대한 설명으로 틀린 것은?

① 절연변압기 2차 측 전로의 사용전압은 150[V] 이하이어야 한다.
② 절연변압기의 2차 측 전로에는 반드시 접지공사를 하며, 그 저항값은 5[Ω] 이하가 되도록 하여야 한다.
③ 절연변압기 2차 측 전로의 사용전압이 30[V] 이하인 경우에는 1차 권선과 2차 권선 사이에 금속제의 혼촉방지판이 있어야 한다.
④ 절연변압기의 2차 측 전로의 사용전압이 30[V]를 초과하는 경우에는 그 전로에 지락이 생겼을 때에 자동적으로 전로를 차단하는 장치가 있어야 한다.

08
변전소의 주요 변압기에 계측장치를 시설하여 측정하여야 하는 것이 아닌 것은?

① 역률
② 전압
③ 전력
④ 전류

09
폭발성 또는 연소성의 가스가 침입할 우려가 있는 것에 시설하는 지중함으로서 그 크기가 몇 [m³] 이상의 경우에는 통풍장치 기타 가스를 방산시키기 위한 장치를 시설하여야 하는가?

① 0.9
② 1.0
③ 1.5
④ 2.0

10
애자공사에 의한 고압 옥내배선을 시설하고자 할 경우 전선과 조영재 사이의 간격(이격거리)은 몇 [cm] 이상인가?

① 3
② 4
③ 5
④ 6

11
태양광설비의 계측장치로 알맞은 것은?

① 역률을 계측하는 장치
② 습도를 계측하는 장치
③ 주파수를 계측하는 장치
④ 전압과 전력을 계측하는 장치

12
가공전선로의 지지물에 사용하는 지지선(지선)의 시설기준에 관한 내용으로 틀린 것은?

① 지지선(지선)에 연선을 사용하는 경우 소선(素線) 3가닥 이상의 연선일 것
② 지지선(지선)의 안전율은 2.5 이상, 허용 인장하중의 최저는 3.31[kN]으로 할 것
③ 지지선(지선)에 연선을 사용하는 경우 소선의 지름이 2.6[mm] 이상의 금속선을 사용한 것일 것
④ 가공전선로의 지지물로 사용하는 철탑은 지지선(지선)을 사용하여 그 강도를 분담시키지 않을 것

13
변전소를 관리하는 기술원이 상주하는 장소에 경보장치를 시설하지 아니하여도 되는 것은?

① 무효전력 보상장치(조상기) 내부에 고장이 생긴 경우
② 주요 변압기의 전원 측 전로가 무전압으로 된 경우
③ 특고압용 타냉식변압기의 냉각장치가 고장난 경우
④ 출력 2,000[kVA] 특고압용 변압기의 온도가 현저히 상승한 경우

14
'리플프리(Ripple-free)직류'란 교류를 직류로 변환할 때 리플성분의 실횻값이 몇 [%] 이하로 포함된 직류를 말하는가?

① 3
② 5
③ 10
④ 15

15
전기철도차량에 전력을 공급하는 전차선의 전선 설치(가선) 방식에 포함되지 않는 것은?

① 가공방식
② 강체방식
③ 제3레일방식
④ 지중조가선방식

16
금속몰드 배선공사에 대한 설명으로 틀린 것은?

① 금속몰드 안에서 전선을 접속하였다.
② 접속점을 쉽게 점검할 수 있도록 시설할 것
③ 황동제 또는 동제의 몰드는 폭이 5[cm] 이하, 두께 0.5[mm] 이상인 것일 것
④ 몰드 상호 간에 전기적으로 완전하게 접속하였다.

17
고압 가공전선으로 ACSR(강심알루미늄연선)을 사용할 때 안전율은 얼마 이상이 되는 처짐 정도로 시설하여야 하는가?

① 1.38
② 2.2
③ 2.5
④ 4.01

18
수소냉각식의 발전기·무효전력 보상장치(조상기)에 부속하는 수소냉각 장치에서 필요 없는 장치는?

① 수소의 압력을 계측하는 장치
② 수소의 온도를 계측하는 장치
③ 수소의 유량을 계측하는 장치
④ 수소의 순도 저하를 경보하는 장치

19
전기저장장치의 시설 중 제어 및 보호장치에 관한 사항으로 옳지 않은 것은?

① 상용전원이 정전되었을 때 비상용 부하에 전기를 안정적으로 공급할 수 있는 시설을 갖출 것
② 전기저장장치의 접속점에는 쉽게 개폐할 수 없는 곳에 개방상태를 육안으로 확인할 수 있는 전용의 개폐기를 시설하여야 한다.
③ 직류 전로에 과전류 차단기를 설치하는 경우 직류 단락전류를 차단하는 능력을 가지는 것이어야 하고, "직류용" 표시를 하여야 한다.
④ 전기저장장치의 직류 전로에는 지락이 생겼을 때에 자동적으로 전로를 차단하는 장치를 시설하여야 한다.

20
특고압 옥외 배전용 변압기가 1대일 경우 특고압 측에 일반적으로 시설하여야 하는 것은?

① 방전기
② 계기용 변류기
③ 계기용 변압기
④ 개폐기 및 과전류 차단기

2025년 3회 정답과 해설

3회	SPEED CHECK 빠른정답표								
01	02	03	04	05	06	07	08	09	10
①	②	③	②	④	②	②	①	②	③
11	12	13	14	15	16	17	18	19	20
④	②	④	③	④	①	③	③	②	④

01 | ①
고압 옥측전선로의 시설(한국전기설비규정 331.13.1)
고압 옥측전선로의 전선은 케이블이어야 한다.

02 | ②
발전소 등의 울타리·담 등의 시설(한국전기설비규정 351.1)

사용전압의 구분	울타리·담 등의 높이와 울타리·담 등으로부터 충전부분까지의 거리의 합계
35[kV] 이하	5[m] 이상
35[kV] 초과 160[kV] 이하	6[m] 이상
160[kV] 초과	6[m]에 160[kV]를 초과하는 10[kV] 또는 그 단수마다 0.12[m]를 더한 값 이상

03 | ③
다리에 시설하는 전선로(한국전기설비규정 335.6)
다리(교량)의 윗면에 시설하는 것은 전선의 높이를 다리(교량)의 노면상 5[m] 이상으로 하여 시설할 것

04 | ②
특고압 가공전선로 전선 첨가 설치 통신선의 시가지 인입 제한(한국전기설비규정 362.5)

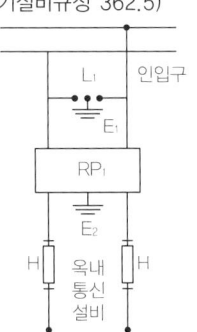

RP₁: 교류 300[V] 이하에서 동작하고, 최소 감도 전류가 3[A] 이하로서 최소 감도 전류 때의 따라 움직임(응동) 시간이 1사이클 이하이고 또한 전류용량이 50[A], 20초 이상인 자동복구성(자복성)이 있는 릴레이 보안기
L₁: 교류 1[kV] 이하에서 동작하는 피뢰기
E₁ 및 E₂: 접지
H: 250[mA] 이하에서 동작하는 열 코일

05 | ④
레일 전위의 위험에 대한 보호(한국전기설비규정 461.2)

시간 조건	최대 허용 접촉전압	
	교류(실횻값)	직류
순시조건($t \leq 0.5$초)	670	535
일시적 조건 (0.5초 $< t \leq 300$초)	65	150
영구적 조건($t > 300$초)	60	120
작업장 및 이와 유사한 장소	25	60

06 | ②
누전차단기의 시설(한국전기설비규정 211.2.4)
금속제 외함을 가지는 사용전압이 50[V]를 초과하는 저압의 기계기구로서 사람이 쉽게 접촉할 우려가 있는 곳에 시설하는 것에 전기를 공급하는 전로에는 보호대책으로 누전차단기를 시설해야 한다.

07 | ②
수중조명등(한국전기설비규정 234.14)
- 절연변압기의 2차 측 전로의 사용전압은 150[V] 이하일 것
- 절연변압기의 2차 측 전로는 접지하지 말 것
- 수중조명등의 절연변압기는 그 2차 측 전로의 사용전압이 30[V] 이하인 경우는 1차 권선과 2차 권선 사이에 금속제의 혼촉방지판을 설치한다.
- 수중조명등의 절연변압기는 2차 측 전로의 사용전압이 30[V]를 초과하는 경우에는 그 전로에 지락이 생겼을 때에 자동적으로 전로를 차단하는 정격감도전류 30[mA] 이하의 누전차단기를 시설하여야 한다.

08 | ①
감시 및 계측장치 등(한국전기설비규정 351.6)
변전소 또는 이에 준하는 곳에 시설하는 계측장치
- 주요 변압기의 전압 및 전류 또는 전력
- 특고압용 변압기의 온도

09 | ②
지중함의 시설(한국전기설비규정 334.2)
- 지중함은 견고하고 차량 기타 중량물의 압력에 견디는 구조일 것
- 지중함은 그 안의 고인 물을 제거할 수 있는 구조로 되어 있을 것
- 폭발성 또는 연소성의 가스가 침입할 우려가 있는 것에 시설하는 지중함으로서 그 크기가 1[m³] 이상인 것에는 통풍장치 기타 가스를 방산시키기 위한 장치를 시설할 것
- 지중함의 뚜껑은 시설자 이외의 자가 쉽게 열 수 없도록 시설할 것

10 | ③
고압 옥내배선 등의 시설(한국전기설비규정 342.1)

전압	전선과 조영재와의 간격	전선 상호 간격	전선 지지점 간의 거리	
			조영재의 면을 따라 붙이는 경우	조영재에 따라 시설하지 않는 경우
고압	0.05[m] 이상	0.08[m] 이상	2[m] 이하	6[m] 이하

11 | ④
태양광설비의 계측장치(한국전기설비규정 522.3.6)
태양광설비에는 전압과 전류 또는 전압과 전력을 계측하는 장치를 시설하여야 한다.

12 | ②
지지선의 시설(한국전기설비규정 331.11)
- 안전율: 2.5 이상
- 최저 인장하중: 4.31[kN]
- 연선일 경우 소선의 지름이 2.6[mm] 이상인 금속선 3가닥 이상을 꼬아서 사용
- 지중 및 지표상 0.3[m]까지의 부분은 아연도금 철봉 등을 사용
- 도로를 횡단하여 시설하는 지지선(지선)의 높이는 지표상 5[m] 이상, 교통에 지장을 초래할 우려가 없는 경우에는 지표상 4.5[m] 이상, 보도의 경우에는 2.5[m] 이상으로 할 수 있다.
- 가공전선로의 지지물로 사용하는 철탑은 지지선(지선)을 사용하여 그 강도를 분담시켜서는 아니 된다.
- 지지선의 전주 버팀대(지선근가)는 지지선(지선)의 인장하중을 견디도록 시설할 것

13 | ④
상주 감시를 하지 아니하는 변전소의 시설(한국전기설비규정 351.9)
다음의 경우에는 변전제어소 또는 기술원이 상주하는 장소에 경보장치를 시설할 것
- 운전조작에 필요한 차단기가 자동적으로 차단한 경우(차단기가 재연결(재폐로)한 경우 제외)
- 주요 변압기의 전원 측 전로가 무전압으로 된 경우
- 제어회로의 전압이 현저히 저하한 경우
- 옥내 및 옥외변전소에 화재가 발생한 경우
- 출력 3,000[kVA]를 초과하는 특고압용변압기는 그 온도가 현저히 상승한 경우
- 특고압용 타냉식변압기는 그 냉각장치가 고장난 경우
- 무효전력 보상장치(조상기)는 내부에 고장이 생긴 경우
- 수소냉각식 무효전력 보상장치(조상기)는 그 무효전력 보상장치(조상기) 안의 수소의 순도가 90[%] 이하로 저하한 경우, 수소의 압력이 현저히 변동한 경우 또는 수소의 온도가 현저히 상승한 경우
- 가스절연기기(압력의 저하에 의하여 절연파괴 등이 생길 우려가 없는 경우 제외)의 절연가스의 압력이 현저히 저하한 경우

14 | ③
용어 정의(한국전기설비규정 112)
리플프리(Ripple-free)직류란 교류를 직류로 변환할 때 리플성분의 실효값이 10[%] 이하로 포함된 직류를 말한다.

15 | ④
전기철도의 용어 정의(한국전기설비규정 402)
전선 설치방식: 전기철도차량에 전력을 공급하는 전차선의 전선 설치방식으로 가공방식, 강체방식, 제3레일방식 등이 있다.

16 | ①

금속몰드공사(한국전기설비규정 232.22)
- 전선은 절연전선(옥외용 비닐절연 전선을 제외한다)일 것
- 금속몰드 안에는 전선에 접속점이 없도록 할 것
- 금속몰드의 사용전압이 400[V] 이하로 옥내의 건조한 장소로 전개된 장소 또는 점검할 수 있는 은폐장소에 한하여 시설할 수 있다.
- 황동제 또는 동제의 몰드는 폭이 50[mm] 이하, 두께 0.5[mm] 이상인 것일 것
- 몰드 상호 간 및 몰드 박스 기타의 부속품과는 견고하고 또한 전기적으로 완전하게 접속할 것

17 | ③

고압 가공전선의 안전율(한국전기설비규정 332.4)
고압 가공전선은 케이블인 경우 이외에는 그 안전율이 경동선 또는 내열 동합금선은 2.2 이상, 그 밖의 전선은 2.5 이상이 되는 처짐 정도(이도)로 시설하여야 한다.

18 | ③

수소냉각식 발전기 등의 시설(한국전기설비규정 351.10)
수소냉각식 발전기·무효전력 보상장치(조상기) 또는 이에 부속하는 수소 냉각 장치는 다음에 따라 시설하여야 한다.
- 발전기 내부 또는 무효전력 보상장치(조상기) 안의 수소의 순도가 85[%] 이하로 저하한 경우에 이를 경보하는 장치를 시설할 것
- 발전기 내부 또는 무효전력 보상장치(조상기) 안의 수소의 압력을 계측하는 장치 및 그 압력이 현저히 변동한 경우에 이를 경보하는 장치를 시설할 것
- 발전기 내부 또는 무효전력 보상장치(조상기) 안의 수소의 온도를 계측하는 장치를 시설할 것

19 | ②

제어 및 보호장치의 시설(한국전기설비규정 511.2.7)
- 전기저장장치가 비상용 예비전원 용도를 겸하는 경우에는 다음에 따라 시설하여야 한다.
  - 상용전원이 정전되었을 때 비상용 부하에 전기를 안정적으로 공급할 수 있는 시설을 갖출 것
  - 관련 법령에서 정하는 전원유지시간 동안 비상용 부하에 전기를 공급할 수 있는 충전용량을 상시 보존하도록 시설할 것
- 전기저장장치의 접속점에는 쉽게 개폐할 수 있는 곳에 개방상태를 육안으로 확인할 수 있는 전용의 개폐기를 시설하여야 한다.
- 전기저장장치는 정격 운전 범위를 초과하는 다음의 경우가 발생했을 때 자동으로 전로를 차단하는 장치를 시설하여야 한다.
  - 과전압, 저전압, 과전류가 발생한 경우
  - 제어장치에 이상이 발생한 경우
  - 이차전지 모듈의 내부 온도가 상승할 경우
- 직류 전로에 과전류 차단기를 설치하는 경우 직류 단락전류를 차단하는 능력을 가지는 것이어야 하고, "직류용" 표시를 하여야 한다.
- 전기저장장치의 직류 전로에는 지락이 생겼을 때에 자동적으로 전로를 차단하는 장치를 시설하여야 한다.
- 발전소·변전소 혹은 이에 준하는 장소에 전기저장장치를 시설하는 경우 전로가 차단되었을 때에 경보하는 장치를 시설하여야 한다.

20 | ④

특고압 배전용 변압기의 시설(한국전기설비규정 341.2)
특고압 전선로에 접속하는 배전용 변압기를 시설하는 경우 다음에 따라야 한다.
- 변압기의 1차 전압은 35[kV] 이하, 2차 전압은 저압 또는 고압일 것
- 변압기의 특고압 측에 개폐기 및 과전류 차단기를 시설할 것
- 변압기의 2차 전압이 고압인 경우에는 고압 측에 개폐기를 시설하고 또한 쉽게 개폐할 수 있도록 할 것

MEMO

**여러분의 작은 소리
에듀윌은 크게 듣겠습니다.**

본 교재에 대한 여러분의 목소리를 들려주세요.
공부하시면서 어려웠던 점, 궁금한 점,
칭찬하고 싶은 점, 개선할 점, 어떤 것이라도 좋습니다.

에듀윌은 여러분께서 나누어 주신 의견을
통해 끊임없이 발전하고 있습니다.

에듀윌 도서몰 book.eduwill.net
- 부가학습자료 및 정오표: 에듀윌 도서몰 → 도서자료실
- 교재 문의: 에듀윌 도서몰 → 문의하기 → 교재(내용, 출간) / 주문 및 배송

끝맺음 노트

에듀윌 전기
전기설비기술기준 필기
+무료특강

📱 Mobile로 응시하기

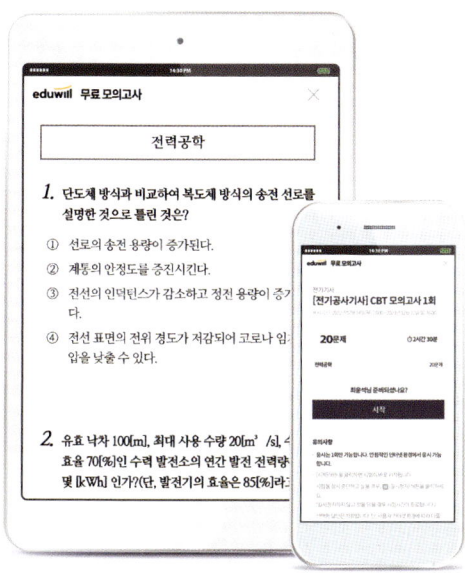

PC 버전 CBT 모의고사의 장점만을 그대로 담았습니다.
QR 코드를 스캔하여 더욱 쉽고 빠르게 서비스를 이용할 수 있습니다.

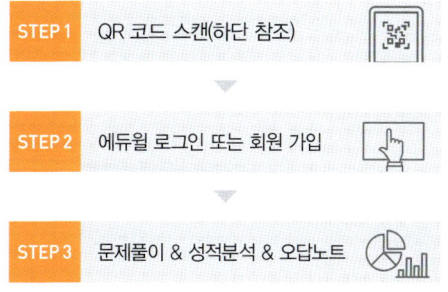

STEP 1 QR 코드 스캔(하단 참조)

STEP 2 에듀윌 로그인 또는 회원 가입

STEP 3 문제풀이 & 성적분석 & 오답노트

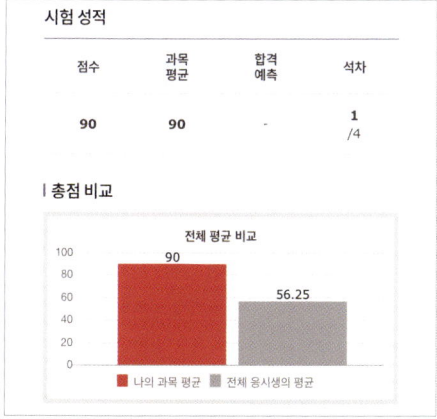

맞춤형 성적 분석

쉽고 빠른 오답해설

CBT 모의고사 3회
QR 코드

 1회 ▶  2회 ▶  3회

* CBT 모의고사는 2026년 1회차 시험 한달 전에 제공됩니다.
* CBT 모의고사 유효기간은 2027년 12월 31일까지이며, 이후 서비스 제공이 중단될 수 있습니다.

2026 에듀윌 전기 전기설비기술기준
6주 플래너

기초부터 탄탄하게 학습한다!
꼼꼼하게 학습하는 사람에게
추천하는 플래너

WEEK	DAY		차례	페이지	공부한 날	완료
1주	DAY 1	기본서	CHAPTER 01 공통사항	기본서 p.24	_월_일	☐
	DAY 2		CHAPTER 01 공통사항	기본서 p.24	_월_일	☐
	DAY 3		CHAPTER 02 저압 전기설비	기본서 p.56	_월_일	☐
	DAY 4		CHAPTER 02 저압 전기설비	기본서 p.56	_월_일	☐
	DAY 5		CHAPTER 03 고압·특고압 전기설비	기본서 p.82	_월_일	☐
	DAY 6		CHAPTER 03 고압·특고압 전기설비	기본서 p.82	_월_일	☐
	DAY 7		CHAPTER 04 전선로	기본서 p.98	_월_일	☐
2주	DAY 8		CHAPTER 04 전선로	기본서 p.98	_월_일	☐
	DAY 9		CHAPTER 04 전선로	기본서 p.98	_월_일	☐
	DAY 10		CHAPTER 05 발전소·변전소·개폐소 또는 이에 준하는 곳의 시설	기본서 p.154	_월_일	☐
	DAY 11		CHAPTER 05 발전소·변전소·개폐소 또는 이에 준하는 곳의 시설	기본서 p.154	_월_일	☐
	DAY 12		CHAPTER 06 전력보안통신설비	기본서 p.168	_월_일	☐
	DAY 13		CHAPTER 06 전력보안통신설비	기본서 p.168	_월_일	☐
	DAY 14		CHAPTER 07 전기사용장소의 시설	기본서 p.180	_월_일	☐
3주	DAY 15		CHAPTER 07 전기사용장소의 시설	기본서 p.180	_월_일	☐
	DAY 16		CHAPTER 08 전기철도설비	기본서 p.222	_월_일	☐
	DAY 17		CHAPTER 08 전기철도설비	기본서 p.222	_월_일	☐
	DAY 18		CHAPTER 09 분산형 전원설비	기본서 p.244	_월_일	☐
	DAY 19		CHAPTER 09 분산형 전원설비	기본서 p.244	_월_일	☐
	DAY 20		전기설비기술기준 기본서 전체 복습		_월_일	☐
	DAY 21				_월_일	
4주	DAY 22	유형별 N제	CHAPTER 01	유형별 N제 p.8	_월_일	☐
	DAY 23		CHAPTER 02 ~ 03	유형별 N제 p.30	_월_일	☐
	DAY 24		CHAPTER 04	유형별 N제 p.48	_월_일	☐
	DAY 25		CHAPTER 04	유형별 N제 p.48	_월_일	☐
	DAY 26		CHAPTER 05	유형별 N제 p.98	_월_일	☐
	DAY 27		CHAPTER 06	유형별 N제 p.116	_월_일	☐
	DAY 28		CHAPTER 07	유형별 N제 p.130	_월_일	☐
5주	DAY 29		CHAPTER 07	유형별 N제 p.130	_월_일	☐
	DAY 30		CHAPTER 08 ~ 09 1회독 완료	유형별 N제 p.160	_월_일	☐
	DAY 31		CHAPTER 01 ~ 02	유형별 N제 p.8	_월_일	☐
	DAY 32		CHAPTER 03 ~ 04	유형별 N제 p.36	_월_일	☐
	DAY 33		CHAPTER 05 ~ 06	유형별 N제 p.98	_월_일	☐
	DAY 34		CHAPTER 07	유형별 N제 p.130	_월_일	☐
	DAY 35		CHAPTER 08 ~ 09 2회독 완료	유형별 N제 p.160	_월_일	☐
6주	DAY 36		CHAPTER 01 ~ 03	유형별 N제 p.8	_월_일	☐
	DAY 37		CHAPTER 04 ~ 06	유형별 N제 p.48	_월_일	☐
	DAY 38		CHAPTER 07 ~ 09 3회독 완료	유형별 N제 p.130	_월_일	☐
	DAY 39		전기설비기술기준 유형별 N제 전체 복습		_월_일	☐
	DAY 40				_월_일	
	DAY 41		전기설비기술기준 전체 복습		_월_일	☐
	DAY 42				_월_일	

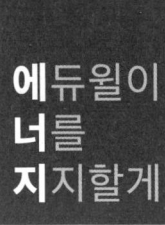

세상을 움직이려면
먼저 나 자신을 움직여야 한다.

– 소크라테스(Socrates)

에듀윌 전기 전기설비기술기준

필기 기본서

전기설비기술기준 & KEC 용어표준화 및 국문순화

어떻게 변했는가?

- 산업통상자원부에서 전기설비기술기준 및 한국전기설비규정(KEC) 내 일본식 한자, 어려운 축약어, 외래어 등의 순화에 관한 사항을 2023년 10월 12일에 공고하였습니다.
- 용어표준화 및 국문순화는 공고 즉시 시행되었으며 순화된 용어는 다음과 같이 총 177개입니다. 순화 대상이 된 용어는 앞으로 전기 관련 시험에 반영되어 출제될 것으로 예상됩니다.

*산업통상자원부 고시 제 2023-197호(전기설비기술기준 변경)
*산업통상자원부 공고 제 2023-768호(한국전기설비규정 변경)

*용어표준화 및 국문순화 대상

용어 변경에 따른 학습의 방향

- 2022년 3회차 전기기사 필기 시험부터 적용된 CBT 시험 방식의 특성상 용어의 변경이 시험 문제 전반에 걸쳐 모두 반영되지 않을 수 있습니다.
- 그러나 전기설비기술기준, 한국전기설비규정(KEC)에서 순화된 용어로 개정된 것은 명백한 사실이므로 용어표준화 및 국문순화에 따른 시험 문제 및 보기의 문항이 바뀔 가능성이 높습니다.
- 따라서 변경된 용어 위주로 학습하되 변경되기 전의 용어는 무엇이었는지 알고 넘어간다면 더욱 완벽한 시험 대비를 할 수 있습니다.

2026 에듀윌 전기설비기술기준 변경사항

1 용어 변경 완벽 반영

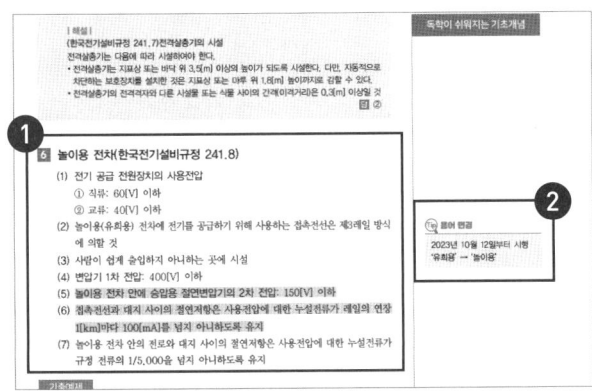

❶ 이론에 용어 변경사항을 완벽하게 반영하였습니다.

❷ 변경 전 용어가 무엇인지 한눈에 알 수 있도록 표시하였습니다.

2 변경 사항을 한눈에 확인

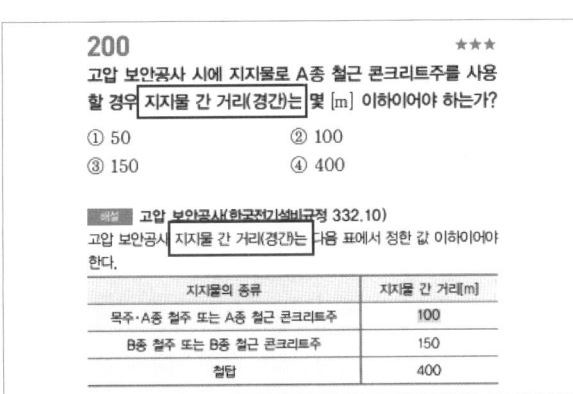

- 과거에 실제로 어떻게 출제되었는지 확인할 수 있도록 문제 및 보기에 변경된 용어 뒤에 괄호( )로 변경 전 용어를 함께 표시하였습니다.

3 용어 신구 비교표 활용(PDF 제공)

- 우측 하단의 QR 코드를 스캔하여 신구 비교표(PDF)를 확인할 수 있습니다.
  *PC 다운경로 | https://eduwill.kr/DuRf

- 교재 내 전체 변경된 용어에 대해 신구 비교표를 제공하여 무엇이 변했는지 한눈에 알 수 있도록 하였습니다.

신구 비교표
확인하기

ISSUE II

2022 제3회 시험부터 CBT시험 전격 시행

CBT 시험이란?

'Computer Based Test'의 약자로 컴퓨터 화면에서 시험 문제를 확인하고 그에 따른 정답을 클릭하면 네트워크를 통하여 감독자 PC에 자동으로 수험자의 답안이 저장되는 방식의 시험을 말합니다.

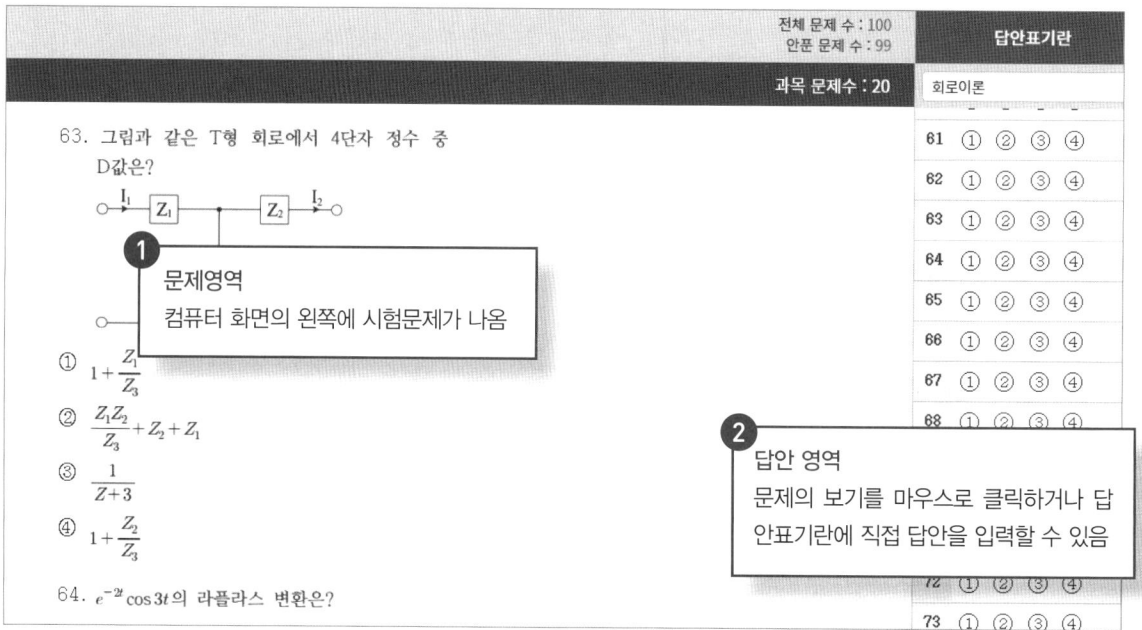

한눈에 보는 시험방식별 차이점

일반 필기시험	VS	CBT 필기시험
• 시험문제를 종이에 인쇄하여 출제 • 수험자 모두 동일한 문제 출제 • 출제자가 직접 문제 출제 • 합격자 발표일까지 시간 소요		• 컴퓨터 모니터에 시험문제를 출제 • 수험자별 다른 문제 출제 • 문제은행에서 출제 • 답안 제출 즉시 합격 여부 확인 가능

수험자별 다르게 출제되는 CBT시험 어떻게 준비해야 할까요?

 수험자별 출제되는 문제가 다르므로 원리학습을 할 필요가 있습니다.

 문제은행 식이므로 유형별로 문제가 랜덤으로 출제됩니다. 따라서, 빈출 유형별로 이론과 문제를 정리·학습해야 시험에 잘 대응할 수 있습니다.

 실전과 비슷한 방법으로 컴퓨터 시험 환경에 익숙해져야 합니다.

2026년 대비 CBT 맞춤 개정판 출간

CBT 시험에 강한 유형별 N제	문제은행 방식으로 출제됨에 따라 과년도 기출문제가 더욱 중요해졌습니다. 최신 기출문제는 물론 2000년도 이전에 시행된 시험까지 분석하여, 엄선한 문제들로 유형별 N제를 구성하였습니다. 반복학습을 통해 빠르게 합격이 가능합니다.
THEME별 핵심이론	과년도 기출문제를 분석하여 자주 출제된 문제 유형을 THEME별로 정리하였습니다. 시험대비에 꼭 필요한 내용으로만 구성하여 효율적으로 학습이 가능합니다.
최종 점검 CBT 실전 모의고사	실제 시험과 유사한 CBT 실전 모의고사로 시험 직전 최종 점검을 할 수 있습니다. 출제 비중이 높은 문제 위주로 엄선하여 구성하였으며, 상세한 해설 및 동영상 강의도 활용해 보세요.

이 책의 구성
2026 에듀윌 전기 기본서

비전공자도 이해하기 쉬운, 기초개념

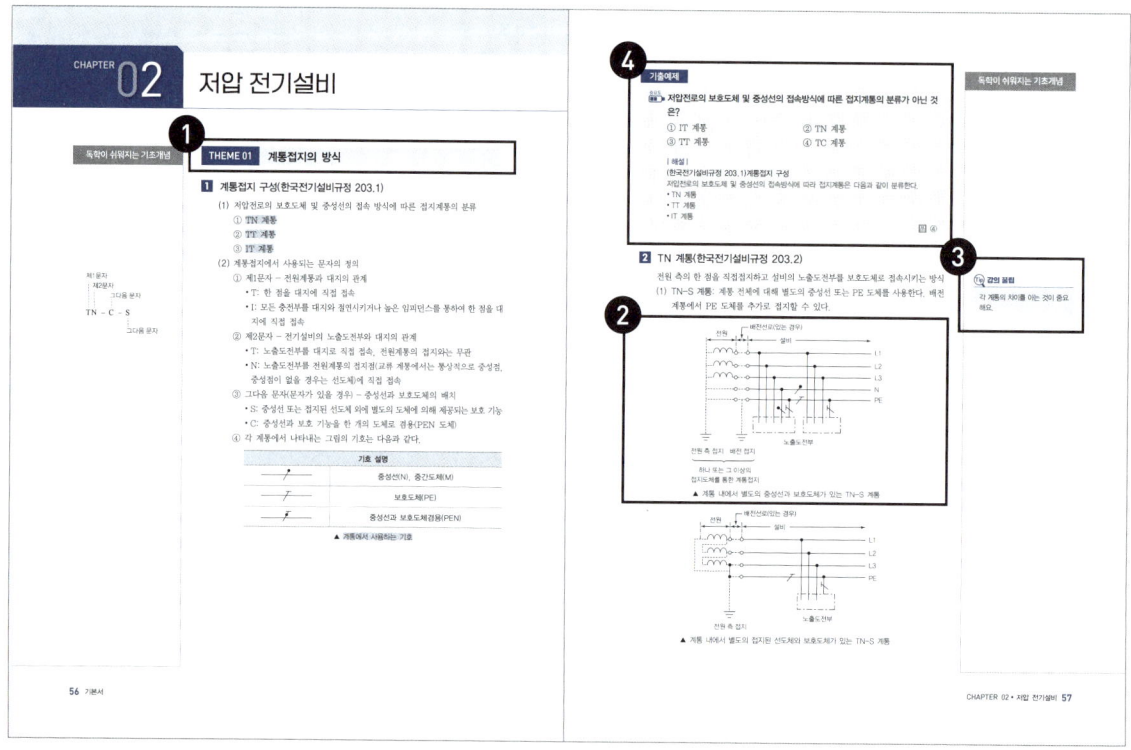

❶ CBT 시험 대비에 꼭 필요한 내용을 THEME로 구분하였습니다.
❷ 이론 학습에 꼭 필요한 다양한 그림을 제공하여 이해를 돕습니다.
❸ 비전공자부터 전공자까지 누구나 쉽게 이해할 수 있도록 어려운 개념을 알기 쉽게 풀어서 쓴 강의꿀팁을 제공합니다.
❹ 기출예제를 통해 이론 학습 후 바로 실전 적용이 가능합니다.

"시험에 출제되는 이론을 탄탄하게 학습할 수 있습니다."

합격에 꼭 필요한, 유형별 N제

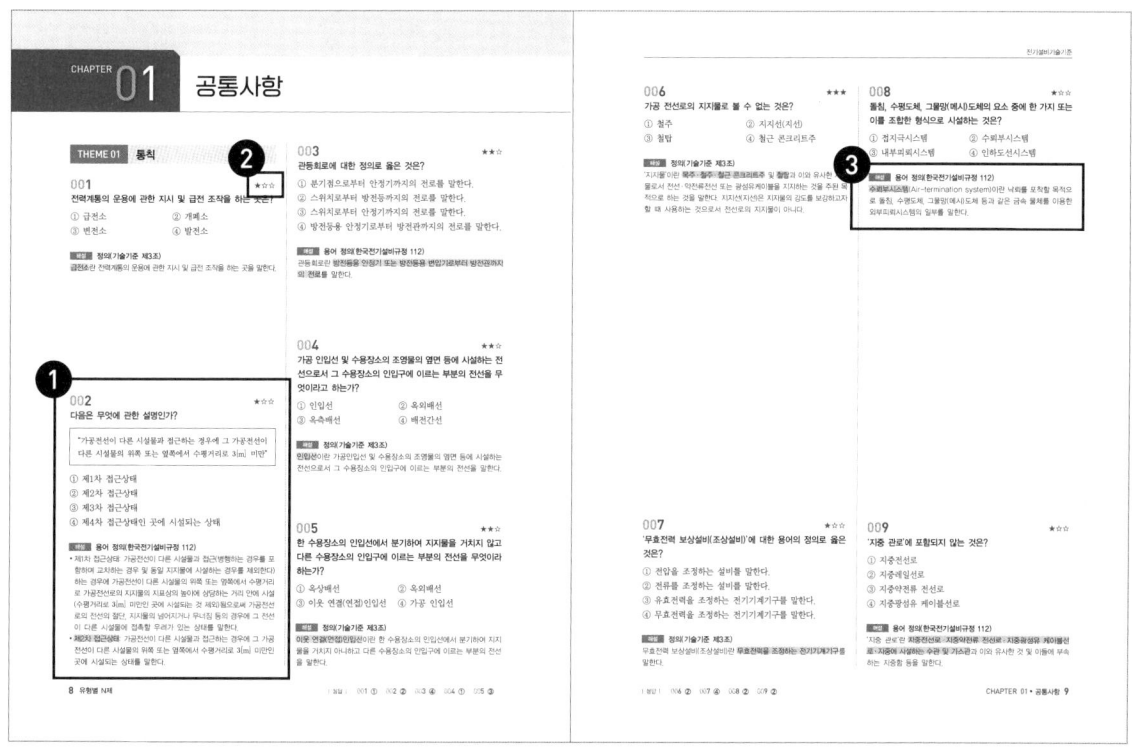

❶ 유형별 쉬운 문제부터 어려운 문제까지 엄선하여 수록하였습니다.
❷ 출제 비중을 ★~★★★로 표시하여 중요도를 한눈에 알 수 있습니다.
❸ 누구나 쉽게 이해할 수 있도록 친절한 해설을 제공하였습니다.

"유형별 N제 3회독 학습으로 쉽고 빠른 합격이 가능합니다."

이 책의 구성
2026 에듀윌 전기 기본서

마무리 학습을 위한, 끝맺음 노트

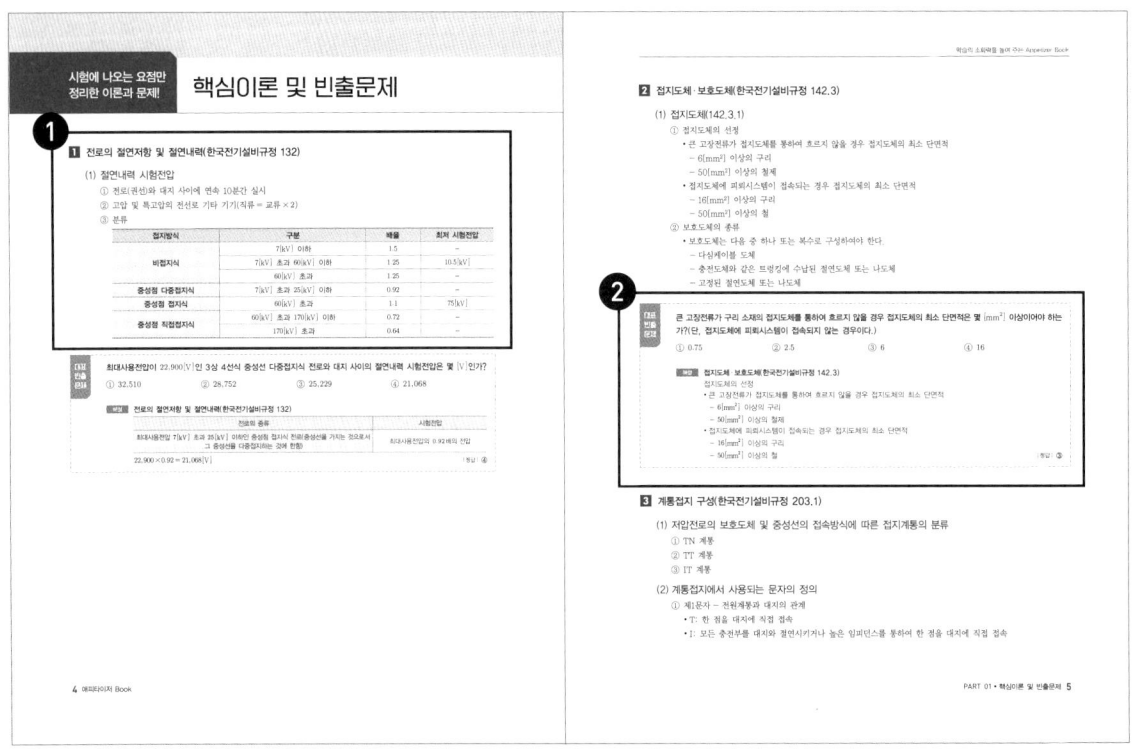

❶ 시험에 나오는 요점만 정리한 핵심이론을 제공합니다.
❷ 대표 빈출문제를 수록하여 핵심이론에 관련된 문제를 바로 풀어볼 수 있습니다.

"시험 전, **끝맺음 노트**와 함께 최종 점검하면 좋습니다."

시험 전에 준비하는, 최신기출 CBT 실전 모의고사

최신기출 CBT 모의고사 편

① 기출문제를 기반으로 실제 시험에 출제될 만한 문제들로 구성한 모의고사 3회를 제공합니다.
하단의 링크를 입력하거나 QR코드를 스캔하여 온라인 CBT 모의고사에 응시해 보세요!

정답과 해설 편

② 정답을 한눈에 확인할 수 있도록 빠른 정답표를 제공합니다.
③ QR코드를 스캔하여 무료 해설 특강으로 접근할 수 있으며, 강의를 통해 효율적인 학습이 가능합니다.

CBT 모의고사 빠른 입장

- 1회 | https://eduwill.kr/JVlp
- 2회 | https://eduwill.kr/FVlp
- 3회 | https://eduwill.kr/VVlp

※ CBT 모의고사 유효기간은 2027년 12월 31일까지이며, 이후 서비스 제공이 중단될 수 있습니다.

합격의 연장선
전기직 취업

전기기사 과목별 출제 정보

과목	전기(산업)기사	전기공사(산업)기사	전기직 공사·공단	전기직 공무원
회로이론	O	O	O	O
제어공학	O	O	O	O
전기기기	O	O	O	O
전기자기학	O	X	O	O
전력공학	O	O	O	X
전기설비기술기준	O	O	O	X
전기응용 및 공사재료	X	O	O	X
전기설비 설계 및 관리	O	X	X	X
전기설비 견적 및 시공	X	O	X	X

※ 단, 전기산업기사 및 전기공사산업기사는 제어공학이 출제되지 않음
※ 전기직 공사·공단 출제 정보는 회사마다 다름

필기

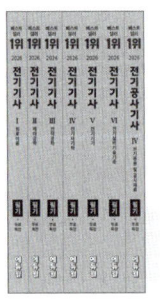

- 회로이론
- 제어공학
- 전력공학
- 전기자기학
- 전기기기
- 전기설비기술기준
- 전기응용 및 공사재료

실기

- 전기설비 설계 및 관리
- 전기설비 견적 및 시공

전기직 취업 정보

전기직군 공사·공단 취업

- 회로이론
- 제어공학
- 전기기기
- 전기자기학
- 전력공학
- 전기설비기술기준

➜ 최근 전기직군 공사 공단 채용이 많아지면서 한국전력, 코레일, 발전회사 위주로 큰 단위의 채용이 이루어짐.

전기직 공무원 취업

직렬	선발예정인원	시험과목(선택형 필기시험)	
전기직 (7급)	• 일반: 14명 • 장애인: 1명	언어논리영역, 자료해석영역, 상황판단영역, 영어(영어능력검정시험으로 대체), 한국사(한국사능력검정시험으로 대체), 물리학개론, 전기자기학, 회로이론, 전기기기	• 회로이론 • 제어공학 • 전기기기 • 전기자기학
전기직 (9급)	• 일반: 43명 • 장애인: 4명 • 저소득: 1명	국어, 영어, 한국사, 전기이론, 전기기기	

➜ 2023년 7·9급 전기직 공무원, 군무원 시험과목에 전기 기초 과목이 포함됨.

**결국 최종 목표는 취업, 전기기사 자격증부터 취업까지
에듀윌 전기기사 시리즈로 한번에 해결!**

Why? 전기기사
취업의 치트키 전기기사 자격증

취업 기회가 늘어나는 전기 관련 시장

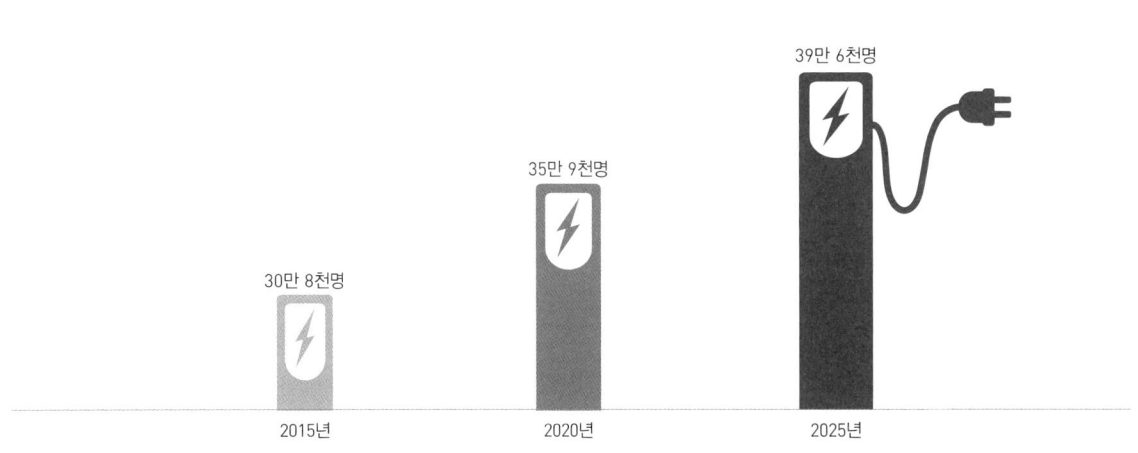

전기전자 관련직 수요증가

- 2015년: 30만 8천명
- 2020년: 35만 9천명
- 2025년: 39만 6천명

※ 출처: 고용노동부 직종별 사업체 노동력 조사

취업 부담이 줄어드는 다양한 가산점

한국전력공사 채용	한국철도공사 일반직 6급 채용
전기기사 10점 + 전기공사기사 10점 총 20점까지 부여	전기기사 4점 가산 전기산업기사 2.5점 가산

6급 이하 및 기술직공무원 채용	경찰공무원 채용
과목별 만점의 3~5% 가산	전기기사 4점 가산 전기산업기사 2점 가산

알아 두면 쓸데 있는 전기기사 시험 Q&A

전기기사와 전기공사기사 시험, 무엇이 다를까요?

전기기사와 전기공사기사의 필기시험은 총 5과목이며, 이중 1개의 과목만 서로 다르고 나머지 4개의 과목은 같습니다. 따라서 전기기사 취득 후 1개의 과목만 더 준비하면 전기공사기사 준비가 가능합니다. 전기기사와 전기공사기사 실기의 출제범위 중 50%도 서로 같기 때문에 실기에서도 연계하여 학습하기 유리합니다.

필기시험과 실기시험, 무엇이 다른가요?

필기는 5개 과목이고, 실기는 단답, 시퀀스, 수변전 설비의 3개 과목으로 필기가 실기보다 과목수가 더 많습니다.
그러나 시험 및 학습 난도는 실기가 더 높은 편입니다. 필기는 객관식 4지선다형의 문제 형태를 갖지만 실기는 논술식으로 치루어지기 때문에 더 실기가 어렵다고 느껴질 수 있습니다. 따라서 필기를 학습함에 있어서도 실기와 연관된 이론 학습은 확실히 알고 넘어갈 필요가 있습니다.

CBT 시험으로 변경된 후 어떤 출제 경향을 보이나요?

2022년 제3회 시험부터 CBT 시험 방식이 도입되었습니다. CBT 시험 특성상 수험자별로 출제되는 문제가 다르기 때문에 출제 경향을 예측하기는 쉽지 않은 상황입니다. 그러나 문제은행 방식으로 출제된다는 특징이 있기 때문에, THEME별로 이론과 문제들을 반복학습하면 쉽게 합격할 수 있습니다.

How? 전기기사

전기기사 합격전략

효율 UP 학습순서

전략 UP 과목별 맞춤학습법

회로이론	• 모든 과목의 바탕이 되는 중요한 과목 • 기사는 회로이론 전체를 학습 • 산업기사는 회로이론 앞부분을 중심으로 학습
제어공학	• 70점 이상의 점수를 얻기 쉬운 과목 • 전기기사는 회로이론의 기본만 학습하고 제어공학을 중심으로 학습
전력공학	• 고득점을 얻어야 유리한 과목 • 실기시험에도 영향을 미치는 과목 • 발전보다는 전력 부분에 초점을 맞추어 학습
전기자기학	• 고난도 문제가 자주 출제되는 과목 • 출제 기준에 맞추어서 학습
전기기기	• 어려운 내용에 비해 문제는 비교적 쉽게 출제되는 과목 • 기본공식을 암기하는 것에 집중하여 학습 • 기출문제를 중심으로 학습
전기응용 및 공사재료	• 난이도가 높지 않은 과목 • 기출문제 위주로 학습
전기설비기술기준	• 암기가 중요한 과목 • 고득점을 얻어야 하는 쉬우면서도 중요한 과목 • 내용을 요약하여 정리한 후 문제를 풀면서 학습

전기설비기술기준의 흐름을 잡는

완벽한 출제분석

전기설비기술기준 출제기준

분야	세부 출제기준
1. 공통사항	기술기준 총칙 및 KEC 총칙에 관한 사항 / 일반사항 / 전선 / 전로의 절연 / 접지시스템 / 피뢰시스템
2. 저압전기설비	통칙 / 안전을 위한 보호 / 전선로 / 배선 및 조명설비 / 특수설비
3. 고압, 특고압 전기설비	통칙 / 안전을 위한 보호 / 접지설비 / 전선로 / 기계, 기구 시설 및 옥내배선 / 발전소, 변전소, 개폐소 등의 전기설비 / 전력보안통신설비
4. 전기철도설비	통칙 / 전기철도의 전기방식 / 전기철도의 변전방식 / 전기철도의 전차선로 / 전기철도의 전기철도차량설비 / 전기철도의 설비를 위한 보호 / 전기철도의 안전을 위한 보호
5. 분산형 전원설비	통칙 / 전기저장장치 / 태양광발전설비 / 풍력발전설비 / 연료전지설비

전기설비기술기준 최근 20개년 출제비중

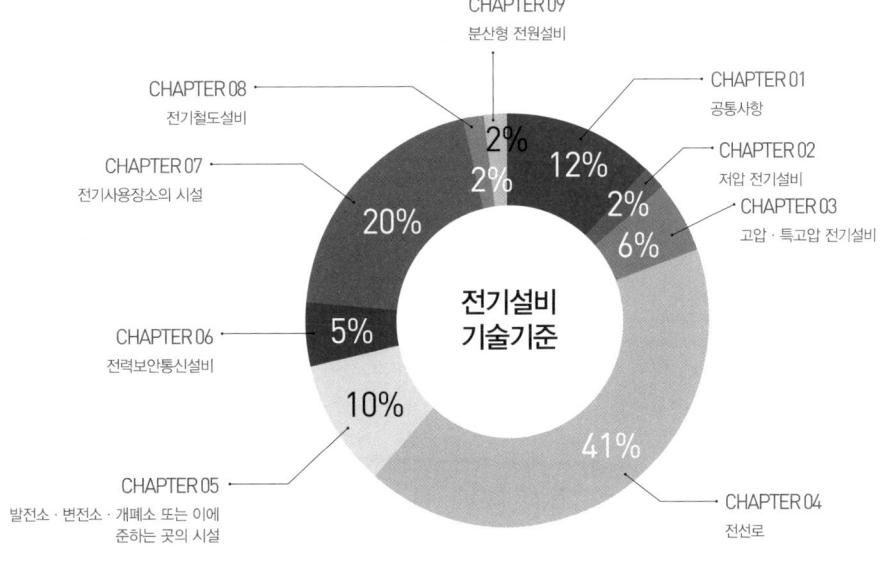

GUIDE
전기기사 시험안내

2026 시험 예상 일정

1. 전기(산업)기사, 전기공사(산업)기사

구분	필기시험	필기합격(예정자)발표	실기시험	최종합격 발표일
제1회	2~3월	3월	4~5월	6월
제2회	5월	6월	7~8월	9월
제3회	7월	8월	10~11월	12월

※ 정확한 시험 일정은 한국산업인력공단(Q-net) 참고

2. 빈자리 추가 접수기간

구분	필기시험	실기시험
제1회	2월	4월
제2회	5월	7월
제3회	6월	-

※ 정확한 시험 일정은 한국산업인력공단(Q-net) 참고

3. 공통사항
(1) 원서접수 시간은 원서접수 첫날 10:00부터 마지막 날 18:00까지 임
(2) 필기시험 합격(예정)자 및 최종합격자 발표시간은 해당 발표일 09:00임

검정기준 및 응시자격

1. 검정기준

등급	검정기준
기사	해당 국가기술자격의 종목에 관한 공학적 기술이론 지식을 가지고 설계·시공·분석 등의 업무를 수행할 수 있는 능력 보유
산업기사	해당 국가기술자격의 종목에 관한 기술기초이론 지식 또는 숙련기능을 바탕으로 복합적인 기초기술 및 기능 업무를 수행할 수 있는 능력 보유

※ 국가기술자격 검정의 기준(제14조 제1항 관련)

2. 응시자격

등급		응시자격 조건
기능사	자격제한 없음	
산업기사	자격증 + 경력	기능사 + 실무경력 1년
		실무경력 2년
	관련학과 졸업	실무경력 2년
		실무경력 2년
기사	자격증 + 경력	산업기사+실무경력 1년
		기능사+실무경력 3년
		실무경력 4년
	관련학과 졸업	관련학과 4년제 대졸 또는 졸업예정
		관련학과 3년제 대졸+실무경력 1년
		관련학과 2년제 대졸+실무경력 2년

CONTENTS
기본서 차례

CHAPTER 01 공통사항

THEME 01. 통칙	24
THEME 02. 전선	26
THEME 03. 전로의 절연	27
THEME 04. 접지시스템	31
THEME 05. 피뢰시스템	40
CBT 적중문제	44

CHAPTER 02 저압 전기설비

THEME 01. 계통접지의 방식	56
THEME 02. 안전을 위한 보호	64
CBT 적중문제	73

CHAPTER 03 고압·특고압 전기설비

THEME 01. 통칙	82
THEME 02. 안전을 위한 보호	82
THEME 03. 접지설비	84
THEME 04. 기계 및 기구	86
THEME 05. 옥내 설비의 시설	89
CBT 적중문제	91

CHAPTER 04 전선로

THEME 01. 통칙	98
THEME 02. 가공전선로	104
THEME 03. 옥측·옥상전선로 및 가공·이웃 연결인입선	122
THEME 04. 지중전선로	125
THEME 05. 특수장소의 전선로	128
CBT 적중문제	131

CHAPTER 05 발전소 · 변전소 · 개폐소 또는 이에 준하는 곳의 시설

THEME 01. 발전소 등의 울타리 · 담 등의 시설	154
THEME 02. 특고압 전로의 상 및 접속 상태의 표시	155
THEME 03. 보호장치와 계측장치	156
THEME 04. 상주 감시를 하지 아니하는 변전소의 시설	158
THEME 05. 수소냉각식 발전기 등의 시설	159
THEME 06. 압축공기계통	160
CBT 적중문제	161

CHAPTER 08 전기철도설비

THEME 01. 통칙	222
THEME 02. 전기철도의 전기방식	223
THEME 03. 전기철도의 변전방식	224
THEME 04. 전기철도의 전차선로	226
THEME 05. 전기철도의 전기철도차량 설비	230
THEME 06. 전기철도의 설비를 위한 보호	232
THEME 07. 전기철도의 안전을 위한 보호	233
CBT 적중문제	238

CHAPTER 06 전력보안통신설비

THEME 01. 시설기준	168
THEME 02. 시설 높이와 간격	169
THEME 03. 보안장치	171
THEME 04. 가공 통신 인입선 시설	172
THEME 05. 무선용 안테나	173
CBT 적중문제	174

CHAPTER 09 분산형 전원설비

THEME 01. 통칙	244
THEME 02. 전기저장장치	246
THEME 03. 태양광발전설비	249
THEME 04. 풍력발전설비	251
THEME 05. 연료전지설비	253
CBT 적중문제	255

CHAPTER 07 전기사용장소의 시설

THEME 01. 배선설비	180
THEME 02. 조명설비	190
THEME 03. 특수설비	196
CBT 적중문제	206

공통사항

1. 통칙
2. 전선
3. 전로의 절연
4. 접지시스템
5. 피뢰시스템

학습 전략

전기설비기술기준을 학습하는 데 필요한 기본적인 용어들에 충분히 익숙해져야 합니다. 기본 용어들을 숙지하고 있어야 이 과목을 학습하는 데 큰 어려움이 없습니다.

CHAPTER 01 | 흐름 미리보기

1. 통칙 → 2. 전선 → 3. 전로의 절연

5. 피뢰시스템 ← 4. 접지시스템

NEXT **CHAPTER 02**

CHAPTER 01 공통사항

독학이 쉬워지는 기초개념

Tip 강의 꿀팁

급전소는 '발전 → 송전 → 배전'을 운용하는 일종의 컨트롤 타워로 생각하면 돼요.

접지
변압기 중성점과 대지 사이를 도선으로 연결하는 것

이웃 연결인입선
한 수용장소의 인입선에서 분기하여 지지물을 거치지 아니하고 다른 수용장소의 인입구에 이르는 부분의 전선

THEME 01 통칙

1 급전소
전력 계통의 운용에 관한 지시 및 급전 조작을 하는 곳

2 접근 상태

1차 접근 상태	지지물의 높이와 같은 거리
2차 접근 상태	지지물과 수평거리 3[m] 미만 거리(1차 접근 상태보다 더 위험함)

3 관등회로
방전등용 안정기(방전등용 변압기 포함)로부터 방전관까지의 전로

4 대지전압

접지식 선로	전선과 대지 사이 전압
비접지식 선로	전선과 임의의 다른 전선 사이 전압

5 가공인입선
가공전선로의 지지물로부터 다른 지지물을 거치지 아니하고 수용장소의 붙임점에 이르는 가공전선

6 지지물
목주, 철주, 철근 콘크리트주(배전용), 철탑(송전용)

7 가섭선
지지물에 가설되는 모든 선류

8 계통접지
전력계통에서 돌발적으로 발생하는 이상현상에 대비하여 대지와 계통을 연결하는 것으로, 중성점을 대지에 접속하는 것

9 등전위본딩
등전위를 형성하기 위해 도전부 상호 간을 전기적으로 연결하는 것

10 수뢰부시스템

낙뢰를 포착할 목적으로 돌침, 수평도체, 그물망도체 등과 같은 금속 물체를 이용한 외부 피뢰시스템의 일부

11 접지시스템

기기나 계통을 개별적 또는 공통으로 접지하기 위하여 필요한 접속 및 장치로 구성된 설비

12 피뢰시스템

구조물 뇌격으로 인한 물리적 손상을 줄이기 위해 사용되는 전체시스템을 말하며, 외부피뢰시스템과 내부피뢰시스템으로 구성된다.

13 지중 관로

지중 전선로·지중 약전류 전선로·지중 광섬유 케이블 선로·지중에 시설하는 수관 및 가스관과 이와 유사한 것 및 이들에 부속하는 지중함 등을 말한다.

14 분산형전원

중앙급전 전원과 구분되는 것으로서 전력소비지역 부근에 분산하여 배치 가능한 전원을 말한다. 상용전원의 정전 시에만 사용하는 비상용 예비전원은 제외하며, 신·재생에너지 발전설비, 전기저장장치 등을 포함한다.

15 안전원칙

(1) 전기설비는 감전, 화재 그 밖에 사람에게 위해(危害)를 주거나 물건에 손상을 줄 우려가 없도록 시설하여야 한다.
(2) 전기설비는 사용목적에 적절하고 안전하게 작동하여야 하며, 그 손상으로 인하여 전기 공급에 지장을 주지 않도록 시설하여야 한다.
(3) 전기설비는 다른 전기설비, 그 밖의 물건의 기능에 전기적 또는 자기적인 장해를 주지 않도록 시설하여야 한다.

독학이 쉬워지는 기초개념

PEN 도체
교류회로에서 중성선 겸용 보호도체를 말한다.

PEM 도체
직류회로에서 중간도체 겸용 보호도체를 말한다.

PEL 도체
직류회로에서 선도체 겸용 보호도체를 말한다.

기출예제

중요도 '리플프리(Ripple-free)직류'란 교류를 직류로 변환할 때 리플성분의 실횻값이 몇 [%] 이하로 포함된 직류를 말하는가?

① 3 ② 5
③ 10 ④ 15

| 해설 |
(한국전기설비규정 112)용어 정의
리플프리(Ripple-free)직류란 교류를 직류로 변환할 때 리플성분의 실횻값이 10[%] 이하로 포함된 직류를 말한다.

답 ③

독학이 쉬워지는 기초개념

다음 중 '제2차 접근 상태'를 바르게 설명한 것은?

① 가공전선이 전선의 절단 또는 지지물의 넘어짐(도괴) 등이 되는 경우에 당해 전선이 다른 시설물에 접속될 우려가 있는 상태를 말한다.
② 가공전선이 다른 시설물과 접근하는 경우에 그 가공전선이 다른 시설물의 위쪽 또는 옆쪽에서 수평거리로 3[m] 미만인 곳에 시설되는 상태를 말한다.
③ 가공전선이 다른 시설물과 접근하는 경우에 그 가공전선이 다른 시설물의 위쪽 또는 옆쪽에서 수평거리로 3[m] 이상에 시설되는 것을 말한다.
④ 가공전선로 중 제1차 접근시설로 접근할 수 없는 시설로서 제2차 보호조치나 안전시설을 하여야 접근할 수 있는 상태의 시설을 말한다.

| 해설 |
(한국전기설비규정 112) 용어 정의
제2차 접근 상태란 가공전선이 다른 시설물과 접근하는 경우에 그 가공전선이 다른 시설물의 위쪽 또는 옆쪽에서 수평거리로 3[m] 미만인 곳에 시설되는 상태를 말한다.

답 ②

THEME 02 전선

1 전압의 종별 구분(한국전기설비규정 111.1)

(1) 저압: 직류는 1.5[kV] 이하, 교류는 1[kV] 이하인 것
(2) 고압: 직류는 1.5[kV]를, 교류는 1[kV]를 초과하고 7[kV] 이하인 것
(3) 특고압: 7[kV]를 초과하는 것

2 절연전선(한국전기설비규정 122.1)

절연전선은 「전기용품 및 생활용품 안전관리법」의 적용을 받는 것 이외에는 KS에 적합하거나 동등 이상의 성능을 만족하는 것을 사용하여야 한다.

3 전선의 접속(한국전기설비규정 123)

(1) 전선의 전기저항을 증가시키지 아니하도록 접속하여야 한다.
(2) 나전선 상호 또는 나전선과 절연전선 또는 캡타이어 케이블과 접속하는 경우에는 다음에 의할 것
 ① 전선의 세기[인장하중(引張荷重)으로 표시]를 20[%] 이상 감소시키지 아니할 것
 ② 접속 부분은 접속관 기타의 기구를 사용할 것
(3) 전기화학적 성질이 다른 도체를 접속하는 경우에는 접속 부분에 전기적 부식(전식)이 생기지 않도록 할 것
(4) 병렬로 사용하는 경우
 ① 굵기: 구리선(동선) 50[mm²] 이상, 알루미늄 70[mm²] 이상
 ② 전선은 같은 길이·굵기·도체·재료의 것을 사용
 ③ 병렬로 사용하는 전선 각각에 퓨즈 삽입 금지
 ④ 교류회로에서 병렬로 사용하는 전선은 금속관 안에 전자적 불평형이 생기지 않도록 시설
 ⑤ 같은 극의 각 전선은 동일한 터미널 러그에 완전히 접속

전선 식별

상(문자)	색상
L1	갈색
L2	검은(흑)색
L3	회색
N	파란(청)색
보호도체	녹색-노란색

Tip 용어 변경

2023년 10월 12일부터 시행
'전식' → '전기적 부식'
'동선' → '구리선'

기출예제

[중요도] 전압 구분에서 고압에 해당되는 것은?

① 직류는 1.5[kV]를, 교류는 1[kV]를 초과하고 7[kV] 이하인 것
② 직류는 1[kV]를, 교류는 1.5[kV]를 초과하고 7[kV] 이하인 것
③ 직류는 1.5[kV]를, 교류는 1[kV]를 초과하고 9[kV] 이하인 것
④ 직류는 1[kV]를, 교류는 1.5[kV]를 초과하고 9[kV] 이하인 것

| 해설 |
(한국전기설비규정 111.1)통칙
- 저압: 직류는 1.5[kV] 이하, 교류는 1[kV] 이하인 것
- 고압: 직류는 1.5[kV]를, 교류는 1[kV]를 초과하고 7[kV] 이하인 것
- 특고압: 7[kV]를 초과하는 것

답 ①

THEME 03 전로의 절연

1 전로의 절연 원칙(한국전기설비규정 131)

절연 제외 장소는 다음과 같다.
(1) 저압 전로에 접지공사를 한 접지점
(2) 전로의 중성점에 접지공사를 하는 경우의 접지점
(3) 계기용 변성기 2차 측 전로에 접지공사를 하는 경우의 접지점
(4) 저·고압 가공전선과 특고압 가공전선이 동일 지지물에 시설할 때 접지공사의 접지점
(5) 중성점이 접지된 특고압 가공선로의 중성선이 다중 접지를 하는 경우의 접지점
(6) 시험용 변압기, 전기 울타리용 전원 장치, 엑스선 발생 장치 등
(7) 전기욕기·전기로·전기보일러·전해조 등 대지로부터 절연하는 것이 기술상 곤란한 것

예상문제

[중요도] 전로의 절연 원칙에 따라 대지로부터 반드시 절연하여야 하는 것은?

① 전로의 중성점에 접지공사를 하는 경우의 접지점
② 계기용 변성기의 2차 측 전로에 접지공사를 하는 경우의 접지점
③ 저압 가공전선로에 접속되는 변압기
④ 시험용 변압기

| 해설 |
(한국전기설비규정 131)전로의 절연
전로는 다음의 부분 이외에는 대지로부터 절연하여야 한다.(절연 제외 장소)
- 저압 전로에 접지공사를 한 접지점
- 전로의 중성점에 접지공사를 하는 경우의 접지점
- 계기용 변성기(PT, CT) 2차 측 전로에 접지공사를 하는 경우의 접지점
- 저·고압 가공전선과 특고압 가공전선이 동일 지지물에 시설할 때 접지공사의 접지점
- 중성점이 접지된 특고압 가공선로의 중성선이 다중 접지를 하는 경우의 접지점
- 시험용 변압기, 전기 울타리용 전원 장치, 엑스선 발생 장치 등
- 전기욕기·전기로·전기보일러·전해조 등 대지로부터 절연하는 것이 기술상 곤란한 것

답 ③

독학이 쉬워지는 기초개념

절연
전기 또는 열을 통하지 않게 하는 것

다중 접지
접지를 여러 개소에 행하는 것

독학이 쉬워지는 기초개념

누설전류
절연 재료의 내부 또는 표면을 따라 새어서 흐르는 적은 양의 전류

Tip 강의 꿀팁

절연저항 측정 시 영향을 주거나 손상을 받을 수 있는 서지보호기(SPD), 기타기기 등의 분리가 어려운 경우 시험전압을 DC 250[V]로 낮추어 측정할 수 있지만 절연 저항 값은 1[MΩ] 이상이어야 해요.

2 전로의 절연저항 및 절연내력(한국전기설비규정 132)

(1) 사용전압이 저압인 전로에서 정전이 어려운 경우 등 절연저항 측정이 곤란한 경우, 저항 성분의 누설전류가 1[mA] 이하이면 그 전로의 절연성능은 적합한 것으로 본다.

(2) 전선로의 전선 및 절연성능(기술기준 제27조)

$$누설전류 \leq 최대\ 공급전류 \times \frac{1}{2,000}$$

(3) 저압 전로의 절연성능(기술기준 제52조)

전로의 사용전압[V]	DC시험전압[V]	절연저항[MΩ]
SELV 및 PELV	250	0.5 이상
FELV를 포함한 500[V] 이하	500	1.0 이상
500[V] 초과	1,000	1.0 이상

기출예제

중요도 전로의 사용전압이 SELV인 경우 전로와 대지 간의 절연저항은 몇 [MΩ] 이상이어야 하는가?

① 0.3 ② 0.5
③ 1.0 ④ 1.5

| 해설 |
(기술기준 제52조)저압전로의 절연성능
절연저항은 다음 표에서 정한 값 이상이어야 한다.

전로의 사용전압[V]	DC시험전압[V]	절연저항[MΩ]
SELV 및 PELV	250	0.5
PELV를 포함한 500[V] 이하	500	1.0
500[V] 초과	1,000	1.0

답 ②

중요도 저압의 전선로 중 절연 부분의 전선과 대지 간의 절연저항은 사용전압에 대한 누설전류가 최대 공급전류의 몇 분의 1을 넘지 아니하도록 유지하여야 하는가?

① 1,000 ② 2,000
③ 3,000 ④ 5,000

| 해설 |
(기술기준 제27조)전선로의 전선 및 절연성능
저압전선로 중 절연 부분의 전선과 대지 사이 및 전선의 심선 상호 간의 절연저항은 사용전압에 대한 누설전류가 최대 공급전류의 $\frac{1}{2,000}$을 넘지 않도록 하여야 한다.

답 ②

전로의 사용전압이 $200[V]$인 저압전로의 전선 상호 간 및 전로 대지 간의 절연저항은 최소 몇 $[M\Omega]$ 이상이어야 하는가?

① 0.5
② 1.0
③ 1.5
④ 2.0

|해설|
(기술기준 제52조)저압 전로의 절연성능
전로의 사용전압이 500[V] 이하인 경우의 절연저항은 $1.0[M\Omega]$ 이상이어야 한다.

답 ②

(4) 절연내력 시험전압
① 전로(권선)와 대지 사이에 연속 10분간 실시
② 고압 및 특고압의 전선로 기타 기기(직류 = 교류×2)
③ 분류

접지방식	구분	배율	최저 시험전압
비접지식	$7[kV]$ 이하	1.5	–
	$7[kV]$ 초과 $60[kV]$ 이하	1.25	$10.5[kV]$
	$60[kV]$ 초과	1.25	–
중성점 다중접지식	$7[kV]$ 초과 $25[kV]$ 이하	0.92	–
중성점 접지식	$60[kV]$ 초과	1.1	$75[kV]$
중성점 직접접지식	$60[kV]$ 초과 $170[kV]$ 이하	0.72	–
	$170[kV]$ 초과	0.64	–

3 회전기 및 정류기의 절연내력(한국전기설비규정 133)

(1) 분류

종류			시험전압	시험방법
회전기	발전기·전동기·무효전력보상장치·기타회전기(회전변류기를 제외한다.)	최대 사용전압 $7[kV]$ 이하	최대 사용전압의 1.5배의 전압 (최저 시험전압 $500[V]$)	권선과 대지 사이에 연속하여 10분간 가한다.
		최대 사용전압 $7[kV]$ 초과	최대 사용전압의 1.25배의 전압 (최저 시험전압 $10.5[kV]$)	
	회전변류기		직류 측 최대 사용전압의 1배의 교류전압(최저 시험전압 $500[V]$)	
정류기	최대 사용전압 $60[kV]$ 이하		직류 측 최대 사용전압의 1배의 교류전압(최저 시험전압 $500[V]$)	충전 부분과 외함 간에 연속하여 10분간 가한다.
	최대 사용전압 $60[kV]$ 초과		교류 측 최대 사용전압의 1.1배의 교류전압 또는 직류 측 최대 사용전압의 1.1배의 직류전압	교류 측 및 직류 고전압 측 단자와 대지 사이에 연속하여 10분간 가한다.

독학이 쉬워지는 기초개념

절연내력 시험
기기나 선로의 절연 강도를 측정하는 시험

독학이 쉬워지는 기초개념

4 연료전지 및 태양전지 모듈의 절연내력(한국전기설비규정 134)

최대 사용전압의 1.5배의 직류전압 또는 1배의 교류전압(최저 시험전압 500[V])을 충전 부분과 대지 사이에 연속하여 10분간 가하여 절연내력을 시험하였을 때 이에 견디는 것이어야 한다.

기출예제

중요도 최대 사용전압이 1차 22,000[V], 2차 6,600[V]의 권선으로서 중성점 비접지식 전로에 접속하는 변압기의 특고압 측 절연내력 시험전압은?

① 24,000[V] ② 27,500[V]
③ 33,000[V] ④ 44,000[V]

| 해설 |
(한국전기설비규정 132)전로의 절연저항 및 절연내력

권선의 종류	시험전압	시험방법
최대 사용전압 7[kV] 초과 60[kV] 이하의 권선	최대 사용전압의 1.25배의 전압 (최저 시험전압 10.5[kV])	전로와 대지 사이에 시험전압을 연속하여 10분간 가한다.
최대 사용전압이 60[kV]를 초과하는 권선으로서 중성점 비접지식 전로에 접속하는 것	최대 사용전압의 1.25배의 전압	

∴ 전로의 절연내력 시험전압
$22,000 \times 1.25 = 27,500[V]$

답 ②

강의 꿀팁

변압기의 절연내력 시험전압은 전로의 절연내력 시험전압과 동일하나, 비접지식 7[kV] 이하의 최저 시험전압은 500[V]이다.

5 변압기 전로의 절연내력(한국전기설비규정 135)

시험되는 권선의 중성점 단자, 다른 권선(다른 권선이 2개 이상 있는 경우에는 각 권선)의 임의의 1단자, 철심 및 외함을 접지하고 시험되는 권선의 중성점 단자 이외의 임의의 1단자와 대지 사이에 시험전압을 연속하여 10분간 가한다. 이 경우에 중성점에 피뢰기를 시설하는 것에 있어서는 다시 중성점 단자와 대지 간에 최대 사용전압의 0.3배의 전압을 연속하여 10분간 가한다.

기출예제

중요도 발전기, 전동기, 무효전력 보상장치(조상기), 기타 회전기(회전변류기)의 절연내력 시험 시 전압은 어느 곳에 가하면 되는가?

① 권선과 대지 사이
② 외함 부분과 전선 사이
③ 외함 부분과 대지 사이
④ 회전자와 고정자 사이

| 해설 |
(한국전기설비규정 133)회전기 및 정류기의 절연내력
발전기, 전동기, 무효전력 보상장치(조상기), 기타 회전기의 절연내력 시험 시 시험전압을 권선과 대지 사이에 연속하여 10분간 가한다.

답 ①

THEME 04 접지시스템

1 접지시스템의 구분 및 종류(한국전기설비규정 141)

(1) 접지시스템의 구분
① 계통접지
② 보호접지
③ 피뢰시스템 접지

(2) 접지시스템의 시설 종류
① 단독접지
② 공통접지
③ 통합접지

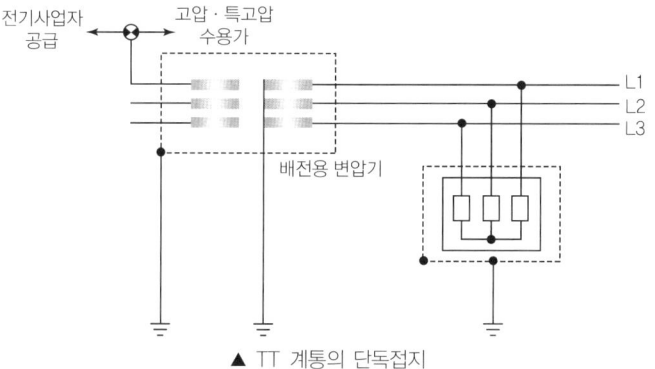

▲ TT 계통의 단독접지

독학이 쉬워지는 기초개념

계통접지
저·고압 혼촉에 의한 전력선의 재해를 방지하기 위한 접지방식

예상문제

다음 중 접지시스템의 시설 종류가 아닌 것은?
① 단독접지
② 피뢰시스템 접지
③ 공통접지
④ 통합접지

| 해설 |
(한국전기설비규정 141)접지시스템의 구분 및 종류
접지시스템의 시설 종류는 다음과 같이 분류한다.
• 단독접지
• 공통접지
• 통합접지

답 ②

> 독학이 쉬워지는 기초개념

2 접지시스템의 시설(한국전기설비규정 142)

(1) 접지시스템의 구성요소 및 요구사항(142.1)
　① 접지시스템의 구성요소
　　• 접지극(접지도체를 사용해 주 접지단자에 연결)
　　• 접지도체
　　• 보호도체
　　• 기타 설비
　② 접지시스템 요구사항
　　• 접지시스템은 다음에 적합하여야 한다.
　　　- 전기설비의 보호 요구사항을 충족하여야 한다.
　　　- 지락전류와 보호도체 전류를 대지에 전달할 것. 다만, 열적, 열·기계적, 전기·기계적 응력 및 이러한 전류로 인한 감전 위험이 없어야 한다.
　　　- 전기설비의 기능적 요구사항을 충족하여야 한다.
　　• 접지저항 값은 다음에 의한다.
　　　- 부식, 건조 및 동결 등 대지환경 변화에 충족하여야 한다.
　　　- 인체감전보호를 위한 값과 전기설비의 기계적 요구에 의한 값을 만족하여야 한다.

(2) 접지극의 시설 및 접지저항(142.2)
　① 접지극의 시설
　　• 콘크리트에 매입된 기초 접지극
　　• 토양에 매설된 기초 접지극
　　• 토양에 수직 또는 수평으로 직접 매설된 금속전극(봉, 전선, 테이프, 배관, 판 등)
　　• 케이블의 금속외장 및 그 밖의 금속피복
　　• 지중 금속구조물(배관 등)
　　• 대지에 매설된 철근콘크리트의 용접된 금속 보강재(강화 콘크리트 제외)
　② **접지극의 매설**
　　• 접지극은 매설하는 토양을 오염시키지 않아야 하며 가능한 다습한 부분에 설치한다.
　　• 접지극은 동결 깊이를 고려하여 시설하되, 고압 이상의 전기설비와 변압기 중성점 접지에 의하여 시설하는 접지극의 매설깊이는 지표면으로부터 **0.75[m] 이상**으로 한다.
　　• 접지도체를 철주 기타의 금속체를 따라서 시설하는 경우에는 접지극을 철주의 밑면으로부터 **0.3[m] 이상**의 깊이에 매설하는 경우 이외에는 접지극을 지중에서 그 금속체로부터 **1[m] 이상** 이격하여 매설하여야 한다.

③ 수도관 등을 접지극으로 사용하는 경우
- 지중에 매설되어 있고 대지와의 전기저항 값이 3[Ω] 이하의 값을 가지고 있는 금속제 수도관로가 다음을 따르는 경우 접지극으로 사용이 가능하다.
  - 접지도체와 금속제 수도관로의 접속은 안지름 75[mm] 이상인 부분 또는 여기에서 분기한 안지름 75[mm] 미만인 분기점으로부터 5[m] 이내의 부분에서 하여야 한다. 다만, 금속제 수도관로와 대지 사이의 전기저항 값이 2[Ω] 이하인 경우에는 분기점으로부터의 거리는 5[m]를 넘을 수 있다.
  - 접지도체와 금속제 수도관로의 접속부를 수도계량기로부터 수도 수용가 측에 설치하는 경우에는 수도계량기를 사이에 두고 양측 수도관로를 등전위본딩하여야 한다.
- 대지와의 사이에 전기저항 값이 2[Ω] 이하인 값을 유지하는 건축물·구조물의 철골 기타의 금속제는 이를 비접지식 고압전로에 시설하는 기계기구의 철대 또는 금속제 외함의 접지공사 또는 비접지식 고압전로와 저압전로를 결합하는 변압기의 저압전로의 접지공사의 접지극으로 사용할 수 있다.

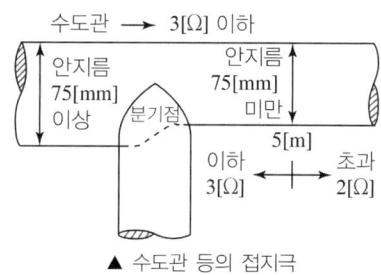

▲ 수도관 등의 접지극

> **독학이 쉬워지는 기초개념**
>
> **강의 꿀팁**
>
> 수도관 등을 접지극으로 사용하는 경우는 금속제 수도관로가 대지와의 전기저항 값이 3[Ω] 이하일 때와 접지도체와 금속제 수도관로가 접속할 때로 나눌 수 있어요.
>
> **접지공사의 접지극으로 사용할 수 있는 조건**
> - 금속제 수도관로: 대지와의 전기저항 값이 3[Ω] 이하
> - 건물의 철골: 대지 사이의 전기저항 값이 2[Ω] 이하

예상문제

다음 중 접지시스템의 구성요소에 해당되지 않는 것은?

① 접지극　　　　② 보호도체
③ 접지도체　　　④ 절연도체

| 해설 |
(한국전기설비규정 142)접지시스템의 시설
접지시스템의 구성요소는 다음과 같다.
- 접지극
- 접지도체
- 보호도체

답 ④

독학이 쉬워지는 기초개념

접지도체의 단면적[mm²]

접지도체의 종류	구리 (동)	철제
큰 고장전류가 접지도체를 통해 흐르지 않는 경우	6[mm²] 이상	50[mm²] 이상
접지도체에 피뢰시스템이 접속되는 경우	16[mm²] 이상	50[mm²] 이상

3 접지도체·보호도체(한국전기설비규정 142.3)

(1) 접지도체(142.3.1)
  ① 접지도체의 선정
   • 큰 고장전류가 접지도체를 통하여 흐르지 않을 경우 접지도체의 최소 단면적
    - 6[mm²] 이상의 구리
    - 50[mm²] 이상의 철제
   • 접지도체에 피뢰시스템이 접속되는 경우 접지도체의 최소 단면적
    - 16[mm²] 이상의 구리
    - 50[mm²] 이상의 철
  ② 접지도체는 지하 0.75[m]부터 지표상 2[m]까지 부분은 합성수지관(두께 2[mm] 미만의 합성수지제 전선관 및 가연성 콤바인덕트관 제외) 또는 이와 동등 이상의 절연효과와 강도를 가지는 몰드로 덮어야 한다.

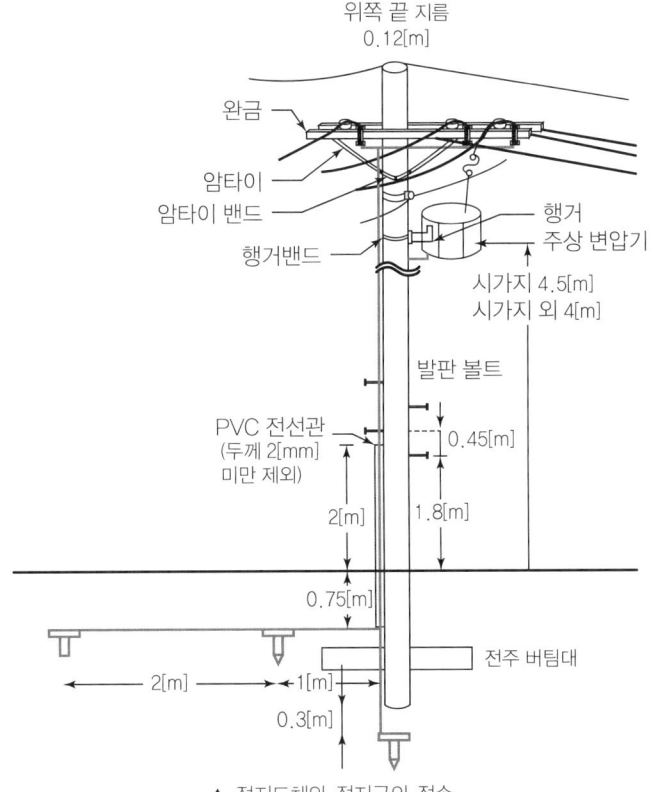

▲ 접지도체와 접지극의 접속

③ 접지도체의 굵기
- 특고압·고압 전기설비용 접지도체는 단면적 6[mm²] 이상의 연동선 또는 동등 이상의 단면적 및 강도를 가져야 한다.
- 중성점 접지용 접지도체는 공칭단면적 16[mm²] 이상의 연동선 또는 동등 이상의 단면적 및 세기를 가져야 한다. 다만, 7[kV] 이하의 전로 또는 사용전압이 25[kV] 이하(중성선 다중접지 방식의 것으로서 전로에 지락이 생겼을 때 2초 이내에 자동적으로 이를 전로로부터 차단하는 장치가 되어 있는 것)인 특고압 가공전선로의 경우 공칭단면적 6[mm²] 이상의 연동선 또는 동등 이상의 단면적 및 강도를 가져야 한다.

기출예제

중요도 큰 고장전류가 구리 소재의 접지도체를 통하여 흐르지 않을 경우 접지도체의 최소 단면적은 몇 [mm²] 이상이어야 하는가?(단, 접지도체에 피뢰시스템이 접속되지 않는 경우이다.)

① 0.75 ② 2.5
③ 6   ④ 16

| 해설 |
(한국전기설비규정 142.3)접지도체·보호도체
접지도체의 선정
- 큰 고장전류가 접지도체를 통하여 흐르지 않을 경우 접지도체의 최소 단면적
  - 6[mm²] 이상의 구리
  - 50[mm²] 이상의 철제
- 접지도체에 피뢰시스템이 접속되는 경우 접지도체의 최소 단면적
  - 16[mm²] 이상의 구리
  - 50[mm²] 이상의 철

답 ③

(2) 보호도체(142.3.2)
① 보호도체의 최소 단면적
- 보호도체의 최소 단면적은 다음 표에 따라 선정해야 하며 보호도체용 단자도 이 도체의 크기에 적합하여야 한다.

선도체의 단면적 S ([mm²], 구리)	보호도체의 최소 단면적([mm²], 구리)	
	보호도체의 재질이 선도체와 같은 경우	보호도체의 재질이 선도체와 다른 경우
$S \leq 16$	S	$\left(\dfrac{k_1}{k_2}\right) \times S$
$16 < S \leq 35$	16	$\left(\dfrac{k_1}{k_2}\right) \times 16$
$S > 35$	$\dfrac{S}{2}$	$\left(\dfrac{k_1}{k_2}\right) \times \left(\dfrac{S}{2}\right)$

▲ 보호도체의 최소 단면적

독학이 쉬워지는 기초개념

- k_1: 도체 및 절연의 재질에 따라 선정된 선도체에 대한 계수
- k_2: 보호도체에 대한 계수

독학이 쉬워지는 기초개념

- 보호도체의 단면적은 차단시간이 5초 이하인 경우 다음의 계산 값 이상이어야 한다.

$$S = \frac{\sqrt{I^2 t}}{k}$$

(단, S: 단면적[mm^2], I: 보호장치를 통해 흐를 수 있는 예상 고장전류 실횻값[A], t: 자동차단을 위한 보호장치의 동작시간[s], k: 재질 및 초기온도와 최종온도에 따라 정해지는 계수)

- 보호도체가 케이블의 일부가 아니거나 선도체와 동일 외함에 설치되지 않을 경우 단면적의 굵기

구분	구리[mm^2]	알루미늄[mm^2]
기계적 손상에 보호가 되는 경우	2.5 이상	16 이상
기계적 손상에 보호가 되지 않는 경우	4 이상	

② 보호도체의 종류
- 보호도체는 다음 중 하나 또는 복수로 구성하여야 한다.
  - 다심케이블의 도체
  - 충전도체와 같은 트렁킹에 수납된 절연도체 또는 나도체
  - 고정된 절연도체 또는 나도체
- 보호도체 또는 보호본딩도체로 사용할 수 없는 금속
  - 금속 수도관
  - 가스, 액체, 가루와 같은 잠재적인 인화성 물질을 포함하는 금속관
  - 상시 기계적 응력을 받는 지지 구조물 일부
  - 가요성 금속배관(보호도체의 목적으로 설계된 경우 제외)
  - 가요성 금속전선관
  - 지지선, 케이블트레이 및 이와 비슷한 것

예상문제

다음 중 보호도체로 사용할 수 없는 것은?

① 가요성 금속전선관
② 고정된 절연도체 또는 나도체
③ 다심케이블의 도체
④ 충전도체와 같은 트렁킹에 수납된 절연도체 또는 나도체

| 해설 |
(한국전기설비규정 142.3.2)보호도체
보호도체의 종류는 다음과 같다.
- 보호도체는 다음 중 하나 또는 복수로 구성하여야 한다.
  - 다심케이블의 도체
  - 충전도체와 같은 트렁킹에 수납된 절연도체 또는 나도체
  - 고정된 절연도체 또는 나도체

답 ①

4 전기수용가 접지(한국전기설비규정 142.4)

(1) 저압수용가 인입구 접지(142.4.1)
① 수용장소 인입구 부근에서 다음의 것을 접지극으로 사용하여 변압기 중성점 접지를 한 저압전선로의 중성선 또는 접지 측 전선에 추가로 접지공사를 할 수 있다.
  • 지중에 매설되어 있고 대지와의 전기저항 값이 3[Ω] 이하의 값을 유지하고 있는 금속제 수도관로
  • 대지 사이의 전기저항 값이 3[Ω] 이하인 값을 유지하는 건물의 철골
② 접지도체는 공칭단면적 6[mm²] 이상의 연동선 또는 이와 동등 이상의 세기 및 굵기의 쉽게 부식하지 않는 금속선으로서 고장 시 흐르는 전류를 안전하게 통할 수 있는 것이어야 한다.

예상문제

수용장소 인입구 부근에서 변압기 중성점 접지를 한 저압전선로의 중성선 또는 접지 측 전선에 추가로 접지공사를 할 때 사용하는 금속제 수도관로의 전기저항 값은 몇 [Ω] 이하이어야 하는가?

① 0.5[Ω] ② 1.5[Ω]
③ 2.5[Ω] ④ 3.0[Ω]

| 해설 |
(한국전기설비규정142.4.1)저압수용가 인입구 접지
수용장소 인입구 부근에서 다음의 것을 접지극으로 사용하여 변압기 중성점 접지를 한 저압전선로의 중성선 또는 접지 측 전선에 추가로 접지공사를 할 수 있다.
• 지중에 매설되어 있고 대지와의 전기저항 값이 3[Ω] 이하의 값을 유지하고 있는 금속제 수도관로
• 대지 사이의 전기저항 값이 3[Ω] 이하인 값을 유지하는 건물의 철골

답 ④

(2) 주택 등 저압수용장소 접지(142.4.2)
저압수용장소에서 계통접지가 TN-C-S 방식인 경우에 보호도체는 다음에 따라 시설하여야 한다.
• 보호도체의 최소 단면적은 142.3.2의 표에 의한 값 이상으로 한다.
• 중성선 겸용 보호도체(PEN)는 고정 전기설비에만 사용할 수 있고 그 도체의 단면적이 구리는 10[mm²] 이상, 알루미늄은 16[mm²] 이상이어야 하며, 그 계통의 최고전압에 대하여 절연되어야 한다.

보호도체의 최소 단면적(142.3.2)

선도체의 단면적 S ([mm²], 구리)	보호도체의 최소 단면적 ([mm²], 구리)
$S \leq 16$	S
$16 < S \leq 35$	16
$S > 35$	$S/2$

(단, 보호도체의 재질이 선도체와 같은 경우)

> **독학이 쉬워지는 기초개념**

변압기 중성점 접지저항 값

$$\frac{150/300/600}{I_g}[\Omega] \text{ 이하}$$

일반적인 경우: 150
1초 초과 2초 이내 차단장치: 300
1초 이내 차단장치: 600
I_g: 1선 지락전류[A]

기출예제

중요도 주택 등 저압수용장소에서 고정 전기설비에 TN-C-S 접지방식으로 접지공사 시 중성선 겸용 보호도체(PEN)는 고정 전기설비에만 사용할 수 있다. 그 보호도체의 단면적 구리는 몇 $[\text{mm}^2]$ 이상이어야 하는가?

① 4
② 6
③ 16
④ 10

| 해설 |
(한국전기설비규정 142.4.2)주택 등 저압수용장소 접지
저압수용장소에서 계통접지가 TN-C-S 방식인 경우에 보호도체는 다음에 따라 시설하여야 한다.
• 중성선 겸용 보호도체(PEN)는 고정 전기설비에만 사용할 수 있고, 그 도체의 단면적이 구리는 $10[\text{mm}^2]$ 이상, 알루미늄은 $16[\text{mm}^2]$ 이상이어야 하며, 그 계통의 최고전압에 대하여 절연되어야 한다.

답 ④

5 변압기 중성점 접지(한국전기설비규정 142.5)

(1) 변압기의 중성점 접지저항 값
① 일반적으로 변압기의 고압·특고압 전로 1선 지락전류로 150을 나눈 값과 같은 저항 값 이하
② 변압기의 고압·특고압 측 전로 또는 사용전압이 35[kV] 이하의 특고압전로가 저압 측 전로와 혼촉하고 저압전로의 대지전압이 150[V]를 초과하는 경우의 저항 값은 다음에 의한다.
   • 1초 초과 2초 이내에 고압·특고압 전로를 자동으로 차단하는 장치를 설치할 때에는 300을 나눈 값 이하
   • 1초 이내에 고압·특고압 전로를 자동으로 차단하는 장치를 설치할 때에는 600을 나눈 값 이하
(2) 전로의 1선 지락전류는 실측값에 의한다. 다만, 실측이 곤란한 경우에는 선로정수 등으로 계산한 값에 의한다.

예상문제

중요도 변압기 중성점 접지저항 값은 1초 이내에 고압·특고압 전로를 자동으로 차단하는 장치가 있는 경우 몇 $[\Omega]$ 이하인가?(단, $I[\text{A}]$는 변압기의 고압·특고압 전로 1선 지락전류이다.)

① $\dfrac{150}{I}$
② $\dfrac{200}{I}$
③ $\dfrac{300}{I}$
④ $\dfrac{600}{I}$

| 해설 |
(한국전기설비규정 142.5)변압기 중성점 접지
변압기의 고압·특고압 측 전로 또는 사용전압이 35[kV] 이하의 특고압전로가 저압 측 전로와 혼촉하고 저압전로의 대지전압이 150[V]를 초과하는 경우의 저항 값은 다음에 의한다.
• 1초 초과 2초 이내에 고압 및 특고압 전로를 자동으로 차단하는 장치를 설치할 때에는 300을 나눈 값 이하
• 1초 이내에 고압 및 특고압 전로를 자동으로 차단하는 장치를 설치할 때에는 600을 나눈 값 이하

답 ④

6 공통접지 및 통합접지(한국전기설비규정 142.6)

(1) 공통접지
고압 및 특고압과 저압 전기설비의 접지극이 서로 근접하여 시설되어 있는 변전소 또는 이와 유사한 곳에서는 공통접지시스템으로 할 수 있다.

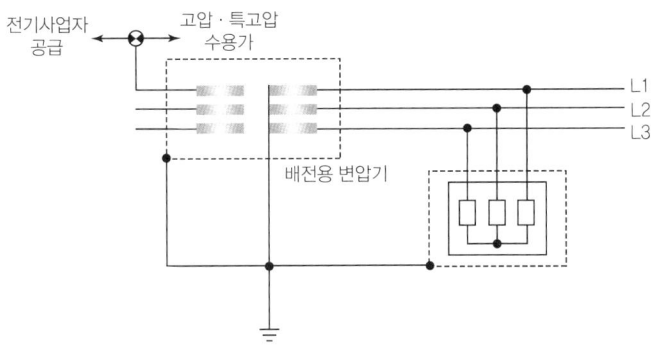

▲ TN 계통의 공통접지

(2) 통합접지
전기설비의 접지설비, 건축물의 피뢰설비·전자통신설비 등의 접지극을 공용하는 통합접지시스템으로 시설하여야 한다.

(3) 공통접지 및 통합접지의 공사
① 저압 전기설비의 접지극이 고압 및 특고압 접지극의 접지저항 형성 영역에 완전히 포함되어 있다면 위험전압이 발생하지 않도록 이들 접지극을 상호 접속하여야 한다.

② 접지시스템에서 고압 및 특고압 계통의 지락사고 시 저압계통에 가해지는 상용주파 과전압은 표에서 정한 값을 초과해서는 안 된다.

고압계통에서 지락고장시간[초]	저압설비 허용 상용주파 과전압[V]	비고
$t > 5$	$U_0 + 250$	중성선 도체가 없는 계통에서 U_0는 선간 전압을 말한다.
$t \leq 5$	$U_0 + 1,200$	

▲ 저압설비 허용 상용주파 과전압

③ 통합접지시스템의 경우 낙뢰에 의한 과전압 등으로부터 전기전자기기 등을 보호하기 위해 서지보호장치를 설치하여야 한다.

독학이 쉬워지는 기초개념

서지(Surge)
전력이나 전압이 짧은 시간에 다량 늘어난 후에 일정 시간 동안 감소되지 못할 때 나타나는 과도한 파형

독학이 쉬워지는 기초개념

외함
일정한 구조물에서 내부의 구조물을 둘러싼 겉의 함

직격뢰
뇌운(雷雲)에서 송전선 등에 직접 방전이 되는 경우를 이르는 것

7 기계기구의 철대 및 외함의 접지(한국전기설비규정 142.7)

전로에 시설하는 기계기구의 철대 및 금속제 외함(외함이 없는 변압기 또는 계기용 변성기는 철심)에는 접지공사를 하여야 한다. 다만, 다음의 어느 하나에 해당하는 경우 접지공사를 하지 아니하여도 된다.

(1) 사용전압이 직류 300[V] 또는 교류 대지전압이 150[V] 이하인 기계기구를 건조한 곳에 시설하는 경우
(2) 저압용의 기계기구를 건조한 목재의 마루 기타 이와 유사한 절연성 물건 위에서 취급하도록 시설하는 경우
(3) 저압용이나 고압용의 기계기구, 특고압 전선로에 접속하는 배전용 변압기나 이에 접속하는 전선에 시설하는 기계기구 또는 특고압 가공전선로의 전로에 시설하는 기계기구를 사람이 쉽게 접촉할 우려가 없도록 목주 기타 이와 유사한 것의 위에 시설하는 경우
(4) 철대 또는 외함의 주위에 절연대를 설치하는 경우
(5) 외함이 없는 계기용 변성기가 고무·합성수지 기타의 절연물로 피복한 것일 경우
(6) 「전기용품 및 생활용품 안전관리법」의 적용을 받는 이중절연구조로 되어 있는 기계기구를 시설하는 경우
(7) 저압용 기계기구에 전기를 공급하는 전로의 전원 측에 절연변압기(2차 전압이 300[V] 이하이며, 정격용량이 3[kVA] 이하인 것)를 시설하고 또한 그 절연변압기의 부하 측 전로를 접지하지 않은 경우
(8) 외함을 충전하여 사용하는 기계기구에 사람이 접촉할 우려가 없도록 시설하거나 절연대를 시설하는 경우
(9) 물기 있는 장소 이외의 장소에 시설하는 저압용의 개별 기계기구에 전기를 공급하는 전로에 「전기용품 및 생활용품 안전관리법」의 적용을 받는 인체감전보호용 누전차단기(정격감도전류가 30[mA] 이하, 동작시간이 0.03초 이하의 전류동작형에 한함)를 시설하는 경우

THEME 05 피뢰시스템

1 피뢰시스템의 적용범위 및 구성(한국전기설비규정 151)

(1) 적용범위(151.1)
  ① 전기전자설비가 설치된 건축물·구조물로서 낙뢰로부터 보호가 필요한 것 또는 지상으로부터 높이가 20[m] 이상인 것
  ② 전기설비 및 전자설비 중 낙뢰로부터 보호가 필요한 설비
(2) 피뢰시스템의 구성(151.2)
  ① 직격뢰로부터 대상물을 보호하기 위한 외부 피뢰시스템
  ② 간접뢰 및 유도뢰로부터 대상물을 보호하기 위한 내부 피뢰시스템

예상문제

피뢰시스템을 적용하는 곳은 전기전자설비가 설치된 건축물 및 구조물로서 낙뢰로부터 보호가 필요한 것 또는 지상으로부터의 최소 높이가 몇 [m] 이상인 것이어야 하는가?

① 10
② 15
③ 20
④ 30

| 해설 |
(한국전기설비규정 151.1) 피뢰시스템의 적용범위
- 전기전자설비가 설치된 건축물 및 구조물로서 낙뢰로부터 보호가 필요한 것 또는 지상으로부터 높이가 20[m] 이상인 것
- 전기설비 및 전자설비 중 낙뢰로부터 보호가 필요한 설비

답 ③

2 외부 피뢰시스템(한국전기설비규정 152)

(1) 수뢰부시스템(152.1)
  ① 수뢰부시스템의 선정
     - **돌침, 수평도체, 그물망(메시)도체의 요소 중에 한 가지 또는 이를 조합한 형식으로 시설하여야 한다.**
  ② 수뢰부시스템의 배치
     - 보호각법, 회전구체법, 그물망법 중 하나 또는 조합된 방법으로 배치하여야 한다.
     - 건축물·구조물의 뾰족한 부분, 모서리 등에 우선하여 배치한다.
  ③ 측뢰 보호가 필요한 경우
     - 전체 높이 60[m]를 초과하는 건축물·구조물의 최상부로부터 20[%] 부분에 한한다.

(2) 인하도선 시스템(152.2)
  ① 건축물·구조물과 분리된 피뢰시스템인 경우
     - 별개의 지주에 설치되어 있는 경우 각 지주마다 1가닥 이상의 인하도선을 시설한다.
     - 수평도체 또는 그물망도체인 경우 지지 구조물마다 1가닥 이상의 인하도선을 시설한다.

Tip 용어 변경

2023년 10월 12일부터 시행
'메시' → '그물망'

인하도선

피뢰시스템 중 뇌격류(벼락)의 충격으로 인해 흐르는 전류를 안전하게 대지로 전송하기 위한 선

독학이 쉬워지는 기초개념

병렬 인하도선 최대 간격

피뢰시스템 등급	최대 간격[m]
Ⅰ·Ⅱ	10
Ⅲ	15
Ⅳ	20

② 건축물·구조물과 분리되지 않은 피뢰시스템인 경우
- 벽이 불연성 재료로 된 경우에는 벽의 표면 또는 내부에 시설할 수 있다. 다만, 벽이 가연성 재료인 경우에는 0.1[m] 이상 이격하고, 이격이 불가능한 경우에는 도체의 단면적을 100[mm²] 이상으로 한다.
- 인하도선의 수는 2가닥 이상으로 한다.
- 보호대상 건축물·구조물의 투영에 따른 둘레에 가능한 균등한 간격으로 배치한다. 다만, 노출된 모서리 부분에 우선하여 설치한다.
- **병렬 인하도선의 최대 간격은 피뢰시스템 등급에 따라 Ⅰ, Ⅱ 등급은 10[m], Ⅲ 등급은 15[m], Ⅳ 등급은 20[m]로 한다.**

기출예제

피뢰설비 중 인하도선시스템의 건축물·구조물과 분리되지 않은 피뢰시스템인 경우에 대한 설명으로 틀린 것은?

① 인하도선의 수는 1가닥 이상으로 한다.
② 벽이 불연성 재료로 된 경우에는 벽의 표면 또는 내부에 시설할 수 있다.
③ 병렬 인하도선의 최대 간격은 피뢰시스템 등급에 따라 Ⅳ 등급은 20[m]로 한다.
④ 벽이 가연성 재료인 경우에는 0.1[m] 이상 이격하고, 이격이 불가능한 경우에는 도체의 단면적을 100[mm²] 이상으로 한다.

| 해설 |
(한국전기설비규정 152.2)인하도선시스템
건축물·구조물과 분리되지 않은 피뢰시스템인 경우
- 벽이 불연성 재료로 된 경우에는 벽의 표면 또는 내부에 시설할 수 있다. 다만, 벽이 가연성 재료인 경우에는 0.1[m] 이상 이격하고, 이격이 불가능한 경우에는 도체의 단면적을 100[mm²] 이상으로 한다.
- 인하도선의 수는 2가닥 이상으로 한다.
- 보호대상 건축물·구조물의 투영에 따른 둘레에 가능한 한 균등한 간격으로 배치한다. 다만, 노출된 모서리 부분에 우선하여 설치한다.
- 병렬 인하도선의 최대 간격은 피뢰시스템 등급에 따라 Ⅰ·Ⅱ 등급은 10[m], Ⅲ 등급은 15[m], Ⅳ 등급은 20[m]로 한다.

답 ①

3 내부 피뢰시스템(한국전기설비규정 153)

(1) 전기전자설비 보호(153.1)
① 접지와 본딩
- 뇌서지 전류를 대지로 방류시키기 위한 접지를 시설
- 전위차를 해소하고 자계를 감소시키기 위한 본딩을 구성할 것
② 서지보호장치 시설
- 전기전자설비 등에 연결된 전선로를 통하여 서지가 유입되는 경우, 해당 선로에는 서지보호장치를 설치하여야 한다.
- 지중 저압수전의 경우, 내부에 설치하는 전기전자기기의 과전압범주별 임펄스내전압이 규정 값에 충족하는 경우는 서지보호장치를 생략할 수 있다.

서지보호장치(SPD)
서지로부터 각종 장비들을 보호하는 장치로서 과도전압과 노이즈를 감소시키는 장치

(2) 피뢰 등전위본딩(153.2)
① 금속제 설비의 등전위본딩
- 건축물·구조물과 분리된 외부 피뢰시스템의 경우, 등전위본딩은 지표면 부근에서 시행하여야 한다.
- 건축물·구조물과 접속된 외부 피뢰시스템의 경우, 피뢰 등전위본딩은 다음에 따른다.
  - 기초부분 또는 지표면 부근 위치에서 하여야 하며 등전위본딩도체는 등전위본딩 바에 접속하고, 등전위본딩 바는 접지시스템에 접속하여야 한다. 또한 쉽게 점검할 수 있도록 하여야 한다.
  - 전기적 절연 요구조건에 따른 안전간격을 확보할 수 없는 경우에는 피뢰시스템과 건축물·구조물 또는 내부설비의 도전성 부분은 등전위본딩하여야 하며, 직접 접속하거나 충전부인 경우는 서지보호장치를 경유하여 접속하여야 한다. 다만, 서지보호장치를 사용하는 경우 보호레벨은 보호구간 기기의 임펄스내전압보다 작아야 한다.
- 건축물·구조물에는 지하 0.5[m]와 높이 20[m]마다 환상도체를 설치한다. 다만, 철근콘크리트, 철골구조물의 구조체에 인하도선을 등전위본딩하는 경우 환상도체는 설치하지 않아도 된다.

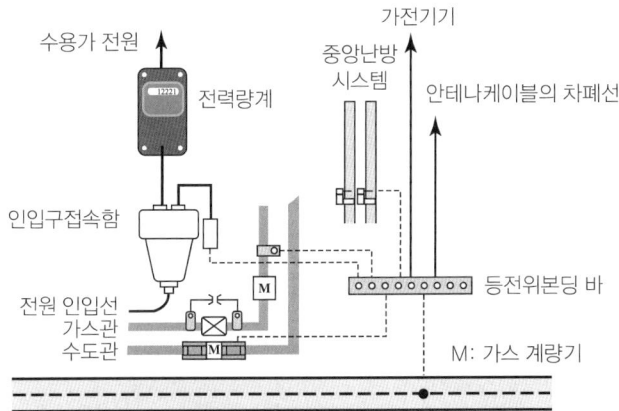

▲ 건축물 내부에서 등전위본딩

② 인입설비의 등전위본딩
- 건축물·구조물의 외부에서 내부로 인입되는 설비의 도전부에 대한 등전위본딩은 다음에 의한다.
  - 인입구 부근에서 등전위본딩을 한다.
  - 전원선은 서지보호장치를 사용하여 등전위본딩을 한다.
  - 통신 및 제어선은 내부와의 위험한 전위차 발생을 방지하기 위해 직접 또는 서지보호장치를 통해 등전위본딩을 한다.
- 가스관 또는 수도관의 연결부가 절연체인 경우, 해당설비 공급사업자의 동의를 받아 적절한 공법(절연방전갭 등 사용)으로 등전위본딩하여야 한다.

독학이 쉬워지는 기초개념

충전부
전선에서 직접 전류가 흐르는 도체 부분과 같은 부분

건축물·구조물의 인입설비 본딩

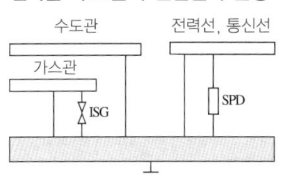

CHAPTER 01 CBT 적중문제

01
전력 계통의 운용에 관한 지시 및 급전 조작을 하는 곳은?

① 발전소 ② 변전소
③ 개폐소 ④ 급전소

해설
(기술기준 제3조)정의
급전소란 전력 계통의 운용에 관한 지시 및 급전 조작을 하는 곳을 말한다.

02
교류에서 고압의 범위는?

① 1[kV]를 초과하고 7[kV] 이하인 것
② 1.5[kV]를 초과하고 7[kV] 이하인 것
③ 1[kV]를 초과하고 7.5[kV] 이하인 것
④ 1.5[kV]를 초과하고 7.5[kV] 이하인 것

해설
(한국전기설비규정 111.1)전압의 구분
- 저압: 직류는 1.5[kV] 이하, 교류는 1[kV] 이하
- 고압: 직류는 1.5[kV]를, 교류는 1[kV]를 초과하고 7[kV] 이하
- 특고압: 7[kV]를 초과

03
특고압의 기준으로 옳은 것은?

① 3[kV]를 넘는 것 ② 5[kV]를 넘는 것
③ 7[kV]를 넘는 것 ④ 10[kV]를 넘는 것

해설
(한국전기설비규정 111.1)전압의 구분
- 저압: 직류는 1.5[kV] 이하, 교류는 1[kV] 이하
- 고압: 직류는 1.5[kV]를, 교류는 1[kV]를 초과하고 7[kV] 이하
- 특고압: 7[kV]를 초과

04
'제2차 접근 상태'라 함은 가공전선이 다른 시설물과 접근하는 경우에 그 가공전선이 다른 시설물의 위쪽 또는 옆쪽에서 수평거리로 몇 [m] 미만인 곳에 시설되는 상태를 말하는가?

① 0.5 ② 1
③ 2   ④ 3

해설
(한국전기설비규정 112)용어 정의
제2차 접근 상태란 가공전선이 다른 시설물과 접근하는 경우에 그 가공전선이 다른 시설물의 위쪽 또는 옆쪽에서 수평거리로 3[m] 미만인 곳에 시설되는 상태를 말한다.

| 정답 | 01 ④ 02 ① 03 ③ 04 ④

05

저압 전선로의 전선과 대지 간의 절연저항은 사용전압에 대한 누설전류가 최대 공급전류의 얼마를 넘지 않도록 하여야 하는가?

① $\dfrac{1}{4,000}$ ② $\dfrac{1}{3,000}$

③ $\dfrac{1}{2,000}$ ④ $\dfrac{1}{1,000}$

해설

(기술기준 제27조)전선로의 전선 및 절연성능
저압전선로 중 절연부분의 전선과 대지 사이 및 전선의 심선 상호 간의 절연저항은 사용전압에 대한 누설전류가 최대 공급전류의 $\dfrac{1}{2,000}$을 넘지 않도록 하여야 한다.

06

전로의 사용전압이 $400[\mathrm{V}]$인 옥내전로에 전선 상호 간의 절연저항 값은 최소 몇 $[\mathrm{M}\Omega]$ 이상이어야 하는가?

① 0.1 ② 1.0
③ 1.5 ④ 2.0

해설

(기술기준 제52조)저압전로의 절연성능
절연저항은 다음 표에서 정한 값 이상이어야 한다.

전로의 사용전압[V]	DC시험전압[V]	절연저항[MΩ]
SELV 및 PELV	250	0.5
FELV를 포함한 500[V] 이하	500	1.0
500[V] 초과	1,000	1.0

전로의 사용전압이 500[V] 이하이므로 절연저항 값은 최소 1.0[MΩ] 이상이다.

07

전로의 사용전압이 SELV인 저압전로의 전선 상호 간의 절연저항은 최소 몇 $[\mathrm{M}\Omega]$ 이상이어야 하는가?

① 0.2 ② 0.5
③ 1.0 ④ 1.5

해설

(기술기준 제52조)저압전로의 절연성능
절연저항은 다음 표에서 정한 값 이상이어야 한다.

전로의 사용전압[V]	DC시험전압[V]	절연저항[MΩ]
SELV 및 PELV	250	0.5
FELV를 포함한 500[V] 이하	500	1.0
500[V] 초과	1,000	1.0

전로의 사용전압이 SELV이므로 절연저항 값은 최소 0.5[MΩ] 이상이다.

08

고압 및 특고압의 전로에 절연내력 시험을 하는 경우 시험전압을 연속하여 몇 분 동안 가하는가?

① 1분 ② 5분
③ 10분 ④ 30분

해설

(한국전기설비규정 132)전로의 절연저항 및 절연내력
고압 및 특고압의 전로는 시험전압을 전로와 대지 사이에 연속하여 10분간 가하여 절연내력을 시험하였을 때 이에 견디어야 한다.

09

최대 사용전압 60[kV] 이하의 정류기 절연내력 시험전압은 직류 측 최대 사용전압의 몇 배의 교류전압인가?

① 1배   ② 1.25배
③ 1.5배 ④ 2배

해설

(한국전기설비규정 133) 회전기 및 정류기의 절연내력

종류		시험전압	시험방법
정류기	최대 사용전압 60[kV] 이하	직류 측의 최대 사용전압의 1배의 교류전압(최저 시험전압 500[V])	충전 부분과 외함 간에 연속하여 10분간 가한다.
	최대 사용전압 60[kV] 초과	교류 측의 최대 사용전압의 1.1배의 교류전압 또는 직류 측의 최대 사용전압의 1.1배의 직류전압	교류 측 및 직류 고전압 측 단자와 대지 사이에 연속하여 10분간 가한다.

10

3,300[V] 고압 유도 전동기의 절연내력 시험전압은 최대 사용전압의 몇 배를 10분간 가하는가?

① 1배   ② 1.25배
③ 1.5배 ④ 2배

해설

(한국전기설비규정 133) 회전기 및 정류기의 절연내력

종류		시험전압	시험방법
회전기	발전기·전동기·무효전력 보상장치·기타 회전기 (회전변류기를 제외한다.)	최대 사용전압 7[kV] 이하	최대 사용전압의 1.5배의 전압(최저 시험전압 500[V])	권선과 대지 사이에 연속하여 10분간 가한다.
		최대 사용전압 7[kV] 초과	최대 사용전압의 1.25배의 전압(최저 시험전압 10.5[kV])	
	회전변류기		직류 측 최대 사용전압의 1배의 교류전압(최저 시험전압 500[V])	

11

최대 사용전압 154,000[V]인 중성점 직접 접지식 전로의 절연내력 시험전압은 몇 [V]인가?

① 110,880   ② 141,680
③ 169,400   ④ 192,500

해설

(한국전기설비규정 135) 변압기 전로의 절연내력

종류	시험전압	시험방법
최대 사용전압이 60[kV] 초과 중성점 직접접지식 전로	최대 사용전압의 0.72배의 전압	전로와 대지사이에 연속하여 10분간 가한다.

절연내력 시험전압은 154,000×0.72=110,880[V]이다.

12

주상 변압기 전로의 절연내력을 시험할 때 최대 사용전압이 23,000[V]인 권선으로서 중성점 접지식 전로(중성선을 가지는 것으로서 그 중성선에 다중접지를 한 것)에 접속하는 것의 시험전압[V]으로 알맞은 것은?

① 16,560   ② 21,160
③ 25,300   ④ 28,750

해설

(한국전기설비규정 135) 변압기 전로의 절연내력

권선의 종류	시험전압	시험방법
최대 사용전압 7[kV] 이하	최대 사용전압의 1.5배의 전압(500[V] 미만으로 되는 경우에는 500[V]). 다만, 중성점이 접지되고 다중접지된 중성선을 가지는 전로에 접속하는 것은 0.92배의 전압(최저 시험전압 500[V])	시험되는 권선과 다른 권선, 철심 및 외함 간에 시험전압을 연속하여 10분간 가한다.
최대 사용전압 7[kV] 초과 25[kV] 이하의 권선으로서 중성점 접지식 전로(중성선을 가지는 것으로서 그 중성선에 다중접지를 하는 것에 한한다)에 접속하는 것	최대 사용전압의 0.92배의 전압	

절연내력 시험전압은 23,000×0.92=21,160[V]이다.

13
기구 등의 전로의 절연내력 시험에서 최대 사용전압이 $60[\text{kV}]$를 초과하는 기구 등의 전로로서 중성점 비접지식 전로는 최대 사용전압의 몇 배의 전압에 10분간 견디어야 하는가?

① 1.5
② 1.25
③ 0.92
④ 0.72

해설
(한국전기설비규정 136)기구 등의 전로의 절연내력
최대 사용전압이 60[kV]를 초과하는 기구 등의 전로로서 중성점 비접지식 전로에 접속하는 것의 시험전압은 최대 사용전압의 1.25배의 전압에 10분간 견디는 것이어야 한다.

14
한국전기설비규정에서 규정하고 있는 접지시스템의 구분으로 적당하지 않은 것은?

① 계통접지
② 보호접지
③ 중성점접지
④ 피뢰시스템 접지

해설
(한국전기설비규정 141)접지시스템의 구분 및 종류
접지시스템의 구분
• 계통접지
• 보호접지
• 피뢰시스템 접지

15
한국전기설비규정에서 규정하고 있는 접지시스템의 시설 종류로 적당하지 않은 것은?

① 단독접지
② 공통접지
③ 통합접지
④ 연속접지

해설
(한국전기설비규정 141)접지시스템의 구분 및 종류
접지시스템의 시설 종류
• 단독접지
• 공통접지
• 통합접지

16
접지시스템의 구성요소로 적당하지 않은 것은?

① 금속체
② 접지극
③ 접지도체
④ 보호도체

해설
(한국전기설비규정 142.1)접지시스템의 구성요소 및 요구사항
접지시스템의 구성요소
• 접지극
• 접지도체
• 보호도체
• 기타 설비

17
접지시스템의 요구사항으로 적당하지 않은 것은?

① 지락 전류와 보호도체 전류를 대지에 전달할 것
② 접지저항 값은 인체감전보호를 위한 값과 전기설비의 기계적 요구에 의한 값 이하로 설정할 것
③ 접지저항 값은 부식, 건조 및 동결 등 대지환경 변화에 충족할 것
④ 전기설비의 보호 및 기능적 요구사항을 충족할 것

해설

(한국전기설비규정 142.1)접지시스템의 구성요소 및 요구사항
- 접지시스템의 요구사항
  - 전기설비의 보호 및 기능적 요구사항을 충족할 것
  - 지락 전류와 보호도체 전류를 대지에 전달할 것. 다만, 열적·기계적, 전기·기계적 응력 및 이러한 전류로 인한 감전 위험이 없어야 한다.
- 접지저항 값의 요구사항
  - 부식, 건조 및 동결 등 대지환경 변화에 충족할 것
  - 인체감전보호를 위한 값과 전기설비의 기계적 요구에 의한 값을 만족할 것

18
접지극은 동결 깊이를 고려하여 시설하되 고압 이상의 전기설비와 변압기 중성점 접지에 의하여 시설하는 접지극의 매설깊이는 지표면으로부터 몇 [m] 이상이어야 하는가?

① 0.5
② 0.75
③ 1.0
④ 1.5

해설

(한국전기설비규정 142.2)접지극의 시설 및 접지저항
접지극은 동결 깊이를 고려하여 시설하되 고압 이상의 전기설비와 변압기 중성점 접지에 의하여 시설하는 접지극의 매설깊이는 지표면으로부터 0.75[m] 이상으로 한다.

19
접지도체를 금속체를 따라서 시설하는 경우에는 접지극을 금속체의 밑면으로부터 30[cm] 이상의 깊이에 매설하는 경우 이외에는 접지극을 지중에서 몇 [cm] 이상 떼어 매설하여야 하는가?

① 50
② 75
③ 100
④ 125

해설

(한국전기설비규정 142.2)접지극의 시설 및 접지저항
접지도체를 철주 기타의 금속체를 따라서 시설하는 경우에는 접지극을 철주의 밑면으로부터 0.3[m] 이상의 깊이에 매설하는 경우 이외에는 접지극을 지중에서 그 금속체로부터 1[m] 이상 떼어 매설할 것

20
지중에 매설되어 있고 대지와의 전기저항 값이 몇 [Ω] 이하의 값을 유지하고 있는 금속제 수도관로는 이를 각종 접지공사의 접지극으로 사용할 수 있는가?

① 2
② 3
③ 5
④ 10

해설

(한국전기설비규정 142.2)접지극의 시설 및 접지저항
지중에 매설되어 있고 대지와의 전기저항 값이 3[Ω] 이하의 값을 유지하고 있는 금속제 수도관로는 이를 접지공사의 접지극으로 사용할 수 있다.

| 정답 | 17 ② 18 ② 19 ③ 20 ②

21

지중에 매설되어 있고 대지와의 전기저항치가 $3[\Omega]$인 금속제 수도관로를 접지공사의 접지극으로 사용할 때 접지도체와 수도관로의 접속은 안지름 $75[\text{mm}]$ 미만인 수도관의 경우에는 몇 $[\text{m}]$ 이내의 부분에서 하여야 하는가?

① 3
② 5
③ 8
④ 10

해설

(한국전기설비규정 142.2)접지극의 시설 및 접지저항
금속제 수도관로를 접지공사의 접지극으로 사용하는 경우에는 다음에 따라야 한다.
- 접지도체와 금속제 수도관로의 접속은 안지름 75[mm] 이상인 금속제 수도관의 부분 또는 이로부터 분기한 안지름 75[mm] 미만인 금속제 수도관의 분기점으로부터 5[m] 이내의 부분에서 할 것. 다만, 금속제 수도관로와 대지 사이의 전기저항 값이 2[Ω] 이하인 경우에는 분기점으로부터의 거리는 5[m]를 넘을 수 있다.

22

큰 고장전류가 접지도체를 통하여 흐르지 않을 경우 구리로 만든 접지도체의 최소 단면적은 몇 $[\text{mm}^2]$ 이상이어야 하는가?

① 2.5
② 6
③ 16
④ 50

해설

(한국전기설비규정 142.3.1)접지도체
큰 고장전류가 접지도체를 통하여 흐르지 않을 경우 접지도체의 최소 단면적
- 6[mm²] 이상의 구리
- 50[mm²] 이상의 철제
접지도체에 피뢰시스템이 접속되는 경우 접지도체의 단면적
- 16[mm²] 이상의 구리
- 50[mm²] 이상의 철

23

특고압·고압 전기설비용 접지도체의 최소 단면적은 몇 $[\text{mm}^2]$ 이상이어야 하는가?

① 2.5
② 4
③ 6
④ 16

해설

(한국전기설비규정 142.3.1)접지도체
특고압·고압 전기설비용 접지도체는 단면적 6[mm²] 이상의 연동선 또는 동등 이상의 단면적 및 강도를 가져야 한다.

24

접지공사에 사용하는 접지도체를 사람이 접촉할 우려가 있는 곳에 시설하는 경우, 접지도체의 어느 부분을 합성수지관 또는 이와 동등 이상의 절연효력 및 강도를 가지는 몰드로 덮어야 하는가?

① 지하 30[cm]로부터 지표상 2[m]까지
② 지하 50[cm]로부터 지표상 1.2[m]까지
③ 지하 60[cm]로부터 지표상 1.8[m]까지
④ 지하 75[cm]로부터 지표상 2[m]까지

해설

(한국전기설비규정 142.3.1)접지도체
접지도체는 지하 0.75[m]로부터 지표상 2[m]까지의 부분은 합성수지관(두께 2[mm] 미만의 합성수지제 전선관 및 가연성 콤바인덕트관을 제외한다) 또는 이와 동등 이상의 절연효과와 강도를 가지는 몰드로 덮을 것

| 정답 | 21 ② 22 ② 23 ③ 24 ④

25

접지공사에 사용하는 접지도체를 사람이 접촉할 우려가 있는 곳에 시설하는 기준으로 틀린 것은?

① 접지극은 지하 75[cm] 이상으로 하되 동결 깊이를 고려하여 매설한다.
② 접지도체는 절연전선(옥외용 비닐절연전선 제외), 캡타이어케이블 또는 케이블(통신용 케이블 제외)을 사용한다.
③ 접지도체의 지하 60[cm]로부터 지표상 2[m]까지의 부분은 합성수지관 등으로 덮어야 한다.
④ 접지도체를 시설한 지지물에는 피뢰침용 지지선(지선)을 시설하지 않아야 한다.

해설

(한국전기설비규정 142.3.1)접지도체
접지도체는 지하 0.75[m]로부터 지표상 2[m]까지의 부분은 합성수지관(두께 2[mm] 미만의 합성수지제 전선관 및 가연성 콤바인덕트관을 제외한다) 또는 이와 동등 이상의 절연효력 및 강도를 가지는 몰드로 덮을 것

26

선도체의 단면적이 $25[\text{mm}^2]$이고 보호도체의 재질이 선도체와 같은 경우 보호도체의 최소 단면적은 몇 $[\text{mm}^2]$ 이상이어야 하는가?

① 12　　② 15
③ 16　　④ 20

해설

(한국전기설비규정 142.3.2)보호도체

선도체의 단면적 S ($[\text{mm}^2]$, 구리)	보호도체의 최소 단면적($[\text{mm}^2]$, 구리)	
	보호도체의 재질이 선도체와 같은 경우	보호도체의 재질이 선도체와 다른 경우
$S \leq 16$	S	$(k_1/k_2) \times S$
$16 < S \leq 35$	16	$(k_1/k_2) \times 16$
$S > 35$	$S/2$	$(k_1/k_2) \times (S/2)$

∴ 보호도체의 최소 단면적은 16[mm²] 이상이다.

27

선도체의 단면적이 $50[\text{mm}^2]$이고 보호도체의 재질이 선도체와 같은 경우 보호도체의 최소 단면적은 몇 $[\text{mm}^2]$ 이상이어야 하는가?

① 12　　② 16
③ 20　　④ 25

해설

(한국전기설비규정 142.3.2)보호도체

선도체의 단면적 S ($[\text{mm}^2]$, 구리)	보호도체의 최소 단면적($[\text{mm}^2]$, 구리)	
	보호도체의 재질이 선도체와 같은 경우	보호도체의 재질이 선도체와 다른 경우
$S \leq 16$	S	$(k_1/k_2) \times S$
$16 < S \leq 35$	16	$(k_1/k_2) \times 16$
$S > 35$	$S/2$	$(k_1/k_2) \times (S/2)$

∴ 보호도체의 최소 단면적은 25[mm²] 이상이다.

28

차단시간이 5초 이하인 경우 보호도체의 단면적 $S[\text{mm}^2]$의 최솟값을 구하는 계산식은?(단, I: 보호장치를 통해 흐를 수 있는 예상 고장전류 실횻값[A], t: 자동차단을 위한 보호장치의 동작시간[s], k: 재질 및 초기온도와 최종온도에 따라 정해지는 계수이다.)

① $\dfrac{\sqrt{It}}{k}$　　② $\dfrac{\sqrt{I^2 t}}{k}$

③ $\dfrac{k}{\sqrt{It}}$　　④ $\dfrac{k}{\sqrt{I^2 t}}$

해설

(한국전기설비규정 142.3.2)보호도체
차단시간이 5초 이하인 경우의 보호도체 단면적은 다음의 계산 값 이상을 만족하여야 한다.
$S = \dfrac{\sqrt{I^2 t}}{k}$

29

보호도체의 종류로 적당하지 않은 것은?

① 다심케이블의 도체
② 충전도체와 같은 트렁킹에 수납된 절연도체 또는 나도체
③ 고정된 절연도체 또는 나도체
④ 가요성 금속전선관

해설

(한국전기설비규정 142.3.2)보호도체
보호도체의 종류는 다음에 의한다.
- 다심케이블의 도체
- 충전도체와 같은 트렁킹에 수납된 절연도체 또는 나도체
- 고정된 절연도체 또는 나도체

30

변압기의 고압·특고압 측 전로 또는 사용전압이 $35[\text{kV}]$ 이하의 특고압전로가 저압 측 전로와 혼촉하고 저압전로의 대지전압이 $150[\text{V}]$를 초과하는 경우의 저항 값은 몇 $[\Omega]$ 이하인가? (단, I: 1선 지락전류 값이며 1초 초과 2초 이내의 고압·특고압 전로를 자동으로 차단하는 장치를 설치한 경우이다.)

① $\dfrac{150}{I}$ ② $\dfrac{200}{I}$
③ $\dfrac{300}{I}$ ④ $\dfrac{600}{I}$

해설

(한국전기설비규정 142.5)변압기 중성점 접지
- 일반적으로 변압기의 고압·특고압 전로 1선 지락전류로 150을 나눈 값과 같은 저항 값 이하
- 변압기의 고압·특고압 측 전로 또는 사용전압이 35[kV] 이하의 특고압전로가 저압 측 전로와 혼촉하고 저압전로의 대지전압이 150[V]를 초과하는 경우의 저항 값은 다음에 의한다.
  - 1초 초과 2초 이내에 고압·특고압 전로를 자동으로 차단하는 장치를 설치할 때는 1선 지락전류로 300을 나눈 값 이하
  - 1초 이내에 고압·특고압 전로를 자동으로 차단하는 장치를 설치할 때는 1선 지락전류로 600을 나눈 값 이하

31

고·저압 혼촉 시에 저압전로의 대지전압이 $150[\text{V}]$를 넘는 경우로서 1초를 넘고 2초 이내에 자동 차단장치가 되어 있는 고압전로의 1선 지락 전류가 $30[\text{A}]$인 경우, 이에 결합된 변압기 저압 측의 중성점 접지저항 값은 몇 $[\Omega]$ 이하로 유지하여야 하는가?

① 10 ② 50
③ 100 ④ 200

해설

(한국전기설비규정 142.5)변압기 중성점 접지
1초를 넘고 2초 이내에 자동 차단장치가 되어 있으므로
$$R = \dfrac{300}{1\text{선 지락전류}} = \dfrac{300}{30} = 10[\Omega]$$
따라서 중성점 접지저항 값은 10[Ω] 이하로 한다.

32

공통접지 및 통합접지시스템에서 고압 및 특고압 계통의 지락사고 시 고장시간이 5초 이하일 때, 저압 계통에 가해지는 상용주파 과전압은 몇 $[\text{V}]$를 초과하여서는 안 되는가?(단, U_0: 중성선 도체가 없는 계통에서의 선간전압이다.)

① $U_0 + 250$ ② $U_0 + 500$
③ $U_0 + 1{,}000$ ④ $U_0 + 1{,}200$

해설

(한국전기설비규정 142.6)공통접지 및 통합접지
저압설비 허용 상용주파 과전압

고압계통에서 지락고장시간[초]	저압설비 허용 상용주파 과전압[V]	비 고
$t > 5$	$U_0 + 250$	중성선 도체가 없는 계통에서 U_0는 선간전압을 말한다.
$t \leq 5$	$U_0 + 1{,}200$	

33

저압용의 개별 기계기구에 전기를 공급하는 전로 또는 개별 기계기구에 「전기용품 및 생활용품 안전관리법」의 적용을 받는 인체 감전보호용 누전차단기를 시설하면 외함 접지를 생략할 수 있다. 이 경우의 누전차단기의 정격이 기술기준에 적합한 것은?

① 정격감도전류 15[mA] 이하, 동작시간 0.1초 이하의 전류동작형
② 정격감도전류 15[mA] 이하, 동작시간 0.2초 이하의 전류동작형
③ 정격감도전류 30[mA] 이하, 동작시간 0.1초 이하의 전류동작형
④ 정격감도전류 30[mA] 이하, 동작시간 0.03초 이하의 전류동작형

해설

(한국전기설비규정 142.7)기계기구의 철대 및 외함의 접지
물기 있는 장소 이외의 장소에 시설하는 저압용의 개별 기계기구에 전기를 공급하는 전로에 「전기용품 및 생활용품 안전관리법」의 적용을 받는 인체 감전보호용 누전차단기(정격감도전류가 30[mA] 이하, 동작시간이 0.03초 이하의 전류동작형에 한한다)를 시설하는 경우

34

피뢰시스템을 적용하기 위해서는 전기 및 전자설비가 설치된 건축물·구조물로서 낙뢰로부터 보호가 필요한 것 또는 지상으로부터 높이가 몇 [m] 이상이어야 하는가?

① 10 ② 20
③ 30 ④ 40

해설

(한국전기설비규정 151.1)피뢰시스템의 적용범위
- 전기전자설비가 설치된 건축물·구조물로서 낙뢰로부터 보호가 필요한 것 또는 지상으로부터 높이가 20[m] 이상인 것
- 전기설비 및 전자설비 중 낙뢰로부터 보호가 필요한 설비

35

다음 중 외부 피뢰시스템에 해당하지 않는 것은?

① 수뢰부 시스템 ② 인하도선 시스템
③ 가공지선 시스템 ④ 접지극 시스템

해설

(한국전기설비규정 152)외부 피뢰시스템
외부 피뢰시스템의 종류
- 수뢰부 시스템
- 인하도선 시스템
- 접지극 시스템

36

다음 중 수뢰부시스템의 구성요소로 올바르지 않은 것은?

① 돌침 ② 수평도체
③ 그물망(메시)도체 ④ 수직도체

해설

(한국전기설비규정 152.1)수뢰부시스템
수뢰부시스템의 구성
- 돌침
- 수평도체
- 그물망(메시)도체

| 정답 | 33 ④ 34 ② 35 ③ 36 ④

37
다음 중 수뢰부시스템에서 측뢰 보호가 필요한 경우 측뢰 보호를 시설할 수 있는 부분으로 적당한 것은?

① 전체 높이 60[m]를 초과하는 건축물·구조물의 최상부로부터 20[%] 부분
② 전체 높이 60[m]를 초과하는 건축물·구조물의 최상부로부터 30[%] 부분
③ 전체 높이 50[m]를 초과하는 건축물·구조물의 최상부로부터 20[%] 부분
④ 전체 높이 50[m]를 초과하는 건축물·구조물의 최상부로부터 30[%] 부분

해설
(한국전기설비규정 152.1) 수뢰부시스템
측뢰 보호가 필요한 경우
• 전체 높이 60[m]를 초과하는 건축물·구조물의 최상부로부터 20[%] 부분에 한한다.

38
인하도선 시스템의 배치가 건축물·구조물과 분리되지 않은 경우 올바르지 않은 것은?

① 벽이 불연성 재료로 된 경우에는 벽의 표면 또는 내부에 시설할 수 있다.
② 벽이 가연성 재료인 경우에는 0.1[m] 이상 이격하고, 이격이 불가능한 경우에는 도체의 단면적을 100[mm²] 이상으로 한다.
③ 병렬 인하도선의 최대 간격은 피뢰시스템 등급에 따라 Ⅰ, Ⅱ 등급은 10[m], Ⅲ 등급은 15[m], Ⅳ 등급은 20[m]로 한다.
④ 인하도선의 수는 1가닥으로 한다.

해설
(한국전기설비규정 152.2) 인하도선 시스템
건축물·구조물과 분리되지 않은 인하도선 시스템
• 벽이 불연성 재료로 된 경우에는 벽의 표면 또는 내부에 시설할 수 있다. 다만, 벽이 가연성 재료인 경우에는 0.1[m] 이상 이격하고, 이격이 불가능한 경우에는 도체의 단면적을 100[mm²] 이상으로 한다.
• 인하도선의 수는 2가닥 이상으로 한다.
• 보호대상 건축물·구조물의 투영에 따른 둘레에 가능한 균등한 간격으로 배치한다. 다만, 노출된 모서리 부분에 우선하여 설치한다.
• 병렬 인하도선의 최대 간격은 피뢰시스템 등급에 따라 Ⅰ, Ⅱ 등급은 10[m], Ⅲ 등급은 15[m], Ⅳ 등급은 20[m]로 한다.

39
내부 피뢰시스템에 관한 설명으로 적당하지 않은 것은?

① 뇌서지 전류를 대지로 방류시키기 위한 접지를 시설할 것
② 전위차를 해소하고 자계를 감소시키기 위한 본딩을 구성할 것
③ 전기전자설비 등에 연결된 전선로를 통하여 서지가 유입되는 경우, 해당 선로에는 서지보호장치를 설치할 것
④ 지중 저압수전의 경우, 내부에 설치하는 전기전자기기의 과전압범주별 임펄스내전압이 규정 값을 충족하는 경우 서지보호장치를 생략하여서는 안 된다.

해설
(한국전기설비규정 153) 내부 피뢰시스템
• 접지와 본딩
  – 뇌서지 전류를 대지로 방류시키기 위한 접지를 시설할 것
  – 전위차를 해소하고 자계를 감소시키기 위한 본딩을 구성할 것
• 서지보호장치 시설
  – 전기전자설비 등에 연결된 전선로를 통하여 서지가 유입되는 경우, 해당 선로에는 서지보호장치를 설치할 것
  – 지중 저압수전의 경우, 내부에 설치하는 전기전자기기의 과전압범주별 임펄스내전압이 규정 값에 충족하는 경우는 서지보호장치를 생략할 수 있다.

| 정답 | 37 ① 38 ④ 39 ④

저압 전기설비

1. 계통접지의 방식
2. 안전을 위한 보호

학습 전략

CHAPTER 02 저압 전기설비는 계통접지의 종류와 특성을 이해하는 것이 중요합니다. 접지방식과 이에 따른 보호방법의 연계성에 주목하여 학습하는 것을 추천합니다. 필기뿐만 아니라 실기에도 중요하게 적용되는 부분인 만큼 완벽히 이해해야 합니다.

CHAPTER 02 | 흐름 미리보기

1. 계통접지의 방식

2. 안전을 위한 보호

NEXT **CHAPTER 03**

CHAPTER 02 저압 전기설비

> 독학이 쉬워지는 기초개념

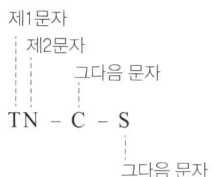

제1문자
　제2문자
　　그다음 문자
TN - C - S
　　　　그다음 문자

THEME 01 계통접지의 방식

1 계통접지 구성(한국전기설비규정 203.1)

(1) 저압전로의 보호도체 및 중성선의 접속 방식에 따른 접지계통의 분류
　① TN 계통
　② TT 계통
　③ IT 계통

(2) 계통접지에서 사용되는 문자의 정의
　① 제1문자 – 전원계통과 대지의 관계
　　• T: 한 점을 대지에 직접 접속
　　• I: 모든 충전부를 대지와 절연시키거나 높은 임피던스를 통하여 한 점을 대지에 직접 접속
　② 제2문자 – 전기설비의 노출도전부와 대지의 관계
　　• T: 노출도전부를 대지로 직접 접속, 전원계통의 접지와는 무관
　　• N: 노출도전부를 전원계통의 접지점(교류 계통에서는 통상적으로 중성점, 중성점이 없을 경우는 선도체)에 직접 접속
　③ 그다음 문자(문자가 있을 경우) – 중성선과 보호도체의 배치
　　• S: 중성선 또는 접지된 선도체 외에 별도의 도체에 의해 제공되는 보호 기능
　　• C: 중성선과 보호 기능을 한 개의 도체로 겸용(PEN 도체)
　④ 각 계통에서 나타내는 그림의 기호는 다음과 같다.

기호 설명	
	중성선(N), 중간도체(M)
	보호도체(PE)
	중성선과 보호도체겸용(PEN)

▲ 계통에서 사용하는 기호

기출예제

저압전로의 보호도체 및 중성선의 접속방식에 따른 접지계통의 분류가 아닌 것은?

① IT 계통
② TN 계통
③ TT 계통
④ TC 계통

| 해설 |
(한국전기설비규정 203.1) 계통접지 구성
저압전로의 보호도체 및 중성선의 접속방식에 따라 접지계통은 다음과 같이 분류한다.
- TN 계통
- TT 계통
- IT 계통

답 ④

2 TN 계통(한국전기설비규정 203.2)

전원 측의 한 점을 직접접지하고 설비의 노출도전부를 보호도체로 접속시키는 방식

(1) **TN-S 계통**: 계통 전체에 대해 별도의 중성선 또는 PE 도체를 사용한다. 배전계통에서 PE 도체를 추가로 접지할 수 있다.

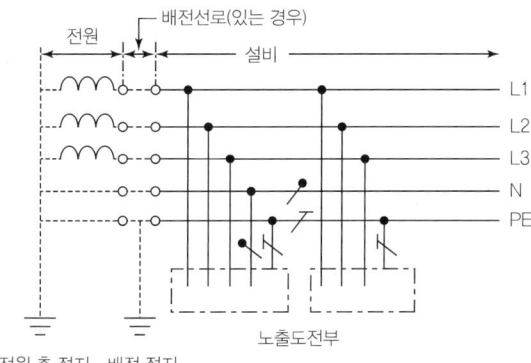

▲ 계통 내에서 별도의 중성선과 보호도체가 있는 TN-S 계통

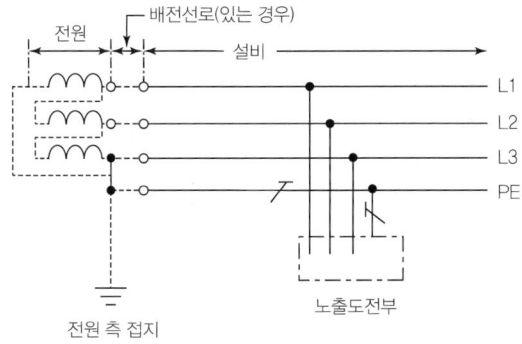

▲ 계통 내에서 별도의 접지된 선도체와 보호도체가 있는 TN-S 계통

독학이 쉬워지는 기초개념

강의 꿀팁

각 계통의 차이를 아는 것이 중요해요.

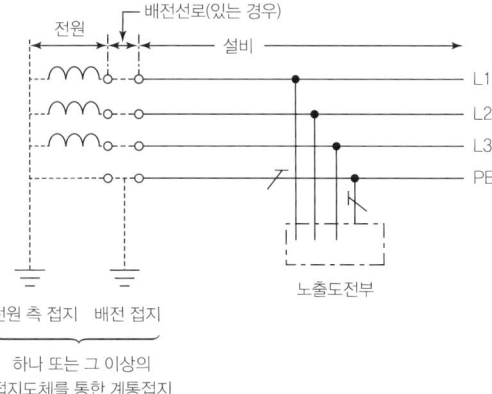

▲ 계통 내에서 접지된 보호도체는 있으나 중성선의 배선이 없는 TN-S 계통

(2) **TN-C 계통**: 그 계통 전체에 대해 중성선과 보호도체의 기능을 동일도체로 겸용 PEN 도체를 사용한다. 배전계통에서 PEN 도체를 추가로 접지할 수 있다.

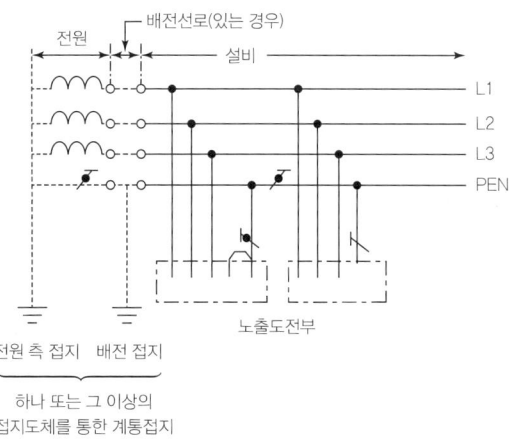

▲ TN-C 계통

(3) **TN-C-S 계통**: 계통의 일부분에서 PEN 도체를 사용하거나, 중성선과 별도의 PE 도체를 사용하는 방식이 있다. 배전계통에서 PEN 도체와 PE 도체를 추가로 접지할 수 있다.

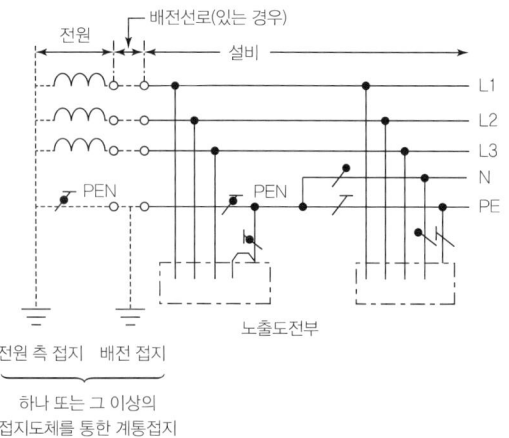

▲ 설비의 어느 곳에서 PEN이 PE와 N으로 분리된 3상 4선식 TN-C-S 계통

3 TT 계통(한국전기설비규정 203.3)

전원의 한 점을 직접 접지하고 설비의 노출도전부는 전원의 접지전극과 전기적으로 독립적인 접지극에 접속시킨다. 배전계통에서 PE 도체를 추가로 접지할 수 있다.

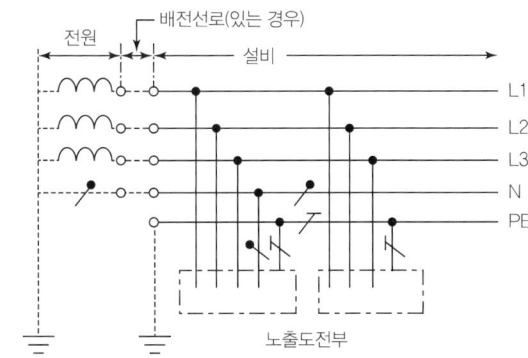

▲ 설비 전체에서 별도의 중성선과 보호도체가 있는 TT 계통

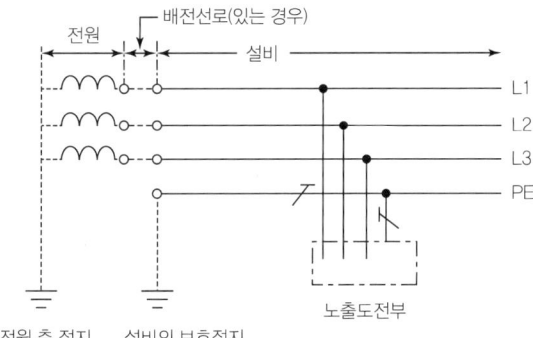

▲ 설비 전체에서 접지된 보호도체가 있으나 배전용 중성선이 없는 TT 계통

4 IT 계통(한국전기설비규정 203.4)

(1) 충전부 전체를 대지로부터 절연시키거나, 한 점을 임피던스를 통해 대지에 접속시킨다. 전기설비의 노출도전부를 단독 또는 일괄적으로 계통의 PE 도체에 접속시킨다. 배전계통에서 추가접지가 가능하다.

(2) 계통은 높은 임피던스를 통하여 접지할 수 있다. 이 접속은 중성점, 인위적 중성점, 선도체 등에서 할 수 있다. 중성선은 배선할 수도 있고, 배선하지 않을 수도 있다.

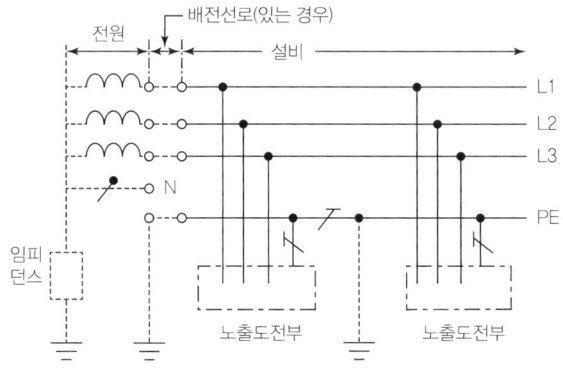

▲ 계통 내의 모든 노출도전부가 보호도체에 의해 접속되어 일괄 접지된 IT 계통

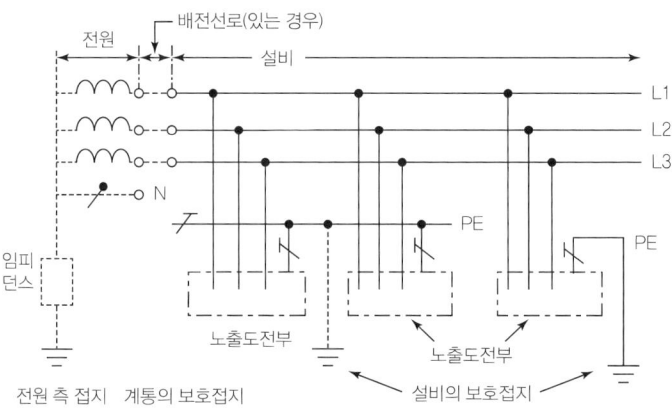

▲ 노출도전부가 조합으로 또는 개별로 접지된 IT 계통

5 직류계통(한국전기설비규정 203.5)

직류계통의 계통접지 방식으로, 양극 또는 음극의 어느 쪽을 접지하는가는 운전환경, 부식방지 등을 고려하여 결정하여야 한다.

(1) TN-S 직류계통

전원측 선도체 또는 중간도체의 한 점을 직접 접지하고, 설비의 노출도전부는 보호도체를 통해 그 점에 접속한다. 설비 내에서 별도의 보호도체가 사용된다. 설비 내에서 보호도체를 추가로 접지할 수 있다.

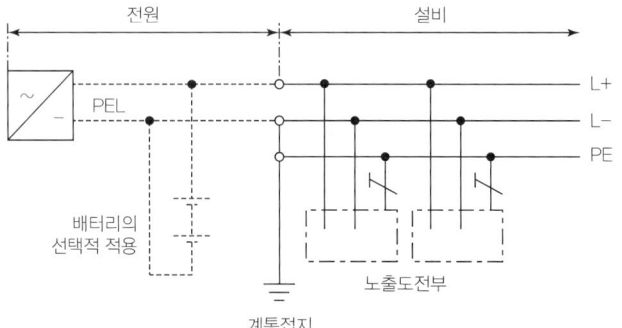

▲ 중간도체가 없는 TN-S 직류계통

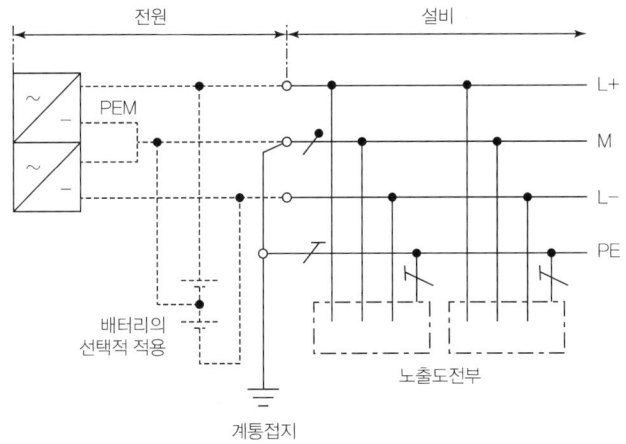

▲ 중간도체가 있는 TN-S 직류계통

(2) TN-C 직류계통

전원측 선도체 또는 중간도체의 한 점을 직접 접지하고, 설비의 노출도전부는 보호도체를 통해 그 점에 접속한다. 설비 내에서 접지된 선도체와 보호도체의 기능을 하나의 PEL도체로 겸용하거나, 설비 내에서 접지된 중간도체와 보호도체를 하나의 PEM으로 겸용한다. 설비 내에서 PEL 또는 PEM을 추가로 접지할 수 있다.

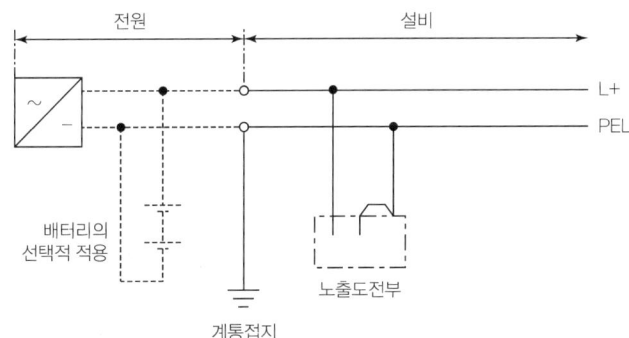

▲ 중간도체가 없는 TN-C 직류계통

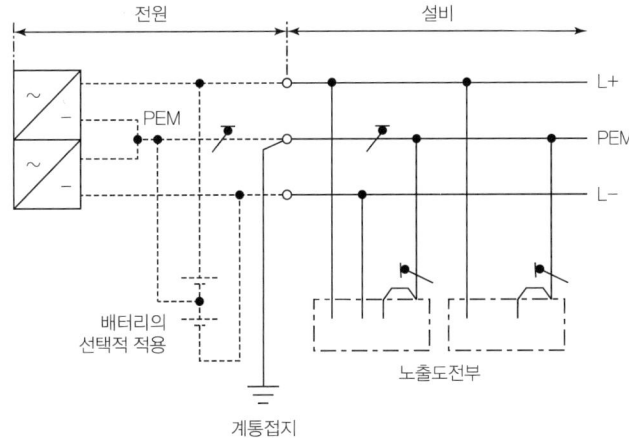

▲ 중간도체가 있는 TN-C 직류계통

(3) TN-C-S 직류계통

전원측 선도체 또는 중간도체의 한 점을 직접 접지하고, 설비의 노출도전부는 보호도체를 통해 그 점에 접속한다. 설비의 일부에서 접지된 선도체와 보호도체의 기능을 하나의 PEL도체로 겸용하거나, 설비의 일부에서 접지된 중간도체와 보호도체를 하나의 PEM도체로 겸용한다. 설비 내에서 보호도체를 추가로 접지할 수 있다.

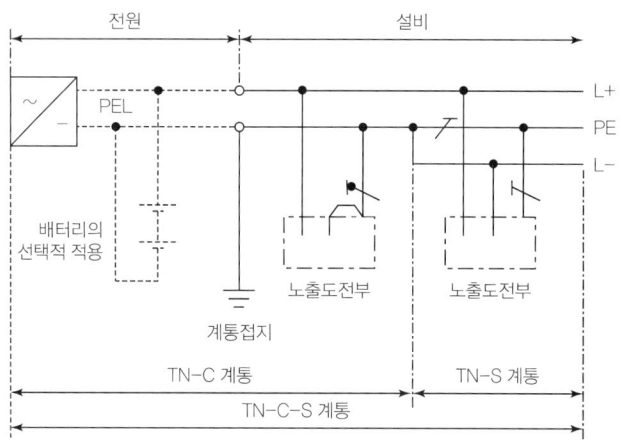

▲ 중간도체가 없는 TN-C-S 직류계통

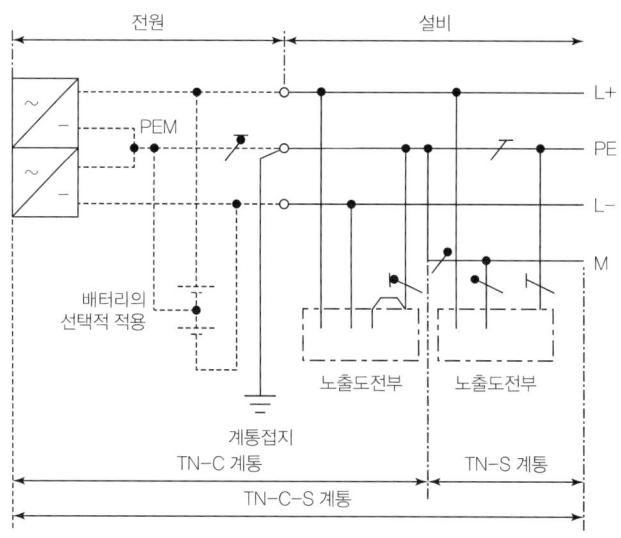

▲ 중간도체가 있는 TN-C-S 직류계통

(4) TT 직류계통

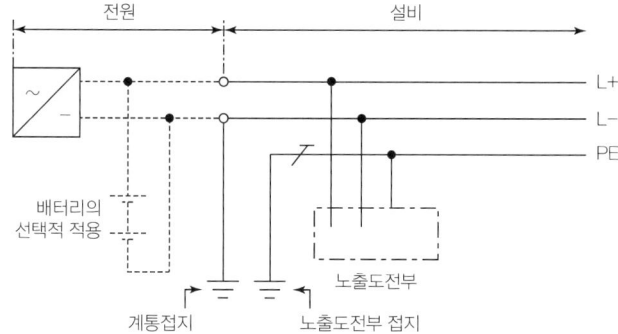

▲ 중간도체가 없는 TT 직류계통

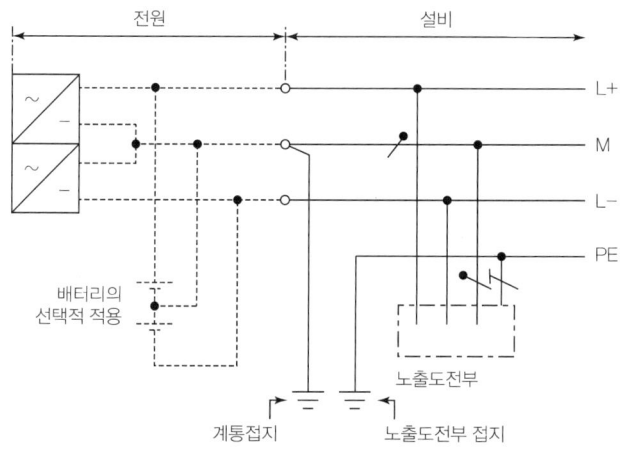

▲ 중간도체가 있는 TT 직류계통

(5) IT 직류계통

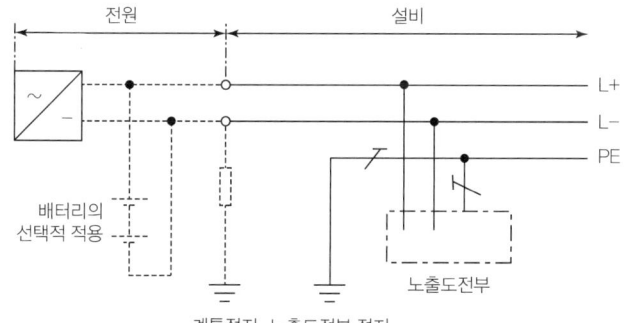

▲ 중간도체가 없는 IT 직류계통

독학이 쉬워지는 기초개념

독학이 쉬워지는 기초개념

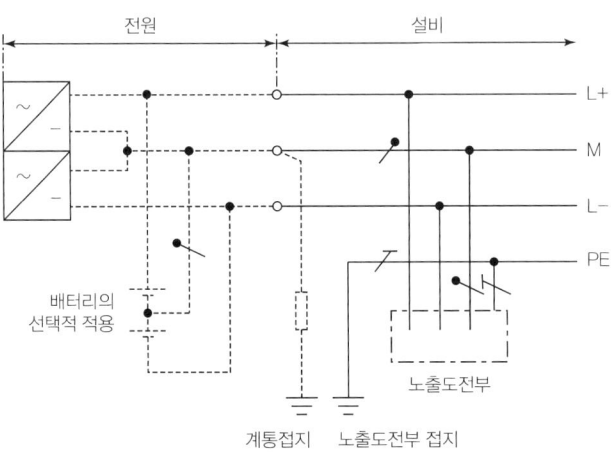

▲ 중간도체가 있는 IT 직류계통

THEME 02 안전을 위한 보호

1 감전에 대한 보호(한국전기설비규정 211)

(1) 보호대책 일반 요구사항
  ① 보호의 전압 규정
    • 교류전압은 실횻값
    • 직류전압은 리플프리
  ② 보호대책의 구성
    • 기본보호와 고장보호를 독립적으로 조합
    • 기본보호와 고장보호를 모두 제공하는 강화된 보호 규정
    • 추가적 보호는 외부영향의 특정 조건과 특정한 특수장소에서의 보호대책의 일부로 규정
  ③ 설비의 각 부분에서 보호대책은 외부영향의 조건을 고려하여 적용
    • 전원의 자동차단
    • 이중절연 또는 강화절연
    • 한 개의 전기사용기기에 전기를 공급하기 위한 전기적 분리
    • SELV와 PELV에 의한 특별저압

Tip 강의 꿀팁
보호대책은 크게 기본보호, 고장보호, 추가보호가 있어요.

리플프리
직류의 맥동성분이 10[%] 이하의 직류성분

특별저압의 한계전압
• 교류: 50[V] 이하
• 직류: 120[V] 이하

예상문제

특별저압계통의 교류 전압한계는 얼마인가?
① 30[V] 이하 ② 50[V] 이하
③ 80[V] 이하 ④ 120[V] 이하

| 해설 |
(한국전기설비규정 211.5.1) 보호대책 일반 요구사항
• 교류: 50[V] 이하
• 직류: 120[V] 이하

답 ②

(2) 전원의 자동차단에 의한 보호대책
   ① 보호접지
      • 노출도전부는 계통접지별로 규정된 특정 조건에서 보호도체에 접속
      • 동시에 접근 가능한 노출도전부는 개별적 또는 집합적으로 같은 접지계통에 접속
   ② 보호등전위본딩
      • 도전성 부분은 보호등전위본딩으로 접속
      • 건축물 외부로부터 인입된 도전부는 건축물 안쪽의 가까운 지점에서 본딩
      • 통신 케이블의 금속외피는 소유자 또는 운영자의 요구사항을 고려하여 보호등전위본딩에 접속
   ③ 고장 시의 자동차단
      • 보호장치는 회로의 선도체와 노출도전부 또는 선도체와 기기의 보호도체 사이의 임피던스가 무시할 정도로 되는 고장의 경우 규정된 차단 시간 내에서 회로의 선도체 또는 설비의 전원을 자동으로 차단

단위: [초]

계통	$50[V] < U_0 \le 120[V]$		$120[V] < U_0 \le 230[V]$		$230[V] < U_0 \le 400[V]$		$U_0 > 400[V]$	
	교류	직류	교류	직류	교류	직류	교류	직류
TN	0.8	–	0.4	5	0.2	0.4	0.1	0.1
TT	0.3	–	0.2	0.4	0.07	0.2	0.04	0.1

▲ 32[A] 이하 분기회로의 최대 차단시간

• TN 계통에서 배전회로(간선)와 위의 경우를 제외하고 5초 이하의 차단시간을 허용
• TT 계통에서 배전회로(간선)와 위의 경우를 제외하고 1초 이하의 차단시간을 허용

> **독학이 쉬워지는 기초개념**

> **강의 꿀팁**
> U_0는 대지에서 공칭 교류전압, 직류 선간전압을 뜻해요.

예상문제

TN 계통의 직류 선간전압이 $300[V]$인 경우 $32[A]$ 이하 분기회로의 고장 시 자동차단을 하는 기구의 최대 차단시간은 몇 초인가?

① 0.1초   ② 0.4초
③ 0.5초   ④ 1초

| 해설 |
(한국전기설비규정 211.2.3)고장보호의 요구사항

계통	$50[V] < U_0 \le 120[V]$		$120[V] < U_0 \le 230[V]$		$230[V] < U_0 \le 400[V]$		$U_0 > 400[V]$	
	교류	직류	교류	직류	교류	직류	교류	직류
TN	0.8	–	0.4	5	0.2	0.4	0.1	0.1
TT	0.3	–	0.2	0.4	0.07	0.2	0.04	0.1

답 ②

독학이 쉬워지는 기초개념

Tip 강의 꿀팁

안전을 위한 보호의 내용 중 '누전차단기의 시설'과 관련된 내용은 자주 출제되는 편이에요.

④ **누전차단기의 시설**: 저압전로의 보호대책으로 누전차단기를 시설해야 할 대상은 다음과 같다.
- 금속제 외함을 가지는 사용전압이 50[V]를 초과하는 저압의 기계기구로서 사람이 쉽게 접촉할 우려가 있는 곳에 시설하는 것에 전기를 공급하는 전로. 다만, 다음의 경우에는 적용하지 않는다.
  - 기계기구를 발전소, 변전소, 개폐소 또는 이에 준하는 곳에 시설하는 경우
  - 기계기구를 건조한 곳에 시설하는 경우
  - 대지전압이 150[V] 이하인 기계기구를 물기가 있는 곳 이외의 곳에 시설하는 경우
  - 「전기용품 및 생활용품 안전관리법」의 적용을 받는 이중절연구조의 기계기구를 시설하는 경우
  - 그 전로의 전원 측에 절연변압기(2차 전압이 300[V] 이하인 경우에 한한다)를 시설하고 또한 그 절연변압기의 부하 측의 전로에 접지하지 아니하는 경우
  - 기계기구가 고무·합성수지 기타 절연물로 피복된 경우
  - 기계기구가 유도전동기의 2차 측 전로에 접속되는 것일 경우
  - 기계기구 내에 「전기용품 및 생활용품 안전관리법」의 적용을 받는 누전차단기를 설치하고 또한 기계기구의 전원 연결선이 손상을 받을 우려가 없도록 시설하는 경우
- 주택의 인입구 등 누전차단기 설치를 요구하는 전로
- 특고압전로, 고압전로 또는 저압전로와 변압기에 의하여 결합되는 사용전압 400[V] 초과의 저압전로 또는 발전기에서 공급하는 사용전압 400[V] 초과의 저압전로(발전소 및 변전소와 이에 준하는 곳에 있는 부분의 전로를 제외)

예상문제

중요도 금속제 외함을 가진 저압의 기계기구로서 사람이 쉽게 접촉할 우려가 있는 곳에 시설하는 경우, 전로에 접지가 생길 때 자동적으로 사용전압이 최소 몇 [V]를 넘는 전로를 차단하는 장치를 시설하여야 하는가?

① 40
② 50
③ 100
④ 150

| 해설 |
(한국전기설비규정 211.2.4)누전차단기의 시설
금속제 외함을 가지는 사용전압이 50[V]를 초과하는 저압의 기계기구로서 사람이 쉽게 접촉할 우려가 있는 곳에 시설하는 것에 전기를 공급하는 전로에는 누전차단기를 시설하여야 한다.

답 ②

2 과전류에 대한 보호(한국전기설비규정 212)

(1) 보호장치의 특성

① 저압전로에 사용하는 범용의 퓨즈: 과전류 차단기로 저압전로에 사용하는 범용의 퓨즈는 gG, gM, gD, gN 등의 종류가 있으며, 용단 특성은 다음 표에 적합한 것이어야 한다.

정격전류의 구분	시간	정격전류의 배수		적용
		불용단전류	용단전류	
4[A] 이하	60분	1.5배	2.1배	gG
4[A] 초과 16[A] 미만	60분	1.5배	1.9배	gG
16[A] 이상 63[A] 이하	60분	1.25배	1.6배	gG, gM
63[A] 초과 160[A] 이하	120분	1.25배	1.6배	gG, gM
160[A] 초과 400[A] 이하	180분	1.25배	1.6배	gG, gM
400[A] 초과	240분	1.25배	1.6배	gG, gM

▲ gG, gM 퓨즈의 용단 특성

정격전류의 구분	시간	정격전류의 배수	
		불용단전류	용단전류
60[A] 이하	60분	1.1배	1.35배
60[A] 초과 600[A] 이하	120분	1.1배	1.35배
600[A] 초과 6,000[A] 이하	240분	1.1배	1.50배

▲ gD, gN 퓨즈의 용단 특성

② 배선차단기: 과전류 차단기로 저압전로에 사용하는 산업용 배선차단기는 산업용, 주택용 등의 종류가 있으며 과전류트립 동작시간 및 특성은 다음과 같다. 다만, 일반인이 접촉할 우려가 있는 장소(세대 내 분전반 및 이와 유사한 장소)에는 주택용 배선차단기를 시설해야 한다.

정격전류	규정시간	정격전류의 배수			
		주택용		산업용	
		부동작전류	동작전류	부동작전류	동작전류
63[A] 이하	60분	1.13배	1.45배	1.05배	1.3배
63[A] 초과	120분	1.13배	1.45배	1.05배	1.3배

▲ 과전류트립 동작시간 및 특성

형	순시트립범위
B	$3I_n$ 초과 $5I_n$ 이하
C	$5I_n$ 초과 $10I_n$ 이하
D	$10I_n$ 초과 $20I_n$ 이하

▲ 순시트립에 따른 구분(주택용 배선차단기)

독학이 쉬워지는 기초개념

퓨즈의 종류
- gG: 일반적으로 사용하는 퓨즈
- gM: 전동기 회로를 보호하기 위해 사용하는 퓨즈
- gD: 한시형 퓨즈
- gN: 순시형 퓨즈

(2) 과부하전류에 대한 보호

① 도체와 과부하 보호장치 사이의 협조

과부하에 대해 케이블(전선)을 보호하는 장치의 동작 특성은 다음의 조건을 충족해야 한다.

$$I_B \leq I_n \leq I_Z \cdots\cdots\cdots Ⓐ$$
$$I_2 \leq 1.45 \times I_Z \cdots\cdots\cdots Ⓑ$$

(단, I_B: 회로의 설계전류[A], I_Z: 케이블의 허용전류[A], I_n: 보호장치의 정격전류[A], I_2: 보호장치가 규약시간 이내에 유효하게 동작하는 것을 보장하는 전류[A])

> **독학이 쉬워지는 기초개념**
>
> I_2: 제조자로부터 제공되거나 제품 표준에 제시

- 조정할 수 있게 설계 및 제작된 보호장치의 경우, 정격전류 I_n은 사용현장에 적합하게 조정된 전류의 설정 값이다.
- 식 Ⓑ에 따른 보호는 조건에 따라서 보호가 불확실한 경우가 발생할 수 있다. 이러한 경우에는 식 Ⓑ에 따라 선정된 케이블보다 단면적이 큰 케이블을 선정하여야 한다.
- I_B는 선도체를 흐르는 설계전류이거나, 함유율이 높은 영상분 고조파(특히 제3고조파)가 지속적으로 흐르는 경우 중성선에 흐르는 전류이다.

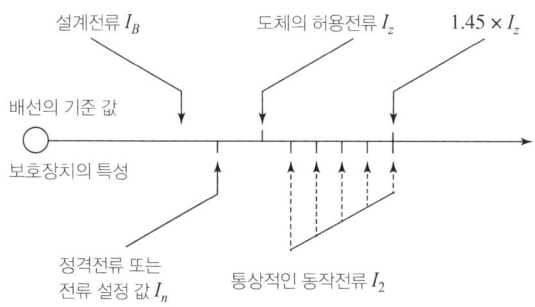

▲ 과부하 보호 설계 조건도

② 과부하 보호장치의 설치 위치

> 과부하 보호장치는 전로 중 도체의 단면적, 특성, 설치방법, 구성의 변경으로 도체의 허용전류 값이 줄어드는 곳(이하 분기점이라 함)에 설치해야 한다.

과부하 보호장치는 분기점(O)에 설치해야 하나, 분기점(O)과 분기회로의 과부하 보호장치의 설치점 사이의 배선 부분에 다른 분기회로나 콘센트 회로가 접속되어 있지 않고, 다음 중 하나를 충족하는 경우에는 변경이 있는 배선에 설치할 수 있다.

- 다음 그림과 같이 분기회로(S_2)의 과부하 보호장치(P_2)의 전원 측에 다른 분기회로 또는 콘센트의 접속이 없고 분기회로에 대한 단락보호가 이루어지고 있는 경우 P_2는 분기회로의 분기점(O)으로부터 부하 측으로 거리에 구애 받지 않고 이동하여 설치할 수 있다.

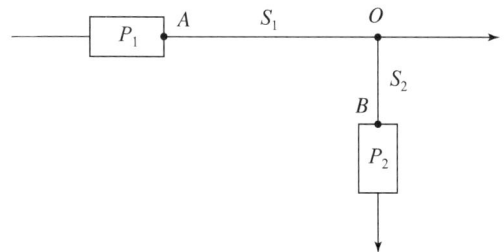

▲ 분기회로(S_2)의 분기점(O)에 설치되지 않은 분기회로 과부하 보호장치(P_2)

• 다음 그림과 같이 분기회로(S_2)의 과부하 보호장치(P_2)는 (P_2)의 전원 측에서 분기점(O) 사이에 다른 분기회로 또는 콘센트의 접속이 없고, 단락의 위험과 화재 및 인체에 대한 위험성이 최소화되도록 시설된 경우, 분기회로의 보호장치(P_2)는 분기회로의 분기점(O)으로부터 3[m]까지 이동하여 설치할 수 있다.

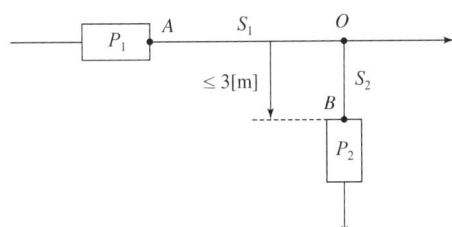

▲ 분기회로(S_2)의 분기점(O)에서 3[m] 이내에 설치된 과부하 보호장치(P_2)

예상문제

과부하 보호장치를 설치할 때, 과부하 보호장치의 전원 측에서 분기점 사이에 다른 분기회로 또는 콘센트의 접속점이 없고, 단락의 위험과 화재 및 인체에 대한 위험성이 최소화되도록 시설된 경우, 분기회로의 보호장치는 분기회로의 분기점으로부터 몇 [m]까지 이동하여 설치할 수 있는가?

① 2   ② 3
③ 5   ④ 8

| 해설 |
(한국전기설비규정 212.4.2) 과부하 보호장치의 설치위치
과부하 보호장치는 분기점에 설치해야 하나, 분기회로의 과부하 보호장치는 그 전원 측에서 분기점 사이에 다른 분기회로 또는 콘센트의 접속점이 없고, 단락의 위험과 화재 및 인체에 대한 위험성이 최소화되도록 시설된 경우, 분기회로의 보호장치는 분기회로의 분기점으로부터 3[m]까지 이동하여 설치할 수 있다.

답 ②

(3) 단락전류에 대한 보호

① 단락보호장치의 시설

단락전류 보호장치는 분기점(O)에 설치해야 한다. 다만, 다음 그림과 같이 분기회로의 단락보호장치 설치점(B)과 분기점(O) 사이에 다른 분기회로 또는 콘센트의 접속이 없고 단락, 화재 및 인체에 대한 위험이 최소화될 경우, 분기회로의 단락보호장치 P_2는 분기점(O)으로부터 3[m]까지 이동하여 설치할 수 있다.

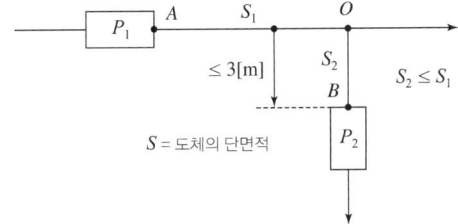

▲ 분기회로 단락보호장치(P_2)의 제한된 위치 변경

단락전류에 대한 보호
동일 회로에 속하는 도체 사이의 단락인 경우에만 적용한다.

> **독학이 쉬워지는 기초개념**
>
> **Tip 강의 꿀팁**
>
> 모든 단락전류는 케이블 및 절연도체의 허용온도를 초과하지 않는 시간 내에 차단돼야 해요.
>
> **보호도체의 단면적**
>
> $S = \dfrac{\sqrt{I^2 t}}{k} [\text{mm}^2]$

② **단락보호장치의 특성**
- 차단용량: 정격차단용량은 단락전류 보호장치 설치점에서 예상되는 최대 크기의 단락전류보다 커야 한다. 다만, 전원 측 전로에 단락고장전류 이상의 차단능력이 있는 과전류 차단기가 설치되는 경우에는 그러하지 아니하다.
- 케이블 등의 단락전류: 단락지속시간이 5초 이하인 경우, 통상 사용조건에서의 단락전류에 의해 절연체의 허용온도에 도달하기까지의 시간 t는 다음과 같이 계산할 수 있다.

$$t = \left(\dfrac{kS}{I}\right)^2$$

(단, t: 단락전류 지속시간[초], S: 도체의 단면적[mm²], I: 유효 단락전류[A], k: 도체 재료의 저항률, 온도계수, 열용량, 해당 초기온도와 최종온도를 고려한 계수)

(4) **저압전로 중의 개폐기의 시설**
① 저압 옥내전로 인입구에서의 개폐기의 시설: 저압 옥내전로(화약류 저장소에 시설하는 것을 제외)에는 인입구에 가까운 곳으로 쉽게 개폐할 수 있는 곳에 개폐기(개폐기의 용량이 큰 경우에는 적정 회로로 분할하여 각 회로별로 개폐기를 시설할 수 있다. 이 경우에 각 회로별 개폐기는 집합하여 시설하여야 한다)를 각 극에 시설하여야 한다.
② 개폐기의 시설 생략 조건: 사용전압이 400[V] 이하인 옥내전로로서 다른 옥내전로(정격전류가 16[A] 이하인 과전류 차단기 또는 정격전류가 16[A]를 초과하고 20[A] 이하인 배선차단기로 보호하고 있는 것에 한한다)에 접속하는 길이 15[m] 이하의 전로에서 전기의 공급을 받는 경우

(5) **저압전로 중의 전동기 보호용 과전류 보호장치의 시설**
옥내에 시설하는 전동기(정격출력이 0.2[kW] 이하인 것을 제외한다)에는 전동기가 손상될 우려가 있는 과전류가 생겼을 때 자동적으로 이를 저지하거나 이를 경보하는 장치를 하여야 한다. 다만, 다음의 어느 하나에 해당하는 경우에는 그러하지 아니하다.
① 전동기를 운전 중 상시 취급자가 감시할 수 있는 위치에 시설하는 경우
② 전동기의 구조나 부하의 성질로 보아 전동기가 손상될 수 있는 과전류가 생길 우려가 없는 경우
③ 단상전동기로서 그 전원 측 전로에 시설하는 과전류 차단기의 정격전류가 16[A](배선차단기는 20[A]) 이하인 경우

예상문제

옥내에 시설하는 전동기는 원칙적으로 과부하 보호장치를 시설하도록 규정하고 있다. 다음 중 과부하 보호장치를 생략할 수 없는 사항은?

① 전동기가 단상의 것으로 과부하 차단기의 정격전류가 16[A] 이하인 경우
② 전동기를 운전 중 상시 취급자가 감시할 수 있는 위치에 시설하는 경우
③ 전동기 부하의 성질상 전동기의 권선에 전동기가 소손할 정도의 과전류가 생길 우려가 없는 경우
④ 전동기의 정격출력이 5[kW] 이하로서 취급자가 감시할 수 있는 위치에 전동기에 흐르는 전류값을 표시하는 계기를 시설하는 경우

| 해설 |
(한국전기설비규정 212.6.3)저압전로 중의 전동기 보호용 과전류보호장치의 시설
옥내에 시설하는 전동기는 전동기가 손상될 우려가 있는 과전류가 생겼을 때에 자동적으로 이를 저지하거나 경보하는 장치를 하여야 한다. 다만, 다음의 어느 하나에 해당하는 경우에는 그러하지 아니하다.
• 정격 출력이 0.2[kW] 이하인 전동기
• 전동기를 운전 중 상시 취급자가 감시할 수 있는 위치에 시설하는 경우
• 전동기의 구조나 부하의 성질로 보아 전동기가 손상될 수 있는 과전류가 생길 우려가 없는 경우
• 단상 전동기로서 그 전원 측 전로에 시설하는 과전류 차단기의 정격전류가 16[A](배선차단기는 20[A]) 이하인 경우

답 ④

3 과전압에 대한 보호(한국전기설비규정 213)

(1) 고압계통의 지락고장으로 인한 저압설비 보호

① 변전소에서 고압 측 지락고장의 경우, 다음 과전압의 유형들이 저압설비에 영향을 미칠 수 있다.
• 상용주파 고장전압(U_f)
• 상용주파 스트레스전압(U_1 및 U_2)

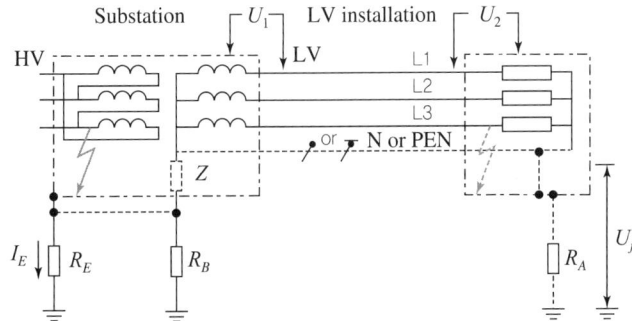

▲ 고압계통의 지락고장 시 저압계통에서의 과전압 발생도

독학이 쉬워지는 기초개념

② 상용주파 스트레스전압의 크기와 지속시간: 고압계통에서의 지락으로 인한 저압설비 내의 저압기기의 상용주파 스트레스전압의 크기와 지속시간은 다음 표의 값을 초과하지 않아야 한다.

고압계통에서 지락고장시간[초]	저압설비 허용 상용주파 과전압[V]	비고
$t > 5$	$U_0 + 250$	중성선 도체가 없는 계통에서 U_0는 선간전압을 말한다.
$t \leq 5$	$U_0 + 1,200$	

▲ 저압설비 허용 상용주파 과전압

예상문제

중요도
공통접지시스템을 적용하는 경우 고압 및 특고압 계통의 지락사고 시 저압계통에 가해지는 상용주파 과전압은 지락고장 시간이 5초 이하인 경우 얼마 이하이어야 하는가?(여기서 U_0는 중성선 도체가 없는 경우 선간전압을 말한다.)

① $U_0 + 150$
② $U_0 + 250$
③ $U_0 + 1,000$
④ $U_0 + 1,200$

| 해설 |
(한국전기설비규정 213)과전압에 대한 보호
고압계통에서의 지락으로 인한 저압설비 내의 저압기기의 상용주파 스트레스전압의 크기와 지속시간은 다음 표를 따라야 한다.

고압계통에서 지락고장시간[초]	저압설비 허용 상용주파 과전압[V]	비고
$t > 5$	$U_0 + 250$	중성선 도체가 없는 계통에서 U_0는 선간전압을 말한다.
$t \leq 5$	$U_0 + 1,200$	

답 ④

CHAPTER 02 CBT 적중문제

01
저압전로의 보호도체 및 중성선의 접속방식에 따른 접지계통의 분류로 옳지 않은 것은?

① TM 계통
② TN 계통
③ TT 계통
④ IT 계통

해설
(한국전기설비규정 203.1)계통접지 구성
저압전로의 보호도체 및 중성선의 접속방식에 따라 접지계통은 다음과 같이 분류한다.
• TN 계통
• TT 계통
• IT 계통

02
다음 그림의 기호 설명으로 올바른 것은?

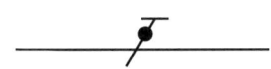

① PE 도체
② 중성선
③ 중간도체
④ PEN 도체

해설
(한국전기설비규정 203.1)계통접지 구성

기호 설명	
─────/•─────	중성선(N), 중간도체(M)
─────/─────	보호도체(PE)
─────/•─────	중성선과 보호도체겸용(PEN)

03
전원의 한 점을 직접 접지하고 설비의 노출도전부는 전원의 접지전극과 전기적으로 독립적인 접지극에 접속시키는 방법으로, 배전계통에서 PE 도체를 추가로 접지할 수 있는 계통은 무엇인가?

① TN-C 계통
② TT 계통
③ TN-S 계통
④ IT 계통

해설
(한국전기설비규정 203.3)TT 계통
전원의 한 점을 직접 접지하고 설비의 노출도전부는 전원의 접지전극과 전기적으로 독립적인 접지극에 접속시킨다. 배전계통에서 PE 도체를 추가로 접지할 수 있다.

04
한국전기설비규정에서 규정하는 안전을 위한 보호의 종류가 아닌 것은?

① 과전류에 대한 보호
② 감전에 대한 보호
③ 과전력에 대한 보호
④ 열 영향에 대한 보호

해설
(한국전기설비규정 210)안전을 위한 보호
• 감전에 대한 보호
• 과전류에 대한 보호
• 과전압에 대한 보호
• 열 영향에 대한 보호

| 정답 | 01 ① 02 ④ 03 ② 04 ③

05

안전을 위한 보호에서 교류전압과 직류전압의 규정으로 옳은 것은?

① 교류전압: 실횻값, 직류전압: 리플프리
② 교류전압: 실횻값, 직류전압: 리플
③ 교류전압: 최댓값, 직류전압: 리플프리
④ 교류전압: 최댓값, 직류전압: 리플

해설

(한국전기설비규정 211.1.2)전압 규정
안전을 위한 보호에서 별도의 언급이 없는 한 다음의 전압 규정에 따른다.
- 교류전압: 실횻값
- 직류전압: 리플프리

06

공칭 교류전압이 $400[V]$ 초과인 TN 계통에서 전원을 자동으로 차단할 때 최대 차단시간은 몇 초인가?(단, $32[A]$ 이하 분기회로의 경우이다.)

① 0.1
② 0.3
③ 3
④ 5

해설

(한국전기설비규정 211.2.3)고장보호의 요구사항

단위: [초]

계통	$50[V] < U_0$ $\leq 120[V]$		$120[V] < U_0$ $\leq 230[V]$		$230[V] < U_0$ $\leq 400[V]$		$U_0 > 400[V]$	
	교류	직류	교류	직류	교류	직류	교류	직류
TN	0.8	–	0.4	5	0.2	0.4	0.1	0.1
TT	0.3	–	0.2	0.4	0.07	0.2	0.04	0.1

07

공칭 교류전압이 $150[V]$인 TN 계통에서 전원을 자동으로 차단하는 최대 차단시간은 몇 초인가?(단, $32[A]$ 이하 분기회로의 경우이다.)

① 0.8
② 0.4
③ 0.2
④ 0.1

해설

(한국전기설비규정 211.2.3)고장보호의 요구사항

단위: [초]

계통	$50[V] < U_0$ $\leq 120[V]$		$120[V] < U_0$ $\leq 230[V]$		$230[V] < U_0$ $\leq 400[V]$		$U_0 > 400[V]$	
	교류	직류	교류	직류	교류	직류	교류	직류
TN	0.8	–	0.4	5	0.2	0.4	0.1	0.1
TT	0.3	–	0.2	0.4	0.07	0.2	0.04	0.1

08

TT 계통에서 전원을 자동으로 차단하는 $32[A]$ 이하 분기회로의 최대 차단시간이 0.3초일 때 공칭 교류전압 값으로 올바른 것은?

① 80[V]
② 150[V]
③ 300[V]
④ 500[V]

해설

(한국전기설비규정 211.2.3)고장보호의 요구사항

단위: [초]

계통	$50[V] < U_0$ $\leq 120[V]$		$120[V] < U_0$ $\leq 230[V]$		$230[V] < U_0$ $\leq 400[V]$		$U_0 > 400[V]$	
	교류	직류	교류	직류	교류	직류	교류	직류
TN	0.8	–	0.4	5	0.2	0.4	0.1	0.1
TT	0.3	–	0.2	0.4	0.07	0.2	0.04	0.1

TT계통에서 최대 차단시간이 0.3초이므로 공칭 교류전압은 $50[V] < U_0 \leq 120[V]$의 범위에 있는 80[V]이다.

09

전원의 자동차단에 의한 저압전로의 보호대책으로 누전차단기를 시설해야 할 대상으로 옳지 않은 것은?

① 금속제 외함을 가지는 사용전압이 50[V]를 초과하는 저압의 기계기구로서 사람이 쉽게 접촉할 우려가 있는 곳에 시설하는 것에 전기를 공급하는 전로
② 주택의 인입구 등 이 규정에서 누전차단기 설치를 요구하는 전로
③ 특고압전로, 고압전로 또는 저압전로와 변압기에 의하여 결합되는 사용전압 400[V] 초과의 저압전로
④ 발전기에서 공급하는 사용전압 400[V] 이하의 저압전로

해설

(한국전기설비규정 211.2.4)누전차단기의 시설
- 금속제 외함을 가지는 사용전압이 50[V]를 초과하는 저압의 기계기구로서 사람이 쉽게 접촉할 우려가 있는 곳에 시설하는 것에 전기를 공급하는 전로
- 주택의 인입구 등 이 규정에서 누전차단기 설치를 요구하는 전로
- 특고압전로, 고압전로 또는 저압전로와 변압기에 의하여 결합되는 사용전압 400[V] 초과의 저압전로
- 발전기에서 공급하는 사용전압 400[V] 초과의 저압전로

10

전원의 자동차단에 의한 저압전로의 보호대책으로 누전차단기의 시설을 생략할 수 있는 조건이 아닌 것은?

① 대지전압이 300[V] 이하인 기계기구를 물기가 있는 곳 이외의 곳에 시설하는 경우
② 기계기구를 건조한 곳에 시설하는 경우
③ 기계기구를 발전소, 변전소, 개폐소 또는 이에 준하는 곳에 시설하는 경우
④ 전로의 전원 측에 절연변압기(2차 전압이 300[V] 이하인 경우)를 시설하고 또한 그 절연변압기의 부하 측의 전로에 접지하지 아니하는 경우

해설

(한국전기설비규정 211.2.4)누전차단기 시설
- 금속제 외함을 가지는 사용전압이 50[V]를 초과하는 저압의 기계기구로서 사람이 쉽게 접촉할 우려가 있는 곳에 시설하는 것에 전기를 공급하는 전로이나 다음의 어느 하나에 해당하는 경우 생략할 수 있다.
  - 기계기구를 발전소, 변전소, 개폐소 또는 이에 준하는 곳에 시설하는 경우
  - 기계기구를 건조한 곳에 시설하는 경우
  - 대지전압이 150[V] 이하인 기계기구를 물기가 있는 곳 이외의 곳에 시설하는 경우
  - 전로의 전원 측에 절연변압기(2차전압이 300[V] 이하인 경우)를 시설하고 또한 그 절연변압기의 부하 측의 전로에 접지하지 아니하는 경우

11
특별저압계통의 전압한계로 올바른 것은?

① 교류: 120[V] 이하, 직류 50[V] 이하
② 교류: 50[V] 이하, 직류 120[V] 이하
③ 교류: 150[V] 이하, 직류 50[V] 이하
④ 교류: 50[V] 이하, 직류 150[V] 이하

해설
(한국전기설비규정 211.5.1)보호대책 일반 요구사항
- 교류: 50[V] 이하
- 직류: 120[V] 이하

12
정격전류가 63[A] 이하인 산업용 배선차단기의 과전류트립 동작시간으로 올바른 것은?

① 40분
② 50분
③ 60분
④ 70분

해설
(한국전기설비규정 212.3.4)산업용 배선차단기의 특성

정격전류의 구분	시간	정격전류의 배수 (모든 극에 통전)	
		부동작 전류	동작 전류
63[A] 이하	60분	1.05배	1.3배
63[A] 초과	120분	1.05배	1.3배

13
정격전류가 63[A]를 초과하는 주택용 배선차단기의 부동작 전류와 동작 전류는 정격전류의 몇 배인가?

① 부동작 전류: 1.05배, 동작 전류: 1.3배
② 부동작 전류: 1.13배, 동작 전류: 1.45배
③ 부동작 전류: 1.5배, 동작 전류: 2배
④ 부동작 전류: 1.25배, 동작 전류: 1.6배

해설
(한국전기설비규정 212.3.4)주택용 배선차단기의 특성

정격전류의 구분	시간	정격전류의 배수 (모든 극에 통전)	
		부동작 전류	동작 전류
63[A] 이하	60분	1.13배	1.45배
63[A] 초과	120분	1.13배	1.45배

14
산업용으로 사용하는 정격전류 60[A]인 배선차단기에 정격전류의 1.3배 전류가 흘렀을 경우, 몇 분 안에 동작하여야 하는가?

① 30분
② 60분
③ 100분
④ 120분

해설
(한국전기설비규정 212.3.4)산업용 배선차단기의 특성

정격전류의 구분	시간	정격전류의 배수 (모든 극에 통전)	
		부동작 전류	동작 전류
63[A] 이하	60분	1.05배	1.3배
63[A] 초과	120분	1.05배	1.3배

| 정답 | 11 ② 12 ③ 13 ② 14 ②

15
과전류 차단기로서 저압전로에 사용하는 정격전류 100[A] 퓨즈를 수평으로 붙여서 시험할 때 1.6배의 전류를 통하는 경우는 몇 분 안에 용단되어야 하는가?

① 30분
② 100분
③ 120분
④ 150분

해설

(한국전기설비규정 212.3.4) 보호장치의 특성
과전류 차단기로 저압전로에 사용하는 퓨즈는 다음의 표에 따라야 한다.

정격전류의 구분	시간	정격전류의 배수	
		불용단 전류	용단 전류
4[A] 이하	60분	1.5배	2.1배
4[A] 초과 16[A] 미만	60분	1.5배	1.9배
16[A] 이상 63[A] 이하	60분	1.25배	1.6배
63[A] 초과 160[A] 이하	120분	1.25배	1.6배
160[A] 초과 400[A] 이하	180분	1.25배	1.6배
400[A] 초과	240분	1.25배	1.6배

16
정격전류가 10[A]인 저압용 퓨즈를 수평으로 붙이고 정격전류 1.9배의 전류를 통한 경우에 용단 시간의 최대 한도는 얼마인가?

① 30분
② 60분
③ 100분
④ 120분

해설

(한국전기설비규정 212.3.4) 보호장치의 특성
과전류 차단기로 저압전로에 사용하는 퓨즈는 다음의 표에 따라야 한다.

정격전류의 구분	시간	정격전류의 배수	
		불용단 전류	용단 전류
4[A] 이하	60분	1.5배	2.1배
4[A] 초과 16[A] 미만	60분	1.5배	1.9배
16[A] 이상 63[A] 이하	60분	1.25배	1.6배
63[A] 초과 160[A] 이하	120분	1.25배	1.6배
160[A] 초과 400[A] 이하	180분	1.25배	1.6배
400[A] 초과	240분	1.25배	1.6배

17
과부하에 대해 케이블을 보호하는 장치의 동작특성으로 알맞은 조건은?(단 I_B: 회로의 설계전류, I_Z: 케이블의 허용전류, I_n: 보호장치의 정격전류이다.)

① $I_B \leq I_n \leq I_Z$
② $I_n \leq I_B \leq I_Z$
③ $I_Z \leq I_n \leq I_B$
④ $I_B \leq I_Z \leq I_n$

해설

(한국전기설비규정 212.4.1) 도체와 과부하 보호장치 사이의 협조
과부하에 대해 케이블(전선)을 보호하는 장치의 동작특성은 $I_B \leq I_n \leq I_Z$의 조건을 만족해야 한다.

18
과부하 보호장치의 설치위치로 가장 적당한 곳은?

① 전원 측
② 부하 측
③ 분기점
④ 콘센트회로

해설

(한국전기설비규정 212.4.2) 과부하 보호장치의 설치위치
과부하 보호장치는 전로 중 도체의 단면적, 특성, 설치방법, 구성의 변경으로 도체의 허용전류 값이 줄어드는 곳(분기점)에 설치해야 한다.

| 정답 | 15 ③ 16 ② 17 ① 18 ③

19

분기회로의 단락보호장치는 설치점과 분기점 사이에 다른 분기회로 또는 콘센트의 접속이 없고 단락, 화재 및 인체에 대한 위험이 최소화될 경우, 분기회로의 단락보호장치는 분기회로의 분기점으로부터 몇 [m]까지 이동하여 설치할 수 있는가?

① 1
② 2
③ 3
④ 4

해설
(한국전기설비규정 212.5.2)단락보호장치의 설치위치
분기회로의 단락보호장치는 설치점과 분기점 사이에 다른 분기회로 또는 콘센트의 접속이 없고 단락, 화재 및 인체에 대한 위험이 최소화될 경우, 분기회로의 단락보호장치는 분기회로의 분기점으로부터 3[m]까지 이동하여 설치할 수 있다.

20

단락지속시간이 5초 이하인 경우, 통상 사용조건에서의 단락전류에 의해 절연체의 허용온도에 도달하기까지의 시간 (t)으로 알맞은 것은?(단, t: 단락전류 지속시간[초] S: 도체의 단면적[mm²], I: 유효 단락전류[A], k: 도체 재료의 저항률, 온도계수, 열용량, 해당 초기온도와 최종온도를 고려한 계수이다.)

① $t = \dfrac{kS}{I}$
② $t = \left(\dfrac{kS}{I}\right)^2$
③ $t = \dfrac{I}{kS}$
④ $t = \left(\dfrac{I}{kS}\right)^2$

해설
(한국전기설비규정 212.5.5)단락전류에 의해 절연체의 허용온도에 도달하는 시간
절연체의 허용온도에 도달하는 시간 $t = \left(\dfrac{kS}{I}\right)^2$

21

옥내에 시설하는 전동기에 과부하 보호장치의 시설을 생략할 수 있는 조건으로 알맞지 않은 것은?

① 정격출력 0.2[kW]인 전동기를 사용하는 경우
② 타인이 출입할 수 없고 전동기가 소손할 정도의 과전류가 생길 우려가 없는 경우
③ 단상전동기로서 그 전원 측 전로에 시설하는 과전류 차단기의 정격전류가 20[A] 이하인 경우
④ 단상전동기로서 그 전원 측 전로에 시설하는 배선차단기의 정격전류가 20[A] 이하인 경우

해설
(한국전기설비규정 212.6.3)저압전로 중의 전동기 보호용 과전류 보호장치의 시설 생략조건
- 옥내에 시설하는 전동기로 정격출력이 0.2[kW] 이하인 것
- 전동기를 운전 중 상시 취급자가 감시할 수 있는 위치에 시설하는 경우
- 전동기의 구조나 부하의 성질로 보아 전동기가 손상될 수 있는 과전류가 생길 우려가 없는 경우
- 단상전동기로서 그 전원 측 전로에 시설하는 과전류 차단기의 정격전류가 16[A](배선차단기는 20[A]) 이하인 경우

22

공통접지시스템을 적용하는 경우 고압 및 특고압계통의 지락사고 시 저압계통에 가해지는 상용주파 과전압은 지락고장시간이 5초를 초과하는 경우 얼마 이하이어야 하는가?(여기서 U_0는 중성선 도체가 없는 경우 선간전압을 말한다.)

① $U_0 + 100$
② $U_0 + 120$
③ $U_0 + 250$
④ $U_0 + 1,000$

해설
(한국전기설비규정 213)과전압에 대한 보호
고압계통에서의 지락으로 인한 저압설비 내의 저압기기의 상용주파 스트레스전압의 크기와 지속시간은 다음 표를 따라야 한다.

고압계통에서 지락고장시간[초]	저압설비 허용 상용주파 과전압[V]	비고
$t > 5$	$U_0 + 250$	중성선 도체가 없는 계통에서 U_0는 선간전압을 말한다.
$t \leq 5$	$U_0 + 1,200$	

성공으로 가는 엘리베이터는 고장입니다.
당신은 계단을 이용해야만 합니다.

한 계단, 한 계단씩.

– 조 지라드(Joe Girard)

고압·특고압 전기설비

1. 통칙
2. 안전을 위한 보호
3. 접지설비
4. 기계 및 기구
5. 옥내 설비의 시설

학습전략

CHAPTER 03 고압·특고압 전기설비는 전압 적용범위를 교류 및 직류에 따라 숙지해야 합니다. 안전을 위한 보호, 접지설비, 기계 및 기구를 연관 지어 학습하는 것을 추천합니다.

CHAPTER 03 | 흐름 미리보기

1. 통칙
2. 안전을 위한 보호
3. 접지설비
4. 기계 및 기구
5. 옥내 설비의 시설

NEXT **CHAPTER 04**

CHAPTER 03 고압·특고압 전기설비

독학이 쉬워지는 기초개념

전압의 범위

구분	교류	직류
저압	1[kV] 이하	1.5[kV] 이하
고압	1[kV] 초과 7[kV] 이하	1.5[kV] 초과 7[kV] 이하
특고압	7[kV] 초과	

보폭전압
고장전류가 흘렀을 때 접지전극의 근처에 전위차가 발생하여 지표면상의 사람이 두발로 접근할 수 있는 거리(보통 1[m])의 전위차

(Tip) 강의 꿀팁
안전을 위한 보호에는 감전에 대한 보호, 열 영향에 대한 보호, 과전류 및 고장전류에 대한 보호가 있어요.

THEME 01 통칙

1 적용범위(한국전기설비규정 301)

교류 1[kV] 초과 또는 직류 1.5[kV]를 초과하는 고압 및 특고압 전기를 공급하거나 사용하는 전기설비에 적용한다.

예상문제

고압 및 특고압의 적용범위로 옳은 것은?

① 교류 600[V] 이상, 직류 1,000[V] 이상
② 교류 600[V] 초과, 직류 1,000[V] 초과
③ 교류 1,000[V] 이상, 직류 1,500[V] 이상
④ 교류 1,000[V] 초과, 직류 1,500[V] 초과

| 해설 |
(한국전기설비규정 301)적용범위
교류 1[kV] 초과 또는 직류 1.5[kV]를 초과하는 고압 및 특고압 전기를 공급하거나 사용하는 전기설비에 적용한다.

답 ④

2 기본원칙(한국전기설비규정 302)

설비 및 기기는 그 설치장소에서 예상되는 전기적, 기계적, 환경적인 영향에 견디는 능력이 있어야 한다.

THEME 02 안전을 위한 보호

1 절연수준의 선정(한국전기설비규정 311.1)

절연수준은 기기최고전압 또는 충격내전압을 고려하여 결정하여야 한다.

2 직접 접촉에 대한 보호(한국전기설비규정 311.2)

(1) 전기설비는 충전부에 무심코 접촉하거나 충전부 근처의 위험구역에 무심코 도달하는 것을 방지하도록 설치되어야 한다.
(2) 계통의 도전성 부분(충전부, 기능상의 절연부, 위험전위가 발생할 수 있는 노출 도전성 부분 등)에 대한 접촉을 방지하기 위한 보호가 이루어져야 한다.
(3) 보호는 그 설비의 위치가 출입제한 전기운전구역 여부에 의하여 다른 방법으로 이루어질 수 있다.

3 간접 접촉에 대한 보호(한국전기설비규정 311.3)

전기설비의 노출도전성 부분은 고장 시 충전으로 인한 인축의 감전을 방지하여야 하며, 그 보호방법은 접지설비에 따른다.

4 아크고장에 대한 보호(한국전기설비규정 311.4)

전기설비는 운전 중에 발생되는 아크고장으로부터 운전자가 보호될 수 있도록 시설해야 한다.

5 직격뢰에 대한 보호(한국전기설비규정 311.5)

낙뢰 등에 의한 과전압으로부터 전기설비 등을 보호하기 위해 피뢰시스템을 시설하고, 그 밖의 적절한 조치를 하여야 한다.

> **강의 꿀팁**
> 피뢰시스템은 직격뢰부터 대상물을 보호하기 위한 외부 피뢰시스템과 간접뢰 및 유도뢰부터 대상을 보호하기 위한 내부 피뢰시스템으로 구성되어 있어요.

6 화재에 대한 보호(한국전기설비규정 311.6)

전기기기의 설치 시에는 공간분리, 내화벽, 불연재료의 시설 등 화재예방을 위한 대책을 고려하여야 한다.

7 절연유 누설에 대한 보호(한국전기설비규정 311.7)

(1) 환경보호를 위하여 절연유를 함유한 기기의 누설에 대한 대책이 있어야 한다.
(2) 옥내기기의 절연유 유출 방지설비
  ① 옥내기기가 위치한 구역의 주위에 누설되는 절연유가 스며들지 않는 바닥에 유출방지턱을 시설하거나 건축물 안에 지정된 보존구역으로 집유한다.
  ② 유출방지턱의 높이나 보존구역의 용량을 선정할 때 기기의 절연유량뿐만 아니라 화재보호시스템의 용수량을 고려하여야 한다.
(3) 옥외설비의 절연유 유출 방지설비
  ① 절연유 유출 방지설비의 선정은 기기에 들어 있는 절연유의 양, 빗물 및 화재보호시스템의 용수량, 근접 수로 및 토양조건을 고려하여야 한다.
  ② 집유조 및 집수탱크가 시설되는 경우 집수탱크는 최대 용량 변압기의 유량에 대한 집유능력이 있어야 한다.
  ③ 벽, 집유조 및 집수탱크에 관련된 배관은 액체가 침투하지 않는 것이어야 한다.
  ④ 절연유 및 냉각액에 대한 집유조 및 집수탱크의 용량은 물의 유입으로 지나치게 감소되지 않아야 하며, 자연배수 및 강제배수가 가능하여야 한다.
  ⑤ 다음의 추가적인 방법으로 수로 및 지하수를 보호하여야 한다.
    • 집유조 및 집수탱크는 바닥으로부터 절연유 및 냉각액의 유출을 방지하여야 한다.
    • 배출된 액체는 유수분리장치를 통하여야 하며 이 목적을 위하여 액체의 비중을 고려하여야 한다.

8 SF_6의 누설에 대한 보호(한국전기설비규정 311.8)

(1) 환경보호를 위하여 SF_6가 함유된 기기의 누설에 대한 대책이 있어야 한다.
(2) SF_6 가스 누설로 인한 위험성이 있는 구역은 환기가 되어야 한다.

SF_6(육불화유황) 가스
무색, 무취, 무독성, 불연성의 가스

독학이 쉬워지는 기초개념

9 식별 및 표시(한국전기설비규정 311.9)

(1) 표시, 게시판 및 공고는 내구성과 내부식성이 있는 물질로 만들고 지워지지 않는 문자로 인쇄되어야 한다.
(2) 개폐기반 및 제어반의 운전 상태는 주 접점을 운전자가 쉽게 볼 수 있는 경우를 제외하고 표시기에 명확히 표시되어야 한다.
(3) 케이블 단말 및 구성품은 확인되어야 하고 배선목록 및 결선도에 따라서 확인할 수 있도록 관련된 상세 사항이 표시되어야 한다.
(4) 모든 전기기기실에는 바깥쪽 및 각 출입구의 문에 전기기기실임과 어떤 위험성을 확인할 수 있는 안내판 또는 경고판과 같은 정보가 표시되어야 한다.

THEME 03 접지설비

1 고압·특고압 접지계통(한국전기설비규정 321)

(1) 고압 또는 특고압 전기설비의 접지
고압 및 특고압과 저압 전기설비의 접지극이 서로 근접하여 시설되어 있는 변전소 또는 이와 유사한 곳에서는 다음과 같이 공통접지시스템으로 할 수 있다.
① 저압 전기설비의 접지극이 고압 및 특고압 접지극의 접지저항 형성영역에 완전히 포함되어 있다면 위험전압이 발생하지 않도록 이들 접지극을 상호 접속하여야 한다.
② 접지시스템에서 고압 및 특고압 계통의 지락사고 시 저압계통에 가해지는 상용주파 과전압은 다음 표에서 정한 값을 초과해서는 안 된다.

고압 계통에서 지락고장시간[초]	저압설비 허용 상용주파 과전압[V]	비고
$t > 5$	$U_0 + 250$	중성선 도체가 없는 계통에서 U_0는 선간전압을 말한다.
$t \leq 5$	$U_0 + 1,200$	

▲ 저압설비 허용 상용주파 과전압

(2) 고압 또는 특고압과 저압 접지시스템이 근접한 경우
고압 또는 특고압 변전소 내에서만 사용하는 저압전원이 있을 때 저압 접지시스템이 고압 또는 특고압 접지시스템의 구역 안에 포함되어 있다면 각각의 접지시스템은 서로 접속하여야 한다.

2 혼촉에 의한 위험방지 시설(한국전기설비규정 322)

(1) 고압 또는 특고압과 저압의 혼촉에 의한 위험방지 시설

① 고압전로 또는 특고압전로와 저압전로를 결합하는 변압기(철도 또는 궤도의 신호용 변압기 제외)의 저압 측의 중성점에는 접지공사(사용전압이 35[kV] 이하의 특고압전로로서 전로에 지락이 생겼을 때 1초 이내에 자동적으로 이를 차단하는 장치가 되어 있는 것 및 특고압 가공전선로의 전로 이외의 특고압전로와 저압전로를 결합하는 경우에 계산된 접지저항 값이 10[Ω]을 넘을 때에는 접지저항 값이 10[Ω] 이하인 것에 한한다)를 하여야 한다. 다만, 저압전로의 사용전압이 300[V] 이하인 경우에 그 접지공사를 변압기의 중성점에 하기 어려울 때에는 저압 측의 1단자에 시행할 수 있다.

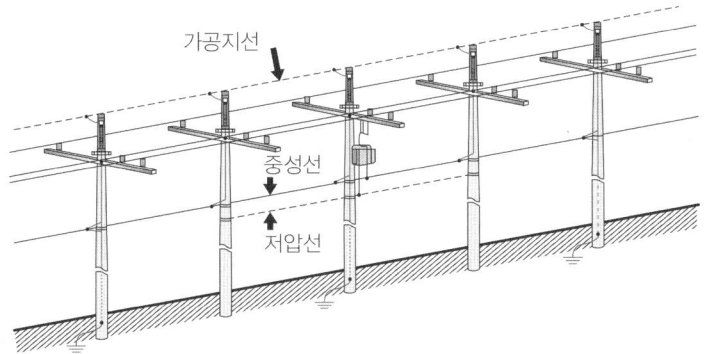

▲ 고압 또는 특고압과 저압의 혼촉에 의한 위험방지 시설

② 접지공사는 변압기의 시설장소마다 시행하여야 한다. 다만, 토지의 상황에 의하여 변압기의 시설장소에서 접지저항 값을 얻기 어려운 경우에는 변압기의 시설장소로부터 200[m]까지 떼어 놓을 수 있다.

③ 위의 규정에 의하기 어려울 때에는 가공공동지선을 설치하여 2 이상의 시설장소에 접지공사를 할 수 있다.
  • 가공공동지선: 인장강도 5.26[kN] 이상 또는 지름 4[mm] 이상의 경동선을 사용
  • 접지공사는 각 변압기를 중심으로 하는 지름 400[m] 이내의 지역으로서 그 변압기에 접속되는 전선로 바로 아래의 부분에서 각 변압기의 양쪽에 있도록 할 것
  • 가공공동지선과 대지 사이의 합성 전기저항 값은 1[km]를 지름으로 하는 지역 안마다 공통접지 및 통합접지에 의해 접지저항 값을 가지는 것
  • 각 접지도체를 가공공동지선으로부터 분리하였을 경우의 각 접지도체와 대지 사이의 전기저항 값은 300[Ω] 이하로 할 것

(2) 계기용 변성기의 2차 측 전로의 접지
고압·특고압 계기용 변성기의 2차 측 전로에는 접지공사를 하여야 한다.

(3) 전로의 중성점의 접지
전로의 보호장치의 확실한 동작의 확보, 이상전압의 억제 및 대지전압의 저하를 위하여 특히 필요한 경우에 전로의 중성점에 접지공사를 할 경우에는 다음에 따라야 한다.

독학이 쉬워지는 기초개념

① 접지극은 고장 시 그 근처의 대지 사이에 생기는 전위차에 의하여 사람이나 가축 또는 다른 시설물에 위험을 줄 우려가 없도록 시설할 것
② 접지도체는 공칭단면적 16[mm²] 이상의 연동선 또는 이와 동등 이상의 세기 및 굵기의 쉽게 부식하지 아니하는 금속선(저압 전로의 중성점에 시설하는 것은 공칭단면적 6[mm²] 이상의 연동선 또는 이와 동등 이상의 세기 및 굵기의 쉽게 부식하지 않는 금속선)으로서 고장 시 흐르는 전류가 안전하게 통할 수 있는 것을 사용하고 또한 손상을 받을 우려가 없도록 시설할 것
③ 접지도체에 접속하는 저항기·리액터 등은 고장 시 흐르는 전류를 안전하게 통할 수 있는 것을 사용할 것
④ 접지도체·저항기·리액터 등은 취급자 이외의 자가 출입하지 아니하도록 설비한 곳에 시설하는 경우 이외에는 사람이 접촉할 우려가 없도록 시설할 것

THEME 04 기계 및 기구

1 특고압 배전용 변압기의 시설(한국전기설비규정 341.2)

(1) 변압기의 1차 전압은 35[kV] 이하, 2차 전압은 저압 또는 고압일 것
(2) 변압기의 특고압 측에 개폐기 및 과전류 차단기를 시설할 것

2 특고압을 직접 저압으로 변성하는 변압기의 시설(한국전기설비규정 341.3)

(1) 전기로 등 전류가 큰 전기를 소비하기 위한 변압기
(2) 발전소·변전소·개폐소 또는 이에 준하는 곳의 소내용 변압기
(3) 특고압 전선로에 접속하는 변압기
(4) 사용전압이 35[kV] 이하인 변압기로서 그 특고압 측 권선과 저압 측 권선이 혼촉한 경우에 자동적으로 변압기를 전로로부터 차단하기 위한 장치를 설치한 것
(5) 사용전압이 100[kV] 이하인 변압기로서 그 특고압 측 권선과 저압 측 권선 사이에 중성점 접지공사(접지저항 값이 10[Ω] 이하인 것에 한한다)를 한 금속제의 혼촉방지판이 있는 것
(6) 교류식 전기철도용 신호회로에 전기를 공급하기 위한 변압기

3 아크를 발생하는 기구의 시설(한국전기설비규정 341.7)

고압용 또는 특고압용의 개폐기·차단기·피뢰기 기타 이와 유사한 기구(이하 이 조에서 "기구 등"이라 한다)로서 동작 시에 아크가 생기는 것은 목재의 벽 또는 천장 기타의 가연성 물체로부터 다음 표에서 정한 값 이상 이격하여 시설하여야 한다.

기구 등의 구분	간격
고압용	1[m] 이상
특고압용	2[m] 이상 (사용전압이 35[kV] 이하의 특고압용의 기구 등으로서 동작할 때에 생기는 아크의 방향과 길이를 화재가 발생할 우려가 없도록 제한하는 경우에는 1[m] 이상)

▲ 아크를 발생하는 기구 시설 시 간격

예상문제

고압용의 개폐기, 차단기, 피뢰기 기타 이와 유사한 기구는 목재의 벽 또는 천장 기타 가연성 물질로부터 몇 [m] 이상 떨어져야 하는가?

① 1
② 2
③ 3
④ 5

| 해설 |
(한국전기설비규정 341.7)아크를 발생하는 기구의 시설
고압용 또는 특고압용의 개폐기·차단기·피뢰기 기타 이와 유사한 기구(이하 이 조에서 "기구 등"이라 한다)로서 동작 시에 아크가 생기는 것은 목재의 벽 또는 천장 기타의 가연성 물체로부터 다음 표에서 정한 값 이상 이격하여 시설하여야 한다.

기구 등의 구분	간격
고압용	1[m] 이상
특고압용	2[m] 이상 (사용전압이 35[kV] 이하의 특고압용의 기구 등으로서 동작할 때에 생기는 아크의 방향과 길이를 화재가 발생할 우려가 없도록 제한하는 경우에는 1[m] 이상)

답 ①

4 고압 및 특고압 전로 중의 과전류차단기의 시설(한국전기설비규정 341.10)

종류	정격전류	용단 전류	용단 시간
비포장 퓨즈	1.25배에 견딤	2배의 전류에 용단	2분
포장 퓨즈	1.3배에 견딤	2배의 전류에 용단	120분

(1) 고압 또는 특고압의 전로에 단락이 생긴 경우에 동작하는 과전류차단기는 이것을 시설하는 곳을 통과하는 단락전류를 차단하는 능력을 가지는 것이어야 한다.
(2) 고압 또는 특고압의 과전류차단기는 그 동작에 따라 그 개폐상태를 표시하는 장치가 되어 있는 것이어야 한다. 다만, 그 개폐상태가 쉽게 확인될 수 있는 것은 적용하지 않는다.

> **Tip 강의 꿀팁**
>
> 비포장 퓨즈는 포장 퓨즈에 비해 불완전하기 때문에 더 짧은 시간 안에 용단되는 특성이 있어요.

예상문제

특고압전로에 사용하는 포장 퓨즈는 정격전류의 몇 배에 견디어야 하는가?

① 1.2
② 1.25
③ 1.3
④ 1.5

| 해설 |
(한국전기설비규정 341.10)고압 및 특고압 전로 중의 과전류차단기의 시설

종류	정격전류	용단 전류	용단 시간
비포장 퓨즈	1.25배에 견딤	2배의 전류에 용단	2분
포장 퓨즈	1.3배에 견딤	2배의 전류에 용단	120분

답 ③

5 과전류차단기의 시설 제한(한국전기설비규정 341.11)

(1) 시설 제한
① 접지공사의 접지도체
② 다선식 전로의 중성선
③ 전로의 일부에 접지공사를 한 저압 가공전선로의 접지 측 전선

(2) 제한 예외
① 다선식 전로의 중성선에 시설한 과전류차단기가 동작한 경우에 각 극이 동시에 차단될 때
② 저항기·리액터 등을 사용하여 접지공사를 한 때에 과전류차단기의 동작에 의하여 그 접지도체가 비접지 상태로 되지 아니할 때

> **기출예제**
>
> **과전류차단기를 시설할 수 있는 곳은?**
> ① 접지공사의 접지도체
> ② 다선식 전로의 중성선
> ③ 단상 3선식 전로의 저압 측 전선
> ④ 접지공사를 한 저압 가공전선로의 접지 측 전선
>
> | 해설 |
> (한국전기설비규정 341.11)과전류차단기의 시설 제한
> • 접지공사의 접지도체
> • 다선식 전로의 중성선
> • 전로의 일부에 접지공사를 한 저압 가공전선로의 접지 측 전선
>
> 답 ③

6 지락차단장치 등의 시설(한국전기설비규정 341.12)

특고압전로 또는 고압전로에 변압기에 의하여 결합되는 사용전압 400[V] 초과의 저압전로 또는 발전기에서 공급하는 사용전압 400[V] 초과의 저압전로(발전소 및 변전소와 이에 준하는 곳에 있는 부분의 전로 제외)에는 전로에 지락이 생겼을 때에 자동적으로 전로를 차단하는 장치를 시설하여야 한다.

7 피뢰기의 시설(한국전기설비규정 341.13)

고압 및 특고압의 전로 중 다음에 열거하는 곳 또는 이에 근접한 곳에는 피뢰기를 시설하여야 한다.
(1) 발전소·변전소 또는 이에 준하는 장소의 가공전선 인입구 및 인출구
(2) 특고압 가공전선로에 접속하는 배전용 변압기의 고압 측 및 특고압 측
(3) 고압 및 특고압 가공전선로로부터 공급을 받는 수용장소의 인입구
(4) 가공전선로와 지중전선로가 접속되는 곳

독학이 쉬워지는 기초개념

Tip 강의 꿀팁

피뢰기의 접지는
• 고압 및 특고압의 전로에 시설할 때: 10[Ω] 이하
• 단독접지(전용접지): 30[Ω] 이하
를 만족해야 해요.

THEME 05 옥내 설비의 시설

1 고압 옥내배선 등의 시설(한국전기설비규정 342.1)

(1) 애자사용공사(건조한 장소로서 전개된 장소에 한한다)
  ① 전선
   - 공칭단면적 6[mm²] 이상의 연동선 또는 동등 이상의 세기 및 굵기의 고압 절연전선 또는 특고압 절연전선
   - 인하용 고압 절연전선
  ② 전선의 지지점 간 거리: 6[m] 이하(조영재의 면을 따라 붙이는 경우에는 2[m] 이하)일 것
  ③ 전선 상호 간의 간격: 0.08[m] 이상
  ④ 전선과 조영재 사이의 간격(이격거리): 0.05[m] 이상
  ⑤ 애자사용공사에 사용하는 애자는 절연성·난연성 및 내수성의 것일 것

(2) 케이블공사
  ① 전선: 케이블
  ② 관 기타의 케이블을 넣는 방호장치의 금속제 부분, 금속제의 전선 접속함 및 케이블 피복에 사용하는 금속체에는 접지공사를 할 것

(3) 케이블트레이공사
  ① 전선
   - 난연성 케이블(연피 케이블, 알루미늄피 케이블 등)
   - 기타 케이블(상호 영향을 받지 않는 간격으로 연소방지 조치)
  ② 금속제 케이블트레이계통은 기계적 및 전기적으로 완전하게 접속할 것
  ③ 금속제 트레이에는 적합한 도체로 접지시스템에 접속할 것

(4) 고압 옥내배선·저압 옥내전선·관등회로의 배선·약전류 전선 등 또는 수관·가스관이나 이와 유사한 것과 접근하거나 교차하는 경우의 간격은 0.15[m](애자사용공사에 의하여 시설하는 저압 옥내전선이 나전선인 경우에는 0.3[m], 가스계량기 및 가스관의 이음부와 전력량계 및 개폐기와는 0.6[m]) 이상일 것

> **Tip 용어 변경**
> 2023년 10월 12일부터 시행
> '이격거리' → '간격'

기출예제

건조한 장소로서 전개된 장소에 한하여 고압 옥내배선을 할 수 있는 것은?
① 금속관공사   ② 애자사용공사
③ 합성수지관공사 ④ 가요전선관공사

| 해설 |
(한국전기설비규정 342.1)고압 옥내배선 등의 시설
- 애자사용공사(건조한 장소로서 전개된 장소에 한한다)
- 케이블공사
- 케이블트레이공사

답 ②

독학이 쉬워지는 기초개념

2 옥내 고압용 이동전선의 시설(한국전기설비규정 342.2)

(1) 전선은 고압용의 캡타이어케이블일 것
(2) 이동전선과 전기사용기계기구와는 볼트 조임 기타의 방법에 의하여 견고하게 접속할 것
(3) 이동전선에 전기를 공급하는 전로(유도 전동기의 2차 측 전로 제외)에는 전용 개폐기 및 과전류차단기를 각 극(과전류차단기는 다선식 전로의 중성극 제외)에 시설하고, 또한 전로에 지락이 생겼을 때에 자동적으로 전로를 차단하는 장치를 시설할 것

3 옥내에 시설하는 고압접촉전선 공사(한국전기설비규정 342.3)

(1) 애자사용공사(전개된 장소 또는 점검할 수 있는 은폐된 장소)
　① 전선은 사람이 접촉할 우려가 없도록 할 것
　② 전선: 인장강도 2.78[kN] 이상의 것 또는 지름 10[mm]의 경동선으로 단면적이 70[mm²] 이상인 구부리기 어려운 것
　③ 지지점 간의 거리: 6[m] 이하
　④ 전선 상호 간의 간격: 0.3[m] 이상
　⑤ 전선과 조영재와의 간격: 0.2[m] 이상
(2) 옥내전선·약전류 전선 등 또는 수관·가스관이나 이와 유사한 것과 접근 또는 교차하는 경우에는 상호 간의 간격은 0.6[m] 이상이어야 한다. 다만, 옥내에 시설하는 고압접촉전선과 다른 옥내전선이나 약전류 전선 등 사이에 절연성 및 난연성이 있는 견고한 격벽을 설치하는 경우에는 0.3[m] 이상으로 할 수 있다.

4 특고압 옥내 전기설비의 시설(한국전기설비규정 342.4)

(1) 사용전압은 100[kV] 이하일 것(케이블트레이공사에 의하여 시설하는 경우 35[kV] 이하)
(2) 전선은 케이블일 것
(3) 케이블은 철재 또는 철근 콘크리트재의 관·덕트 기타의 견고한 방호장치에 넣어 시설할 것
(4) 관 그 밖에 케이블을 넣는 방호장치의 금속제 부분·금속제의 전선 접속함 및 케이블의 피복에 사용하는 금속체에는 규정에 의한 접지공사를 할 것
(5) 특고압 옥내배선과 저압 옥내전선·관등회로의 배선 또는 고압 옥내전선 사이의 간격은 0.6[m] 이상일 것
(6) 특고압 옥내배선과 약전류 전선 등 또는 수관·가스관이나 이와 유사한 것과 접촉하지 아니하도록 시설할 것

CHAPTER 03 CBT 적중문제

01
고압 및 특고압 전기설비에서 안전을 위한 보호의 종류가 아닌 것은?

① 열 영향에 대한 보호
② 직접 접촉에 대한 보호
③ 절연유 누설에 대한 보호
④ 직격뢰에 대한 보호

해설
(한국전기설비규정 311)안전보호
- 직접 접촉에 대한 보호
- 간접 접촉에 대한 보호
- 아크고장에 대한 보호
- 직격뢰에 대한 보호
- 화재에 대한 보호
- 절연유 누설에 대한 보호
- SF_6의 누설에 대한 보호

02
고압 또는 특고압과 저압의 혼촉에 의한 위험방지 시설에 관한 내용으로 틀린 것은?

① 고압전로 또는 특고압전로와 저압전로를 결합하는 변압기의 저압 측의 중성점에는 접지공사를 하여야 한다.
② 접지공사는 변압기의 시설장소마다 시행하여야 한다.
③ 토지의 상황에 의하여 변압기의 시설장소에서 접지저항 값을 얻기 어려운 경우 인장강도 5.26[kN] 이상 또는 지름 4[mm] 이상의 가공 접지도체를 변압기의 시설장소로부터 100[m]까지 떼어 놓을 수 있다.
④ 저압전로의 사용전압이 300[V] 이하인 경우에 그 접지공사를 변압기의 중성점에 하기 어려울 때에는 저압 측의 1단자에 시행할 수 있다.

해설
(한국전기설비규정 322.1)고압 또는 특고압과 저압의 혼촉에 의한 위험방지 시설
- 고압전로 또는 특고압전로와 저압전로를 결합하는 변압기의 저압 측의 중성점에는 접지공사를 하여야 한다. 다만, 저압전로의 사용전압이 300[V] 이하인 경우에 그 접지공사를 변압기의 중성점에 하기 어려울 때에는 저압 측의 1단자에 시행할 수 있다.
- 접지공사는 변압기의 시설장소마다 시행하여야 한다. 다만, 토지의 상황에 의하여 변압기의 시설장소에서 접지저항 값을 얻기 어려운 경우 인장강도 5.26[kN] 이상 또는 지름 4[mm] 이상의 가공 접지도체를 변압기의 시설장소로부터 200[m]까지 떼어 놓을 수 있다.

03

고압전로 또는 특고압전로를 결합하는 변압기의 저압 측의 중성점에 가공공동지선을 설치하여 2 이상의 시설장소에 접지공사를 하였다. 각 접지도체를 가공공동지선으로부터 분리하였을 경우, 각 접지도체와 대지 간의 전기저항 값은 몇 [Ω] 이하인가?

① 300
② 150
③ 60
④ 30

해설

(한국전기설비규정 322.1)고압 또는 특고압과 저압의 혼촉에 의한 위험방지 시설
가공공동지선과 대지 사이의 합성 전기저항 값은 1[km]를 지름으로 하는 지역 안마다 공통접지 및 통합접지에 의해 접지저항 값을 가지는 것으로 하고 또한 각 접지도체를 가공공동지선으로부터 분리하였을 경우의 각 접지도체와 대지 사이의 전기저항 값은 300[Ω] 이하로 할 것

04

고압전로 또는 특고압전로를 결합하는 변압기의 저압 측의 중성점에는 접지공사를 하여야 하고 변압기의 시설장소마다 시행하여야 한다. 다만, 토지의 상황에 의하여 변압기의 시설장소에서 접지저항 값을 얻기 어려운 경우 가공 접지도체를 변압기의 시설장소로부터 몇 [m]까지 떼어 놓을 수 있는가?

① 100
② 150
③ 200
④ 250

해설

(한국전기설비규정 322.1)고압 또는 특고압과 저압의 혼촉에 의한 위험방지 시설
접지공사는 변압기의 시설장소마다 시행하여야 한다. 다만, 토지의 상황에 의하여 변압기의 시설장소에서 규정하는 접지저항 값을 얻기 어려운 경우에 인장강도 5.26[kN] 이상 또는 지름 4[mm] 이상의 가공 접지도체를 저압가공전선에 관한 규정에 준하여 시설할 때에는 변압기의 시설장소로부터 200[m]까지 떼어 놓을 수 있다.

05

고압용 차단기 등의 조작 시에 아크가 발생하는 기구는 목재의 벽 또는 천장 등 가연성 구조물 등으로부터 몇 [m] 이상 이격하여 시설하여야 하는가?

① 1
② 1.5
③ 2
④ 2.5

해설

(한국전기설비규정 341.7)아크를 발생하는 기구의 시설

기구 등의 구분	간격
고압용	1[m] 이상
특고압용	2[m] 이상 (사용전압이 35[kV] 이하의 특고압용의 기구 등으로서 동작할 때에 생기는 아크의 방향과 길이를 화재가 발생할 우려가 없도록 제한하는 경우에는 1[m] 이상)

06

과전류차단기로 시설하는 퓨즈 중 고압전로에 사용하는 비포장 퓨즈의 특성에 해당하는 것은?

① 정격전류의 1.25배의 전류에 견디고, 2배의 전류로 120분 안에 용단되는 것이어야 한다.
② 정격전류의 1.1배의 전류에 견디고, 2배의 전류로 120분 안에 용단되는 것이어야 한다.
③ 정격전류의 1.25배의 전류에 견디고, 2배의 전류로 2분 안에 용단되는 것이어야 한다.
④ 정격전류의 1.1배의 전류에 견디고, 2배의 전류로 2분 안에 용단되는 것이어야 한다.

해설

(한국전기설비규정 341.10)고압 및 특고압 전로 중의 과전류차단기의 시설

종류	정격 전류	용단 전류	용단 시간
비포장 퓨즈	1.25배에 견딤	2배의 전류에 용단	2분
포장 퓨즈	1.3배에 견딤	2배의 전류에 용단	120분

| 정답 | 03 ① 04 ③ 05 ① 06 ③

07

과전류차단기로 시설하는 퓨즈 중 특고압전로에 사용하는 비포장 퓨즈는 정격전류의 몇 배의 전류로 몇 분 안에 용단되는 것이어야 하는가?

① 1.25배로 2분
② 1.25배로 120분
③ 2배로 2분
④ 2배로 120분

해설

(한국전기설비규정 341.10)고압 및 특고압전로 중의 과전류차단기의 시설

종류	정격전류	용단 전류	용단 시간
비포장 퓨즈	1.25배에 견딤	2배의 전류에 용단	2분
포장 퓨즈	1.3배에 견딤	2배의 전류에 용단	120분

08

과전류차단기를 설치하지 않아야 하는 곳은?

① 수용가의 인입선 부분
② 역률 조정용 고압 병렬 콘덴서 뱅크의 분기선
③ 다선식 선로의 중성선
④ 고압 배전선로의 인출 장소

해설

(한국전기설비규정 341.11)과전류차단기의 시설 제한
과전류차단기의 시설 제한 장소
• 접지공사의 접지도체
• 다선식 전로의 중성선
• 저압 가공 전선로의 접지 측 전선

09

피뢰기를 반드시 시설하여야 할 곳은?

① 전기 수용장소 내의 차단기 2차 측
② 가공전선로와 지중전선로가 접속되는 곳
③ 수전용 변압기의 2차 측
④ 지지물 간 거리(경간)가 긴 가공전선로

해설

(한국전기설비규정 341.13)피뢰기의 시설
고압 및 특고압의 전로 중 다음에 열거하는 곳 또는 이에 근접한 곳에는 피뢰기를 시설하여야 한다.
• 발전소·변전소 또는 이에 준하는 장소의 가공전선 인입구 및 인출구
• 특고압 가공전선로에 접속하는 배전용 변압기의 고압 측 및 특고압 측
• 고압 및 특고압 가공전선로로부터 공급을 받는 수용장소의 인입구
• 가공전선로와 지중전선로가 접속되는 곳

10

$6,600[V]$ 고압 옥내배선에 전선으로 연동선을 사용할 때, 그 단면적은 몇 $[mm^2]$ 이상의 것을 사용하여야 하는가?

① 2.5
② 4.0
③ 6.0
④ 10.0

해설

(한국전기설비규정 342.1)고압 옥내배선 등의 시설
애자사용공사에 의한 고압 옥내배선은 다음에 의하고, 또한 사람이 접촉할 우려가 없도록 시설할 것
• 전선은 공칭단면적 6$[mm^2]$ 이상의 연동선 또는 이와 동등 이상의 세기 및 굵기의 고압 절연전선이나 특고압 절연전선 또는 인하용 고압 절연전선일 것

11
애자공사에 의한 고압 옥내배선을 할 때 전선을 조영재의 면을 따라 붙이는 경우, 전선의 지지점 간의 거리는 몇 [m] 이하이어야 하는가?

① 2
② 3
③ 4
④ 5

해설
(한국전기설비규정 342.1)고압 옥내배선 등의 시설
애자사용공사에 의한 고압 옥내배선은 다음에 의하고, 또한 사람이 접촉할 우려가 없도록 시설할 것
- 전선은 공칭 단면적 6[mm^2] 이상의 연동선 또는 이와 동등 이상의 세기 및 굵기의 고압 절연전선이나 특고압 절연전선 또는 인하용 고압 절연전선일 것
- 전선의 지지점 간의 거리는 6[m] 이하일 것. 다만, 전선을 조영재의 면을 따라 붙이는 경우 2[m] 이하일 것
- 전선 상호 간의 간격은 0.08[m] 이상, 전선과 조영재 사이의 간격(이격거리)은 0.05[m] 이상일 것

12
애자사용공사의 고압 옥내배선과 수도관의 최소 간격(이격거리)[m]은?

① 0.1
② 0.15
③ 0.3
④ 0.5

해설
(한국전기설비규정 342.1)고압 옥내배선 등의 시설
고압 옥내배선이 다른 고압 옥내배선·저압 옥내전선·관등회로의 배선·약전류 전선 등 또는 수관·가스관이나 이와 유사한 것과 접근하거나 교차하는 경우에는 고압 옥내배선과 다른 고압 옥내배선·저압 옥내전선·관등회로의 배선·약전류 전선 등 또는 수관·가스관이나 이와 유사한 것 사이의 간격은 0.15[m](애자사용공사에 의하여 시설하는 저압 옥내전선이 나전선인 경우에는 0.3[m], 가스계량기 및 가스관의 이음부와 전력량계 및 개폐기와는 0.6[m]) 이상이어야 한다.

13
옥내에 시설하는 고압용 이동전선으로 사용 가능한 것은?

① 2.6[mm] 연동선
② 비닐 캡타이어케이블
③ 고압용 제3종 클로로프렌 캡타이어케이블
④ 600[V] 고무 절연전선

해설
(한국전기설비규정 342.2)옥내 고압용 이동전선의 시설
- 전선은 고압용의 캡타이어케이블일 것
- 이동전선과 전기사용기계기구와는 볼트조임 기타의 방법에 의하여 견고하게 접속할 것
- 이동전선에 전기를 공급하는 전로(유도 전동기의 2차 측 전로 제외)에는 전용 개폐기 및 과전류 차단기를 각 극(과전류 차단기는 다선식 전로의 중성극 제외)에 시설하고, 또한 전로에 지락이 생겼을 때에 자동적으로 전로를 차단하는 장치를 시설할 것

14
특고압 옥내 전기설비를 시설할 때 특고압 옥내배선의 사용전압은 몇 [kV] 이하이어야 하는가?(단, 케이블트레이공사에 의하지 않으며, 위험의 우려가 없도록 시설한다.)

① 100
② 170
③ 220
④ 350

해설
(한국전기설비규정 342.4)특고압 옥내 전기설비의 시설
- 특고압 옥내배선의 사용전압은 100[kV] 이하일 것
- 케이블트레이공사에 의하여 시설하는 경우에는 35[kV] 이하일 것

15
특고압 옥내배선과 고·저압선과의 간격(이격거리)은 몇 [m] 이상이어야 하는가?

① 0.2
② 0.5
③ 0.6
④ 1.0

해설

(한국전기설비규정 342.4)특고압 옥내 전기설비의 시설
특고압 옥내배선과 저압 옥내전선·관등회로의 배선 또는 고압 옥내전선 사이의 간격(이격거리)은 0.6[m] 이상일 것. 다만, 상호 간에 견고한 내화성의 격벽을 시설할 경우에는 그러하지 아니하다.

전선로

1. 통칙
2. 가공전선로
3. 옥측 · 옥상전선로 및 가공 · 이웃 연결인입선
4. 지중전선로
5. 특수장소의 전선로

학습전략

CHAPTER 04 전선로는 전력공학 및 전기기기에서 전선로 학습 시 사용하는 용어들이 많으므로 연계하여 학습하면 유리합니다. 다만 규정의 세세한 부분까지 묻는 문제가 출제되므로 규정의 수치까지 정확히 암기하는 것이 중요합니다.

CHAPTER 04 | 흐름 미리보기

1. 통칙
2. 가공전선로
3. 옥측·옥상전선로 및 가공·이웃 연결인입선
5. 특수장소의 전선로
4. 지중전선로

NEXT **CHAPTER 05**

CHAPTER 04 전선로

독학이 쉬워지는 기초개념

THEME 01 통칙

1 전파장해의 방지(한국전기설비규정 331.1)
가공전선로는 무선 설비의 기능에 계속적이고 또한 중대한 장해를 주는 전파를 발생할 우려가 있는 경우에는 이를 방지하도록 시설하여야 한다.

2 가공전선로 지지물의 철탑오름 및 전주오름 방지(한국전기설비규정 331.4)
가공전선로의 지지물에 취급자가 오르고 내리는 데 사용하는 발판 볼트 등을 지표상 1.8[m] 미만에 시설하여서는 아니 된다. 다만, 다음의 어느 하나에 해당되는 경우에는 그러하지 아니하다.
(1) 발판 볼트 등을 내부에 넣을 수 있는 구조로 되어 있는 지지물에 시설하는 경우
(2) 지지물에 철탑오름 및 전주오름 방지장치를 시설하는 경우
(3) 지지물 주위에 취급자 이외의 자가 출입할 수 없도록 울타리·담 등의 시설을 하는 경우
(4) 지지물이 산간(山間) 등에 있으며 사람이 쉽게 접근할 우려가 없는 곳에 시설하는 경우

기출예제

중요도 가공전선로의 지지물에는 취급자가 오르고 내리는 데에 사용하는 발판 볼트 등은 특별한 경우를 제외하고 지표상 몇 [m] 미만에는 시설하지 않아야 하는가?
① 1.5
② 1.8
③ 2.0
④ 2.2

| 해설 |
(한국전기설비규정 331.4)가공전선로 지지물의 철탑오름 및 전주오름 방지
가공전선로의 지지물에 취급자가 오르고 내리는 데 사용하는 발판 볼트 등을 지표상 1.8[m] 미만에 시설하여서는 아니 된다.

답 ②

3 풍압하중의 종별과 적용(한국전기설비규정 331.6)

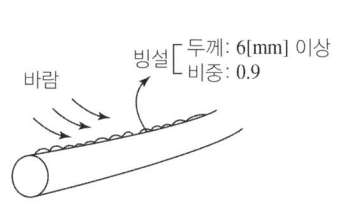
▲ 을종 풍압하중

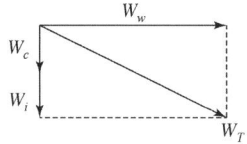
$W_T = \sqrt{(W_c+W_i)^2+W_w^2}$
W_T: 전선의 합성하중 W_c: 전선의 자체하중
W_i: 빙설하중 W_w: 풍압하중

▲ 전선의 합성하중

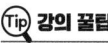

> **강의 꿀팁**
> 철탑 등의 지지물에서는 풍압하중을 가장 중요하게 고려해요.

(1) 갑종 풍압하중: 수직 투영면적 $1[m^2]$에 대한 풍압을 기초로 하여 계산

풍압을 받는 구분			구성재의 수직 투영면적 $1[m^2]$에 대한 풍압
목주			$588[Pa]$
지지물	철주	원형의 것	$588[Pa]$
		삼각형 또는 마름모형의 것	$1,412[Pa]$
		강관에 의하여 구성되는 사각형의 것	$1,117[Pa]$
		기타의 것	복재(腹材)가 전·후면에 겹치는 경우에는 $1,627[Pa]$, 기타의 경우에는 $1,784[Pa]$
	철근 콘크리트주	원형의 것	$588[Pa]$
		기타의 것	$882[Pa]$
	철탑	단주 (완철류는 제외함) 원형의 것	$588[Pa]$
		단주 (완철류는 제외함) 기타의 것	$1,117[Pa]$
		강관으로 구성되는 것(단주는 제외함)	$1,255[Pa]$
		기타의 것	$2,157[Pa]$
전선 기타 가섭선	다도체(구성하는 전선이 2가닥마다 수평으로 배열되고 또한 그 전선 상호 간의 거리가 전선의 바깥지름의 20배 이하인 것에 한한다)를 구성하는 전선		$666[Pa]$
	기타의 것		$745[Pa]$
애자장치(특고압 전선용의 것에 한한다)			$1,039[Pa]$
목주·철주(원형의 것에 한한다) 및 철근 콘크리트주의 완금류(특고압 전선로용의 것에 한한다)			단일재로서 사용하는 경우에는 $1,196[Pa]$, 기타의 경우에는 $1,627[Pa]$

(2) 을종 풍압하중: 갑종 풍압하중의 1/2
(3) 병종 풍압하중: 갑종 풍압하중의 1/2

> **강의 꿀팁**
> • 저온계 : 12월~3월
> • 고온계 : 4월~11월

독학이 쉬워지는 기초개념

(4) 각종 풍압하중의 적용

지방별		풍압하중	
		고온계절	저온계절
빙설이 많지 않은 지방		갑종	병종
빙설이 많은 지방	최대풍압이 생기는 지방	갑종	갑종과 을종 중 큰 것
	그 외의 지방	갑종	을종

(5) 인가가 많이 이웃 연결되어 있는 장소에 시설하는 가공전선로의 구성재 중 다음의 풍압하중에 대해서는 갑종 또는 을종 풍압하중 대신에 병종 풍압하중을 적용할 수 있다.
  ① 저압 또는 고압 가공전선로의 지지물 또는 가섭선
  ② 사용전압이 35[kV] 이하의 전선에 특고압 절연전선 또는 케이블을 사용하는 특고압 가공전선로의 지지물, 가섭선 및 특고압 가공전선을 지지하는 애자장치 및 완금류

기출예제

가공전선로에 사용하는 지지물의 강도 계산에 적용하는 풍압하중의 종별로 알맞은 것은?

① 갑종, 을종, 병종
② A종, B종, C종
③ 1종, 2종, 3종
④ 수평, 수직, 각도

|해설|
(한국전기설비규정 331.6)풍압하중의 종별과 적용
가공전선로에 사용하는 지지물의 강도 계산에 적용하는 풍압하중은 다음의 3종으로 한다.
• 갑종 풍압하중
• 을종 풍압하중
• 병종 풍압하중

답 ①

인가가 많이 이웃 연결(연접)되어 있는 장소에 시설하는 가공전선로의 구성재 중 고압 가공전선로의 지지물 또는 가섭선에 적용하는 풍압하중에 대한 설명으로 옳은 것은?

① 갑종 풍압하중의 1.5배를 적용시켜야 한다.
② 갑종 풍압하중의 2배를 적용시켜야 한다.
③ 병종 풍압하중을 적용시킬 수 있다.
④ 갑종 풍압하중과 을종 풍압하중 중 큰 것만 적용시킨다.

|해설|
(한국전기설비규정 331.6)풍압하중의 종별과 적용
인가가 많이 이웃 연결(연접)되어 있는 장소에 시설하는 가공전선로의 구성재 중 다음의 풍압하중에 대하여는 병종 풍압하중을 적용할 수 있다.
• 저압 또는 고압 가공전선로의 지지물 또는 가섭선
• 사용전압이 35[kV] 이하의 전선에 특고압 절연전선 또는 케이블을 사용하는 특고압 가공전선로의 지지물, 가섭선 및 특고압 가공전선을 지지하는 애자장치 및 완금류

답 ③

> 가공전선로에 사용하는 지지물의 강도 계산에 적용하는 갑종 풍압하중은 단도체 전선의 경우 구성재의 수직투영면적 $1[m^2]$에 대한 몇 [Pa]의 풍압으로 계산하는가?
> ① 588
> ② 745
> ③ 1,255
> ④ 1,039

|해설|
(한국전기설비규정 331.6)풍압하중의 종별과 적용

풍압을 받는 구분		구성재의 수직투영면적 $1[m^2]$에 대한 풍압
전선 기타 가섭선	다도체(구성하는 전선이 2가닥마다 수평으로 배열되고 또한 그 전선 상호 간의 거리가 전선의 바깥지름의 20배 이하인 것에 한한다)를 구성하는 전선	666[Pa]
	기타의 것	745[Pa]

답 ②

> **독학이 쉬워지는 기초개념**

4 가공전선로 지지물의 기초의 안전율(한국전기설비규정 331.7)

(1) 안전율
  ① 기초의 안전율: 2.0 이상
  ② 이상 시 상정하중이 가하여지는 철탑의 기초의 안전율: 1.33 이상

(2) 안전율을 고려하지 않고 시설하기 위한 지지물의 최소 근입깊이

구분		설계하중		
		$6.8[kN]$ 이하	$6.8[kN]$ 초과 $9.8[kN]$ 이하	$9.81[kN]$ 초과 $14.72[kN]$ 이하
강관을 주체로 하는 철주 또는 철근 콘크리트주 → 16[m] 이하	15[m] 이하	전체 길이의 1/6 이상	+0.3[m]	+0.5[m]
	15[m] 초과 16[m] 이하	2.5[m] 이상		15[m] 초과 18[m] 이하: 3[m] 이상
논이나 그 밖에 지반이 연약한 곳 제외	16[m] 초과 20[m] 이하	2.8[m] 이상		18[m] 초과: 3.2[m] 이상

> **Tip 강의 꿀팁**
> 근입깊이는 매설깊이를 의미해요.

기출예제

> 철탑의 강도 계산에 사용하는 이상 시 상정하중에 대한 철탑의 기초에 대한 안전율은 얼마 이상이어야 하는가?
> ① 1.2
> ② 1.33
> ③ 1.5
> ④ 2.5

|해설|
(한국전기설비규정 331.7)가공전선로 지지물의 기초의 안전율
가공전선로의 지지물에 하중이 가하여지는 경우에 그 하중을 받는 지지물의 기초의 안전율은 2(이상 시 상정하중이 가하여지는 철탑의 기초에 대하여는 1.33) 이상이어야 한다.

답 ②

독학이 쉬워지는 기초개념

중요도 설계하중 900[kg]인 철근 콘크리트주의 길이가 16[m]라 한다. 이 지지물을 지반이 연약한 곳 이외의 곳에서 안전율을 고려하지 않고 시설하려고 하면 땅에 묻히는 깊이는 몇 [m] 이상으로 하여야 하는가?

① 2.0 ② 2.3 ③ 2.5 ④ 2.8

|해설|
(한국전기설비규정 331.7)가공전선로 지지물의 기초의 안전율
- 설계하중 $F = mg[N]$ ($m[kg]$: 질량, $g[m/sec^2]$: 중력 가속도)
  $F = 900 \times 9.8 = 8,820[N] = 8.82[kN]$
- 철근 콘크리트주로서 그 전체 길이가 16[m] 이하, 설계하중이 6.8[kN] 이하인 것은 다음에 의하여 시설하여야 한다.
  – 전체의 길이가 15[m] 이하인 경우는 땅에 묻히는 깊이를 전체 길이의 6분의 1 이상으로 할 것
  – 전체의 길이가 15[m]를 초과하는 경우는 땅에 묻히는 깊이를 2.5[m] 이상으로 할 것
- 철근 콘크리트주로서 전체의 길이가 14[m] 이상 20[m] 이하이고, 설계하중이 6.8[kN] 초과 9.8[kN] 이하의 것을 논이나 그 밖의 지반이 연약한 곳 이외에 시설하는 경우, 그 묻히는 깊이는 설계하중이 6.8[kN] 이하의 기준보다 0.3[m]를 가산하여 시설하여야 한다.

따라서 지지물의 매설깊이는 2.5 + 0.3 = 2.8[m] 이상이다.

답 ④

5 지지선의 시설(한국전기설비규정 331.11)

(1) 철탑은 지지선(지선) 사용 금지
(2) 지지선의 시설
   ① 안전율 2.5 이상, 허용 인장하중의 최저는 4.31[kN]
   ② 연선을 사용할 경우
      - 소선 3가닥(=조) 이상의 연선
      - 소선의 지름 2.6[mm] 이상 금속선
   ③ 지중부분 및 지표상 0.3[m]까지: 내식성이 있는 것 또는 아연도금 철봉 사용
   ④ 지지선의 설치 높이
      - 도로 횡단: 5[m] 이상
      - 교통에 지장이 없는 장소: 4.5[m] 이상
      - 보도: 2.5[m] 이상

Tip 용어 변경
2023년 10월 12일부터 시행
'지선' → '지지선'

내식성
부식이 방지되는 성질

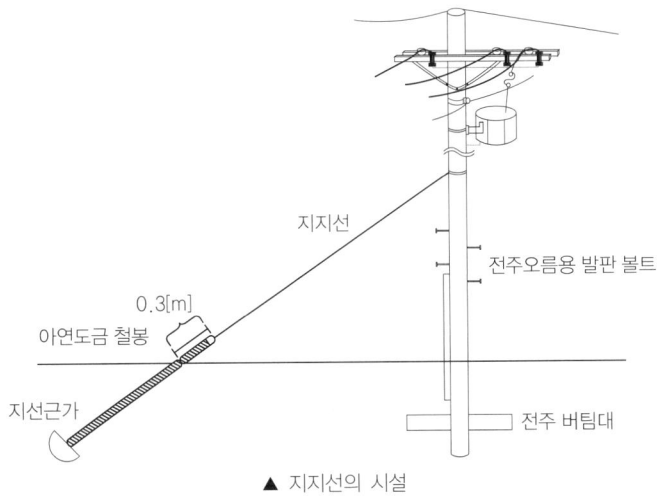

▲ 지지선의 시설

기출예제

다음 (㉠), (㉡)에 알맞은 것은?

> 지지선(지선)의 안전율은 (㉠) 이상일 것. 이 경우에 허용 인장하중의 최저는 (㉡)[kN]으로 한다.

① ㉠ 2.0 ㉡ 2.1
② ㉠ 2.0 ㉡ 4.31
③ ㉠ 2.5 ㉡ 2.1
④ ㉠ 2.5 ㉡ 4.31

|해설|
(한국전기설비규정 331.11)지지선의 시설
지지선(지선)의 안전율은 2.5 이상일 것. 이 경우에 허용 인장하중의 최저는 4.31[kN]으로 한다.

답 ④

가공전선로의 지지물에 시설하는 지지선(지선)의 설치기준으로 옳은 것은?

① 지지선(지선)의 안전율은 1.2 이상일 것
② 지지선(지선)으로 연선을 사용할 경우 소선 3가닥 이상의 연선을 사용할 것
③ 소선은 지름 1.2[mm] 이상인 금속선일 것
④ 허용 인장하중의 최저는 2.2[kN]으로 할 것

|해설|
(한국전기설비규정 331.11)지지선의 시설
가공전선로의 지지물에 시설하는 지지선(지선)은 다음에 따라야 한다.
- 지지선(지선)의 안전율은 2.5 이상일 것. 이 경우에 허용 인장하중의 최저는 4.31[kN]으로 한다.
- 지지선(지선)에 연선을 사용할 경우에는 다음에 의할 것
  - 소선 3가닥 이상의 연선일 것
  - 소선의 지름이 2.6[mm] 이상의 금속선을 사용한 것일 것. 다만, 소선의 지름이 2[mm] 이상인 아연도강연선으로서 소선의 인장강도가 0.68[kN/mm²] 이상인 것을 사용하는 경우에는 적용하지 않는다.
- 지중부분 및 지표상 0.3[m]까지의 부분에는 내식성이 있는 것 또는 아연도금을 한 철봉을 사용하고 쉽게 부식되지 아니하는 전주 버팀대에 견고하게 붙일 것. 다만, 목주에 시설하는 지지선(지선)에 대해서는 적용하지 않는다.

답 ②

독학이 쉬워지는 기초개념

독학이 쉬워지는 기초개념

Tip 용어 변경

2023년 10월 12일부터 시행
'조가용선' → '조가선'

Tip 강의 꿀팁

케이블을 가설하기 위해 철선을 먼저 가설하고 케이블을 행거로 매달게 되는데, 이때 사용하는 철선을 조가선이라고 해요.

DV
인입용 비닐절연전선

THEME 02 가공전선로

1 가공케이블의 시설(한국전기설비규정 332.2)

(1) 조가선(조가용선)에 행거로 시설할 것
(2) 행거 간격은 고압 이상의 전압 사용 시에 0.5[m] 이하로 하는 것이 좋다.
(3) 조가선은 인장강도 5.93[kN] 이상의 연선 또는 단면적 22[mm²] 이상인 아연도강연선(특고압일 경우 인장강도 13.93[kN] 이상의 연선)일 것
(4) 조가선 및 케이블의 피복에 사용하는 금속체에는 접지공사를 할 것
(5) 금속 테이프(철바인드법) 간격은 0.2[m] 이하의 간격을 유지

2 가공전선의 굵기 및 종류(한국전기설비규정 222.5, 332.3, 333.4)

구분	나전선	절연전선	비고
400[V] 이하	인장강도 3.43[kN] 이상의 것 또는 지름 3.2[mm] 이상	인장강도 2.3[kN] 이상의 것 또는 지름 2.6[mm] 이상	케이블인 경우 제외
400[V] 초과 (시가지 외)	인장강도 5.26[kN] 이상의 것 또는 지름 4[mm] 이상		• 케이블인 경우 제외 • DV는 사용하지 말 것
400[V] 초과 (시가지)	인장강도 8.01[kN] 이상의 것 또는 지름 5[mm] 이상		
특고압	인장강도 8.71[kN] 이상의 연선 또는 단면적 22[mm²] 이상의 경동연선		케이블인 경우 제외

기출예제

중요도 사용전압이 400[V] 이하인 저압 가공전선으로 절연전선을 사용하는 경우, 지름 몇 [mm] 이상의 경동선을 사용하여야 하는가?

① 2.0   ② 2.6   ③ 3.2   ④ 3.8

|해설|
(한국전기설비규정 222.5)가공전선의 굵기 및 종류
사용전압이 400[V] 이하인 저압 가공전선은 케이블인 경우를 제외하고는 인장강도 3.43[kN] 이상의 것 또는 지름 3.2[mm](절연전선인 경우는 인장강도 2.3[kN] 이상의 것 또는 지름 2.6[mm] 이상의 경동선) 이상의 것이어야 한다.

답 ②

3 가공전선의 안전율(한국전기설비규정 222.6, 332.4)

(1) 경동선 및 내열 동합금선: 2.2 이상의 처짐 정도로 시설
(2) 그 밖의 전선: 2.5 이상의 처짐 정도로 시설

기출예제

중요도 고압 가공전선의 안전율이 경동선인 경우 얼마 이상의 처짐 정도(이도)로 시설하여야 하는가?

① 2.0 ② 2.2 ③ 2.5 ④ 3.0

|해설|
(한국전기설비규정 222.6, 332.4)저고압 가공전선의 안전율
고압 가공전선은 케이블인 경우 이외에는 안전율이 경동선 또는 내열 동합금선은 2.2 이상, 그 밖의 전선은 2.5 이상이 되는 처짐 정도(이도)로 시설하여야 한다.

답 ②

> **독학이 쉬워지는 기초개념**
>
> **Tip 용어 변경**
> 2023년 10월 12일부터 시행
> '이도' → '처짐 정도'
>
> **Tip 강의 꿀팁**
> 저압, 고압, 특고압 가공전선의 안전율 규정은 모두 같아요.

4 가공전선의 높이(한국전기설비규정 222.7, 332.5, 333.7)

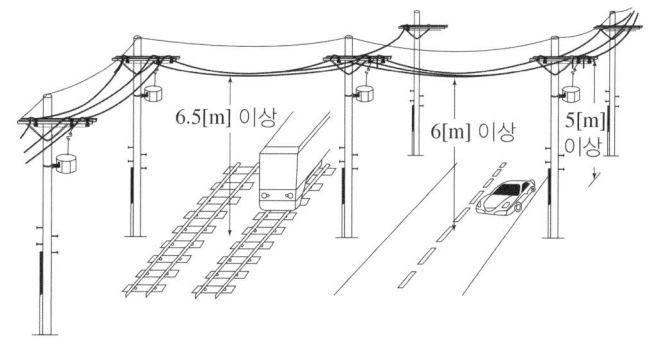

▲ 가공전선의 높이

(1) 저고압 가공전선의 높이

구분	일반 장소	도로 횡단	철도 또는 궤도 횡단	횡단보도교의 위
저압	5[m] 이상	6[m] 이상	6.5[m] 이상	3.5[m] 이상 (절연전선 또는 케이블: 3[m])
고압	5[m] 이상	6[m] 이상	6.5[m] 이상	3.5[m] 이상

※ 저압 가공전선의 높이는 '절연전선 또는 케이블을 사용하고 교통에 지장이 없도록 하여 옥외조명용에 공급하는 경우' 일반 장소에서만 4[m] 이상으로 감할 수 있다.

독학이 쉬워지는 기초개념

(2) 특고압 가공전선의 높이

전압의 범위	일반 장소	도로 횡단	철도 또는 궤도 횡단	횡단보도교의 위
35[kV] 이하	5[m] 이상	6[m] 이상	6.5[m] 이상	5[m] 이상 (특고압 절연전선 또는 케이블: 4[m])
35[kV] 초과 160[kV] 이하	6[m] 이상	6[m] 이상	6.5[m] 이상	6[m] 이상 (케이블: 5[m])
35[kV] 초과 160[kV] 이하	산지 등에서 사람이 쉽게 들어갈 수 없는 장소: 5[m] 이상			
160[kV] 초과	일반 장소	가공전선의 높이 = 6 + 단수 × 0.12[m] 이상		
160[kV] 초과	철도 또는 궤도 횡단	가공전선의 높이 = 6.5 + 단수 × 0.12[m] 이상		
160[kV] 초과	산지	가공전선의 높이 = 5 + 단수 × 0.12[m] 이상		

시가지 등에서 170[kV] 이하 특고압 가공전선로의 높이(한국전기설비규정 333.1)

사용전압의 구분	지표상의 높이
35[kV] 이하	10[m](전선이 특고압 절연전선인 경우에는 8[m])
35[kV] 초과	10[m]에 35[kV]를 초과하는 10[kV] 또는 그 단수마다 0.12[m]를 더한 값

기출예제

사용전압 154[kV]의 가공전선을 시가지에서 시설하는 경우 전선의 지표상의 높이는 최소 몇 [m] 이상인가?

① 7.44   ② 9.44   ③ 11.44   ④ 13.44

|해설|
(한국전기설비규정 333.1)시가지 등에서 특고압 가공전선로의 시설

사용전압의 구분	지표상의 높이
35[kV] 이하	10[m](전선이 특고압 절연전선인 경우에는 8[m])
35[kV] 초과	10[m]에 35[kV]를 초과하는 10[kV] 또는 그 단수마다 0.12[m]를 더한 값

단수 $= \frac{154-35}{10} = 11.9 \rightarrow$ 12단

∴ $10 + 12 \times 0.12 = 11.44$[m]

답 ③

5 가공전선로의 가공지선(한국전기설비규정 332.6, 333.8)

(1) 고압: 인장강도 5.26[kN] 이상의 것 또는 지름 4[mm] 이상의 나경동선을 사용
(2) 특고압: 인장강도 8.01[kN] 이상의 나선 또는 지름 5[mm] 이상의 나경동선, 22[mm²] 이상의 나경동연선, 아연도강연선 22[mm²], 또는 OPGW 전선을 사용

OPGW
광섬유 복합 가공지선

6 가공전선 등의 병행설치(한국전기설비규정 332.8, 333.17)

(1) 전력선과 전력선을 동일 지지물에 시설하고 별개의 완금류에 시설할 것
 (아래쪽: 저압 측 가공전선)
(2) 특고압 병행설치 규정
 ① 특고압 가공전선은 연선일 것
 ② 35[kV]를 초과하고 100[kV] 미만인 경우
  • 제2종 특고압 보안공사에 의할 것
  • 인장강도 21.67[kN] 이상의 연선 또는 단면적이 50[mm²] 이상인 경동연선
  • 지지물은 목주 사용 불가(철주 · 철근 콘크리트주 또는 철탑 사용)
 ③ 100[kV]를 초과하는 경우: 특고압 가공전선과 저압 또는 고압 가공전선은 동일 지지물에 시설 금지
(3) 간격

분류		간격
저 · 고압 병행설치		0.5[m] 이상(고압 측 케이블 사용: 0.3[m] 이상)
특고압 병행설치	35[kV] 이하	1.2[m] 이상 (저압 가공전선이 절연전선이거나 케이블인 때 또는 고압 가공전선이 고압 절연전선, 특고압 절연전선 또는 케이블인 때 0.5[m] 이상)
	35[kV] 초과 100[kV] 미만	2[m] 이상 (저압 가공전선이 절연전선이거나 케이블인 때 또는 고압 가공전선이 고압 절연전선, 특고압 절연전선 또는 케이블인 때 1[m] 이상)
	100[kV] 이상	동일 지지물에 설치 금지(병행설치 불가)

[병행설치]

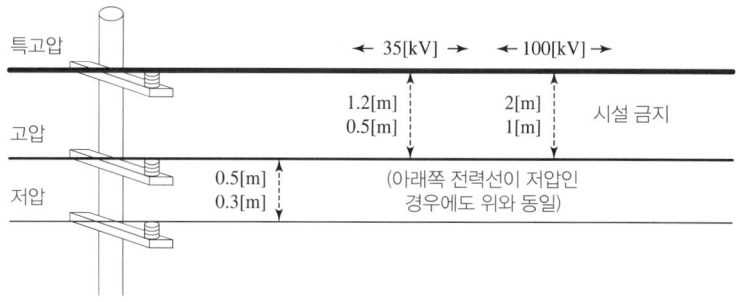

▲ 가공전선 등의 병행설치와 간격

(4) 특고압 가공전선과 특고압 가공전선로의 지지물에 시설하는 저압의 전기기계기구에 접속하는 저압 가공전선을 동일 지지물에 시설하는 경우의 간격

구분		35[kV] 이하	35[kV] 초과 60[kV] 이하	60[kV] 초과
간격	케이블이 아닌 경우	1.2[m] 이상	2[m] 이상	$2+\left(\dfrac{X-60}{10}\right)\times 0.12[m]$ 이상
	케이블인 경우	0.5[m] 이상	1[m] 이상	$1+\left(\dfrac{X-60}{10}\right)\times 0.12[m]$ 이상

※ 표에서 괄호 안 $\left(\dfrac{X-60}{10}\right)$의 소수점의 첫째 자리는 절상한다.

독학이 쉬워지는 기초개념

기출예제

중요도 저고압 가공전선(다중접지된 중성선은 제외)을 병행설치하는 방법 중 옳지 않은 것은?

① 저압 가공전선과 고압 가공전선을 동일 지지물에 시설하는 경우 저압 가공전선을 아래에 둔다.
② 저압 가공전선과 고압 가공전선을 동일 지지물에 시설하는 경우 별개의 완금류에 시설해야 한다.
③ 저압 가공전선과 고압 가공전선 사이의 간격(이격거리)은 50[cm] 이상이어야 한다.
④ 저압 가공 인입선을 분기하기 위한 목적으로 저압 가공전선을 고압용의 완금류에 시설할 수 없다.

|해설|
(한국전기설비규정 332.8)고압 가공전선 등의 병행설치
- 저압 가공전선(다중접지된 중성선은 제외한다)과 고압 가공전선을 동일 지지물에 시설하는 경우에는 다음에 따라야 한다.
  - 저압 가공전선을 고압 가공전선의 아래로 하고 별개의 완금류에 시설할 것
  - 저압 가공전선과 고압 가공전선 사이의 간격(이격거리)은 0.5[m] 이상일 것
- 다음의 어느 하나에 해당하는 경우에는 제1항에 의하지 아니할 수 있다.
  - 고압 가공전선에 케이블을 사용하고 또한 그 케이블과 저압 가공전선 사이의 간격(이격거리)을 0.3[m] 이상으로 하여 시설하는 경우
  - 저압 가공 인입선을 분기하기 위하여 저압 가공전선을 고압용의 완금류에 견고하게 시설하는 경우

답 ④

중요도 사용전압이 35[kV] 이하인 특고압 가공전선과 저압 가공전선을 동일 지지물에 시설하는 경우 전선 상호 간 간격(이격거리)은 몇 [m] 이상이어야 하는가?(단, 특별고압 가공전선으로 케이블을 사용하지 않은 것으로 한다.)

① 1.0   ② 1.2   ③ 1.5   ④ 2.0

|해설|
(한국전기설비규정 333.17)특고압 가공전선과 저고압 가공전선 등의 병행설치
사용전압이 35[kV] 이하인 특고압 가공전선과 저압 또는 고압의 가공전선을 동일 지지물에 시설하는 경우에는 다음에 따라야 한다.
- 특고압 가공전선과 저압 또는 고압 가공전선 사이의 간격(이격거리)은 1.2[m] 이상일 것. 다만, 특고압 가공전선이 케이블로서 저압 가공전선이 절연전선이거나 케이블일 때 또는 고압 가공전선이 고압 절연전선, 특고압 절연전선 또는 케이블일 때는 0.5[m]까지로 감할 수 있다.

답 ②

7 가공전선 등의 공용설치(한국전기설비규정 332.21, 333.19)

(1) 전력선과 가공약전류 전선을 동일 지지물에 시설하고 별개의 완금류에 시설할 것(아래쪽: 가공약전류 전선)
(2) 목주 풍압하중에 대한 안전율: 1.5 이상
(3) 특고압 공용설치 규정
　① 35[kV] 이하인 경우
　　• 제2종 특고압 보안공사에 의할 것
　　• 인장강도 21.67[kN] 이상의 연선 또는 단면적이 50[mm²] 이상인 경동연선

② 35[kV]를 초과하는 경우: 특고압 가공전선과 가공약전류 전선 등은 동일 지지물에 시설 금지

(4) 간격

구분		가공전선		
		저압	고압	특고압
일반적인 경우 간격		0.75[m] 이상	1.5[m] 이상	2[m] 이상
예외	조건	가공약전류 전선 등이 절연전선과 동등 이상의 절연성능이 있는 것 또는 통신용 케이블이고,		특고압 가공전선이 케이블
		+저압 가공전선이 고압 절연전선, 특고압 절연전선 또는 케이블	+고압 가공전선이 케이블	
	간격	0.3[m] 이상	0.5[m] 이상	0.5[m] 이상
	조건	가공약전류 전선로 등의 관리자의 승낙을 얻은 경우		35[kV] 초과
	간격	0.6[m] 이상	1[m] 이상	시설 금지

[공용설치]

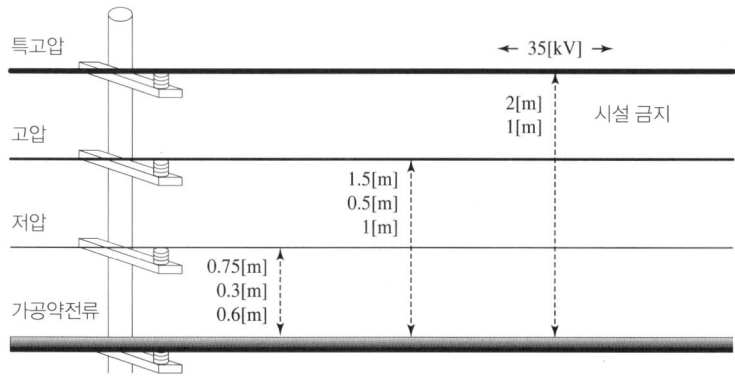

▲ 가공전선 등의 공용설치와 간격

기출예제

사용전압이 몇 [V]를 넘는 특고압 가공전선과 가공약전류 전선 등은 동일 지지물에 시설하여서는 아니 되는가?

① 6,600
② 22,900
③ 30,000
④ 35,000

|해설|
(한국전기설비규정 333.19)특고압 가공전선과 가공약전류 전선 등의 공용설치
사용전압이 35[kV]를 초과하는 특고압 가공전선과 가공약전류 전선 등은 동일 지지물에 시설하여서는 아니 된다.

답 ④

독학이 쉬워지는 기초개념

독학이 쉬워지는 기초개념

시가지에서 특고압 가공전선로의 시설(333.1)

100[kV] 미만	인장강도 21.67[kN] 이상의 연선 또는 단면적 55[mm²] 이상의 경동연선
100[kV] 이상 170[kV] 이하	인장강도 58.84[kN] 이상의 연선 또는 단면적 150[mm²] 이상의 경동연선
170[kV] 초과	단면적 240[mm²] 이상의 강심알루미늄선 또는 이와 동등 이상의 인장강도 및 내아크 성능을 가지는 연선

Tip 용어 변경

2023년 10월 12일부터 시행
'경간' → '지지물 간 거리'

제2종 특고압 보안공사
- 특고압 가공전선은 연선일 것
- 지지물로 사용하는 목주의 풍압하중에 대한 안전율을 2 이상일 것

Tip 용어 변경

2023년 10월 12일부터 시행
'말구' → '위쪽 끝'

8 보안공사(한국전기설비규정 222.10, 222.22, 332.9, 332.10, 333.21, 333.22)

(1) 전선(222.10, 332.9, 332.10, 333.21, 333.22)

저압(400[V] 이하)		인장강도 5.26[kN] 이상의 것 또는 지름 4[mm] 이상의 경동선
400[V] 초과 ~ 고압		인장강도 8.01[kN] 이상의 것 또는 지름 5[mm] 이상의 경동선
특고압	100[kV] 미만	인장강도 21.67[kN] 이상의 연선 또는 단면적 55[mm²] 이상의 경동연선
	100[kV] 이상 300[kV] 미만	인장강도 58.84[kN] 이상의 연선 또는 단면적 150[mm²] 이상의 경동연선
	300[kV] 이상	인장강도 77.47[kN] 이상의 연선 또는 단면적 200[mm²] 이상의 경동연선

(2) 저고압 보안공사 목주 풍압하중에 대한 안전율은 1.5 이상(특고압 목주 사용불가)

(3) 지지물 간 거리(경간) 제한[m] 이하)

구분		목주·A종	B종	철탑
지지물 간 거리 제한	고압	150(300)	250(500)	600
	특고압	150(300)	250(500)	600(단주: 400)
보안 공사	저·고압	100	150	400
	1종 특고압	×	150	400(단주: 300)
	2·3종 특고압	100	200	400(단주: 300)

※ 고압 가공전선로의 전선에 인장강도 8.71[kN] 이상의 것 또는 단면적 22[mm²] 이상의 경동연선, 특고압 가공전선로의 전선에 인장강도 21.67[kN] 이상의 것 또는 단면적 50[mm²] 이상의 경동연선이라고 문제에서 언급될 시, 밑줄 친 부분이 답이 된다.

(4) 그 밖의 지지물 간 거리 제한[m] 이하)(333.1, 333.32)

구분		목주·A종	B종	철탑
시가지 특고압 (목주 사용 불가)		75	150	400(단주: 300)
		철탑의 경우 전선이 수평으로 2 이상 있는 경우에 전선 상호 간의 간격이 4[m] 미만인 때에는 250[m]		
접근 또는 교차	그 외	100	150	400
	교류 전차선	60	120	×

(5) 농사용 저압 가공전선로의 시설(222.22)
① 저압 가공전선은 인장강도 1.38[kN] 이상의 것 또는 지름 2[mm] 이상의 경동선일 것
② 저압 가공전선의 지표상의 높이는 3.5[m] 이상일 것. 다만, 저압 가공전선을 사람이 쉽게 출입하지 못하는 곳에 시설하는 경우에는 3[m]까지로 감할 수 있다.
③ 전선로의 지지점 간 거리는 30[m] 이하일 것
④ 목주의 굵기는 위쪽 끝(말구) 지름이 0.09[m] 이상일 것

(6) 보안공사의 분류
  ① 고압 가공전선로일 경우: 고압 보안공사
  ② 제1차 접근상태로 시설되는 경우: 제3종 특고압 보안공사
  ③ 제2차 접근상태로 시설되는 경우
    • 35[kV] 이하인 특고압 가공전선일 경우: 제2종 특고압 보안공사
    • 35[kV] 초과 400[kV] 미만인 특고압 가공전선일 경우: 제1종 특고압 보안공사

> **독학이 쉬워지는 기초개념**
>
> **Tip 강의 꿀팁**
>
> 제1종 특고압 보안공사는 다음에 따라야 해요. 전선에는 압축접속에 의한 경우 이외에는 지지물 간 거리(경간)의 도중에 접속점을 시설하지 아니하고, 전선로의 지지물에는 B종 철주·B종 철근 콘크리트주 또는 철탑을 사용해야 해요.

기출예제

고압 보안공사에 사용되는 전선의 기준으로 옳은 것은?

① 케이블인 경우 이외에는 인장강도 8.01[kN] 이상의 것 또는 지름 5[mm] 이상의 경동선일 것
② 케이블인 경우 이외에는 인장강도 8.01[kN] 이상의 것 또는 지름 4[mm] 이상의 경동선일 것
③ 케이블인 경우 이외에는 인장강도 8.71[kN] 이상의 것 또는 지름 5[mm] 이상의 경동선일 것
④ 케이블인 경우 이외에는 인장강도 8.71[kN] 이상의 것 또는 지름 4[mm] 이상의 경동선일 것

|해설|
(한국전기설비규정 332.10)고압 보안공사
전선은 케이블인 경우 이외에는 인장강도 8.01[kN] 이상의 것 또는 지름 5[mm] 이상의 경동선일 것

답 ①

제2종 특고압 보안공사의 기술기준으로 옳지 않은 것은?

① 특고압 가공전선은 연선일 것
② 지지물로 사용하는 목주의 풍압하중에 대한 안전율은 2 이상일 것
③ 지지물이 목주일 경우 그 지지물 간 거리(경간)는 150[m] 이하일 것
④ 지지물이 A종 철주라면 그 지지물 간 거리(경간)는 100[m] 이하일 것

|해설|
(한국전기설비규정 333.22)특고압 보안공사
제2종 특고압 보안공사는 다음에 따라야 한다.
• 특고압 가공전선은 연선일 것
• 지지물로 사용하는 목주의 풍압하중에 대한 안전율은 2 이상일 것
• 지지물 간 거리(경간)는 다음 표에서 정한 값 이하일 것

지지물 종류	지지물 간 거리
목주·A종 철주 또는 A종 철근 콘크리트주	100[m]
B종 철주 또는 B종 철근 콘크리트주	200[m]
철탑	400[m](단주인 경우에는 300[m])

답 ③

> **독학이 쉬워지는 기초개념**

중요도 ▮▮▯ 고압 가공전선로의 지지물로는 A종 철근 콘크리트를 사용하고, 전선으로는 단면적 22[mm²]의 경동연선을 사용한다면 지지물 간 거리(경간)는 최대 몇 [m] 이하이어야 하는가?

① 150
② 250
③ 300
④ 500

|해설|
(한국전기설비규정 332.9)고압 가공전선로 지지물 간 거리의 제한
고압 가공전선로의 전선에 인장강도 8.71[kN] 이상의 것 또는 단면적 22[mm²] 이상의 경동연선의 것을 조건에 따라 지지물을 시설하는 때에는 그 전선로의 지지물 간 거리(경간)는 그 지지물에 목주·A종 철주 또는 A종 철근 콘크리트주를 사용하는 경우에는 300[m] 이하이어야 한다.

답 ③

중요도 ▮▮▯ 농사용 저압 가공전선로의 지지점 간 거리는 몇 [m] 이하이어야 하는가?

① 30
② 50
③ 60
④ 100

|해설|
(한국전기설비규정 222.22)농사용 저압 가공전선로의 시설
- 저압 가공전선은 인장강도 1.38[kN] 이상의 것 또는 지름 2[mm] 이상의 경동선일 것
- 저압 가공전선의 지표상의 높이는 3.5[m] 이상일 것. 다만, 저압 가공전선을 사람이 쉽게 출입하지 못하는 곳에 시설하는 경우에는 3[m]까지로 감할 수 있다.
- 전선로의 지지점 간 거리는 30[m] 이하일 것
- 목주의 굵기는 위쪽 끝(말구) 지름이 0.09[m] 이상일 것

답 ①

중요도 ▮▮▯ 특고압 가공전선로를 시가지에서 B종 철주를 사용하여 시설하는 경우, 지지물 간 거리(경간)는 몇 [m] 이하이어야 하는가?

① 50
② 75
③ 150
④ 200

|해설|
(한국전기설비규정 333.1)시가지 등에서 특고압 가공전선로의 시설
특고압 가공전선로는 전선이 케이블인 경우 또는 전선로를 다음과 같이 시설하는 경우에는 시가지 그 밖에 인가가 밀집한 지역에 시설할 수 있다.
- 특고압 가공전선로의 지지물 간 거리(경간)는 다음 표에서 정한 값 이하일 것

지지물 종류	지지물 간 거리
A종 철주 또는 A종 철근 콘크리트주	75[m]
B종 철주 또는 B종 철근 콘크리트주	150[m]
철탑	400[m] (단주인 경우에는 300[m]) 다만, 전선이 수평으로 2 이상 있는 경우에 전선 상호 간의 간격이 4[m] 미만인 때에는 250[m]

답 ③

9 가공전선과 건조물의 조영재 사이의 간격(한국전기설비규정 332.11, 333.23, 333.32)

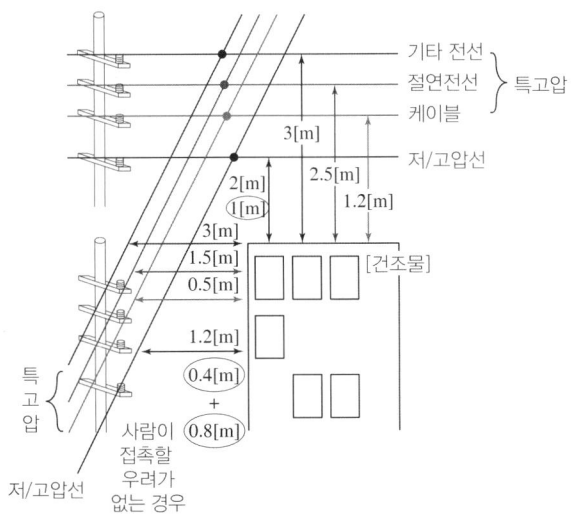

▲ 가공전선과 건조물의 조영재 사이의 간격

구분		위쪽	위쪽이 아닌 경우
저압	나전선	2[m] 이상	1.2[m] 이상
	나전선 이외	1[m] 이상	0.4[m] 이상
	사람이 접촉될 우려가 없을 경우	–	0.8[m] 이상
고압	케이블 이외	2[m] 이상	1.2[m] 이상
	케이블	1[m] 이상	0.4[m] 이상
	사람이 접촉될 우려가 없을 경우	–	0.8[m] 이상
35[kV] 이하 특고압	기타 전선	3[m] 이상	3[m] 이상
	특고압 절연전선	2.5[m] 이상	1.5[m] 이상
	케이블	1.2[m] 이상	0.5[m] 이상
35[kV] 초과 특고압	기타 전선	각 전선의 간격 + $\left(\dfrac{X-35}{10}\right) \times 0.15$[m] 이상	
	특고압 절연전선		
	케이블		
15[kV] 초과 25[kV] 이하 특고압	나전선	3[m] 이상	1.5[m] 이상
	특고압 절연전선	2.5[m] 이상	1.0[m] 이상
	케이블	1.2[m] 이상	0.5[m] 이상

※ 괄호 안 $\left(\dfrac{X-35}{10}\right)$의 소수점은 첫째 자리에서 절상한다.

독학이 쉬워지는 기초개념

조영재
지붕이나 기둥, 벽의 면이나 천장

Tip 강의 꿀팁
상부 조영재는 지붕·챙(차양: 遮陽)·옷 말리는 곳 기타 사람이 올라갈 우려가 있는 조영재를 말해요.

나전선
절연 피복이 되어 있지 않은 도체만으로 이루어진 전선

Tip 강의 꿀팁
표에서 위쪽이 아닌 경우는 옆쪽 또는 아래쪽을 의미해요.

Tip 강의 꿀팁
표는 상부 조영재인 경우이며, 기타 조영재는 상부 조영재의 위쪽이 아닌 경우와 동일해요.

독학이 쉬워지는 기초개념

기출예제

[중요도] 고압 가공전선과 건조물의 상부 조영재와의 옆쪽 간격(이격거리)은 몇 [m] 이상이어야 하는가?

① 1.0 ② 1.2 ③ 1.5 ④ 2.0

|해설|
(한국전기설비규정 332.11)고압 가공전선과 건조물의 접근
저압 가공전선 또는 고압 가공전선이 건조물(사람이 거주 또는 근무하거나 빈번히 출입하거나 모이는 조영물을 말한다)과 접근 상태로 시설되는 경우에는 다음에 따라야 한다.
• 고압 가공전선과 건조물의 조영재 사이의 간격(이격거리)은 다음 표에서 정한 값 이상일 것

건조물 조영재의 구분	접근형태	간격
상부 조영재	위쪽	2[m](전선이 케이블인 경우에는 1[m])
	옆쪽 또는 아래쪽	1.2[m](전선에 사람이 쉽게 접촉할 우려가 없도록 시설한 경우에는 0.8[m], 케이블인 경우에는 0.4[m])
기타의 조영재	-	1.2[m](전선에 사람이 쉽게 접촉할 우려가 없도록 시설한 경우에는 0.8[m], 케이블인 경우에는 0.4[m])

답 ②

[중요도] 중성선 다중접지식으로 전로에 지기가 생겼을 때에 2초 이내에 자동적으로 이를 전로로부터 차단하는 장치가 되어 있는 $22.9[kV]$ 가공전선을 상부 조영재의 위쪽에서 접근 상태로 시설하는 경우, 가공전선과 건조물과의 최소 간격(이격거리)은 몇 [m]인가?(단, 전선으로는 나전선을 사용한다.)

① 1.2 ② 2 ③ 2.5 ④ 3

|해설|
(한국전기설비규정 333.32)25[kV] 이하인 특고압 가공전선로의 시설
사용전압이 15[kV]를 초과하고 25[kV] 이하인 특고압 가공전선로(중성선 다중접지식의 것으로서 전로에 지락이 생겼을 때에 2초 이내에 자동적으로 이를 전로로부터 차단하는 장치가 되어 있는 것에 한한다)를 다음에 따라 시설하여야 한다.
• 특고압 가공전선이 건조물과 접근하는 경우에 특고압 가공전선과 건조물의 조영재 사이의 간격(이격거리)은 다음 표에서 정한 값 이상일 것

건조물 조영재의 구분	접근형태	전선의 종류	간격[m]
상부 조영재	위쪽	나전선	3.0
		특고압 절연전선	2.5
		케이블	1.2
	옆쪽 또는 아래쪽	나전선	1.5
		특고압 절연전선	1.0
		케이블	0.5
기타의 조영재	-	나전선	1.5
		특고압 절연전선	1.0
		케이블	0.5

답 ④

10 가공전선과의 접근 또는 교차

(1) 가공전선과 건조물 사이의 간격(332.11), 가공약전류 전선 등의 접근 또는 교차(332.13), 안테나의 접근 또는 교차(332.14)

사용전압		간격
저압	일반	0.6[m] 이상
	절연효력	0.3[m] 이상 (가공약전류 전선 등이 절연효력이 있을 경우: 0.15[m] 이상)
고압		0.8[m] 이상(케이블인 경우 0.4[m] 이상)

(2) 도로 등의 접근 또는 교차(333.24)

사용전압	간격
저·고압, 35[kV] 이하 특고압	3[m] 이상
35[kV] 초과 특고압	$3 + \left(\dfrac{X-35}{10}\right) \times 0.15$[m] 이상

※ 괄호 안 $\left(\dfrac{X-35}{10}\right)$의 소수점은 첫째 자리에서 절상한다.

(3) 삭도의 접근 또는 교차(332.12, 333.25)

사용전압		간격
저압		0.6[m] 이상 (고압·특고압 절연전선, 케이블인 경우: 0.3[m] 이상)
고압		0.8[m] 이상 (케이블인 경우: 0.4[m] 이상)
특고압	35[kV] 이하	2[m] 이상 (특고압 절연전선: 1[m], 케이블인 경우는: 0.5[m])
	35[kV] 초과 60[kV] 이하	2[m] 이상
	60[kV] 초과	$2 + \left(\dfrac{X-60}{10}\right) \times 0.12$[m] 이상

※ 괄호 안 $\left(\dfrac{X-60}{10}\right)$의 소수점의 첫째 자리는 절상한다.

독학이 쉬워지는 기초개념

고압 가공전선과 교류전차선 등의 접근 또는 교차
고압 가공전선은 케이블인 경우 이외에는 인장강도 14.51[kN] 이상의 것 또는 단면적 38[mm²] 이상의 경동연선(교류 전차선 등과 교차하는 부분을 포함하는 지지물 간 거리(경간)에 접속점이 없는 것에 한한다)일 것

삭도
공중에 로프를 가설하고 여기에 운반 기구(차량)를 걸어 동력 또는 운반 기구의 자체 무게를 이용하여 운전하는 것

| 독학이 쉬워지는 기초개념 |

(4) 가공전선 상호 간의 접근 또는 교차(222.16, 222.17, 332.17, 333.26, 333.27)
  ① 동일 전압의 경우

사용전압		간격	
		전선 상호 간	전선과 다른 전선로의 지지물 사이
저압		0.6[m] 이상 (고압·특고압 절연전선, 케이블인 경우: 0.3[m] 이상)	0.3[m] 이상
고압		0.8[m] 이상 (케이블인 경우: 0.4[m] 이상)	0.6[m] 이상 (케이블인 경우: 0.3[m] 이상)
특고압	60[kV] 이하	2[m] 이상	
	60[kV] 초과	$2+\left(\dfrac{X-60}{10}\right)\times 0.12[m]$ 이상	

※ 괄호 안 $\left(\dfrac{X-60}{10}\right)$의 소수점의 첫째 자리는 절상한다.

② 서로 다른 전압의 경우: 더 높은 전압의 기준을 따라감
  • 저압+고압 → 고압+고압과 동일
  • 저고압+특고압 → 특고압+특고압과 동일
③ 예외적인 경우: 다음 2가지 조건을 모두 만족하면 다음 표에 따른다.
  • 사용전압이 35[kV] 이하 특고압 가공전선
  • 특고압 절연전선 또는 케이블 사용

구분		특고압 절연전선	특고압 케이블
저압 가공전선 (괄호 안: 절연전선 또는 케이블인 경우)		1.5[m] 이상 (1[m] 이상)	1.2[m] 이상 (0.5[m] 이상)
고압 가공전선, 가공 약전류 전선 등, 저고압 가공전선 등의 지지물이나 지지기둥(지주)		1[m] 이상	0.5[m] 이상
35[kV] 이하 특고압	특고압 절연전선	1[m] 이상	0.5[m] 이상
	케이블	0.5[m] 이상	0.5[m] 이상

> **Tip 용어 변경**
> 2023년 10월 12일부터 시행
> '지주' → '지지기둥'

기출예제

[중요도] 저압 가공전선 상호 간을 접근 또는 교차하여 시설하는 경우 전선 상호 간 간격 및 하나의 저압 가공전선과 다른 저압 가공전선로의 지지물 사이의 간격(이격거리)은 각각 몇 [cm] 이상이어야 하는가?(단, 어느 한 쪽의 전선이 고압 절연전선, 특별고압 절연전선 또는 케이블이 아닌 경우이다.)

① 전선 상호 간: 30, 전선과 지지물 간: 30
② 전선 상호 간: 30, 전선과 지지물 간: 60
③ 전선 상호 간: 60, 전선과 지지물 간: 30
④ 전선 상호 간: 60, 전선과 지지물 간: 60

| 해설 |
(한국전기설비규정 222.16)저압 가공전선 상호 간의 접근 또는 교차
저압 가공전선이 다른 저압 가공전선과 접근상태로 시설되거나 교차하여 시설되는 경우에는 저압 가공전선 상호 간의 간격(이격거리)은 0.6[m](어느 한 쪽의 전선이 고압 절연전선, 특고압 절연전선 또는 케이블인 경우에는 0.3[m]) 이상, 하나의 저압 가공전선과 다른 저압 가공전선로의 지지물 사이의 간격(이격거리)은 0.3[m] 이상이어야 한다.

답 ③

[중요도] 고압 가공전선이 안테나와 접근상태로 시설되는 경우에 가공전선과 안테나 사이의 수평 간격(이격거리)은 최소 몇 [cm] 이상인가?

① 60　　② 80　　③ 100　　④ 120

| 해설 |
(한국전기설비규정 332.14)고압 가공전선과 안테나의 접근 또는 교차
고압 가공전선이 다른 시설물과 접근하는 경우에 고압 가공전선이 다른 시설물의 아래쪽에 시설되는 때에는 상호 간의 간격(이격거리)은 0.8[m](전선이 케이블인 경우에는 0.4[m]) 이상으로 하고 위험의 우려가 없도록 시설하여야 한다.

답 ②

[중요도] 사용전압이 22,900[V]인 가공전선이 삭도와 제1차 접근상태로 시설되는 경우, 가공전선과 삭도 또는 삭도용 지지기둥(지주) 사이의 간격(이격거리)은 몇 [m] 이상이어야 하는가?

① 0.5　　② 1.0　　③ 1.5　　④ 2.0

| 해설 |
(한국전기설비규정 333.25)특고압 가공전선과 삭도의 접근 또는 교차
특고압 가공전선이 삭도와 제1차 접근상태로 시설되는 경우에는 다음 각 호에 따라야 한다.
• 특고압 가공전선과 삭도 또는 삭도용 지지기둥(지주) 사이의 간격(이격거리)은 다음 표에서 정한 값 이상일 것

사용전압의 구분	간격
35[kV] 이하	2[m](전선이 특고압 절연전선인 경우는 1[m], 케이블인 경우는 0.5[m])
35[kV] 초과 60[kV] 이하	2[m]
60[kV] 초과	2[m]에 사용전압이 60[kV]를 초과하는 10[kV] 또는 그 단수마다 0.12[m]를 더한 값

답 ④

독학이 쉬워지는 기초개념

(5) 식물의 간격(222.19, 332.19, 333.30)

사용전압		간격
저·고압		상시 부는 바람 등에 의하여 식물에 접촉하지 않도록 시설
특고압	15[kV] 초과 25[kV] 이하	1.5[m] 이상
		특고압 절연전선이거나 케이블인 경우: 식물에 접촉하지 않도록 시설
	35[kV] 이하	고압 절연전선을 사용: 0.5[m] 이상인 경우
		특고압 절연전선이거나 케이블인 경우: 식물에 접촉하지 않도록 시설
	60[kV] 이하	2[m] 이상
	60[kV] 초과	$2 + \left(\dfrac{X-60}{10}\right) \times 0.12[m]$ 이상

※ 괄호 안 $\left(\dfrac{X-60}{10}\right)$의 소수점은 첫째 자리에서 절상한다.

(6) 다른 시설물의 접근 또는 교차(위의 내용에 언급된 것들이 아닐 경우)(222.18, 332.18, 333.28)

① 다른 시설물의 위에서 교차하는 경우의 간격

구분		위쪽	위쪽이 아닌 경우
저압	나전선	2[m] 이상	0.6[m] 이상
	고압·특고압 절연전선, 케이블	1[m] 이상	0.3[m] 이상
고압	케이블 이외	2[m] 이상	0.8[m] 이상
	케이블	1[m] 이상	0.4[m] 이상
	사람이 접촉될 우려가 없을 경우	0.8[m] 이상	
특고압 (35[kV] 이하)	특고압 절연전선	2[m] 이상	1[m] 이상
	케이블	1.2[m] 이상	0.5[m] 이상
	그 외	2[m] 이상	
특고압	35[kV] 초과 60[kV] 이하	2[m] 이상	
	35[kV] 초과	$2 + \left(\dfrac{X-60}{10}\right) \times 0.12[m]$ 이상	

※ 괄호 안 $\left(\dfrac{X-60}{10}\right)$의 소수점은 첫째 자리에서 절상한다.

② 다른 시설물의 아래쪽에 시설될 때 상호 간의 간격

사용전압	간격
저압	0.6[m] 이상 (고압·특고압 절연전선, 케이블인 경우: 0.3[m] 이상)
고압	0.8[m] 이상 (케이블인 경우: 0.4[m] 이상)
특고압	3[m] 이상

Tip 강의 꿀팁

'다른 시설물'은 건조물·도로·횡단보도교·철도·궤도·삭도·가공약전류 전선로 등·안테나·교류 전차선 등·저압 또는 고압의 전차선·다른 저압 가공전선·고압 가공전선 및 특고압 가공전선 이외의 시설물을 의미해요.

기출예제

사용전압 22.9[kV] 특고압 가공전선과 저·고압 가공전선 등 또는 이들의 지지물이나 지지기둥(지주) 사이의 간격(이격거리)은 최소 몇 [m] 이상이어야 하는가? (단, 특고압 가공전선이 저·고압 가공전선과 제1차 접근상태일 경우이다.)

① 1.5 ② 2 ③ 2.5 ④ 3

|해설|
(한국전기설비규정 333.26) 특고압 가공전선과 저고압 가공전선 등의 접근 또는 교차
특고압 가공전선과 저고압 가공전선 등 또는 이들의 지지물이나 지지기둥(지주) 사이의 간격(이격거리)은 다음 표에서 정한 값 이상일 것(제1차 접근상태)

사용전압의 구분	간격
60[kV] 이하	2[m]
60[kV] 초과	2[m]에 사용전압이 60[kV]를 초과하는 10[kV] 또는 그 단수마다 0.12[m]를 더한 값

사용전압이 35[kV] 이하이지만 특고압 절연전선 또는 케이블이라는 언급이 없으므로 예외적인 경우가 아니다.

답 ②

66,000[V] 송전 선로의 송전선과 수목과의 간격(이격거리)은 최소 몇 [m] 이상이어야 하는가?

① 2.0 ② 2.12 ③ 2.24 ④ 2.36

|해설|
(한국전기설비규정 333.30) 특고압 가공전선과 식물의 간격

사용전압의 구분	간격
60[kV] 이하	2[m]
60[kV] 초과	2[m]에 사용전압이 60[kV]를 초과하는 10[kV] 또는 그 단수마다 0.12[m]를 더한 값

단수 = $\frac{66-60}{10} = 0.6 \rightarrow$ 1단

∴ $2 + 1 \times 0.12 = 2.12[m]$

답 ②

11 사용전압이 170[kV] 이하인 경우 시가지 등에서 특고압 가공전선로의 시설 (한국전기설비규정 333.1)

(1) 지지하는 애자장치의 종류
   ① 50[%] 충격불꽃방전전압(충격섬락전압) 값이 그 전선의 근접한 다른 부분을 지지하는 애자장치 값의 110[%](사용전압이 130[kV]를 초과하는 경우는 105[%]) 이상인 것
   ② 아크혼을 붙인 현수애자·긴애자(장간애자) 또는 라인포스트애자를 사용
   ③ 2련 이상의 현수애자 또는 긴애자를 사용
   ④ 2개 이상의 핀애자 또는 라인포스트애자를 사용
(2) 지지물의 종류: 철주·철근 콘크리트주 또는 철탑을 사용 → 목주 사용 불가
(3) 사용전압이 100[kV]를 초과하는 특고압 가공전선에 지락 또는 단락이 생겼을 때 1초 이내에 자동적으로 이를 전로로부터 차단하는 장치를 시설할 것

독학이 쉬워지는 기초개념

Tip 용어 변경

2023년 10월 12일부터 시행
'충격섬락전압' → '충격불꽃방전전압'
'장간애자' → '긴애자'

독학이 쉬워지는 기초개념

Tip 용어 변경

2023년 10월 12일부터 시행
'연가' → '전선 위치 바꿈'

유도장해 방지(기술기준 제17조)

교류 특고압 가공전선로에서 발생하는 극저주파 전자계는 지표상 1[m]에서 전계가 3.5[kV/m] 이하, 자계가 83.3[μT] 이하가 되도록 시설한다.

---

12 유도장해의 방지(한국전기설비규정 332.1, 333.2)

(1) 가공약전류 전선로의 유도장해 방지
   ① 전선과 기설 약전류 전선 간의 간격: 2[m] 이상
   ② 시설기준
   • 가공전선과 가공약전류 전선 간의 간격을 증가시킬 것
   • 교류식 가공전선로의 경우에는 가공전선을 장애를 줄 우려가 없는 거리에서 전선 위치 바꿈(연가)할 것
   • 가공전선과 가공약전류 전선 사이에 인장강도 5.26[kN] 이상의 것 또는 지름 4[mm] 이상인 경동선의 금속선 2가닥 이상을 시설하고 접지공사를 할 것

(2) 유도장해의 방지
   ① 사용전압 60[kV] 이하: 전화 선로의 길이 12[km]마다 유도 전류가 2[μA] 이하
   ② 사용전압 60[kV] 초과: 전화 선로의 길이 40[km]마다 유도 전류가 3[μA] 이하

13 특고압 가공전선과 지지물 등의 간격(한국전기설비규정 333.5)

특고압 가공전선(케이블 및 사용전압이 15[kV] 이하인 특고압 가공전선로의 전선 제외)과 그 지지물·완금류·지지기둥 또는 지지선 사이의 간격은 다음 표에서 정한 값 이상이어야 한다. 다만, 기술상 부득이한 경우에 위험의 우려가 없도록 시설한 때에는 다음 표에서 정한 값의 0.8배까지 감할 수 있다.

사용전압	간격[m]
15[kV] 미만	0.15
15[kV] 이상 25[kV] 미만	0.2
25[kV] 이상 35[kV] 미만	0.25
35[kV] 이상 50[kV] 미만	0.3
50[kV] 이상 60[kV] 미만	0.35
60[kV] 이상 70[kV] 미만	0.4
70[kV] 이상 80[kV] 미만	0.45
80[kV] 이상 130[kV] 미만	0.65
130[kV] 이상 160[kV] 미만	0.9
160[kV] 이상 200[kV] 미만	1.1
200[kV] 이상 230[kV] 미만	1.3
230[kV] 이상	1.6

14 25[kV] 이하인 특고압 가공전선로의 시설(한국전기설비규정 333.32)

각 접지도체를 중성선으로부터 분리하였을 경우의 각 접지점의 대지 전기저항 값과 1[km]마다 중성선과 대지 사이의 합성 전기저항 값은 다음 표에서 정한 값 이하일 것

구분	각 접지점의 대지 전기저항 값	1[km]마다의 합성 전기저항 값
15[kV] 이하	300[Ω]	30[Ω]
15[kV] 초과 25[kV] 이하	300[Ω]	15[Ω]

15 특고압 가공전선로의 철주·철근 콘크리트주 또는 철탑의 종류(한국전기설비규정 333.11)

(1) **직선형**: 전선로의 직선 부분(3° 이하인 수평 각도를 이루는 곳 포함)에 사용하는 것. 다만, 내장형 및 보강형에 속하는 것을 제외한다.
(2) **각도형**: 전선로 중 3°를 초과하는 수평 각도를 이루는 곳에 사용하는 것
(3) **잡아당김형(인류형)**: 전가섭선을 잡아당기는(인류하는) 곳에 사용하는 것
(4) **내장형**: 전선로의 지지물 양쪽의 지지물 간 거리의 차가 큰 곳에 사용하는 것
(5) **보강형**: 전선로의 직선 부분에 그 보강을 위하여 사용하는 것

기출예제

특고압 가공전선로에 사용되는 B종 철주 중 각도형은 전선로 중 최소 몇 도를 넘는 수평 각도를 이루는 곳에 사용되는가?

① 3   ② 5   ③ 8   ④ 10

|해설|
(한국전기설비규정 333.11)특고압 가공전선로의 철주·철근 콘크리트주 또는 철탑의 종류
각도형은 전선로 중 3°를 초과하는 수평 각도를 이루는 곳에 사용하는 것이다.

답 ①

특고압 가공전선로의 지지물로 사용하는 B종 철주, B종 철근 콘크리트주 또는 철탑의 종류에서 전선로의 지지물 양쪽의 지지물 간 거리(경간)의 차가 큰 곳에 사용하는 것은?

① 각도형   ② 잡아당김형(인류형)
③ 내장형   ④ 보강형

|해설|
(한국전기설비규정 333.11)특고압 가공전선로의 철주·철근 콘크리트주 또는 철탑의 종류
• 각도형: 전선로 중 3°를 초과하는 수평 각도를 이루는 곳에 사용
• 잡아당김형(인류형): 전가섭선을 잡아당기는(인류하는) 곳에 사용
• 내장형: 전선로의 지지물 양쪽의 지지물 간 거리(경간)의 차가 큰 곳에 사용
• 보강형: 전선로의 직선 부분에 그 보강을 위하여 사용

답 ③

16 특고압 가공전선로의 내장형 등의 지지물 시설(한국전기설비규정 333.16)

특고압 가공전선로 중 지지물로서 직선형의 철탑을 연속하여 10기 이상 사용하는 부분에는 10기 이하마다 동등 이상의 강도를 가지는 철탑 1기를 시설하여야 한다.

독학이 쉬워지는 기초개념

Tip 용어 변경

2023년 10월 12일부터 시행
'인류형' → '잡아당김형'

Tip 강의 꿀팁

내장형·보강형 철탑은 전가섭선에 관하여 각 가섭선의 상정 최대 장력의 33[%]와 같은 불평균 장력의 수평 종분력에 의한 하중을 고려해야 해요.

THEME 03 옥측·옥상전선로 및 가공·이웃 연결인입선

1 옥측전선로(한국전기설비규정 221.2, 331.13)

구분	공사 종류	시설 기준
저압	애자공사	• 전개된 장소에 한함 • $4[\text{mm}^2]$ 이상의 연동 절연전선(OW 및 DV 제외)일 것 • 지지점 간의 거리: $2[\text{m}]$ 이하
	버스덕트공사	목조 이외의 조영물(점검할 수 없는 은폐된 장소 제외)에 시설
	합성수지관공사	–
	금속관공사	목조 이외의 조영물에 시설
	케이블공사	연피·알루미늄피 또는 MI케이블 사용 시 → 목조 이외의 조영물에 시설
고압	케이블공사	• 전선: 케이블 • 케이블은 견고한 관 또는 트로프에 넣거나 사람이 접촉할 우려가 없도록 시설 • 케이블을 조영재의 옆면 또는 아랫면에 따라 붙일 경우 케이블의 지지점 간의 거리: $2[\text{m}]$(수직: $6[\text{m}]$) 이하
특고압		시설 불가(다만, 사용전압 $100[\text{kV}]$ 이하, 케이블공사로 시설하면 가능)

2 옥상전선로(한국전기설비규정 221.3, 331.14)

구분	시설 기준

저압	• 전선의 종류
	  – 전선은 인장강도 $2.30[\text{kN}]$ 이상의 것 또는 지름 $2.6[\text{mm}]$ 이상의 경동선일 것
	  – 전선은 절연전선(OW전선 포함) 또는 이와 동등 이상의 절연성능이 있는 것
	• 간격
	  – 조영재 사이의 간격: $2[\text{m}]$ 이상(전선이 고압 절연전선, 특고압 절연전선 또는 케이블인 경우에는 $1[\text{m}]$)
	  – 식물과의 간격: 상시 부는 바람 등에 의하여 식물에 접촉하지 말 것

고압	• 전선: 케이블(케이블공사)
	• 간격
	  – 조영재 사이의 간격: $1.2[\text{m}]$ 이상
	  – 다른 시설물과 접근하거나 교차하는 경우: $0.6[\text{m}]$ 이상
	• 견고한 관 또는 트로프에 넣거나 사람이 접촉할 우려가 없도록 시설

특고압	시설 불가

기출예제

중요도 저압 옥측전선로의 공사에서 목조 조영물에 시설이 가능한 공사는?

① 연피 또는 알루미늄피케이블공사
② 합성수지관공사
③ 금속관공사
④ 버스덕트공사

|해설|
(한국전기설비규정 221.2)옥측전선로
- 애자공사(전개된 장소에 한한다.)
- 합성수지관공사
- 금속관공사(목조 이외의 조영물에 시설하는 경우에 한한다.)
- 버스덕트공사[목조 이외의 조영물(점검할 수 없는 은폐된 장소 제외)에 시설하는 경우에 한한다.]
- 케이블공사(연피 케이블·알루미늄피 케이블 또는 무기물절연(MI)케이블을 사용하는 경우에는 목조 이외의 조영물에 시설하는 경우에 한한다.)

답 ②

중요도 저압 옥상전선로의 시설기준으로 틀린 것은?

① 전개된 장소에 위험의 우려가 없도록 시설할 것
② 전선은 지름 2.6[mm] 이상의 경동선을 사용할 것
③ 전선은 절연전선(옥외용 비닐절연전선은 제외)을 사용할 것
④ 전선은 상시 부는 바람 등에 의하여 식물에 접촉하지 아니하도록 시설하여야 한다.

|해설|
(한국전기설비규정 221.3)옥상전선로
- 저압 옥상전선로의 전선은 상시 부는 바람 등에 의하여 식물에 접촉하지 아니하도록 시설하여야 한다.
- 저압 옥상전선로는 전개된 장소에 다음에 따르고 또한 위험의 우려가 없도록 시설하여야 한다.
  - 전선은 인장강도 2.30[kN] 이상의 것 또는 지름 2.6[mm] 이상의 경동선을 사용할 것
  - 전선은 절연전선(OW전선 포함) 또는 이와 동등 이상의 절연성능이 있는 것을 사용할 것
  - 전선은 조영재에 견고하게 붙인 지지기둥(지주) 또는 지지대에 절연성·난연성 및 내수성이 있는 애자를 사용하여 지지하고 또한 그 지지점 간의 거리는 15[m] 이하일 것
  - 전선과 그 저압 옥상전선로를 시설하는 조영재와의 간격(이격거리)은 2[m](전선이 고압절연전선, 특고압 절연전선 또는 케이블인 경우에는 1[m]) 이상일 것
[참고] 옥외용 비닐절연전선의 영문 표현은 Outdoor Weather Proof PVC Insulated Wire(OW)이다.

답 ③

| 독학이 쉬워지는 기초개념 |

3 가공인입선 및 이웃 연결인입선(한국전기설비규정 221.1, 331.12)

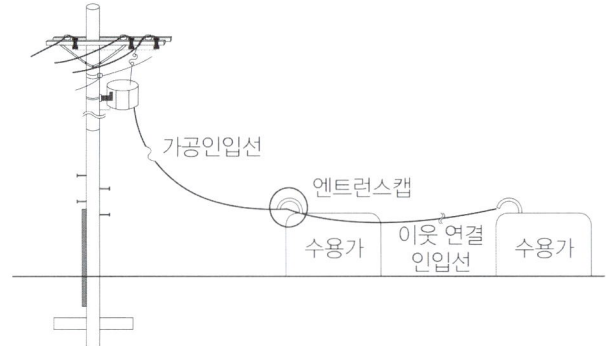

▲ 가공인입선 및 이웃 연결(연접)인입선

Tip 용어 변경
2023년 10월 12일부터 시행
'연접인입선' → '이웃 연결인입선'

(1) 가공인입선의 전선

저압	• 인장강도 2.30[kN] 이상의 것 또는 지름 2.6[mm] 이상의 인입용 비닐절연전선(지지물 간 거리가 15[m] 이하인 경우: 인장강도 1.25[kN] 이상의 것 또는 지름 2.0[mm] 이상) • 절연전선 또는 케이블일 것
고압	• 인장강도 8.01[kN] 이상의 고압 절연전선, 특고압 절연전선 • 지름 5[mm] 이상의 경동선의 고압 절연전선, 특고압 절연전선
특고압 (사용전압 100[kV] 이하)	인장강도 8.71[kN] 이상의 연선 또는 단면적 22[mm^2] 이상의 경동연선(케이블인 경우 이외일 때)

(2) 가공인입선 설치 높이

구분		철도 또는 궤도 횡단	도로 횡단	횡단보도교의 위	일반 장소
저압		6.5[m] 이상	5[m] 이상	3[m] 이상	4[m] 이상
고압		6.5[m] 이상	6[m] 이상	3.5[m] 이상	5[m] 이상
특고압	35[kV] 이하	6.5[m] 이상	6[m] 이상	5[m] 이상 (특고압 절연전선 또는 케이블: 4[m])	5[m] 이상 (케이블: 4[m])
	35[kV] 초과 100[kV] 이하	6.5[m] 이상	6[m] 이상	6[m] 이상 (케이블: 5[m])	6[m] 이상 (산지: 5[m])

※ 저압 가공인입선의 높이는 '기술상 부득이한 경우' 도로 횡단은 3[m] 이상, 일반 장소는 2.5[m] 이상으로 감할 수 있다.
※ 고압 가공인입선의 높이는 '전선의 아래쪽에 위험 표시를 한 경우' 일반 장소에서만 3.5[m] 이상으로 감할 수 있다.

(3) 저압 이웃 연결인입선의 시설
① 인입선에서 분기하는 점으로부터 100[m]를 초과하는 지역에 미치지 아니할 것
② 폭 5[m]를 초과하는 도로를 횡단하지 아니할 것
③ 옥내를 통과하지 아니할 것

Tip 강의 꿀팁
이웃 연결(연접)인입선은 고압, 특고압 시설을 할 수 없어요.

기출예제

■ 고압 가공인입선의 전선으로는 지름이 몇 [mm] 이상의 경동선의 고압 절연전선을 사용하는가?

① 1.6   ② 2.6   ③ 3.5   ④ 5.0

| 해설 |
(한국전기설비규정 331.12)구내인입선
- 고압 가공인입선의 전선에는 인장강도 8.01[kN] 이상의 고압 절연전선, 특고압 절연전선 또는 지름 5[mm] 이상의 경동선의 고압 절연전선, 특고압 절연전선 또는 인하용 절연전선을 애자사용공사에 의하여 시설하거나 케이블을 시설하여야 한다.
- 고압 가공인입선의 높이는 지표상 3.5[m]까지로 감할 수 있다. 이 경우에 그 고압 가공인입선이 케이블 이외의 것인 때에는 그 전선의 아래쪽에 위험 표시를 하여야 한다.
- 고압 인입선의 옥측 부분 또는 옥상 부분은 규정에 준하여 시설하여야 한다.
- 고압 이웃 연결(연접)인입선은 시설하여서는 아니 된다.

답 ④

■ 고압 가공인입선 등을 다음과 같이 시설하였다. 시설 방법이 옳지 않은 것은?
① 고압 가공인입선 아래에 위험 표시를 하고 지표상 3.5[m] 높이에 시설하였다.
② 전선은 5[mm]의 경동선을 사용하였다.
③ 애자공사로 시설하였다.
④ 15[m] 떨어진 다른 수용가에 고압 이웃 연결(연접)인입선을 시설하였다.

| 해설 |
(한국전기설비규정 331.12)구내인입선
고압 이웃 연결(연접)인입선은 시설하여서는 아니 된다.

답 ④

THEME 04 지중전선로

1 지중전선로의 시설(한국전기설비규정 334.1)

(1) 전선에 케이블을 사용하고 또한 관로식·암거식 또는 직접 매설식에 의하여 시설
(2) 매설 깊이
  ① 차량 기타 중량물의 압력을 받을 우려가 있는 장소
   - 직접 매설식: 1[m] 이상
   - 관로식: 1[m] 이상
  ② 기타 장소: 0.6[m] 이상
(3) 지중전선을 견고한 트로프 기타 방호물에 넣어 시설
(4) 지중전선을 견고한 트로프 기타 방호물에 넣지 않아도 되는 경우
  ① 차량 기타 중량물의 압력을 받을 우려가 없는 경우에 그 위를 견고한 판 또는 몰드로 덮어 시설하는 경우
  ② 저압 또는 고압의 지중전선에 콤바인덕트 케이블로 시설하는 경우
  ③ 지중전선에 파이프형 압력케이블을 사용하거나 최대 사용전압이 60[kV]를 초과하는 연피 케이블, 알루미늄피 케이블 그 밖의 금속피복을 한 특고압 케이블을 사용하고 또한 지중전선의 위를 견고한 판 또는 몰드 등으로 덮어 시설하는 경우

독학이 쉬워지는 기초개념

Tip 강의 꿀팁

지중함의 시설기준은 실기 시험에도 단답 문제로 출제돼요.

2 지중함의 시설(한국전기설비규정 334.2)

(1) 지중함은 견고하고 차량 기타 중량물의 압력에 견디는 구조
(2) 지중함은 그 안의 고인 물을 제거할 수 있는 구조
(3) 폭발성 또는 연소성의 가스가 침입할 우려가 있는 것에 시설하는 지중함으로서 그 크기가 $1[m^3]$ 이상인 것에는 통풍장치, 기타 가스를 방산시키기 위한 장치를 시설
(4) 지중함의 뚜껑은 시설자 이외의 자가 쉽게 열 수 없도록 시설

기출예제

지중전선로에 사용하는 지중함의 시설기준으로 옳지 않은 것은?
① 조명 및 세척이 가능한 장치를 하도록 할 것
② 뚜껑은 시설자 이외의 자가 쉽게 열 수 없도록 시설할 것
③ 지중함 내부의 고인 물을 제거할 수 있는 구조로 되어 있을 것
④ 견고하고 차량 기타 중량물의 압력에 견디는 구조일 것

|해설|
(한국전기설비규정 334.2)지중함의 시설
지중전선로에 사용하는 지중함은 다음 각 호에 따라 시설하여야 한다.
• 지중함은 견고하고 차량 기타 중량물의 압력에 견디는 구조일 것
• 지중함은 그 안의 고인 물을 제거할 수 있는 구조로 되어 있을 것
• 폭발성 또는 연소성의 가스가 침입할 우려가 있는 것에 시설하는 지중함으로서 그 크기가 $1[m^3]$ 이상인 것에는 통풍장치, 기타 가스를 방산시키기 위한 적당한 장치를 시설할 것
• 지중함의 뚜껑은 시설자 이외의 자가 쉽게 열 수 없도록 시설할 것

답 ①

3 지중전선의 피복금속체 접지(한국전기설비규정 334.4)

관·암거·기타 지중전선을 넣은 방호장치의 금속제 부분(케이블을 지지하는 금속 부속품(금구류)은 제외)·금속제의 전선 접속함 및 지중전선의 피복으로 사용하는 금속체에는 접지공사를 하여야 한다.(단, 이에 부식방지(방식)조치를 한 부분에 대하여는 제외)

Tip 용어 변경

2023년 10월 12일부터 시행
'금구류' → '금속 부속품'
'방식조치' → '부식방지조치'

기출예제

지중전선로 시설 규정 중 옳은 내용은?
① 지중전선로는 전선으로 케이블을 사용할 수 없다.
② 지중전선로는 암거식에 의해 시설할 수 없다.
③ 지중전선로를 직접 매설하는 경우에는 차량에 의해 압력을 받을 우려가 있는 장소에서는 60[cm] 이상 매설한다.
④ 방호장치의 금속제 부분, 지중전선의 피복으로 사용하는 금속체는 접지공사를 하여야 한다.

|해설|
(한국전기설비규정 334.4)지중전선의 피복금속체 접지
관·암거·기타 지중전선을 넣은 방호장치의 금속제 부분·금속제의 전선 접속함 및 지중전선의 피복으로 사용하는 금속체에는 접지공사를 하여야 한다. 다만, 이에 부식방지(방식)조치를 한 부분에 대하여는 그러하지 아니하다.

답 ④

4 지중약전류전선의 유도장해의 방지(한국전기설비규정 334.5)

지중전선로는 기설 지중약전류전선로에 대하여 누설전류 또는 유도작용에 의하여 통신상의 장해를 주지 아니하도록 기설 약전류전선로로부터 이격시키거나 기타 보호장치를 시설하여야 한다.

기출예제

다음 (㉠), (㉡)에 들어갈 내용으로 알맞은 것은?

> 지중전선로는 기설 지중약전류전선로에 대하여 (㉠) 또는 (㉡)에 대하여 통신상의 장해를 주지 않도록 기설 약전류로부터 이격시키거나 기타 보호장치를 시설하여야 한다.

① ㉠ 정전용량 ㉡ 표피작용
② ㉠ 정전용량 ㉡ 유도작용
③ ㉠ 누설전류 ㉡ 표피작용
④ ㉠ 누설전류 ㉡ 유도작용

|해설|
(한국전기설비규정 334.5)지중약전류전선의 유도장해의 방지
지중전선로는 기설 지중약전류전선로에 대하여 누설전류 또는 유도작용에 의하여 통신상의 장해를 주지 아니하도록 기설 약전류전선로로부터 충분히 이격시키거나 기타 보호장치를 시설하여야 한다.

답 ④

5 접근 또는 교차(한국전기설비규정 334.6, 334.7)

(1) 지중전선과 지중약전류전선 등과 접근 또는 교차
  ① 저압 또는 고압의 지중전선: 0.3[m] 이하
  ② 특고압 지중전선: 0.6[m] 이하
(2) 특고압 지중전선이 가연성이나 유독성의 유체를 내포하는 관과 접근 또는 교차
  ① 상호 간의 간격: 1[m] 이하
  ② 25[kV] 이하인 다중접지방식: 0.5[m] 이하
  ③ 이외: 0.3[m] 이하
(3) 지중전선 상호 간의 접근 또는 교차
  ① 저압 지중전선과 고압 지중전선 간의 간격: 0.15[m] 이상
  ② 저압 또는 고압 지중전선과 특고압 지중전선 간의 간격: 0.3[m] 이상

> **독학이 쉬워지는 기초개념**

기출예제

🔋 특고압 지중전선이 가연성이나 유독성의 유체를 내포하는 관과 접근하기 때문에 상호 간에 견고한 내화성의 격벽을 시설하였다. 상호 간의 간격(이격거리)이 몇 [m] 이하인 경우인가?

① 0.4   ② 0.6   ③ 0.8   ④ 1.0

|해설|
(한국전기설비규정 334.6)지중전선과 지중약전류전선 등 또는 관과의 접근 또는 교차
특고압 지중전선이 가연성이나 유독성의 유체를 내포하는 관과 접근하거나 교차하는 경우에 상호 간의 간격(이격거리)이 1[m] 이하인 때에는 지중전선과 관 사이에 견고한 내화성의 격벽을 시설하여야 한다.

답 ④

THEME 05 특수장소의 전선로

1 터널 안 전선로의 시설(한국전기설비규정 335.1)

(1) 철도·궤도 또는 자동차도 전용터널 안의 전선로

저압	• 애자사용공사에 의하여 시설할 경우 　– 전선: 인장강도 2.30[kN] 이상 또는 지름 2.6[mm] 이상의 경동선의 절연전선 　– 설치 높이: 레일면상 또는 노면상 2.5[m] 이상 • 합성수지관공사·금속관공사·금속제 가요전선관공사·케이블공사에 의해 시설
고압(애자사용공사에 의하여 시설)	• 전선: 인장강도 5.26[kN] 이상 또는 지름 4[mm] 이상의 경동선의 고압 절연전선 또는 특고압 절연전선 사용 • 설치 높이: 레일면상 또는 노면상 3[m] 이상

(2) 사람이 상시 통행하는 터널 안의 전선로

저압	• 애자사용공사에 의하여 시설할 경우 　– 전선: 인장강도 2.30[kN] 이상 또는 지름 2.6[mm] 이상의 경동선의 절연전선 　– 설치 높이: 노면상 2.5[m] 이상 • 합성수지관공사·금속관공사·금속제 가요전선관공사·케이블공사에 의해 시설
고압(애자사용공사에 의하여 시설)	전선: 케이블 사용

2 터널 안 전선로의 전선과 약전류전선 등 또는 관 사이의 간격(한국전기설비규정 335.2)

터널 안의 전선로의 저압전선이 그 터널 안의 다른 저압전선(관등회로의 배선 제외)·약전류전선 등 또는 수관·가스관이나 이와 유사한 것과 접근하거나 교차하는 경우, 저압전선을 애자공사에 의하여 시설하는 때에는 간격이 0.1[m](전선이 나전선인 경우에는 0.3[m]) 이상이어야 한다.

기출예제

철도·궤도 또는 자동차도의 전용터널 안의 전선로의 시설 방법으로 틀린 것은?

① 저압 전선으로 지름 2.0[mm]의 경동선을 사용하였다.
② 저압 전선을 합성수지관공사에 의하여 시설하였다.
③ 저압 전선을 애자사용공사에 의하여 시설하고 이를 레일면상 또는 노면상 2.5[m] 이상으로 하였다.
④ 저압 전선을 가요전선관공사에 의하여 시설하였다.

|해설|
(한국전기설비규정 335.1)터널 안 전선로의 시설
철도·궤도 또는 자동차도 전용터널 안의 전선로는 다음에 따라 시설하여야 한다.
• 저압 전선은 다음 중 하나에 의하여 시설할 것
  – 인장강도 2.30[kN] 이상의 절연전선 또는 지름 2.6[mm] 이상의 경동선의 절연전선을 사용하고 애자사용공사에 의하여 시설하여야 하며 또한 이를 레일면상 또는 노면상 2.5[m] 이상의 높이로 유지할 것
  – 합성수지관공사, 금속관공사, 금속제 가요전선관공사 또는 케이블공사에 의하여 시설할 것

답 ①

3 수상전선로의 시설(한국전기설비규정 335.3)

(1) 전선
① 저압: 클로로프렌 캡타이어케이블
② 고압: 캡타이어케이블

(2) 접속점의 높이
① 육상에 있는 경우
  • 지표상 5[m] 이상
  • 사용전압이 저압인 경우에 도로상 이외의 곳에 있을 때: 지표상 4[m]까지
② 수면상에 있는 경우
  • 저압: 수면상 4[m] 이상
  • 고압: 수면상 5[m] 이상

기출예제

수상전선로를 시설하는 경우에 대한 설명으로 알맞은 것은?

① 사용전압이 고압인 경우에는 제3종 캡타이어케이블을 사용한다.
② 가공전선로의 전선과 접속하는 경우, 접속점이 육상에 있는 경우에는 지표상 4[m] 이상의 높이로 지지물에 견고하게 붙인다.
③ 가공전선로의 전선과 접속하는 경우, 접속점이 수면상에 있는 경우, 사용전압이 고압인 경우에는 수면상 5[m] 이상의 높이로 지지물에 견고하게 붙인다.
④ 고압 수상전선로에 지락이 생길 때를 대비하여 전로를 수동으로 차단하는 장치를 시설한다.

> **|해설|**
> (한국전기설비규정 335.3)수상전선로의 시설
> 수상전선로를 시설하는 경우에는 그 사용전압은 저압 또는 고압인 것에 한하며 다음 각 호에 따르고 또한 위험의 우려가 없도록 시설하여야 한다.
> - 수상전선로의 전선을 가공전선로의 전선과 접속하는 경우에는 그 부분의 전선은 접속점으로부터 전선의 절연 피복 안에 물이 스며들지 아니하도록 시설하고 또한 전선의 접속점은 다음의 높이로 지지물에 견고하게 붙일 것
>   - 접속점이 수면상에 있는 경우에는 수상전선로의 사용전압이 저압인 경우에는 수면상 4[m] 이상, 고압인 경우에는 수면상 5[m] 이상
>
> 답 ③

4 물밑 전선로의 시설(한국전기설비규정 335.4)

(1) 물밑 전선로는 손상을 받을 우려가 없는 곳에 위험의 우려가 없도록 시설하여야 한다.
(2) 저압 또는 고압의 물밑 전선로의 전선은 표준에 적합한 물밑 케이블 또는 규정에 의하여 개장한 케이블이어야 한다. 다만, 다음 어느 하나에 의하여 시설하는 경우에는 그러하지 아니하다.
   ① 전선에 케이블을 사용하고 또한 이를 견고한 관에 넣어서 시설하는 경우
   ② 전선에 지름 4.5[mm] 아연도철선 이상의 기계적 강도가 있는 금속선으로 개장한 케이블을 사용하고 또한 이를 물밑에 매설하는 경우
   ③ 전선에 지름 4.5[mm](비행장의 유도로 등 기타 표지 등에 접속하는 것은 지름 2[mm]) 아연도철선 이상의 기계적 강도가 있는 금속선으로 개장하고 또한 개장 부위에 방식피복을 한 케이블을 사용하는 경우

5 다리에 시설하는 전선로(한국전기설비규정 335.6)

다리(교량)의 윗면에 시설하는 것은 전선의 높이를 다리(교량)의 노면상 5[m] 이상으로 하여 시설할 것

독학이 쉬워지는 기초개념

Tip 용어 변경
2023년 10월 12일부터 시행
'교량' → '다리'

CHAPTER 04 CBT 적중문제

01
저압 가공인입선 시설 시 사용할 수 없는 전선은?

① 절연전선, 케이블
② 지지물 간 거리(경간)가 20[m] 이하인 경우 지름 2[mm] 이상의 인입용 비닐절연전선
③ 지름 2.6[mm] 이상의 인입용 비닐절연전선
④ 사람의 접촉 우려가 없도록 시설하는 경우 옥외용 비닐절연전선

해설
(한국전기설비규정 221.1.1)저압 인입선의 시설
저압 가공인입선은 다음에 따라 시설하여야 한다.
• 전선이 케이블인 경우 이외에는 인장강도 2.30[kN] 이상의 것 또는 지름 2.6[mm] 이상의 인입용 비닐절연전선일 것. 다만, 지지물 간 거리(경간)가 15[m] 이하인 경우는 인장강도 1.25[kN] 이상의 것 또는 지름 2[mm] 이상의 인입용 비닐절연전선일 것
• 전선은 절연전선 또는 케이블일 것
• 전선이 옥외용 비닐절연전선인 경우에는 사람이 접촉할 우려가 없도록 시설하고, 옥외용 비닐절연전선 이외의 절연전선인 경우에는 사람이 쉽게 접촉할 우려가 없도록 시설할 것

02
저압 이웃 연결(연접)인입선에서 분기하는 점으로부터 몇 [m]를 초과하는 지역에 미치지 아니하도록 시설하여야 하는가?

① 10[m]   ② 20[m]
③ 100[m] ④ 200[m]

해설
(한국전기설비규정 221.1.2)이웃 연결인입선의 시설
저압 이웃 연결(연접)인입선은 다음에 따라 시설하여야 한다.
• 인입선에서 분기하는 점으로부터 100[m]를 초과하는 지역에 미치지 아니할 것
• 폭 5[m]를 초과하는 도로를 횡단하지 아니할 것
• 옥내를 통과하지 아니할 것

03
저압 옥측전선로의 시설로 잘못된 것은?

① 철골주 조영물에 버스덕트공사로 시설
② 합성수지관공사로 시설
③ 목조 조영물에 금속관공사로 시설
④ 전개된 장소에 애자사용공사로 시설

해설
(한국전기설비규정 221.2)옥측전선로
저압 옥측전선로는 다음의 어느 하나에 의할 것
• 애자공사(전개된 장소에 한한다)
• 합성수지관공사
• 금속관공사(목조 이외의 조영물에 시설하는 경우에 한한다)
• 버스덕트공사[목조 이외의 조영물(점검할 수 없는 은폐된 장소를 제외한다)에 시설하는 경우에 한한다]
• 케이블공사(연피케이블·알루미늄피케이블 또는 무기물절연케이블을 사용하는 경우에는 목조 이외의 조영물에 시설하는 경우에 한한다)

04
저압 옥상전선로에 시설하는 전선은 인장강도 2.30[kN] 이상의 것 또는 지름이 몇 [mm] 이상의 경동선이어야 하는가?

① 1.6   ② 2.0
③ 2.6   ④ 3.2

해설
(한국전기설비규정 221.3)옥상전선로
저압 옥상전선로는 전개된 장소에서 다음에 따르고 또한 위험의 우려가 없도록 시설하여야 한다.
• 전선은 인장강도 2.30[kN] 이상의 것 또는 지름 2.6[mm] 이상의 경동선일 것

| 정답 | 01 ② 02 ③ 03 ③ 04 ③

05

사용전압이 $400[\text{V}]$ 이하인 경우의 저압 보안공사에 전선으로 경동선을 사용할 경우 지름은 몇 $[\text{mm}]$ 이상인가?

① 2.6
② 3.5
③ 4.0
④ 5.0

해설

(한국전기설비규정 222.10) 저압 보안공사
전선은 케이블인 경우 이외에는 인장강도 8.01[kN] 이상의 것 또는 지름 5[mm](사용전압이 400[V] 이하인 경우에는 인장강도 5.26[kN] 이상의 것 또는 지름 4[mm] 이상의 경동선) 이상의 경동선을 시설할 것

06

가공전선로의 지지물에 취급자가 오르고 내리는 데 사용하는 발판 볼트 등은 원칙적으로 지상 몇 $[\text{m}]$ 미만에 시설하여서는 아니 되는가?

① 1.2
② 1.5
③ 1.8
④ 2.0

해설

(한국전기설비규정 331.4) 가공전선로 지지물의 철탑오름 및 전주오름 방지
가공전선로의 지지물에 취급자가 오르고 내리는 데 사용하는 발판 볼트 등을 지표상 1.8[m] 미만에 시설하여서는 아니 된다.

07

빙설이 많은 지방의 특고압 가공전선 주위에 부착되는 빙설의 두께$[\text{mm}]$와 비중은?

① 6[mm], 0.9
② 6[mm], 1.0
③ 8[mm], 0.9
④ 8[mm], 1.0

해설

(한국전기설비규정 331.6) 풍압하중의 종별과 적용
을종 풍압하중은 전선 기타의 가섭선 주위에 두께 6[mm], 비중 0.9의 빙설이 부착된 상태에서 갑종 풍압하중의 1/2을 기초로 하여 계산한 것이다.

08

가공전선로에 사용하는 지지물의 강도 계산에 적용하는 을종 풍압하중은 갑종 풍압하중의 몇 $[\%]$를 기초로 하여 계산한 것인가?

① 30
② 50
③ 80
④ 110

해설

(한국전기설비규정 331.6) 풍압하중의 종별과 적용
을종 풍압하중은 갑종 풍압하중의 1/2을 기초로 하여 계산한 것이다.

09

빙설이 많은 지방이고 인가가 많이 이웃 연결(연접)된 장소에 시설하는 가공전선로의 구성재 중 병종 풍압하중의 적용을 할 수 없는 것은?

① 저압 또는 고압 가공전선로의 가섭선
② 저압 또는 고압 가공전선로의 지지물
③ 35,000[V] 이하의 전선에 특고압 절연전선을 사용하는 특고압 가공전선로의 지지물
④ 35,000[V] 이상인 특고압 가공전선로의 지지물에 시설하는 가공전선

해설

(한국전기설비규정 331.6) 풍압하중의 종별과 적용
인가가 많이 이웃 연결(연접)되어 있는 장소에 시설하는 가공전선로의 구성재 중 다음 각 호의 풍압하중에 대하여는 병종 풍압하중을 적용할 수 있다.
- 저압 또는 고압 가공전선로의 지지물 또는 가섭선
- 사용전압이 35[kV] 이하의 전선에 특고압 절연전선 또는 케이블을 사용하는 특고압 가공전선로의 지지물, 가섭선 및 특고압 가공전선을 지지하는 애자장치 및 완금류

10
가공전선로에 사용하는 지지물의 강도 계산에 적용하는 풍압하중 중 병종 풍압하중은 갑종 풍압하중에 대한 얼마의 풍압을 기초로 하여 계산한 것인가?

① $\frac{1}{2}$
② $\frac{1}{3}$
③ $\frac{2}{3}$
④ $\frac{1}{4}$

해설
(한국전기설비규정 331.6)풍압하중의 종별과 적용
병종 풍압하중은 갑종 풍압하중의 1/2을 기초로 하여 계산한 것이다.

풍압을 받는 구분			구성재의 수직 투영면적 1[m²]에 대한 풍압
목주			588[Pa]
지지물	철주	원형의 것	588[Pa]
		삼각형 또는 마름모형의 것	1,412[Pa]
		강관에 의하여 구성되는 4각형의 것	1,117[Pa]
		기타의 것	복재가 전·후면에 겹치는 경우에는 1,627[Pa], 기타의 경우에는 1,784[Pa]
	철근 콘크리트주	원형의 것	588[Pa]
		기타의 것	882[Pa]
	철탑	단주(완철류는 제외함) 원형의 것	588[Pa]
		단주(완철류는 제외함) 기타의 것	1,117[Pa]
		강관으로 구성되는 것(단주는 제외함)	1,255[Pa]
		기타의 것	2,157[Pa]
전선 기타 가섭선		다도체(구성하는 전선이 2가닥마다 수평으로 배열되고 또한 그 전선 상호 간의 거리가 전선의 바깥지름의 20배 이하인 것에 한한다)를 구성하는 전선	666[Pa]
		기타의 것	745[Pa]
애자장치(특고압 전선용의 것에 한한다)			1,039[Pa]
목주·철주(원형의 것에 한한다) 및 철근 콘크리트주의 완금류 (특고압 전선로용의 것에 한한다)			단일재로서 사용하는 경우에는 1,196[Pa], 기타의 경우에는 1,627[Pa]

11
특고압 전선로에 사용되는 애자장치에 대한 갑종 풍압하중은 그 구성재의 수직 투영면적 1[m²]에 대한 풍압하중을 몇 [Pa]을 기초로 하여 계산하여야 하는가?

① 441
② 627
③ 705
④ 1,039

해설
(한국전기설비규정 331.6)풍압하중의 종별과 적용
갑종 풍압하중은 다음 표에서 정한 구성재의 수직 투영면적 1[m²]에 대한 풍압을 기초로 하여 계산한 것이다.

12
가공전선로의 지지물 구성체가 강관으로 구성되는 철탑으로 할 경우 갑종 풍압하중은 몇 [Pa]의 풍압을 기초로 하여 계산한 것인가?(단, 단주는 제외하며 풍압은 구성재의 수직 투영면적 1[m²]에 의한 풍압이다.)

① 588
② 1,117
③ 1,255
④ 2,157

해설
(한국전기설비규정 331.6)풍압하중의 종별과 적용
가공전선로의 지지물 구성체가 강관으로 구성되는 철탑으로 할 경우 (단주는 제외함) 구성재의 수직 투영면적 1[m²]에 대한 풍압은 1,255[Pa]이다.

| 정답 | 10 ① 11 ④ 12 ③

13

전선 기타의 가섭선 주위에 두께 $6[\text{mm}]$, 비중 0.9의 빙설이 부착된 상태에서 을종 풍압하중은 구성재의 수직 투영면적 $1[\text{m}^2]$당 몇 $[\text{Pa}]$을 기초로 하여 계산하는가?(단, 다도체를 구성하는 전선이 아니라고 한다.)

① 333
② 372
③ 588
④ 666

해설

(한국전기설비규정 331.6)풍압하중의 종별과 적용
전선 기타의 가섭선이 기타의 것일 경우 구성재의 수직 투영면적 $1[\text{m}^2]$에 대한 풍압은 $745[\text{Pa}]$이다. 을종 풍압하중이므로 갑종의 $\frac{1}{2}$을 적용한다.
$745 \times \frac{1}{2} = 372[\text{Pa}]$

14

가공전선로에 사용하는 지지물의 강도 계산에 적용하는 갑종 풍압하중을 계산할 때 구성재의 수직 투영면적 $1[\text{m}^2]$에 대한 풍압값$[\text{Pa}]$의 기준으로 틀린 것은?

① 목주: 588
② 원형 철주: 588
③ 원형 철근 콘크리트주: 1,038
④ 강관으로 구성된 철탑(단주는 제외): 1,255

해설

(한국전기설비규정 331.6)풍압하중의 종별과 적용
원형 철근콘크리트주의 풍압값은 $588[\text{Pa}]$이다.

15

가공전선로의 지지물에 하중이 가해지는 경우에 그 하중을 받는 지지물의 기초 안전율은 몇 이상이어야 하는가?

① 0.5
② 1.0
③ 1.5
④ 2.0

해설

(한국전기설비규정 331.7)가공전선로 지지물의 기초의 안전율
가공전선로의 지지물에 하중이 가하여지는 경우에 그 하중을 받는 지지물의 기초의 안전율은 2(이상 시 상정하중에 대한 철탑의 기초에 대하여는 1.33) 이상이어야 한다.

16

설계하중 $9.8[\text{kN}]$인 철근 콘크리트주의 길이가 $16[\text{m}]$라 한다. 이 지지물을 지반이 연약한 곳 이외의 곳에서 안전율을 고려하지 않고 시설하려면 땅에 묻히는 깊이는 몇 $[\text{m}]$ 이상으로 하여야 하는가?

① 2.0
② 2.3
③ 2.5
④ 2.8

해설

(한국전기설비규정 331.7)가공전선로 지지물의 기초의 안전율
안전율을 고려하지 않고 시설하기 위한 지지물의 최소 근입깊이

구분		설계하중		
		6.8[kN] 이하	6.8[kN] 초과 9.8[kN] 이하	9.81[kN] 초과 14.72[kN] 이하
강관을 주체로 하는 철주 또는 철근 콘크리트주 → 16[m] 이하	15[m] 이하	전체 길이의 1/6 이상	+0.3[m]	+0.5[m]
	15[m] 초과 16[m] 이하	2.5[m] 이상		15[m] 초과 18[m] 이하 3[m] 이상
논이나 그 밖에 지반이 연약한 곳 제외	16[m] 초과 20[m] 이하	2.8[m] 이상		18[m] 초과 3.2[m] 이상

철근 콘크리트주의 길이가 $16[\text{m}]$이고 설계하중이 $9.8[\text{kN}]$이므로 근입 깊이 $2.5[\text{m}] + 0.3[\text{m}] = 2.8[\text{m}]$ 이상인 경우 안전율을 고려하지 않고 시설이 가능하다.

17

전체의 길이가 $18[m]$이고, 설계하중이 $6.8[kN]$인 철근 콘크리트주를 지반이 튼튼한 곳에 시설하려고 한다. 기초 안전율을 고려하지 않기 위해서는 묻히는 깊이를 몇 $[m]$ 이상으로 시설하여야 하는가?

① 2.5
② 2.8
③ 3.0
④ 3.2

해설

(한국전기설비규정 331.7)가공전선로 지지물의 기초의 안전율
안전율을 고려하지 않고 시설하기 위한 지지물의 최소 근입깊이

구분		설계하중		
		6.8[kN] 이하	6.8[kN] 초과 9.8[kN] 이하	9.81[kN] 초과 14.72[kN] 이하
강관을 주체로 하는 철주 또는 철근 콘크리트주 → 16[m] 이하	15[m] 이하	전체 길이의 1/6 이상	+0.3[m]	+0.5[m]
	15[m] 초과 16[m] 이하	2.5[m] 이상		15[m] 초과 18[m] 이하
				3[m] 이상
논이나 그 밖에 지반이 연약한 곳 제외	16[m] 초과 20[m] 이하	2.8[m] 이상		18[m] 초과 3.2[m] 이상

철근 콘크리트주의 길이가 18[m]이고 설계하중이 6.8[kN]이며 논이나 기타 지반이 연약한 곳 이외에 시설하므로 근입 깊이 2.8[m] 이상인 경우 안전율을 고려하지 않고 시설이 가능하다.

18

전체의 길이가 $16[m]$이고, 설계하중이 $6.8[kN]$ 초과 $9.8[kN]$ 이하인 철근 콘크리트주를 논, 기타 지반이 연약한 곳 이외의 곳에 시설할 때, 묻히는 깊이를 $2.5[m]$보다 몇 $[cm]$ 가산하여 시설하는 경우는 기초의 안전율에 대한 고려 없이 시설하여도 되는가?

① 10
② 20
③ 30
④ 40

해설

(한국전기설비규정 331.7)가공전선로 지지물의 기초의 안전율
안전율을 고려하지 않고 시설하기 위한 지지물의 최소 근입깊이

구분		설계하중		
		6.8[kN] 이하	6.8[kN] 초과 9.8[kN] 이하	9.81[kN] 초과 14.72[kN] 이하
강관을 주체로 하는 철주 또는 철근 콘크리트주 → 16[m] 이하	15[m] 이하	전체 길이의 1/6 이상	+0.3[m]	+0.5[m]
	15[m] 초과 16[m] 이하	2.5[m] 이상		15[m] 초과 18[m] 이하 3[m] 이상
논이나 그 밖에 지반이 연약한 곳 제외	16[m] 초과 20[m] 이하	2.8[m] 이상		18[m] 초과 3.2[m] 이상

철근 콘크리트주로서 전체의 길이가 16[m]이고 설계하중이 6.8[kN] 초과 9.8[kN] 이하이며 논이나 기타 지반이 연약한 곳 이외에 시설하므로 근입 깊이 2.5[m]보다 0.3[m] 가산하는 경우 안전율을 고려하지 않고 시설이 가능하다.

19

지지선(지선)을 사용하여 그 강도를 분담시켜서는 아니 되는 것은?

① 철탑
② 목주
③ 철주
④ 철근 콘크리트주

해설

(한국전기설비규정 331.11)지지선의 시설
가공전선로의 지지물로 사용하는 철탑은 지지선(지선)을 사용하여 그 강도를 분담시켜서는 아니 된다.

20

가공전선로의 지지물에 시설하는 지지선(지선)의 안전율은 일반적인 경우 얼마 이상이어야 하는가?

① 2.0
② 2.2
③ 2.5
④ 2.7

해설

(한국전기설비규정 331.11)지지선의 시설
가공전선로의 지지물에 시설하는 지지선(지선)의 안전율은 2.5 이상일 것. 이 경우에 허용 인장하중의 최저는 4.31[kN]으로 한다.

| 정답 | 17 ② 18 ③ 19 ① 20 ③

21

가공전선로의 지지물에 시설하는 지지선(지선)으로 연선을 사용할 경우에는 소선이 최소 몇 가닥 이상이어야 하는가?

① 3가닥 ② 4가닥
③ 5가닥 ④ 6가닥

해설

(한국전기설비규정 331.11) 지지선의 시설
가공전선로의 지지물에 시설하는 지지선(지선)은 소선 3가닥 이상의 연선일 것

22

가공전선로의 지지물에 지지선(지선)을 시설하려고 한다. 이 지지선(지선)의 최저 기준으로 옳은 것은?

① 소선 굵기: 2.0[mm], 안전율: 3.0, 허용 인장하중: 2.8[kN]
② 소선 굵기: 2.6[mm], 안전율: 2.5, 허용 인장하중: 4.31[kN]
③ 소선 굵기: 1.6[mm], 안전율: 2.0, 허용 인장하중: 4.31[kN]
④ 소선 굵기: 2.6[mm], 안전율: 1.5, 허용 인장하중: 2.08[kN]

해설

(한국전기설비규정 331.11) 지지선의 시설
- 지지선(지선)의 안전율은 2.5 이상일 것. 이 경우에 허용 인장하중의 최저는 4.31[kN]으로 한다.
- 지지선(지선)에 연선을 사용할 경우에는 다음에 의할 것
  - 소선 3가닥 이상의 연선일 것
  - 소선의 지름이 2.6[mm] 이상의 금속선을 사용한 것일 것 다만, 소선의 지름이 2[mm] 이상인 아연도강연선으로서 소선의 인장강도가 0.68[kN/mm^2] 이상인 것을 사용하는 경우에는 그러하지 아니하다.

23

가공전선로의 지지물에 시설하는 지지선(지선)의 시설 기준에 대한 설명 중 알맞은 것은?

① 지지선(지선)의 안전율은 3.0 이상이어야 한다.
② 연선을 사용할 경우에는 소선 3가닥 이상이어야 한다.
③ 지중의 부분 및 지표상 20[cm]까지의 부분에는 내식성이 있는 것 또는 아연도금을 한다.
④ 도로를 횡단하여 시설하는 지지선(지선)의 높이는 지표상 4[m] 이상으로 하여야 한다.

해설

(한국전기설비규정 331.11) 지지선의 시설
- 지지선(지선)의 안전율은 2.5 이상이어야 한다.
- 지중의 부분 및 지표상 0.3[m]까지의 부분에는 내식성이 있는 것 또는 아연도금한다.
- 도로를 횡단하여 시설하는 지지선(지선)의 높이는 지표상 5[m] 이상으로 하여야 한다.

| 정답 | 21 ① 22 ② 23 ②

24
고압 인입선을 다음과 같이 시설하였다. 한국전기설비규정에 맞지 않는 것은?

① 고압 가공인입선 아래에 위험표시를 하고 지표상 3.5[m]의 높이에 설치하였다.
② 1.5[m] 떨어진 다른 수용가에 고압 이웃 연결(연접)인입선을 시설하였다.
③ 횡단보도교 위에 시설하는 경우 케이블을 사용하여 노면상에서 3.5[m]의 높이에 시설하였다.
④ 전선은 5[mm] 경동선과 동등한 세기의 고압 절연전선을 사용하였다.

해설
(한국전기설비규정 331.12.1)고압 가공인입선의 시설
고압 이웃 연결(연접)인입선은 시설하여서는 아니 된다.

25
고압 가공인입선은 그 아래에 위험표시를 하였을 경우에는 전선의 지표상 높이[m]를 얼마까지 낮출 수 있는가?

① 5.5
② 4.5
③ 3.5
④ 2.5

해설
(한국전기설비규정 331.12.1)고압 가공인입선의 시설
고압 가공인입선의 높이는 지표상 3.5[m]까지로 감할 수 있다. 이 경우에 그 고압 가공인입선이 케이블 이외의 것인 때에는 그 전선의 아래쪽에 위험표시를 하여야 한다.

26
특고압의 전선로로 시설하여서는 아니 되는 것은?

① 터널 안 전선로
② 지중전선로
③ 물밑전선로
④ 옥상전선로

해설
(한국전기설비규정 331.14.2)특고압 옥상전선로의 시설
특고압 옥상전선로(특고압의 인입선의 옥상부분을 제외한다)는 시설하여서는 아니 된다.

27
가공 케이블 시설 시 고압 가공전선에 케이블을 사용하는 경우 조가선(조가용선)은 단면적이 몇 [mm^2] 이상인 아연도강연선이어야 하는가?

① 8
② 14
③ 22
④ 30

해설
(한국전기설비규정 332.2)가공케이블의 시설
저압 가공전선 또는 고압 가공전선에 케이블을 사용하는 경우에는 조가선(조가용선)은 인장강도 5.93[kN] 이상의 연선 또는 단면적 22[mm^2] 이상인 아연도강연선일 것

| 정답 | 24 ② 25 ③ 26 ④ 27 ③

28
고압 가공전선으로 ACSR(강심알루미늄연선)을 사용할 때의 안전율은 얼마 이상이 되는 처짐 정도(이도)로 시설하여야 하는가?

① 2.0　　② 2.1
③ 2.2　　④ 2.5

해설
(한국전기설비규정 332.4)고압 가공전선의 안전율
고압 가공전선은 케이블인 경우 이외에는 그 안전율이 경동선 또는 내열 동합금선은 2.2 이상, 그 밖의 전선은 2.5 이상이 되는 처짐 정도(이도)로 시설하여야 한다.

29
고압 가공전선의 높이는 철도 또는 궤도를 횡단하는 경우, 레일면상 몇 [m] 이상이어야 하는가?

① 5　　② 5.5
③ 6　　④ 6.5

해설
(한국전기설비규정 332.5)고압 가공전선의 높이
고압 가공전선 높이는 철도 또는 궤도를 횡단하는 경우에는 레일면상 6.5[m] 이상이어야 한다.

30
고압 가공전선로에 사용하는 가공지선은 인장강도 5.26[kN] 이상의 것 또는 지름 몇 [mm] 이상의 나경동선을 사용하여야 하는가?

① 2.6　　② 3.2
③ 4.0　　④ 5.0

해설
(한국전기설비규정 332.6)고압 가공전선로의 가공지선
고압 가공전선로에 사용하는 가공지선은 인장강도 5.26[kN] 이상의 것 또는 지름 4[mm] 이상의 나경동선을 사용한다.

31
동일 지지물에 고·저압을 병행설치할 때 저압 가공전선은 어느 위치에 시설하여야 하는가?

① 고압 가공전선의 상부에 시설
② 동일 완금에 고압 가공전선과 평행되게 시설
③ 고압 가공전선의 하부에 시설
④ 고압 가공전선의 측면으로 평행되게 시설

해설
(한국전기설비규정 332.8)고압 가공전선 등의 병행설치
저압 가공전선과 고압 가공전선을 동일 지지물에 시설하는 경우에는 다음에 따라야 한다.
- 저압 가공전선을 고압 가공전선의 아래로 하고 별개의 완금류에 시설할 것
- 저압 가공전선과 고압 가공전선 사이의 간격(이격거리)은 0.5[m] 이상일 것

32
동일 지지물에 고압 가공전선과 저압 가공전선을 병행설치할 경우 일반적으로 양 전선 간의 간격(이격거리)은 몇 [cm] 이상이어야 하는가?

① 50　　② 60
③ 70　　④ 80

해설
(한국전기설비규정 332.8)고압 가공전선 등의 병행설치
저압 가공전선과 고압 가공전선을 동일 지지물에 시설하는 경우에는 다음에 따라야 한다.
- 저압 가공전선을 고압 가공전선의 아래로 하고 별개의 완금류에 시설할 것
- 저압 가공전선과 고압 가공전선 사이의 간격(이격거리)은 0.5[m] 이상일 것

| 정답 | 28 ④　29 ④　30 ③　31 ③　32 ①

33

다음 ( )에 들어갈 내용으로 옳은 것은?

> 동일 지지물에 저압 가공전선(다중접지된 중성선은 제외한다.)과 고압 가공전선을 시설하는 경우 고압 가공전선을 저압 가공전선의 (㉠)로 하고, 별개의 완금류에 시설해야 하며, 고압 가공전선과 저압 가공전선 사이의 간격(이격거리)은 (㉡)[m] 이상으로 한다.

① ㉠ 아래 ㉡ 0.5
② ㉠ 아래 ㉡ 1
③ ㉠ 위   ㉡ 0.5
④ ㉠ 위   ㉡ 1

해설

(한국전기설비규정 332.8)고압 가공전선 등의 병행설치
저압 가공전선(다중접지된 중성선은 제외한다)과 고압 가공전선을 동일 지지물에 시설하는 경우에는 다음에 따라야 한다.
- 저압 가공전선을 고압 가공전선의 아래로 하고 별개의 완금류에 시설할 것
- 저압 가공전선과 고압 가공전선 사이의 간격(이격거리)은 0.5[m] 이상일 것. 다만, 각도주(角度柱)·분기주(分岐柱) 등에서 혼촉(混觸)의 우려가 없도록 시설하는 경우에는 그러하지 아니하다.

34

지지물이 A종 철근 콘크리트주일 때 고압 가공전선로의 지지물 간 거리(경간)는 몇 [m] 이하인가?

① 150
② 250
③ 400
④ 600

해설

(한국전기설비규정 332.9)고압 가공전선로 지지물 간 거리의 제한
고압 가공전선로의 지지물 간 거리(경간)는 다음 표에서 정한 값 이하이어야 한다.

지지물의 종류	지지물 간 거리
목주·A종 철주 또는 A종 철근 콘크리트주	150[m]
B종 철주 또는 B종 철근 콘크리트주	250[m]
철탑	600[m]

35

저압 가공전선 또는 고압 가공전선이 건조물과 접근상태로 시설되는 경우 상부 조영재의 옆쪽과의 간격(이격거리)은 각각 몇 [m]인가?

① 저압: 1.2[m], 고압: 1.2[m]
② 저압: 1.2[m], 고압: 1.5[m]
③ 저압: 1.5[m], 고압: 1.5[m]
④ 저압: 1.5[m], 고압: 2.0[m]

해설

(한국전기설비규정 332.11)고압 가공전선과 건조물의 접근
저압 가공전선 또는 고압 가공전선이 건조물과 접근 상태로 시설되는 경우에는 다음에 따라야 한다.
- 고압 가공전선로는 고압 보안공사에 의할 것
- 저압 가공전선과 건조물의 조영재 사이의 간격(이격거리)은 다음 표에서 정한 값 이상일 것

건조물 조영재의 구분	접근형태	간격
상부 조영재[지붕·챙(차양)·옷 말리는 곳 기타 사람이 올라갈 우려가 있는 조영재를 말한다]	위쪽	2[m](전선이 고압 절연전선, 특고압 절연전선 또는 케이블인 경우는 1[m])
	옆쪽 또는 아래쪽	1.2[m](전선에 사람이 쉽게 접촉할 우려가 없도록 시설한 경우에는 0.8[m], 고압 절연전선, 특고압 절연전선 또는 케이블인 경우에는 0.4[m])
기타의 조영재	–	1.2[m](전선에 사람이 쉽게 접촉할 우려가 없도록 시설한 경우에는 0.8[m], 고압 절연전선, 특고압 절연전선 또는 케이블인 경우에는 0.4[m])

- 고압 가공전선과 건조물의 조영재 사이의 간격(이격거리)은 다음 표에서 정한 값 이상일 것

건조물 조영재의 구분	접근형태	간격
상부 조영재	위쪽	2[m](전선이 케이블인 경우에는 1[m])
	옆쪽 또는 아래쪽	1.2[m](전선에 사람이 쉽게 접촉할 우려가 없도록 시설한 경우에는 0.8[m], 케이블인 경우에는 0.4[m])
기타의 조영재	–	1.2[m](전선에 사람이 쉽게 접촉할 우려가 없도록 시설한 경우에는 0.8[m], 케이블인 경우에는 0.4[m])

36
다음 (㉠), (㉡)에 들어갈 내용으로 알맞은 것은?

> 가공전선과 안테나 사이의 간격(이격거리)은 저압은 (㉠) 이상, 고압은 (㉡) 이상일 것

① ㉠ 30[cm], ㉡ 60[cm]
② ㉠ 60[cm], ㉡ 90[cm]
③ ㉠ 60[cm], ㉡ 80[cm]
④ ㉠ 80[cm], ㉡ 120[cm]

해설

(한국전기설비규정 332.14)고압 가공전선과 안테나의 접근 또는 교차
저압 가공전선 또는 고압 가공전선이 안테나와 접근상태로 시설되는 경우에는 다음에 따라야 한다.
- 고압 가공전선로는 고압 보안공사에 의할 것
- 가공전선과 안테나 사이의 간격(이격거리)은 저압은 0.6[m](전선이 고압 절연전선, 특고압 절연전선 또는 케이블인 경우에는 0.3[m]) 이상, 고압은 0.8[m](전선이 케이블인 경우에는 0.4[m]) 이상일 것

37
B종 철주를 사용한 고압 가공전선로가 교류전차 선로와 교차하는 경우에 고압 가공전선이 교류전차선 등의 위에 시설되는 때에 가공전선로의 지지물 간 거리(경간)는 몇 [m] 이하이어야 하는가?

① 60 ② 80
③ 100 ④ 120

해설

(한국전기설비규정 332.15)고압 가공전선과 교류전차선 등의 접근 또는 교차
저압 가공전선 또는 고압 가공전선이 교류전차선 등과 교차하는 경우에 저압 가공전선 또는 고압 가공전선이 교류전차선 등의 위에 시설되는 때에는 다음에 따라야 한다.
- 가공전선로의 지지물 간 거리(경간)는 지지물로 목주·A종 철주 또는 A종 철근 콘크리트주를 사용하는 경우에는 60[m] 이하, B종 철주 또는 B종 철근 콘크리트주를 사용하는 경우에는 120[m] 이하일 것

38
고·저압 가공전선과 가공약전류전선 등을 동일 지지물에 시설하는 경우로서 옳지 않은 방법은?

① 가공전선을 가공약전류전선 등의 위로 하고 별개의 완금류에 시설할 것
② 전선로의 지지물로 사용하는 목주의 풍압하중에 대한 안전율은 1.5 이상일 것
③ 가공전선과 가공약전류전선 등 사이의 간격(이격거리)은 저압과 고압이 모두 75[cm] 이상일 것
④ 가공전선이 가공약전류전선에 대하여 유도작용에 의한 통신상의 장해를 줄 우려가 있는 경우에는 가공전선을 장애를 줄 우려가 없는 거리에서 전선 위치바꿈(연가) 할 것

해설

(한국전기설비규정 332.21)고압 가공전선과 가공약전류전선 등의 공용설치
저압 가공전선 또는 고압 가공전선과 가공약전류전선 등을 동일 지지물에 시설하는 경우에는 다음에 따라 시설하여야 한다.
- 전선로의 지지물로서 사용하는 목주의 풍압하중에 대한 안전율은 1.5 이상일 것
- 가공전선을 가공약전류전선 등의 위로 하고 별개의 완금류에 시설할 것
- 가공전선과 가공약전류전선 등 사이의 간격은 저압은 0.75[m] 이상, 고압은 1.5[m] 이상일 것
- 가공전선이 가공약전류전선에 대하여 유도작용에 의한 통신상의 장해를 줄 우려가 있는 경우에는 장애를 줄 우려가 없는 거리에서 전선 위치바꿈(연가) 할 것

| 정답 | 36 ③ 37 ④ 38 ③

39

고압 가공전선과 가공약전류전선을 동일 지지물에 시설하는 경우에 전선 상호 간의 최소 간격(이격거리)은 일반적으로 몇 [m] 이상이어야 하는가?(단, 고압 가공전선은 절연전선이라고 한다.)

① 0.75
② 1.0
③ 1.2
④ 1.5

해설

(한국전기설비규정 332.21)고압 가공전선과 가공약전류전선 등의 공용설치
저압 가공전선 또는 고압 가공전선과 가공약전류전선 등을 동일 지지물에 시설하는 경우에는 다음에 따라 시설하여야 한다.
- 전선로의 지지물로서 사용하는 목주의 풍압하중에 대한 안전율은 1.5 이상일 것
- 가공전선을 가공약전류전선 등의 위로 하고 별개의 완금류에 시설할 것
- 가공전선과 가공약전류전선 등 사이의 간격(이격거리)은 저압은 0.75[m] 이상, 고압은 1.5[m] 이상일 것
- 가공전선이 가공약전류전선에 대하여 유도작용에 의한 통신상의 장해를 줄 우려가 있는 경우에는 장애를 줄 우려가 없는 거리에서 전선 위치바꿈 할 것

40

사용전압 35[kV]인 특고압 가공전선로에 특고압 절연전선을 사용한 경우 전선의 지표상 높이는 최소 몇 [m] 이상이어야 하는가?(단, 시가지 및 인가가 밀집한 지역인 경우이다.)

① 13.72
② 12.04
③ 10
④ 8

해설

(한국전기설비규정 333.1)시가지 등에서 특고압 가공전선로의 시설
전선의 지표상의 높이는 다음 표에서 정한 값 이상이어야 한다.

사용전압의 구분	지표상의 높이
35[kV] 이하	10[m] (전선이 특고압 절연전선인 경우에는 8[m])
35[kV] 초과	10[m]에 35[kV]를 초과하는 10[kV] 또는 그 단수마다 0.12[m]를 더한 값

41

사용전압이 161[kV]인 가공전선로를 시가지 내에 시설할 때 전선의 지표상의 높이는 몇 [m] 이상이어야 하는가?

① 8.65
② 9.56
③ 10.47
④ 11.56

해설

(한국전기설비규정 333.1)시가지 등에서 특고압 가공전선로의 시설
전선의 지표상의 높이는 다음 표에서 정한 값 이상이어야 한다.

사용전압의 구분	지표상의 높이
35[kV] 이하	10[m] (전선이 특고압 절연전선인 경우에는 8[m])
35[kV] 초과	10[m]에 35[kV]를 초과하는 10[kV] 또는 그 단수마다 0.12[m]를 더한 값

단수 $= \dfrac{161-35}{10} = 12.6 \rightarrow 13$단

∴ $10 + 13 \times 0.12 = 11.56[m]$

42

사용전압이 170,000[V] 이하인 특고압 가공전선로를 시가지에 시설하는 경우, 지지물로 사용하는 것이 아닌 것은?

① 목주
② 철탑
③ 철근 콘크리트주
④ 철주

해설

(한국전기설비규정 333.1)시가지 등에서 특고압 가공전선로의 시설
사용전압이 170[kV] 이하인 전선로를 시설하는 경우 지지물에는 철주·철근 콘크리트주 또는 철탑을 사용할 것

43

345[kV]의 가공전선로를 평지에 건설하는 경우 전선의 지표상 높이는 최소 몇 [m] 이상이어야 하는가?

① 7.58
② 7.95
③ 8.28
④ 8.85

해설

(한국전기설비규정 333.7)특고압 가공전선의 높이
특고압 가공전선의 지표상의 높이는 다음 표에서 정한 값 이상이어야 한다.

사용전압의 구분	지표상의 높이
35[kV] 이하	5[m] (철도 또는 궤도를 횡단하는 경우에는 6.5[m], 도로를 횡단하는 경우에는 6[m], 횡단보도교의 위에 시설하는 경우로서 전선이 특고압 절연전선 또는 케이블인 경우에는 4[m])
35[kV] 초과 160[kV] 이하	6[m] (철도 또는 궤도를 횡단하는 경우에는 6.5[m], 산지 등에서 사람이 쉽게 들어갈 수 없는 장소에 시설하는 경우에는 5[m], 횡단보도교의 위에 시설하는 경우 전선이 케이블인 때는 5[m])
160[kV] 초과	6[m] (철도 또는 궤도를 횡단하는 경우에는 6.5[m], 산지 등에서 사람이 쉽게 들어갈 수 없는 장소를 시설하는 경우에는 5[m])에 160[kV]를 초과하는 10[kV] 또는 그 단수마다 0.12[m]를 더한 값

단수 $= \dfrac{345-160}{10} = 18.5 \rightarrow 19$단

∴ $6 + 19 \times 0.12 = 8.28[m]$

44

154[kV]의 특고압 가공전선을 사람이 쉽게 들어갈 수 없는 산지 등에 시설하는 경우 지표상의 높이는 몇 [m] 이상으로 하여야 하는가?

① 4
② 5
③ 6.5
④ 8

해설

(한국전기설비규정 333.7)특고압 가공전선의 높이
특고압 가공전선의 지표상의 높이는 다음 표에서 정한 값 이상이어야 한다.

사용전압의 구분	지표상의 높이
35[kV] 이하	5[m] (철도 또는 궤도를 횡단하는 경우에는 6.5[m], 도로를 횡단하는 경우에는 6[m], 횡단보도교의 위에 시설하는 경우로서 전선이 특고압 절연전선 또는 케이블인 경우에는 4[m])
35[kV] 초과 160[kV] 이하	6[m] (철도 또는 궤도를 횡단하는 경우에는 6.5[m], 산지 등에서 사람이 쉽게 들어갈 수 없는 장소에 시설하는 경우에는 5[m], 횡단보도교의 위에 시설하는 경우 전선이 케이블인 때는 5[m])
160[kV] 초과	6[m] (철도 또는 궤도를 횡단하는 경우에는 6.5[m], 산지 등에서 사람이 쉽게 들어갈 수 없는 장소를 시설하는 경우에는 5[m])에 160[kV]를 초과하는 10[kV] 또는 그 단수마다 0.12[m]를 더한 값

45

특고압 가공전선로에 사용하는 가공지선에는 지름 몇 [mm]의 나경동선 또는 이와 동등 이상의 세기 및 굵기의 나선을 사용하여야 하는가?

① 2.6
② 3.5
③ 4
④ 5

해설

(한국전기설비규정 333.8)특고압 가공전선로의 가공지선
특고압 가공전선로에 사용하는 가공지선은 인장강도 8.01[kN] 이상의 나선 또는 지름 5[mm] 이상의 나경동선을 사용한다.

46
가공전선로의 지지물에 시설하는 지지선(지선)의 시방세목으로 옳은 것은?

① 안전율 1.2 이상일 것
② 지지선(지선)에 연선을 사용할 경우 소선은 3가닥 이상의 연선일 것
③ 소선은 지름 1.6[mm] 이상인 금속선을 사용할 것
④ 허용 인장하중의 최저는 3.41[kN]일 것

해설

(한국전기설비규정 331.11)지지선의 시설
• 안전율은 2.5 이상일 것
• 소선은 지름 2.6[mm] 이상인 금속선을 사용할 것
• 허용 인장하중의 최저는 4.31[kN]일 것

47
66[kV] 가공전선과 6[kV] 가공전선을 동일 지지물에 병행설치하는 경우에 특고압 가공전선의 굵기는 몇 [mm^2] 이상의 경동연선을 사용하여야 하는가?

① 22 ② 38
③ 50 ④ 100

해설

(한국전기설비규정 333.17)특고압 가공전선과 저고압 가공전선 등의 병행설치
사용전압이 35[kV]를 초과하고 100[kV] 미만인 특고압 가공전선과 저압 또는 고압 가공전선을 동일 지지물에 시설하는 경우에는 다음에 따라 시설하여야 한다.
• 특고압 가공전선은 케이블인 경우를 제외하고는 인장강도 21.67[kN] 이상의 연선 또는 단면적이 50[mm^2] 이상인 경동연선일 것

48
66[kV] 가공전선로에 6[kV] 가공전선을 동일 지지물에 시설하는 경우 특고압 가공전선은 케이블인 경우를 제외하고 인장강도가 몇 [kN] 이상의 연선이어야 하는가?

① 5.26 ② 8.31
③ 14.5 ④ 21.67

해설

(한국전기설비규정 333.17)특고압 가공전선과 저고압 가공전선 등의 병행설치
사용전압이 35[kV]를 초과하고 100[kV] 미만인 특고압 가공전선과 저압 또는 고압 가공전선을 동일 지지물에 시설하는 경우에는 다음에 따라 시설하여야 한다.
• 특고압 가공전선은 케이블인 경우를 제외하고는 인장강도 21.67[kN] 이상의 연선 또는 단면적이 50[mm^2] 이상인 경동연선일 것

49
사용전압이 35,000[V]를 넘고 100,000[V] 미만인 특고압 가공전선로의 지지물에 고압 또는 저압 가공전선을 병행설치할 수 있는 조건으로 틀린 것은?

① 특고압 가공전선로는 제2종 특고압 보안공사에 의한다.
② 특고압 가공전선과 고압 또는 저압 가공전선과의 간격(이격거리)은 0.8[m] 이상으로 한다.
③ 특고압 가공전선은 케이블인 경우를 제외하고, 단면적이 50[mm^2]인 경동연선 또는 이와 동등 이상의 세기 및 굵기의 연선을 사용한다.
④ 특고압 가공전선로의 지지물은 강판조립주를 제외한 철주, 철근 콘크리트주 또는 철탑이어야 한다.

해설

(한국전기설비규정 333.17)특고압 가공전선과 저고압 가공전선 등의 병행설치
사용전압이 35[kV]를 초과하고 100[kV] 미만인 특고압 가공전선과 저압 또는 고압 가공전선을 동일 지지물에 시설하는 경우에는 다음에 따라 시설하여야 한다.
• 특고압 가공전선로는 제2종 특고압 보안공사에 의할 것
• 특고압 가공전선과 저압 또는 고압 가공전선 사이의 간격(이격거리)은 2[m] 이상일 것. 다만, 특고압 가공전선이 케이블인 경우에 저압 가공전선이 절연전선 혹은 케이블인 때 또는 고압 가공전선이 절연전선 혹은 케이블인 때에는 1[m]까지 감할 수 있다.
• 특고압 가공전선은 케이블인 경우를 제외하고는 인장강도 21.67[kN] 이상의 연선 또는 단면적이 50[mm^2] 이상인 경동연선일 것
• 특고압 가공전선로의 지지물은 철주·철근 콘크리트주 또는 철탑일 것

50
가공약전류전선을 사용전압이 $22.9[\text{kV}]$인 특고압 가공전선과 동일 지지물에 공가(공용설치)하고자 할 때 가공전선으로 경동연선을 사용한다면 단면적이 몇 $[\text{mm}^2]$ 이상이어야 하는가?

① 22
② 38
③ 50
④ 55

해설

(한국전기설비규정 333.19)특고압 가공전선과 가공약전류전선 등의 공용설치
사용전압이 35[kV] 이하인 특고압 가공전선과 가공약전류전선 등을 동일 지지물에 시설하는 경우에는 다음에 따라야 한다.
- 특고압 가공전선로는 제2종 특고압 보안공사에 의할 것
- 특고압 가공전선은 가공약전류전선 등의 위로하고 별개의 완금류에 시설할 것
- 특고압 가공전선은 케이블인 경우 이외에는 인장강도 21.67[kN] 이상의 연선 또는 단면적이 50[mm²] 이상인 경동연선일 것

51
사용전압이 $35[\text{kV}]$ 이하인 특고압 가공전선과 가공약전류전선 등을 동일 지지물에 시설하는 경우, 특고압 가공전선로는 어떤 종류의 보안공사로 하여야 하는가?

① 제1종 특고압 보안공사
② 제2종 특고압 보안공사
③ 제3종 특고압 보안공사
④ 고압 보안공사

해설

(한국전기설비규정 333.19)특고압 가공전선과 가공약전류전선 등의 공용설치
사용전압이 35[kV] 이하인 특고압 가공전선과 가공약전류전선 등을 동일 지지물에 시설하는 경우에는 다음에 따라야 한다.
- 특고압 가공전선로는 제2종 특고압 보안공사에 의할 것
- 특고압 가공전선은 가공약전류전선 등의 위로하고 별개의 완금류에 시설할 것
- 특고압 가공전선은 케이블인 경우 이외에는 인장강도 21.67[kN] 이상의 연선 또는 단면적이 50[mm²] 이상인 경동연선일 것

52
특고압 가공전선로를 제2종 특고압 보안공사에 의해서 시설할 수 있는 경우는?

① 특고압 가공전선이 가공약전류전선 등과 제1차 접근 상태로 시설되는 경우
② 특고압 가공전선이 가공약전류전선의 위쪽에 시설되는 경우
③ 특고압 가공전선이 도로 등과 제1차 접근 상태로 시설되는 경우
④ 특고압 가공전선이 철도 등과 제1차 접근 상태로 시설되는 경우

해설

(한국전기설비규정 333.19)특고압 가공전선과 가공약전류전선 등의 공용설치
사용전압이 35[kV] 이하인 특고압 가공전선과 가공약전류전선 등을 동일 지지물에 시설하는 경우에는 다음에 따라야 한다.
- 특고압 가공전선로는 제2종 특고압 보안공사에 의할 것
- 특고압 가공전선은 가공약전류전선 등의 위로하고 별개의 완금류에 시설할 것

53
$100[\text{kV}]$ 미만의 특고압 가공전선로의 지지물로 B종 철주를 사용하여 지지물 간 거리(경간)를 $300[\text{m}]$로 하고자 하는 경우, 전선으로 사용되는 경동연선의 최소 단면적은 몇 $[\text{mm}^2]$이어야 하는가?

① 38
② 50
③ 100
④ 150

해설

(한국전기설비규정 333.21)특고압 가공전선로의 지지물 간 거리 제한
특고압 가공전선로의 전선에 인장강도 21.67[kN] 이상의 것 또는 단면적이 50[mm²] 이상인 경동연선을 사용하는 경우 지지물 간 거리(경간)는 그 지지물에 목주·A종 철주 또는 A종 철근 콘크리트주를 사용하는 경우에는 300[m] 이하, B종 철주 또는 B종 철근 콘크리트주를 사용하는 경우에는 500[m] 이하이어야 한다.

※ 일반적으로 특고압 가공전선로의 지지물로 B종 철주를 사용할 경우 지지물 간 거리는 250[m] 이하이나 문제에서 300[m]일 경우의 예외조건을 물어보는 것임에 주의해야 한다.

| 정답 | 50 ③ 51 ② 52 ② 53 ②

54
특고압 가공전선로의 지지물 간 거리(경간)는 지지물이 철탑인 경우 몇 [m] 이하이어야 하는가?(단, 단주가 아닌 경우이다.)

① 400
② 500
③ 600
④ 700

해설
(한국전기설비규정 333.21)특고압 가공전선로의 지지물 간 거리 제한
특고압 가공전선로의 지지물 간 거리(경간)는 다음 표에서 정한 값 이하이어야 한다.

지지물의 종류	지지물 간 거리
목주·A종 철주 또는 A종 철근 콘크리트주	150[m]
B종 철주 또는 B종 철근 콘크리트주	250[m]
철탑	600[m] (단주인 경우에는 400[m])

55
제1종 특고압 보안공사를 필요로 하는 가공전선로의 지지물로 사용할 수 있는 것은?

① A종 철근 콘크리트주
② B종 철근 콘크리트주
③ A종 철주
④ 목주

해설
(한국전기설비규정 333.22)특고압 보안공사
제1종 특고압 보안공사의 전선로의 지지물에는 B종 철주·B종 철근 콘크리트주 또는 철탑을 사용할 것

56
154[kV] 가공전선로를 제1종 특고압 보안공사에 의하여 시설하는 경우 사용 전선은 인장강도 58.84[kN] 이상의 연선 또는 단면적 몇 [mm²]의 경동연선이어야 하는가?

① 38
② 55
③ 100
④ 150

해설
(한국전기설비규정 333.22)특고압 보안공사
제1종 특고압 보안공사는 전선이 케이블인 경우 이외에는 단면적이 다음 표에서 정한 값 이상일 것

사용전압	전선
100[kV] 미만	인장강도 21.67[kN] 이상의 연선 또는 단면적 55[mm²] 이상의 경동연선
100[kV] 이상 300[kV] 미만	인장강도 58.84[kN] 이상의 연선 또는 단면적 150[mm²] 이상의 경동연선
300[kV] 이상	인장강도 77.47[kN] 이상의 연선 또는 단면적 200[mm²] 이상의 경동연선

57
사용전압이 66[kV]인 가공전선로를 제1종 특고압 보안공사로 시설할 때 사용되는 경동연선의 단면적은 몇 [mm²] 이상이어야 하는가?

① 55
② 100
③ 150
④ 200

해설
(한국전기설비규정 333.22)특고압 보안공사
제1종 특고압 보안공사는 전선이 케이블인 경우 이외에는 단면적이 다음 표에서 정한 값 이상일 것

사용전압	전선
100[kV] 미만	인장강도 21.67[kN] 이상의 연선 또는 단면적 55[mm²] 이상의 경동연선
100[kV] 이상 300[kV] 미만	인장강도 58.84[kN] 이상의 연선 또는 단면적 150[mm²] 이상의 경동연선
300[kV] 이상	인장강도 77.47[kN] 이상의 연선 또는 단면적 200[mm²] 이상의 경동연선

58

$345[\text{kV}]$ 가공전선로를 제1종 특고압 보안공사에 의하여 시설하는 경우에 사용하는 전선은 인장강도 $77.47[\text{kN}]$ 이상의 연선 또는 단면적 몇 $[\text{mm}^2]$ 이상의 경동연선이어야 하는가?

① 100 ② 125
③ 150 ④ 200

해설

(한국전기설비규정 333.22)특고압 보안공사
제1종 특고압 보안공사는 전선이 케이블인 경우 이외에는 단면적이 다음 표에서 정한 값 이상일 것

사용전압	전선
100[kV] 미만	인장강도 21.67[kN] 이상의 연선 또는 단면적 55[mm²] 이상의 경동연선
100[kV] 이상 300[kV] 미만	인장강도 58.84[kN] 이상의 연선 또는 단면적 150[mm²] 이상의 경동연선
300[kV] 이상	인장강도 77.47[kN] 이상의 연선 또는 단면적 200[mm²] 이상의 경동연선

59

다음 중 제2종 특고압 보안공사의 기준으로 옳지 않은 것은?

① 특고압 가공전선은 연선일 것
② 지지물로 사용하는 목주의 풍압하중에 대한 안전율은 2 이상일 것
③ 지지물이 목주일 경우 그 지지물 간 거리(경간)는 100[m] 이하일 것
④ 지지물이 A종 철주일 경우 그 지지물 간 거리(경간)는 150[m] 이하일 것

해설

(한국전기설비규정 333.22)특고압 보안공사
제2종 특고압 보안공사는 다음에 따라야 한다.
- 특고압 가공전선은 연선일 것
- 지지물로 사용하는 목주의 풍압하중에 대한 안전율은 2 이상일 것
- 지지물 간 거리(경간)는 다음 표에서 정한 값 이하일 것

지지물의 종류	지지물 간 거리
목주·A종 철주 또는 A종 철근 콘크리트주	100[m]
B종 철주 또는 B종 철근 콘크리트주	200[m]
철탑	400[m] (단주인 경우에는 300[m])

60

제3종 특고압 보안공사는 다음의 어느 경우에 해당하는 것인가?

① 특고압 가공전선이 건조물과 제1차 접근상태로 시설되는 경우
② 35[kV] 이하인 특고압 가공전선이 건조물과 제2차 접근상태로 시설되는 경우
③ 35[kV]를 넘고 170[kV] 미만의 특고압 가공전선이 건조물과 제2차 접근상태로 시설되는 경우
④ 170[kV] 이상의 특고압 가공전선이 건조물과 제2차 접근상태로 시설되는 경우

해설

(한국전기설비규정 333.23)특고압 가공전선과 건조물의 접근
특고압 가공전선이 건조물과 제1차 접근상태로 시설되는 경우 특고압 가공전선로는 제3종 특고압 보안공사에 의할 것

61

사용전압이 $35[\text{kV}]$ 이하인 특고압 가공전선이 건조물과 제2차 접근상태로 시설되는 경우, 특고압 가공전선로의 보안공사는?

① 고압 보안공사
② 제1종 특고압 보안공사
③ 제2종 특고압 보안공사
④ 제3종 특고압 보안공사

해설

(한국전기설비규정 333.23)특고압 가공전선과 건조물의 접근
사용전압이 35[kV] 이하인 특고압 가공전선이 건조물과 제2차 접근상태로 시설되는 경우에는 특고압 가공전선로는 제2종 특고압 보안공사에 의할 것

| 정답 | 58 ④ 59 ④ 60 ① 61 ③

62

어떤 공장에서 케이블을 사용하는 사용전압이 $22[\text{kV}]$인 가공전선을 건물 옆쪽으로 제1차 접근상태로 시설하는 경우, 케이블과 건물의 조영재 사이의 간격(이격거리)은 몇 $[\text{cm}]$ 이상이어야 하는가?

① 50
② 80
③ 100
④ 120

해설

(한국전기설비규정 333.23)특고압 가공전선과 건조물의 접근
특고압 가공전선이 건조물과 제1차 접근상태로 시설되는 경우에는 다음에 따라야 한다.
- 특고압 가공전선로는 제3종 특고압 보안공사에 의할 것
- 사용전압이 $35[\text{kV}]$ 이하인 특고압 가공전선과 건조물의 조영재 간격(이격거리)은 다음 표에서 정한 값 이상일 것

건조물과 조영재의 구분	전선종류	접근형태	간격
상부 조영재	특고압 절연전선	위쪽	2.5[m]
		옆쪽 또는 아래쪽	1.5[m](전선에 사람이 쉽게 접촉할 우려가 없도록 시설한 경우는 1[m])
	케이블	위쪽	1.2[m]
		옆쪽 또는 아래쪽	0.5[m]
	기타 전선	–	3[m]
기타 조영재	특고압 절연전선	–	1.5[m](전선에 사람이 쉽게 접촉할 우려가 없도록 시설한 경우는 1[m])
	케이블	–	0.5[m]
	기타 전선	–	3[m]

63

특고압 가공전선이 도로·횡단보도교·철도 또는 궤도와 제1차 접근상태로 시설되는 경우 특고압 가공전선로는 제 몇 종 특고압 보안공사에 의하여 시설하는가?

① 제1종
② 제2종
③ 제3종
④ 제4종

해설

(한국전기설비규정 333.24)특고압 가공전선과 도로 등의 접근 또는 교차
특고압 가공전선이 도로·횡단보도교·철도 또는 궤도와 제1차 접근상태로 시설되는 경우 특고압 가공전선로는 제3종 특고압 보안공사에 의할 것

64

사용전압이 $154[\text{kV}]$인 가공 송전선의 시설에서 전선과 식물과의 간격(이격거리)은 몇 $[\text{m}]$ 이상으로 하여야 하는가?

① 2.8
② 3.2
③ 3.6
④ 4.2

해설

(한국전기설비규정 333.30)특고압 가공전선과 식물의 간격

사용전압의 구분	간격
60[kV] 이하	2[m]
60[kV] 초과	2[m]에 사용전압이 60[kV]를 초과하는 10[kV] 또는 그 단수마다 0.12[m]를 더한 값

단수 $= \dfrac{154-60}{10} = 9.4 \rightarrow 10$단

$\therefore 2 + 10 \times 0.12 = 3.2[\text{m}]$

65

사용전압이 $22.9[\text{kV}]$인 특고압 가공전선이 건조물 등과 접근 상태로 시설되는 경우 지지물로 A종 철근 콘크리트주를 사용하면 그 지지물 간 거리(경간)는 몇 $[\text{m}]$ 이하인가?(단, 중성선 다중 접지식으로 전로에 지락이 생겼을 때에 2초 이내에 자동적으로 이를 전로로부터 차단하는 장치가 되어 있다고 한다.)

① 100
② 150
③ 200
④ 250

해설

(한국전기설비규정 333.32)$25[\text{kV}]$ 이하인 특고압 가공전선로의 시설
사용전압이 $15[\text{kV}]$를 초과하고 $25[\text{kV}]$ 이하인 특고압 가공전선로(중성선 다중접지식의 것으로서 전로에 지락이 생겼을 때에 2초 이내에 자동적으로 이를 전로로부터 차단하는 장치가 되어 있는 것에 한한다)를 다음에 따라 시설하여야 한다.
- 특고압 가공전선이 건조물·도로·횡단보도교·철도·궤도·삭도·가공약전류전선 등·안테나·저압이나 고압의 가공전선 또는 저압이나 고압의 전차선과 접근 또는 교차상태로 시설되는 경우의 지지물 간 거리(경간)는 다음 표에서 정한 값 이하일 것

지지물의 종류	지지물 간 거리
목주·A종 철주 또는 A종 철근 콘크리트주	100[m]
B종 철주 또는 B종 철근 콘크리트주	150[m]
철탑	400[m]

66

특고압 가공전선이 교류전차선과 교차하고 교류전차선의 위에 시설되는 경우, 지지물로 A종 철근 콘크리트주를 사용한다면 특고압 가공전선로의 지지물 간 거리(경간)는 몇 [m] 이하로 하여야 하는가?

① 30 ② 40
③ 50 ④ 60

해설

(한국전기설비규정 333.32) 25[kV] 이하인 특고압 가공전선로의 시설
사용전압이 15[kV]를 초과하고 25[kV] 이하인 특고압 가공전선로(중성선 다중접지식의 것으로서 전로에 지락이 생겼을 때에 2초 이내에 자동적으로 이를 전로로부터 차단하는 장치가 되어 있는 것에 한한다)를 다음에 따라 시설하여야 한다.

- 특고압 가공전선이 교류전차선 등과 접근 또는 교차하는 경우 특고압 가공전선로의 지지물 간 거리(경간)는 다음 표에서 정한 값 이하일 것

지지물의 종류	지지물 간 거리
목주·A종 철주 또는 A종 철근 콘크리트주	60[m]
B종 철주 또는 B종 철근 콘크리트주	120[m]

67

중성선 다중접지식으로서 전로에 지락이 생겼을 때에 2초 이내에 자동적으로 이를 전로로부터 차단하는 장치가 되어 있는 사용전압 22,900[V]인 특고압 가공전선과 식물과의 간격(이격거리)은 몇 [m] 이상이어야 하는가?

① 1.2 ② 1.5
③ 2.0 ④ 2.5

해설

(한국전기설비규정 333.32) 25[kV] 이하인 특고압 가공전선로의 시설
사용전압이 15[kV]를 초과하고 25[kV] 이하인 특고압 가공전선로(중성선 다중접지식의 것으로서 전로에 지락이 생겼을 때에 2초 이내에 자동적으로 이를 전로로부터 차단하는 장치가 되어 있는 것에 한한다)를 다음에 따라 시설하여야 한다.

- 특고압 가공전선과 식물 사이의 간격(이격거리)은 1.5[m] 이상일 것. 다만, 특고압 가공전선이 특고압 절연전선이거나 케이블인 경우로서 특고압 가공전선을 식물에 접촉하지 아니하도록 시설하는 경우에는 그러하지 아니하다.

68

사용전압이 15,000[V] 이하인 가공전선로의 중성선을 다중접지하는 경우에 1[km]마다의 중성선과 대지 사이의 합성 전기저항 값은 몇 [Ω] 이하가 되어야 하는가?

① 10 ② 15
③ 20 ④ 30

해설

(한국전기설비규정 333.32) 25[kV] 이하인 특고압 가공전선로의 시설
사용전압이 15[kV] 이하인 특고압 가공전선로의 중성선의 다중접지 및 중성선의 시설은 다음에 의할 것

- 각 접지도체를 중성선으로부터 분리하였을 경우의 각 접지점의 대지 전기저항 값과 1[km]마다의 중성선과 대지 사이의 합성 전기저항 값은 다음 표에서 정한 값 이하일 것

각 접지점의 대지 전기저항 값	1[km]마다의 합성 전기저항 값
300[Ω]	30[Ω]

69

지중전선로에 사용되는 전선은?

① 절연전선 ② 케이블
③ 다심형 전선 ④ 나전선

해설

(한국전기설비규정 334.1) 지중전선로의 시설
지중전선로는 전선에 케이블을 사용하고 또한 관로식·암거식(暗渠式) 또는 직접 매설식에 의하여 시설하여야 한다.

| 정답 | 66 ④ 67 ② 68 ④ 69 ②

70
지중전선로를 직접 매설식에 의하여 시설할 때, 중량물의 압력을 받을 우려가 있는 장소에 지중전선을 견고한 트로프 기타 방호물에 넣지 않고도 부설할 수 있는 케이블은?

① 고무 외장 케이블　② 클로로프렌 외장 케이블
③ 콤바인덕트 케이블　④ 알루미늄피케이블

해설

(한국전기설비규정 334.1)지중전선로의 시설
지중전선로를 직접 매설식에 의하여 시설하는 경우에는 매설깊이를 차량 기타 중량물의 압력을 받을 우려가 있는 장소에는 1.0[m] 이상, 기타 장소에는 0.6[m] 이상으로 하고 또한 지중전선을 견고한 트로프 기타 방호물에 넣어 시설하여야 한다. 다만, 다음의 어느 하나에 해당하는 경우에는 지중전선을 견고한 트로프 기타 방호물에 넣지 아니하여도 된다.
- 저압 또는 고압의 지중전선을 차량 기타 중량물의 압력을 받을 우려가 없는 경우에 그 위를 견고한 판 또는 몰드로 덮어 시설하는 경우
- 저압 또는 고압의 지중전선에 콤바인덕트 케이블 또는 개장(鎧裝)한 케이블을 사용하여 시설하는 경우
- 특고압 지중전선은 개장한 케이블을 사용하고 또한 견고한 판 또는 몰드로 지중전선의 위와 옆을 덮어 시설하는 경우
- 지중전선에 파이프형 압력케이블을 사용하거나 최대 사용전압이 60[kV]를 초과하는 연피케이블, 알루미늄피케이블 그 밖의 금속피복을 한 특고압 케이블을 사용하고 또한 지중전선의 위를 견고한 판 또는 몰드 등으로 덮어 시설하는 경우

71
중량물이 통과하는 장소에 비닐 외장 케이블을 직접 매설식으로 하는 경우, 매설깊이는 최소 몇 [m] 이상이어야 하는가?

① 0.8　② 1.0
③ 1.2　④ 1.5

해설

(한국전기설비규정 334.1)지중전선로의 시설
지중전선로를 직접 매설식에 의하여 시설하는 경우에는 매설깊이를 차량 기타 중량물의 압력을 받을 우려가 있는 장소에는 1.0[m] 이상, 기타 장소에는 0.6[m] 이상으로 하고 또한 지중전선을 견고한 트로프 기타 방호물에 넣어 시설하여야 한다.

72
차량, 기타 중량물의 압력을 받을 우려가 없는 장소에 지중전선을 직접 매설식에 의하여 매설하는 경우에는 매설깊이를 몇 [cm] 이상으로 하여야 하는가?

① 40　② 60
③ 80　④ 100

해설

(한국전기설비규정 334.1)지중전선로의 시설
지중전선로를 직접 매설식에 의하여 시설하는 경우에는 매설깊이를 차량 기타 중량물의 압력을 받을 우려가 있는 장소에는 1.0[m] 이상, 기타 장소에는 0.6[m] 이상으로 하고 또한 지중전선을 견고한 트로프 기타 방호물에 넣어 시설하여야 한다.

73
지중전선로의 시설에 관한 사항으로 옳은 것은?

① 전선은 케이블을 사용하고, 관로식, 암거식 또는 직접 매설식에 의하여 시설한다.
② 전선은 절연전선을 사용하고, 관로식, 암거식 또는 직접 매설식에 의하여 시설한다.
③ 전선은 케이블을 사용하고, 내화성이 있는 비닐관에 인입하여 시설한다.
④ 전선은 절연전선을 사용하고, 내화성이 있는 비닐관에 인입하여 시설한다.

해설

(한국전기설비규정 334.1)지중전선로의 시설
지중전선로는 전선에 케이블을 사용하고 또한 관로식·암거식 또는 직접 매설식에 의하여 시설하여야 한다.

| 정답 | 70 ③　71 ②　72 ②　73 ① |

74
폭발성 또는 연소성의 가스가 침입할 우려가 있는 것에 지중함을 설치할 경우 지중함의 크기가 몇 $[m^3]$ 이상이면 통풍장치 기타 가스를 방산시키기 위한 적당한 장치를 시설하여야 하는가?

① 0.9
② 1.0
③ 1.5
④ 2.0

해설
(한국전기설비규정 334.2)지중함의 시설
지중전선로에 사용하는 지중함은 다음에 따라 시설하여야 한다.
• 지중함은 견고하고 차량 기타 중량물의 압력에 견디는 구조일 것
• 지중함은 그 안의 고인물을 제거할 수 있는 구조로 되어 있을 것
• 폭발성 또는 연소성의 가스가 침입할 우려가 있는 것에 시설하는 지중함으로서 그 크기가 1$[m^3]$ 이상인 것에는 통풍장치 기타 가스를 방산시키기 위한 적당한 장치를 시설할 것

75
지중전선로는 기설 지중약전류전선로에 대하여 다음의 어느 것에 의하여 통신상의 장해를 주지 아니하도록 기설 약전류전선로로부터 이격시키는가?

① 충전전류 또는 표피작용
② 누설전류 또는 유도작용
③ 충전전류 또는 유도작용
④ 누설전류 또는 표피작용

해설
(한국전기설비규정 334.5)지중약전류전선의 유도장해 방지
지중전선로는 기설 지중약전류전선로에 대하여 누설전류 또는 유도작용에 의하여 통신상의 장해를 주지 않도록 기설 약전류전선로로부터 이격시키거나 기타 보호장치를 시설하여야 한다.

76
사용전압이 300$[V]$인 지중전선이 지중약전류전선과 접근 또는 교차할 때 상호 간에 내화성 격벽을 설치한다면 상호 간의 거리는 몇 $[cm]$ 이하인 경우인가?

① 30
② 50
③ 60
④ 100

해설
(한국전기설비규정 334.6)지중전선과 지중약전류전선 등 또는 관과의 접근 또는 교차
지중전선이 지중약전류전선 등과 접근하거나 교차하는 경우에 상호 간의 간격(이격거리)이 저압 또는 고압의 지중전선은 0.3$[m]$ 이하, 특고압 지중전선은 0.6$[m]$ 이하인 때에는 지중전선과 지중약전류 전선 등 사이에 견고한 내화성의 격벽을 설치하는 경우 이외에는 지중전선을 견고한 불연성 또는 난연성의 관에 넣어 그 관이 지중약전류전선 등과 직접 접촉하지 아니하도록 하여야 한다.

77
고압 지중전선이 지중약전류전선 등과 접근하여 간격(이격거리)이 몇 $[cm]$ 이하인 때에 양 전선 사이에 견고한 내화성의 격벽을 설치하는 경우 이외에는 지중전선을 견고한 불연성 또는 난연성의 관에 넣어 그 관이 지중약전류전선 등과 직접 접촉되지 않도록 하여야 하는가?

① 15
② 20
③ 25
④ 30

해설
(한국전기설비규정 334.6)지중전선과 지중약전류전선 등 또는 관과의 접근 또는 교차
지중전선이 지중약전류전선 등과 접근하거나 교차하는 경우에 상호 간의 간격(이격거리)이 저압 또는 고압의 지중전선은 0.3$[m]$ 이하, 특고압 지중전선은 0.6$[m]$ 이하인 때에는 지중전선과 지중약전류 전선 등 사이에 견고한 내화성의 격벽을 설치하는 경우 이외에는 지중전선을 견고한 불연성 또는 난연성의 관에 넣어 그 관이 지중약전류전선 등과 직접 접촉하지 아니하도록 하여야 한다.

78
사람이 상시 통행하는 터널 안의 전선로의 시설 방법으로 옳지 않은 것은?

① 저압 전선은 지름 2.0[mm]의 경동선이나 이와 동등 이상의 세기 및 굵기의 절연전선을 사용하였다.
② 고압 전선은 애자사용공사로 하였다.
③ 저압 전선을 애자사용공사에 의하여 시설하였다.
④ 저압 전선을 가요전선관공사에 의해 시설하였다.

해설

(한국전기설비규정 335.1) 터널 안 전선로의 시설
철도·궤도 또는 자동차 전용 터널 내 전선로

전압	전선의 굵기	사용방법	애자사용 공사 시 높이
저압	인장강도 2.30[kN] 이상의 절연전선 또는 지름 2.6[mm] 이상의 경동선의 절연전선	• 애자사용공사 • 케이블공사 • 금속관공사 • 가요전선관공사 • 합성수지관공사	노면상, 레일면상 2.5[m] 이상
고압	인장강도 5.26[kN] 이상의 것 또는 지름 4[mm] 이상의 경동선의 고압 절연전선 또는 특고압 절연전선	• 애자사용공사	노면상, 레일면상 3[m] 이상

CHAPTER 05

발전소·변전소·개폐소 또는 이에 준하는 곳의 시설

1. 발전소 등의 울타리·담 등의 시설
2. 특고압 전로의 상 및 접속 상태의 표시
3. 보호장치 및 계측장치
4. 상주 감시를 하지 아니하는 변전소의 시설
5. 수소냉각식 발전기 등의 시설
6. 압축공기계통

학습전략

CHAPTER 05 발전소·변전소·개폐소 또는 이에 준하는 곳의 시설은 적은 분량에 비해 출제비중이 높습니다. 따라서 발전소·변전소·개폐소 설비에 관련된 여러 가지 법규정들을 중심으로 전반적인 내용을 심도있게 학습하시는 것을 권장합니다.

CHAPTER 05 | 흐름 미리보기

1. 발전소 등의 울타리·담 등의 시설
2. 특고압 전로의 상 및 접속 상태의 표시
3. 보호장치 및 계측장치
4. 상주 감시를 하지 아니하는 변전소의 시설
5. 수소냉각식 발전기 등의 시설
6. 압축공기계통

NEXT **CHAPTER 06**

CHAPTER 05 발전소·변전소·개폐소 또는 이에 준하는 곳의 시설

> 독학이 쉬워지는 기초개념

THEME 01 발전소 등의 울타리·담 등의 시설

1 발전소 등의 울타리·담 등의 시설(한국전기설비규정 351.1)

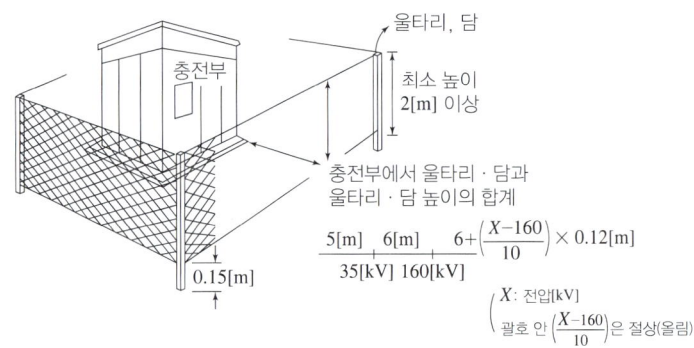

▲ 발전소 등의 울타리·담 등의 시설

(1) 울타리·담 등의 높이는 2[m] 이상으로 하고, 지표면과 울타리·담 등의 하단 사이 간격은 0.15[m] 이하로 할 것
(2) 출입구에는 출입금지의 표시를 할 것
(3) 출입구에는 자물쇠 장치 등의 장치를 할 것
(4) 울타리·담 등과 고압 및 특고압의 충전 부분이 접근하는 경우에는 울타리·담 등의 높이와 울타리·담 등으로부터 충전 부분까지 거리의 합계는 다음 표에서 정한 값 이상으로 할 것

사용전압의 구분	울타리·담 등의 높이와 울타리·담 등으로부터 충전 부분까지의 거리의 합계
35[kV] 이하	5[m]
35[kV] 초과 160[kV] 이하	6[m]
160[kV] 초과	6[m]에 160[kV]를 초과하는 10[kV] 또는 그 단수마다 0.12[m]를 더한 값

▲ 발전소 등의 울타리·담 등의 시설 시 간격

> **Tip 강의 꿀팁**
> 단수는 소수점 첫째 자리를 절상(올림)하는 것을 의미해요.

> **고압 또는 특고압 가공전선(케이블 제외)과 금속제의 울타리·담 등이 교차하는 경우**
> 금속제의 울타리·담 등에는 교차점과 좌, 우로 45[m] 이내의 개소에 접지설비에 의한 접지공사를 하여야 한다.

기출예제

중요도 특고압의 기계기구·모선 등을 옥외에 시설하는 변전소의 구내에 취급자 이외의 자가 들어가지 못하도록 시설하는 울타리·담 등의 높이는 몇 [m] 이상으로 하여야 하는가?

① 2 ② 2.2 ③ 2.5 ④ 3

| 해설 |
(한국전기설비규정 351.1)발전소 등의 울타리·담 등의 시설
울타리·담 등의 높이는 2[m] 이상으로 하고 지표면과 울타리·담 등의 하단 사이의 간격은 0.15[m] 이하로 할 것

답 ①

중요도 사용전압이 $170[kV]$일 때 울타리·담 등의 높이와 울타리·담 등으로부터 충전 부분까지의 거리의 합계[m]는?

① 5   ② 5.12   ③ 6   ④ 6.12

| 해설 |
(한국전기설비규정 351.1)발전소 등의 울타리·담 등의 시설
$$단수 = \frac{170-160}{10} = 1단$$
$$\therefore 6 + 1 \times 0.12 = 6.12[m]$$

답 ④

THEME 02 특고압 전로의 상 및 접속 상태의 표시

1 특고압 전로의 상 및 접속 상태의 표시(한국전기설비규정 351.2)

(1) 발전소·변전소 또는 이에 준하는 곳의 특고압 전로에는 그의 보기 쉬운 곳에 상별 표시를 하여야 한다.
(2) 발전소·변전소 또는 이에 준하는 곳의 특고압 전로에 대하여는 그 접속 상태를 모의모선의 사용 기타의 방법에 의하여 표시하여야 한다. 다만, 이러한 전로에 접속하는 특고압 전선로의 회선수가 2 이하이고 또한 특고압의 모선이 단일모선인 경우에는 그러하지 아니하다.

기출예제

중요도 발·변전소에서 특고압 전로의 접속 상태를 모의모선 등으로 표시하지 않아도 되는 것은?

① 2회선의 복모선   ② 2회선의 단일모선
③ 4회선의 복모선   ④ 3회선의 단일모선

| 해설 |
(한국전기설비규정 351.2)특고압 전로의 상 및 접속 상태의 표시
• 발전소·변전소 또는 이에 준하는 곳의 특고압 전로에는 그의 보기 쉬운 곳에 상별 표시를 하여야 한다.
• 발전소·변전소 또는 이에 준하는 곳의 특고압 전로에 대하여는 그 접속 상태를 모의모선의 사용 기타의 방법에 의하여 표시하여야 한다. 다만, 이러한 전로에 접속하는 특고압 전선로의 회선수가 2 이하이고 또한 특고압의 모선이 단일모선인 경우에는 그러하지 아니하다.

답 ②

독학이 쉬워지는 기초개념

단일모선
• 모선이 1회로인 모선
• 간단하고 설치비가 저렴함
• 공급 신뢰도가 중요하지 않은 곳에 적용함

독학이 쉬워지는 기초개념

THEME 03 보호장치와 계측장치

1 발전기 등의 보호장치(한국전기설비규정 351.3)

발전기에는 다음의 경우에 자동적으로 이를 전로로부터 차단하는 장치를 시설하여야 한다.
(1) 발전기에 과전류나 과전압이 생긴 경우
(2) 용량 500[kVA] 이상의 발전기를 구동하는 수차의 압유 장치의 유압 또는 전동식 가이드밴 제어장치, 전동식 니이들 제어장치 또는 전동식 디플렉터 제어장치의 전원전압이 현저히 저하한 경우
(3) 용량 100[kVA] 이상의 발전기를 구동하는 풍차의 압유 장치의 유압, 압축 공기 장치의 공기압 또는 전동식 브레이드 제어장치의 전원전압이 현저히 저하한 경우
(4) 용량 2,000[kVA] 이상인 수차 발전기의 스러스트 베어링 온도가 현저히 상승한 경우
(5) 용량이 10,000[kVA] 이상인 발전기의 내부에 고장이 생긴 경우
(6) 정격출력이 10,000[kW]를 초과하는 증기터빈은 그 스러스트 베어링이 현저하게 마모되거나 그의 온도가 현저히 상승한 경우

2 특고압용 변압기의 보호장치(한국전기설비규정 351.4)

특고압용의 변압기에는 그 내부에 고장이 생겼을 경우에 보호하는 장치를 다음의 표와 같이 시설하여야 한다. 다만, 변압기의 내부에 고장이 생겼을 경우에 그 변압기의 전원인 발전기를 자동적으로 정지하도록 시설한 경우에는 그 발전기의 전로로부터 차단하는 장치를 하지 아니하여도 된다.

뱅크용량의 구분	동작조건	장치의 종류
5,000[kVA] 이상 10,000[kVA] 미만	변압기 내부 고장	자동차단장치 또는 경보장치
10,000[kVA] 이상	변압기 내부 고장	자동차단장치
타냉식변압기	냉각장치에 고장이 생긴 경우 또는 변압기의 온도가 현저히 상승한 경우	경보장치

타냉식변압기
변압기의 권선 및 철심을 직접 냉각시키기 위하여 봉입한 냉매를 강제 순환시키는 냉각 방식으로 송유자냉식, 송유풍냉식, 수냉식이 있다.

기출예제

발전기를 전로로부터 자동적으로 차단하는 장치를 시설하여야 하는 경우에 해당되지 않는 것은?
① 발전기에 과전류가 생긴 경우
② 용량이 500[kVA] 이상의 발전기를 구동하는 수차의 압유장치 유압이 현저히 저하한 경우
③ 용량이 100[kVA] 이상의 발전기를 구동하는 풍차의 압유장치의 유압, 압축 공기장치의 공기압이 현저히 저하한 경우
④ 용량이 5,000[kVA] 이상인 발전기의 내부에 고장이 생긴 경우

| 해설 |
(한국전기설비규정 351.3)발전기 등의 보호장치
- 발전기에 과전류나 과전압이 생긴 경우
- 용량 500[kVA] 이상의 발전기를 구동하는 수차의 압유 장치의 유압 또는 전동식 가이드밴 제어장치, 전동식 니이들 제어장치 또는 전동식 디플렉터 제어장치의 전원전압이 현저히 저하한 경우
- 용량 100[kVA] 이상의 발전기를 구동하는 풍차의 압유 장치의 유압, 압축 공기장치의 공기압 또는 전동식 브레이드 제어장치의 전원전압이 현저히 저하한 경우
- 용량 2,000[kVA] 이상인 수차 발전기의 스러스트 베어링 온도가 현저히 상승한 경우
- 용량이 10,000[kVA] 이상인 발전기의 내부에 고장이 생긴 경우
- 정격출력이 10,000[kW]를 초과하는 증기터빈은 그 스러스트 베어링이 현저하게 마모되거나 그의 온도가 현저히 상승한 경우

답 ④

중요도 뱅크용량이 $10,000[kVA]$ 이상인 특고압 변압기의 내부고장이 발생하면 어떤 보호장치를 설치하여야 하는가?

① 자동차단장치 ② 경보장치
③ 표시장치 ④ 경보 및 자동차단장치

| 해설 |
(한국전기설비규정 351.4)특고압용 변압기의 보호장치

뱅크용량의 구분	동작조건	장치의 종류
5,000[kVA] 이상 10,000[kVA] 미만	변압기 내부 고장	자동차단장치 또는 경보장치
10,000[kVA] 이상	변압기 내부 고장	자동차단장치
타냉식변압기	냉각장치에 고장이 생긴 경우 또는 변압기의 온도가 현저히 상승한 경우	경보장치

답 ①

3 조상설비의 보호장치(한국전기설비규정 351.5)

조상설비에는 그 내부에 고장이 생긴 경우에 보호하는 장치를 다음 표와 같이 시설하여야 한다.

설비종별	뱅크용량의 구분	자동적으로 전로로부터 차단하는 장치
전력용 커패시터 및 분로리액터	$500[kVA]$ 초과 $15,000[kVA]$ 미만	• 내부에 고장이 생긴 경우 • 과전류가 생긴 경우
	$15,000[kVA]$ 이상	• 내부에 고장이 생긴 경우 • 과전류가 생긴 경우 • 과전압이 생긴 경우
무효전력 보상장치(조상기)	$15,000[kVA]$ 이상	• 내부에 고장이 생긴 경우

독학이 쉬워지는 기초개념

조상설비
무효전력을 공급하는 장치

4 계측장치(한국전기설비규정 351.6)

(1) 발전소에서 계측하는 장치
  ① 발전기·연료전지 또는 태양전지 모듈의 전압 및 전류 또는 전력
  ② 발전기의 베어링(수중 메탈 제외) 및 고정자의 온도
  ③ 정격출력이 10,000[kW]를 초과하는 증기터빈에 접속하는 발전기의 진동의 진폭
  ④ 주요 변압기의 전압 및 전류 또는 전력
  ⑤ 특고압용 변압기의 온도
(2) 정격출력이 10[kW] 미만의 내연력 발전소는 연계하는 전력계통에 그 발전소 이외의 전원이 없는 것에 대해서는 전류 및 전력을 측정하는 장치를 시설하지 아니할 수 있다.
(3) 동기발전기를 시설하는 경우에는 동기검정장치를 시설하여야 한다.
(4) 변전소 또는 이에 준하는 곳에서 계측하는 장치
  ① 주요 변압기의 전압 및 전류 또는 전력
  ② 특고압용 변압기의 온도
(5) 무효전력 보상장치(조상기)
  ① 무효전력 보상장치의 전압 및 전류 또는 전력
  ② 무효전력 보상장치의 베어링 및 고정자의 온도

> **독학이 쉬워지는 기초개념**
>
> **Tip 용어 변경**
> 2023년 10월 12일부터 시행
> '조상기' → '무효전력 보상장치'

기출예제

변전소 또는 이에 준하는 곳에 사용되는 특별고압용 변압기의 계측장치로 반드시 시설하여야 하는 것은?

① 절연   ② 용량   ③ 유량   ④ 온도

| 해설 |
(한국전기설비규정 351.6)계측장치
변전소 또는 이에 준하는 곳에는 다음의 사항을 계측하는 장치를 시설하여야 한다. 다만, 전기철도용 변전소는 주요 변압기의 전압을 계측하는 장치를 시설하지 아니할 수 있다.
• 주요 변압기의 전압 및 전류 또는 전력
• 특고압용 변압기의 온도

답 ④

THEME 04 상주 감시를 하지 아니하는 변전소의 시설

1 상주 감시를 하지 아니하는 변전소의 시설(한국전기설비규정 351.9)

변전소의 기술원이 그 변전소에 상주하여 감시를 하지 아니하는 변전소 중 사용전압이 170[kV] 이하의 변압기를 시설하는 변전소로서 기술원이 수시로 순회하거나 변전제어소에서 상시 감시하는 경우는 다음에 따라 시설하여야 한다.

(1) 다음의 경우에는 변전제어소 또는 기술원이 상주하는 장소에 경보장치를 시설할 것
  ① 운전조작에 필요한 차단기가 자동적으로 차단한 경우(차단기가 재연결(재폐로)된 경우 제외)

> **Tip 용어 변경**
> 2023년 10월 12일부터 시행
> '재폐로' → '재연결'

② 주요 변압기의 전원 측 전로가 무전압으로 된 경우
③ 제어 회로의 전압이 현저히 저하한 경우
④ 옥내변전소에 화재가 발생한 경우
⑤ 출력 3,000[kVA]를 초과하는 특고압용 변압기는 그 온도가 현저히 상승한 경우
⑥ 특고압용 타냉식변압기는 그 냉각장치가 고장난 경우
⑦ 무효전력 보상장치(조상기) 내부에 고장이 생긴 경우
⑧ 수소냉각식 무효전력 보상장치는 그 무효전력 보상장치 안의 수소의 순도가 90[%] 이하로 저하한 경우, 수소의 압력이 현저히 변동한 경우 또는 수소의 온도가 현저히 상승한 경우
⑨ 가스절연기기(압력의 저하에 의하여 절연파괴 등이 생길 우려가 없는 경우 제외)의 절연가스의 압력이 현저히 저하한 경우

(2) 수소냉각식 무효전력 보상장치를 시설하는 변전소는 그 무효전력 보상장치 안의 수소의 순도가 85[%] 이하로 저하한 경우에 그 무효전력 보상장치를 전로로부터 자동적으로 차단하는 장치를 시설할 것

(3) 전기철도용 변전소는 주요 변성기기에 고장이 생긴 경우 또는 전원 측 전로의 전압이 현저히 저하한 경우에 그 변성기기를 자동적으로 전로로부터 차단하는 장치를 할 것. 다만, 경미한 고장이 생긴 경우에 기술원주재소에 경보하는 장치를 하는 때에는 그 고장이 생긴 경우에 자동적으로 전로로부터 차단하는 장치의 시설을 하지 아니하여도 된다.

THEME 05 수소냉각식 발전기 등의 시설

1 수소냉각식 발전기 등의 시설(한국전기설비규정 351.10)

(1) 발전기 또는 무효전력 보상장치(조상기)는 기밀구조(氣密構造)의 것이고 또한 수소가 대기압에서 폭발하는 경우에 생기는 압력에 견디는 강도를 가지는 것일 것

(2) 발전기축의 밀봉부에는 질소 가스를 봉입할 수 있는 장치 또는 발전기축의 밀봉부로부터 누설된 수소 가스를 안전하게 외부에 방출할 수 있는 장치를 설치할 것

(3) 발전기 안 또는 무효전력 보상장치 안의 수소의 순도가 85[%] 이하로 저하한 경우에 이를 경보하는 장치를 시설할 것

(4) 발전기 안 또는 무효전력 보상장치 안의 수소의 압력을 계측하는 장치 및 그 압력이 현저히 변동한 경우에 이를 경보하는 장치를 시설할 것

(5) 발전기 안 또는 무효전력 보상장치 안의 수소의 온도를 계측하는 장치를 시설할 것

(6) 발전기 안 또는 무효전력 보상장치 안으로 수소를 안전하게 도입할 수 있는 장치 및 발전기안 또는 무효전력 보상장치 안의 수소를 안전하게 외부로 방출할 수 있는 장치를 시설할 것

(7) 수소를 통하는 관은 동관 또는 이음매 없는 강판이어야 하며 또한 수소가 대기압에서 폭발하는 경우에 생기는 압력에 견디는 강도의 것일 것

(8) 수소를 통하는 관·밸브 등은 수소가 새지 아니하는 구조로 되어 있을 것

(9) 발전기 또는 무효전력 보상장치에 붙인 유리제의 점검 창 등은 쉽게 파손되지 아니하는 구조로 되어 있을 것

> **독학이 쉬워지는 기초개념**

> **Tip 강의 꿀팁**
> 수소의 순도가 85[%] 이하일 경우 폭발의 가능성이 있어요.

독학이 쉬워지는 기초개념

기출예제

수소냉각식 발전기 등의 시설기준을 잘못 설명한 것은?
① 발전기는 기밀구조의 것이고, 또한 수소가 대기압에서 폭발하는 경우에 생기는 압력에 견디는 강도를 가지는 것일 것
② 발전기 안의 수소의 온도를 계측하는 장치를 시설할 것
③ 발전기 안의 수소의 압력을 계측하는 장치 및 그 압력이 현저히 변동한 경우에 이를 경보하는 장치를 시설할 것
④ 발전기 안의 수소의 순도가 85[%] 이상으로 상승하는 경우에 이를 경보하는 장치를 시설할 것

| 해설 |
(한국전기설비규정 351.10) 수소냉각식 발전기 등의 시설
발전기 안 또는 무효전력 보상장치 안의 수소의 순도가 85[%] 이하로 저하한 경우에 이를 경보하는 장치를 시설할 것

답 ④

THEME 06 압축공기계통

1 압축공기계통(한국전기설비규정 341.15)

발전소·변전소·개폐소 또는 이에 준하는 곳에서 개폐기 또는 차단기에 사용하는 압축공기장치는 다음에 따라 시설하여야 한다.
(1) 공기압축기는 최고 사용압력의 1.5배의 수압(수압을 연속하여 10분간 가하여 시험을 하기 어려울 때에는 최고 사용압력의 1.25배의 기압)을 연속하여 10분간 가하여 시험을 하였을 때 이에 견디고 또한 새지 아니할 것
(2) 사용 압력에서 공기의 보급이 없는 상태로 개폐기 또는 차단기의 투입 및 차단을 연속하여 1회 이상 할 수 있는 용량을 가지는 것일 것
(3) 주 공기탱크 또는 이에 근접한 곳에는 사용압력의 1.5배 이상 3배 이하의 최고 눈금이 있는 압력계를 시설할 것

Tip 강의 꿀팁

보통 SF_6(육불화황) 가스로 절연을 해요.

기출예제

발전소·변전소·개폐소 또는 이에 준하는 곳에서 개폐기 또는 차단기에 사용하는 압축공기장치의 공기압축기는 최고 사용압력의 1.5배의 수압을 연속하여 몇 분간 가하여 시험하였을 때에 이에 견디고 또한 새지 아니하여야 하는가?
① 5   ② 10   ③ 15   ④ 20

| 해설 |
(한국전기설비규정 341.15) 압축공기계통
발전소·변전소·개폐소 또는 이에 준하는 곳에서 개폐기 또는 차단기에 사용하는 압축공기장치는 다음 각 호에 따라 시설하여야 한다.
• 공기압축기는 최고 사용압력의 1.5배의 수압(수압을 연속하여 10분간 가하여 시험을 하기 어려울 때에는 최고 사용압력의 1.25배의 기압)을 연속하여 10분간 가하여 시험하였을 때 이에 견디고 또한 새지 아니하는 것일 것

답 ②

CHAPTER 05 CBT 적중문제

01
1차 $22,900[\text{V}]$, 2차 $3,300[\text{V}]$의 변압기를 옥외에 시설할 때 구내에 취급자 이외의 사람이 들어가지 아니하도록 울타리를 설치하려고 한다. 이때 울타리의 높이는 몇 $[\text{m}]$ 이상으로 하여야 하는가?

① 2
② 3
③ 4
④ 5

해설

(한국전기설비규정 351.1)발전소 등의 울타리·담 등의 시설
울타리·담 등의 높이는 2[m] 이상으로 하고 지표면과 울타리·담 등의 하단 사이의 간격은 0.15[m] 이하로 할 것

02
사용전압이 $175,000[\text{V}]$인 변전소의 울타리·담의 높이와 울타리·담 등으로부터 충전 부분까지의 거리의 합계는 몇 $[\text{m}]$ 이상이어야 하는가?

① 3.12
② 4.24
③ 5.12
④ 6.24

해설

(한국전기설비규정 351.1)발전소 등의 울타리·담 등의 시설

사용전압의 구분	울타리·담 등의 높이와 울타리·담 등으로부터 충전 부분까지 거리의 합계
35[kV] 이하	5[m]
35[kV] 초과 160[kV] 이하	6[m]
160[kV] 초과	6[m]에 160[kV]를 초과하는 10[kV] 또는 그 단수마다 0.12[m]를 더한 값

단수 = $\frac{175-160}{10} = 1.5 \rightarrow$ 2단

$\therefore 6 + 2 \times 0.12 = 6.24[\text{m}]$

03
변전소에서 $154[\text{kV}]$, 용량 $2,100[\text{kVA}]$ 변압기를 옥외에 시설할 때 취급자 이외의 사람이 들어가지 않도록 시설하는 울타리는 울타리의 높이와 울타리에서 충전 부분까지의 거리의 합계를 몇 $[\text{m}]$ 이상으로 하여야 하는가?

① 5
② 5.5
③ 6
④ 6.5

해설

(한국전기설비규정 351.1)발전소 등의 울타리·담 등의 시설

사용전압의 구분	울타리·담 등의 높이와 울타리·담 등으로부터 충전 부분까지 거리의 합계
35[kV] 이하	5[m]
35[kV] 초과 160[kV] 이하	6[m]
160[kV] 초과	6[m]에 160[kV]를 초과하는 10[kV] 또는 그 단수마다 0.12[m]를 더한 값

04
$345[\text{kV}]$의 전압을 변압하는 변전소가 있다. 이 변전소에 울타리를 시설하고자 하는 경우, 울타리의 높이와 울타리로부터 충전 부분까지의 거리의 합계는 몇 $[\text{m}]$ 이상으로 하여야 하는가?

① 7.42
② 8.28
③ 10.15
④ 12.31

해설

(한국전기설비규정 351.1)발전소 등의 울타리·담 등의 시설

사용전압의 구분	울타리·담 등의 높이와 울타리·담 등으로부터 충전 부분까지 거리의 합계
35[kV] 이하	5[m]
35[kV] 초과 160[kV] 이하	6[m]
160[kV] 초과	6[m]에 160[kV]를 초과하는 10[kV] 또는 그 단수마다 0.12[m]를 더한 값

단수 = $\frac{345-160}{10} = 18.5 \rightarrow$ 19단

$\therefore 6 + 19 \times 0.12 = 8.28[\text{m}]$

| 정답 | 01 ① 02 ④ 03 ③ 04 ②

05

발전기의 보호장치로서 사고의 종류에 따라 자동적으로 전로로부터 차단하는 장치를 시설하여야 하는 경우가 아닌 것은?

① 발전기에 과전류나 과전압이 생긴 경우
② 용량이 50[kVA] 이상의 발전기를 구동하는 수차의 압유장치의 유압이 현저하게 저하한 경우
③ 용량 100[kVA] 이상의 발전기를 구동하는 풍차의 압유장치의 유압이 현저하게 저하한 경우
④ 용량이 10,000[kVA] 이상인 발전기의 내부에 고장이 생긴 경우

해설

(한국전기설비규정 351.3)발전기 등의 보호장치
발전기에는 다음의 경우에 자동적으로 이를 전로로부터 차단하는 장치를 시설하여야 한다.
- 발전기에 과전류나 과전압이 생긴 경우
- 용량이 500[kVA] 이상의 발전기를 구동하는 수차의 압유 장치의 유압이 현저히 저하한 경우
- 용량 100[kVA] 이상의 발전기를 구동하는 풍차의 압유 장치의 유압, 압축 공기장치의 공기압이 현저히 저하한 경우
- 용량이 2,000[kVA] 이상인 수차 발전기의 스러스트 베어링의 온도가 현저히 상승한 경우
- 용량이 10,000[kVA] 이상인 발전기의 내부에 고장이 생긴 경우
- 정격출력이 10,000[kW]를 초과하는 증기터빈은 그 스러스트 베어링이 현저하게 마모되거나 그의 온도가 현저히 상승한 경우

06

수력 발전소의 발전기 내부에 고장이 발생하였을 때 자동적으로 전로로부터 차단하는 장치를 시설하여야 하는 발전기 용량은 몇 [kVA] 이상인 것인가?

① 3,000
② 5,000
③ 8,000
④ 10,000

해설

(한국전기설비규정 351.3)발전기 등의 보호장치
발전기에는 다음의 경우에 자동적으로 이를 전로로부터 차단하는 장치를 시설하여야 한다.
- 용량이 10,000[kVA] 이상인 발전기의 내부에 고장이 생긴 경우
- 정격출력이 10,000[kW]를 초과하는 증기터빈은 그 스러스트 베어링이 현저하게 마모되거나 그의 온도가 현저히 상승한 경우

07

발전기 등의 보호장치로서 정격출력이 몇 [kW]를 넘는 증기터빈은 그 스러스트 베어링이 현저하게 마모되거나 온도가 현저히 상승한 경우 자동적으로 이를 전로로부터 차단하는 장치를 시설하여야 하는가?

① 2,000
② 3,000
③ 5,000
④ 10,000

해설

(한국전기설비규정 351.3)발전기 등의 보호장치
정격출력이 10,000[kW]를 넘는 증기터빈은 그 스러스트 베어링이 현저하게 마모되거나 그의 온도가 현저히 상승한 경우 자동 차단장치를 시설하여야 한다.

08

스러스트 베어링의 온도가 현저히 상승하는 경우, 자동적으로 이를 전로로부터 차단하는 장치를 시설하여야 하는 수차 발전기의 용량은 최소 몇 [kVA] 이상인가?

① 500
② 1,000
③ 1,500
④ 2,000

해설

(한국전기설비규정 351.3)발전기 등의 보호장치
발전기의 용량이 2,000[kVA] 이상인 수차 발전기의 스러스트 베어링의 온도가 현저히 상승한 경우에는 자동적으로 이를 전로로부터 차단하는 장치를 시설하여야 한다.

09
발전기의 용량에 관계없이 자동적으로 이를 전로로부터 차단하는 장치를 시설하여야 하는 경우는?

① 베어링의 과열
② 과전류 인입
③ 압유제어장치의 전원 전압
④ 발전기 내부고장

  해설
(한국전기설비규정 351.3)발전기 등의 보호장치
발전기에 과전류나 과전압이 생긴 경우에는 용량에 관계없이 자동적으로 이를 전로로부터 차단하는 장치를 시설하여야 한다.

10
송유풍냉식 특고압용 변압기의 송풍기에 고장이 생긴 경우에 대비하여 시설하여야 하는 보호장치는?

① 경보장치
② 과전류측정장치
③ 온도측정장치
④ 속도조정장치

  해설
(한국전기설비규정 351.4)특고압용 변압기의 보호장치
특고압용 변압기에는 냉각장치에 고장이 생긴 경우 또는 변압기의 온도가 현저히 상승한 경우에 이를 경보하는 장치를 시설하여야 한다.

11
특고압용 변압기의 냉각방식 중 냉각장치에 고장이 생긴 경우 또는 변압기의 온도가 현저히 상승한 경우에 이를 경보하는 장치를 반드시 하지 않아도 되는 것은?

① 유입자냉식
② 송유수냉식
③ 송유타냉식
④ 송유풍냉식

  해설
(한국전기설비규정 351.4)특고압용 변압기의 보호장치
특고압용 변압기에는 냉각장치에 고장이 생긴 경우 또는 변압기의 온도가 현저히 상승한 경우에 이를 경보하는 장치를 시설하여야 한다. 단, 냉각장치에는 타냉식, 송유풍냉식, 송유자냉식, 송유수냉식으로 유입자냉식은 제외한다.

12
뱅크용량이 $20,000[kVA]$인 전력용 커패시터에 자동적으로 전로로부터 차단하는 보호장치를 하려고 한다. 반드시 시설하여야 할 보호장치가 아닌 것은?

① 내부에 고장이 생긴 경우에 동작하는 장치
② 절연유의 압력이 변화할 때 동작하는 장치
③ 과전류가 생긴 경우에 동작하는 장치
④ 과전압이 생긴 경우에 동작하는 장치

  해설
(한국전기설비규정 351.5)조상설비의 보호장치
용량이 15,000[kVA] 이상의 전력용 커패시터 및 분로리액터에는 그 내부에 고장이 생긴 경우, 과전류가 생긴 경우, 과전압이 생긴 경우에는 자동적으로 이를 전로로부터 차단하는 보호장치를 하여야 한다.

13
발전소에 시설하지 않아도 되는 계측장치는?

① 발전기의 고정자 온도
② 주요 변압기의 역률
③ 주요 변압기의 전압 및 전류 또는 전력
④ 특별고압용 변압기의 온도

  해설
(한국전기설비규정 351.6)계측장치
발전소에는 다음의 사항을 계측하는 장치를 시설하여야 한다.
• 발전기·연료전지 또는 태양전지 모듈의 전압 및 전류 또는 전력
• 발전기의 베어링 및 고정자의 온도
• 주요 변압기의 전압 및 전류 또는 전력
• 특고압용 변압기의 온도

| 정답 | 09 ② 10 ① 11 ① 12 ② 13 ②

14
발·변전소의 주요 변압기에 반드시 시설하지 않아도 되는 계측장치는?

① 전류계
② 전압계
③ 전력계
④ 역률계

해설
(한국전기설비규정 351.6)계측장치
발전소에는 다음의 사항을 계측하는 장치를 시설하여야 한다.
- 발전기·연료전지 또는 태양전지 모듈의 전압 및 전류 또는 전력
- 발전기의 베어링 및 고정자의 온도
- 주요 변압기의 전압 및 전류 또는 전력
- 특고압용 변압기의 온도

변전소 또는 이에 준하는 곳에는 다음의 사항을 계측하는 장치를 시설하여야 한다.
- 주요 변압기의 전압 및 전류 또는 전력
- 특고압용 변압기의 온도

15
수소냉각식의 발전기, 무효전력 보상장치(조상기)는 발전기 안 또는 무효전력 보상장치(조상기) 안의 수소의 순도가 몇 [%] 이하로 저하한 경우에 이를 경보하는 장치를 시설하여야 하는가?

① 70
② 75
③ 80
④ 85

해설
(한국전기설비규정 351.10)수소냉각식 발전기 등의 시설
수소냉각식의 발전기·무효전력 보상장치(조상기) 또는 이에 부속하는 수소냉각장치는 다음에 따라 시설하여야 한다.
- 발전기 또는 무효전력 보상장치(조상기)는 기밀구조의 것이고 또한 수소가 대기압에서 폭발하는 경우에 생기는 압력에 견디는 강도를 가지는 것일 것
- 발전기축의 밀봉부에는 질소 가스를 봉입할 수 있는 장치 또는 발전기축의 밀봉부로부터 누설된 수소 가스를 안전하게 외부에 방출할 수 있는 장치를 설치할 것
- 발전기 안 또는 무효전력 보상장치(조상기) 안의 수소의 순도가 85[%] 이하로 저하한 경우에 이를 경보하는 장치를 시설할 것

16
발전소에서 개폐기 또는 차단기에 사용하는 압축공기장치는 수압을 연속하여 10분간 가하여 시험하였을 때 최고 사용압력 몇 배의 수압에 견디고 새지 않아야 하는가?

① 1.1배
② 1.25배
③ 1.5배
④ 2배

해설
(한국전기설비규정 341.15)압축공기계통
발전소·변전소·개폐소 또는 이에 준하는 곳에서 개폐기 또는 차단기에 사용하는 압축공기장치는 다음에 따라 시설하여야 한다.
- 공기압축기는 최고 사용압력의 1.5배의 수압(수압을 연속하여 10분간 가하여 시험을 하기 어려울 때에는 최고 사용압력의 1.25배의 기압)을 연속하여 10분간 가하여 시험하였을 때 이에 견디고 또한 새지 아니하는 것일 것

17
발·변전소의 차단기에 사용하는 압축공기장치의 공기탱크는 사용압력에서 공기의 보급이 없는 상태에서 차단기의 투입 및 차단을 연속하여 몇 회 이상 할 수 있는 용량을 가져야 하는가?

① 1회
② 2회
③ 3회
④ 4회

해설
(한국전기설비규정 341.15)압축공기계통
공기의 보급이 없는 상태로 개폐기 또는 차단기의 투입과 차단을 1회 이상 할 수 있는 용량을 가져야 한다.

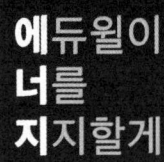

스스로 자신을 존경하면
다른 사람도 그대를 존경할 것이다.

– 공자

전력보안통신설비

1. 시설기준
2. 시설높이와 간격
3. 보안장치
4. 가공 통신 인입선 시설
5. 무선용 안테나

학습전략

CHAPTER 06 전력보안통신설비는 분량이 많지 않으므로 학습하는 데 큰 어려움을 느끼지는 않을 것입니다. 다만, 전기기사 자격증을 준비하는 수험생 입장에서 통신에 관련된 용어나 기술기준에 대한 내용이 익숙하지 않으므로 하나하나 익힌다는 마음가짐으로 차분하게 학습해야 합니다.

CHAPTER 06 | 흐름 미리보기

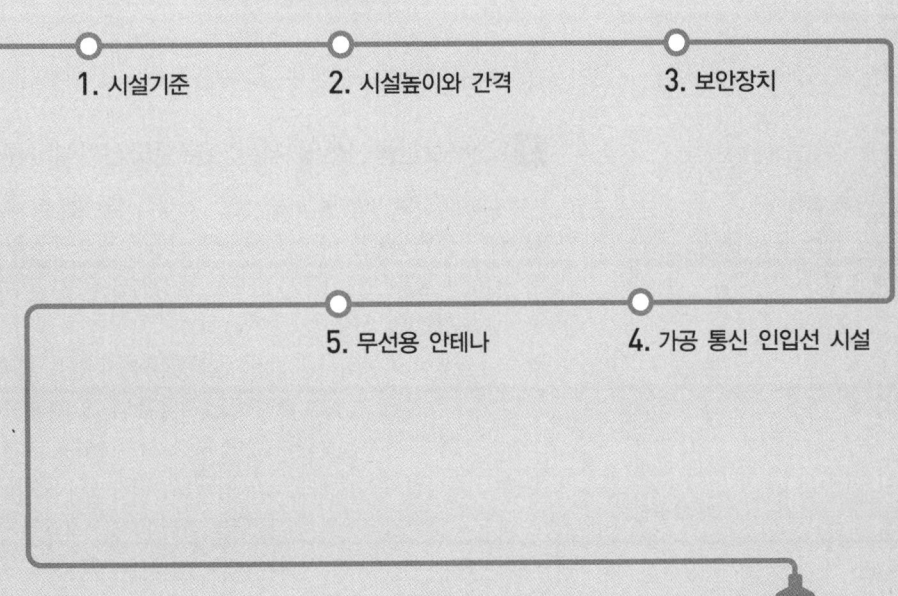

1. 시설기준
2. 시설높이와 간격
3. 보안장치
4. 가공 통신 인입선 시설
5. 무선용 안테나

NEXT **CHAPTER 07**

CHAPTER 06 전력보안통신설비

독학이 쉬워지는 기초개념

THEME 01 시설기준

1 전력보안통신설비의 시설 요구사항(한국전기설비규정 362.1)

(1) 원격감시제어가 되지 아니하는 발전소·원격감시제어가 되지 아니하는 변전소 (이에 준하는 곳으로서 특고압의 전기를 변성하기 위한 곳을 포함)·개폐소, 전선로 및 이를 운용하는 급전소 및 급전분소 간
(2) 2개 이상의 급전소(분소) 상호 간과 이들을 통합 운용하는 급전소(분소) 간
(3) 수력설비 중 필요한 곳, 수력설비의 안전상 필요한 양수소(量水所) 및 강수량 관측소와 수력발전소 간
(4) 동일 수계에 속하고 안전상 긴급 연락의 필요가 있는 수력발전소 상호 간
(5) 동일 전력계통에 속하고 또한 안전상 긴급 연락의 필요가 있는 발전소·변전소 (이에 준하는 곳으로서 특고압의 전기를 변성하기 위한 곳을 포함) 및 개폐소 상호 간
(6) 발전소·변전소 및 개폐소와 기술원 주재소 간. 다만, 다음 어느 항목에 적합하고 또한 휴대용이거나 이동형 전력보안통신설비에 의하여 연락이 확보된 경우에는 그러하지 아니하다.
   ① 발전소로서 전기의 공급에 지장을 미치지 않는 곳
   ② 상주감시를 하지 않는 변전소(사용전압이 35[kV] 이하의 것에 한한다)로서 그 변전소에 접속되는 전선로가 동일 기술원 주재소에 의하여 운용되는 곳
(7) 발전소·변전소(이에 준하는 곳으로서 특고압의 전기를 변성하기 위한 곳을 포함한다)·개폐소·급전소 및 기술원 주재소와 전기설비의 안전상 긴급 연락의 필요가 있는 기상대·측후소·소방서 및 방사선 감시계측 시설물 등의 사이

2 전력보안통신선의 시설기준(한국전기설비규정 362.1)

(1) 중량물의 압력 또는 심한 기계적 충격을 받을 우려가 있는 장소에 시설 방호장치를 하거나 이들에 견디는 보호피복을 한 것을 사용하여야 한다.
(2) 가공통신선(가공지선 또는 중성선을 이용하여 광섬유 케이블을 시설하는 경우 제외)의 시설
   ① 가공통신선은 반드시 조가선에 시설할 것. 다만 통신선 자체가 지지 기능을 가진 경우는 조가선을 생략할 수 있다.
   ② 조가선은 시설기준에 따라 시설하여야 하나, 조가선의 안전율은 조가선 시설기준에 따를 것. 이 경우 조가선의 중량 및 조가선에 대한 수평풍압에는 각각 통신선의 중량을 가산한 것으로 한다.

급전소
전력계통의 운용에 관한 지시 및 급전조작을 하는 곳

Tip 강의 꿀팁
통신선은 전력보안통신선을 말해요.

기출예제

전력보안통신설비를 시설하지 않아도 되는 곳은?

① 사용전압이 35[kV] 이하의 원격감시제어가 되지 아니하는 변전소에 준하는 곳
② 동일 수계에 속하고 안전상 긴급 연락의 필요가 있는 수력발전소 상호 간
③ 수력설비의 안전상 필요한 양수소 및 강수량 관측소와 수력발전소 간
④ 2개 이상의 급전소 상호 간과 이들을 통합 운용하는 급전소 간

|해설|
(한국전기설비규정 362.1)전력보안통신설비의 시설 요구사항
원격감시제어가 되지 아니하는 발전소·원격감시제어가 되지 아니하는 변전소(이에 준하는 곳으로서 특고압의 전기를 변성하기 위한 곳을 포함)·개폐소, 전선로 및 이를 운용하는 급전소 및 급전분소 간. 다만, 다음 중의 어느 항목에 적합한 것은 그러하지 아니하다.
• 원격감시제어가 되지 않는 발전소로 전기의 공급에 지장을 주지 않는 곳
• 사용전압이 35[kV] 이하의 원격감시제어가 되지 아니하는 변전소로서, 그 변전소에 접속되는 전선로가 동일 기술원 주재소에 의하여 운용되는 곳

답 ①

THEME 02 시설 높이와 간격

1 가공전선과 첨가통신선과의 간격(한국전기설비규정 362.2)

가공전선		통신선	
		그 외	첨가통신용 제2종 케이블 또는 광섬유 케이블
저압	일반	0.6[m] 이상	×
	절연전선 또는 케이블	0.3[m] 이상	×
	인입선	×	0.15[m] 이상
고압	일반	0.6[m] 이상	×
	케이블	0.3[m] 이상	×
특고압	다중접지 중성선	0.6[m] 이상	×
	케이블	0.3[m] 이상	×
	25[kV] 이하	0.75[m] 이상	×
	그 외	1.2[m] 이상	×

> **강의 꿀팁**
> 첨가통신선은 가공전선로의 지지물에 시설하는 통신선을 말해요.

독학이 쉬워지는 기초개념

기출예제

[중요도] 가공전선로의 지지물에 시설하는 통신선과 고압 가공전선 사이의 간격(이격거리)은 몇 [cm] 이상이어야 하는가?

① 120[cm]   ② 100[cm]   ③ 75[cm]   ④ 60[cm]

|해설|
(한국전기설비규정 362.2)가공전선과 첨가통신선과의 간격
가공전선로의 지지물에 시설하는 통신선과 고압 가공전선 사이의 간격(이격거리)은 0.6[m] 이상일 것. 다만, 고압 가공전선이 케이블인 경우에 통신선이 절연전선과 동등 이상의 절연효력이 있는 것인 경우에는 0.3[m] 이상으로 할 수 있다.

답 ④

2 전력보안통신선의 시설 높이와 간격(한국전기설비규정 362.2)

구분		가공통신선	첨가통신선	
			고·저압	특고압
철도 횡단		6.5[m] 이상	6.5[m] 이상	
도로나 차도 위 또는 횡단	일반 경우	5[m] 이상	6[m] 이상	6[m] 이상
	교통 지장 ×	4.5[m] 이상	5[m] 이상	–
횡단보도교의 위		3[m] 이상	3.5[m] 이상 절연효력: 3[m] 이상	5[m] 이상 광섬유 케이블 : 4[m] 이상
그 외		3.5[m] 이상	4[m] 이상 (광섬유 케이블: 3.5[m])	5[m] 이상

Tip 강의 꿀팁

철도·궤도 횡단 높이는 항상 6.5[m] 이상이에요.

기출예제

[중요도] 가공전선로의 지지물에 시설하는 통신선 또는 이에 직접 접속하는 가공통신선의 높이에 대한 설명으로 적합한 것은?

① 도로를 횡단하는 경우에는 지표상 5[m] 이상
② 철도 또는 궤도를 횡단하는 경우에는 레일면상 6.5[m] 이상
③ 횡단보도교 위에 시설하는 경우에는 그 노면상 4[m] 이상
④ 도로를 횡단하며 교통에 지장이 없는 경우에는 4.5[m] 이상

|해설|
(한국전기설비규정 362.2)전력보안통신선의 시설 높이와 간격
가공전선로의 지지물에 시설하는 통신선 또는 이에 직접 접속하는 가공통신선(첨가통신선)의 높이는 다음에 따라야 한다.
• 도로를 횡단하는 경우에는 지표상 6[m] 이상. 다만, 저압이나 고압의 가공전선로의 지지물에 시설하는 통신선 또는 이에 직접 접속하는 가공통신선을 시설하는 경우에 교통에 지장을 줄 우려가 없을 때에는 지표상 5[m]까지로 감할 수 있다.
• 철도 또는 궤도를 횡단하는 경우에는 레일면상 6.5[m] 이상
• 횡단보도교의 위에 시설하는 경우에는 그 노면상 5[m] 이상

답 ②

(1) 통신선
   ① 연선의 경우 단면적 16[mm²](단선의 경우 지름 4[mm])의 절연전선
   ② 인장강도 8.01[kN] 이상의 것 또는 연선의 경우 단면적 25[mm²](단선의 경우 지름 5[mm])의 경동선
(2) 간격
   ① 도로·횡단보도교, 철도의 레일 또는 삭도와 교차하는 경우
      0.8[m] 이상(통신선이 케이블인 경우: 0.4[m])
   ② 저압 가공전선 또는 다른 가공약전류전선 등과 교차하는 경우
      0.8[m] 이상(통신선이 케이블인 경우: 0.4[m])

기출예제

중요도 특고압 가공전선로의 지지물에 시설하는 통신선 또는 이에 직접 접속하는 통신선이 도로, 횡단보도, 철도, 궤도 또는 삭도와 교차하는 경우에는 통신선은 지름 몇 [mm]의 경동선이나 이와 동등 이상의 세기의 것이어야 하는가?

① 4   ② 4.5   ③ 5   ④ 5.5

| 해설 |
(한국전기설비규정 362.2)전력보안통신선의 시설 높이와 간격
통신선이 도로·횡단보도교·철도의 레일 또는 삭도와 교차하는 경우에는 통신선은 연선의 경우 단면적 16[mm²](단선의 경우 지름 4[mm])의 절연전선과 동등 이상의 절연효력이 있는 것, 인장강도 8.01[kN] 이상의 것 또는 연선의 경우 단면적 25[mm²](단선의 경우 지름 5[mm])의 경동선일 것

답 ③

THEME 03 보안장치

1 특고압 가공전선로 전선 첨가설치 통신선의 시가지 인입 제한(한국전기설비규정 362.5)

특고압 가공전선로의 지지물에 전선을 첨가 설치하는 통신선 또는 이에 직접 접속하는 통신선과 시가지의 통신선과의 접속점에 특고압용 제1종 보안장치, 특고압용 제2종 보안장치 또는 이에 준하는 보안장치를 시설하여야 한다.

(1) 급전전용통신선용 보안장치

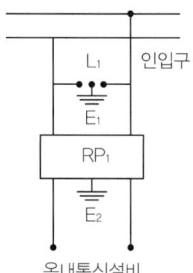

RP₁ : 교류 300[V] 이하에서 동작하고, 최소 감도전류가 3[A] 이하로서 최소 감도전류 때의 따라 움직임(응동) 시간이 1사이클 이하이고 또한 전류용량이 50[A], 20초 이상인 자동복구성(자복성)이 있는 릴레이 보안기
L₁ : 교류 1[kV] 이하에서 동작하는 피뢰기
E₁ 및 E₂ : 접지

독학이 쉬워지는 기초개념

조가선 시설기준
조가선은 단면적 38[mm²] 이상의 아연도강연선을 사용하여야 한다.

Tip 용어 변경
2023년 10월 12일부터 시행
'응동' → '따라 움직임'
'자복성' → '자동복구성'

독학이 쉬워지는 기초개념

(2) 저압 가공전선로의 지지물에 시설하는 통신선 또는 이것에 직접 접속하는 통신선인 경우의 저압용 보안장치

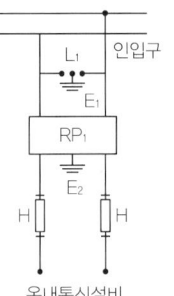

RP_1 : 교류 300[V] 이하에서 동작하고, 최소 감도전류가 3[A] 이하로서 최소 감도전류 때의 따라 움직임(응동) 시간이 1사이클 이하이고 또한 전류용량이 50[A], 20초 이상인 자동복구성(자복성)이 있는 릴레이 보안기

L_1 : 교류 1[kV] 이하에서 동작하는 피뢰기

E_1 및 E_2 : 접지

H : 250[mA] 이하에서 동작하는 열 코일

2 전력선 반송 통신용 결합장치의 보안장치(한국전기설비규정 362.11)

결합 커패시터(CC)
Coupling Capacitor

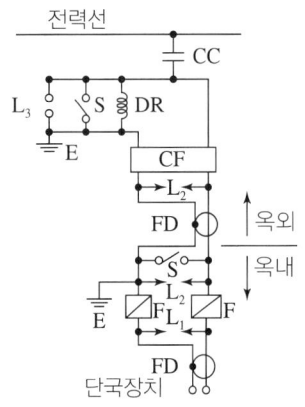

FD : 동축 케이블
F : 정격전류 10[A] 이하의 포장 퓨즈
DR : 전류 용량 2[A] 이상의 배류 선륜
L_1 : 교류 300[V] 이하에서 동작하는 피뢰기
L_2 : 동작 전압이 교류 1.3[kV]를 초과하고 1.6[kV] 이하로 조정된 방전갭
L_3 : 동작 전압이 교류 2[kV]를 초과하고 3[kV] 이하로 조정된 구상 방전갭
S : 접지용 개폐기
CF : 결합 필터
CC : 결합 커패시터(결합 안테나를 포함)
E : 접지

▲ 전력선 반송 통신용 결합장치의 보안장치

THEME 04 　가공 통신 인입선 시설

1 가공 통신 인입선 시설(한국전기설비규정 362.12)

특고압 가공전선로의 지지물에 시설하는 통신선 또는 이에 직접 접속하는 가공 통신선의 지지물에서의 지지점 및 분기점 이외의 가공 통신 인입선 부분의 높이 및 다른 가공약전류 전선 등 사이의 간격은 교통에 지장이 없고 또한 위험의 우려가 없을 때에 한하여 노면상의 높이는 5[m] 이상, 조영물의 붙임점에서 지표상의 높이는 3.5[m] 이상으로 하여야 한다.

THEME 05 무선용 안테나

1 무선용 안테나 등을 지지하는 철탑 등의 시설(한국전기설비규정 364.1)

(1) 목주의 풍압하중에 대한 안전율은 1.5 이상이어야 한다.
(2) 철주·철근 콘크리트주 또는 철탑의 기초 안전율은 1.5 이상이어야 한다.

2 무선용 안테나 등의 시설 제한(한국전기설비규정 364.2)

무선용 안테나 등은 전선로의 주위 상태 감시 등 지능형전력망을 목적으로 시설하는 것 이외에는 가공전선로의 지지물에 시설하여서는 아니 된다.

CHAPTER 06 CBT 적중문제

01
전력보안 통신용 전화설비의 시설장소로 틀린 것은?

① 동일 수계에 속하고 안전상 긴급 연락의 필요가 있는 수력발전소 상호 간
② 동일 전력계통에 속하고 안전상 긴급 연락의 필요가 있는 발전소 및 개폐소 상호 간
③ 2개 이상의 급전소 상호 간과 이들을 통합 운용하는 급전소 간
④ 원격감시제어가 가능한 발전소와 변전소 간

해설
(한국전기설비규정 362.1)전력보안통신설비의 시설 요구사항
- 원격감시제어가 되지 아니하는 발전소·원격 감시제어가 되지 아니하는 변전소(이에 준하는 곳으로서 특고압의 전기를 변성하기 위한 곳을 포함)·개폐소, 전선로 및 이를 운용하는 급전소 및 급전분소 간
- 2개 이상의 급전소 상호 간과 이들을 통합 운용하는 급전소 간
- 동일 수계에 속하고 안전상 긴급 연락의 필요가 있는 수력발전소 상호 간
- 동일 전력계통에 속하고 또한 안전상 긴급 연락의 필요가 있는 발전소·변전소 및 개폐소 상호 간

02
가공전선로의 지지물에 시설하는 첨가통신선과 저압 가공전선 사이의 간격(이격거리)은 몇 [cm] 이상이어야 하는가? (단, 저압 가공전선은 절연전선이고, 통신선은 절연전선과 동등 이상의 절연효력이 있다고 한다.)

① 30
② 40
③ 50
④ 60

해설
(한국전기설비규정 362.2)가공전선과 첨가통신선과의 간격
가공전선로의 지지물에 시설하는 통신선은 통신선과 저압 가공전선 또는 특고압 가공전선로의 다중접지를 한 중성선 사이의 간격(이격거리)은 0.6[m] 이상일 것. 다만, 저압 가공전선이 절연전선 또는 케이블인 경우에 통신선이 절연전선과 동등 이상의 절연효력이 있는 것인 경우에는 0.3[m] 이상으로 할 수 있다.

03
가공전선과 첨가통신선과의 시공방법으로 틀린 것은?

① 통신선은 가공전선의 아래에 시설할 것
② 통신선과 고압 가공전선 사이의 간격(이격거리)은 60[cm] 이상일 것
③ 통신선과 특고압 가공전선로의 다중접지한 중성선 사이의 간격(이격거리)은 1.2[m] 이상일 것
④ 통신선은 특고압 가공전선로의 지지물에 시설하는 기계기구에 부속되는 전선과 접촉할 우려가 없도록 지지물 또는 완금류에 견고하게 시설할 것

해설
(한국전기설비규정 362.2)가공전선과 첨가통신선과의 간격
가공전선로의 지지물에 시설하는 통신선은 다음에 따른다.
- 통신선은 가공전선의 아래에 시설할 것
- 통신선과 저압 가공전선 또는 특고압 가공전선로의 다중접지를 한 중성선 사이의 간격(이격거리)은 0.6[m] 이상일 것
- 통신선과 고압 가공전선 사이의 간격(이격거리)은 0.6[m] 이상일 것
- 통신선은 고압 가공전선로 또는 특고압 가공전선로의 지지물에 시설하는 기계기구에 부속되는 전선과 접촉할 우려가 없도록 지지물 또는 완금류에 견고하게 시설할 것

| 정답 | 01 ④ 02 ① 03 ③

04

고압 가공전선이 케이블이고 통신선은 첨가통신용 제1종 케이블인 경우, 통신선과 고압 가공전선 사이의 간격(이격거리)은 최소 몇 [cm]로 할 수 있는가?

① 30
② 40
③ 50
④ 60

해설
(한국전기설비규정 362.2)가공전선과 첨과통신선과의 간격

가공전선		통신선	
		그 외	첨가통신용 제2종 케이블 또는 광섬유 케이블
저압	일반	0.6[m] 이상	×
	절연전선 또는 케이블	0.3[m] 이상	×
	인입선	×	0.15[m] 이상
고압	일반	0.6[m] 이상	×
	케이블	0.3[m] 이상	×
특고압	다중접지 중성선	0.6[m] 이상	×
	케이블	0.3[m] 이상	×
	25[kV] 이하	0.75[m] 이상	×
	그 외	1.2[m] 이상	×

05

특고압 가공전선로의 지지물에 시설하는 통신선 또는 이에 직접 접속하는 통신선이 도로·횡단보도교·철도·궤도 또는 삭도와 교차하고 단선인 경우 통신선은 지름 몇 [mm]의 경동선이어야 하는가?

① 4.0
② 4.5
③ 5.0
④ 5.5

해설
(한국전기설비규정 362.2)전력보안통신선의 시설 높이와 간격
특고압 가공전선로의 지지물에 시설하는 통신선 또는 이에 직접 접속하는 통신선이 도로·횡단보도교·철도의 레일 또는 삭도와 교차하는 경우에는 통신선은 연선의 경우 단면적 16[mm²](단선의 경우 지름 4[mm])의 절연전선과 동등 이상의 절연효력이 있는 것, 인장강도 8.01[kN] 이상의 것 또는 연선의 경우 단면적 25[mm²](단선의 경우 지름 5[mm])의 경동선일 것

06

교통에 지장을 줄 우려가 없는 경우 가공통신선의 지표상 최저 높이[m]는 얼마인가?

① 4.0
② 4.5
③ 5.0
④ 5.5

해설
(한국전기설비규정 362.2)전력보안통신선의 시설 높이와 간격
전력보안 가공통신선의 높이는 도로(차도와 인도의 구별이 있는 도로는 차도) 위에 시설하는 경우에는 지표상 5[m] 이상. 다만, 교통에 지장을 줄 우려가 없는 경우에는 지표상 4.5[m]까지로 감할 수 있다.

07

전력보안 가공통신선을 횡단보도교의 위에 시설하는 경우에는 그 노면상 몇 [m] 이상의 높이에 시설하여야 하는가?

① 3.0
② 3.5
③ 4.0
④ 4.5

해설
(한국전기설비규정 362.2)전력보안통신선의 시설 높이와 간격
전력보안 가공통신선의 높이는 횡단보도교 위에 시설하는 경우에는 그 노면상 3[m] 이상

| 정답 | 04 ① 05 ③ 06 ② 07 ①

08
가공전선로의 지지물에 시설하는 통신선이 철도 또는 궤도를 횡단하는 경우에는 레일면상 몇 [m] 이상으로 시설하여야 하는가?

① 3.0
② 3.5
③ 5.0
④ 6.5

해설
(한국전기설비규정 362.2)전력보안통신선의 시설 높이와 간격
가공전선로의 지지물에 시설하는 통신선 또는 이에 직접 접속하는 가공통신선의 높이는 철도 또는 궤도를 횡단하는 경우에는 레일면상 6.5[m] 이상

09
고압 가공전선로의 지지물에 시설하는 통신선 또는 이에 직접 접속하는 가공통신선을 횡단보도교의 위에 시설하는 경우, 그 노면상 최소 몇 [m] 이상의 높이로 시설하면 되는가?

① 3.5
② 4.0
③ 4.5
④ 5.0

해설
(한국전기설비규정 362.2)전력보안통신선의 시설 높이와 간격
횡단보도교의 위에 시설하는 경우에는 그 노면상 5[m] 이상. 다만, 다음에 해당하는 경우에는 그러하지 아니하다.
• 저압 또는 고압의 가공전선로의 지지물에 시설하는 통신선 또는 이에 직접 접속하는 가공통신선을 노면상 3.5[m](통신선이 절연전선과 동등 이상의 절연효력이 있는 것인 경우에는 3[m]) 이상으로 하는 경우

10
가공전선로의 지지물에 시설하는 통신선 또는 이에 직접 접속하는 가공통신선의 높이에 대한 설명 중 틀린 것은?

① 도로를 횡단하는 경우에는 지표상 6[m] 이상으로 한다.
② 철도 또는 궤도를 횡단하는 경우에는 레일면상 6[m] 이상으로 한다.
③ 횡단보도교의 위에 시설하는 경우에는 그 노면상 5[m] 이상으로 한다.
④ 도로를 횡단하는 경우, 저압이나 고압의 가공전선로의 지지물에 시설하는 통신선이 교통에 지장을 줄 우려가 없는 경우에는 지표상 5[m]까지로 감할 수 있다.

해설
(한국전기설비규정 362.2)전력보안통신선의 시설 높이와 간격
가공전선로의 지지물에 시설하는 통신선 또는 이에 직접 접속하는 가공통신선의 높이는 다음에 따라야 한다.
• 도로를 횡단하는 경우에는 지표상 6[m] 이상. 다만, 저압이나 고압의 가공전선로의 지지물에 시설하는 통신선 또는 이에 직접 접속하는 가공통신선을 시설하는 경우에 교통에 지장을 줄 우려가 없을 때에는 지표상 5[m]까지로 감할 수 있다.
• 철도 또는 궤도를 횡단하는 경우에는 레일면상 6.5[m] 이상
• 횡단보도교의 위에 시설하는 경우에는 그 노면상 5[m] 이상

11
시가지에 시설하는 통신선은 특고압 가공전선로의 지지물에 시설하여서는 아니 된다. 그러나 통신선이 단선의 경우 지름 몇 [mm] 이상의 절연전선 또는 이와 동등 이상의 세기 및 절연효력이 있는 것이면 시설이 가능한가?

① 4.0
② 4.5
③ 5.0
④ 5.5

해설
(한국전기설비규정 362.5)특고압 가공전선로 전선 첨가설치 통신선의 시가지 인입 제한
시가지에 시설하는 통신선은 특고압 가공전선로의 지지물에 시설하여서는 아니 된다. 단, 통신선이 절연전선과 동등 이상의 절연효력이 있고 인장강도 5.26[kN] 이상의 것 또는 연선의 경우 단면적 16[mm²](단선의 경우 지름 4[mm]) 이상의 절연전선 또는 광섬유 케이블인 경우에는 그러하지 아니하다.

12
전력보안통신설비의 무선용 안테나 등을 지지하는 철주, 철근 콘크리트주 또는 철탑의 기초의 안전율은 얼마 이상이어야 하는가?

① 1.2 ② 1.5
③ 1.8 ④ 2.0

해설

(한국전기설비규정 364.1)무선용 안테나 등을 지지하는 철탑 등의 시설
철주·철근 콘크리트주 또는 철탑의 기초의 안전율은 1.5 이상이어야 한다.

13
전력보안통신설비로 무선용 안테나 등의 시설에 관한 설명으로 옳은 것은?

① 항상 가공전선로의 지지물에 시설한다.
② 접지와 공용으로 사용할 수 있도록 시설한다.
③ 전선로의 주위 상태를 감시할 목적으로 시설한다.
④ 피뢰침 설비가 불가능한 개소에 시설한다.

해설

(한국전기설비규정 364.2)무선용 안테나 등의 시설 제한
무선용 안테나 등은 전선로의 주위 상태를 감시할 목적으로 시설하는 것 이외에는 가공전선로의 지지물에 시설하여서는 아니 된다.

| 정답 | 12 ② 13 ③

전기사용장소의 시설

1. 배선설비
2. 조명설비
3. 특수설비

학습전략

CHAPTER 07 전기사용장소의 시설은 시험 출제비중이 높고, 실기시험에서도 출제되는 내용입니다. 특히, 옥내 저압 간선의 시설과 분기회로의 시설은 실기시험에서도 매우 중요하기 때문에 반드시 집중 학습해야 합니다.

CHAPTER 07 | 흐름 미리보기

1. 배선설비
2. 조명설비
3. 특수설비

NEXT **CHAPTER 08**

CHAPTER 07 전기사용장소의 시설

독학이 쉬워지는 기초개념

캡타이어케이블
- 전구나 전열기 등에 사용하는 전선은 유한 코드(비닐코드 · 전열용 코드 등)가 있다.
- 캡타이어케이블은 광산의 이동 기계에 사용하기 위해 영국에서 개발한 것이며, 일반적으로 이동용 전선으로 실외 등에서 거칠게 사용하여도 견딜 수 있도록 만들어져 있다.

THEME 01 배선설비

1 저압 옥내배선의 사용전선(한국전기설비규정 231.3.1)

(1) 전선: 단면적 $2.5[mm^2]$ 이상의 연동선
(2) 사용전압이 400[V] 이하인 경우(전광표시장치, 제어회로)
   ① 단면적 $1.5[mm^2]$ 이상의 연동선
   ② 단면적 $0.75[mm^2]$ 이상인 다심 케이블 또는 다심 캡타이어케이블 사용

기출예제

중요도 저압 옥내배선은 일반적인 경우, 단면적 몇 $[mm^2]$ 이상의 연동선이거나 이와 동등 이상의 세기 및 굵기의 것을 사용하여야 하는가?

① 2.5 ② 4 ③ 6 ④ 16

| 해설 |
(한국전기설비규정 231.3.1)저압 옥내배선의 사용전선
저압 옥내배선은 $2.5[mm^2]$ 이상의 연동선 또는 이와 동등 이상의 강도 및 굵기의 것

답 ①

2 저압 옥내배선의 중성선의 단면적(한국전기설비규정 231.3.2)

다음의 경우 중성선의 단면적은 최소한 선도체의 단면적 이상이어야 한다.
(1) 2선식 단상회로인 경우
(2) 선도체의 단면적이 $16[mm^2]$ 이하인 다상 회로 구리선인 경우
(3) 선도체의 단면적이 $25[mm^2]$ 이하인 다상 회로 알루미늄선인 경우

3 나전선의 사용 제한(한국전기설비규정 231.4)

옥내에 시설하는 저압 전선은 다음의 경우를 제외하고 나전선을 사용하여서는 아니 된다.(나전선 사용 가능 장소)
(1) 애자공사에 의하여 전개된 곳에 다음의 전선을 시설하는 경우
   ① 전기로용 전선
   ② 전선의 피복 절연물이 부식하는 장소에 시설하는 전선
   ③ 취급자 이외의 자가 출입할 수 없도록 설비한 장소에 시설하는 전선
(2) 버스덕트공사에 의하여 시설하는 경우
(3) 라이팅덕트공사에 의하여 시설하는 경우
(4) 접촉전선을 시설하는 경우

기출예제

다음의 공사에 의한 저압 옥내배선 중 사용되는 전선이 반드시 절연전선이 아니라도 상관없는 공사는?

① 합성수지관공사 ② 금속관공사
③ 버스덕트공사 ④ 플로어덕트공사

| 해설 |
(한국전기설비규정 231.4)나전선의 사용 제한
옥내에 시설하는 저압 전선은 다음의 경우를 제외하고 나전선을 사용하여서는 아니 된다.
- 애자공사
- 버스덕트공사에 의하여 시설하는 경우
- 라이팅덕트공사에 의하여 시설하는 경우
- 접촉전선을 시설하는 경우

답 ③

4 고주파 전류에 의한 장해의 방지(한국전기설비규정 231.5)

형광 방전등에는 고주파 저감효과가 있는 위치에 정전용량이 $0.006[\mu F]$ 이상 $0.5[\mu F]$ 이하(예열 시동식의 것으로 글로우램프에 병렬로 접속할 경우에는 $0.006[\mu F]$ 이상 $0.01[\mu F]$ 이하)인 커패시터를 시설할 것

글로우램프
충분히 예열이 되어야 환해지는 조명

기출예제

전기기계기구가 무선설비의 기능에 계속적이고 또한 중대한 장해를 주는 고주파 전류를 발생시킬 우려가 있는 경우에는 이를 방지하기 위한 조치를 하여야 하는데 다음 중 형광 방전등에 시설하여야 하는 커패시터의 정전용량은 몇 $[\mu F]$를 넘지 아니하도록 유지하여야 하는가?(단, 형광 방전등은 예열 시동식이 아닌 경우이다.)

① $0.1[\mu F]$ 이상 $1[\mu F]$ 이하
② $0.06[\mu F]$ 이상 $0.1[\mu F]$ 이하
③ $0.006[\mu F]$ 이상 $0.5[\mu F]$ 이하
④ $0.06[\mu F]$ 이상 $10[\mu F]$ 이하

| 해설 |
(한국전기설비규정 231.5)고주파 전류에 의한 장해의 방지
전기기계기구가 무선설비의 기능에 계속적이고 또한 중대한 장해를 주는 고주파 전류를 발생시킬 우려가 있는 경우에는 이를 방지하기 위하여 다음에 따라 시설하여야 한다.
- 형광 방전등에는 고주파 저감효과가 있는 위치에 정전용량이 $0.006[\mu F]$ 이상 $0.5[\mu F]$ 이하(예열 시동식의 것으로 글로우램프에 병렬로 접속할 경우에는 $0.006[\mu F]$ 이상 $0.01[\mu F]$ 이하)인 커패시터를 시설할 것

답 ③

독학이 쉬워지는 기초개념

방전등
기체 또는 증기 속의 방전에 따르는 빛을 이용하는 광원

Tip 용어 변경
2023년 10월 12일부터 시행
'키' → '스위치'

5 옥내전로의 대지전압의 제한(한국전기설비규정 231.6)

(1) 백열전등 또는 방전등에 전기를 공급하는 옥내 전로의 대지전압은 300[V] 이하여야 하며 다음에 따라 시설하여야 한다.(다만, 대지전압 150[V] 이하의 전로인 경우에는 다음에 따르지 않을 수 있다.)
  ① 백열전등 또는 방전등 및 이에 부속하는 전선은 사람이 접촉할 우려가 없도록 시설
  ② 백열전등 또는 방전등용 안정기는 저압의 옥내배선과 직접 접속하여 시설
  ③ 백열전등의 전구소켓은 스위치(키)나 그 밖의 점멸기구가 없는 것

(2) 주택의 옥내전로의 대지전압은 300[V] 이하여야 하며 다음에 따라 시설하여야 한다.(다만, 대지전압 150[V] 이하의 전로인 경우에는 다음에 따르지 않을 수 있다.)
  ① 사용전압은 400[V] 이하
  ② 전로 인입구에는 「전기용품 및 생활용품 안전관리법」에 적용을 받는 감전보호용 누전차단기를 시설
  ③ 정격소비전력 3[kW] 이상의 전기기계기구에 전기를 공급하기 위한 전로에는 전용의 개폐기 및 과전류 차단기를 시설하고 그 전로의 옥내배선과 직접 접속하거나 전용콘센트를 시설
  ④ 옥내배선은 사람이 접촉할 우려가 없는 은폐된 장소에 합성수지관공사, 금속관공사 및 케이블공사에 의하여 시설

기출예제

주택의 전로 인입구에 누전차단기를 시설하지 않는 경우 일반적으로 옥내 전로의 대지전압은 최대 몇 [V]까지 가능한가?

① 100
② 150
③ 250
④ 300

| 해설 |
(한국전기설비규정 231.6)옥내전로의 대지전압의 제한
주택의 옥내전로의 대지전압이 150[V] 이하의 전로인 경우, 전로 인입구에 누전차단기를 시설하지 않을 수 있다.

답 ②

6 배선설비 공사의 종류(한국전기설비규정 232.2)

(1) 사용하는 전선 또는 케이블의 종류에 따른 배선설비의 공사 방법

전선 및 케이블		공사 방법							
		케이블공사			전선관 시스템	케이블트렁킹 시스템 (몰드형, 바닥매입형 포함)	케이블덕팅 시스템	케이블트레이 시스템(래더, 브래킷 등 포함)	애자공사
		비고정	고정	지지선					
나전선		−	−	−	−	−	−	−	+
절연전선[b]		−	−	−	+	+[a]	+	−	+
케이블 (외장 및 무기질 절연물을 포함)	다심	+	+	+	+	+	+	+	0
	단심	0	+	+	+	+	+	+	0

+: 사용할 수 있다.
−: 사용할 수 없다.
0: 적용할 수 없거나 실용상 일반적으로 사용할 수 없다.

[a]: 케이블트렁킹 시스템이 IP4X 또는 IPXXD급 이상의 보호조건을 제공하고, 도구 등을 사용하여 강제적으로 덮개를 제거할 수 있는 경우에 한하여 절연전선을 사용할 수 있다.
[b]: 보호 도체 또는 보호 본딩 도체로 사용되는 절연전선은 어떠한 절연 방법이든 사용할 수 있고 전선관 시스템, 트렁킹 시스템 또는 덕팅 시스템에 배치하지 않아도 된다.

▲ 전선 및 케이블의 구분에 따른 배선설비의 공사 방법

(2) 설치 방법에 따른 배선 방법

종류	공사 방법
전선관 시스템	합성수지관공사, 금속관공사, 가요전선관공사
케이블트렁킹 시스템	합성수지몰드공사, 금속몰드공사, 금속트렁킹공사[a]
케이블덕팅 시스템	플로어덕트공사, 셀룰러덕트공사, 금속덕트공사[b]
애자공사	애자공사
케이블트레이 시스템 (래더, 브래킷 포함)	케이블트레이공사
케이블공사	고정하지 않는 방법, 직접 고정하는 방법, 지지선 방법

[a]: 금속본체와 덮개(커버)가 별도로 구성되어 덮개를 개폐할 수 있는 금속덕트공사를 말한다.
[b]: 본체와 덮개 구분 없이 하나로 구성된 금속덕트공사를 말한다.

▲ 공사 방법의 분류

> **Tip 용어 변경**
> 2023년 10월 12일부터 시행
> '커버' → '덮개'

7 배선설비와 다른 공급설비와의 접근(한국전기설비규정 232.3.7, 342.1, 342.4)

(1) 약전류전선 등 또는 수관·가스관이나 이와 유사한 것과 접근하거나 교차하는 경우
　① 저압: 0.1[m](나전선 0.3[m]) 이상
　② 고압: 0.15[m] 이상
　③ 특고압: 접촉하지 말 것

독학이 쉬워지는 기초개념

(2) 다른 저압 옥내배선 또는 관등회로의 배선과 접근하거나 교차
    ① 저압: 0.1[m](나전선 0.3[m]) 이상
    ② 고압: 0.15[m] 이상
    ③ 애자사용공사에 의한 저압 옥내전선이 나전선인 경우: 0.3[m] 이상
    ④ 가스계량기 및 가스관의 이음부와 전력량계 및 개폐기: 0.6[m] 이상
    ⑤ 가스관의 이음부와 점멸기 및 접속기의 간격: 0.15[m] 이상
    ⑥ 특고압: 0.6[m] 이상

8 애자공사(한국전기설비규정 232.56, 342.1)

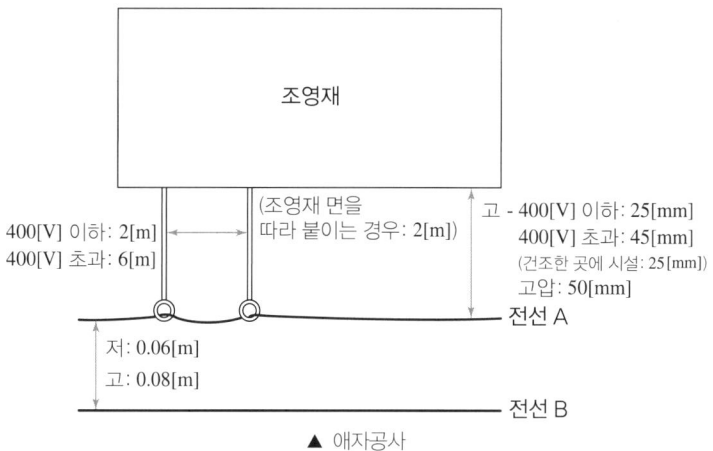

▲ 애자공사

(1) 사용전선
    절연전선(옥외용 비닐절연전선 및 인입용 비닐절연전선 제외)

(2) **사용전압에 따른 분류**

구분	사용전압	
	400[V] 이하	400[V] 초과
전선 상호 간의 간격	0.06[m] 이상	
전선과 조영재 사이의 간격	25[mm] 이상	45[mm] 이상 (건조한 장소: 25[mm] 이상)
지지점 간의 거리	–	6[m] 이하
	조영재의 윗면 또는 옆면에 따라 붙일 경우: 2[m] 이하	

(3) 애자공사에 사용하는 애자는 절연성·난연성 및 내수성의 것

기출예제

중요도 애자공사에 의한 저압 옥내배선공사를 할 때 전선의 지지점 간의 거리는 몇 [m] 이하로 하여야 하는가?(단, 전선은 조영재의 옆면을 따라 붙였다고 한다.)
① 2　　　　　　　　　② 3
③ 4　　　　　　　　　④ 5

| 해설 |
(한국전기설비규정 232.56)애자공사
• 전선의 종류: 절연전선(옥외용 비닐절연전선(OW) 및 인입용 비닐절연전선(DV)은 제외)
• 간격

구분	사용전압	
	400[V] 이하	400[V] 초과
전선 상호 간의 간격	0.06[m] 이상	
전선과 조영재 사이의 간격	25[mm] 이상	45[mm] 이상 (건조한 장소: 25[mm] 이상)
지지점 간의 거리	–	6[m] 이하
	조영재의 윗면 또는 옆면에 따라 붙일 경우: 2[m] 이하	

답 ①

독학이 쉬워지는 기초개념

9 관공사(한국전기설비규정 232.11, 232.12, 232.13)

(1) 공통 내용
① 절연전선(옥외용 비닐절연전선 제외)일 것
② 전선은 연선일 것
③ 단선을 사용할 경우: 단면적 10[mm²](알루미늄선은 단면적 16[mm²]) 이하의 것
④ 관 안에서 접속점이 없도록 할 것
⑤ 습기가 많은 장소 또는 물기가 있는 장소: 방습 장치를 할 것
⑥ 관공사는 접지공사를 할 것

(2) 차이점

금속제 가요전선관공사	• 2종 금속제 가요전선관일 것 • 1종 금속제 가요전선관에는 단면적 2.5[mm²] 이상의 나연동선을 전체 길이에 걸쳐 삽입 또는 첨가하여 그 나연동선과 1종 금속제가요전선관을 양쪽 끝에서 전기적으로 완전하게 접속할 것(다만, 관의 길이가 4[m] 이하인 것을 시설하는 경우에는 그러하지 아니하다.)

금속관공사	• 1본의 길이: 3.66[m]
	• 관의 두께
	  – 콘크리트 매입: 1.2[mm] 이상
	  – 콘크리트 외: 1[mm] 이상
	  – 이음매가 없는 길이 4[m] 이하인 것을 건조하고 전개된 곳에 시설: 0.5[mm] 이상
	• 부싱: 피복 손상 방지
	• 관에는 접지공사를 할 것(다만, 400[V] 이하로 관의 길이가 4[m] 이하인 것을 건조한 장소에 시설하는 경우는 제외)

Tip 강의 꿀팁

합성수지관공사·금속관공사·가요전선관공사·케이블공사는 저압 옥내 공사의 일반적인 경우에 사용할 수 있어요.

독학이 쉬워지는 기초개념

합성수지관공사	• 관 지지점 간의 거리: 1.5[m] 이하 • 1본의 길이: 4[m] • 관의 두께: 2[mm] 이상 • 관 상호 간 및 박스와의 관을 삽입하는 깊이 – 관의 바깥지름의 1.2배(접착제를 사용하는 경우: 0.8배) 이상 • 이중천장(반자 속 포함) 내에는 시설할 수 없음 • 합성수지관 및 부속품의 시설 콤바인 덕트관은 직접 콘크리트에 매입하여 시설하거나 옥내 전개된 장소에 시설하는 경우 이외에는 KSF ISO 1182에 따른 불연성능이 있는 것의 내부, 전용의 불연성 관 또는 덕트에 넣어 시설할 것

기출예제

[중요도] 저압 옥내배선을 합성수지관공사에 의하여 실시하는 경우 사용할 수 있는 전선의 단면적은 최대 몇 $[mm^2]$인가?(단, 전선은 연선이다.)

① $2.5[mm^2]$　　　　② $4[mm^2]$
③ $6[mm^2]$　　　　　④ $10[mm^2]$

| 해설 |
(한국전기설비규정 232.11)합성수지관공사
• 전선은 절연전선(옥외용 비닐절연전선을 제외)일 것
• 전선은 연선일 것. 다만, 다음의 것은 적용하지 않는다.
  – 짧고 가는 합성수지관에 넣은 것
  – 단면적 $10[mm^2]$(알루미늄선은 단면적 $16[mm^2]$) 이하의 것
• 전선은 합성수지관 안에서 접속점이 없도록 할 것

답 ④

[중요도] 금속관공사에서 절연 부싱을 사용하는 가장 주된 목적은?
① 관의 끝이 터지는 것을 방지
② 관의 단구에서 조영재의 접촉 방지
③ 관내 해충 및 이물질 출입 방지
④ 관의 단구에서 전선 피복의 손상 방지

| 해설 |
(한국전기설비규정 232.12)금속관공사
관의 끝부분에는 전선의 피복이 손상하지 아니하도록 부싱을 사용할 것

답 ④

10 몰드공사(한국전기설비규정 232.21, 232.22)

(1) 공통 내용
 ① 절연전선(옥외용 비닐절연전선 제외)일 것
 ② 몰드 안에는 접속점이 없도록 할 것
(2) 차이점
 ① 합성수지 몰드공사: 홈의 폭 및 깊이 35[mm] 이하, 두께 2[mm] 이상(다만, 사람이 쉽게 접촉할 우려가 없도록 시설하는 경우에는 폭 50[mm] 이하, 두께 1[mm] 이상)

> **Tip 강의 꿀팁**
> 금속 몰드공사는 사용전압이 400[V] 이하인 건조한 장소 또는 점검 가능한 은폐장소에 시설이 가능해요.

② 금속 몰드공사
- 황동제 또는 동제의 몰드는 폭 50[mm] 이하, 두께 0.5[mm] 이상
- 금속 몰드는 접지공사를 할 것

기출예제

합성수지 몰드공사에 의한 저압 옥내배선의 시설 방법으로 옳지 않은 것은?

① 합성수지 몰드는 홈의 폭 및 깊이가 3.5[cm] 이하의 것이어야 한다.
② 전선은 옥외용 비닐절연전선을 제외한 절연전선이어야 한다.
③ 합성수지 몰드 상호 간 및 합성수지 몰드와 박스 기타의 부속품과는 전선이 노출되지 않도록 접속한다.
④ 합성수지 몰드 안에는 접속점을 1개소까지 허용한다.

| 해설 |
(한국전기설비규정 232.21) 합성수지 몰드공사
- 절연전선(옥외용 비닐절연전선 제외)을 몰드 안에 접속점이 없도록 시설할 것
- 몰드는 홈의 폭 및 깊이가 35[mm] 이하, 두께 2[mm] 이상일 것. 다만, 사람이 쉽게 접촉할 우려가 없도록 하는 경우는 폭을 50[mm] 이하로 할 수 있다.
- 합성수지 몰드 상호 간 및 합성수지 몰드와 박스 기타의 부속품과는 전선이 노출되지 아니하도록 접속할 것
- 전선은 합성수지관 안에서 접속점이 없도록 할 것

답 ④

11 덕트공사(한국전기설비규정 232.31, 232.32, 232.33, 232.61, 232.71)

(1) 공통 내용
① 전선
- 절연전선(옥외용 비닐절연전선 제외)일 것
- 나전선 사용 가능: 버스덕트공사, 라이팅덕트공사
② 덕트(환기형 버스덕트 제외) 끝부분은 막을 것
③ 덕트(환기형 버스덕트 제외) 내부에 먼지가 침입하지 아니하도록 할 것
④ 덕트 안에는 접속점이 없도록 할 것(다만, 전선을 분기하는 경우에는 접속점을 쉽게 점검할 수 있을 때는 그렇지 아니하다.)
⑤ 덕트는 접지공사를 할 것

(2) 차이점

금속덕트공사	• 덕트의 지지점 간의 거리: 3[m](수직: 6[m]) 이하 • 덕트 내부 전선의 단면적: 덕트의 내부 단면적의 20[%](전광표시장치·제어회로 등의 배선만을 넣는 경우: 50[%]) 이하 • 폭 40[mm] 이상, 두께 1.2[mm] 이상
버스덕트공사	덕트의 지지점 간의 거리: 3[m](수직: 6[m]) 이하
라이팅덕트공사	덕트의 지지점 간의 거리: 2[m] 이하
플로어덕트공사, 셀룰러덕트공사	• 전선은 연선일 것 • 단선을 사용할 경우: 단면적 10[mm^2] (알루미늄선은 단면적 16[mm^2]) 이하의 것

> **Tip 강의 꿀팁**
> 덕트는 공기나 기타 유체가 흐르는 통로 및 구조물로 전기에서는 전선이 지나가는 통로를 말해요.

독학이 쉬워지는 기초개념

기출예제

금속덕트공사에 적당하지 않은 것은?
① 전선은 절연전선을 사용한다.
② 덕트 내에는 전선의 접속점이 없도록 한다.
③ 덕트의 종단부는 항시 개방시킨다.
④ 덕트의 안쪽면 및 바깥면에는 아연도금을 한다.

| 해설 |
(한국전기설비규정 232.31)금속덕트공사
- 금속덕트공사에 의한 저압 옥내배선은 다음에 따라 시설하여야 한다.
  - 전선은 절연전선(옥외용 비닐절연전선 제외)일 것
  - 금속덕트 안에는 전선에 접속점이 없도록 할 것
- 금속덕트공사에 사용하는 금속덕트는 다음에 적합한 것이어야 한다.
  - 안쪽면 및 바깥면에는 산화 방지를 위하여 아연도금 또는 이와 동등 이상의 효과를 가지는 도장을 한 것일 것
- 금속덕트는 다음에 따라 시설하여야 한다.
  - 덕트의 뚜껑은 쉽게 열리지 아니하도록 시설할 것
  - 덕트의 끝부분은 막을 것

답 ③

12 케이블공사(한국전기설비규정 232.51)

(1) 전선: 케이블 및 캡타이어케이블
(2) 지지점 간의 거리
   ① 조영재의 아랫면 또는 옆면에 따라 붙이는 경우: 2[m] 이하
   ② 사람이 접촉할 우려가 없는 곳에서 수직으로 붙이는 경우: 6[m] 이하
   ③ 캡타이어케이블: 1[m] 이하
(3) 접지공사
   관 기타의 전선을 넣는 방호 장치의 금속제 부분·금속제의 전선 접속함 및 전선의 피복에 사용하는 금속체에는 접지공사를 할 것. 다만, 사용전압이 400[V] 이하로서 다음 중 하나에 해당할 경우 접지공사를 시설하지 않아도 된다.
   ① 방호 장치의 금속제 부분의 길이가 4[m] 이하인 것을 건조한 곳에 시설하는 경우
   ② 옥내배선의 사용전압이 직류 300[V] 또는 교류 대지전압이 150[V] 이하로서 방호 장치의 금속제 부분의 길이가 8[m] 이하인 것을 사람이 쉽게 접촉할 우려가 없도록 시설하는 경우 또는 건조한 것에 시설하는 경우

13 케이블트레이공사(한국전기설비규정 232.41)

(1) 종류: 사다리형, 바닥밀폐형, 펀칭형, 그물망형
(2) 시설 조건
   전선은 연피 케이블, 알루미늄피 케이블 등 난연성 케이블, 기타 케이블(적당한 간격으로 연소방지 조치를 하여야 함) 또는 금속관 혹은 합성수지관 등에 넣은 절연전선을 사용하여야 한다.

케이블트레이
케이블을 지지하기 위하여 사용하는 금속제 또는 불연성 재료로 제작된 유닛 또는 유닛의 집합체 및 그에 부속하는 부속재 등으로 구성된 견고한 구조물

(3) 케이블트레이의 선정
   ① 케이블트레이의 안전율: 1.5 이상
   ② 비금속제 케이블트레이는 난연성 재료의 것일 것
   ③ 전선의 피복 등을 손상시킬 수 있는 돌기 등이 없이 매끈할 것
   ④ 금속재의 것은 방식처리를 한 것이나 내식성 재료의 것일 것
   ⑤ 케이블트레이가 방화구획의 벽, 마루, 천장 등을 관통하는 경우에 관통부는 불연성의 물질로 충전할 것
(4) 접지공사
   금속제 케이블트레이시스템은 기계적 및 전기적으로 완전하게 접속하여야 하며 금속제 트레이는 접지공사를 하여야 한다.

기출예제

터널 내에 3,300[V] 전선로를 케이블공사로 시행하려고 한다. 케이블을 조영재의 옆면 또는 아랫면에 따라 붙일 경우에 케이블의 지지점 간의 거리는 몇 [m] 이하로 하는가?

① 1   ② 1.5   ③ 2   ④ 2.5

| 해설 |
(한국전기설비규정 232.51)케이블공사
전선을 조영재의 아랫면 또는 옆면에 따라 붙이는 경우에는 전선의 지지점 간의 거리를 케이블은 2[m](사람이 접촉할 우려가 없는 곳에서 수직으로 붙이는 경우에는 6[m]) 이하, 캡타이어케이블은 1[m] 이하로 하고 또한 그 피복을 손상하지 아니하도록 붙일 것

답 ③

케이블트레이공사에 사용하는 케이블트레이에 적합하지 않은 것은?

① 케이블트레이가 방화구획의 벽 등을 관통하는 경우에는 개구부에 연소방지 시설이나 조치를 하여야 한다.
② 비금속제 케이블트레이는 난연성 재료의 것이지 않아도 된다.
③ 금속재의 것은 적절한 방식처리를 하거나 내식성 재료의 것이어야 한다.
④ 금속제 케이블트레이 계통은 기계적 또는 전기적으로 완전하게 접속하여야 한다.

| 해설 |
(한국전기설비규정 232.41)케이블트레이공사
케이블트레이공사에 사용하는 케이블트레이는 다음에 적합하여야 한다.
- 케이블트레이가 방화구획의 벽, 마루, 천장 등을 관통하는 경우에 관통부는 불연성의 물질로 충전(充塡)하여야 한다.
- 비금속제 케이블트레이는 난연성 재료의 것이어야 한다.
- 금속재의 것은 방식처리를 한 것이거나 내식성 재료의 것이어야 한다.
- 금속제 케이블트레이 시스템은 기계적 및 전기적으로 완전하게 접속하여야 하며 금속제 트레이는 접지공사를 하여야 한다.

답 ②

독학이 쉬워지는 기초개념

14 옥내에 시설하는 저압 접촉전선 배선(한국전기설비규정 232.81)

(1) 전선의 높이: 3.5[m] 이상
(2) 전선은 인장강도 11.2[kN] 이상의 것 또는 지름 6[mm]의 경동선으로 단면적 28[mm^2] 이상인 것(사용전압이 400[V] 이하인 경우에는 인장강도 3.44[kN] 이상의 것 또는 지름 3.2[mm] 이상의 경동선으로 단면적이 8[mm^2] 이상인 것)
(3) 전선의 지지점 간의 거리: 6[m] 이하
   ① 전선을 수평으로 배열하고 전선 상호 간의 간격이 0.4[m] 이상인 경우: 12[m] 이하
   ② 전선을 수평으로 배열하고 가요성이 없는 도체를 사용한 전선 상호 간의 간격이 0.28[m] 이상인 경우: 12[m] 이하
(4) 전선 상호 간의 간격
   ① 전선을 수평으로 배열하는 경우: 0.14[m] 이상
   ② 기타의 경우: 0.2[m] 이상

15 옥내에 시설하는 저압용 배분전반 등의 시설(한국전기설비규정 232.84)

옥내에 시설하는 저압용 배·분전반의 기구 및 전선은 쉽게 점검할 수 있도록 다음에 따라 시설하여야 한다.
(1) 노출된 충전부가 있는 배전반 및 분전반은 취급자 이외의 사람이 쉽게 출입할 수 없도록 설치할 것
(2) 한 개의 분전반에는 한 가지 전원만 공급할 것
(3) 주택용 분전반은 노출된 장소에 시설할 것
(4) 옥내에 설치하는 배전반 및 분전반은 불연성 또는 난연성이 있도록 할 것

16 옥내에 시설하는 전력량계 등의 시설(한국전기설비규정 232.86)

(1) 저압용 전력량계와 이를 수납하는 계기함을 사용할 경우 안전점검 및 보수, 검침 등을 쉽게 할 수 있고 안전에 문제가 없도록 노출된 장소에 시설할 것
(2) 전기판매사업자용 전력량계는 바닥면으로부터 2.0[m] 이하에 설치할 것

강의 꿀팁
옥측 또는 옥외에 시설하는 전력량계는 옥내에 시설하는 방법과 동일해요.

THEME 02 조명설비

1 코드의 사용(한국전기설비규정 234.2)

(1) 사용전압: 400[V] 이하
(2) 코드는 조명용 전원코드 및 이동전선으로만 사용할 것
(3) 내부를 건조한 상태로 사용하는 진열장 등의 내부에 배선할 경우 고정 배선으로 사용 가능

2 코드 및 이동전선(한국전기설비규정 234.3)

(1) 옥내에서 조명용 전원코드 또는 이동전선을 습기가 많은 장소 또는 수분이 있는 장소에 시설할 경우에는 고무코드(사용전압이 400[V] 이하인 경우에 한함) 또는 0.6/1[kV] EP 고무 절연 클로로프렌 캡타이어케이블로서 단면적이 0.75[mm^2] 이상인 것이어야 한다.

(2) 조명용 전원코드를 비나 이슬에 맞지 않도록 시설하고(옥측에 시설하는 경우에 한함) 사람이 쉽게 접촉되지 않도록 시설할 경우에는 단면적이 0.75[mm²] 이상인 450/750[V] 내열성 에틸렌아세테이트 고무절연전선을 사용할 수 있다. 이 경우 전구수구의 리드 인출부의 전선 간격이 10[mm] 이상인 전구소켓을 사용하는 것은 0.75[mm²] 이상인 450/750[V] 일반용 단심 비닐절연전선을 사용할 수 있다.

3 콘센트의 시설(한국전기설비규정 234.5)

(1) 노출형 콘센트는 기둥과 같은 내구성이 있는 조영재에 견고하게 부착할 것
(2) 콘센트를 조영재에 매입할 경우는 매입형의 것을 견고한 금속제 또는 난연성 절연물로 된 박스 속에 시설할 것
(3) 욕조나 샤워시설이 있는 욕실 또는 화장실 등 인체가 물에 젖어 있는 상태에서 전기를 사용하는 장소에 콘센트를 시설하는 경우
   ① 「전기용품 및 생활용품 안전관리법」의 적용을 받는 인체감전보호용 누전차단기(정격감도전류 15[mA] 이하, 동작시간 0.03초 이하의 전류동작형의 것) 또는 절연변압기(정격용량 3[kVA] 이하인 것에 한한다)로 보호된 전로에 접속하거나, 인체감전보호용 누전차단기가 부착된 콘센트를 시설할 것
   ② 콘센트는 접지극이 있는 방적형 콘센트를 사용하여 접지를 할 것
   ③ 습기가 많은 장소 또는 수분이 있는 장소에 시설하는 콘센트 및 기계기구용 콘센트는 접지용 단자가 있는 것을 사용하여 접지를 하고 방습 장치를 할 것

4 점멸기의 시설(한국전기설비규정 234.6)

(1) 전로의 비접지 측에 시설
(2) 노출형 점멸기는 기둥 등의 내구성이 있는 조영재에 견고하게 설치할 것
(3) 점멸기를 조영재에 매입할 경우 매입형 점멸기는 금속제 또는 난연성 절연물의 박스에 넣어 시설할 것
(4) 욕실 내에는 점멸기를 시설하지 말 것
(5) 가정용 전등은 매 등기구마다 점멸이 가능하도록 할 것
(6) 센서등(타임스위치 포함)의 시설
   ① 「관광진흥법」과 「공중위생관리법」에 의한 관광숙박업 또는 숙박업(여인숙업 제외)에 이용되는 객실의 입구등은 1분 이내에 소등되는 것
   ② 일반주택 및 아파트 각 호실의 현관등은 3분 이내에 소등되는 것
(7) 가로등, 보안등 또는 옥외에 시설하는 공중전화기를 위한 조명등용 분기회로에는 주광센서를 설치하여 주광에 의하여 자동점멸 하도록 시설할 것

5 진열장 또는 이와 유사한 것의 내부 배선(한국전기설비규정 234.8)

(1) 전선: 단면적 0.75[mm²] 이상의 코드 또는 캡타이어케이블
(2) 건조한 장소에 시설하고 또한 내부를 건조한 상태로 사용하는 진열장 또는 이와 유사한 것의 내부에 사용전압이 400[V] 이하의 배선을 외부에서 잘 보이는 장소에 한하여 코드 또는 캡타이어케이블로 직접 조영재에 밀착하여 배선할 수 있다.

독학이 쉬워지는 기초개념

방적형 콘센트
물을 사용하는 곳과 가까운 곳에 사용하는 콘센트

강의 꿀팁
- 관광숙박업 또는 숙박업 객실의 입구등: 1분 이내 소등
- 일반주택 및 아파트 현관등: 3분 이내 소등

독학이 쉬워지는 기초개념

6 옥외등(한국전기설비규정 234.9)

(1) 대지전압: 300[V] 이하
(2) 옥외등 또는 그의 점멸기에 이르는 인하선
  ① 애자공사(지표상 2[m] 이상의 높이에서 노출된 장소에 시설할 경우에 한한다.)
  ② 금속관공사
  ③ 합성수지관공사
  ④ 케이블공사(알루미늄피 등 금속제 외피가 있는 것은 목조 이외의 조영물에 시설하는 경우에 한한다.)
(3) 기구의 시설
  ① 개폐기, 과전류차단기, 기타 이와 유사한 기구는 옥내에 시설할 것
  ② 노출하여 사용하는 소켓 등은 선이 부착된 방수소켓 또는 방수형 리셉터클을 사용하고 하향으로 시설할 것
(4) 누전차단기의 시설
  옥측 및 옥외에 시설하는 저압의 전기간판에 전기를 공급하는 전로에는 전로에 지락이 생겼을 때 자동으로 차단하는 누전차단기를 시설하여야 한다.

7 전주외등(한국전기설비규정 234.10)

(1) 대지전압: 300[V] 이하
(2) 조명기구 및 부착 금속 부속품
  ① 기구는 전구를 쉽게 갈아 끼울 수 있는 구조일 것
  ② 기구의 인출선은 도체단면적이 $0.75[mm^2]$ 이상일 것
(3) 배선
  ① 단면적 $2.5[mm^2]$ 이상의 절연전선 또는 이와 동등 이상의 절연성능이 있는 것
  ② 공사 방법
   • 케이블공사
   • 합성수지관공사
   • 금속관공사
(4) 누전차단기
  가로등, 보안등, 조경등 등으로 시설하는 방전등에 공급하는 전로의 사용전압이 150[V]를 초과하는 경우에 누전차단기를 시설할 것

8 1[kV] 이하 방전등(한국전기설비규정 234.11)

(1) 대지전압: 300[V] 이하
(2) 방전등용 안정기는 조명기구에 내장할 것
(3) 방전등용 변압기
  ① 관등회로의 사용전압이 400[V] 초과인 경우는 방전등용 변압기를 사용할 것
  ② 방전등용 변압기는 절연변압기를 사용할 것

방전등
기체 속에서 방전할 때 나타나는 발광을 이동하는 전등

(4) 관등회로의 배선
　① 사용전압이 400[V] 이하인 배선
　　• 공칭단면적 2.5[mm²] 이상의 연동선 또는 이와 동등 이상의 세기 및 굵기의 절연전선
　　• 캡타이어케이블 또는 케이블
　② 사용전압이 400[V] 초과 1[kV] 이하인 배선은 시설장소에 따라 합성수지관공사, 금속관공사, 가요전선관공사나 케이블공사 또는 다음의 표에 따라 시설한다.

시설장소의 구분		공사방법
전개된 장소	건조한 장소	애자공사·합성수지몰드공사 또는 금속몰드공사
	기타의 장소	애자공사
점검할 수 있는 은폐된 장소	건조한 장소	금속몰드공사

　③ 애자공사일 경우 사람이 쉽게 접촉될 우려가 없도록 다음 표에 의해 시설할 것

공사방법	전선 상호 간의 거리	전선과 조영재의 거리	전선 지지점 간의 거리	
			관등회로의 전압이 400[V] 초과 600[V] 이하의 것	관등회로의 전압이 600[V] 초과 1[kV] 이하의 것
애자공사	60[mm] 이상	25[mm] 이상 (습기가 많은 장소는 45[mm] 이상)	2[m] 이하	1[m] 이하

(5) 진열장 또는 이와 유사한 것의 내부 관등회로 배선
　① 전선의 접속점은 조영재에서 이격하여 시설할 것
　② 전선의 부착점 간의 거리는 1[m] 이하로 하고 배선에는 전구 또는 기구의 중량을 지지하지 않도록 할 것
(6) 옥측 또는 옥외에 시설하는 방전등은 옥외형의 것을 사용할 것
(7) 접지
　① 방전등용 안정기의 외함 및 등기구의 금속제 부분에는 접지공사를 할 것
　② 접지공사의 생략
　　• 관등회로의 사용전압이 대지전압 150[V] 이하의 것을 건조한 장소에서 시공할 경우
　　• 관등회로의 사용전압이 400[V] 이하의 것을 사람이 쉽게 접촉될 우려가 없는 건조한 장소에서 시설할 경우로 그 안정기의 외함 및 등기구의 금속제 부분이 금속제의 조영재와 전기적으로 접속되지 않도록 시설할 경우
　　• 관등회로의 사용전압이 400[V] 이하 또는 변압기의 정격 2차 단락전류 혹은 회로의 동작전류가 50[mA] 이하의 것으로 안정기를 외함에 넣고, 이것을 등기구와 전기적으로 접속되지 않도록 시설할 경우
　　• 건조한 장소에 시설하는 목제의 진열장 속에 안정기의 외함 및 이것과 전기적으로 접속하는 금속제 부분을 사람이 쉽게 접촉되지 않도록 시설할 경우

독학이 쉬워지는 기초개념

관등회로
안정기에서 방전등까지의 배선

독학이 쉬워지는 기초개념

기출예제

옥내 방전등 공사에 대한 설명으로 알맞지 않은 것은?

① 관등회로의 사용전압이 400[V] 초과인 경우에는 방전등용 변압기를 사용할 것
② 방전등용 변압기는 절연변압기일 것
③ 방전등용 안정기의 외함 및 등기구의 금속제 부분에는 접지공사를 할 것
④ 방전등에 전기를 공급하는 전로의 대지전압은 150[V] 이하로 할 것

| 해설 |
(한국전기설비규정 234.11) 1[kV] 이하 방전등
옥내에 시설하는 관등회로의 사용전압이 1,000[V] 이하인 방전등(관등회로의 배선 제외)으로서 방전관에 네온방전관 이외의 것을 사용하는 것은 다음에 따르고 또한 위험의 우려가 없도록 시설하여야 한다.
- 관등회로의 사용전압이 400[V] 초과인 경우에는 방전등용 변압기를 사용할 것
- 방전등용 변압기는 절연변압기일 것
- 방전등용 안정기의 외함 및 등기구의 금속제 부분에는 접지공사를 할 것
- 방전등에 전기를 공급하는 전로의 대지전압은 300[V] 이하로 할 것

답 ④

사용전압이 400[V] 이하인 쇼윈도 또는 쇼케이스 안의 배선 공사에 캡타이어케이블을 사용하여 직접 조영재에 접촉하여 시설하는 경우, 전선의 붙임점 간의 거리는 최대 몇 [m] 이하로 하는가?

① 0.3   ② 0.5   ③ 0.8   ④ 1.0

| 해설 |
(한국전기설비규정 234.11.5) 진열장 또는 이와 유사한 것의 내부 관등회로 배선
진열장 안의 배선은 다음에 따라 시설하여야 한다.
- 전선은 단면적 0.75[mm²] 이상인 코드 또는 캡타이어케이블일 것
- 전선은 건조한 목재·석재 등 기타 이와 유사한 절연성이 있는 조영재에 그 피복을 손상하지 아니하도록 적당한 기구로 붙일 것
- 전선의 붙임점 간의 거리는 1[m] 이하로 하고 또한 배선에는 전구 또는 기구의 중량을 지지시키지 아니할 것

답 ④

9 네온방전등(한국전기설비규정 234.12)

(1) 대지전압: 300[V] 이하
(2) 네온변압기
 ① 「전기용품 및 생활용품 안전관리법」의 적용을 받은 것
 ② 2차 측을 직렬 또는 병렬로 접속하여 사용하지 말 것
 ③ 네온변압기를 우선 외에 시설할 경우는 옥외형의 것을 사용할 것
(3) 관등회로의 배선
 ① 전선은 네온관용 전선
 ② 배선은 외상을 받을 우려가 없고 사람이 접촉될 우려가 없는 노출장소에 시설할 것
 ③ 관등회로의 배선은 애자공사로 시설

④ 전선은 조영재의 아랫면 또는 옆면에 부착하고 다음과 같이 시설할 것
- 전선 상호 간의 간격은 60[mm] 이상일 것
- 전선 지지점 간의 거리는 1[m] 이하로 할 것
- 애자는 절연성·난연성 및 내수성이 있는 것
- 전선과 조영재 사이의 간격

사용전압의 구분	간격
6[kV] 이하	20[mm] 이상
6[kV] 초과 9[kV] 이하	30[mm] 이상
9[kV] 초과	40[mm] 이상

10 수중조명등(한국전기설비규정 234.14)

(1) 조명등에 전기를 공급하기 위해서는 절연변압기를 사용할 것
　① 절연변압기 1차 측 전로의 사용전압: 400[V] 이하
　② 절연변압기 2차 측 전로의 사용전압: 150[V] 이하
(2) 절연변압기의 2차 측 전로는 접지하지 말 것
(3) 절연변압기는 그 2차 측 전로의 사용전압이 30[V] 이하인 경우에는 1차 권선과 2차 권선 사이에 금속제의 혼촉방지판을 설치하여야 하며 또한 이것에 접지공사를 할 것
(4) 절연변압기의 2차 측 전로에는 개폐기 및 과전류차단기를 각 극에 시설할 것
(5) 절연변압기의 2차 측 전로의 사용전압이 30[V]를 초과하는 경우에는 그 전로에 지락이 생겼을 때에 자동적으로 전로를 차단하는 정격감도전류 30[mA] 이하의 누전차단기를 시설할 것
(6) 개폐기나 과전류차단기 또는 누전차단기는 견고한 금속제의 외함에 넣고 또한 그 외함에 접지공사를 할 것

기출예제

수중조명등에 전기를 공급하기 위하여 사용되는 절연변압기에 대한 설명으로 옳지 않은 것은?

① 절연변압기 2차 측 전로의 사용전압은 150[V] 이하이어야 한다.
② 절연변압기 2차 측 전로의 사용전압이 30[V] 이하인 경우에는 1차 권선과 2차 권선 사이에 금속제의 혼촉방지판이 있어야 한다.
③ 절연변압기의 2차 측 전로에는 반드시 접지공사를 하며, 그 저항값은 5[Ω] 이하가 되도록 하여야 한다.
④ 절연변압기 2차 측 전로의 사용전압이 30[V]를 넘는 경우에는 그 전로에 지락이 생긴 경우 자동적으로 전로를 차단하는 차단장치가 있어야 한다.

| 해설 |
(한국전기설비규정 234.14)수중조명등
- 조명등에 전기를 공급하기 위해서는 절연변압기의 1차 측 전로의 사용전압 및 2차 측 전로의 사용전압이 각각 400[V] 이하 및 150[V] 이하인 절연변압기를 사용할 것
- 절연변압기의 2차 측 전로는 접지하지 아니하며 2차 측 사용전압 30[V] 이하는 접지공사를 한 혼촉방지판을 설치하고 30[V]를 넘는 경우에 지락이 발생하면 자동적으로 전로를 차단하는 장치(정격감도전류 30[mA] 이하의 누전차단기)를 시설한다.

답 ③

> 독학이 쉬워지는 기초개념

> **독학이 쉬워지는 기초개념**
>
> **Tip 강의 꿀팁**
>
> 교통신호등 회로는 교통신호등의 제어장치(제어기, 정리기 등)를 말해요.

11 교통신호등(한국전기설비규정 234.15)

(1) 사용전압: 300[V] 이하
(2) 전선(케이블인 경우 이외)
   ① 공칭단면적 2.5[mm²] 연동선
   ② 450/750[V] 일반용 단심 비닐절연전선
   ③ 450/750[V] 내열성 에틸렌아세테이트 고무절연전선
(3) 인하선의 설치 높이: 지표상 2.5[m] 이상
(4) 교통신호등 제어장치의 금속제 외함 및 신호등을 지지하는 철주에는 접지공사를 할 것

기출예제

교통신호등 회로의 사용전압은 최대 몇 [V]인가?
① 60 ② 110 ③ 220 ④ 300

| 해설 |
(한국전기설비규정 234.15)교통신호등
교통신호등은 사용전압이 300[V] 이하이다.

답 ④

교통신호등 회로의 배선으로 잘못된 것은?
① 사용전압은 300[V] 이하일 것
② 전선은 공칭단면적 3[mm²] 이상의 연동선일 것
③ 케이블은 조가선(조가용선)에 행거로 시설할 것
④ 교통신호등의 제어장치 금속제 외함에는 접지공사를 할 것

| 해설 |
(한국전기설비규정 234.15)교통신호등
케이블인 경우 이외는 공칭단면적 2.5[mm²] 연동선과 동등 이상의 세기 및 굵기의 450/750[V] 일반용 단심 비닐절연전선 또는 450/750[V] 내열성 에틸렌아세테이트 고무절연전선일 것

답 ②

THEME 03 특수설비

> **전기울타리**
> 논, 밭, 목장 등에서 짐승의 침입 또는 가축의 탈출을 방지하기 위하여 시설

1 전기울타리(한국전기설비규정 241.1)

(1) 사람이 쉽게 출입하지 아니하는 곳에 시설
(2) 적당한 간격으로 경고 표시 그림 또는 글자로 위험표시를 할 것
(3) 전선: 인장강도 1.38[kN] 이상의 것 또는 지름 2[mm] 이상의 경동선
(4) 간격
   ① 전선과 이를 지지하는 기둥 사이: 25[mm] 이상
   ② 전선과 다른 시설물(가공 전선 제외) 또는 수목 사이의 간격: 0.3[m] 이상
(5) 사용전압: 250[V] 이하

기출예제

전기울타리의 시설에 관한 내용 중 틀린 것은?
① 수목과의 간격(이격거리)은 30[cm] 이상일 것
② 전선은 지름이 2[mm] 이상의 경동선일 것
③ 전선과 이를 지지하는 기둥과의 간격(이격거리)은 2[cm] 이상일 것
④ 전기울타리용 전원장치에 전기를 공급하는 전로의 사용전압은 250[V] 이하일 것

| 해설 |
(한국전기설비규정 241.1)전기울타리의 시설
• 사용전압: 250[V] 이하
• 전선: 지름 2[mm] 이상의 경동선
• 전선과 이를 지지하는 기둥과의 간격: 25[mm] 이상
• 전선과 다른 인공구조물 또는 수목과의 간격: 0.3[m] 이상

답 ③

전기울타리용 전원장치에 전기를 공급하는 전로의 사용전압은 몇 [V] 이하이어야 하는가?
① 60
② 120
③ 220
④ 250

| 해설 |
(한국전기설비규정 241.1)전기울타리
사용전압: 250[V] 이하

답 ④

2 전기욕기(한국전기설비규정 241.2)

(1) 전기욕기에 전기를 공급하기 위한 전기욕기용 전원장치의 전원변압기 2차 측 전로의 사용전압은 10[V] 이하일 것
(2) 전기욕기용 전원장치의 금속제 외함 및 전선을 넣는 금속관에는 접지공사를 할 것
(3) 전기욕기용 전원장치로부터 욕기 안의 전극까지의 전선 상호 간 및 전선과 대지 사이의 절연저항은 다음 표의 값을 충족해야 한다.

전로의 사용전압[V]	DC시험전압[V]	절연저항[MΩ]
SELV 및 PELV	250	0.5 이상
FELV를 포함한 500[V] 이하	500	1.0 이상
500[V] 초과	1,000	1.0 이상

독학이 쉬워지는 기초개념

전극식 온천온수기
승온을 통하여 공급되는 온천수의 온도를 올려서 수관을 통하여 욕탕에 공급하는 전극식의 온수기

전기온상
식물의 재배 또는 양잠, 부화, 육추 등의 용도로 사용하는 전열장치

기출예제

욕탕의 양단에 판상의 전극을 설치하고, 그 전극 상호 간에 미약한 교류 전압을 가하여 입욕자에게 전기적 자극을 주는 전기욕기의 전원 변압기 2차 측 전로의 사용전압은 몇 [V] 이하인 것을 사용하여야 하는가?

① 5 ② 10 ③ 30 ④ 60

| 해설 |
(한국전기설비규정 241.2)전기욕기
전기욕기에 전기를 공급하기 위한 전기욕기용 전원장치(내장되어 있는 전원 변압기의 2차 측 전로의 사용전압이 10[V] 이하인 것에 한한다)
- 전기욕기용 전원장치의 금속제 외함 및 전선을 넣는 금속관에는 접지공사를 할 것
- 욕기 안의 전극 간의 거리는 1[m] 이상일 것
- 욕기 안의 전극은 사람이 쉽게 접촉할 우려가 없도록 시설할 것
- 전기욕기용 전원장치로부터 욕탕 안의 전극까지의 배선은 공칭단면적 2.5[mm²] 이상의 연동선과 동등 이상의 세기 및 굵기의 절연전선(옥외용 비닐절연전선 제외)

답 ②

3 전극식 온천온수기(한국전기설비규정 241.4)

(1) 사용전압: 400[V] 이하
(2) 전극식 온천온수기 또는 이에 부속하는 급수 펌프에 직결되는 전동기에 전기를 공급하기 위해서는 사용전압이 400[V] 이하인 절연변압기를 사용할 것
(3) 전원장치의 절연변압기 철심 및 금속제 외함과 차폐장치의 전극에는 접지공사를 할 것

4 전기온상 등(한국전기설비규정 241.5)

(1) 전기온상 등에 전기를 공급하는 전로의 대지전압은 300[V] 이하일 것
(2) 발열선은 그 온도가 80[℃]를 넘지 아니하도록 시설할 것
(3) 발열선이나 발열선에 직접 접속하는 전선의 피복에 사용하는 금속체 또는 방호장치의 금속제 부분에는 접지공사를 할 것

5 전격살충기(한국전기설비규정 241.7)

(1) 설치 높이: 지표 또는 바닥에서 3.5[m] 이상의 높은 곳에 시설(자동 차단 보호장치 설치 시: 1.8[m] 이상)
(2) 전격격자와 다른 시설물 또는 식물 사이의 간격: 0.3[m] 이상
(3) 위험표시를 할 것

기출예제

2차 측 개방전압이 7[kV] 이하인 절연변압기를 사용하고 절연변압기의 1차 측 전로를 자동적으로 차단하는 보호장치를 시설한 경우의 전격살충기는 전격격자가 지표상 또는 바닥 위 몇 [m] 이상의 높이에 시설하여야 하는가?

① 1.5 ② 1.8
③ 2.5 ④ 3.5

| 해설 |
(한국전기설비규정 241.7)전격살충기의 시설
전격살충기는 다음에 따라 시설하여야 한다.
- 전격살충기는 지표상 또는 바닥 위 3.5[m] 이상의 높이가 되도록 시설한다. 다만, 자동적으로 차단하는 보호장치를 설치한 것은 지표상 또는 마루 위 1.8[m] 높이까지로 감할 수 있다.
- 전격살충기의 전격격자와 다른 시설물 또는 식물 사이의 간격(이격거리)은 0.3[m] 이상일 것

답 ②

6 놀이용 전차(한국전기설비규정 241.8)

(1) 전기 공급 전원장치의 사용전압
   ① 직류: 60[V] 이하
   ② 교류: 40[V] 이하
(2) 놀이용(유희용) 전차에 전기를 공급하기 위해 사용하는 접촉전선은 제3레일 방식에 의할 것
(3) 사람이 쉽게 출입하지 아니하는 곳에 시설
(4) 변압기 1차 전압: 400[V] 이하
(5) 놀이용 전차 안에 승압용 절연변압기의 2차 전압: 150[V] 이하
(6) 접촉전선과 대지 사이의 절연저항은 사용전압에 대한 누설전류가 레일의 연장 1[km]마다 100[mA]를 넘지 아니하도록 유지
(7) 놀이용 전차 안의 전로와 대지 사이의 절연저항은 사용전압에 대한 누설전류가 규정 전류의 1/5,000을 넘지 아니하도록 유지

기출예제

놀이용(유희용) 전차의 시설에 대한 설명 중 틀린 것은?

① 전로의 사용전압은 직류의 경우 60[V] 이하, 교류의 경우 40[V] 이하일 것
② 전기를 공급하기 위하여 사용하는 접촉전선은 제3레일 방식일 것
③ 전기를 변성하기 위하여 사용하는 변압기의 1차 전압은 400[V] 이하일 것
④ 전차 안의 승압용 변압기의 2차 전압은 200[V] 이하일 것

| 해설 |
(한국전기설비규정 241.8)놀이용 전차
- 놀이용(유희용) 전차의 사용전압은 직류의 경우 60[V] 이하, 교류의 경우 40[V] 이하일 것
- 놀이용(유희용) 전차에 사용하는 접촉전선은 제3레일 방식에 의하여 시설할 것
- 놀이용(유희용) 전차에 사용하는 변압기의 1차 전압은 400[V] 이하일 것
- 승압용 변압기를 시설하는 경우에는 그 변압기의 2차 전압은 150[V] 이하일 것
- 변압기는 절연변압기일 것
- 레일은 용접에 의한 경우 이외에는 적당한 본드로 전기적으로 접속할 것

답 ④

> **Tip 용어 변경**
> 2023년 10월 12일부터 시행
> '유희용' → '놀이용'

독학이 쉬워지는 기초개념

7 전기 집진장치 등(한국전기설비규정 241.9)

(1) 전선은 케이블일 것
(2) 전기집진 응용장치의 금속제 외함 또한 케이블을 넣은 방호장치의 금속제 부분 및 방식케이블 이외의 케이블의 피복에 사용하는 금속체에는 접지공사를 할 것

8 아크 용접기(한국전기설비규정 241.10)

(1) 용접변압기는 절연변압기일 것
(2) 용접변압기의 1차 측 전로의 대지전압은 300[V] 이하일 것
(3) 용접변압기의 1차 측 전로에는 용접변압기의 가까운 곳에 쉽게 개폐할 수 있는 개폐기를 시설할 것
(4) 용접변압기의 2차 측 전로 중 용접변압기로부터 용접전극에 이르는 부분 및 용접변압기로부터 피용접재에 이르는 부분(전기기계기구 안의 전로 제외)의 전로는 용접 시 흐르는 전류를 안전하게 통할 수 있는 것일 것

기출예제

중요도 이동형의 용접전극을 사용하는 아크 용접장치의 용접변압기의 1차 측 전로의 대지전압은 몇 [V] 이하이어야 하는가?

① 150　　② 220　　③ 300　　④ 380

| 해설 |
(한국전기설비규정 241.10)아크 용접
이동형 용접전극을 사용하는 아크 용접기는 다음에 의하여 시설한다.
• 변압기는 1차 대지전압 300[V] 이하의 절연변압기일 것
• 피용접재 또는 이와 전기적으로 접속되는 받침대·정반 등의 금속체에는 접지공사를 한다.

답 ③

중요도 다음 중 아크 용접장치의 시설기준으로 옳지 않은 것은?

① 용접변압기는 절연변압기일 것
② 용접변압기의 1차 측 전로의 대지전압은 400[V] 이하일 것
③ 용접변압기 1차 측 전로에는 용접변압기에 가까운 곳에 쉽게 개폐할 수 있는 개폐기를 시설할 것
④ 피용접재 또는 이와 전기적으로 접속되는 받침대·정반 등의 금속체에는 접지공사를 할 것

| 해설 |
(한국전기설비규정 241.10)아크 용접기
변압기는 1차 대지전압 300[V] 이하의 절연변압기일 것

답 ②

9 파이프라인 등의 전열장치(한국전기설비규정 241.11)

(1) 발열선을 파이프라인 등 자체에 고정하여 시설하는 경우 발열선에 전기를 공급하는 전로의 사용전압은 400[V] 이하일 것
(2) 발열선은 그 온도가 피 가열 액체의 발화 온도의 80[%]를 넘지 아니하도록 시설할 것
(3) 발열선을 파이프라인 등 자체에 고정하여 시설하는 경우의 발열선 또는 연결선(리드선)의 피복에 사용하는 금속체에는 접지공사를 할 것

10 도로 등의 전열장치(한국전기설비규정 241.12)

(1) 대지전압: 300[V] 이하
(2) 발열선은 그 온도가 80[℃]를 넘지 아니하도록 시설

기출예제

발열선을 도로, 주차장 또는 조영물의 조영재에 고정시켜 시설하는 경우, 발열선에 전기를 공급하는 전로의 대지전압은 몇 [V] 이하이어야 하는가?

① 220 ② 300 ③ 380 ④ 600

| 해설 |
(한국전기설비규정 241.12)도로 등의 전열장치
• 발열선에 전기를 공급하는 전로의 대지전압은 300[V] 이하일 것
• 발열선의 온도는 80[℃]를 넘지 않도록 시설할 것
• 발열선에 직접 접속하는 전선의 피복에 사용하는 금속체에는 접지공사를 할 것

답 ②

11 소세력 회로(한국전기설비규정 241.14)

(1) 소세력 회로에 전기를 공급하기 위한 변압기는 절연변압기(대지전압 300[V] 이하)일 것
(2) 절연변압기의 2차 단락전류는 다음 표에서 정한 값 이하의 것일 것. 다만, 그 변압기의 2차 측 전로에 표에서 정한 값 이하의 과전류 차단기를 시설하는 경우에는 그러하지 아니하다.

소세력 회로의 최대 사용전압의 구분	2차 단락전류[A]	과전류 차단기의 정격전류[A]
15[V] 이하	8	5
15[V] 초과 30[V] 이하	5	3
30[V] 초과 60[V] 이하	3	1.5

▲ 절연변압기의 2차 단락전류 및 과전류 차단기의 정격전류

독학이 쉬워지는 기초개념

파이프라인
도관 및 기타의 시설물에 의하여 액체를 수송하는 시설의 총체

Tip 용어 변경
2023년 10월 12일부터 시행
'리드선' → '연결선'

소세력 회로
리모컨 회로 등과 같이 사용전압이 60[V] 이하이며 전류가 작고 위험성이 낮은 회로

독학이 쉬워지는 기초개념

기출예제

중요도 전자 개폐기의 조작회로 또는 초인벨, 경보벨 등에 접속하는 전로로서 최대 사용전압이 몇 [V] 이하인 것으로 대지전압이 300[V] 이하인 강전류 전기의 전송에 사용하는 전로와 변압기로 결합되는 것을 소세력 회로라고 하는가?

① 60 ② 80 ③ 100 ④ 150

| 해설 |
(한국전기설비규정 241.14)소세력 회로
전자 개폐기의 조작회로 또는 초인벨·경보벨 등에 접속하는 전로로서 최대 사용전압이 60[V] 이하인 것(최대 사용전류가 최대 사용전압 15[V] 이하인 것은 5[A] 이하, 최대 사용전압이 15[V]를 초과하고 30[V] 이하인 것은 3[A] 이하, 최대 사용전압이 30[V]를 초과하는 것은 1.5[A] 이하인 것에 한한다.)

답 ①

중요도 최대 사용전압이 15[V]를 넘고 30[V] 이하인 소세력 회로에 사용하는 절연변압기의 2차 단락전류 값이 제한을 받지 않을 경우는 2차 측에 시설하는 과전류 차단기의 용량이 몇 [A] 이하일 경우인가?

① 0.5 ② 1.5 ③ 3.0 ④ 5.0

| 해설 |
(한국전기설비규정 241.14)소세력 회로
전자 개폐기의 조작회로 또는 초인벨·경보벨 등에 접속하는 전로로서 최대 사용전압이 60[V] 이하인 것(최대 사용전류가 최대 사용전압 15[V] 이하인 것은 5[A] 이하, 최대 사용전압이 15[V]를 초과하고 30[V] 이하인 것은 3[A] 이하, 최대 사용전압이 30[V]를 초과하는 것은 1.5[A] 이하인 것에 한한다.)

답 ③

12 전기부식방지 시설(한국전기설비규정 241.16)

(1) 전기부식방지 회로의 사용전압은 직류 60[V] 이하일 것
(2) 양극은 지중에 매설하거나 수중에서 쉽게 접촉할 우려가 없는 곳에 시설할 것
(3) 지중에 매설하는 양극의 매설깊이는 0.75[m] 이상일 것
(4) 수중에 시설하는 양극과 그 주위 1[m] 이내의 거리에 있는 임의점과의 사이의 전위차는 10[V]를 넘지 아니할 것
(5) 지표 또는 수중에서 1[m] 간격의 임의의 2점 간의 전위차가 5[V]를 넘지 아니할 것

기출예제

중요도 지중 또는 수중에 시설되는 금속체의 부식방지를 위한 전기부식방지 회로의 사용전압은 직류 몇 [V] 이하로 하여야 하는가?

① 24 ② 48
③ 60 ④ 100

| 해설 |
(한국전기설비규정 241.16)전기부식방지 시설
지중 또는 수중에 시설되는 금속체의 부식을 방지하기 위하여 지중 또는 수중에 시설하는 양극과 금속체 간에 방식 전류를 통하는 시설로 다음과 같이 한다.
- 사용전압은 직류 60[V] 이하일 것
- 지중에 매설하는 양극은 0.75[m] 이상의 깊이일 것
- 수중에 시설하는 양극과 그 주위 1[m] 안의 임의의 점과의 전위차는 10[V] 이내, 지표 또는 수중에서 1[m] 간격을 갖는 임의의 두 점 간의 전위차는 5[V] 이내일 것
- 전선은 케이블인 경우를 제외하고 2[mm] 경동선 이상일 것

답 ③

13 전기자동차 전원설비(한국전기설비규정 241.17)

(1) 전력계통으로부터 교류전원을 공급받아 전기자동차(이동식 전기자동차 충전기 포함)에 전원을 공급하기 위한 전기자동차 충전설비에 적용
(2) 충전 부분이 노출되지 아니하도록 시설
(3) 습기가 많은 곳 또는 물기가 있는 곳에 방습 장치를 할 것
(4) 전선을 접속하는 경우 나사로 고정시키거나 접속점에 장력이 가하여지지 아니할 것

14 방전등 공사의 시설 제한(한국전기설비규정 242.1)

(1) 관등회로의 사용전압이 400[V] 초과인 방전등은 폭연성 먼지, 가연성 가스, 위험물, 화약류 저장소 등의 위험장소에 시설해서는 안 된다.
(2) 관등회로의 사용전압이 1[kV]를 초과하는 방전등으로서 방전관에 네온방전관 이외의 것을 사용한 것은 기계기구의 구조상 그 내부에 안전하게 시설할 수 있는 경우 또는 방전관에 사람이 접촉할 우려가 없도록 시설하는 경우 이외에는 옥내에 시설해서는 안 된다.

15 위험장소에서의 시설(한국전기설비규정 242.2, 242.3, 242.4)

장소	합성수지관공사	금속관공사	케이블공사	금속제 가요전선관공사
폭연성 먼지 (마그네슘·알루미늄·티탄·지르코늄 등의 먼지)	×	○	○	×
가연성 먼지 (소맥분·전분·유황 기타 가연성의 먼지)	○	○	○	×
가연성 가스 등이 있는 곳	×	○	○	×
위험물 (셀룰로이드, 성냥, 석유류 기타 타기 쉬운 위험한 물질)	○	○	○	×

○: 시설 가능, ×: 시설 불가

Tip 용어 변경

2023년 10월 12일부터 시행
'분진' → '먼지'

폭연성 먼지
마그네슘, 알루미늄, 티탄, 지르코늄 등의 먼지가 쌓여 있는 상태에서 불이 붙었을 때에 폭발할 우려가 있는 것

가연성 먼지
소맥분, 전분, 유황 기타 가연성의 먼지로 공중에 떠다니는 상태에서 착화하였을 때에 폭발할 우려가 있는 것(폭연성 먼지 제외)

독학이 쉬워지는 기초개념

기출예제

폭연성 먼지(분진)이 많은 장소의 저압 옥내배선에 적합한 배선공사 방법은?
① 금속관공사 ② 애자공사
③ 합성수지관공사 ④ 가요전선관공사

| 해설 |
(한국전기설비규정 242.2.1)폭연성 먼지 위험장소
폭연성 먼지(분진) 또는 화약류의 분말이 전기설비가 발화원이 되어 폭발할 우려가 있는 곳에 시설하는 저압 옥내 전기설비는 다음 공사에 따라 시설하여야 한다.
• 저압 옥내배선, 저압 관등회로 배선, 소세력 회로의 전선은 금속관공사 또는 케이블공사(캡타이어케이블을 사용하는 것 제외)에 의할 것

답 ①

가연성 먼지(분진)에 전기설비가 발화원이 되어 폭발할 우려가 있는 곳에 시공할 수 있는 저압 옥내배선은?
① 버스덕트공사 ② 라이팅덕트공사
③ 가요전선관공사 ④ 금속관공사

| 해설 |
(한국전기설비규정 242.2.2)가연성 먼지 위험장소
가연성 먼지(분진)에 전기설비가 발화원이 되어 폭발할 우려가 있는 곳에 시설하는 저압 옥내 전기설비는 다음에 따르고 또한 위험의 우려가 없도록 시설하여야 한다.
• 저압 옥내배선 등은 합성수지관공사·금속관공사 또는 케이블공사에 의할 것

답 ④

16 화약류 저장소 등의 위험장소(한국전기설비규정 242.5)

(1) 전로의 대지전압은 300[V] 이하
(2) 전기기계기구는 전폐형의 것일 것
(3) 화약류 저장소 안의 전기설비에 전기를 공급하는 전로에는 화약류 저장소 이외의 곳에 전용 개폐기 및 과전류차단기를 각 극(과전류차단기는 다선식 전로의 중성극을 제외)에 취급자 이외의 자가 쉽게 조작할 수 없도록 시설하고 또한 전로에 지락이 생겼을 때에 자동적으로 전로를 차단하거나 경보하는 장치를 시설하여야 한다.

17 전시회, 쇼 및 공연장의 전기설비(한국전기설비규정 242.6)

(1) 무대·무대마루 밑·오케스트라 박스·영사실 기타 사람이나 무대 도구가 접촉할 우려가 있는 곳에 시설하는 저압 옥내배선, 전구선 또는 이동전선은 사용전압이 400[V] 이하일 것
(2) 배선용 케이블: 최소 단면적이 1.5[mm²]인 구리 도체
(3) 무대마루 밑에 시설하는 전구선은 300/300[V] 편조 고무코드 또는 0.6/1[kV] EP 고무절연 클로로프렌 캡타이어케이블일 것

18 터널, 갱도 기타 이와 유사한 장소(한국전기설비규정 242.7)

(1) 사람이 상시 통행하는 터널 안의 배선의 시설(242.7.1)
   ① 전선
   - 공칭단면적 2.5[mm²] 이상의 연동선
   - 동등 이상의 세기 및 굵기의 절연전선(옥외용 비닐절연전선 및 인입용 비닐절연전선 제외)
   ② 설치 높이: 노면상 2.5[m] 이상
   ③ 애자공사에 의해 시설할 것
   ④ 전로에는 터널의 입구에 가까운 곳에 전용 개폐기를 시설할 것

(2) 광산 기타 갱도 안의 시설(242.7.2)
   ① 사용전압: 저압 또는 고압
   ② 케이블공사에 의해 시설할 것
   ③ 전선
   - 공칭단면적 2.5[mm²] 이상의 연동선
   - 동등 이상의 세기 및 굵기의 절연전선(옥외용 비닐절연전선 및 인입용 비닐절연전선 제외)
   ④ 전로에는 갱 입구에 가까운 곳에 전용 개폐기를 시설할 것

(3) 터널 등의 전구선 또는 이동전선 등의 시설(242.7.4)
   ① 400[V] 이하의 경우: 공칭단면적 0.75[mm²] 이상의 300/300[V] 편조 고무코드 또는 0.6/1[kV] EP 고무절연 클로로프렌 캡타이어케이블일 것
   ② 사람이 접촉할 우려가 없는 경우: 공칭단면적이 0.75[mm²] 이상의 연동연선을 사용하는 450/750[V] 내열성 에틸렌아세테이트 고무절연전선(출구부의 전선의 간격이 10[mm] 이상인 전구 소켓에 부속하는 전선은 단면적 0.75[mm²] 이상인 450/750[V] 내열성 에틸렌아세테이트 고무절연전선 또는 450/750[V] 일반용 단심 비닐절연전선)을 사용할 수 있다.

19 의료장소(한국전기설비규정 242.10)

(1) 의료장소별 계통접지
   ① 그룹 0: TT 계통 또는 TN 계통
   ② 그룹 1: TT 계통 또는 TN 계통(중대한 지장을 초래할 우려가 있는 의료용 전기기기를 사용하는 회로에는 의료 IT 계통을 적용)
   ③ 그룹 2: 의료 IT 계통(정격출력 5[kVA] 이상인 대형기기용 회로 등에는 TT 계통 또는 TN 계통을 적용)

(2) 비단락보증 절연변압기의 2차 측 정격전압은 교류 250[V] 이하로 하며 공급방식은 단상 2선식, 정격출력은 10[kVA] 이하로 할 것

(3) 의료장소마다 그 내부 또는 근처에 등전위본딩 바를 설치할 것. 다만, 인접하는 의료장소와의 바닥 면적 합계가 50[m²] 이하인 경우에는 등전위본딩 바를 공용할 수 있다.

CHAPTER 07 CBT 적중문제

01
사용전압이 $400[\text{V}]$를 초과할 때 저압 옥내배선용 전선으로 적합한 것은?

① 단면적이 $1.0[\text{mm}^2]$ 이상의 연동선
② 단면적이 $1.5[\text{mm}^2]$ 이상의 연동선
③ 단면적이 $2.0[\text{mm}^2]$ 이상의 연동선
④ 단면적이 $2.5[\text{mm}^2]$ 이상의 연동선

해설
(한국전기설비규정 231.3.1)저압 옥내배선의 사용전선
저압 옥내배선은 2.5[mm²] 이상의 연동선 또는 이와 동등 이상의 강도 및 굵기의 것

02
저압 옥내배선의 사용전선으로 적합하지 않은 것은?

① 단면적 $2.5[\text{mm}^2]$ 이상의 연동선
② 단면적 $2.5[\text{mm}^2]$ 이상의 연동선과 동등 이상의 강도 및 굵기의 것
③ 사용전압이 400[V] 이하인 경우 전광표시 장치에 사용한 단면적 $0.75[\text{mm}^2]$ 이상의 연동선
④ 사용전압이 400[V] 이하인 경우 제어회로에 사용한 단면적 $0.75[\text{mm}^2]$ 이상의 다심케이블

해설
(한국전기설비규정 231.3.1)저압 옥내배선의 사용전선
저압 옥내배선은 2.5[mm²] 이상의 연동선 또는 이와 동등 이상의 강도 및 굵기의 것. 다만, 400[V] 이하인 경우 다음에 의하여 시설할 수 있다.
• 전광 표시 장치 기타 이와 유사한 장치 또는 제어회로 등의 배선에 단면적 0.75[mm²] 이상인 다심케이블 또는 다심캡타이어케이블을 사용하고 또한 과전류가 생겼을 때 자동적으로 전로에서 차단하는 장치를 시설하는 경우

03
저압 옥내배선의 중성선의 단면적이 선도체의 단면적 이상이어야 하는 조건이 아닌 것은?

① 2선식 단상회로
② 선도체의 단면적이 16[mm²] 이하인 다상 회로의 구리선
③ 3선식 3상회로
④ 선도체의 단면적이 25[mm²] 이하인 다상 회로의 알루미늄선

해설
(한국전기설비규정 231.3.2)저압 옥내배선의 중성선의 단면적
다음의 경우 중성선의 단면적은 최소한 선도체의 단면적 이상이어야 한다.
• 2선식 단상회로인 경우
• 선도체의 단면적이 16[mm²] 이하인 다상 회로의 구리선
• 선도체의 단면적이 25[mm²] 이하인 다상 회로의 알루미늄선

04
옥내에 시설하는 저압전선으로 나전선(절연이 되어 있지 않은 전선)을 사용할 수 있는 배선공사는?

① 합성수지관공사   ② 금속관공사
③ 버스덕트공사   ④ 플로어덕트공사

해설
(한국전기설비규정 231.4)나전선의 사용 제한
옥내에 시설하는 저압 전선은 다음의 경우를 제외하고 나전선을 사용하여서는 아니 된다.
• 애자공사
• 버스덕트공사에 의하여 시설하는 경우
• 라이팅덕트공사에 의하여 시설하는 경우
• 접촉 전선을 시설하는 경우

| 정답 | 01 ④ 02 ③ 03 ③ 04 ③

05
옥내에 시설하는 저압전선으로 나전선을 절대로 사용할 수 없는 경우는?

① 금속덕트공사에 의하여 시설하는 경우
② 버스덕트공사에 의하여 시설하는 경우
③ 애자공사에 의하여 전개된 곳에 전기로용 전선을 시설하는 경우
④ 놀이용(유희용) 전차에 전기를 공급하기 위하여 접촉선을 사용하는 경우

해설
(한국전기설비규정 231.4)나전선의 사용 제한
옥내에 시설하는 저압전선은 다음의 경우를 제외하고 나전선을 사용하여서는 아니 된다.
• 애자공사
• 버스덕트공사에 의하여 시설하는 경우
• 라이팅덕트공사에 의하여 시설하는 경우
• 접촉 전선을 시설하는 경우

06
옥내의 저압전선으로 애자공사에 의하여 전개된 곳에 나전선의 사용이 허용되지 않는 경우는?

① 전기로용 전선
② 취급자 이외의 자가 출입할 수 없도록 설비한 장소에 시설하는 전선
③ 제분공장의 전선
④ 전선의 피복절연물이 부식하는 장소에 시설하는 전선

해설
(한국전기설비규정 231.4)나전선의 사용 제한
옥내에 시설하는 저압전선은 다음의 경우를 제외하고 나전선을 사용하여서는 아니 된다.
• 애자공사에 의해 시설하는 경우
  – 전기로용 전선
  – 전선의 피복절연물이 부식하는 장소에 시설하는 전선
  – 취급자 이외의 자가 출입할 수 없도록 설비한 장소에 시설하는 전선

07
사무실 건물의 조명 설비에 사용되는 백열전등 또는 방전등에 전기를 공급하는 옥내전로의 대지전압은 몇 [V] 이하이어야 하는가?

① 250
② 300
③ 350
④ 400

해설
(한국전기설비규정 231.6)옥내전로의 대지전압의 제한
대지전압은 300[V] 이하이어야 하며 다음 각 호에 의하여 시설하여야 한다.
• 백열전등 또는 방전등 및 이에 부속하는 전선은 사람이 접촉할 우려가 없도록 시설할 것
• 백열전등의 전구소켓은 스위치나 그 밖의 점멸기구가 없는 것일 것
• 백열전등 또는 방전등용 안정기는 저압의 옥내배선과 직접 접속하여 시설할 것

08
저압 옥내배선 합성수지관공사 시 연선이 아닌 경우 사용할 수 있는 전선의 최대 단면적은 몇 [mm²]인가?(단, 알루미늄선은 제외한다.)

① 4
② 6
③ 10
④ 16

해설
(한국전기설비규정 232.11)합성수지관공사
• 전선은 절연전선(옥외용 비닐절연전선 제외)일 것
• 전선은 연선일 것. 다만, 다음의 것은 적용하지 않는다.
  – 짧고 가는 합성수지관에 넣은 것
  – 단면적 10[mm²](알루미늄선은 단면적 16[mm²]) 이하의 것
• 전선은 합성수지관 안에서 접속점이 없도록 할 것
• 관의 지지점 간의 거리는 1.5[m] 이하로 할 것
• 이중천장(반자 속 포함) 내에는 시설할 수 없다.
• 콤바인 덕트관은 직접 콘크리트에 매입하여 시설하거나 옥내 전개된 장소에 시설하는 경우 이외에는 불연성 마감재 내부, 전용의 불연성 관 또는 덕트에 넣어 시설할 것

| 정답 | 05 ① 06 ③ 07 ② 08 ③

09
합성수지관공사에 의한 저압 옥내배선 시설방법에 대한 설명 중 틀린 것은?

① 관의 지지점 간의 거리는 1.2[m] 이하로 할 것
② 박스 기타의 부속품을 습기가 많은 장소에 시설하는 경우에는 방습장치로 할 것
③ 사용전선은 절연전선일 것
④ 합성수지관 안에는 전선의 접속점이 없도록 할 것

해설

(한국전기설비규정 232.11)합성수지관공사
- 전선은 절연전선(옥외용 비닐절연전선 제외)일 것
- 전선은 연선일 것. 다만, 다음의 것은 적용하지 않는다.
  - 짧고 가는 합성수지관에 넣은 것
  - 단면적 10[mm²](알루미늄선은 단면적 16[mm²]) 이하의 것
- 전선은 합성수지관 안에서 접속점이 없도록 할 것
- 관의 지지점 간의 거리는 1.5[m] 이하로 할 것
- 이중천장(반자 속 포함) 내에는 시설할 수 없다.
- 콤바인 덕트관은 직접 콘크리트에 매입하여 시설하거나 옥내 전개된 장소에 시설하는 경우 이외에는 불연성 마감재 내부, 전용의 불연성 관 또는 덕트에 넣어 시설할 것

10
일반 주택의 저압 옥내배선을 점검한 결과 시공이 잘못된 것은?

① 욕실의 전등으로 방습형 형광등이 시설되어 있다.
② 단상 3선식 인입개폐기의 중성선에 동판이 접속되어 있다.
③ 합성수지관의 지지점 간의 거리가 2[m]로 되어 있다.
④ 금속관공사로 시공된 곳에는 HIV 전선이 사용되었다.

해설

(한국전기설비규정 232.11.3)합성수지관 및 부속품의 시설
합성수지관의 지지점 간의 거리는 1.5[m] 이하로 시설할 것

11
옥내배선의 사용전압이 400[V]를 초과하는 경우에 이를 금속관공사에 의하여 시설하려고 한다. 옥내배선의 시설이 옳은 것은?

① 전선은 경동선으로 지름 4[mm]의 단선을 사용하였다.
② 전선은 옥외용 비닐절연전선을 사용하였다.
③ 콘크리트에 매설하는 전선관의 두께는 1.0[mm]를 사용하였다.
④ 관에는 접지공사를 하였다.

해설

(한국전기설비규정 232.12)금속관공사
금속관공사는 옥외용 비닐절연전선을 제외한 절연전선으로 10[mm²] 이하에 한하여 단선을 사용할 수 있으며 콘크리트에 매설하는 금속관은 1.2[mm] 이상이며 금속관에는 접지공사를 하여야 한다. 다만, 사용전압이 400[V] 이하인 경우 관의 길이가 4[m] 이하인 것을 건조한 장소에 시설할 경우 접지공사를 하지 않아도 된다.

12
금속관공사에 의한 저압 옥내배선의 방법으로 틀린 것은?

① 옥외용 비닐절연전선을 사용하였다.
② 전선으로 연선을 사용하였다.
③ 콘크리트에 매설하는 관은 두께 1.2[mm]용을 사용하였다.
④ 사용전압이 400[V]를 초과하는 경우 관에는 접지공사를 하였다.

해설

(한국전기설비규정 232.12)금속관공사
금속관공사는 옥외용 비닐절연전선을 제외한 절연전선으로 10[mm²] 이하에 한하여 단선을 사용할 수 있으며 콘크리트에 매설하는 금속관은 1.2[mm] 이상이며 금속관에는 접지공사를 하여야 한다. 다만, 사용전압이 400[V] 이하인 경우 관의 길이가 4[m] 이하인 것을 건조한 장소에 시설할 경우 접지공사를 하지 않아도 된다.

13
금속제 가요전선관공사에 의한 저압 옥내배선으로 잘못된 것은?

① 2종 금속제 가요전선관을 사용하였다.
② 규격에 적당한 단면적 4[mm²]의 단선을 사용하였다.
③ 전선으로 옥외용 비닐절연전선을 사용하였다.
④ 가요전선관에는 접지공사를 하였다.

해설

(한국전기설비규정 232.13)금속제 가요전선관공사
가요전선관공사에 의한 저압 옥내배선의 시설
- 전선은 절연전선(옥외용 비닐절연전선 제외)일 것
- 전선은 연선일 것. 다만, 단면적 10[mm²](알루미늄선은 단면적 16[mm²]) 이하인 것은 그러하지 아니하다.
- 가요전선관 안에는 전선에 접속점이 없도록 할 것
- 가요전선관은 2종 금속제 가요전선관일 것. 다만, 전개된 장소이거나 점검할 수 있는 은폐된 장소(옥내배선의 사용전압이 400[V] 초과인 경우에는 전동기에 접속하는 부분으로서 가요성을 필요로 하는 부분에 사용하는 것에 한함) 또는 점검 불가능한 은폐 장소에 기계적 충격을 받을 우려가 없는 조건일 경우에는 1종 가요전선관을 사용할 수 있다.

14
옥내 저압배선을 가요전선관공사에 의해 시공하고자 할 때 전선을 단선으로 사용한다면 그 단면적은 최대 몇 [mm²] 이하이어야 하는가?

① 2.5　　② 4
③ 6　　　④ 10

해설

(한국전기설비규정 232.13)금속제 가요전선관공사
가요전선관 공사에 의한 저압 옥내배선의 시설
- 전선은 절연전선(옥외용 비닐절연전선 제외)일 것
- 전선은 연선일 것. 다만, 단면적 10[mm²](알루미늄선은 단면적 16[mm²]) 이하인 것은 그러하지 아니하다.

15
금속덕트공사에 의한 저압 옥내배선 공사 중 적합하지 않은 것은?

① 금속덕트에 넣은 전선의 단면적의 합계가 덕트의 내부 단면적의 20[%] 이하가 되게 하여야 한다.
② 덕트 상호 간은 견고하고 전기적으로 완전하게 접속하여야 한다.
③ 덕트를 조영재에 붙이는 경우에는 덕트의 지지점 간 거리를 8[m] 이하로 하여야 한다.
④ 덕트에는 접지공사를 하여야 한다.

해설

(한국전기설비규정 232.31)금속덕트공사
금속덕트공사에 의한 저압 옥내배선은 다음 각 호에 따라 시설하여야 한다.
- 전선은 절연전선(옥외용 비닐절연전선 제외)일 것
- 금속덕트에 넣은 전선의 단면적(절연피복의 단면적 포함)의 합계는 덕트의 내부 단면적의 20[%](전광표시장치 기타 이와 유사한 장치 또는 제어회로 등의 배선만을 넣는 경우에는 50[%]) 이하일 것
- 금속덕트 안에는 전선에 접속점이 없도록 할 것
- 금속덕트 안에는 전선의 피복을 손상할 우려가 있는 것을 넣지 아니할 것
- 덕트를 조영재에 붙이는 경우에는 덕트의 지지점 간의 거리를 3[m] 이하로 하고 또한 견고하게 붙일 것

16
금속덕트공사에 의한 저압 옥내배선에서, 금속덕트에 넣은 전선의 단면적의 합계는 덕트 내부 단면적의 얼마이어야 하는가?

① 20[%] 이하
② 30[%] 이하
③ 40[%] 이하
④ 50[%] 이하

해설

(한국전기설비규정 232.31)금속덕트공사
금속덕트공사에 의한 저압 옥내배선은 다음 각 호에 따라 시설하여야 한다.
- 전선은 절연전선(옥외용 비닐절연전선 제외)일 것
- 금속덕트에 넣은 전선의 단면적(절연피복의 단면적 포함)의 합계는 덕트의 내부 단면적의 20[%](전광표시장치 기타 이와 유사한 장치 또는 제어회로 등의 배선만을 넣는 경우에는 50[%]) 이하일 것
- 금속덕트 안에는 전선에 접속점이 없도록 할 것
- 금속덕트 안에는 전선의 피복을 손상할 우려가 있는 것을 넣지 아니할 것
- 덕트를 조영재에 붙이는 경우에는 덕트의 지지점 간의 거리를 3[m] 이하로 하고 또한 견고하게 붙일 것

17
플로어덕트공사에 의한 저압 옥내배선에서 연선을 사용하지 않아도 되는 전선(동선)의 단면적은 최대 몇 [mm^2]인가?

① 2.5
② 4.0
③ 6.0
④ 10.0

해설

(한국전기설비규정 232.32)플로어덕트공사
- 전선은 절연전선(옥외용 비닐절연전선 제외)일 것
- 전선은 연선일 것. 다만, 단면적 10[mm^2](알루미늄선은 단면적 16[mm^2]) 이하인 것은 그러하지 아니하다.
- 덕트 상호 간 및 덕트와 박스 및 인출구와는 견고하고 또한 전기적으로 완전하게 접속할 것
- 덕트의 끝부분은 막을 것
- 덕트는 접지공사를 할 것

18
플로어덕트공사에 의한 저압 옥내배선공사에 적합하지 않은 것은?

① 단면적이 10[mm^2]를 초과할 경우 사용전선은 연선일 것
② 덕트의 끝부분은 막을 것
③ 덕트는 접지공사를 할 것
④ 옥외용 비닐절연전선을 사용할 것

해설

(한국전기설비규정 232.32)플로어덕트공사
- 전선은 절연전선(옥외용 비닐절연전선 제외)일 것
- 전선은 연선일 것. 다만, 단면적 10[mm^2](알루미늄선은 단면적 16[mm^2]) 이하인 것은 그러하지 아니하다.
- 덕트 상호 간 및 덕트와 박스 및 인출구와는 견고하고 또한 전기적으로 완전하게 접속할 것
- 덕트의 끝부분은 막을 것
- 덕트는 접지공사를 할 것

19
케이블트레이의 시설에 대해 적합하지 않은 것은?

① 안전율은 1.5 이상으로 하여야 한다.
② 비금속제 케이블트레이는 난연성 재료의 것이어야 한다.
③ 금속제 트레이는 접지공사를 할 것
④ 금속제 케이블트레이시스템은 기계적 및 전기적 접속을 하지 않을 것

해설

(한국전기설비규정 232.41)케이블트레이공사
- 케이블트레이의 안전율: 1.5 이상
- 비금속제 케이블트레이는 난연성 재료의 것일 것
- 금속제 케이블트레이 시스템은 기계적 및 전기적으로 완전하게 접속할 것
- 금속제 트레이는 접지공사를 할 것

| 정답 | 16 ① 17 ④ 18 ④ 19 ④

20
저압 옥내배선 공사 중 인입용 비닐절연전선을 사용할 수 없는 공사는?

① 합성수지관공사 ② 금속몰드공사
③ 애자공사   ④ 가요전선관공사

해설
(한국전기설비규정 232.56)애자공사
전선은 절연전선일 것. 단, 옥외용 비닐절연전선(OW) 및 인입용 비닐절연전선(DV)은 제외한다.

21
사용전압 $480[V]$인 옥내 저압 절연전선을 애자공사에 의해서 점검할 수 없는 은폐장소에 시설하는 경우 전선 상호 간의 간격은 몇 $[cm]$ 이상이어야 하는가?

① 6   ② 10
③ 12   ④ 15

해설
(한국전기설비규정 232.56)애자공사

전압		전선과 조영재와의 간격	전선 상호 간격	전선 지지점 간의 거리	
				조영재의 윗면 또는 옆면	조영재에 따라 시설하지 않는 경우
저압	400[V] 이하	25[mm] 이상	0.06[m] 이상	2[m] 이하	–
	400[V] 초과	건조한 장소 25[mm] 이상			6[m] 이하
		기타의 장소 45[mm] 이상			

22
사용전압이 $220[V]$인 경우 애자공사에서 전선과 조영재 사이의 간격(이격거리)은 몇 $[cm]$ 이상이어야 하는가?

① 2.5   ② 4.5
③ 6.0   ④ 8.0

해설
(한국전기설비규정 232.56)애자공사

전압		전선과 조영재와의 간격	전선 상호 간격	전선 지지점 간의 거리	
				조영재의 윗면 또는 옆면	조영재에 따라 시설하지 않는 경우
저압	400[V] 이하	25[mm] 이상	0.06[m] 이상	2[m] 이하	–
	400[V] 초과	건조한 장소 25[mm] 이상			6[m] 이하
		기타의 장소 45[mm] 이상			

23
점검할 수 있는 은폐장소로서 건조한 곳에 시설하는 애자노출공사에 의한 저압 옥내배선은 사용전압이 $440[V]$ 이상인 경우에 전선과 조영재와의 간격(이격거리)은 최소 몇 $[cm]$ 이상이어야 하는가?

① 2.5   ② 3.0
③ 4.5   ④ 5.0

해설
(한국전기설비규정 232.56)애자공사

전압		전선과 조영재와의 간격	전선 상호 간격	전선 지지점 간의 거리	
				조영재의 윗면 또는 옆면	조영재에 따라 시설하지 않는 경우
저압	400[V] 이하	25[mm] 이상	0.06[m] 이상	2[m] 이하	–
	400[V] 초과	건조한 장소 25[mm] 이상			6[m] 이하
		기타의 장소 45[mm] 이상			

24
버스덕트공사에 덕트를 조영재에 붙이는 경우 지지점 간의 거리는?

① 2[m] 이하
② 3[m] 이하
③ 4[m] 이하
④ 5[m] 이하

해설

(한국전기설비규정 232.61)버스덕트공사
버스덕트 공사에 의한 저압 옥내배선은 다음에 따라 시설하여야 한다.
- 덕트를 조영재에 붙이는 경우에는 덕트의 지지점 간의 거리를 3[m] 이하로 할 것
- 덕트(환기형의 것을 제외)의 끝부분은 막을 것
- 덕트(환기형의 것을 제외)의 내부에 먼지가 침입하지 아니하도록 할 것
- 덕트는 접지공사를 할 것

25
버스덕트공사에 의한 저압 옥내배선의 방법으로 잘못된 것은?

① 덕트의 끝부분은 막는다.
② 덕트의 내부에 먼지가 침입하지 않도록 할 것
③ 덕트에 접지공사를 하지 않을 것
④ 덕트를 조영재에 따라 붙이는 경우 덕트의 지지점 간의 거리는 3[m] 이하로 한다.

해설

(한국전기설비규정 232.61)버스덕트공사
버스덕트 공사에 의한 저압 옥내배선은 다음 각 호에 따라 시설하여야 한다.
- 덕트를 조영재에 붙이는 경우에는 덕트의 지지점 간의 거리를 3[m] 이하로 할 것
- 덕트(환기형의 것을 제외)의 끝부분은 막을 것
- 덕트(환기형의 것을 제외)의 내부에 먼지가 침입하지 아니하도록 할 것
- 덕트는 접지공사를 할 것

26
옥내에서 조명용 전원코드 또는 이동전선을 습기가 많은 장소 또는 수분이 많은 장소에 시설할 경우 고무코드(사용전압이 $400[V]$ 이하) 또는 $0.6/1[kV]$ EP 고무절연 클로로프렌 캡타이어 케이블로서 최소 단면적은 몇 $[mm^2]$이어야 하는가?

① 0.5
② 0.75
③ 1.0
④ 1.5

해설

(한국전기설비규정 234.3)코드 및 이동전선
옥내에서 조명용 전원코드 또는 이동전선을 습기가 많은 장소 또는 수분이 많은 장소에 시설할 경우 고무코드(사용전압이 400[V] 이하) 또는 0.6/1[kV] EP 고무절연 클로로프렌 캡타이어케이블로서 단면적이 0.75[mm²] 이상인 것

27
욕실 등 인체가 물에 젖어있는 상태에서 물을 사용하는 장소에 콘센트를 시설하는 경우에 적합한 누전차단기는?

① 정격감도 전류 15[mA] 이하, 동작시간 0.03초 이하의 전압 동작형 누전차단기
② 정격감도 전류 15[mA] 이하, 동작시간 0.03초 이하의 전류 동작형 누전차단기
③ 정격감도 전류 15[mA] 이하, 동작시간 0.3초 이하의 전압 동작형 누전차단기
④ 정격감도 전류 15[mA] 이하, 동작시간 0.3초 이하의 전류 동작형 누전차단기

해설

(한국전기설비규정 234.5)콘센트의 시설
욕조나 샤워시설이 있는 욕실 또는 화장실 등 인체가 물에 젖어있는 상태에서 전기를 사용하는 장소에 콘센트를 시설하는 경우에는 다음에 따라 시설하여야 한다.
- 「전기용품 및 생활용품 안전관리법」의 적용을 받는 인체감전보호용 누전차단기(정격감도 전류 15[mA] 이하, 동작시간 0.03초 이하의 전류 동작형의 것에 한함) 또는 절연변압기(정격용량 3[kVA] 이하인 것에 한함)로 보호된 전로에 접속하거나, 인체감전보호용 누전차단기가 부착된 콘센트를 시설하여야 한다.
- 콘센트는 접지극이 있는 방적형 콘센트를 사용하여 접지하여야 한다.

28
일반 주택 및 아파트 각 호실의 현관에 조명용 백열전등을 설치할 때 사용하는 타임스위치는 몇 분 이내에 소등되는 것을 시설하여야 하는가?

① 1분 ② 3분
③ 5분 ④ 10분

해설

(한국전기설비규정 234.6)점멸기와 타임스위치 등의 시설
- 호텔 또는 여관 각 객실 입구등은 1분 이내 소등되는 것
- 일반 주택 및 아파트 각 호실의 현관등은 3분 이내 소등되는 것

29
건조한 곳에 시설하고 또한 내부를 건조한 상태로 사용하는 진열장 안의 사용전압이 $400[V]$ 이하인 저압 옥내배선의 전선은?

① 단면적이 $0.75[mm^2]$ 이상인 절연전선 또는 캡타이어케이블
② 단면적이 $1.25[mm^2]$ 이상인 코드 또는 절연전선
③ 단면적이 $0.75[mm^2]$ 이상인 코드 또는 캡타이어케이블
④ 단면적이 $1.25[mm^2]$ 이상인 코드 또는 다심형 전선

해설

(한국전기설비규정 234.8)진열장 또는 이와 유사한 것의 내부 배선
- 건조한 곳에 시설하고 또한 내부를 건조한 상태로 사용하는 진열장 안의 사용전압이 400[V] 이하인 저압 옥내배선은 외부에서 보기 쉬운 곳에 한하여 코드 또는 캡타이어케이블을 조영재에 밀착하여 시설할 수 있다.
- 배선은 다음에 따라 시설하여야 한다.
  - 전선은 단면적이 0.75[mm²] 이상의 코드 또는 캡타이어케이블일 것
  - 위에서 규정한 배선 또는 이것에 접속하는 이동전선과 다른 사용전압이 400[V] 이하인 배선과의 접속은 꽂음 플러그 접속기 기타 이와 유사한 기구를 사용하여 시공할 것

30
진열장 안 배선은 외부에서 보기 쉬운 곳에 한하여 코드 또는 캡타이어케이블을 조영재에 접촉하여 시설할 수 있다. 전선의 단면적은 몇 $[mm^2]$ 이상인 것으로 시설하여야 하는가?

① 0.75 ② 1.0
③ 1.25 ④ 1.5

해설

(한국전기설비규정 234.8)진열장 또는 이와 유사한 것의 내부 배선
- 건조한 곳에 시설하고 또한 내부를 건조한 상태로 사용하는 진열장 안의 사용전압이 400[V] 이하인 저압 옥내배선은 외부에서 보기 쉬운 곳에 한하여 코드 또는 캡타이어 케이블을 조영재에 밀착하여 시설할 수 있다.
- 배선은 다음에 따라 시설하여야 한다.
  - 전선은 단면적이 0.75[mm²] 이상인 코드 또는 캡타이어케이블일 것
  - 위에서 규정한 배선 또는 이것에 접속하는 이동전선과 다른 사용전압이 400[V] 이하인 배선과의 접속은 꽂음 플러그 접속기 기타 이와 유사한 기구를 사용하여 시공할 것

31
옥내에 시설하는 사용전압 $400[V]$ 초과 $1,000[V]$ 이하인 전개된 장소로서 건조한 장소가 아닌 기타의 장소의 관등회로 배선공사로서 적합한 것은?

① 애자공사 ② 합성수지몰드공사
③ 금속몰드공사 ④ 금속덕트공사

해설

(한국전기설비규정 234.11.4)관등회로의 배선
관등회로의 사용전압이 400[V] 초과이고, 1[kV] 이하인 배선은 그 시설장소에 따라 합성수지관공사·금속관공사·가요전선관공사나 케이블공사 또는 다음의 표 중 어느 한 방법에 의하여야 한다.

시설장소의 구분		배선방법
전개된 장소	건조한 장소	애자공사·합성수지몰드공사 또는 금속몰드공사
	기타의 장소	애자공사
점검할 수 있는 은폐된 장소	건조한 장소	금속몰드공사

32

방전등용 변압기의 2차 단락전류나 관등회로의 동작전류가 몇 [mA] 이하인 방전등을 시설하는 경우 방전등용 안정기의 외함 및 방전등용 전등기구의 금속제 부분에 옥내 방전등 공사의 접지공사를 하지 않아도 되는가?(단, 방전등용 안정기를 외함에 넣고 또한 그 외함과 방전등용 안정기를 넣을 방전등용 전등기구를 전기적으로 접속하지 않도록 시설한다고 한다.)

① 25
② 50
③ 75
④ 100

해설

(한국전기설비규정 234.11.9)접지
접지공사 생략이 가능한 경우
- 관등회로의 사용전압이 대지전압 150[V] 이하인 방전등을 건조한 장소에 시설
- 관등회로의 사용전압이 400[V] 이하의 것을 사람이 쉽게 접촉할 우려가 없는 건조한 장소에 시설
- 관등회로의 사용전압이 400[V] 이하 또는 방전등용 변압기의 2차 단락전류나 혹은 동작전류가 50[mA] 이하인 방전등을 시설

33

옥내에 시설하는 관등회로의 방전관에 네온방전관을 사용하고, 관등회로의 배선은 애자사용공사에 의하여 시설할 경우 다음 설명 중 틀린 것은?

① 전선은 네온전선일 것
② 전선 상호 간의 간격은 6[cm] 이상일 것
③ 전선의 지지점 간의 거리는 1[m] 이하일 것
④ 전선은 조영재의 앞면 또는 위쪽 면에 붙일 것

해설

(한국전기설비규정 234.12)네온방전등
- 전선은 조영재 아랫면 또는 옆면에 부착할 것
- 관등회로 배선은 애자공사에 의하여 시설하고 또한 다음에 의할 것
  - 전선: 네온관용 전선
  - 전선의 지지점 간의 거리: 1[m] 이하
  - 전선 상호 간의 간격: 60[mm] 이상
  - 전선과 조영재 사이의 간격

사용전압의 구분	간격
6[kV] 이하	20[mm] 이상
6[kV] 초과 9[kV] 이하	30[mm] 이상
9[kV] 초과	40[mm] 이상

34
옥내에 시설하는 관등회로의 사용전압이 $1[kV]$를 초과하는 방전등으로서 방전관에 네온방전관을 사용한 관등회로의 배선은?

① MI 케이블공사 ② 금속관공사
③ 합성수지관공사 ④ 애자공사

해설
(한국전기설비규정 234.12)네온방전등
- 전선은 조영재 아랫면 또는 옆면에 부착할 것
- 관등회로 배선은 애자공사에 의하여 시설하고 또한 다음에 의할 것
  - 전선: 네온관용 전선
  - 전선의 지지점 간의 거리: 1[m] 이하
  - 전선 상호 간의 간격: 60[mm] 이상
  - 전선과 조영재 사이의 간격

사용전압의 구분	간격
$6[kV]$ 이하	20[mm] 이상
$6[kV]$ 초과 $9[kV]$ 이하	30[mm] 이상
$9[kV]$ 초과	40[mm] 이상

35
수중조명등에 사용되는 절연변압기의 2차 측 전로의 사용전압이 몇 $[V]$를 넘는 경우에 그 전로에 지기가 생겼을 때 자동적으로 전로를 차단하는 장치를 하여야 하는가?

① 30 ② 60
③ 150 ④ 300

해설
(한국전기설비규정 234.14)수중조명등
- 조명등에 전기를 공급하기 위해서는 1차 측 전로의 사용전압 및 2차 측 전로의 사용전압이 각각 400[V] 이하 및 150[V] 이하인 절연변압기를 사용할 것
- 절연변압기의 2차 측 전로는 접지하지 아니하며 2차 측 사용전압 30[V] 이하는 접지공사를 한 혼촉방지판을 설치하고, 30[V]를 넘는 경우에는 지락이 발생하면 자동적으로 전로를 차단하는 정격감도전류 30[mA] 이하의 누전차단기를 시설한다.

36
목장에서 가축의 탈출을 방지하기 위하여 전기울타리를 시설하는 경우의 전선으로 경동선을 사용할 경우 그 최소 굵기는 지름 몇 $[mm]$인가?

① 1.0 ② 1.2
③ 1.6 ④ 2.0

해설
(한국전기설비규정 241.1)전기울타리
- 사용전압: 250[V] 이하
- 전선: 인장강도 1.38[kN] 이상의 것 또는 지름 2[mm] 이상의 경동선
- 전선과 이를 지지하는 기둥과의 간격: 25[mm] 이상
- 전선과 다른 시설물(가공 전선 제외) 또는 수목과의 간격: 0.3[m] 이상

37
전기울타리의 시설에 관한 규정 중 틀린 것은?

① 전선과 수목 사이의 간격(이격거리)은 50[cm] 이상이어야 한다.
② 전기울타리는 사람이 쉽게 출입하지 아니하는 곳에 시설하여야 한다.
③ 전선은 인장강도 1.38[kN] 이상의 것 또는 지름 2[mm] 이상의 경동선이어야 한다.
④ 전기울타리용 전원장치에 전기를 공급하는 전로의 사용전압은 250[V] 이하이어야 한다.

해설
(한국전기설비규정 241.1)전기울타리
- 사용전압: 250[V] 이하
- 전선: 인장강도 1.38[kN] 이상의 것 또는 지름 2[mm] 이상의 경동선
- 전선과 이를 지지하는 기둥과의 간격: 25[mm] 이상
- 전선과 다른 시설물(가공 전선 제외) 또는 수목과의 간격: 0.3[m] 이상

38
욕탕의 양단에 판상의 전극을 설치하고, 그 전극 상호 간에 미약한 교류 전압을 가하여 입욕자에게 전기적 자극을 주는 전기욕기의 전원변압기 2차 측 전로의 사용전압은 몇 [V] 이하인 것을 사용하여야 하는가?

① 5
② 10
③ 30
④ 60

해설

(한국전기설비규정 241.2)전기욕기
전기욕기에 전기를 공급하기 위한 전기욕기용 전원장치(내장되어 있는 전원변압기의 2차 측 전로의 사용전압이 10[V] 이하인 것에 한한다.)
- 전기욕기용 전원장치의 금속제 외함 및 전선을 넣는 금속관에는 접지공사를 할 것
- 욕기 안의 전극 간의 거리는 1[m] 이상일 것
- 욕기 안의 전극은 사람이 쉽게 접촉할 우려가 없도록 시설할 것
- 전기욕기용 전원장치로부터 욕기 안의 전극까지의 배선은 공칭단면적 2.5[mm²] 이상의 연동선과 동등 이상의 세기 및 굵기의 절연전선(옥외용 비닐절연전선 제외)

39
전극식 온천용 승온기 시설에서 적합하지 않은 것은?

① 승온기의 사용전압은 400[V] 이하일 것
② 전동기 전원공급용 변압기는 300[V] 이하의 절연변압기를 사용할 것
③ 절연변압기 외함에는 접지공사를 할 것
④ 승온기 및 차폐장치의 외함은 절연성 및 내수성이 있는 견고한 것일 것

해설

(한국전기설비규정 241.4)전극식 온천온수기
- 전극식 온천온수기의 사용전압은 400[V] 이하일 것
- 전극식 온천온수기 또는 이에 부속하는 급수 펌프에 직결되는 전동기에 전기를 공급하기 위하여는 사용전압이 400[V] 이하인 절연변압기를 사용할 것
- 절연변압기의 철심 및 금속제 외함에는 접지공사를 할 것
- 전극식 온천온수기에 접속하는 수관 중 전극식 온천온수기와 차폐장치 사이 및 차폐장치로부터 수관에 따라 1.5[m]까지의 부분은 절연성 및 내수성이 있는 견고한 것일 것

40
식물 재배용 전기온상에 사용하는 절연장치에 대한 설명으로 틀린 것은?

① 전로의 대지전압은 300[V] 이하
② 발열선은 90[℃]가 넘지 않도록 시설할 것
③ 발열선의 지지점 간의 거리는 1.0[m] 이하일 것
④ 발열선과 조영재 사이의 이격거리는 2.5[cm] 이상일 것

해설

(한국전기설비규정 241.5)전기온상 등
- 전기온상 등에 전기를 공급하는 전로의 대지전압은 300[V] 이하일 것
- 발열선의 온도는 80[℃]를 넘지 않도록 시설할 것
- 발열선 또는 발열선에 직접 접속하는 전선의 피복에 사용하는 금속체 또는 방호장치의 금속제 부분에는 접지공사를 할 것

41
가반형(이동형)의 용접 전극을 사용하는 아크 용접장치의 시설에 대한 설명으로 옳은 것은?

① 용접변압기의 1차 측 전로의 대지전압은 600[V] 이하일 것
② 용접변압기의 1차 측 전로에는 리액터를 시설할 것
③ 용접변압기는 절연변압기일 것
④ 피용접재 또는 이와 전기적으로 접속되는 받침대, 정반 등의 금속체에는 접지공사를 하지 않을 것

해설

(한국전기설비규정 241.10)아크 용접기
이동형 용접 전극을 사용하는 아크 용접장치는 다음에 의하여 시설한다.
- 용접변압기는 절연변압기일 것
- 용접변압기의 1차 측 전로의 대지전압은 300[V] 이하일 것
- 용접변압기의 1차 측 전로에는 용접변압기에 가까운 곳에 쉽게 개폐할 수 있는 개폐기를 시설할 것
- 피용접재 또는 이와 전기적으로 접속되는 받침대, 정반 등의 금속체에는 접지공사를 할 것
- 용접변압기의 2차 측 전로 중 용접변압기로부터 용접 전극에 이르는 부분 및 용접변압기로부터 피용접재에 이르는 부분의 전선은 용접용 케이블 또는 캡타이어케이블일 것

| 정답 | 38 ② 39 ② 40 ② 41 ③

42
전기부식방지 시설에서 전원장치를 사용하는 경우 적합한 것은?

① 전기부식방지회로의 사용전압은 직류 60[V] 이하일 것
② 지중에 매설하는 양극(+)의 매설깊이는 50[cm] 이상일 것
③ 수중에 시설하는 양극(+)과 그 주위 1[m] 이내의 전위차는 10[V]를 초과할 것
④ 지표 또는 수중에서 1[m] 간격의 임의의 2점 간의 전위차는 7[V]를 넘지 말 것

해설
(한국전기설비규정 241.16)전기부식방지 시설
지중 또는 수중에 시설되는 금속체의 부식을 방지하기 위하여 지중 또는 수중에 시설하는 양극과 금속체 간에 방식 전류를 통하는 시설로 다음과 같이 한다.
- 사용전압은 직류 60[V] 이하일 것
- 지중에 매설하는 양극의 매설 깊이는 0.75[m] 이상의 깊이일 것
- 수중에 시설하는 양극과 그 주위 1[m] 안의 임의 점과의 전위차는 10[V] 이내, 지표 또는 수중에서 1[m] 간격을 갖는 임의의 2점 간의 전위차는 5[V] 이내이어야 한다.
- 전선은 케이블인 경우를 제외하고 2[mm] 경동선 이상이어야 한다.

43
옥내에 시설하는 저압용 배선기구의 시설에 관한 설명 중 잘못된 것은?

① 옥내에 시설하는 저압용 배선기구의 충전부분은 노출되지 않도록 시설한다.
② 옥내에 시설하는 저압용 비포장 퓨즈는 불연성으로 제작한 함 내부에 시설하여야 한다.
③ 욕실 등 인체가 물에 젖어있는 상태에서 물을 사용하는 장소에서는 인체감전보호용 누전차단기가 부착된 콘센트를 시설하여야 한다.
④ 옥내에서 시설하는 저압용의 배선기구에 전선을 접속하는 경우에는 나사로 고정해서는 안 된다.

해설
(한국전기설비규정 241.17)전기자동차 전원설비
옥내에 시설하는 저압용의 배선기구에 전선을 접속하는 경우에는 나사로 고정시키거나 기타 이와 동등 이상의 효력이 있는 방법에 의하여 견고하고 또한 전기적으로 완전히 접속하고 접속점에 장력이 가하여지지 아니하도록 하여야 한다.

44
폭연성 먼지(분진) 또는 화약류의 분말이 전기설비가 점화원이 되어 폭발할 우려가 있는 곳의 저압 옥내 전기설비는 어느 공사에 의하는가?

① 애자공사
② 캡타이어케이블공사
③ 합성수지관공사
④ 금속관공사

해설
(한국전기설비규정 242.2.1)폭연성 먼지 위험장소
폭연성 먼지(분진) 또는 화약류의 분말이 전기설비가 발화원이 되어 폭발할 우려가 있는 곳에 시설하는 저압 옥내 전기설비는 다음 공사에 따라 시설하여야 한다.
- 저압 옥내배선, 저압 관등회로 배선, 소세력 회로의 전선은 금속관공사 또는 케이블공사(캡타이어케이블을 사용하는 것을 제외한다)에 의할 것

45
마그네슘 분말이 존재하는 장소에서 전기설비가 발화원이 되어 폭발할 우려가 있는 곳에서의 저압 옥내 전기설비 공사는?

① 캡타이어케이블공사
② 합성수지관공사
③ 애자공사
④ 금속관공사

해설
(한국전기설비규정 242.2.1)폭연성 먼지 위험장소
폭연성 먼지(분진) 또는 화약류의 분말이 전기설비가 발화원이 되어 폭발할 우려가 있는 곳에 시설하는 저압 옥내 전기설비는 다음 공사에 따라 시설하여야 한다.
- 저압 옥내배선, 저압 관등회로 배선, 소세력 회로의 전선은 금속관공사 또는 케이블공사(캡타이어케이블을 사용하는 것을 제외한다)에 의할 것

| 정답 | 42 ① 43 ④ 44 ④ 45 ④

46
소맥분, 전분, 유황 등의 가연성 먼지(분진)이 존재하는 공장에 전기설비가 발화원이 되어 폭발할 우려가 있는 곳의 저압 옥내배선에 적합하지 못한 공사는?

① 합성수지관공사 ② 금속관공사
③ 가요전선관공사 ④ 케이블공사

해설

(한국전기설비규정 242.2.2)가연성 먼지 위험장소
가연성 먼지(분진)에 전기설비가 발화원이 되어 폭발할 우려가 있는 곳에 시설하는 저압 옥내 전기설비는 합성수지관공사(두께 2[mm] 미만의 합성수지전선관 및 난연성이 없는 콤바인덕트관을 사용하는 것을 제외한다), 금속관공사 또는 케이블공사에 의할 것

47
무대, 무대마루 밑, 오케스트라 박스, 영사실 기타 사람이나 무대 도구가 접촉할 우려가 있는 곳에 시설하는 저압 옥내배선, 전구선 또는 이동전선은 사용전압이 몇 [V] 이하이어야 하는가?

① 60 ② 110
③ 220 ④ 400

해설

(한국전기설비규정 242.6)전시회, 쇼 및 공연장의 전기설비
- 무대·무대마루 밑·오케스트라 박스·영사실 기타 사람이나 무대 도구가 접촉할 우려가 있는 곳에 시설하는 저압 옥내배선·전구선 또는 이동전선은 사용전압이 400[V] 이하일 것
- 저압 옥내배선에는 전선의 피복을 손상하지 아니하도록 적당한 장치를 할 것
- 무대마루 밑에 시설하는 전구선은 300/300[V] 편조 고무코드 또는 0.6/1[kV] EP 고무절연 클로로프렌 캡타이어케이블일 것
- 이동전선은 0.6/1[kV] EP 고무절연 클로로프렌 캡타이어케이블 또는 0.6/1[kV] 비닐절연 비닐캡타이어케이블일 것
- 보더라이트에 부속된 이동전선은 0.6/1[kV] EP 고무절연 클로로프렌 캡타이어케이블일 것

48
터널 내에 교류 220[V]의 애자사용공사를 시설하려 한다. 노면으로부터 몇 [m] 이상의 높이에 전선을 시설해야 하는가?

① 2.0 ② 2.5
③ 3.0 ④ 4.0

해설

(한국전기설비규정 242.7.1)사람이 상시 통행하는 터널 안의 배선의 시설
- 전선: 공칭단면적 2.5[mm^2] 이상의 연동선과 동등 이상의 세기 및 굵기의 절연전선(옥외용 비닐절연전선 및 인입용 비닐절연전선 제외)
- 설치높이: 노면상 2.5[m] 이상

49
터널 등에 시설하는 사용전압이 220[V]인 저압의 전구선으로 편조 고무코드를 사용하는 경우 단면적은 몇 [mm^2] 이상인가?

① 0.5 ② 0.75
③ 1.0 ④ 1.25

해설

(한국전기설비규정 242.7.4)터널 등의 전구선 또는 이동전선 등의 시설
사용전압이 400[V] 이하
- 전구선
  - 공칭단면적 0.75[mm^2] 이상인 300/300[V] 편조 고무코드 또는 0.6/1[kV] EP 고무절연 클로로프렌 캡타이어케이블일 것
  - 사람이 쉽게 접촉할 우려가 없도록 시설하는 경우: 공칭단면적이 0.75[mm^2] 이상인 450/750[V] 내열성 에틸렌아세테이트 고무절연전선(출구부의 전선의 간격이 10[mm] 이상인 전구 소켓에 부속하는 전선은 단면적이 0.75[mm^2] 이상인 450/750[V] 내열성 에틸렌아세테이트 고무절연전선 또는 450/750[V] 일반용 단심 비닐절연전선)
- 이동전선
  - 300/300[V] 편조 고무코드, 비닐코드 또는 캡타이어케이블(용접용 케이블 이외)
- 특고압의 이동전선은 터널 등에 시설 불가

50
의료장소의 안전을 위한 의료용 절연변압기에 대한 다음 설명 중 옳은 것은?

① 2차 측 정격전압은 교류 300[V] 이하이다.
② 2차 측 정격전압은 직류 250[V] 이하이다.
③ 정격출력은 5[kVA] 이하이다.
④ 정격출력은 10[kVA] 이하이다.

해설
(한국전기설비규정 242.10.3)의료장소의 안전을 위한 보호 설비
비단락보증 절연변압기의 2차 측 정격전압은 교류 250[V] 이하로 하며 공급방식 및 정격출력은 단상 2선식, 10[kVA] 이하로 할 것

51
의료장소에서 인접하는 의료장소와의 바닥면적 합계가 몇 $[m^2]$ 이하인 경우 등전위본딩 바를 공용으로 사용할 수 있는가?

① 30
② 50
③ 80
④ 100

해설
(한국전기설비규정 242.10.4)의료장소 내의 접지설비
의료장소마다 그 내부 또는 근처에 등전위본딩 바를 설치할 것. 다만, 인접하는 의료장소와의 바닥면적 합계가 50[m²] 이하인 경우에는 등전위본딩 바를 공용할 수 있다.

| 정답 | 50 ④ 51 ②

전기철도설비

1. 통칙
2. 전기철도의 전기방식
3. 전기철도의 변전방식
4. 전기철도의 전차선로
5. 전기철도의 전기철도차량 설비
6. 전기철도의 설비를 위한 보호
7. 전기철도의 안전을 위한 보호

학습전략

CHAPTER 08 전기철도설비의 내용 중 전기철도의 용어는 기본이면서 가장 중요한 부분입니다. 이를 확실히 습득한 후에 전기철도와 관련된 방식·설비·보호 등을 학습하는 것을 추천합니다. 또한 '22년도에 새롭게 출제된 문제들을 중심으로 이론을 학습하는 것을 권장합니다.

CHAPTER 08 | 흐름 미리보기

1. 통칙
2. 전기철도의 전기방식
3. 전기철도의 변전방식
4. 전기철도의 전차선로
5. 전기철도의 전기철도차량 설비
6. 전기철도의 설비를 위한 보호
7. 전기철도의 안전을 위한 보호

NEXT **CHAPTER 09**

CHAPTER 08 전기철도설비

독학이 쉬워지는 기초개념

THEME 01 통칙

1 전기철도의 용어 정의(한국전기설비규정 402)

(1) **전기철도**: 전기를 공급받아 열차를 운행하여 여객(승객)이나 화물을 운송하는 철도
(2) **전기철도설비**: 전기철도설비는 전철 변전설비, 급전설비, 부하설비로 구성
(3) **전기철도차량**: 전기적 에너지를 기계적 에너지로 바꾸어 열차를 견인하는 차량으로 전기방식에 따라 직류, 교류, 직·교류 겸용, 성능에 따라 전동차, 전기기관차로 분류
(4) **궤도**: 레일·침목 및 도상과 이들의 부속품으로 구성된 시설
(5) **차량**: 전동기가 있거나 또는 없는 모든 철도의 차량(객차, 화차 등)
(6) **열차**: 동력차에 객차, 화차 등을 연결하고 본선을 운전할 목적으로 조성된 차량
(7) **레일**: 철도에 있어서 차바퀴를 직접 지지하고 안내해서 차량을 안전하게 주행시키는 설비
(8) **전차선**: 전기철도차량의 집전장치와 접촉하여 전력을 공급하기 위한 전선
(9) **전차선로**: 전기철도차량에 전력을 공급하기 위하여 선로를 따라 설치한 시설물로서 전차선, 급전선, 귀선과 그 지지물 및 설비를 총괄한 것
(10) **급전선**: 전기철도차량에 사용할 전기를 변전소로부터 전차선에 공급하는 전선
(11) **급전선로**: 급전선 및 이를 지지하거나 수용하는 설비를 총괄한 것
(12) **급전방식**: 변전소에서 전기철도차량에 전력을 공급하는 방식을 말하며, 급전방식에 따라 직류식, 교류식으로 분류
(13) **합성전차선**: 전기철도차량에 전력을 공급하기 위하여 설치하는 전차선, 조가선(강체 포함), 행어이어, 드로퍼 등으로 구성된 가공전선
(14) **조가선**: 전차선이 레일면상 일정한 높이를 유지하도록 행어이어, 드로퍼 등을 이용하여 전차선 상부에서 조가하여 주는 전선
(15) **전선 설치방식**: 전기철도차량에 전력을 공급하는 전차선의 전선 설치방식으로 가공방식, 강체방식, 제3레일방식으로 분류
(16) **전차선 기울기**: 이웃 연결하는 2개의 지지점에서, 레일면에서 측정한 전차선 높이의 차와 지지물 간의 거리와의 비율
(17) **전차선 높이**: 지지점에서 레일면과 전차선 간의 수직거리
(18) **전차선 편위**: 팬터그래프 집전판의 편마모를 방지하기 위하여 전차선을 레일면 중심수직선으로부터 한쪽으로 치우친 정도의 치수
(19) **귀선회로**: 전기철도차량에 공급된 전력을 변전소로 되돌리기 위한 귀로
(20) **누설전류**: 전기철도에 있어서 레일 등에서 대지로 흐르는 전류

> **Tip 용어 변경**
> 2023년 10월 12일부터 시행
> '차륜' → '차바퀴'
> '가선' → '전선 설치'

(21) 수전선로: 전기사업자에서 전철변전소 또는 수전설비 간의 전선로와 이에 부속되는 설비
(22) **전철변전소**: 외부로부터 공급된 전력을 구내에 시설한 변압기, 정류기 등 기타의 기계기구를 통해 변성하여 전기철도차량 및 전기철도설비에 공급하는 장소
(23) 지속성 최저전압: 무한정 지속될 것으로 예상되는 전압의 최저값
(24) 지속성 최고전압: 무한정 지속될 것으로 예상되는 전압의 최고값
(25) 장기 과전압: 지속시간이 20[ms] 이상인 과전압

예상문제

전차선이 레일면상 일정한 높이를 유지하도록 행어이어, 드로퍼 등을 이용하여 전차선 상부에서 조가하여 주는 전선을 무엇이라 하는가?

① 조가선 ② 급전선
③ 전차선 ④ 지지선(지선)

| 해설 |
(한국전기설비규정 402)전기철도의 용어 정의
조가선: 전차선이 레일면상 일정한 높이를 유지하도록 행어이어, 드로퍼 등을 이용하여 전차선 상부에서 조가하여 주는 전선

답 ①

THEME 02 전기철도의 전기방식

1 전력수급조건(한국전기설비규정 411.1)

(1) 수전선로의 전력수급조건은 부하의 크기 및 특성, 지리적 조건, 환경적 조건, 전력조류, 전압강하, 수전 안정도, 회로의 공진 및 운용의 합리성, 장래의 수송수요, 전기사업자 협의 등을 고려하여 다음 표의 공칭전압(수전전압) 값으로 선정하여야 한다.

공칭전압(수전전압)[kV]	교류 3상 22.9, 154, 345

▲ 공칭전압(수전전압)

(2) 수전선로의 계통구성에는 3상 단락전류, 3상 단락용량, 전압강하, 전압불평형 및 전압왜형률, 플리커 등을 고려하여 시설하여야 한다.
(3) 수전선로는 지형적 여건 등 시설조건에 따라 가공 또는 지중 방식으로 시설하며, 비상시를 대비하여 예비선로를 확보하여야 한다.

2 전차선로의 전압(한국전기설비규정 411.2)

전차선로의 전압은 전원 측 도체와 전류귀환도체 사이에서 측정된 집전장치의 전위로서 전원공급시스템이 정상 동작상태에서의 값이며, 직류방식과 교류방식으로 구분된다.
(1) **직류방식**: 사용전압과 각 전압별 최고, 최저전압은 다음 표에 따라 선정하여야 한다. 다만, 비지속성 최고전압은 지속시간이 5분 이하로 예상되는 전압의 최고값으로 하되, 기존 운행 중인 전기철도차량과의 인터페이스를 고려한다.

> **강의 꿀팁**
>
> 전차선로의 전압에는 직류방식(공칭전압: 750[V], 1,500[V]) 교류방식(공칭전압: 25,000[V], 50,000[V])이 있어요.

구분	지속성 최저전압[V]	공칭전압[V]	지속성 최고전압[V]	비지속성 최고전압[V]	장기 과전압[V]
DC (평균값)	500 / 900	750 / 1,500	900 / 1,800	950* / 1,950	1,269 / 2,538

* 회생제동의 경우 1,000[V]의 비지속성 최고전압은 허용가능하다.

▲ 직류방식의 급전전압

(2) 교류방식: 사용전압과 각 전압별 최고, 최저전압은 다음 표에 따라 선정하여야 한다. 다만, 비지속성 최저전압은 지속시간이 2분 이하로 예상되는 전압의 최저값으로 하되, 기존 운행 중인 전기철도차량과의 인터페이스를 고려한다.

주파수 (실횻값)	비지속성 최저전압[V]	지속성 최저전압[V]	공칭 전압[V]*	지속성 최고전압[V]	비지속성 최고전압[V]	장기 과전압[V]
60[Hz]	17,500 / 35,000	19,000 / 38,000	25,000 / 50,000	27,500 / 55,000	29,000 / 58,000	38,746 / 77,492

* 급전선과 전차선 간의 공칭전압은 단상교류 50[kV](급전선과 레일 및 전차선과 레일 사이와의 전압은 25[kV])를 표준으로 한다.

▲ 교류방식의 급전전압

THEME 03 전기철도의 변전방식

1 변전소 등의 구성(한국전기설비규정 421.1)

(1) 전기철도설비는 고장 시 고장의 범위를 한정하고 고장전류를 차단할 수 있어야 하며, 단전이 필요할 경우 단전 범위를 한정할 수 있도록 계통별 및 구간별로 분리할 수 있어야 한다.
(2) 차량 운행에 직접적인 영향을 미치는 설비 고장이 발생한 경우 고장 부분이 정상 부분으로 파급되지 않게 전기적으로 자동 분리할 수 있어야 하며, 예비설비를 사용하여 정상 운용할 수 있어야 한다.

2 변전소 등의 계획(한국전기설비규정 421.2)

(1) 전기철도 노선, 전기철도차량의 특성, 차량운행계획 및 철도망건설계획 등 부하특성과 연장급전 등을 고려하여 변전소 등의 용량을 결정하고, 급전계통을 구성하여야 한다.
(2) 변전소의 위치는 가급적 수전선로의 길이가 최소화되도록 하며, 전력수급이 용이하고 변전소 앞 절연구간에서 전기철도차량의 타행운행이 가능한 곳을 선정하여야 한다. 또한 기기와 시설자재의 운반이 용이하고 공해, 염분 피해, 각종 재해의 영향이 적거나 없는 곳을 선정하여야 한다.
(3) 변전설비는 설비운영과 안전성 확보를 위하여 원격 감시 및 제어방법과 유지보수 등을 고려하여야 한다.

> **Tip 용어 변경**
> 2023년 10월 12일부터 시행
> '염해' → '염분 피해'

3 변전소의 용량(한국전기설비규정 421.3)

(1) 변전소의 용량은 급전구간별 정상적인 열차부하조건에서 1시간 최대출력 또는 순시 최대출력을 기준으로 결정하고, 연장급전 등 부하의 증가를 고려하여야 한다.
(2) 변전소의 용량 산정 시 현재의 부하와 장래의 수송수요 및 고장 등을 고려하여 변압기 뱅크를 구성하여야 한다.

4 변전소의 설비(한국전기설비규정 421.4)

(1) 변전소 등의 계통을 구성하는 각종 기기는 운용 및 유지보수성, 시공성, 내구성, 효율성, 친환경성, 안전성 및 경제성 등을 종합적으로 고려하여 선정하여야 한다.
(2) 급전용 변압기는 직류 전기철도의 경우 3상 정류기용 변압기, 교류 전기철도의 경우 3상 스코트전선연결(결선) 변압기의 적용을 원칙으로 하고, 급전계통에 적합하게 선정하여야 한다.
(3) 차단기는 계통의 장래계획을 고려하여 용량을 결정하고, 회로의 특성에 따라 기종과 동작책무 및 차단시간을 선정하여야 한다.
(4) 개폐기는 선로 중 중요한 분기점, 고장발견이 필요한 장소, 빈번한 개폐를 필요로 하는 곳에 설치하며 개폐상태의 표시, 잠금장치 등을 설치하여야 한다.
(5) 제어용 교류전원은 상용과 예비의 2계통으로 구성하여야 한다.
(6) 제어반의 경우 디지털계전기방식을 원칙으로 하여야 한다.

독학이 쉬워지는 기초개념

3상 정류기용 변압기
교류 전력을 직류 전력으로 바꾸는 반도체 정류기 변환 장치에 사용

3상 스코트전선연결(결선) 변압기
3상을 2상으로 변환하는 변압기로 3상 전원에 대한 불평형을 방지하기 위해 사용

Tip 용어 변경
2023년 10월 12일부터 시행
'결선' → '전선연결'

기출예제

급전용 변압기는 교류 전기철도의 경우 어떤 변압기의 적용을 원칙으로 하고, 급전계통에 적합하게 선정하여야 하는가?
① 3상 정류기용 변압기
② 단상 정류기용 변압기
③ 3상 스코트전선연결(결선) 변압기
④ 단상 스코트전선연결(결선) 변압기

| 해설 |
(한국전기설비규정 421.4)변전소의 설비
급전용 변압기는 직류 전기철도의 경우 3상 정류기용 변압기, 교류 전기철도의 경우 3상 스코트전선연결(결선) 변압기의 적용을 원칙으로 하고, 급전계통에 적합하게 선정하여야 한다.

답 ③

전기철도의 변전방식 중 변전소 용량은 급전구간별 정상적인 열차부하조건에서 몇 시간의 최대출력을 기준으로 하는가?
① 1시간
② 2시간
③ 3시간
④ 4시간

| 해설 |
(한국전기설비규정 421.3)변전소의 용량
• 변전소의 용량은 급전구간별 정상적인 열차부하조건에서 1시간 최대출력 또는 순시 최대출력을 기준으로 결정하고, 연장급전 등 부하의 증가를 고려하여야 한다.
• 변전소의 용량 산정 시 현재의 부하와 장래의 수송수요 및 고장 등을 고려하야 변압기 뱅크를 구성하여야 한다.

답 ①

> 독학이 쉬워지는 기초개념

THEME 04 전기철도의 전차선로

1 전차선로의 일반사항(한국전기설비규정 431)

(1) 전차선 전선 설치방식

전차선의 전선 설치방식은 열차의 속도 및 노반의 형태, 부하전류 특성에 따라 적합한 방식을 채택하여야 하며 가공방식, 강체방식, 제3레일방식을 표준으로 한다.

(2) 전차선로의 충전부와 건조물 간의 절연이격

① 건조물과 전차선, 급전선 및 전기철도차량 집전장치의 공기절연 간격은 다음 표에 제시되어 있는 정적 및 동적 최소 절연간격 이상을 확보하여야 한다. 동적 절연이격의 경우 팬터그래프가 통과하는 동안의 일시적인 전선의 움직임을 고려하여야 한다.

② 해안 인접지역, 공해지역, 열기관을 포함한 교통량이 과중한 곳, 오염이 심한 곳, 안개가 자주 끼는 지역, 강풍 또는 강설 지역 등 특정한 위험도가 있는 구역에서는 최소 절연간격보다 증가시켜야 한다.

시스템 종류	공칭전압[V]	동적[mm]		정적[mm]	
		비오염	오염	비오염	오염
직류	750	25	25	25	25
	1,500	100	110	150	160
단상교류	25,000	170	220	270	320

▲ 전차선과 건조물 간의 최소 절연간격

(3) 전차선로의 충전부와 차량 간의 절연이격

① 차량과 전차선로나 충전부 간의 절연이격은 다음 표에 제시되어 있는 정적 및 동적 최소 절연간격 이상을 확보하여야 한다. 동적 절연이격의 경우 팬터그래프가 통과하는 동안의 일시적인 전선의 움직임을 고려하여야 한다.

② 해안 인접지역, 공해지역, 안개가 자주 끼는 지역, 강풍 또는 강설 지역 등 특정한 위험도가 있는 구역에서는 최소 절연간격보다 증가시켜야 한다.

시스템 종류	공칭전압[V]	동적[mm]	정적[mm]
직류	750	25	25
	1,500	100	150
단상교류	25,000	170	270

▲ 전차선과 차량 간의 최소 절연간격

기출예제

전기철도의 전선 설치(가선)방식으로 해당하지 않는 것은?

① 가공방식　　　② 강체방식
③ 지중방식　　　④ 제3레일방식

| 해설 |
(한국전기설비규정 431.1)전차선 전선 설치방식
전차선의 전선 설치(가선)방식은 열차의 속도 및 노반의 형태, 부하전류 특성에 따라 적합한 방식을 채택하여야 하며 가공방식, 강체방식, 제3레일방식을 표준으로 한다.

답 ③

직류 $750[\text{V}]$의 전차선과 차량 간의 최소 절연간격(이격거리)은 동적일 경우 몇 $[\text{mm}]$인가?

① 25　　　② 100
③ 150　　　④ 170

| 해설 |
(한국전기설비규정 431.3)전차선로의 충전부와 차량 간의 절연이격
차량과 전차선로나 충전부 간의 절연이격은 다음 표에 제시되어 있는 정적 및 동적 최소 절연간격(이격거리) 이상을 확보하여야 한다. 동적 절연이격의 경우 팬터그래프가 통과하는 동안의 일시적인 전선의 움직임을 고려하여야 한다.

시스템 종류	공칭전압[V]	동적[mm]	정적[mm]
직류	750	25	25
	1,500	100	150
단상교류	25,000	170	270

답 ①

(4) 급전선로
　① 급전선은 나전선을 적용하여 가공식으로 가설을 원칙으로 한다. 다만, 전기적 영향에 대한 최소 간격이 보장되지 않거나 지락, 불꽃 방전 등의 우려가 있을 경우에는 급전선을 케이블로 하여 안전하게 시공하여야 한다.
　② 가공식은 전차선의 높이 이상으로 전차선로 지지물에 병행 설치하며 나전선의 접속은 직선접속을 원칙으로 한다.
　③ 신설 터널 내 급전선을 가공으로 설계할 경우 지지물의 취부는 C찬넬 또는 매입전을 이용하여 고정하여야 한다.
　④ 선상승강장, 인도교, 과선교 또는 다리 하부 등에 설치할 때에는 최소 절연간격 이상을 확보하여야 한다.

(5) 귀선로
　① 귀선로는 비절연보호도체, 매설접지도체, 레일 등으로 구성하여 단권변압기 중성점과 공통접지에 접속한다.
　② 비절연보호도체의 위치는 통신유도장해 및 레일전위의 상승의 경감을 고려하여 결정하여야 한다.
　③ 귀선로는 사고 및 지락 시에도 충분한 허용전류용량을 갖도록 하여야 한다.

독학이 쉬워지는 기초개념

전차선의 높이

전차선의 높이는 지지점에서 레일면과 전차선 간의 수직거리를 의미한다.

(6) 전차선 및 급전선의 높이

전차선과 급전선의 최소 높이는 다음 표의 값 이상을 확보하여야 한다. 다만, 전차선 및 급전선의 최소 높이는 최대 대기온도에서 바람이나 팬터그래프의 영향이 없는 안정된 위치에 놓여 있는 경우 사람의 안전 측면에서 건널목, 터널, 다리, 과선교 등을 고려하여 궤도면상 높이로 정의한다. 전차선의 최소 높이는 항상 열차의 통과 게이지보다 높아야 하며, 전기적 간격과 팬터그래프의 최소 작동높이를 고려하여야 한다.

시스템 종류	공칭전압[V]	동적[mm]	정적[mm]
직류	750	4,800	4,400
	1,500	4,800	4,400
단상교류	25,000	4,800	4,570

▲ 전차선 및 급전선의 최소 높이

(7) 전차선로 지지물 설계 시 고려하여야 하는 하중
① 전차선로 지지물 설계 시 선로에 직각 및 평행방향에 대하여 전선 중량, 브래킷, 빔 기타 중량, 작업원의 중량을 고려하여야 한다.
② 또한 풍압하중, 전선의 횡장력, 지지물이 특수한 사용조건에 따라 일어날 수 있는 모든 하중을 고려하여야 한다.
③ 지지물 및 기초, 지지선기초에는 지진 하중을 고려하여야 한다.

예상문제

전차선로의 지지물 및 기초, 지지선(지선)기초 설계 시 특히 고려해야 하는 것으로 가장 적절한 것은?

① 전선 중량
② 풍압 하중
③ 전선의 횡장력
④ 지진 하중

| 해설 |
(한국전기설비규정 431.9)전차선로 지지물 설계 시 고려하여야 하는 하중
• 전차선로 지지물 설계 시 선로에 직각 및 평행방향에 대하여 전선 중량, 브래킷, 빔 기타 중량, 작업원의 중량을 고려하여야 한다.
• 또한 풍압하중, 전선의 횡장력, 지지물이 특수한 사용조건에 따라 일어날 수 있는 모든 하중을 고려하여야 한다.
• 지지물 및 기초, 지지선(지선)기초에는 지진 하중을 고려하여야 한다.

답 ④

(8) 전차선로 설비의 안전율

하중을 지탱하는 전차선로 설비의 강도는 작용이 예상되는 하중의 최악 조건 조합에 대하여 다음의 최소 안전율이 곱해진 값을 견디어야 한다.
① 합금전차선의 경우 2.0 이상
② 경동선의 경우 2.2 이상
③ 조가선 및 조가선 장력을 지탱하는 부품에 대하여 2.5 이상
④ 복합체 자재(고분자 애자 포함)에 대하여 2.5 이상
⑤ 지지물 기초에 대하여 2.0 이상

Tip 강의 꿀팁

각 경우에 따른 전차선로 설비의 안전율을 확실하게 숙지하는 것이 중요해요.

⑥ 장력조정장치 2.0 이상
⑦ 빔 및 브래킷은 소재 허용응력에 대하여 1.0 이상
⑧ 철주는 소재 허용응력에 대하여 1.0 이상
⑨ 브래킷의 애자는 최대 굽힘(만곡)하중에 대하여 2.5 이상
⑩ 지지선은 선형일 경우 2.5 이상, 강봉형은 소재 허용응력에 대하여 1.0 이상

> **독학이 쉬워지는 기초개념**
>
>  **용어 변경**
>
> 2023년 10월 12일부터 시행
> '만곡' → '굽힘'

예상문제

전차선로의 설비 중 경동선의 안전율은 몇 이상이어야 하는가?

① 2.0   ② 2.2
③ 2.4   ④ 2.6

| 해설 |
(한국전기설비규정 431.10) 전차선로 설비의 안전율
하중을 지탱하는 전차선로 설비의 강도는 작용이 예상되는 하중의 최악 조건 조합에 대하여 다음의 최소 안전율이 곱해진 값을 견디어야 한다.
- 합금전차선의 경우 2.0 이상
- 경동선의 경우 2.2 이상
- 조가선 및 조가선 장력을 지탱하는 부품에 대하여 2.5 이상
- 복합체 자재(고분자 애자 포함)에 대하여 2.5 이상
- 지지물 기초에 대하여 2.0 이상
- 장력조정장치 2.0 이상
- 빔 및 브래킷은 소재 허용응력에 대하여 1.0 이상
- 철주는 소재 허용응력에 대하여 1.0 이상
- 브래킷의 애자는 최대 굽힘(만곡)하중에 대하여 2.5 이상
- 지지선(지선)은 선형일 경우 2.5 이상, 강봉형은 소재 허용응력에 대하여 1.0 이상

답 ②

(9) 전차선 등과 식물 사이의 간격

교류전차선 등 충전부와 식물 사이의 간격은 5[m] 이상이어야 한다. 다만, 5[m] 이상 확보하기 곤란한 경우에는 현장여건을 고려하여 방호벽 등 안전조치를 하여야 한다.

예상문제

전기철도에서 교류전차선 등 충전부와 식물 사이의 간격(이격거리)은 몇 [m] 이상이어야 하는가?

① 5   ② 6
③ 7   ④ 8

| 해설 |
(한국전기설비규정 431.11) 전차선 등과 식물 사이의 간격
교류전차선 등 충전부와 식물 사이의 간격(이격거리)은 5[m] 이상이어야 한다. 다만, 5[m] 이상 확보하기 곤란한 경우에는 현장여건을 고려하여 방호벽 등 안전조치를 하여야 한다.

답 ①

독학이 쉬워지는 기초개념

2 전기철도의 원격감시제어설비(한국전기설비규정 435)

(1) 원격감시제어시스템(SCADA)
   ① 원격감시제어시스템은 열차의 안전운행과 현장 전철전력설비의 유지보수를 위하여 제어, 감시대상, 수준, 범위 및 확인, 운용방법 등을 고려하여 구성하여야 한다.
   ② 중앙감시제어반의 구성, 방식, 운용방식 등을 계획하여야 한다.
   ③ 전철변전소, 배전소 등의 운용을 위한 소규모 제어설비에 대한 위치, 방식 등을 고려하여 구성하여야 한다.

(2) 중앙감시제어장치 및 소규모감시제어장치
   ① 전철변전소 등의 제어 및 감시는 전기관제실에서 이루어지도록 한다.
   ② 원격감시제어시스템(SCADA)은 열차집중제어장치(CTC), 통신집중제어장치와 호환되도록 하여야 한다.
   ③ 전기관제실과 전철변전소, 급전구분소 또는 그 밖의 관제 업무에 필요한 장소에는 상호 연락할 수 있는 통신 설비를 시설하여야 한다.
   ④ 소규모감시제어장치는 유사 시 현지에서 중앙감시제어장치를 대체할 수 있도록 하고, 전원설비 운용에 용이하도록 구성한다.

THEME 05 전기철도의 전기철도차량 설비

1 절연구간(한국전기설비규정 441.1)

(1) 교류 구간에서는 변전소 및 급전구분소 앞에서 서로 다른 위상 또는 공급점이 다른 전원이 인접하게 될 경우 전원이 혼촉되는 것을 방지하기 위한 절연구간을 설치하여야 한다.
(2) 전기철도차량의 교류 – 교류 절연구간을 통과하는 방식은 역행 운전방식, 타행 운전방식, 변압기 무부하 전류방식, 전력소비 없이 통과하는 방식이 있으며, 각 통과방식을 고려하여 가장 적합한 방식을 선택하여 시설한다.
(3) 교류–직류(직류–교류) 절연구간은 교류 구간과 직류 구간의 경계지점에 시설한다. 이 구간에서 전기철도차량은 속도 조절 차단 상태로 주행한다.
(4) 절연구간의 소요길이는 구간 진입 시의 아크 시간, 잔류전압의 감쇄시간, 팬터그래프 배치간격, 열차속도 등에 따라 결정한다.

2 팬터그래프 형상(한국전기설비규정 441.2)

전차선과 접촉되는 팬터그래프는 헤드, 기하학적 형상, 집전범위, 집전판의 길이, 최대 넓이, 헤드의 왜곡 등을 고려하여 제작하여야 한다.

3 전차선과 팬터그래프 간 상호작용(한국전기설비규정 441.3)

(1) 전차선의 전류는 열차속도, 열차중량, 차량운행간격, 선로 기울기, 전차선 전선 설치방식 등에 따라 다르고, 팬터그래프와 전차선 간에는 과열이 일어나지 않도록 하여야 한다.

(2) 정지 시 팬터그래프당 최대전류값은 전차선 재질 및 수량, 집전판 수량 및 재질, 접촉력, 열차속도, 환경조건에 따라 다르게 고려되어야 한다.
(3) 팬터그래프의 압상력은 전류의 안전한 집전에 부합하여야 한다.

4 전기철도차량의 역률(한국전기설비규정 441.4)

(1) 비지속성 최저전압에서 비지속성 최고전압까지의 전압범위에서 유도성 역률 및 전력소비에 대해서만 적용되며, 회생제동 중에는 전압을 제한범위 내로 유지시키기 위하여 유도성 역률을 낮출 수 있다. 다만, 전기철도차량이 전차선로와 접촉한 상태에서 견인력을 끄고 보조전력을 가동한 상태로 정지해 있는 경우, 가공 전차선로의 유효전력이 200[kW] 이상일 경우 총 역률은 0.8보다는 작아서는 안 된다.

팬터그래프에서의 전기철도차량 순간전력 P[MW]	전기철도차량의 유도성 역률 λ
$P > 6$	$\lambda \geq 0.95$
$2 \leq P \leq 6$	$\lambda \geq 0.93$

▲ 팬터그래프에서의 전기철도차량 순간전력 및 유도성 역률

(2) 역행 모드에서 전압을 제한범위 내로 유지하기 위하여 용량성 역률이 허용되며, 비지속성 최저전압에서 비지속성 최고전압까지의 전압범위에서 용량성 역률은 제한받지 않는다.

5 회생제동(한국전기설비규정 441.5)

(1) 전기철도차량은 다음과 같은 경우에 회생제동의 사용을 중단해야 한다.
 ① 전차선로 지락이 발생한 경우
 ② 전차선로에서 전력을 받을 수 없는 경우
 ③ 선로전압이 장기 과전압보다 높은 경우
(2) 회생전력을 다른 전기장치에서 흡수할 수 없는 경우에는 전기철도차량은 다른 제동시스템으로 전환되어야 한다.
(3) 전기철도 전력공급시스템은 회생제동이 상용제동으로 사용이 가능하고 다른 전기철도차량과 전력을 지속적으로 주고받을 수 있도록 설계되어야 한다.

6 전기철도차량 전기설비의 전기위험방지를 위한 보호대책(한국전기설비규정 441.6)

(1) 감전을 일으킬 수 있는 충전부는 직접 접촉에 대한 보호가 있어야 한다.
(2) 간접 접촉에 대한 보호대책은 노출된 도전부는 고장 조건하에서 부근 충전부와의 유도 및 접촉에 의한 감전이 일어나지 않아야 한다. 그 목적은 위험도가 노출된 도전부가 같은 전위가 되도록 보장하는 데 있다. 이는 보호용 본딩으로만 달성될 수 있으며 또는 자동급전 차단 등의 방법을 통하여 달성될 수 있다.
(3) 주행레일과 분리되어 있거나 또는 공동으로 되어 있는 보호용 도체를 채택한 시스템에서 운행되는 모든 전기철도차량은 차체와 고정설비의 보호용 도체 사이에는 최소 2개 이상의 보호용 본딩 연결로가 있어야 하며 한쪽 경로에 고장이 발생하더라도 감전 위험이 없어야 한다.

독학이 쉬워지는 기초개념

유도성 역률

$$\lambda = \sqrt{\frac{1}{1+\left(\frac{W_Q}{W_P}\right)^2}}$$

W_P[MWh] : 유효전력
W_Q[MVArh] : 컴퓨터 모의실험 또는 실측된 무효전력

회생제동
주전동기를 발전기로 하여 발생하는 전력을 다시 전원으로 되돌려서 활용하는 방식

독학이 쉬워지는 기초개념

(4) 차체와 주행 레일과 같은 고정설비의 보호용 도체 간의 임피던스는 이들 사이에 위험 전압이 발생하지 않을 만큼 낮은 수준인 다음 표의 값에 따른다. 이 값은 적용전압이 50[V]를 초과하지 않는 곳에서 50[A]의 일정 전류로 측정하여야 한다.

차량 종류	최대 임피던스[Ω]
기관차	0.05
객차	0.15

▲ 전기철도차량별 최대 임피던스

THEME 06 전기철도의 설비를 위한 보호

1 보호협조(한국전기설비규정 451.1)

(1) 사고 또는 고장의 파급을 방지하기 위하여 계통 내에서 발생한 사고전류를 검출하고 차단장치에 의해서 신속하고 순차적으로 차단할 수 있는 보호시스템을 구성하며 설비계통 전반의 보호협조가 되도록 하여야 한다.
(2) 보호계전방식은 신뢰성, 선택성, 협조성, 동작속도, 고장전류검출 감도, 취급 및 보수점검의 편의성을 고려하여 구성하여야 한다.
(3) 급전선로는 안정도 향상, 자동복구, 정전시간 감소를 위하여 보호계전방식에 자동재연결 기능을 구비하여야 한다.
(4) 전차선로용 애자를 불꽃 방전사고로부터 보호하고 접지전위 상승을 억제하기 위하여 보호설비를 구비하여야 한다.
(5) 가공선로 측에서 발생한 지락 및 사고전류의 파급을 방지하기 위하여 피뢰기를 설치하여야 한다.

예상문제

전기철도에서 가공선로 측에서 발생한 지락 및 사고전류의 파급을 방지하기 위하여 설치해야 하는 설비로 적절한 것은?

① Recloser ② LA
③ VCB ④ COS

| 해설 |
(한국전기설비규정 451.1)보호협조
- 사고 또는 고장의 파급을 방지하기 위하여 계통 내에서 발생한 사고전류를 검출하고 차단장치에 의해서 신속하고 순차적으로 차단할 수 있는 보호시스템을 구성하며 설비계통 전반의 보호협조가 되도록 하여야 한다.
- 보호계전방식은 신뢰성, 선택성, 협조성, 동작속도, 고장전류검출 감도, 취급 및 보수점검의 편의성을 고려하여 구성하여야 한다.
- 급전선로는 안정도 향상, 자동복구, 정전시간 감소를 위하여 보호계전방식에 자동재연결(재폐로) 기능을 구비하여야 한다.
- 전차선로용 애자를 불꽃 방전(섬락)사고로부터 보호하고 접지전위 상승을 억제하기 위하여 보호설비를 구비하여야 한다.
- 가공선로 측에서 발생한 지락 및 사고전류의 파급을 방지하기 위하여 피뢰기(LA)를 설치하여야 한다.

답 ②

Tip 강의 꿀팁
- 리클로저(Recloser): 자동 재연결(재폐로) 차단기
- 피뢰기(LA)
- 진공차단기(VCB)
- 컷아웃스위치(COS)

2 절연협조(한국전기설비규정 451.2)

변전소 등의 입·출력 측에서 유입되는 뇌해, 이상전압과 변전소 등의 계통 내에서 발생하는 개폐서지의 크기 및 지속성, 이상전압 등을 고려하고 각각의 변전설비에 대한 절연협조를 해야 한다.

3 피뢰기의 설치장소(한국전기설비규정 451.3)

(1) 피뢰기 설치장소
  ① 변전소 인입 측 및 급전선 인출 측
  ② 가공전선과 직접 접속하는 지중케이블에서 낙뢰에 의해 절연파괴의 우려가 있는 케이블 단말
(2) 피뢰기는 가능한 한 보호하는 기기와 가깝게 시설하되 누설전류 측정이 용이하도록 지지대와 절연하여 설치한다.

4 피뢰기의 선정(한국전기설비규정 451.4)

(1) 피뢰기는 밀봉형을 사용하고 유효 보호거리를 증가시키기 위하여 방전 개시전압 및 제한전압이 낮은 것을 사용한다.
(2) 유도뢰서지에 대하여 2선 또는 3선의 피뢰기 동시동작이 우려되는 변전소 근처의 단락전류가 큰 장소에는 속류차단능력이 크고 또한 차단성능이 회로조건의 영향을 받을 우려가 적은 것을 사용한다.

THEME 07 전기철도의 안전을 위한 보호

1 감전에 대한 보호조치(한국전기설비규정 461.1)

(1) 공칭전압이 교류 1[kV] 또는 직류 1.5[kV] 이하인 경우 사람이 접근할 수 있는 보행표면의 경우 가공 전차선의 충전부뿐만 아니라 전기철도차량 외부의 충전부(집전장치, 지붕도체 등)와의 직접 접촉을 방지하기 위한 공간거리가 있어야 하며 다음 그림에서 표시한 공간거리 이상을 확보하여야 한다. 단, 제3레일방식에는 적용되지 않는다.

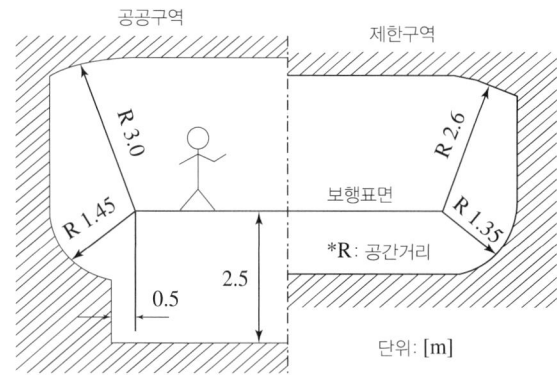

▲ 공칭전압이 교류 1[kV] 또는 직류 1.5[kV] 이하인 경우 사람이 접근할 수 있는 보행표면의 공간거리

(2) (1)에 제시된 공간거리를 유지할 수 없는 경우 충전부와의 직접 접촉에 대한 보호를 위해 장애물을 설치하여야 한다. 충전부가 보행표면과 동일한 높이 또는 낮게 위치한 경우, 장애물 높이는 장애물 상단으로부터 1.35[m]의 공간거리를 유지하여야 하며 장애물과 충전부 사이의 공간거리는 최소한 0.3 [m]로 하여야 한다.
(3) 공칭전압이 교류 1[kV] 초과 25[kV] 이하인 경우 또는 직류 1.5[kV] 초과 25[kV] 이하인 경우 사람이 접근할 수 있는 보행표면의 경우 가공 전차선의 충전부뿐만 아니라 차량외부의 충전부(집전장치, 지붕도체 등)와의 직접 접촉을 방지하기 위한 공간거리가 있어야 하며, 다음 그림에서 표시한 공간거리 이상을 유지하여야 한다.

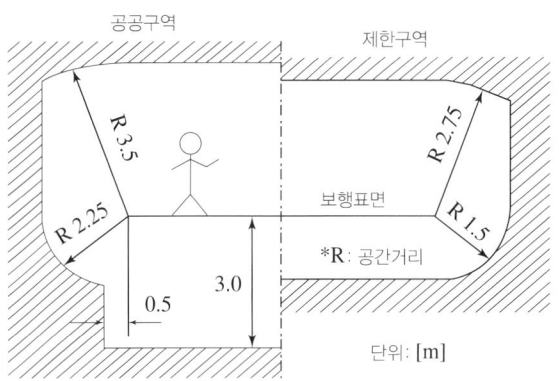

▲ 공칭전압이 교류 1[kV] 초과 25[kV] 이하인 경우 또는
직류 1.5[kV] 초과 25[kV] 이하인 경우 사람이 접근할 수 있는 보행표면의 공간거리

(4) (3)에 제시된 공간거리를 유지할 수 없는 경우, 충전부와의 직접 접촉에 대한 보호를 위해 장애물을 설치하여야 한다.
(5) 충전부가 보행표면과 동일한 높이 또는 낮게 위치한 경우, 장애물 높이는 장애물 상단으로부터 1.5[m]의 공간거리를 유지하여야 하며 장애물과 충전부 사이의 공간거리는 최소한 0.6[m]로 하여야 한다.

2 레일 전위의 위험에 대한 보호(한국전기설비규정 461.2)

(1) 레일 전위는 고장 조건에서의 접촉전압 또는 정상 운전조건에서의 접촉전압으로 구분하여야 한다.
(2) 교류 전기철도 급전시스템에서의 레일 전위의 최대 허용 접촉전압은 다음 표의 값 이하여야 한다. 단, 작업장 및 이와 유사한 장소에서는 최대 허용 접촉전압이 25[V](실횻값)를 초과하지 않아야 한다.

시간 조건	최대 허용 접촉전압(실횻값)
순시 조건($t \leq 0.5$초)	670[V]
일시적 조건(0.5초 $< t \leq 300$초)	65[V]
영구적 조건($t > 300$초)	60[V]

▲ 교류 전기철도 급전시스템의 최대 허용 접촉전압

(3) 직류 전기철도 급전시스템에서의 레일 전위의 최대 허용 접촉전압은 다음 표 값 이하여야 한다. 단, 작업장 및 이와 유사한 장소에서 최대 허용 접촉전압은 60[V]를 초과하지 않아야 한다.

시간 조건	최대 허용 접촉전압
순시 조건($t \leq 0.5$초)	535[V]
일시적 조건(0.5초$< t \leq 300$초)	150[V]
영구적 조건($t > 300$초)	120[V]

▲ 직류 전기철도 급전시스템의 최대 허용 접촉전압

(4) 직류 및 교류 전기철도 급전시스템에서 최대 허용 접촉전압을 초과하는 높은 접촉전압이 발생할 수 있는지를 판단하기 위해서는 해당 지점에서 귀선 도체의 전압강하를 기준으로 하여 정상동작 및 고장 조건에 대한 레일 전위를 평가하여야 한다.

(5) 직류 및 교류 전기철도 급전시스템에서 레일 전위를 산출하여 평가할 경우, 주행레일에 흐르는 최대 동작전류와 단락전류를 사용하고, 단락 산출의 경우에는 초기 단락전류를 사용하여야 한다.

3 레일 전위의 접촉전압 감소 방법(한국전기설비규정 461.3)

(1) 교류 전기철도 급전시스템은 다음 방법을 고려하여 접촉전압을 감소시켜야 한다.
① 접지극 추가 사용
② 등전위본딩
③ 전자기적 커플링을 고려한 귀선로의 강화
④ 전압제한소자 적용
⑤ 보행표면의 절연
⑥ 단락전류를 중단시키는 데 필요한 트래핑 시간의 감소

(2) 직류 전기철도 급전시스템은 다음 방법을 고려하여 접촉전압을 감소시켜야 한다.
① 고장 조건에서 레일 전위를 감소시키기 위해 전도성 구조물 접지의 보강
② 전압제한소자 적용
③ 귀선 도체의 보강
④ 보행표면의 절연
⑤ 단락전류를 중단시키는 데 필요한 트래핑 시간의 감소

4 전기부식방지대책(한국전기설비규정 461.4)

(1) 주행레일을 귀선으로 이용하는 경우에는 누설전류에 의하여 케이블, 금속제 지중관로 및 선로 구조물 등에 영향을 미치지 않도록 시설을 하여야 한다.

(2) 전기철도 측의 전기부식방지 또는 전기부식예방을 위해서는 다음 방법을 고려하여야 한다.
① 변전소 간 간격 축소
② 레일본드의 양호한 시공

③ 장대레일 채택
④ 절연도상 및 레일과 침목 사이에 절연층의 설치
⑤ 기타
(3) 매설금속체 측의 누설전류에 의한 전기부식의 피해가 예상되는 곳은 다음 방법을 고려하여야 한다.
① 배류장치 설치
② 절연코팅
③ 매설금속체 접속부 절연
④ 저준위 금속체를 접속
⑤ 궤도와의 간격 증대
⑥ 금속판 등의 도체로 차폐

예상문제

전기철도 측의 전기부식(전식)방지 또는 전기부식(전식)예방을 위해서 고려해야 할 사항으로 적절하지 않은 것은?

① 귀선을 양(+) 극성으로 한다.
② 변전소 간 간격을 좁힌다.
③ 레일본드를 설치한다.
④ 절연도상 및 레일과 침목 사이에 절연층을 설치한다.

| 해설 |
(한국전기설비규정 461.4)전기부식방지대책
전기철도 측의 전기부식(전식)방지 또는 전기부식(전식)예방을 위해서는 다음 방법을 고려하여야 한다.
- 변전소 간 간격 축소
- 레일본드의 양호한 시공
- 장대레일 채택
- 절연도상 및 레일과 침목 사이에 절연층의 설치

답 ①

5 누설전류 간섭에 대한 방지(한국전기설비규정 461.5)

(1) 직류 전기철도 시스템의 누설전류를 최소화하기 위해 귀선전류를 금속귀선로 내부로만 흐르도록 하여야 한다.
(2) 심각한 누설전류의 영향이 예상되는 지역에서는 정상운전 시 단위길이당 컨덕턴스 값은 다음 표의 값 이하로 유지될 수 있도록 하여야 한다.

견인시스템	옥외[S/km]	터널[S/km]
철도선로(레일)	0.5	0.5
개방 구성에서의 대량수송 시스템	0.5	0.1
폐쇄 구성에서의 대량수송 시스템	2.5	–

▲ 단위길이당 컨덕턴스

(3) 귀선시스템의 세로방향 전기저항을 낮추기 위해서는 레일 사이에 저저항 레일 본드를 접합 또는 접속하여 전체 세로방향 저항이 5[%] 이상 증가하지 않도록 하여야 한다.
(4) 귀선시스템의 어떠한 부분도 대지와 절연되지 않은 설비, 부속물 또는 구조물과 접속되어서는 안 된다.
(5) 직류 전기철도 시스템이 매설 배관 또는 케이블과 인접할 경우 누설전류를 피하기 위해 최대한 이격시켜야 하며, 주행레일과 최소 1[m] 이상의 거리를 유지하여야 한다.

6 전자파 장해의 방지(한국전기설비규정 461.6)

전차선로는 무선설비의 기능에 계속적이고 또한 중대한 장해를 주는 전자파가 생길 우려가 있는 경우에는 이를 방지하도록 시설하여야 한다.

7 통신상의 유도 장해방지 시설(한국전기설비규정 461.7)

교류식 전기철도용 전차선로는 기설 가공약전류 전선로에 대하여 유도작용에 의한 통신상의 장해가 생기지 않도록 시설하여야 한다.

CHAPTER 08 CBT 적중문제

01
전기철도설비와 거리가 가장 먼 것은?

① 전철 변전설비 ② 급전설비
③ 부하설비   ④ 가공설비

해설
(한국전기설비규정 402)전기철도의 용어 정의
전기철도설비는 전철 변전설비, 급전설비, 부하설비(전기철도차량 설비 등)로 구성된다.

02
궤도에 해당하지 않는 것은?

① 레일   ② 침목
③ 도상   ④ 객차

해설
(한국전기설비규정 402)전기철도의 용어 정의
궤도는 레일·침목 및 도상과 이들의 부속품으로 구성된 시설을 말한다.

03
전기철도의 용어에서 합성전차선의 구성으로 알맞지 않은 것은?

① 전차선   ② 조가선
③ 행어이어 ④ 접지도체

해설
(한국전기설비규정 402)전기철도의 용어 정의
합성전차선은 전기철도차량에 전력을 공급하기 위하여 설치하는 전차선, 조가선(강체 포함), 행어이어, 드로퍼 등으로 구성된 가공전선을 말한다.

04
전기철도차량에 전력을 공급하는 전차선의 전선 설치(가선) 방식에 포함되지 않는 것은?

① 가공방식   ② 강체방식
③ 제3레일방식 ④ 지중조가선방식

해설
(한국전기설비규정 402)전기철도의 용어 정의
전선 설치(가선)방식: 전기철도차량에 전력을 공급하는 전차선의 전선 설치방식으로 가공방식, 강체방식, 제3레일방식으로 분류한다.

05
전기철도의 전력수급조건을 고려했을 때 공칭전압에 포함되지 않는 것은?

① 22.9[kV] ② 154[kV]
③ 345[kV]   ④ 765[kV]

해설
(한국전기설비규정 411.1)전력수급조건
전력수급조건을 고려한 공칭전압: 22.9[kV], 154[kV], 345[kV]

| 정답 | 01 ④ 02 ④ 03 ④ 04 ④ 05 ④

06
급전용 변압기는 교류 전기철도의 경우 어떤 변압기의 적용을 원칙으로 하고 급전계통에 적합하게 선정하여야 하는가?

① 3상 정류기용 변압기
② 단상 정류기용 변압기
③ 3상 스코트전선연결(결선) 변압기
④ 단상 스코트전선연결(결선) 변압기

해설

(한국전기설비규정 421.4)변전소의 설비
급전용 변압기는 직류 전기철도의 경우 3상 정류기용 변압기, 교류 전기철도의 경우 3상 스코트전선연결(결선) 변압기의 적용을 원칙으로 하고, 급전계통에 적합하게 선정하여야 한다.

07
귀선로에 대한 설명으로 틀린 것은?

① 나전선을 적용하여 가공식으로 가설을 원칙으로 한다.
② 사고 및 지락 시에도 충분한 허용전류용량을 갖도록 하여야 한다.
③ 비절연보호도체, 매설접지도체, 레일 등으로 구성하여 단권변압기 중성점과 공통접지에 접속한다.
④ 비절연보호도체의 위치는 통신유도장해 및 레일전위의 상승의 경감을 고려하여 결정하여야 한다.

해설

(한국전기설비규정 431.5)귀선로
- 귀선로는 비절연보호도체, 매설접지도체, 레일 등으로 구성하여 단권변압기 중성점과 공통접지에 접속한다.
- 비절연보호도체의 위치는 통신유도장해 및 레일전위의 상승의 경감을 고려하여 결정하여야 한다.
- 귀선로는 사고 및 지락 시에도 충분한 허용전류용량을 갖도록 하여야 한다.

08
공칭전압이 $1,500[\text{V}]$인 가공직류 전차선로의 레일면상의 동적 높이는 몇 $[\text{m}]$ 이상 확보해야 하는가?

① 1.8
② 3.5
③ 4.8
④ 6.0

해설

(한국전기설비규정 431.6)전차선 및 급전선의 높이

시스템 종류	공칭전압[V]	동적[mm]	정적[mm]
직류	750	4,800	4,400
	1,500	4,800	4,400
단상교류	25,000	4,800	4,570

09
전기철도차량의 회생제동의 사용을 중단해야 할 경우로 옳지 않은 것은?

① 전차선로 지락이 발생한 경우
② 전차선로에서 전력을 받을 수 없는 경우
③ 다른 전기장치에서 흡수할 수 없는 경우
④ 선로전압이 장기 과전압보다 높은 경우

해설

(한국전기설비규정 441.5)전기철도차량의 회생제동
전기철도차량의 회생제동 사용 중단 조건
- 전차선로 지락이 발생한 경우
- 전차선로에서 전력을 받을 수 없는 경우
- 선로전압이 장기 과전압보다 높은 경우

10
순시조건(t≤0.5초)에서 교류 전기철도 급전시스템에서의 레일 전위의 최대 허용 접촉전압(실횻값)으로 옳은 것은?

① 60[V] ② 65[V]
③ 440[V] ④ 670[V]

해설

(한국전기설비규정 461.2)레일 전위의 위험에 대한 보호
교류 전기철도 급전시스템에서의 레일 전위의 최대 허용 접촉전압은 다음 표의 값 이하여야 한다. 단, 작업장 및 이와 유사한 장소에서는 최대 허용 접촉전압이 25[V](실횻값)를 초과하지 않아야 한다.

시간 조건	최대 허용 접촉전압(실횻값)
순시조건(t≤0.5초)	670[V]
일시적 조건 (0.5초<t≤300초)	65[V]
영구적 조건(t>300초)	60[V]

11
교류 전기철도 급전시스템에서 레일 전위의 최대 허용 접촉전압 값을 초과하는 경우 접촉전압을 감소시키는 방법으로 옳지 않은 것은?

① 접지극 추가 사용 ② 등전위본딩
③ 보행표면의 절연 ④ 전류제한소자 적용

해설

(한국전기설비규정 461.3)레일 전위의 접촉전압 감소 방법
- 접지극 추가 사용
- 등전위본딩
- 전자기적 커플링을 고려한 귀선로의 강화
- 전압제한소자 적용
- 보행표면의 절연

12
전기부식(전식)방지대책으로 전기철도 측의 전기부식(전식) 방지 또는 전기부식(전식)예방을 위해 고려할 사항이 아닌 것은?

① 변전소 간 간격 축소
② 장대레일 채택
③ 레일본드의 양호한 시공
④ 배류장치 설치

해설

(한국전기설비규정 461.4)전기부식방지대책
전기철도 측의 전기부식(전식)방지 또는 전기부식(전식)예방
- 변전소 간 간격 축소
- 레일본드의 양호한 시공
- 장대레일 채택
- 절연도상 및 레일과 침목 사이에 절연층의 설치

13
전기부식(전식)방지대책에서 매설금속체 측의 누설전류에 의한 전기부식(전식)의 피해가 예상되는 곳에 고려하여야 하는 방법으로 틀린 것은?

① 절연코팅
② 배류장치 설치
③ 변전소 간 간격 축소
④ 저준위 금속체를 접속

해설

(한국전기설비규정 461.4)전기부식방지대책
매설금속체 측의 누설전류에 의한 전기부식(진식)의 피해가 예상되는 곳은 다음 방법을 고려하여야 한다.
- 배류장치 설치
- 절연코팅
- 매설금속체 접속부 절연
- 저준위 금속체를 접속
- 궤도와의 간격(이격거리) 증대
- 금속판 등의 도체로 차폐

14

직류 전기철도 시스템이 매설 배관 또는 케이블과 인접할 경우 누설전류를 피하기 위해 최대한 이격시켜야 하며, 주행레일과 최소 몇 [m] 이상 거리를 유지하여야 하는가?

① 5
② 2
③ 1
④ 0.5

해설

(한국전기설비규정 461.5)누설전류 간섭에 대한 방지
직류 전기철도 시스템이 매설 배관 또는 케이블과 인접할 경우 누설전류를 피하기 위해 최대한 이격시켜야 하며, 주행레일과 최소 1[m] 이상의 거리를 유지하여야 한다.

분산형 전원설비

1. 통칙
2. 전기저장장치
3. 태양광발전설비
4. 풍력발전설비
5. 연료전지설비

학습전략

CHAPTER 09 분산형 전원설비는 에너지 종류에 따라 각 설비의 개념 및 특성을 학습하는 것을 추천합니다. 또한 '22년도에 새롭게 출제된 문제들을 중심으로 이론을 학습하는 것을 권장합니다.

CHAPTER 09 | 흐름 미리보기

1. 통칙
2. 전기저장장치
3. 태양광발전설비
5. 연료전지설비
4. 풍력발전설비

합격!

CHAPTER 09 분산형 전원설비

독학이 쉬워지는 기초개념

나셀
풍력발전기를 구성하는 부분의 하나로, 로터에서 얻은 회전력을 전기에너지로 변환시키기 위한 발전장치

분산형 전원설비
중앙급전 전원과 구분되는 것으로서 전력소비지역 부근에 분산하여 배치 가능한 전원

(Tip) 강의 꿀팁
신재생에너지 종류에 따라 신에너지 및 재생에너지로 분류할 수 있어요.

독립형 전원(단독운전)
전력계통의 일부가 전력계통의 전원과 전기적으로 분리된 상태

계통연계형 전원
전력계통의 일부가 전력계통의 전원과 전기적으로 연결된 상태

THEME 01 통칙

1 용어의 정의(한국전기설비규정 502)

(1) '풍력터빈'이란 바람의 운동에너지를 기계적 에너지로 변환하는 장치(가동부 베어링, 나셀, 날개 등의 부속물 포함)를 말한다.
(2) '풍력터빈을 지지하는 구조물'이란 타워와 기초로 구성된 풍력터빈의 일부분을 말한다.
(3) '풍력발전소'란 단일 또는 복수의 풍력터빈(풍력터빈을 지지하는 구조물 포함)을 원동기로 하는 발전기와 그 밖의 기계기구를 시설하여 전기를 발생시키는 곳을 말한다.
(4) '자동정지'란 풍력터빈의 설비보호를 위한 보호장치의 작동으로 인하여 자동적으로 풍력터빈을 정지시키는 것을 말한다.
(5) 'MPPT'란 태양광발전이나 풍력발전 등이 현재 조건에서 가능한 최대의 전력을 생산할 수 있도록 인버터 제어를 이용하여 해당 발전원의 전압이나 회전속도를 조정하는 최대출력추종(MPPT; Maximum Power Point Tracking) 기능을 말한다.
(6) "전지관리시스템(BMS, Battery Management System)"이란 이차전지의 전압, 전류, 온도 등의 값을 측정하여 이차전지를 효율적으로 사용할 수 있도록 상위 시스템과의 통신을 통해 현재의 상태를 전송하며, 이상 징후 발생 시 내부 안전장치를 작동시키는 등 이차전지를 관리하는 시스템을 말한다.
(7) "재사용 이차전지"란 이차전지를 해체 및 재조립하여 안전 및 성능 평가를 통해 다시 사용하는 이차전지를 말한다.

2 분산형 전원계통 연계설비의 시설(한국전기설비규정 503)

(1) 계통 연계의 범위
분산형 전원설비 등을 전력계통에 연계하는 경우에 적용하며, 여기서 전력계통이라 함은 전기판매사업자의 계통, 구내계통 및 독립전원계통 모두를 말한다.
(2) 시설기준
① 전기 공급방식 등
  - 분산형 전원설비의 전기 공급방식은 전력계통과 연계되는 전기 공급방식과 동일할 것
  - 분산형 전원설비 사업자의 한 사업장의 설비 용량 합계가 250[kVA] 이상일 경우에는 송·배전계통과 연계지점의 연결 상태를 감시 또는 유효전력, 무효전력 및 전압을 측정할 수 있는 장치를 시설할 것

② 저압계통 연계 시 직류유출방지 변압기의 시설: 분산형 전원설비를 인버터를 이용하여 전기판매사업자의 저압 전력계통에 연계하는 경우 인버터로부터 직류가 계통으로 유출되는 것을 방지하기 위하여 접속점(접속 설비와 분산형 전원설비 설치자 측 전기설비의 접속점을 말한다)과 인버터 사이에 상용 주파수 변압기(단권변압기 제외)를 시설하여야 한다. 다만, 다음을 모두 충족하는 경우에는 예외로 한다.
- 인버터의 직류 측 회로가 비접지인 경우 또는 고주파 변압기를 사용하는 경우
- 인버터의 교류출력 측에 직류 검출기를 구비하고, 직류 검출 시에 교류출력을 정지하는 기능을 갖춘 경우

③ 단락전류 제한장치의 시설: 분산형 전원을 계통 연계하는 경우 전력계통의 단락용량이 다른 자의 차단기의 차단용량 또는 전선의 순시허용전류 등을 상회할 우려가 있을 때에는 그 분산형 전원설치자가 전류제한리액터 등 단락전류를 제한하는 장치를 시설하여야 하며, 이러한 장치로도 대응할 수 없는 경우에는 그 밖에 단락전류를 제한하는 대책을 강구하여야 한다.

④ 계통 연계용 보호장치의 시설
- 계통 연계하는 분산형 전원설비를 설치하는 경우 다음에 해당하는 이상 또는 고장 발생 시 자동적으로 분산형 전원설비를 전력계통으로부터 분리하기 위한 장치 시설 및 해당 계통과의 보호협조를 실시하여야 한다.
  - 분산형 전원설비의 이상 또는 고장
  - 연계한 전력계통의 이상 또는 고장
  - 단독운전 상태
- 연계한 전력계통의 이상 또는 고장 발생 시 분산형 전원의 분리시점은 해당 계통의 재연결 시점 이전이어야 하며, 이상 발생 후 해당 계통의 전압 및 주파수가 정상 범위 내에 들어올 때까지 계통과의 분리상태를 유지하는 등 연계한 계통의 재연결 방식과 협조를 이루어야 한다.
- 단순 병렬운전 분산형 전원설비의 경우에는 역전력 계전기를 설치한다.

⑤ 특고압 송전계통 연계 시 분산형 전원 운전제어장치의 시설: 분산형 전원설비를 송전사업자의 특고압 전력계통에 연계하는 경우 계통안정화 또는 조류억제 등의 이유로 운전제어가 필요할 때에는 그 분산형 전원설비에 필요한 운전제어장치를 시설하여야 한다.

⑥ 연계용 변압기 중성점의 접지: 분산형 전원설비를 특고압 전력계통에 연계하는 경우 연계용 변압기 중성점의 접지는 전력계통에 연결되어 있는 다른 전기설비의 정격을 초과하는 과전압을 유발하거나 전력계통의 지락고장 보호협조를 방해하지 않도록 시설하여야 한다.

> 독학이 쉬워지는 기초개념

독학이 쉬워지는 기초개념

예상문제

중요도 분산형 전원설비를 인버터를 이용하여 전기판매사업자의 저압 전력계통에 연계하는 경우 접속점과 인버터 사이에 무엇을 시설하여야 하는가?
① 차단기 ② 단로기
③ 상용 주파수 변압기 ④ 컨버터

| 해설 |
(한국전기설비규정 503.2.2) 저압계통 연계 시 직류유출방지 변압기의 시설
분산형 전원설비를 인버터를 이용하여 전기판매사업자의 저압 전력계통에 연계하는 경우 인버터로부터 직류가 계통으로 유출되는 것을 방지하기 위하여 접속점(접속설비와 분산형 전원설비 설치자 측 전기설비의 접속점을 말한다)과 인버터 사이에 상용 주파수 변압기(단권변압기 제외)를 시설하여야 한다.

답 ③

중요도 단순 병렬운전 분산형 전원설비의 경우에는 무엇을 설치해야 하는가?
① 역전력 계전기 ② 과전류 계전기
③ 과전압 계전기 ④ 부족전압 계전기

| 해설 |
(한국전기설비규정 503.2.4) 계통 연계용 보호장치의 시설
단순 병렬운전 분산형 전원설비의 경우에는 역전력 계전기를 설치한다.

답 ①

THEME 02　전기저장장치

1 일반사항

(1) 시설장소의 요구사항
① 기기 등을 조작 또는 보수·점검할 수 있는 공간을 확보하고 조명을 설치할 것
② 폭발성 가스의 축적을 방지하기 위한 환기시설을 갖추고 제조사가 권장하는 온도·습도·수분·먼지 등의 운영환경을 상시 유지할 것
③ 침수 및 누수의 우려가 없도록 할 것
④ 외벽 등 확인하기 쉬운 위치에 '전기저장장치 시설장소' 표지를 하고, 일반인의 출입을 통제하기 위한 잠금장치 등을 설치할 것

(2) 설비의 안전 요구사항
① 충전부 등 노출부분은 설비의 안전확보 및 인체 감전보호를 위해 절연하거나 접촉방지를 위한 방호 시설물을 설치할 것
② 전기저장장치의 고장이나 외부 환경요인으로 인하여 비상상황 발생 또는 출력에 문제가 있을 경우 안전하게 작동하기 위한 비상정지 스위치 등을 시설할 것
③ 전기저장장치의 모든 부품은 내열성을 확보할 것
④ 동일 구획 내에 직병렬로 연결된 전기저장장치는 식별이 용이하도록 그룹별로 명판을 부착하고, 이차전지, 전력변환장치 및 감시·보호장치 간의 잘못 연결되지 않도록 시설하여야 한다.

⑤ 금속제 및 부속품은 녹방지 처리를 하여야 하며, 절단가공 및 용접부위는 방식처리를 할 것

(3) **옥내전로의 대지전압 제한**

주택에 시설하는 전기저장장치는 이차전지에서 전력변환장치에 이르는 옥내 직류 전로를 다음에 따라 시설하는 경우 옥내전로의 대지전압은 직류 600[V]까지 적용할 수 있다.

① 전로에 지락이 생겼을 때 자동적으로 전로를 차단하는 장치를 시설할 것
② 사람이 접촉할 우려가 없는 은폐된 장소에는 합성수지관공사, 금속관공사, 케이블공사에 의하여 시설할 것
③ 사람이 접촉할 우려가 있는 장소에 케이블공사에 의하여 시설하는 경우 전선에 방호장치를 시설할 것

2 전기저장장치의 시설(한국전기설비규정 511.2)

(1) 전기배선
① 전선은 공칭단면적 2.5[mm²] 이상의 연동선 또는 이와 동등 이상의 세기 및 굵기의 것
② 옥내, 옥측 또는 옥외에 시설할 경우 배선설비 공사는 합성수지관공사, 금속관공사, 금속제 가요전선관공사, 케이블공사로 시설할 것
③ 전기배선은 절연 파괴를 일으키는 모서리, 나사선, 돌출부분, 가동부품 등 모든 부품들과 이격하여 설치할 것

(2) **이차전지**의 시설
① 이차전지 시설 시 다음과 같은 이차전지에 대한 정보를 기록하고 관리할 것
 • 교체이력
 • 제조이력
② 이차전지의 출력 배선은 극성별로 확인할 수 있을 것

(3) 재사용 이차전지의 시설
① '재사용 이차전지' 표기
② 이차전지 용량(초기용량, 잔존용량) 표기
③ 제조사가 정하는 적합성 요구사항

(4) 전력변환장치 시설
① 전력변환장치는 전기 공급에 지장을 주지 않을 것
② 이차전지의 절연파괴가 일어나지 않도록 CMV 등을 고려한 절연 대책을 강구할 것

(5) 제어 및 보호장치 시설
① 비상용 예비전원 용도를 겸하는 경우
 • 상용전원이 정전되었을 때 비상용 부하에 전기를 안정적으로 공급할 수 있는 시설을 갖출 것
 • 전원유지시간 동안 비상용 부하에 전기를 공급할 수 있는 충전용량을 상시 보존하도록 시설할 것
② 전로를 차단하는 보호장치를 시설하는 경우
 • 과전압, 저전압, 과전류가 발생한 경우

독학이 쉬워지는 기초개념

강의 꿀팁
이차전지와 관련된 이론은 2023년 7월 11일부터 새롭게 신설된 내용이에요.

CMV
Common Mode Voltage의 약자 (공통모드 전압)

- 제어장치에 이상이 발생한 경우
- 이차전지 모듈의 내부 온도가 상승할 경우

③ 전력변환장치의 동작상태, 전지관리시스템과의 통신상태, 전력, 전류, 전압 등을 표시할 수 있는 전력관리시스템을 설치할 것

(6) **계측장치의 시설**
① 이차전지 출력 단자의 전압, 전류, 전력 및 충방전 상태
② 주요변압기의 전압, 전류 및 전력

3 이차전지 용량 및 종류에 따른 시설(한국전기설비규정 512)

이차전지 종류	적용범위	요구사항
리튬계, 나트륨계	20[kWh] 초과	• 주요 설비 보호를 위해 직류서지보호장치(SPD) 시설 • 비상정지장치 시설(자동 비상정지는 5초 이내) • 지표면으로부터 높이 22[m] 이내, 출구가 있는 바닥면으로부터 9[m] 이내 시설(전용 건물 내 시설 시)
납계, 니켈계, 바나듐계	70[kWh] 초과	• CCTV 시설 및 영상정보 최소 7일간 보관
흐름전지	20[kWh] 초과	• 전해질 유출 제어장치를 시설 • 지표면으로부터 높이 22[m] 이내, 출구가 있는 바닥면으로부터 9[m] 이내 시설(전용 건물 내 시설 시)

4 이차전지를 이용한 특수용도의 시설(한국전기설비규정 513)

(1) 시설조건
① 이동형 전기저장장치는 공공도로, 건물, 가연성 물질, 위험 물질, 물건이 적층된 장소로부터 최소 3[m] 이상 이격할 것
② 이동형 전기저장장치는 출입금지 표시 및 잠금장치가 있는 울타리 등을 시설하여야 하고, 울타리 등으로부터 1.5[m] 이상 이격할 것
③ 전력계통에 연계하는 전기배선은 사람이 접촉할 우려가 없도록 시설할 것

예상문제

전기저장장치를 옥내, 옥측 또는 옥외에 시설할 경우 공사 방법으로 적절하지 않은 것은?
① 금속몰드공사
② 합성수지관공사
③ 케이블공사
④ 금속관공사

| 해설 |
(한국전기설비규정 511.2.1)전기저장장치의 전기배선
배선설비 공사는 옥내, 옥측 또는 옥외에 시설할 경우에는 합성수지관공사, 금속관공사, 금속제 가요전선관공사 또는 케이블공사에 의하여 시설할 것

답 ①

THEME 03 태양광발전설비

1 일반사항(한국전기설비규정 521)

(1) 설치장소의 요구사항
   ① 인버터, 제어반, 배전반 등의 시설은 기기 등을 조작 또는 보수점검할 수 있는 공간을 확보하고 필요한 조명설비를 시설하여야 한다.
   ② 인버터 등을 수납하는 공간에는 실내온도의 과열 상승을 방지하기 위하여 온도 및 습도를 유지하도록 환기시설을 시설하여야 한다.
   ③ 배전반, 인버터, 접속장치 등을 옥외에 시설하는 경우 침수의 우려가 없도록 시설하여야 한다.
   ④ 태양전지 모듈을 지붕에 시설하는 경우 취급자에게 추락의 위험이 없도록 점검통로를 안전하게 시설하여야 한다.
   ⑤ 태양전지 모듈의 직렬군 최대개방전압이 직류 750[V] 초과 1,500[V] 이하인 시설장소는 다음에 따라 울타리 등의 안전조치를 하여야 한다.
      • 태양전지 모듈을 지상에 설치하는 경우는 울타리·담 등을 시설하여야 한다.
      • 태양전지 모듈을 일반인이 쉽게 출입할 수 있는 옥상 등에 시설하는 경우는 식별이 가능하도록 위험 표시를 하여야 한다.
      • 태양전지 모듈을 일반인이 쉽게 출입할 수 없는 옥상·지붕에 설치하는 경우는 모듈 프레임 등 쉽게 식별할 수 있는 위치에 위험 표시를 하여야 한다.
      • 태양전지 모듈을 주차장 상부에 시설하는 경우는 차량의 출입 등에 의한 구조물, 모듈 등의 손상이 없도록 하여야 한다.

(2) 설비의 안전 요구사항
   ① 태양전지 모듈, 전선, 개폐기 및 기타 기구는 충전 부분이 노출되지 않도록 시설하여야 한다.
   ② 모든 접속함에는 내부의 충전부가 인버터로부터 분리된 후에도 여전히 충전 상태일 수 있음을 나타내는 경고가 붙어 있어야 한다.
   ③ 태양광설비의 고장이나 외부 환경요인으로 인하여 계통연계에 문제가 있을 경우 회로분리를 위한 안전시스템이 있어야 한다.

(3) 옥내전로의 대지전압 제한
   주택의 태양전지 모듈에 접속하는 부하 측 옥내배선(복수의 태양전지 모듈을 시설하는 경우에는 그 집합체에 접속하는 부하 측의 배선)의 대지전압 제한은 직류 600[V]까지 적용할 수 있다.

2 태양광설비의 시설(한국전기설비규정 522)

(1) 간선의 시설기준
   ① 전기배선
      • 모듈 및 기타 기구에 전선을 접속하는 경우는 나사로 조이거나 기타 이와 동등 이상의 효력이 있는 방법으로 기계적·전기적으로 안전하게 접속하고, 접속점에 장력이 가해지지 않도록 할 것
      • 배선시스템은 바람, 결빙, 물, 온도, 태양방사와 같이 예상되는 외부 영향을 견디도록 시설할 것

독학이 쉬워지는 기초개념

- 모듈의 출력배선은 극성별로 확인할 수 있도록 표시할 것
- 직렬 연결된 태양전지 모듈의 배선은 과도과전압의 유도에 의한 영향을 줄이기 위하여 스트링 양극 간의 배선간격이 최소가 되도록 배치할 것

② 단자와 접속
- 단자의 접속은 기계적, 전기적 안전성을 확보할 것
- 단자를 체결 또는 잠글 때 너트나 나사는 풀림방지 기능이 있는 것을 사용할 것
- 외부터미널과 접속하기 위해 필요한 접점의 압력이 사용기간 동안 유지되어야 할 것
- 단자는 도체에 손상을 주지 않고 금속표면과 안전하게 체결할 것

(2) 태양광설비의 시설기준
① 태양전지 모듈의 시설
- 모듈은 자체중량(자중), 적설, 풍압, 지진 및 기타의 진동과 충격에 대하여 탈락하지 아니하도록 지지물에 의하여 견고하게 설치할 것
- 모듈의 각 직렬군은 동일한 단락전류를 가진 모듈로 구성하여야 하며 1대의 인버터(멀티스트링 인버터의 경우 1대의 MPPT 제어기)에 연결된 모듈 직렬군이 2병렬 이상일 경우에는 각 직렬군의 출력전압 및 출력전류가 동일하게 형성되도록 배열할 것

② 전력변환장치의 시설
- 인버터는 실내·실외용을 구분할 것
- 각 직렬군의 태양전지 개방전압은 인버터 입력전압 범위 이내일 것
- 옥외에 시설하는 경우 방수등급은 IPX4 이상일 것

③ 모듈을 지지하는 구조물
- 자체중량, 적재하중, 적설 또는 풍압, 지진 및 기타의 진동과 충격에 대하여 안전한 구조일 것
- 모듈 지지대와 그 연결부재의 경우 용융아연도금처리 또는 녹방지처리를 하여야 하며, 절단가공 및 용접부위는 방식처리를 할 것
- 설치 시에는 건축물의 방수 등에 문제가 없도록 설치하여야 하고 볼트조립은 헐거움이 없이 단단히 조립하여야 하며 모듈-지지대의 고정 볼트에는 스프링 와셔 또는 풀림방지너트 등으로 체결할 것

(3) 제어 및 보호장치 등
① 어레이 출력 개폐기
② 과전류 및 지락 보호장치
③ 접지설비
④ 피뢰설비: 태양광설비는 외부피뢰시스템을 시설한다.
⑤ 태양광설비의 계측장치: 태양광설비에는 전압과 전류 또는 전압과 전력을 계측하는 장치를 시설하여야 한다.

태양광
태양광발전시스템을 이용하여 태양광을 직접 전기에너지로 변환시키는 기술

Tip 용어 변경
2023년 10월 12일부터 시행
'자중' → '자체중량'

Tip 강의 꿀팁
태양광발전시스템의 기기인 어레이 측에 시설하는 개폐기는 태양전지 어레이 점검 및 보수 시 혹은 일부의 태양전지 모듈에 불합리한 부분을 분리하기 위해 설치해요.

예상문제

태양광설비의 간선의 시설기준으로 틀린 것은?

① 모듈 및 기타 기구에 전선을 접속하는 경우 기계적·전기적으로 안전하게 접속하고, 접속점에 장력이 가해지지 않도록 할 것
② 바람, 결빙, 물, 온도, 태양방사와 같이 예상되는 외부 영향을 견디도록 시설할 것
③ 출력배선은 극성별로 확인할 수 있도록 표시할 것
④ 스트링 양극 간의 배선간격이 최대가 되도록 배치할 것

| 해설 |
(한국전기설비규정 522.1)태양광설비의 간선의 시설기준
- 모듈 및 기타 기구에 전선을 접속하는 경우는 나사로 조이거나 기타 이와 동등 이상의 효력이 있는 방법으로 기계적·전기적으로 안전하게 접속하고, 접속점에 장력이 가해지지 않도록 할 것
- 배선시스템은 바람, 결빙, 물, 온도, 태양방사와 같이 예상되는 외부 영향을 견디도록 시설할 것
- 모듈의 출력배선은 극성별로 확인할 수 있도록 표시할 것
- 직렬 연결된 태양전지 모듈의 배선은 과도과전압의 유도에 의한 영향을 줄이기 위하여 스트링 양극 간의 배선간격이 최소가 되도록 배치할 것

답 ④

THEME 04 풍력발전설비

1 일반사항(한국전기설비규정 531)

(1) 나셀 등의 접근 시설
나셀 등 풍력발전기 상부시설에 접근하기 위한 안전한 시설물을 강구할 것
(2) 항공장애 표시등 시설
발전용 풍력설비의 항공장애등 및 주간장애표지를 시설할 것
(3) 화재방호설비의 시설
500[kW] 이상의 풍력터빈은 나셀 내부의 화재 발생 시, 이를 자동으로 소화할 수 있는 화재방호설비를 시설할 것

2 풍력설비의 시설(한국전기설비규정 532)

(1) 간선의 시설기준
① 전기배선: 풍력발전기에서 출력배선에 쓰이는 전선은 CV선 또는 TFR-CV선을 사용하거나 동등 이상의 성능을 가진 제품을 사용하여야 하며 전선이 지면을 통과하는 경우에는 피복이 손상되지 않도록 별도의 조치를 취할 것
② 단자와 접속
- 단자의 접속은 기계적, 전기적 안전성을 확보할 것
- 단자를 체결 또는 잠글 때 너트나 나사는 풀림방지 기능이 있는 것을 사용할 것
- 외부터미널과 접속하기 위해 필요한 접점의 압력이 사용기간 동안 유지되어야 할 것
- 단자는 도체에 손상을 주지 않고 금속표면과 안전하게 체결할 것

독학이 쉬워지는 기초개념

제어장치의 기능
- 풍속에 따른 출력 조절
- 출력제한
- 회전속도제어
- 계통과의 연계
- 기동 및 정지
- 계통 정전 또는 부하의 손실에 의한 정지
- 요잉에 의한 케이블 꼬임 제한

보호장치의 기능
- 과풍속
- 발전기의 과출력 또는 고장
- 이상진동
- 계통 정전 또는 사고
- 케이블의 꼬임 한계

(2) 풍력설비의 시설기준
① 풍력터빈의 구조
- 풍력터빈의 유지, 보수 및 점검 시 작업자의 안전을 위한 잠금장치
  - 풍력터빈의 로터, 요 시스템 및 피치 시스템에는 각각 1개 이상의 잠금장치를 시설하여야 한다.
  - 잠금장치는 풍력터빈의 정지장치가 작동하지 않더라도 로터, 나셀, 날개의 회전을 막을 수 있어야 한다.
- 풍력터빈의 강도계산을 위한 사용조건: 최대풍속, 최대회전수
- 풍력터빈의 강도계산을 위한 강도조건: 하중조건, 강도계산의 기준, 피로하중
- 강도 계산개소에 가해진 하중의 합계의 계산 순서
  - 바람 에너지를 흡수하는 날개의 강도계산
  - 날개를 지지하는 날개 축, 날개 축을 유지하는 회전축의 강도계산
  - 날개, 회전축을 지지하는 나셀과 타워를 연결하는 요 베어링의 강도계산

② 풍력터빈을 지지하는 구조물의 구조 등
- 자체중량, 적재하중, 적설, 풍압, 지진, 진동 및 충격을 고려할 것
- 해상 및 해안가 설치 시에는 염분피해 및 파랑하중에 대해서도 고려할 것
- 동결, 착설 및 먼지(분진)의 부착 등에 의한 비정상적인 부식 등이 발생하지 않도록 고려할 것
- 풍속변동, 회전수변동 등에 의해 비정상적인 진동이 발생하지 않도록 고려할 것

(3) 제어 및 보호장치 등
① 주전원 개폐장치: 풍력터빈은 작업자의 안전을 위하여 유지, 보수 및 점검 시 전원 차단을 위해 풍력터빈 타워의 기저부에 개폐장치를 시설하여야 한다.
② 접지설비: 접지설비는 풍력발전설비 타워기초를 이용한 통합접지공사를 하여야 하며, 설비 사이의 전위차가 없도록 등전위본딩을 할 것
③ 피뢰설비
- 풍력터빈의 피뢰설비 시설
- 풍향·풍속계가 보호범위에 들도록 나셀 상부에 피뢰침을 시설하고 피뢰도선은 나셀프레임에 접속할 것
- 전력기기·제어기기 등의 피뢰설비 시설
⑤ 계측장치의 시설: 풍력터빈에는 설비의 손상을 방지하기 위하여 운전 상태를 계측하는 다음의 계측장치를 시설할 것
- 회전속도계
- 나셀(Nacelle) 내의 진동을 감시하기 위한 진동계
- 풍속계
- 압력계
- 온도계

THEME 05 연료전지설비

1 일반사항(한국전기설비규정 541)

(1) 설치장소의 안전 요구사항
① 연료전지를 설치할 주위의 벽 등은 화재에 안전하게 시설하여야 한다.
② 가연성 물질과 안전거리를 확보하여야 한다.
③ 침수 등의 우려가 없는 곳에 시설하여야 한다.
④ 연료전지설비는 쉽게 움직이거나 쓰러지지 않도록 견고하게 고정하여야 한다.
⑤ 연료전지설비는 건물 출입에 방해되지 않고 유지보수 및 비상 시 접근이 용이한 장소에 시설하여야 한다.

(2) 연료전지 발전실의 가스 누설 대책
① 연료가스를 통하는 부분은 최고 사용압력에 대하여 기밀성을 가지는 것이어야 한다.
② 연료전지 설비를 설치하는 장소는 연료가스가 누설되었을 때 체류하지 않는 구조의 것이어야 한다.
③ 연료전지 설비로부터 누설되는 가스가 체류할 우려가 있는 장소에 해당 가스의 누설을 감지하고 경보하기 위한 설비를 설치하여야 한다.

2 연료전지설비의 시설(한국전기설비규정 542)

(1) 시설기준
① 전기배선
  - 전기배선은 열적 영향이 적은 방법으로 시설할 것
  - 전선은 공칭단면적 2.5[mm²] 이상의 연동선 또는 이와 동등 이상의 세기 및 굵기의 것일 것
  - 옥내, 옥측 또는 옥외에 시설할 경우 배선설비 공사는 합성수지관공사, 금속관공사, 금속제 가요전선관공사, 케이블공사로 시설할 것
② 단자와 접속
  - 단자의 접속은 기계적, 전기적 안전성을 확보할 것
  - 단자를 체결 또는 잠글 때 너트나 나사는 풀림방지 기능이 있는 것을 사용할 것
  - 외부터미널과 접속하기 위해 필요한 접점의 압력이 사용기간 동안 유지되어야 할 것
  - 단자는 도체에 손상을 주지 않고 금속표면과 안전하게 체결할 것
③ 연료전지설비의 구조
  - 내압시험은 연료전지설비의 내압 부분 중 최고 사용압력이 0.1[MPa] 이상의 부분은 최고 사용압력의 1.5배의 수압(수압으로 시험을 실시하는 것이 곤란한 경우는 최고 사용압력의 1.25배의 기압)까지 가압하여 압력이 안정된 후 최소 10분간 유지하는 시험을 실시하였을 때 이것에 견디고 누설이 없어야 한다.

독학이 쉬워지는 기초개념

연료전지
수소, 메탄 및 메탄올 등의 연료를 산화시켜서 생기는 화학에너지를 직접 전기에너지로 변환시키는 기술

독학이 쉬워지는 기초개념

 용어 변경

2023년 10월 12일부터 시행
'배기' → '공기배출'

- 기밀시험은 연료전지설비의 내압 부분 중 최고 사용압력이 0.1[MPa] 이상의 부분(액체 연료 또는 연료가스 혹은 이것을 포함한 가스를 통하는 부분에 한정)의 기밀시험은 최고 사용압력의 1.1배의 기압으로 시험을 실시하였을 때 누설이 없어야 한다.

④ 안전밸브
- 안전밸브가 1개인 경우는 그 배관의 최고 사용압력 이하의 압력으로 한다. 다만, 배관의 최고 사용압력 이하의 압력에서 자동적으로 가스의 유입을 정지하는 장치가 있는 경우에는 최고 사용압력의 1.03배 이하의 압력으로 할 수 있다.
- 안전밸브가 2개 이상인 경우에는 1개는 최고 사용압력 이하로 하고 그 이외의 것은 그 배관의 최고 사용압력의 1.03배 이하의 압력이어야 한다.

(2) 제어 및 보호장치 등

① 연료전지설비의 보호장치: 연료전지는 다음의 경우에 자동적으로 이를 전로에서 차단하고 연료전지에 연료 가스공급을 자동적으로 차단하며 연료전지내의 연료가스를 자동적으로 공기를 배출(배기)하는 장치를 시설하여야 한다.
- 연료전지에 과전류가 생긴 경우
- 발전요소(發電要素)의 발전전압에 이상이 생겼을 경우 또는 연료가스 출구에서의 산소 농도 또는 공기 출구에서의 연료가스 농도가 현저히 상승한 경우
- 연료전지의 온도가 현저하게 상승한 경우
- 개질기를 사용하는 연료전지에서 개질기 버너에 이상이 발생한 경우
- 연료전지의 화재나 폭발 방지를 위한 환기장치에 이상이 발생한 경우

② 연료전지설비의 계측장치
- 전압과 전류 또는 전압과 전력을 계측하는 장치
- 온도계 및 연료가스 유량 또는 압력을 계측하는 장치

③ 연료전지설비의 비상정지장치
- 연료계통 설비 내의 연료가스의 압력 또는 온도가 현저하게 상승하는 경우
- 증기계통 설비 내의 증기의 압력 또는 온도가 현저하게 상승하는 경우
- 실내에 설치되는 것에서는 연료가스가 누설하는 경우

④ 접지설비: 연료전지에 대하여 전로의 보호장치의 확실한 동작의 확보 또는 대지전압의 저하를 위하여 특히 필요할 경우에 연료전지의 전로 또는 이것에 접속하는 직류전로에 접지공사를 할 때에는 다음에 따라 시설하여야 한다.
- 접지극은 고장 시 그 근처의 대지 사이에 생기는 전위차에 의하여 사람이나 가축 또는 다른 시설물에 위험을 줄 우려가 없도록 시설할 것
- 접지도체는 공칭단면적 16[mm^2] 이상의 연동선 또는 이와 동등 이상의 세기 및 굵기의 쉽게 부식하지 아니하는 금속선(저압 전로의 중성점에 시설하는 것은 공칭단면적 6[mm^2] 이상의 연동선 또는 이와 동등 이상의 세기 및 굵기의 쉽게 부식하지 않는 금속선)으로서 고장 시 흐르는 전류가 안전하게 통할 수 있는 것을 사용하고 또한 손상을 받을 우려가 없도록 시설할 것
- 접지도체에 접속하는 저항기·리액터 등은 고장 시 흐르는 전류를 안전하게 통할 수 있는 것을 사용할 것
- 접지도체, 저항기, 리액터 등은 취급자 이외의 자가 출입하지 아니하도록 설비한 곳에 시설하는 경우 이외에는 사람이 접촉할 우려가 없도록 시설할 것

CHAPTER 09 CBT 적중문제

01
다음 중 분산형 전원설비 등을 전력계통에 연계하는 경우에 전력계통에 속하지 않는 것은?

① 전력판매사업자의 계통
② 구내계통
③ 실외계통
④ 독립전원계통

해설
(한국전기설비규정 503.1)계통 연계의 범위
분산형 전원설비 등을 전력계통에 연계하는 경우에 적용하며 여기서 전력계통이라 함은 전력판매사업자의 계통, 구내계통 및 독립전원계통 모두를 말한다.

02
송·배전계통과 연계지점의 연결 상태를 감시 또는 유효전력, 무효전력 및 전압을 측정할 수 있는 장치를 시설해야 할 경우 분산형 전원설비의 설비용량 합계가 몇 [kVA] 이상이어야 하는가?

① 100
② 150
③ 200
④ 250

해설
(한국전기설비규정 503.2)분산형 전원설비의 시설기준
분산형 전원설비 사업자의 한 사업장의 설비용량 합계가 250[kVA] 이상일 경우에는 송·배전계통과 연계지점의 연결 상태를 감시 또는 유효전력, 무효전력 및 전압을 측정할 수 있는 장치를 시설할 것

03
분산형 전원설비의 이상 또는 고장 발생 시 자동적으로 전력계통으로부터 분리하기 위한 장치 시설 및 해당 계통과의 보호협조를 실시하는 경우가 아닌 것은?

① 분산형 전원설비의 이상 또는 고장
② 연계한 전력계통의 이상 또는 고장
③ 수동운전 상태
④ 단독운전 상태

해설
(한국전기설비규정 503.2.4)계통 연계용 보호장치의 시설
분산형 전원설비의 이상 또는 고장 발생 시 자동적으로 분산형 전원설비를 전력계통으로부터 분리하기 위한 장치 시설 및 해당 계통과의 보호협조를 실시하는 경우
• 분산형 전원설비의 이상 또는 고장
• 연계한 전력계통의 이상 또는 고장
• 단독운전 상태

| 정답 | 01 ③ 02 ④ 03 ③

04

다음 중 이차전지를 이용한 전기저장장치 시설장소의 요구사항이 아닌 것은?

① 보수, 점검을 위한 충분한 공간을 확보하고 조명설비를 설치하여야 한다.
② 일반인의 출입을 통제하기 위한 잠금장치 등을 설치하지 않아도 된다.
③ 폭발성 가스의 축적을 방지하기 위한 환기시설을 갖추고 권장하는 온도·습도·수분·먼지(분진) 등 적정 운영환경을 상시 유지하도록 한다.
④ 침수의 우려가 없도록 시설하여야 한다.

해설

(한국전기설비규정 511.1)전기저장장치 시설장소의 요구사항
- 기기 등을 조작 또는 보수·점검할 수 있는 충분한 공간을 확보하고 조명설비를 설치할 것
- 폭발성 가스의 축적을 방지하기 위한 환기시설을 갖추고 제조사가 권장하는 온도·습도·수분·먼지(분진) 등의 적정 운영환경을 상시 유지할 것
- 침수의 우려가 없도록 시설할 것
- 외벽 등 확인하기 쉬운 위치에 '전기저장장치 시설장소' 표지를 하고, 일반인의 출입을 통제하기 위한 잠금장치 등을 설치할 것

05

주택의 전기저장장치의 축전지에 접속하는 부하 측 옥내배선의 전로에 지락이 생겼을 때 자동적으로 전로를 차단하는 장치를 시설한 경우 옥내전로의 대지전압은 직류 몇 [V]까지 적용할 수 있는가?

① 300
② 600
③ 1,000
④ 1,500

해설

(한국전기설비규정 511.1.3)옥내전로의 대지전압 제한
주택의 전기저장장치의 축전지에 접속하는 부하 측 옥내배선을 다음에 따라 시설하는 경우에 주택의 옥내전로의 대지전압은 직류 600[V]까지 적용할 수 있다.
- 전로에 지락이 생겼을 때 자동적으로 전로를 차단하는 장치를 시설할 것
- 사람이 접촉할 우려가 없는 은폐된 장소에 합성수지관공사, 금속관공사 및 케이블공사에 의하여 시설하거나 사람이 접촉할 우려가 없도록 케이블공사에 의하여 시설하고 전선에 적당한 방호장치를 시설할 것

06

다음 중 전기저장장치의 이차전지가 자동으로 전로로부터 차단하는 장치를 필요로 하는 조건이 아닌 것은?

① 과전압 또는 과전류가 발생한 경우
② 제어장치에 이상이 발생한 경우
③ 과전류차단기를 설치하지 않은 경우
④ 이차전지 모듈의 내부 온도가 급격히 상승할 경우

해설

(한국전기설비규정 511.2.7)전기저장장치의 제어 및 보호장치
전기저장장치의 이차전지는 다음에 따라 자동으로 전로로부터 차단하는 장치를 시설하여야 한다.
- 과전압, 저전압, 과전류가 발생한 경우
- 제어장치에 이상이 발생한 경우
- 이차전지 모듈의 내부 온도가 급격히 상승할 경우

07

다음 중 전기저장장치의 계측장치를 이용하여 계측하는 항목이 아닌 것은?

① 출력단자의 전압, 전류, 전력
② 충·방전 상태
③ 내부의 온도
④ 주요 변압기의 전압, 전류 및 전력

해설

(한국전기설비규정 511.2.10)전기저장장치의 계측장치
전기저장장치를 시설하는 곳에는 다음의 사항을 계측하는 장치를 시설하여야 한다.
- 이차전지 출력단자의 전압, 전류, 전력 및 충·방전 상태
- 주요 변압기의 전압, 전류 및 전력

08
태양전지 모듈의 직렬군 최대개방전압이 직류 $750[\text{V}]$ 초과 $1,500[\text{V}]$ 이하인 시설장소에서 시행해야 하는 안전조치로 알맞지 않은 것은?

① 태양전지 모듈을 지상에 설치하는 경우 울타리·담 등을 시설하여야 한다.
② 태양전지 모듈을 일반인이 쉽게 출입할 수 있는 옥상 등에 시설하는 경우는 식별이 가능하도록 위험 표시를 하지 않아도 된다.
③ 태양전지 모듈을 일반인이 쉽게 출입할 수 없는 옥상·지붕에 설치하는 경우는 모듈 프레임 등 쉽게 식별할 수 있는 위치에 위험 표시를 하여야 한다.
④ 태양전지 모듈을 주차장 상부에 시설하는 경우 차량의 출입 등에 의한 구조물, 모듈 등의 손상이 없도록 하여야 한다.

해설
(한국전기설비규정 521.1)태양광발전설비 설치장소의 요구사항
태양전지 모듈의 직렬군 최대개방전압이 직류 750[V] 초과 1,500[V] 이하인 시설장소는 다음에 따라 울타리 등의 안전조치를 하여야 한다.
• 태양전지 모듈을 지상에 설치하는 경우는 울타리·담 등을 시설하여야 한다.
• 태양전지 모듈을 일반인이 쉽게 출입할 수 있는 옥상 등에 시설하는 경우는 식별이 가능하도록 위험 표시를 하여야 한다.
• 태양전지 모듈을 일반인이 쉽게 출입할 수 없는 옥상·지붕에 설치하는 경우는 모듈 프레임 등 쉽게 식별할 수 있는 위치에 위험 표시를 하여야 한다.
• 태양전지 모듈을 주차장 상부에 시설하는 경우는 차량의 출입 등에 의한 구조물, 모듈 등의 손상이 없도록 하여야 한다.

09
다음 중 태양광설비에 시설하는 인버터, 절연변압기 및 계통 연계 보호장치 등 전력변환장치의 시설 조건이 아닌 것은?

① 각 직렬군의 태양전지 개방전압은 인버터 입력전압 범위 이내일 것
② 컨버터는 실내용을 사용할 것
③ 옥외에 시설하는 경우 방수등급은 IPX4 이상일 것
④ 인버터는 실내·실외용을 구분할 것

해설
(한국전기설비규정 522.2.2)태양광설비의 전력변환장치 시설
인버터, 절연변압기 및 계통 연계 보호장치 등 전력변환장치의 시설은 다음에 따라 시설하여야 한다.
• 인버터는 실내·실외용을 구분할 것
• 각 직렬군의 태양전지 개방전압은 인버터 입력전압 범위 이내일 것
• 옥외에 시설하는 경우 방수등급은 IPX4 이상일 것

10
태양광설비에 시설하여야 하는 계측기의 계측대상에 해당하는 것은?

① 전압과 전류   ② 전력과 역률
③ 전류와 역률   ④ 역률과 주파수

해설
(한국전기설비규정 522.3.6)태양광설비의 계측장치
태양광설비에는 전압과 전류 또는 전압과 전력을 계측하는 장치를 시설하여야 한다.

11
풍력발전설비의 시설기준에 대한 설명으로 틀린 것은?

① 간선의 시설 시 단자의 접속은 기계적, 전기적 안전성을 확보하도록 하여야 한다.
② 나셀 등 풍력발전기 상부시설에 접근하기 위한 안전한 시설물을 강구하여야 한다.
③ 100[kW] 이상의 풍력터빈은 나셀 내부의 화재 발생 시 이를 자동으로 소화할 수 있는 화재방호설비를 시설하여야 한다.
④ 풍력발전기에서 출력배선에 쓰이는 전선은 CV선 또는 TFR-CV선을 사용하거나 동등 이상의 성능을 가진 제품을 사용하여야 한다.

해설
(한국전기설비규정 530) 풍력발전설비
- 나셀 등의 접근 시설: 나셀 등 풍력발전기 상부시설에 접근하기 위한 안전한 시설물을 강구하여야 한다.
- 화재방호설비 시설: 500[kW] 이상의 풍력터빈은 나셀 내부의 화재 발생 시 이를 자동으로 소화할 수 있는 화재방호설비를 시설하여야 한다.
- 간선의 시설기준: 풍력발전기에서 출력배선에 쓰이는 전선은 CV선 또는 TFR-CV선을 사용하거나 동등 이상의 성능을 가진 제품을 사용하여야 하며, 전선이 지면을 통과하는 경우에는 피복이 손상되지 않도록 별도의 조치를 취하여야 한다. 또한 단자의 접속은 기계적, 전기적 안전성을 확보하도록 하여야 한다.

12
다음 중 풍력설비의 제어장치가 보유해야 할 기능으로 적당하지 않은 것은?

① 풍속에 따른 출력 조절
② 습도에 따른 출력 조절
③ 기동 및 정지
④ 요잉에 의한 케이블 꼬임 제한

해설
(한국전기설비규정 532.3) 풍력설비의 제어 및 보호장치
풍력설비의 제어장치가 보유하는 기능
- 풍속에 따른 출력 조절
- 출력제한
- 회전속도제어
- 계통과의 연계
- 기동 및 정지
- 계통 정전 또는 부하의 손실에 의한 정지
- 요잉에 의한 케이블 꼬임 제한

13
다음 중 풍력터빈의 설비의 손상을 방지하기 위해 운전 상태를 계측하는 계측장치로 적당하지 않은 것은?

① 회전속도계
② 압력계
③ 나셀 내의 진동을 감시하기 위한 진동계
④ 습도계

해설
(한국전기설비규정 532.3.7) 풍력설비의 계측장치
풍력터빈에는 설비의 손상을 방지하기 위하여 운전 상태를 계측하는 다음의 계측장치를 시설하여야 한다.
- 회전속도계
- 나셀(Nacelle) 내의 진동을 감시하기 위한 진동계
- 풍속계
- 압력계
- 온도계

끝이 좋아야 시작이 빛난다.

– 마리아노 리베라(Mariano Rivera)

> **여러분의 작은 소리
> 에듀윌은 크게 듣겠습니다.**
>
> 본 교재에 대한 여러분의 목소리를 들려주세요.
> 공부하시면서 어려웠던 점, 궁금한 점,
> 칭찬하고 싶은 점, 개선할 점, 어떤 것이라도 좋습니다.
>
> 에듀윌은 여러분께서 나누어 주신 의견을
> 통해 끊임없이 발전하고 있습니다.

에듀윌 도서몰 book.eduwill.net
- 부가학습자료 및 정오표: 에듀윌 도서몰 → 도서자료실
- 교재 문의: 에듀윌 도서몰 → 문의하기 → 교재(내용, 출간) / 주문 및 배송

2026 에듀윌 전기설비기술기준 필기 기본서 + 유형별 N제

발 행 일	2025년 8월 12일 초판
편 저 자	에듀윌 전기수험연구소
펴 낸 이	양형남
개발책임	목진재
개 발	박원서, 최윤석, 서보경
펴 낸 곳	(주)에듀윌
I S B N	979-11-360-3817-3
등록번호	제25100-2002-000052호
주 소	08378 서울특별시 구로구 디지털로34길 55 코오롱싸이언스밸리 2차 3층

* 이 책의 무단 인용·전재·복제를 금합니다.

www.eduwill.net
대표전화 1600-6700

꿈을 현실로 만드는
에듀윌

DREAM

공무원 교육
- 선호도 1위, 신뢰도 1위! 브랜드만족도 1위!
- 합격자 수 2,100% 폭등시킨 독한 커리큘럼

자격증 교육
- 9년간 아무도 깨지 못한 기록 합격자 수 1위
- 가장 많은 합격자를 배출한 최고의 합격 시스템

직영학원
- 검증된 합격 프로그램과 강의
- 1:1 밀착 관리 및 컨설팅
- 호텔 수준의 학습 환경

종합출판
- 온라인서점 베스트셀러 1위!
- 출제위원급 전문 교수진이 직접 집필한 합격 교재

어학 교육
- 토익 베스트셀러 1위
- 토익 동영상 강의 무료 제공

콘텐츠 제휴 · B2B 교육
- 고객 맞춤형 위탁 교육 서비스 제공
- 기업, 기관, 대학 등 각 단체에 최적화된 고객 맞춤형 교육 및 제휴 서비스

부동산 아카데미
- 부동산 실무 교육 1위!
- 상위 1% 고소득 창업/취업 비법
- 부동산 실전 재테크 성공 비법

학점은행제
- 99%의 과목이수율
- 17년 연속 교육부 평가 인정 기관 선정

대학 편입
- 편입 교육 1위!
- 최대 200% 환급 상품 서비스

국비무료 교육
- '5년우수훈련기관' 선정
- K-디지털, 산대특 등 특화 훈련과정
- 원격국비교육원 오픈

에듀윌 교육서비스 **공무원 교육** 9급공무원/소방공무원/계리직공무원 **자격증 교육** 공인중개사/주택관리사/손해평가사/감정평가사/노무사/전기기사/경비지도사/검정고시/소방설비기사/소방시설관리사/사회복지사1급/대기환경기사/수질환경기사/건축기사/토목기사/직업상담사/전기기능사/산업안전기사/건설안전기사/위험물산업기사/위험물기능사/유통관리사/물류관리사/행정사/한국사능력검정/한경TESAT/매경TEST/KBS한국어능력시험/실용글쓰기/IT자격증/국제무역사/무역영어 **어학 교육** 토익 교재/토익 동영상 강의 **세무/회계** 전산세무회계/ERP정보관리사/재경관리사 **대학 편입** 편입 영어·수학/연고대/의약대/경찰대/논술/면접 **직영학원** 공무원학원/소방학원/공인중개사 학원/주택관리사 학원/전기기사 학원/편입학원 **종합출판** 공무원·자격증 수험교재 및 단행본 **학점은행제** 교육부 평가인정기관 원격평생교육원(사회복지사2급/경영학/CPA) **콘텐츠 제휴·B2B 교육** 교육 콘텐츠 제휴/기업 맞춤 자격증 교육/대학취업역량 강화 교육 **부동산 아카데미** 부동산 창업CEO/부동산 경매 마스터/부동산 컨설팅 **주택취업센터** 실무 특강/실무 아카데미 **국비무료 교육(국비교육원)** 전기기능사/전기(산업)기사/소방설비(산업)기사/IT(빅데이터/자바프로그램/파이썬)/게임그래픽/3D프린터/실내건축디자인/웹퍼블리셔/그래픽디자인/영상편집(유튜브) 디자인/온라인 쇼핑몰광고 및 제작(쿠팡, 스마트스토어)/전산세무회계/컴퓨터활용능력/ITQ/GTQ/직업상담사

교육문의 1600-6700 www.eduwill.net

· 2022 소비자가 선택한 최고의 브랜드 공무원·자격증 교육 1위 (조선일보) · 2023 대한민국 브랜드만족도 공무원·자격증·취업·학원·편입·부동산 실무 교육 1위 (한경비즈니스) · 2017/2022 에듀윌 공무원 과정 최종 환급자 수 기준 · 2023년 성인 자격증, 공무원 작영학원 기준 · YES24 공인중개사 부문, 2025 에듀윌 공인중개사 1차 기출응용 예상문제집 민법 및 민사특별법 (2025년 6월 월별 베스트) · 교보문고 취업/수험서 부문, 2020 에듀윌 농협은행 6급 NCS 직무능력평가+실전모의고사 4회 (2020년 1월 27일~2월 5일, 인터넷 주간 베스트) 그 외 다수 · YES24 컴퓨터활용능력 부문, 2024 컴퓨터활용능력 1급 필기 초단기끝장(2023년 10월 3-4주 주별 베스트) 그 외 다수 · YES24 신규 자격증 부문, 2024 에듀윌 데이터분석 준전문가 ADsP 2주끝장(2024년 4월 2주, 9월 5주 주별 베스트) · 인터파크 자격서/수험서 부문, 에듀윌 한국어능력검정시험 2주끝장 심화 (1, 2, 3급) (2020년 6-8월 월간 베스트) 그 외 다수 · YES24 국어 외국어 사전영어 토익/TOEIC 기출문제/모의고사 분야 베스트셀러 1위 (에듀윌 토익 READING RC 4주끝장 리딩 종합서, 2022년 9월 4주 베스트) · 에듀윌 토익 교재 입문~실전 인강 무료 제공 (2022년 최신 강좌 기준/109강) · 2024년 종강반 중 모든 평가항목 정상 참여자 기준, 99% (평생교육원 기준) · 2008년~2024년까지 234만 누적수강학점으로 과목 운영 (평생교육원 기준) · 에듀윌 국비교육원 구로센터 고용노동부 지정 '5년우수훈련기관' 선정 (2023~2027) · KRI 한국기록원 2016, 2017, 2019년 공인중개사 최다 합격자 배출 공식 인증 (2025년 현재까지 업계 최고 기록)

YES24 수험서 자격증 한국산업인력공단 전기분야 건축전기설비 베스트셀러 1위
(2021년 2월~10월, 12월, 2022년 1월~9월, 12월, 2023년 1월~6월, 9월, 12월, 2024년 1월~2월, 5월, 10월~12월,
2025년 1월~5월 월별 베스트)
2023, 2022, 2021 대한민국 브랜드만족도 전기기사 교육 1위(한경비즈니스)
2020, 2019 한국소비자만족지수 전기기사 교육 1위(한경비즈니스, G밸리뉴스)

2026 에듀윌 전기
전기설비기술기준 필기 +무료특강

기사맛집 합격 레시피

1 끝맺음 노트: 핵심이론＋빈출문제＋최신기출 CBT 모의고사 3회
   혜택받기 교재 내 별책부록 제공

2 최신기출 CBT 모의고사 무료 해설강의(3회분)
   혜택받기 교재 내 'QR코드 스캔' 또는 'URL 링크'로 접속

3 한국전기설비규정 용어 표준화 및 국문순화 신구비교표 제공(PDF)
   혜택받기 교재 내 'QR코드 스캔' 또는 'URL 링크'로 접속

고객의 꿈, 직원의 꿈, 지역사회의 꿈을 실현한다

에듀윌 도서몰
book.eduwill.net
- 부가학습자료 및 정오표: 에듀윌 도서몰 > 도서자료실
- 교재 문의: 에듀윌 도서몰 > 문의하기 > 교재(내용, 출간) / 주문 및 배송

2026

에듀윌 전기
전기설비기술기준
필기
+무료특강

합격자 수가 선택의 기준!

유형별 N제
- 전기기사, 전기산업기사
- 전기공사기사, 전기공사산업기사
- 전기직 공사, 공단 대비

YES24 25년 5월 월별 베스트 기준
베스트셀러 1위

YES24 수험서 자격증 한국산업인력공단 전기분야 건축전기설비 베스트셀러 1위

VI

39개월 베스트셀러 1위! 산출근거 후면표기

- [끝맺음 노트] 핵심이론 + 빈출문제 + 최신기출 CBT 모의고사 3회
- [무료특강] 최신기출 CBT 모의고사 해설
- [학습자료] 용어 표준화 및 국문순화 신구비교표

eduwill

에듀윌이 너를 지지할게
ENERGY

시작하는 방법은
말을 멈추고
즉시 행동하는 것이다.

– 월트 디즈니(Walt Disney)

에듀윌 전기 전기설비기술기준

필기 유형별 N제

CONTENTS

유형별 N제 차례

CHAPTER 01 공통사항

THEME 01. 통칙	8
THEME 02. 전선	11
THEME 03. 전로의 절연	12
THEME 04. 접지시스템	23
THEME 05. 피뢰시스템	27

CHAPTER 02 저압 전기설비

THEME 01. 계통접지의 방식	30
THEME 02. 안전을 위한 보호	30

CHAPTER 03 고압·특고압 전기설비

THEME 01. 통칙	36
THEME 03. 접지설비	36
THEME 04. 기계 및 기구	37
THEME 05. 옥내 설비의 시설	41

CHAPTER 04 전선로

THEME 01. 통칙	48
THEME 02. 가공전선로	57
THEME 03. 옥측·옥상전선로 및 가공·이웃 연결인입선	86
THEME 04. 지중전선로	90
THEME 05. 특수장소의 전선로	93

CHAPTER 05 발전소 · 변전소 · 개폐소 또는 이에 준하는 곳의 시설

- THEME 01. 발전소 등의 울타리 · 담 등의 시설   98
- THEME 02. 특고압 전로의 상 및 접속 상태의 표시   101
- THEME 03. 보호장치 및 계측장치   102
- THEME 04. 상주 감시를 하지 아니하는 변전소의 시설   108
- THEME 05. 수소냉각식 발전기 등의 시설   110
- THEME 06. 압축공기계통   113

CHAPTER 06 전력보안통신설비

- THEME 01. 시설기준   116
- THEME 02. 시설높이와 간격   117
- THEME 03. 보안장치   121
- THEME 04. 가공 통신 인입선 시설   125
- THEME 05. 무선용 안테나   125

CHAPTER 07 전기사용장소의 시설

- THEME 01. 배선설비   130
- THEME 02. 조명설비   142
- THEME 03. 특수설비   147

CHAPTER 08 전기철도설비

- THEME 01. 통칙   160
- THEME 03. 전기철도의 변전방식   160
- THEME 04. 전기철도의 전차선로   161
- THEME 06. 전기철도의 설비를 위한 보호   162
- THEME 07. 전기철도의 안전을 위한 보호   162

CHAPTER 09 분산형 전원설비

- THEME 01. 통칙   166
- THEME 02. 전기저장장치   166
- THEME 03. 태양광발전설비   167
- THEME 04. 풍력발전설비   169

공통사항

1. 통칙
2. 전선
3. 전로의 절연
4. 접지시스템
5. 피뢰시스템

CBT 완벽대비 가능한 유형마스터 학습!

THEME	유형분석	관련 번호
THEME 01 통칙	기본적인 용어를 묻는 문제가 자주 출제됩니다. 각 용어를 암기하기보다는 이해하는 것이 도움이 됩니다.	001~014
THEME 02 전선	전압에 따른 종별 구분에 대해서 묻는 문제가 출제됩니다. 가장 기본적인 개념이므로 필수로 알고 있어야 합니다.	015~020
THEME 03 전로의 절연	절연 원칙과, 전로의 절연저항 및 절연내력에 대한 비중이 큽니다. 각 접지방식에 따른 배율과 최저 시험전압을 꼭 암기해두어야 합니다.	021~052
THEME 04 접지시스템	접지시스템의 구분과 시설 종류에 대해서 묻는 문제가 출제됩니다. 구리와 철에 따른 접지도체의 단면적을 암기해 두면 좋습니다.	053~068
THEME 05 피뢰시스템	피뢰시스템의 적용범위를 묻는 문제가 자주 출제되며, 추가적으로 외부 피뢰시스템의 종류에 대해서 알아두면 고득점에 유리합니다.	069~071

학습 효과를 높이는 N제 3회독 시스템

챕터별 전체 1회독이 끝났다면 회독 체크표에 날짜를 기입하고 체크표시를 해주세요.

회독 체크표	☐ 1회독	월 일	☐ 2회독	월 일	☐ 3회독	월 일

CHAPTER 01 공통사항

THEME 01 통칙

001 ★☆☆
전력계통의 운용에 관한 지시 및 급전 조작을 하는 곳은?
① 급전소　　② 개폐소
③ 변전소　　④ 발전소

해설 정의(기술기준 제3조)
급전소란 전력계통의 운용에 관한 지시 및 급전 조작을 하는 곳을 말한다.

002 ★☆☆
다음은 무엇에 관한 설명인가?

> "가공전선이 다른 시설물과 접근하는 경우에 그 가공전선이 다른 시설물의 위쪽 또는 옆쪽에서 수평거리로 3[m] 미만"

① 제1차 접근상태
② 제2차 접근상태
③ 제3차 접근상태
④ 제4차 접근상태인 곳에 시설되는 상태

해설 용어 정의(한국전기설비규정 112)
- 제1차 접근상태: 가공전선이 다른 시설물과 접근(병행하는 경우를 포함하며 교차하는 경우 및 동일 지지물에 시설하는 경우를 제외한다)하는 경우에 가공전선이 다른 시설물의 위쪽 또는 옆쪽에서 수평거리로 가공전선로의 지지물의 지표상의 높이에 상당하는 거리 안에 시설(수평거리로 3[m] 미만인 곳에 시설되는 것 제외)됨으로써 가공전선로의 전선의 절단, 지지물의 넘어지거나 무너짐 등의 경우에 그 전선이 다른 시설물에 접촉할 우려가 있는 상태를 말한다.
- 제2차 접근상태: 가공전선이 다른 시설물과 접근하는 경우에 그 가공전선이 다른 시설물의 위쪽 또는 옆쪽에서 수평거리로 3[m] 미만인 곳에 시설되는 상태를 말한다.

003 ★★☆
관등회로에 대한 정의로 옳은 것은?
① 분기점으로부터 안정기까지의 전로를 말한다.
② 스위치로부터 방전등까지의 전로를 말한다.
③ 스위치로부터 안정기까지의 전로를 말한다.
④ 방전등용 안정기로부터 방전관까지의 전로를 말한다.

해설 용어 정의(한국전기설비규정 112)
관등회로란 방전등용 안정기 또는 방전등용 변압기로부터 방전관까지의 전로를 말한다.

004 ★★☆
가공 인입선 및 수용장소의 조영물의 옆면 등에 시설하는 전선으로서 그 수용장소의 인입구에 이르는 부분의 전선을 무엇이라고 하는가?
① 인입선　　② 옥외배선
③ 옥측배선　　④ 배전간선

해설 정의(기술기준 제3조)
인입선이란 가공인입선 및 수용장소의 조영물의 옆면 등에 시설하는 전선으로서 그 수용장소의 인입구에 이르는 부분의 전선을 말한다.

005 ★★☆
한 수용장소의 인입선에서 분기하여 지지물을 거치지 않고 다른 수용장소의 인입구에 이르는 부분의 전선을 무엇이라 하는가?
① 옥상배선　　② 옥외배선
③ 이웃 연결(연접)인입선　　④ 가공 인입선

해설 정의(기술기준 제3조)
이웃 연결(연접)인입선이란 한 수용장소의 인입선에서 분기하여 지지물을 거치지 아니하고 다른 수용장소의 인입구에 이르는 부분의 전선을 말한다.

006 ★★★
가공 전선로의 지지물로 볼 수 없는 것은?

① 철주
② 지지선(지선)
③ 철탑
④ 철근 콘크리트주

해설 정의(기술기준 제3조)
'지지물'이란 목주·철주·철근 콘크리트주 및 철탑과 이와 유사한 시설물로서 전선·약전류전선 또는 광섬유케이블을 지지하는 것을 주된 목적으로 하는 것을 말한다. 지지선(지선)은 지지물의 강도를 보강하고자 할 때 사용하는 것으로서 전선로의 지지물이 아니다.

007 ★☆☆
'무효전력 보상설비(조상설비)'에 대한 용어의 정의로 옳은 것은?

① 전압을 조정하는 설비를 말한다.
② 전류를 조정하는 설비를 말한다.
③ 유효전력을 조정하는 전기기계기구를 말한다.
④ 무효전력을 조정하는 전기기계기구를 말한다.

해설 정의(기술기준 제3조)
무효전력 보상설비(조상설비)란 무효전력을 조정하는 전기기계기구를 말한다.

008 ★☆☆
돌침, 수평도체, 그물망(메시)도체의 요소 중에 한 가지 또는 이를 조합한 형식으로 시설하는 것은?

① 접지극시스템
② 수뢰부시스템
③ 내부피뢰시스템
④ 인하도선시스템

해설 용어 정의(한국전기설비규정 112)
수뢰부시스템(Air-termination system)이란 낙뢰를 포착할 목적으로 돌침, 수평도체, 그물망(메시)도체 등과 같은 금속 물체를 이용한 외부피뢰시스템의 일부를 말한다.

009 ★☆☆
'지중 관로'에 포함되지 않는 것은?

① 지중전선로
② 지중레일선로
③ 지중약전류 전선로
④ 지중광섬유 케이블선로

해설 용어 정의(한국전기설비규정 112)
'지중 관로'란 지중전선로·지중약전류 전선로·지중광섬유 케이블선로·지중에 시설하는 수관 및 가스관과 이와 유사한 것 및 이들에 부속하는 지중함 등을 말한다.

| 정답 | 006 ② 007 ④ 008 ② 009 ②

010 ★★☆

'지중 관로'에 대한 정의로 가장 옳은 것은?

① 지중전선로·지중약전류 전선로와 지중 매설지선 등을 말한다.
② 지중전선로·지중약전류 전선로와 복합 케이블선로·기타 이와 유사한 것 및 이들에 부속되는 지중함을 말한다.
③ 지중전선로·지중약전류 전선로·지중에 시설하는 수관 및 가스관과 지중 매설지선을 말한다.
④ 지중전선로·지중약전류 전선로·지중광섬유 케이블 선로·지중에 시설하는 수관 및 가스관과 기타 이와 유사한 것 및 이들에 부속하는 지중함 등을 말한다.

해설 용어 정의(한국전기설비규정 112)
지중 관로란 지중전선로·지중약전류 전선로·지중광섬유 케이블 선로·지중에 시설하는 수관 및 가스관과 이와 유사한 것 및 이들에 부속하는 지중함 등을 말한다.

011 ★☆☆

중앙급전 전원과 구분되는 것으로서 전력 소비지역 부근에 분산하여 배치 가능한 전원을 무엇이라 하는가?

① 임시전력원 ② 분산형전원
③ 분전반전원 ④ 계통연계전원

해설 용어 정의(한국전기설비규정 112)
분산형전원이란 중앙급전 전원과 구분되는 것으로서 전력 소비지역 부근에 분산하여 배치 가능한 전원을 말하며, 신·재생에너지 발전설비, 전기저장장치 등을 포함한다.

012 ★☆☆

전기설비기술기준에서 정하는 안전원칙에 대한 내용으로 틀린 것은?

① 전기설비는 감전, 화재 그 밖에 사람에게 위해를 주거나 물건에 손상을 줄 우려가 없도록 시설하여야 한다.
② 전기설비는 다른 전기설비, 그 밖의 물건의 기능에 전기적 또는 자기적인 장해를 주지 않도록 시설하여야 한다.
③ 전기설비는 경쟁과 새로운 기술 및 사업의 도입을 촉진함으로써 전기사업의 건전한 발전을 도모하도록 시설하여야 한다.
④ 전기설비는 사용목적에 적절하고 안전하게 작동하여야 하며, 그 손상으로 인하여 전기 공급에 지장을 주지 않도록 시설하여야 한다.

해설 안전원칙(기술기준 제2조)
- 전기설비는 감전, 화재 그 밖에 사람에게 위해(危害)를 주거나 물건에 손상을 줄 우려가 없도록 시설하여야 한다.
- 전기설비는 다른 전기설비, 그 밖의 물건의 기능에 전기적 또는 자기적인 장해를 주지 않도록 시설하여야 한다.
- 전기설비는 사용목적에 적절하고 안전하게 작동하여야 하며, 그 손상으로 인하여 전기 공급에 지장을 주지 않도록 시설하여야 한다.
- 보기 ③은 안전원칙에 대한 내용으로 올바르지 않다.

013 ★★★

'리플프리(Ripple-free)직류'란 교류를 직류로 변환할 때 리플성분의 실횻값이 몇 [%] 이하로 포함된 직류를 말하는가?

① 3   ② 5
③ 10 ④ 15

해설 용어 정의(한국전기설비규정 112)
리플프리(Ripple-free)직류란 교류를 직류로 변환할 때 리플성분의 실횻값이 10[%] 이하로 포함된 직류를 말한다.

| 정답 | 010 ④ 011 ② 012 ③ 013 ③

014 ★★☆
직류회로에서 선도체 겸용 보호도체를 말하는 것은?

① PEM
② PEL
③ PEN
④ PET

해설 용어 정의(한국전기설비규정 112)
- PEM 도체(protective earthing conductor and a mid-point conductor)란 직류회로에서 중간도체 겸용 보호도체를 말한다.
- PEL 도체(protective earthing conductor and a line conductor)란 직류회로에서 선도체 겸용 보호도체를 말한다.
- PEN 도체(protective earthing conductor and neutral conductor)란 교류회로에서 중성선 겸용 보호도체를 말한다.

THEME 02 전선

015 ★★☆
전압의 종별에서 교류 600[V]는 무엇으로 분류하는가?

① 저압
② 고압
③ 특고압
④ 초고압

해설 전압의 구분(한국전기설비규정 111.1)
- 저압: 교류는 1[kV] 이하, 직류는 1.5[kV] 이하인 것
- 고압: 교류는 1[kV]를, 직류는 1.5[kV]를 초과하고, 7[kV] 이하인 것
- 특고압: 7[kV]를 초과하는 것

교류 600[V]는 1[kV] 이하이므로 저압이다.

016 ★★☆
전압의 종별에서 교류 1[kV]는 무엇으로 분류하는가?

① 저압
② 고압
③ 특고압
④ 초고압

해설 전압의 구분(한국전기설비규정 111.1)
- 저압: 교류는 1[kV] 이하, 직류는 1.5[kV] 이하인 것
- 고압: 교류는 1[kV]를, 직류는 1.5[kV]를 초과하고, 7[kV] 이하인 것
- 특고압: 7[kV]를 초과하는 것

교류 1[kV]는 1[kV] 이하이므로 저압이다.

017 ★☆☆
옥내에서 전선을 병렬로 사용할 때의 시설방법으로 틀린 것은?

① 전선은 동일한 도체이어야 한다.
② 전선은 동일한 굵기, 동일한 길이이어야 한다.
③ 전선의 굵기는 구리(동)선 40[mm²] 이상 또는 알루미늄선 90[mm²] 이상이어야 한다.
④ 관내에 전류의 불평형이 생기지 아니하도록 시설하여야 한다.

해설 전선의 접속(한국전기설비규정 123)
두 개 이상의 전선을 병렬로 사용하는 경우에는 다음에 의하여 시설할 것
- 병렬로 사용하는 각 전선의 굵기는 구리(동)선 50[mm²] 이상 또는 알루미늄 70[mm²] 이상일 것
- 전선은 동일한 도체일 것
- 동일한 재료일 것
- 동일한 길이 및 동일한 굵기의 것을 사용할 것
- 교류회로에서 병렬로 사용하는 전선은 금속관 안에 전자적 불평형이 생기지 않도록 시설할 것

| 정답 | 014 ② 015 ① 016 ① 017 ③

018 ★☆☆

전선의 접속방법으로 틀린 것은?

① 알루미늄 도체의 전선과 구리(동) 도체의 전선을 접속할 때에는 전기적 부식이 생기지 않도록 한다.
② 접속부분을 절연전선의 절연물과 동등 이상의 절연성능이 있도록 충분히 피복한다.
③ 두 개 이상의 전선을 병렬로 사용할 때 각 전선의 굵기는 $35[\text{mm}^2]$ 이상의 구리(동)선을 사용한다.
④ 전선의 세기를 $20[\%]$ 이상 감소시키지 않는다.

해설 전선의 접속(한국전기설비규정 123)
전선을 접속하는 경우에는 다음에 의한다.
- 전선의 전기저항을 증가시키지 않을 것
- 인장하중(전선의 세기)을 $20[\%]$ 이상 감소시키지 않을 것
- 접속부분의 절연은 절연전선의 절연물과 동등 이상의 절연성능이 있는 것으로 피복할 것
- 전기 화학적 성질이 다른 도체를 접속하는 경우에는 접속부분에 전기적 부식이 생기지 아니하도록 할 것
- **두 개 이상의 전선을 병렬로 사용하는 경우**에는 다음에 의하여 시설할 것
  - 병렬로 사용하는 각 전선의 굵기는 구리(동)선 $50[\text{mm}^2]$ 이상 또는 알루미늄 $70[\text{mm}^2]$ 이상으로 하고, 전선은 같은 도체, 같은 재료, 같은 길이 및 같은 굵기의 것을 사용할 것

019 ★☆☆

전선을 접속하는 경우 전선의 세기(인장하중)는 몇 $[\%]$ 이상 감소되지 않아야 하는가?

① 10   ② 15
③ 20   ④ 25

해설 전선의 접속(한국전기설비규정 123)
- 전선의 세기(인장하중)를 $20[\%]$ 이상 감소시키지 아니할 것
- 전선의 전기저항을 증가시키지 아니하도록 접속

020 ★★☆

사용전압이 고압인 전로의 전선으로 사용할 수 없는 케이블은?

① MI 케이블
② 연피 케이블
③ 비닐 외장 케이블
④ 폴리에틸렌 외장 케이블

해설 고압 및 특고압케이블(한국전기설비규정 122.5)
사용전압이 고압인 전로의 전선으로 사용하는 케이블은 KS에 적합한 것으로 연피 케이블·알루미늄피 케이블·클로로프렌 외장 케이블·저독성 난연 폴리올레핀 외장 케이블·비닐 외장 케이블·폴리에틸렌 외장 케이블·콤바인덕트 케이블 또는 KS에서 정하는 성능 이상의 것을 사용하여야 한다.
[참고] 무기물 절연케이블(MI 케이블)은 저압용이다.

THEME 03 전로의 절연

021 ★★☆

저압 전로에서 정전이 어려운 경우 등 절연저항 측정이 곤란한 경우, 저항 성분의 누설전류가 몇 $[\text{mA}]$ 이하이면 그 전로의 절연성능은 적합한 것으로 보는가?

① 1   ② 2
③ 3   ④ 4

해설 전로의 절연저항 및 절연내력(한국전기설비규정 132)
사용전압이 저압인 전로에서 정전이 어려운 경우 등 절연저항 측정이 곤란한 경우, 저항 성분의 누설전류가 $1[\text{mA}]$ 이하이면 그 전로의 절연성능은 적합한 것으로 본다.

022 ★★★

3상 4선식 22.9[kV] 중성점 다중접지식 가공전선로의 전로와 대지 간의 절연내력 시험전압은 몇 배를 적용하는가?

① 1.1
② 1.25
③ 0.92
④ 0.72

해설 전로의 절연저항 및 절연내력(한국전기설비규정 132)

접지방식	최대 사용전압	시험전압 (최대 사용 전압 배수)	최저 시험전압
비접지	7[kV] 이하	1.5배	–
	7[kV] 초과 60[kV] 이하	1.25배	10.5[kV]
	60[kV] 초과	1.25배	–
중성점 접지	60[kV] 초과	1.1배	75[kV]
중성점 직접접지	60[kV] 초과 170[kV] 이하	0.72배	–
	170[kV] 초과	0.64배	–
중성점 다중접지	7[kV] 초과 25[kV] 이하	0.92배	–

023 ★★★

저압전로의 사용전압이 500[V] 초과인 전로와 대지 사이의 절연저항 값은 몇 [MΩ] 이상인가?

① 0.2
② 0.5
③ 1
④ 2

해설 저압전로의 절연성능(기술기준 제52조)

전기사용 장소의 사용전압이 저압인 전로의 전선 상호 간 및 전로와 대지 사이의 절연저항은 개폐기 또는 과전류 차단기로 구분할 수 있는 전로마다 다음 표에서 정한 값 이상이어야 한다.

전로의 사용전압[V]	DC시험전압 [V]	절연저항 [MΩ]
SELV 및 PELV	250	0.5
FELV를 포함한 500[V] 이하	500	1.0
500[V] 초과	1,000	**1.0**

전로의 사용전압이 500[V] 초과이므로 절연저항 값은 1[MΩ] 이상이다.

024 ★★★

전로의 사용전압이 200[V]인 저압전로의 전선 상호 간 및 전로 대지 간의 절연저항은 몇 [MΩ] 이상이어야 하는가?

① 0.1
② 0.3
③ 0.5
④ 1.0

해설 저압전로의 절연성능(기술기준 제52조)

전기사용 장소의 사용전압이 저압인 전로의 전선 상호 간 및 전로와 대지 사이의 절연저항은 개폐기 또는 과전류 차단기로 구분할 수 있는 전로마다 다음 표에서 정한 값 이상이어야 한다.

전로의 사용전압[V]	DC시험전압 [V]	절연저항 [MΩ]
SELV 및 PELV	250	0.5
FELV를 포함한 500[V] 이하	500	**1.0**
500[V] 초과	1,000	1.0

전로의 사용전압이 500[V] 이하이므로 절연저항 값은 1[MΩ] 이상이다.

025 ★★★

440[V] 옥내 배선에 연결된 전동기 회로의 절연저항 최솟값은 몇 [MΩ]인가?

① 0.3
② 0.5
③ 1.0
④ 1.5

해설 저압전로의 절연성능(기술기준 제52조)

절연저항은 다음 표에서 정한 값 이상이어야 한다.

전로의 사용전압[V]	DC시험전압 [V]	절연저항 [MΩ]
SELV 및 PELV	250	0.5
FELV를 포함한 500[V] 이하	500	**1.0**
500[V] 초과	1,000	1.0

전로의 사용전압이 500[V] 이하이므로 절연저항 값은 1[MΩ] 이상이다.

026 ★☆☆

저압의 전선로 중 절연 부분의 전선과 대지 간의 절연저항은 사용전압에 대한 누설전류가 최대 공급전류의 얼마를 넘지 않도록 유지하여야 하는가?

① 1/1,000
② 1/2,000
③ 1/3,000
④ 1/4,000

해설 전선로의 전선 및 절연성능(기술기준 제27조)
- 저압 가공전선(중성선 다중접지식에서 중성선으로 사용하는 전선 제외) 또는 고압 가공전선은 감전의 우려가 없도록 사용전압에 따른 절연성능을 갖는 절연전선 또는 케이블을 사용하여야 한다. 다만 해협 횡단·하천 횡단·산악지 등 통상 예견되는 사용 형태로 보아 감전의 우려가 없는 경우에는 그러하지 아니하다.
- 지중전선(지중전선로의 전선을 말한다)은 감전의 우려가 없도록 사용전압에 따른 절연성능을 갖는 케이블을 사용하여야 한다.
- 저압 전선로 중 절연 부분의 전선과 대지 사이 및 전선의 심선 상호 간의 절연저항은 사용전압에 대한 누설전류가 최대 공급전류의 1/2,000을 넘지 않도록 하여야 한다.

027 ★★★

절연내력 시험은 전로와 대지 사이에 연속하여 10분간 가하여 절연내력을 시험하였을 때 이에 견디어야 한다. 최대 사용전압이 22.9[kV]인 중성선 다중접지식 가공전선로의 전로와 대지 사이의 절연내력 시험전압은 몇 [V]인가?

① 16,488
② 21,068
③ 22,900
④ 28,625

해설 전로의 절연저항 및 절연내력(한국전기설비규정 132)

접지방식	최대 사용전압	시험전압 (최대 사용전압 배수)	최저 시험전압
비접지	7[kV] 이하	1.5배	-
	7[kV] 초과 60[kV] 이하	1.25배	10.5[kV]
	60[kV] 초과	1.25배	
중성점 접지	60[kV] 초과	1.1배	75[kV]
중성점 직접접지	60[kV] 초과 170[kV] 이하	0.72배	
	170[kV] 초과	0.64배	
중성점 다중접지	7[kV] 초과 25[kV] 이하	0.92배	-

$\therefore 22.9 \times 10^3 \times 0.92 = 21,068[V]$

028 ★★★

기구 등의 전로의 절연내력 시험에서 최대 사용전압이 60[kV]를 초과하는 기구 등의 전로로서 중성점 비접지식 전로에 접속하는 것은 최대 사용전압의 몇 배의 전압에 10분간 견디어야 하는가?

① 0.72
② 0.92
③ 1.25
④ 1.5

해설 기구 등의 전로의 절연내력(한국전기설비규정 136)

종류	시험전압
최대 사용전압이 7[kV] 이하인 기구 등의 전로	최대 사용전압의 1.5 배의 전압(500[V] 미만으로 되는 경우에는 500[V])
최대 사용전압이 60[kV]를 초과하는 기구 등의 전로로서 중성점 비접지식 전로(전위변성기를 사용하여 접지하는 것을 포함)에 접속하는 것	최대 사용전압의 1.25배

029 ★★★

최대 사용전압이 22,900[V]인 3상 4선식 중성선 다중접지식 전로와 대지 사이의 절연내력 시험전압은 몇 [V]인가?

① 32,510
② 28,752
③ 25,229
④ 21,068

해설 전로의 절연저항 및 절연내력(한국전기설비규정 132)

접지방식	최대 사용전압	시험전압 (최대 사용전압 배수)	최저 시험전압
비접지	7[kV] 이하	1.5배	-
	7[kV] 초과 60[kV] 이하	1.25배	10.5[kV]
	60[kV] 초과	1.25배	
중성점 접지	60[kV] 초과	1.1배	75[kV]
중성점 직접접지	60[kV] 초과 170[kV] 이하	0.72배	
	170[kV] 초과	0.64배	
중성점 다중접지	7[kV] 초과 25[kV] 이하	0.92배	-

$\therefore 22,900 \times 0.92 = 21,068[V]$

030 ★★★

변압기 전로의 절연내력 시험에서 최대 사용전압이 22.9[kV]인 경우 시험전압은 최대 사용전압의 몇 배인가?(단, 권선은 중성점 접지식 전로(중성선을 가지는 것으로서 그 중성선에 다중접지를 하는 것에 한한다)에 접속하였다.)

① 0.92
② 1.1
③ 1.25
④ 1.5

해설 변압기 전로의 절연내력(한국전기설비규정 135)

권선의 종류	시험전압	시험방법
최대 사용전압 7[kV] 이하	• 최대 사용전압의 1.5배의 전압(500[V] 미만으로 되는 경우에는 500[V]) • 중성점이 접지되고 다중접지된 중성선을 가지는 전로에 접속하는 것은 0.92배의 전압(500[V] 미만으로 되는 경우에는 500[V])	시험되는 권선과 다른 권선, 철심 및 외함 간에 시험전압을 연속하여 10분간 가한다.
최대 사용전압 7[kV] 초과 25[kV] 이하의 권선으로서 중성점 접지식 전로(중성선을 가지는 것으로서 그 중성선에 다중접지를 하는 것에 한함)에 접속하는 것	최대 사용전압의 0.92배의 전압	

031 ★★★

6.6[kV] 지중전선로의 케이블을 직류전원으로 절연 내력 시험을 하자면 시험전압은 직류 몇 [V]인가?

① 9,900
② 14,420
③ 16,500
④ 19,800

해설 전로의 절연저항 및 절연내력(한국전기설비규정 132)

접지방식	최대 사용전압	시험전압 (최대 사용 전압 배수)	최저 시험전압
비접지	7[kV] 이하	1.5배	–
	7[kV] 초과 60[kV] 이하	1.25배	10.5[kV]
	60[kV] 초과	1.25배	–
중성점 접지	60[kV] 초과	1.1배	75[kV]
중성점 직접접지	60[kV] 초과 170[kV] 이하	0.72배	–
	170[kV] 초과	0.64배	–
중성점 다중접지	7[kV] 초과 25[kV] 이하	0.92배	–

직류전원으로 절연내력 시험을 하면 시험 전압을 교류의 경우의 2배로 해야 한다.

∴ $6.6 \times 1.5 \times 2 = 19.8[kV] = 19,800[V]$

032 ★★★

최대 사용전압이 $161[kV]$, 중성점 직접 접지식 전로에 접속되는 변압기 전로의 절연내력 시험전압은 몇 $[kV]$인가?(단, 성형결선의 것에 한하며, 정류기에 접속하는 권선은 제외한다.)

① 115.92
② 147.12
③ 187.10
④ 201.25

해설 변압기 전로의 절연내력(한국전기설비규정 135)

권선의 종류	시험전압
최대 사용전압이 $60[kV]$를 초과하는 권선으로서 중성점 비접지식 전로에 접속하는 것	최대 사용전압의 1.25배의 전압
최대 사용전압이 $60[kV]$를 초과하는 권선으로서 중성점 접지식 전로에 접속하는 것(성형결선에 한함, 정류기에 접속하는 권선은 제외)	최대 사용전압의 **0.72배**

∴ $161 \times 0.72 = 115.92[kV]$

033 ★★★

최대 사용전압 $22.9[kV]$인 3상 4선식 다중 접지방식의 지중 전선로의 절연내력 시험을 직류로 할 경우 시험전압은 몇 $[V]$인가?

① 16,448
② 21,068
③ 32,796
④ 42,136

해설 전로의 절연저항 및 절연내력(한국전기설비규정 132)

접지방식	최대 사용전압	시험전압 (최대 사용 전압 배수)	최저 시험전압
비접지	$7[kV]$ 이하	1.5배	–
	$7[kV]$ 초과 $60[kV]$ 이하	1.25배	$10.5[kV]$
	$60[kV]$ 초과	1.25배	–
중성점 접지	$60[kV]$ 초과	1.1배	$75[kV]$
중성점 직접접지	$60[kV]$ 초과 $170[kV]$ 이하	0.72배	–
	$170[kV]$ 초과	0.64배	–
중성점 다중접지	$7[kV]$ 초과 $25[kV]$ 이하	**0.92배**	–

직류전원으로 절연내력 시험을 하면 시험 전압을 교류의 경우의 2배로 해야 한다.

∴ $22,900 \times 0.92 \times 2 = 42,136[V]$

034 ★★★

최대 사용전압이 $23,000[V]$인 중성점 비접지식 전로의 절연내력 시험전압은 몇 $[V]$인가?

① 16,560
② 21,160
③ 25,300
④ 28,750

해설 전로의 절연저항 및 절연내력(한국전기설비규정 132)

접지방식	최대 사용전압	시험전압 (최대 사용전압 배수)	최저 시험전압
비접지	7[kV] 이하	1.5배	-
	7[kV] 초과 60[kV] 이하	1.25배	10.5[kV]
	60[kV] 초과	1.25배	-
중성점 접지	60[kV] 초과	1.1배	75[kV]
중성점 직접접지	60[kV] 초과 170[kV] 이하	0.72배	-
	170[kV] 초과	0.64배	-
중성점 다중접지	7[kV] 초과 25[kV] 이하	0.92배	-

∴ $23,000 \times 1.25 = 28,750[V]$

035 ★★★

최대 사용전압이 $154[kV]$인 중성점 직접접지식 전로의 절연내력 시험전압은 몇 $[kV]$인가?

① 110.88
② 141.68
③ 169.40
④ 192.50

해설 전로의 절연저항 및 절연내력(한국전기설비규정 132)

접지방식	최대 사용전압	시험전압 (최대 사용전압 배수)	최저 시험전압
비접지	7[kV] 이하	1.5배	-
	7[kV] 초과 60[kV] 이하	1.25배	10.5[kV]
	60[kV] 초과	1.25배	-
중성점 접지	60[kV] 초과	1.1배	75[kV]
중성점 직접접지	60[kV] 초과 170[kV] 이하	0.72배	-
	170[kV] 초과	0.64배	-
중성점 다중접지	7[kV] 초과 25[kV] 이하	0.92배	-

∴ $154 \times 0.72 = 110.88[kV]$

036 ★★★

최대 사용전압이 $3.3[kV]$인 차단기 전로의 절연내력 시험전압은 몇 $[V]$인가?

① 3,036
② 4,125
③ 4,950
④ 6,600

해설 기구 등의 전로의 절연내력(한국전기설비규정 136)

종류	시험전압
최대 사용전압이 7[kV] 이하인 기구 등의 전로	최대 사용전압의 1.5배의 전압(500[V] 미만으로 되는 경우에는 500[V])
최대 사용전압이 60[kV]를 초과하는 기구 등의 전로로서 중성점 비접지식 전로(전위변성기를 사용하여 접지하는 것을 포함)에 접속하는 것	최대 사용전압의 1.25배

∴ $3,300 \times 1.5 = 4,950[V]$

037 ★★★

최대 사용전압 $7[kV]$ 이하 전로의 절연내력을 시험할 때 시험전압을 연속하여 몇 분간 가하였을 때 이에 견디어야 하는가?

① 5분
② 10분
③ 15분
④ 30분

해설 전로의 절연저항 및 절연내력(한국전기설비규정 132)

고압 및 특고압의 전로는 시험전압을 전로와 대지 사이에 연속하여 10분간 가하여 절연내력을 시험하였을 때에 이에 견디어야 한다.

038 ★☆☆

정류기의 전로로 사용전압이 $220[\text{V}]$라고 한다. 이 전로의 절연저항 값으로 옳은 것은?

① $0.5[\text{M}\Omega]$ 미만으로 유지하여야 한다.
② $1.0[\text{M}\Omega]$ 미만으로 유지하여야 한다.
③ $0.5[\text{M}\Omega]$ 이상으로 유지하여야 한다.
④ $1.0[\text{M}\Omega]$ 이상으로 유지하여야 한다.

해설 저압전로의 절연성능(기술기준 제52조)

전기사용 장소의 사용전압이 저압인 전로의 전선 상호 간 및 전로와 대지 사이의 절연저항은 개폐기 또는 과전류 차단기로 구분할 수 있는 전로마다 다음 표에서 정한 값 이상이어야 한다.

전로의 사용전압[V]	DC시험전압 [V]	절연저항 [MΩ]
SELV 및 PELV	250	0.5
FELV를 포함한 500[V] 이하	500	1.0
500[V] 초과	1,000	1.0

전로의 사용전압이 500[V] 이하이므로 절연저항 값은 1.0[MΩ] 이상이다.

039 ★★☆

최대 사용전압이 $3.3[\text{kV}]$인 전동기의 절연내력 시험전압은 몇 $[\text{V}]$ 전압에서 권선과 대지 간에 연속하여 10분간 견디어야 하는가?

① 4,125
② 4,950
③ 6,600
④ 7,600

해설 회전기 및 정류기의 절연내력(한국전기설비규정 133)

종류		시험전압	시험방법
회전기	발전기·전동기·무효전력 보상장치(조상기)·기타 회전기(회전 변류기 제외)	최대 사용전압 7[kV] 이하	최대 사용전압의 **1.5**배의 전압(500[V] 미만으로 되는 경우에는 500[V])	권선과 대지 사이에 연속하여 10분간 가한다.
		최대 사용전압 7[kV] 초과	최대 사용전압의 1.25배의 전압(10.5[kV] 미만으로 되는 경우에는 10.5[kV])	
	회전변류기		직류측의 최대 사용전압의 1배의 교류전압(500[V] 미만으로 되는 경우에는 500[V])	

∴ $3.3 \times 1.5 = 4.95[\text{kV}] = 4,950[\text{V}]$

040 ★★☆

발전기, 전동기, 무효전력 보상장치(조상기), 기타 회전기(회전변류기 제외)의 절연내력 시험전압은 어느 곳에 가하는가?

① 권선과 대지 사이
② 외함과 권선 사이
③ 외함과 대지 사이
④ 회전자와 고정자 사이

해설 회전기 및 정류기의 절연내력(한국전기설비규정 133)
발전기, 전동기, 무효전력 보상장치(조상기), 기타 회전기(회전변류기 제외)의 절연내력 시험은 권선과 대지 사이에 시험전압을 연속하여 10분간 가한다.

041 ★★☆

최대 사용전압이 $7[kV]$를 초과하는 회전기의 절연내력 시험은 최대 사용전압의 몇 배의 전압($10.5[kV]$ 미만으로 되는 경우에는 $10.5[kV]$)에서 10분간 견디어야 하는가?

① 0.92
② 1
③ 1.1
④ 1.25

해설 회전기 및 정류기의 절연내력(한국전기설비규정 133)

종류			시험전압	시험방법
회전기	발전기·전동기·무효전력 보상장치(조상기)·기타 회전기(회전 변류기 제외)	최대 사용 전압 $7[kV]$ 이하	최대 사용전압의 1.5배의 전압($500[V]$ 미만으로 되는 경우에는 $500[V]$)	권선과 대지 사이에 연속하여 10분간 가한다.
		최대 사용 전압 $7[kV]$ 초과	최대 사용전압의 1.25배의 전압($10.5[kV]$ 미만으로 되는 경우에는 $10.5[kV]$)	
	회전변류기		직류측의 최대 사용전압의 1배의 교류전압($500[V]$ 미만으로 되는 경우에는 $500[V]$)	

$7[kV]$를 초과하는 회전기의 절연내력은 최대 사용전압의 1.25배의 전압에서 10분간 견디어야 한다.

042 ★★☆

최대 사용전압 $440[V]$인 전동기의 절연내력 시험전압은 몇 $[V]$인가?

① 330
② 440
③ 500
④ 660

해설 회전기 및 정류기의 절연내력(한국전기설비규정 133)

종류			시험전압	시험방법
회전기	발전기·전동기·무효전력 보상장치(조상기)·기타 회전기(회전 변류기 제외)	최대 사용 전압 $7[kV]$ 이하	최대 사용전압의 1.5배의 전압($500[V]$ 미만으로 되는 경우에는 $500[V]$)	권선과 대지 사이에 연속하여 10분간 가한다.
		최대 사용 전압 $7[kV]$ 초과	최대 사용전압의 1.25배의 전압($10.5[kV]$ 미만으로 되는 경우에는 $10.5[kV]$)	
	회전변류기		직류측의 최대 사용전압의 1배의 교류전압($500[V]$ 미만으로 되는 경우에는 $500[V]$)	

∴ $440 \times 1.5 = 660[V]$

043 ★★☆

최대 사용전압이 $220[V]$인 전동기의 절연내력 시험을 하고자 할 때 시험전압은 몇 $[V]$인가?

① 300 ② 330
③ 450 ④ 500

해설 회전기 및 정류기의 절연내력(한국전기설비규정 133)

종류		시험전압	시험방법
회전기	발전기·전동기·무효전력 보상장치(조상기)·기타 회전기(회전 변류기 제외)	최대 사용전압 $7[kV]$ 이하	최대 사용전압의 1.5 배의 전압 (500[V] 미만으로 되는 경우에는 500[V])	권선과 대지 사이에 연속하여 10분간 가한다.
		최대 사용전압 $7[kV]$ 초과	최대 사용전압의 1.25 배의 전압(10.5[kV] 미만으로 되는 경우에는 10.5[kV])	
	회전변류기		직류측의 최대 사용전압의 1 배의 교류전압(500[V] 미만으로 되는 경우에는 500[V])	

∴ 시험전압 = $220 \times 1.5 = 330[V]$이나 최저 시험전압이 $500[V]$이므로 시험전압은 $500[V]$가 되어야 한다.

044 ★★☆

발전기·전동기·무효전력 보상장치(조상기)·기타 회전기(회전변류기 제외)의 절연내력 시험 시 시험전압은 권선과 대지 사이에 연속하여 몇 분간 가하여야 하는가?

① 10 ② 15
③ 20 ④ 30

해설 회전기 및 정류기의 절연내력(한국전기설비규정 133)

발전기, 전동기, 무효전력 보상장치(조상기), 기타 회전기(회전변류기는 제외)의 절연내력 시험은 권선과 대지 사이에 시험전압을 연속하여 **10분간** 가한다.

종류		시험전압	시험방법
회전기	발전기·전동기·무효전력 보상장치·기타 회전기(회전 변류기 제외)	최대 사용전압 $7[kV]$ 이하	최대 사용전압의 1.5 배의 전압 (500[V] 미만으로 되는 경우에는 500[V])	권선과 대지 사이에 연속하여 10분간 가한다.
		최대 사용전압 $7[kV]$ 초과	최대 사용전압의 1.25 배의 전압(10.5[kV] 미만으로 되는 경우에는 10.5[kV])	
	회전변류기		직류측의 최대 사용전압의 1 배의 교류전압(500[V] 미만으로 되는 경우에는 500[V])	

045 ★☆☆

전로의 중성점을 접지하는 목적이 아닌 것은?

① 고전압 침입 예방
② 이상 시 전위 상승 억제
③ 부하 전류의 경감으로 전선을 절약
④ 보호계전장치 등의 확실한 동작의 확보

해설 전로의 중성점의 접지(한국전기설비규정 322.5)

전로의 보호장치의 확실한 동작의 확보 또는 이상 전압의 억제 및 대지 전압의 저하를 위하여 전로의 중성점에 접지공사를 한다.

046 ★★☆

3상 $220[V]$ 유도전동기의 권선과 대지 간의 절연내력 시험전압과 견디어야 할 최소 시간으로 옳은 것은?

① $220[V]$, 5분 ② $275[V]$, 10분
③ $330[V]$, 20분 ④ $500[V]$, 10분

해설 회전기 및 정류기의 절연내력(한국전기설비규정 133)

발전기, 전동기, 무효전력 보상장치(조상기), 기타 회전기(회전변류기는 제외)의 절연내력 시험은 권선과 대지 사이에 시험전압을 연속하여 **10분간** 가한다.

종류		시험전압	시험방법
회전기	발전기·전동기·무효 전력 보상장치·기타 회전기(회전 변류기 제외)	최대 사용전압 $7[kV]$ 이하	최대 사용전압의 1.5 배의 전압 (500[V] 미만으로 되는 경우에는 500[V])	권선과 대지 사이에 연속하여 10분간 가한다.
		최대 사용전압 $7[kV]$ 초과	최대 사용전압의 1.25 배의 전압(10.5[kV] 미만으로 되는 경우에는 10.5[kV])	
	회전변류기		직류측의 최대 사용전압의 1 배의 교류전압(500[V] 미만으로 되는 경우에는 500[V])	

∴ 시험전압 = $220 \times 1.5 = 330[V]$이나 최저 시험전압이 $500[V]$이므로 시험전압은 $500[V]$가 되어야 한다.

047 ★☆☆

연료전지 및 태양전지 모듈의 절연내력 시험을 하는 경우 충전 부분과 대지 사이에 인가하는 시험전압은 얼마인가?(단, 연속하여 10분간 가하여 견디는 것이어야 한다.)

① 최대 사용전압의 1.25배의 직류전압 또는 1배의 교류전압(500[V] 미만으로 되는 경우에는 500[V])
② 최대 사용전압의 1.25배의 직류전압 또는 1.25배의 교류전압(500[V] 미만으로 되는 경우에는 500[V])
③ 최대 사용전압의 1.5배의 직류전압 또는 1배의 교류전압(500[V] 미만으로 되는 경우에는 500[V])
④ 최대 사용전압의 1.5배의 직류전압 또는 1.25배의 교류전압(500[V] 미만으로 되는 경우에는 500[V])

해설 연료전지 및 태양전지 모듈의 절연내력(한국전기설비규정 134)

연료전지 및 태양전지 모듈은 최대 사용전압의 1.5배의 직류전압 또는 1배의 교류전압(500[V] 미만으로 되는 경우에는 500[V])을 충전 부분과 대지 사이에 연속하여 10분간 가하여 절연내력을 시험하였을 때에 이에 견디는 것이어야 한다.

048 ★★☆

최대 사용전압이 1차 22,000[V], 2차 6,600[V]의 권선으로서 중성점 비접지식 전로에 접속하는 변압기의 특고압 측 절연내력 시험전압은?

① 24,000[V]
② 27,500[V]
③ 33,000[V]
④ 44,000[V]

해설 변압기 전로의 절연내력(한국전기설비규정 135)

권선의 종류	시험전압	시험방법
최대 사용전압 7[kV] 초과 60[kV] 이하의 권선	최대 사용전압의 1.25배의 전압(최저 시험전압 10.5[kV])	시험되는 권선과 다른 권선 철심 및 외함 간에 시험전압을 연속하여 10분간 가한다.
최대 사용전압이 60[kV]를 초과하는 권선으로서 중성점 비접지식 전로에 접속하는 것	최대 사용전압의 1.25배의 전압	

∴ $22,000 \times 1.25 = 27,500[V]$

049 ★☆☆

중성점 직접접지식 전로에 접속되는 최대 사용전압 161[kV]인 3상 변압기 권선(성형전선연결(결선))의 절연내력 시험을 할 때 접지시켜서는 안 되는 것은?

① 철심 및 외함
② 시험되는 변압기의 부싱
③ 시험되는 권선의 중성점 단자
④ 시험되지 않는 각 권선(다른 권선이 2개 이상 있는 경우에는 각 권선)의 임의의 1단자

해설 변압기 전로의 절연내력(한국전기설비규정 135)

• 변압기 전로의 시험전압 시험방법: 시험되는 권선의 중성점 단자, 다른 권선(다른 권선이 2개 이상 있는 경우에는 각 권선)의 임의의 1단자, 철심 및 외함을 접지하고 시험되는 권선의 중성점 단자 이외의 임의의 1단자와 대지 사이에 시험전압을 연속하여 10분간 가한다.
• 보기 ② 변압기의 부싱은 접지하지 않는다.

050 ★★☆

1차 측 3,300[V], 2차 측 220[V]인 변압기 전로의 절연내력 시험전압은 각각 몇 [V]에서 10분간 견디어야 하는가?

① 1차 측 4,950[V], 2차 측 500[V]
② 1차 측 4,500[V], 2차 측 400[V]
③ 1차 측 4,125[V], 2차 측 500[V]
④ 1차 측 3,300[V], 2차 측 400[V]

해설 변압기 전로의 절연내력(한국전기설비규정 135)

권선의 종류	시험전압	시험방법
최대 사용전압 7[kV] 이하	최대 사용전압의 1.5배의 전압(500[V] 미만으로 되는 경우에는 500[V])	시험되는 권선과 다른 권선, 철심 및 외함 간에 시험전압을 연속하여 10분간 가한다.

• 1차 측: $3,300 \times 1.5 = 4,950[V]$
• 2차 측: $220 \times 1.5 = 330[V]$
최저 시험전압이 500[V]이므로 2차 측 시험전압은 500[V]가 되어야 한다.

051 ★★☆

최대 사용전압이 $23[kV]$인 권선으로서 중성선 다중접지방식의 전로에 접속되는 변압기 권선의 절연내력 시험전압은 약 몇 $[kV]$인가?

① 21.16
② 25.3
③ 28.75
④ 34.5

해설 변압기 전로의 절연내력(한국전기설비규정 135)

권선의 종류	시험전압	시험방법
최대 사용전압 $7[kV]$ 이하	• 최대 사용전압의 1.5배의 전압($500[V]$ 미만으로 되는 경우에는 $500[V]$) • 중성점이 접지되고 다중접지된 중성선을 가지는 전로에 접속하는 것은 0.92배의 전압($500[V]$ 미만으로 되는 경우에는 $500[V]$)	시험되는 권선과 다른 권선, 철심 및 외함 간에 시험전압을 연속하여 10분간 가한다.
최대 사용전압 $7[kV]$ 초과 $25[kV]$ 이하의 권선으로서 중성점 접지식 전로(중성선을 가지는 것으로서 그 중성선에 다중접지를 하는 것에 한함)에 접속하는 것	최대 사용전압의 **0.92배**의 전압	

∴ $23 \times 0.92 = 21.16[kV]$

052 ★★☆

주상변압기 전로의 절연내력을 시험할 때 최대 사용전압이 $23,000[V]$인 권선으로서 중성점 접지식 전로(중성선을 가지는 것으로서 그 중성선에 다중접지를 한 것)에 접속하는 것의 시험전압은?

① 16,560
② 21,160
③ 25,300
④ 28,750

해설 변압기 전로의 절연내력(한국전기설비규정 135)

권선의 종류	시험전압	시험방법
최대 사용전압 $7[kV]$ 이하	• 최대 사용전압의 1.5배의 전압($500[V]$ 미만으로 되는 경우에는 $500[V]$) • 중성점이 접지되고 다중접지된 중성선을 가지는 전로에 접속하는 것은 0.92배의 전압($500[V]$ 미만으로 되는 경우에는 $500[V]$)	시험되는 권선과 다른 권선, 철심 및 외함 간에 시험전압을 연속하여 10분간 가한다.
최대 사용전압 $7[kV]$ 초과 $25[kV]$ 이하의 권선으로서 중성점 접지식 전로(중성선을 가지는 것으로서 그 중성선에 다중접지를 하는 것에 한함)에 접속하는 것	최대 사용전압의 **0.92배**의 전압	

∴ $23,000 \times 0.92 = 21,160[V]$

THEME 04 접지시스템

053 ★☆☆
하나 또는 복합하여 시설하여야 하는 접지극의 방법으로 틀린 것은?

① 지중 금속구조물
② 토양에 매설된 기초 접지극
③ 케이블의 금속외장 및 그 밖의 금속피복
④ 대지에 매설된 강화콘크리트의 용접된 금속 보강재

해설 접지극의 시설 및 접지저항(한국전기설비규정 142.2)
접지극의 시설
- 콘크리트에 매입된 기초 접지극
- 토양에 매설된 기초 접지극
- 토양에 수직 또는 수평으로 직접 매설된 금속전극(봉, 전선, 테이프, 배관, 판 등)
- 케이블의 금속외장 및 그 밖의 금속피복
- 지중 금속구조물(배관 등)
- 대지에 매설된 철근콘크리트의 용접된 금속 보강재(강화콘크리트 제외)

054 ★☆☆
지중에 매설되어 있는 금속제 수도관로를 각종 접지공사의 접지극으로 사용하려면 대지와의 전기저항 값이 몇 [Ω] 이하의 값을 유지하여야 하는가?

① 2
② 3
③ 4
④ 5

해설 접지극의 시설 및 접지저항(한국전기설비규정 142.2)
접지공사의 접지극으로 사용할 수 있는 조건
- 금속제 수도관로: 대지와의 전기저항 값이 3[Ω] 이하
- 건물의 철골: 대지 사이의 전기저항 값이 2[Ω] 이하

055 ★★☆
접지공사에 사용하는 접지도체를 사람이 접촉할 우려가 있는 곳에 철주 기타의 금속체를 따라서 시설하는 경우에는 접지극을 그 금속체로부터 지중에서 몇 [m] 이상 이격시켜야 하는가?(단, 접지극을 철주의 밑면으로부터 30[cm] 이상의 깊이에 매설하는 경우는 제외한다.)

① 1
② 2
③ 3
④ 4

해설 접지극의 시설 및 접지저항(한국전기설비규정 142.2)
접지도체를 철주 기타의 금속체를 따라서 시설하는 경우에는 접지극을 철주의 밑면으로부터 0.3[m] 이상의 깊이에 매설하는 경우 이외에는 접지극을 지중에서 그 금속체로부터 1[m] 이상 떼어 매설하여야 한다.

056 ★★★
접지공사의 접지극을 시설할 때 동결 깊이를 고려하여 지하 몇 [cm] 이상의 깊이로 매설해야 하는가?

① 60
② 75
③ 90
④ 100

해설 접지극의 시설 및 접지저항(한국전기설비규정 142.2)
접지극은 지하 0.75[m] 이상으로 하되 동결 깊이를 고려하여 매설할 것

| 정답 | 053 ④ 054 ② 055 ① 056 ②

057 ★☆☆

지중에 매설된 금속제 수도관로를 접지공사의 접지극으로 사용하려고 할 경우로 틀린 것은?

① 대지와의 전기저항 값이 3[Ω] 이하로 유지되는 금속제 수도관로는 접지공사의 접지극으로 사용할 수 있다.
② 접지도체와 금속제 수도관로의 접속부를 사람이 접촉할 우려가 있는 곳에 설치하는 경우에는 손상을 방지하도록 방호장치를 설치하여야 한다.
③ 대지와의 사이에 전기저항 값이 3[Ω] 이하를 유지하는 건물의 철골은 경우에 따라 접지공사의 접지극으로 사용할 수 있다.
④ 접지도체와 금속제 수도관로의 접속부를 수도계량기로부터 수도 수용가 측에 설치하는 경우에는 수도계량기를 사이에 두고 양측 수도관로를 전기적으로 확실하게 연결해야 한다.

해설 접지극의 시설 및 접지저항(한국전기설비규정 142.2)

지중에 매설되어 있고 대지와의 전기저항 값이 3[Ω] 이하의 값을 유지하고 있는 금속제 수도관로가 다음에 따르는 경우 접지극으로 사용이 가능하다.

- 접지도체와 금속제 수도관로의 접속은 안지름 75[mm] 이상인 부분 또는 여기에서 분기한 안지름 75[mm] 미만인 분기점으로부터 5[m] 이내의 부분에서 하여야 한다. 다만, 금속제 수도관로와 대지 사이의 전기저항 값이 2[Ω] 이하인 경우에는 분기점으로부터의 거리는 5[m]를 넘을 수 있다.
- 접지도체와 금속제 수도관로의 접속부를 수도계량기로부터 수도 수용가 측에 설치하는 경우에는 수도계량기를 사이에 두고 양측 수도관로를 등전위본딩하여야 한다.
- 접지도체와 금속제 수도관로의 접속부를 사람이 접촉할 우려가 있는 곳에 설치하는 경우에는 손상을 방지하도록 방호장치를 설치하여야 한다.
- 접지도체와 금속제 수도관로의 접속에 사용하는 금속제는 접속부에 전기적 부식이 생기지 않아야 한다.

건축물·구조물의 철골 기타의 금속제는 이를 비접지식 고압 전로에 시설하는 기계기구의 철대 또는 금속제 외함의 접지공사 또는 비접지식 고압전로와 저압전로를 결합하는 변압기의 저압전로의 접지공사의 접지극으로 사용할 수 있다. 다만, 대지와의 사이에 전기저항 값이 2[Ω] 이하인 값을 유지하는 경우에 한한다.

058 ★★☆

큰 고장전류가 구리 소재의 접지도체를 통하여 흐르지 않을 경우 접지도체의 최소 단면적은 몇 [mm²] 이상이어야 하는가?(단, 접지도체에 피뢰시스템이 접속되지 않는 경우이다.)

① 0.75
② 2.5
③ 6
④ 16

해설 접지도체·보호도체(한국전기설비규정 142.3)

접지도체의 선정
- 큰 고장전류가 접지도체를 통하여 흐르지 않을 경우 접지도체의 최소 단면적
  - 6[mm²] 이상의 구리
  - 50[mm²] 이상의 철제
- 접지도체에 피뢰시스템이 접속되는 경우 접지도체의 최소 단면적
  - 16[mm²] 이상의 구리
  - 50[mm²] 이상의 철

059 ★★☆

접지공사에 사용하는 접지도체를 사람이 접촉할 우려가 있는 곳에 시설하는 경우 「전기용품 및 생활용품 안전관리법」을 적용받는 합성수지관(두께 2[mm] 미만의 합성수지제 전선관 및 난연성이 없는 콤바인덕트관을 제외)으로 덮어야 하는 범위로 옳은 것은?

① 접지도체의 지하 0.3[m]로부터 지표상 1[m]까지의 부분
② 접지도체의 지하 0.5[m]로부터 지표상 1.2[m]까지의 부분
③ 접지도체의 지하 0.6[m]로부터 지표상 1.8[m]까지의 부분
④ 접지도체의 지하 0.75[m]로부터 지표상 2[m]까지의 부분

해설 접지도체(한국전기설비규정 142.3.1)

접지도체는 지하 0.75[m]부터 지표상 2[m]까지 부분은 합성수지관(두께 2[mm] 미만의 합성수지제 전선관 및 가연성 콤바인덕트관은 제외) 또는 이와 동등 이상의 절연효과와 강도를 가지는 몰드로 덮어야 한다.

060 ★★☆
전로의 중성점 접지의 접지도체를 연동선으로 할 경우 공칭 단면적은 몇 $[\text{mm}^2]$ 이상인가?(단, 저압전로의 중성점에 시설하는 것은 제외한다.)

① 6
② 10
③ 16
④ 25

해설 접지도체(한국전기설비규정 142.3.1)
중성점 접지용 접지도체는 공칭단면적 $16[\text{mm}^2]$ 이상의 연동선 또는 동등 이상의 단면적 및 세기를 가져야 한다. 다만, 다음의 경우에는 공칭단면적 $6[\text{mm}^2]$ 이상의 연동선 또는 동등 이상의 단면적 및 강도를 가져야 한다.
- $7[\text{kV}]$ 이하의 전로
- 사용전압이 $25[\text{kV}]$ 이하인 특고압 가공전선로(다만, 중성선 다중접지 방식의 것으로서 전로에 지락이 생겼을 때 2초 이내에 자동적으로 이를 전로로부터 차단하는 장치가 되어 있는 것)

061 ★★☆
$23[\text{kV}]$ 특고압 가공전선로의 전로와 저압전로를 결합한 주상 변압기의 2차 측 접지도체의 굵기는 공칭단면적 몇 $[\text{mm}^2]$ 이상의 연동선인가?(단, 특고압 가공전선로는 중성선 다중접지식의 것을 제외한다.)

① 2.5
② 6
③ 10
④ 16

해설 접지도체(한국전기설비규정 142.3.1)
- 특고압·고압 전기설비용 접지도체는 단면적 $6[\text{mm}^2]$ 이상의 연동선 또는 동등 이상의 단면적 및 강도를 가져야 한다.
- 중성점 접지용 접지도체는 공칭단면적 $16[\text{mm}^2]$ 이상의 연동선 또는 동등 이상의 단면적 및 세기를 가져야 한다. 다만, 다음의 경우에는 공칭단면적 $6[\text{mm}^2]$ 이상의 연동선 또는 동등 이상의 단면적 및 강도를 가져야 한다.
  - $7[\text{kV}]$ 이하의 전로
  - 사용전압이 $25[\text{kV}]$ 이하인 특고압 가공전선로(다만, 중성선 다중접지 방식의 것으로서 전로에 지락이 생겼을 때 2초 이내에 자동적으로 이를 전로로부터 차단하는 장치가 되어 있는 것)

참고
특고압 가공전선로의 전로와 저압 전로를 결합한 주상 변압기의 2차 측 접지도체가 중성점 접지용 접지도체임을 의미하므로 공칭단면적 $16[\text{mm}^2]$ 이상의 연동선이어야 한다.(사용전압이 $23[\text{kV}]$로 $25[\text{kV}]$ 이하인 특고압 가공전선로이지만 중성선 다중접지식의 것을 제외하였으므로 공칭단면적 $6[\text{mm}^2]$ 이상의 연동선을 사용해야 하는 예외 조항에 해당하지 않음)

062 ★☆☆
사람이 접촉할 우려가 있는 접지공사에서 지하 $75[\text{cm}]$로부터 지표상 $2[\text{m}]$까지의 접지도체는 사람의 접촉 우려가 없도록 하기 위하여 어느 것을 사용하여 보호하는가?

① 이음 부분이 없는 플로어덕트
② 난연성이 없는 콤바인덕트관
③ 두께 $2[\text{mm}]$ 이상의 합성수지관
④ 피막의 두께가 균일한 비닐포장지

해설 접지도체(한국전기설비규정 142.3.1)
접지도체는 지하 $0.75[\text{m}]$부터 지표상 $2[\text{m}]$까지 부분은 합성수지관(두께 $2[\text{mm}]$ 미만의 합성수지제 전선관 및 가연성 콤바인덕트관은 제외) 또는 이와 동등 이상의 절연효과와 강도를 가지는 몰드로 덮어야 한다.

063 ★★☆
공통접지공사 적용 시 선도체의 단면적이 $16[\text{mm}^2]$인 경우 보호도체(PE)에 적합한 최소 단면적은 몇 $[\text{mm}^2]$인가?(단, 보호도체의 재질이 선도체와 같은 경우이다.)

① 4
② 6
③ 10
④ 16

해설 보호도체(한국전기설비규정 142.3.2)
선도체의 단면적이 $16[\text{mm}^2]$ 이하이고 보호도체의 재질이 선도체와 같을 때에는 보호도체의 최소 단면적을 선도체와 같게 한다.

| 정답 | 060 ③ 061 ④ 062 ③ 063 ④

064 ★☆☆

주택 등 저압수용장소에서 고정 전기설비에 TN-C-S 접지방식으로 접지공사 시 중성선 겸용 보호도체(PEN)는 고정 전기설비에만 사용할 수 있다. 그 보호도체의 단면적이 구리는 몇 $[mm^2]$ 이상이어야 하는가?

① 4
② 6
③ 16
④ 10

해설 주택 등 저압수용장소 접지(한국전기설비규정 142.4.2)
저압수용장소에서 계통접지가 TN-C-S 방식인 경우에 보호도체는 다음에 따라 시설하여야 한다.
- 중성선 겸용 보호도체(PEN)는 고정 전기설비에만 사용할 수 있고, 그 도체의 단면적이 구리는 10[mm²] 이상, 알루미늄은 16[mm²] 이상이어야 하며, 그 계통의 최고전압에 대하여 절연되어야 한다.

065 ★★★

변압기의 고압 측 전로의 1선 지락전류가 4[A]일 때, 일반적인 경우의 중성점 접지저항 값은 몇 $[\Omega]$ 이하로 유지되어야 하는가?

① 18.75
② 22.5
③ 37.5
④ 52.5

해설 변압기 중성점 접지(한국전기설비규정 142.5)
변압기의 중성점 접지저항 값은 일반적으로 변압기의 고압·특고압 측 전로 1선 지락전류로 150을 나눈 값과 같은 저항 값 이하이다.
따라서 중성점 접지저항 값은 150÷4=37.5[Ω] 이하로 유지되어야 한다.

066 ★★★

변압기의 고압 측 전로와의 혼촉에 의하여 저압 측 전로의 대지전압이 150[V]를 넘는 경우에 2초 이내에 고압전로를 자동 차단하는 장치가 되어 있는 6,600/220[V] 배전선로에 있어서 1선 지락전류가 2[A]이면 변압기 중성점 접지저항 값의 최대는 몇 $[\Omega]$ 인가?

① 50
② 75
③ 150
④ 300

해설 변압기 중성점 접지(한국전기설비규정 142.5)
- 일반적으로 변압기의 고압·특고압 측 전로 1선 지락전류로 150을 나눈 값과 같은 저항 값 이하
- 1초 초과 2초 이내에 고압·특고압 전로를 자동으로 차단하는 장치를 설치할 때는 300을 나눈 값 이하

$$\therefore R = \frac{300}{I_g} = \frac{300}{2} = 150[\Omega]$$

067 ★★★

변압기의 고압 측 1선 지락전류가 30[A]인 경우에 변압기의 중성점 접지공사의 최대 접지저항 값은 몇 $[\Omega]$ 인가?(단, 고압 측 전로가 저압 측 전로와 혼촉하는 경우 1초 이내에 자동적으로 차단하는 장치가 설치되어 있다.)

① 5
② 10
③ 15
④ 20

해설 변압기의 중성점 접지(한국전기설비규정 142.5)
변압기의 중성점 접지저항 값은 다음에 의한다.
- 일반적으로 변압기의 고압·특고압 측 전로 1선 지락전류로 150을 나눈 값과 같은 저항 값 이하
- 변압기의 고압·특고압 측 전로 또는 사용전압이 35[kV] 이하의 특고압전로가 저압 측 전로와 혼촉하고 저압전로의 대지전압이 150[V]를 초과하는 경우는 저항 값을 다음에 의한다.
  - 1초 초과 2초 이내에 고압·특고압 전로를 자동으로 차단하는 장치를 설치할 때는 300을 나눈 값 이하
  - 1초 이내에 고압·특고압 전로를 자동으로 차단하는 장치를 설치할 때는 600을 나눈 값 이하

$$\therefore R = \frac{600}{1선\ 지락전류} = \frac{600}{30} = 20[\Omega]$$

068 ★★★

혼촉 사고 시에 1초를 초과하고 2초 이내에 자동 차단되는 $6.6[kV]$ 전로에 결합된 변압기 저압 측의 전압이 $220[V]$인 경우 최대 접지저항 값$[\Omega]$은?(단, 고압 측 1선 지락전류는 $30[A]$라 한다.)

① 5 ② 10
③ 20 ④ 30

해설 변압기 중성점 접지(한국전기설비규정 142.5)
- 일반적으로 변압기의 고압·특고압측 전로 1선 지락전류로 150을 나눈 값과 같은 저항 값 이하
- 변압기의 고압·특고압측 전로 또는 사용전압이 $35[kV]$ 이하의 특고압전로가 저압측 전로와 혼촉하고 저압전로의 대지전압이 $150[V]$를 초과하는 경우의 저항 값은 다음에 의한다.
  - 1초 초과 2초 이내에 고압·특고압 전로를 자동으로 차단하는 장치를 설치할 때는 300을 나눈 값 이하
  - 1초 이내에 고압·특고압 전로를 자동으로 차단하는 장치를 설치할 때는 600을 나눈 값 이하

$$\therefore R = \frac{300}{1선\ 지락전류} = \frac{300}{30} = 10[\Omega]$$

THEME 05 피뢰시스템

069 ★☆☆

내부 피뢰시스템 중 금속제 설비의 등전위본딩에 대한 설명이다. 다음 ( )에 들어갈 내용으로 옳은 것은?

> 건축물·구조물에는 지하 (ⓐ)[m]와 높이 (ⓑ)[m]마다 환상도체를 설치한다. 다만, 철근콘크리트, 철골구조물의 구조체에 인하도선을 등전위본딩하는 경우 환상도체는 설치하지 않아도 된다.

① ⓐ 0.5 ⓑ 15   ② ⓐ 0.5 ⓑ 20
③ ⓐ 1.0 ⓑ 15   ④ ⓐ 1.0 ⓑ 20

해설 금속제 설비의 등전위본딩(한국전기설비규정 153.2.2)
건축물·구조물에는 지하 $0.5[m]$와 높이 $20[m]$마다 환상도체를 설치한다. 다만, 철근콘크리트, 철골구조물의 구조체에 인하도선을 등전위본딩하는 경우 환상도체는 설치하지 않아도 된다.

070 ★☆☆

피뢰설비 중 인하도선시스템의 건축물·구조물과 분리되지 않은 피뢰시스템인 경우에 대한 설명으로 틀린 것은?

① 인하도선의 수는 1가닥 이상으로 한다.
② 벽이 불연성 재료로 된 경우에는 벽의 표면 또는 내부에 시설할 수 있다.
③ 병렬 인하도선의 최대 간격은 피뢰시스템 등급에 따라 Ⅳ 등급은 $20[m]$로 한다.
④ 벽이 가연성 재료인 경우에는 $0.1[m]$ 이상 이격하고, 이격이 불가능한 경우에는 도체의 단면적을 $100[mm^2]$ 이상으로 한다.

해설 인하도선시스템(한국전기설비규정 152.2)
건축물·구조물과 분리되지 않은 피뢰시스템인 경우
- 벽이 불연성 재료로 된 경우에는 벽의 표면 또는 내부에 시설할 수 있다. 다만, 벽이 가연성 재료인 경우에는 $0.1[m]$ 이상 이격하고, 이격이 불가능한 경우에는 도체의 단면적을 $100[mm^2]$ 이상으로 한다.
- 인하도선의 수는 2가닥 이상으로 한다.
- 보호대상 건축물·구조물의 투영에 따른 둘레에 가능한 한 균등한 간격으로 배치한다. 다만, 노출된 모서리 부분에 우선하여 설치한다.
- 병렬 인하도선의 최대 간격은 피뢰시스템 등급에 따라 Ⅰ·Ⅱ등급은 $10[m]$, Ⅲ등급은 $15[m]$, Ⅳ등급은 $20[m]$로 한다.

071 ★★☆

피뢰등전위본딩에서 본딩도체를 직접 접속할 수 없는 장소의 경우에 이용하는 것은?

① 개폐기   ② 과전류 차단기
③ 지락보호장치   ④ 서지보호장치

해설 피뢰등전위본딩 일반사항(한국전기설비규정 153.2.1)
등전위본딩의 상호 접속은 다음에 의한다.
- 자연적 구성부재의 전기적 연속성이 확보되지 않은 경우에는 본딩도체로 연결한다.
- 본딩도체로 직접 접속할 수 없는 장소의 경우에는 서지보호장치를 이용한다.
- 본딩도체로 직접 접속이 허용되지 않는 장소의 경우에는 절연방전갭(ISG)을 이용한다.

| 정답 | 068 ② 069 ② 070 ① 071 ④

저압 전기설비

1. 계통접지의 방식
2. 안전을 위한 보호

CBT 완벽대비 가능한 유형마스터 학습!

THEME	유형분석	관련 번호
THEME 01 계통접지의 방식	접지 계통을 정확하게 파악하는 것보다 필기에서는 접지계통의 분류와 계통에 사용하는 기호를 암기하는 것이 중요합니다.	072~073
THEME 02 안전을 위한 보호	누전차단기의 시설과 과부하 전류에 대한 보호를 이해하고, 각 특성에 맞는 보호 방식을 파악하는 것이 득점에 유리합니다.	074~080

학습 효과를 높이는 N제 3회독 시스템

챕터별 전체 1회독이 끝났다면 회독 체크표에 날짜를 기입하고 체크표시를 해주세요.

회독 체크표	☐ 1회독	월 일	☐ 2회독	월 일	☐ 3회독	월 일

CHAPTER 02 저압 전기설비

THEME 01 계통접지의 방식

072 ★★☆
저압전로의 보호도체 및 중성선의 접속방식에 따른 접지계통의 분류가 아닌 것은?

① IT 계통
② TN 계통
③ TT 계통
④ TC 계통

해설 계통접지 구성(한국전기설비규정 203.1)
저압전로의 보호도체 및 중성선의 접속방식에 따라 접지계통은 다음과 같이 분류한다.
- TN 계통
- TT 계통
- IT 계통

073 ★★☆
KS C IEC 60364에서 충전부 전체를 대지로부터 절연시키거나 한 점에 임피던스를 삽입하여 대지에 접속시키고, 전기기기의 노출 도전성 부분 단독 또는 일괄적으로 접지하거나 또는 계통접지로 접속하는 접지계통을 무엇이라 하는가?

① TT 계통
② IT 계통
③ TN-C 계통
④ TN-S 계통

해설 IT 계통(한국전기설비규정 203.4)
- 충전부 전체를 대지로부터 절연시키거나, 한 점을 임피던스를 통해 대지에 접속시킨다. 배전계통에서 추가접지가 가능하다.
- 계통은 높은 임피던스를 통하여 접지할 수 있다. 이 접속은 중성점, 인위적 중성점, 선도체 등에서 할 수 있다. 중성선은 배선할 수도 있고, 배선하지 않을 수도 있다.

THEME 02 안전을 위한 보호

074 ★★★
금속제 외함을 가진 저압의 기계기구로서 사람이 쉽게 접촉될 우려가 있는 곳에 시설하는 경우, 전기를 공급받는 전로에 지락이 생겼을 때 자동적으로 전로를 차단하는 장치를 설치하여야 하는 기계기구의 사용전압이 몇 [V]를 초과하는 경우인가?

① 30
② 50
③ 100
④ 150

해설 누전차단기의 시설(한국전기설비규정 211.2.4)
금속제 외함을 가지는 사용전압이 50[V]를 초과하는 저압의 기계기구로서 사람이 쉽게 접촉할 우려가 있는 곳에 시설하는 데에 전기를 공급하는 전로에는 보호대책으로 누전차단기를 시설해야 한다.

075 ★★☆
옥내에 시설하는 전동기가 소손되는 것을 방지하기 위한 과부하 보호장치를 하지 않아도 되는 것은?

① 정격출력이 7.5[kW] 이상인 경우
② 정격출력이 0.2[kW] 이하인 경우
③ 정격출력이 2.5[kW]이며, 과전류 차단기가 없는 경우
④ 전동기 출력이 4[kW]이며, 취급자가 감시할 수 없는 경우

해설 저압전로 중의 전동기 보호용 과전류보호장치의 시설(한국전기설비규정 212.6.3)
옥내에 시설하는 전동기의 과부하보호장치의 시설을 생략할 수 있는 경우는 다음과 같다.
- 옥내에 시설하는 전동기로 정격출력이 0.2[kW] 이하인 것
- 전동기를 운전 중 상시 취급자가 감시할 수 있는 위치에 시설하는 경우
- 전동기의 구조나 부하의 성질로 보아 전동기가 손상될 수 있는 과전류가 생길 우려가 없는 경우
- 단상 전동기로서 그 전원 측 전로에 시설하는 과전류 차단기의 정격전류가 16[A](배선용 차단기는 20[A]) 이하인 경우

| 정답 | 072 ④ 073 ② 074 ② 075 ②

076

저압 옥내전로의 인입구에 가까운 곳으로서 쉽게 개폐할 수 있는 곳에 개폐기를 시설하여야 한다. 그러나 사용전압이 $400[V]$ 이하인 옥내전로로서 다른 옥내전로에 접속하는 길이가 몇 $[m]$ 이하인 경우는 개폐기를 생략할 수 있는가?(단, 정격전류가 $16[A]$ 이하인 과전류 차단기 또는 정격전류가 $16[A]$를 초과하고 $20[A]$ 이하인 배선용 차단기로 보호되고 있는 것에 한한다.)

① 15
② 20
③ 25
④ 30

해설 저압 옥내전로 인입구에서의 개폐기의 시설(한국전기설비규정 212.6.2)

사용전압이 $400[V]$ 이하인 옥내전로로서 다른 옥내전로(정격전류가 $16[A]$ 이하인 과전류 차단기 또는 정격전류가 $16[A]$를 초과하고 $20[A]$ 이하인 배선용 차단기로 보호되고 있는 것에 한한다)에 접속하는 길이 15[m] 이하의 전로에서 전기의 공급을 받을 때 개폐기를 생략할 수 있다.

077

한국전기설비규정에 의하여 분기회로의 과부하보호장치 설치점과 분기점 사이에 다른 분기회로 또는 콘센트의 접속이 없고, 단락의 위험과 화재 및 인체에 대한 위험성이 최소화되도록 시설된 경우 과부하보호장치는 분기점으로부터 몇 $[m]$까지 이동하여 설치할 수 있는가?

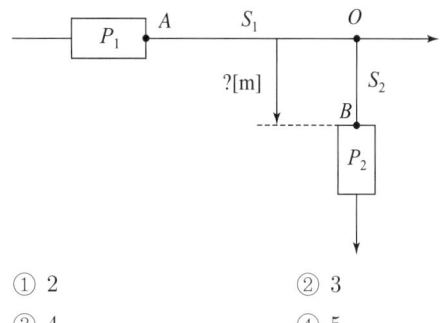

① 2
② 3
③ 4
④ 5

해설 과부하전류에 대한 보호(한국전기설비규정 212.4)

분기회로의 분기점 사이에 다른 분기회로 또는 콘센트의 접속이 없고, 단락의 위험과 화재 및 인체에 대한 위험성이 최소화되도록 시설된 경우, 분기회로의 과부하보호장치는 분기점으로부터 3[m]까지 이동하여 설치할 수 있다.

078 ★★☆

과부하보호장치는 분기점에 설치해야 하나, 단락의 위험과 화재 및 인체에 대한 위험성이 최소화되도록 시설된 경우, 분기회로의 보호장치는 분기회로의 분기점으로부터 몇 [m]까지 이동하여 설치할 수 있는가?

① 2
② 3
③ 4
④ 5

해설 과부하보호장치의 설치위치(한국전기설비규정 212.4.2)
과부하보호장치는 분기점에 설치해야 하나, 단락의 위험과 화재 및 인체에 대한 위험성이 최소화되도록 시설된 경우 분기회로의 보호장치는 분기회로의 분기점으로부터 3[m] 까지 이동하여 설치할 수 있다.

079 ★★☆

전동기 과부하보호장치의 시설에서 전원 측 전로에 시설한 배선 차단기의 정격전류가 몇 [A] 이하의 것이면 이 전로에 접속하는 단상 전동기에는 과부하보호장치를 생략할 수 있는가?

① 16
② 20
③ 30
④ 50

해설 저압전로 중의 전동기 보호용 과전류보호장치의 시설(한국전기설비규정 212.6.3)
옥내에 시설하는 전동기에 과부하보호장치의 시설을 생각할 수 있는 경우는 다음과 같다.
- 옥내에 시설하는 전동기로 정격출력이 0.2[kW] 이하인 것
- 전동기를 운전 중 상시 취급자가 감시할 수 있는 위치에 시설하는 경우
- 전동기의 구조나 부하의 성질로 보아 전동기가 손상될 수 있는 과전류가 생길 우려가 없는 경우
- 단상 전동기로서 그 전원 측 전로에 시설하는 과전류 차단기의 정격전류가 16[A](배선용 차단기는 20[A]) 이하인 경우

080 ★★☆

옥내에 시설하는 전동기에 과부하보호장치의 시설을 생략할 수 없는 경우는?

① 정격출력이 0.75[kW]인 전동기
② 전동기의 구조나 부하의 성질로 보아 전동기가 소손할 수 있는 과전류가 생길 우려가 없는 경우
③ 전동기가 단상의 것으로 전원 측 전로에 시설하는 배선용 차단기의 정격전류가 20[A] 이하인 경우
④ 전동기가 단상의 것으로 전원 측 전로에 시설하는 과전류차단기의 정격전류가 16[A] 이하인 경우

해설 저압전로 중의 전동기 보호용 과전류보호장치의 시설(한국전기설비규정 212.6.3)

옥내에 시설하는 전동기에 과부하보호장치의 시설을 생략할 수 있는 경우는 다음과 같다.
- 옥내에 시설하는 전동기로 정격출력이 0.2[kW] 이하인 것
- 전동기를 운전 중 상시 취급자가 감시할 수 있는 위치에 시설하는 경우
- 전동기의 구조나 부하의 성질로 보아 전동기가 손상될 수 있는 과전류가 생길 우려가 없는 경우
- 단상 전동기로서 그 전원 측 전로에 시설하는 과전류 차단기의 정격전류가 16[A](배선용 차단기는 20[A]) 이하인 경우

| 정답 | 080 ①

고압·특고압 전기설비

1. 통칙
3. 접지설비
4. 기계 및 기구
5. 옥내 설비의 시설

CBT 완벽대비 가능한 유형마스터 학습!

THEME	유형분석	관련 번호
THEME 01 통칙	직류와 교류에 따른 저압·고압·특고압 구분을 명확하게 파악하고 있어야 합니다. 특히 기본원칙 중 기계적 요구사항을 파악하고 있다면 고득점에 유리합니다.	08
THEME 03 접지설비	특고압과 고압의 혼촉 등에 의한 위험방지 시설 개념과 관련된 문제가 자주 출제됩니다. 또한 혼촉에 의한 위험방지 시설에 대해서 이해하고 있다면 좋은 결과를 얻을 수 있습니다.	082~084
THEME 04 기계 및 기구	특고압용 기계기구의 시설에 관한 문제가 자주 출제되며, 사용전압에 따른 구분을 명확하게 암기하는 것이 중요합니다. 또한 비포장 퓨즈와 포장 퓨즈에 관한 출제 비중이 높으니 관련 규정을 암기하여야 합니다.	085~101
THEME 05 옥내 설비의 시설	고압 옥내배선 등의 시설 개념에 대한 비중이 높으며, 이를 명확하게 한다면 옥내 설비의 시설 테마에서는 수월하게 득점할 수 있습니다.	102~110

학습 효과를 높이는 N제 3회독 시스템

챕터별 전체 1회독이 끝났다면 회독 체크표에 날짜를 기입하고 체크표시를 해주세요.

회독 체크표	☐ 1회독	월 일	☐ 2회독	월 일	☐ 3회독	월 일

CHAPTER 03 고압·특고압 전기설비

THEME 01 통칙

081 ★☆☆

단락전류에 의하여 생기는 기계적 충격에 견디는 것을 요구하지 않는 것은?

① 애자
② 변압기
③ 무효전력 보상장치(조상기)
④ 접지도체

> **해설** 발전기 등의 기계적 강도(기술기준 제23조)
> 발전기, 변압기, 무효전력 보상장치(조상기), 계기용 변성기, 모선 및 이를 지지하는 애자는 단락전류에 의하여 생기는 기계적 충격에 견디는 것이어야 한다.

THEME 03 접지설비

082 ★★☆

변압기에 의하여 $154[kV]$에 결합되는 $3,300[V]$ 전로에는 몇 배 이하의 사용전압이 가하여진 경우에 방전하는 장치를 그 변압기의 단자에 가까운 1극에 시설하여야 하는가?

① 2 ② 3
③ 4 ④ 5

> **해설** 특고압과 고압의 혼촉 등에 의한 위험방지 시설(한국전기설비규정 322.3)
> 변압기에 의하여 특고압전로에 결합되는 고압전로에는 사용전압의 3배 이하인 전압이 가하여진 경우에 방전하는 장치를 그 변압기의 단자에 가까운 1극에 설치하여야 한다. 다만, 사용전압의 3배 이하인 전압이 가하여진 경우에 방전하는 피뢰기를 고압 전로의 모선의 각상에 시설하거나 특고압 권선과 고압 권선 간에 혼촉방지판을 시설하여 접지저항 값이 10[Ω] 이하인 경우에는 그러하지 아니하다.

083 ★★☆

변압기에 의하여 특고압전로에 결합되는 고압전로에는 사용전압의 몇 배 이하인 전압이 가하여진 경우에 방전하는 장치를 그 변압기의 단자에 가까운 1극에 설치하여야 하는가?

① 0.5 ② 2
③ 3 ④ 5

> **해설** 특고압과 고압의 혼촉 등에 의한 위험방지 시설(한국전기설비규정 322.3)
> 변압기에 의하여 특고압전로에 결합되는 고압전로에는 사용전압의 3배 이하인 전압이 가하여진 경우에 방전하는 장치를 그 변압기의 단자에 가까운 1극에 설치하여야 한다. 다만, 사용전압의 3배 이하인 전압이 가하여진 경우에 방전하는 피뢰기를 고압 전로의 모선의 각상에 시설하거나 특고압 권선과 고압 권선 간에 혼촉방지판을 시설하여 접지저항 값이 10[Ω] 이하인 경우에는 그러하지 아니하다.

084 ★★★

변압기 저압 측 중성선에 접지공사를 하는 경우 변압기의 시설 장소로부터 몇 $[m]$까지 떼어놓을 수 있는가?

① 50 ② 100
③ 150 ④ 200

> **해설** 고압 또는 특고압과 저압의 혼촉에 의한 위험방지 시설(한국전기설비규정 322.1)
> 접지공사는 변압기의 시설장소마다 시행하여야 한다. 다만, 토지의 상황에 의하여 변압기의 시설장소에서 접지저항 값을 얻기 어려운 경우에 인장강도 5.26[kN] 이상 또는 지름 4[mm] 이상의 가공 접지도체를 시설할 때에는 변압기의 시설장소로부터 200[m]까지 떼어놓을 수 있다.

| 정답 | 081 ④ 082 ② 083 ③ 084 ④

THEME 04 기계 및 기구

085 ★★★
특고압 옥외 배전용 변압기가 1대일 경우 특고압 측에 일반적으로 시설하여야 하는 것은?

① 방전기
② 계기용 변류기
③ 계기용 변압기
④ 개폐기 및 과전류 차단기

해설 특고압 배전용 변압기의 시설(한국전기설비규정 341.2)
특고압 전선로에 접속하는 배전용 변압기를 시설하는 경우 다음에 따라야 한다.
• 변압기의 1차 전압은 35[kV] 이하, 2차 전압은 저압 또는 고압일 것
• 변압기의 특고압 측에 개폐기 및 과전류 차단기를 시설할 것
• 변압기의 2차 전압이 고압인 경우에는 고압 측에 개폐기를 시설하고 또한 쉽게 개폐할 수 있도록 할 것

086 ★★☆
특고압 전선로에 접속하는 배전용 변압기의 1차 및 2차 전압은?

① 1차: 35[kV] 이하, 2차: 저압 또는 고압
② 1차: 50[kV] 이하, 2차: 저압 또는 고압
③ 1차: 35[kV] 이하, 2차: 특고압 또는 고압
④ 1차: 50[kV] 이하, 2차: 특고압 또는 고압

해설 특고압 배전용 변압기의 시설(한국전기설비규정 341.2)
특고압 전선로(특고압 가공전선로 제외)에 접속하는 배전용 변압기(발전소·변전소·개폐소 또는 이에 준하는 곳에 시설하는 것 제외)를 시설하는 경우에는 특고압 전선에 특고압 절연전선 또는 케이블을 사용하고 또한 다음에 따라야 한다.
• 변압기의 1차 전압은 35[kV] 이하, 2차 전압은 저압 또는 고압일 것
• 변압기의 특고압 측에 개폐기 및 과전류 차단기를 시설할 것
• 변압기의 2차 전압이 고압인 경우에는 고압 측에 개폐기를 시설하고 또한 쉽게 개폐할 수 있도록 할 것

087 ★☆☆
특고압을 직접 저압으로 변성하는 변압기를 시설하여서는 아니 되는 변압기는?

① 광산에서 물을 양수하기 위한 양수기용 변압기
② 전기로 등 전류가 큰 전기를 소비하기 위한 변압기
③ 교류식 전기철도용 신호회로에 전기를 공급하기 위한 변압기
④ 발전소, 변전소, 개폐소 또는 이에 준하는 곳의 소내용 변압기

해설 특고압을 직접 저압으로 변성하는 변압기의 시설(한국전기설비규정 341.3)
특고압을 직접 저압으로 변성하는 변압기는 다음의 것에 한하여 시설할 수 있다.
• 전기로 등 전류가 큰 전기를 소비하기 위한 변압기
• 발전소·변전소·개폐소 또는 이에 준하는 곳의 소내용 변압기
• 교류식 전기철도용 신호회로에 전기를 공급하기 위한 변압기

088 ★★★
사용전압 $35,000[V]$인 기계기구를 옥외에 시설하는 개폐소의 구내에 취급자 이외의 자가 들어가지 않도록 울타리를 설치할 때 울타리와 특고압의 충전 부분이 접근하는 경우에는 울타리의 높이와 울타리로부터 충전 부분까지 거리의 합은 최소 몇 $[m]$ 이상이어야 하는가?

① 4 ② 5
③ 6 ④ 7

해설 특고압용 기계기구의 시설(한국전기설비규정 341.4)

사용전압의 구분	울타리의 높이와 울타리로부터 충전 부분까지 거리의 합계 또는 지표상의 높이
35[kV] 이하	5[m] 이상
35[kV] 초과 160[kV] 이하	6[m] 이상
160[kV] 초과	6[m]에 160[kV]를 초과하는 10[kV] 또는 그 단수마다 0.12[m]를 더한 값 이상

| 정답 | 085 ④ 086 ① 087 ① 088 ②

089 ★★☆

고압용의 개폐기·차단기·피뢰기 기타 이와 유사한 기구로서 동작 시에 아크가 생기는 것은 가연성 물체로부터 몇 [m] 이상 이격하여야 하는가?

① 0.5   ② 1
③ 1.5   ④ 2

해설 아크를 발생하는 기구의 시설(한국전기설비규정 341.7)

고압용 또는 특고압용의 개폐기·차단기·피뢰기 기타 이와 유사한 기구로서 동작 시에 아크가 생기는 것은 목재의 벽 또는 천장 기타의 가연성 물체로부터 표에서 정한 값 이상 이격하여 시설하여야 한다.

기구 등의 구분	간격
고압용의 것	1[m] 이상
특고압용의 것	2[m] 이상 (사용전압이 35[kV] 이하의 특고압용의 기구 등으로서 동작할 때에 생기는 아크의 방향과 길이를 화재가 발생할 우려가 없도록 제한하는 경우에는 1[m] 이상)

090 ★☆☆

고압용 기계기구를 시가지에 시설할 때 지표상 몇 [m] 이상의 높이에 시설하고, 또한 사람이 쉽게 접촉할 우려가 없도록 하여야 하는가?

① 4.0   ② 4.5
③ 5.0   ④ 5.5

해설 고압용 기계기구의 시설(한국전기설비규정 341.8)

기계기구(이에 부속하는 전선에 케이블 또는 고압 인하용 절연전선을 사용하는 것에 한한다)를 지표상 4.5[m](시가지 외에는 4[m]) 이상의 높이에 시설하고 또한 사람이 쉽게 접촉할 우려가 없도록 시설해야 한다.

091 ★☆☆

고압용 기계기구를 시설하여서는 안 되는 경우는?

① 시가지 외로서 지표상 3[m]인 경우
② 발전소, 변전소, 개폐소 또는 이에 준하는 곳에 시설하는 경우
③ 옥내에 설치한 기계기구를 취급자 이외의 사람이 출입할 수 없도록 설치한 곳에 시설하는 경우
④ 공장 등의 구내에서 기계기구의 주위에 사람이 쉽게 접촉할 우려가 없도록 울타리를 설치하는 경우

해설 고압용 기계기구의 시설(한국전기설비규정 341.8)

기계기구(이에 부속하는 전선에 케이블 또는 고압 인하용 절연전선을 사용하는 것에 한한다)를 지표상 4.5[m](시가지 외에는 4[m]) 이상의 높이에 시설하고 또한 사람이 쉽게 접촉할 우려가 없도록 시설해야 한다.

092 ★★★

과전류 차단기로 시설하는 퓨즈 중 고압전로에 사용하는 비포장 퓨즈는 정격전류 2배 전류 시 몇 분 안에 용단되어야 하는가?

① 1분   ② 2분
③ 5분   ④ 10분

해설 고압 및 특고압 전로 중의 과전류 차단기의 시설(한국전기설비규정 341.10)

고압전로에 사용하는 퓨즈는 크게 포장 퓨즈와 비포장 퓨즈로 나누어진다.

종류	불용단전류	용단전류	용단시간
비포장 퓨즈	1.25배	2배	2분
포장 퓨즈	1.3배		120분

| 정답 | 089 ②   090 ②   091 ①   092 ②

093 ★★★

과전류 차단기로 시설하는 퓨즈 중 고압전로에 사용하는 포장퓨즈는 정격전류의 몇 배에 견디어야 하는가?(단, 퓨즈 이외의 과전류 차단기와 조합하여 하나의 과전류 차단기로 사용하는 것을 제외한다.)

① 1.1
② 1.3
③ 1.5
④ 1.7

해설 고압 및 특고압 전로 중의 과전류 차단기의 시설(한국전기설비규정 341.10)
고압전로에 사용하는 퓨즈는 크게 포장 퓨즈와 비포장 퓨즈로 나누어진다.

종류	불용단전류	용단전류	용단시간
비포장 퓨즈	1.25배	2배	2분
포장 퓨즈	1.3배		120분

094 ★★☆

다음의 ⓐ, ⓑ에 들어갈 내용으로 옳은 것은?

> 과전류 차단기로 시설하는 퓨즈 중 고압전로에 사용하는 비포장 퓨즈는 정격전류의 (ⓐ)배의 전류에 견디고 또한 2배의 전류로 (ⓑ)분 안에 용단되는 것이어야 한다.

① ⓐ 1.1 ⓑ 1
② ⓐ 1.2 ⓑ 1
③ ⓐ 1.25 ⓑ 2
④ ⓐ 1.3 ⓑ 2

해설 고압 및 특고압 전로 중의 과전류 차단기의 시설(한국전기설비규정 341.10)
고압전로에 사용하는 퓨즈는 크게 포장 퓨즈와 비포장 퓨즈로 나누어진다.

종류	불용단전류	용단전류	용단시간
비포장 퓨즈	1.25배	2배	2분
포장 퓨즈	1.3배		120분

095 ★★★

과전류 차단기로 시설하는 퓨즈 중 고압 전로에 사용하는 비포장 퓨즈는 정격전류의 몇 배의 전류에 견디어야 하는가?

① 1.1
② 1.25
③ 1.5
④ 2

해설 고압 및 특고압 전로 중의 과전류 차단기의 시설(한국전기설비규정 341.10)
고압전로에 사용하는 퓨즈는 크게 포장 퓨즈와 비포장 퓨즈로 나누어진다.

종류	불용단전류	용단전류	용단시간
비포장 퓨즈	1.25배	2배	2분
포장 퓨즈	1.3배		120분

096 ★★★

고압 또는 특고압의 전로 중에서 기계기구 및 전선을 보호하기 위하여 필요한 곳에 시설하는 것은?

① 단로기
② 리액터
③ 전력용 콘덴서
④ 과전류 차단기

해설 고압 및 특고압 전로 중의 과전류 차단기의 시설(한국전기설비규정 341.10)
고압 또는 특고압 전로 중 기계기구 및 전선을 보호하기 위하여 필요한 곳에 과전류 차단기를 시설하여야 한다.

097 ★★★
과전류 차단기를 시설할 수 있는 곳은?

① 접지공사의 접지도체
② 다선식 전로의 중성선
③ 단상 3선식 전로의 저압 측 전선
④ 접지공사를 한 저압 가공전선로의 접지 측 전선

해설 과전류 차단기의 시설 제한(한국전기설비규정 341.11)
- 접지공사의 접지도체
- 다선식 전로의 중성선
- 전로의 일부에 접지공사를 한 저압 가공전선로의 접지 측 전선

098 ★★☆
과전류 차단기를 설치하지 않아야 할 곳은?

① 수용가의 인입선 부분
② 고압 배전선로의 인출장소
③ 직접 접지계통에 설치한 변압기의 접지도체
④ 역률조정용 고압 병렬콘덴서 뱅크의 분기선

해설 과전류 차단기의 시설 제한(한국전기설비규정 341.11)
접지공사의 접지도체, 다선식 전로의 중성선 및 전로의 일부에 접지공사를 한 저압 가공전선로의 접지 측 전선에는 과전류 차단기를 시설하여서는 안 된다.

099 ★★☆
피뢰기를 반드시 시설하지 않아도 되는 곳은?

① 발전소·변전소의 가공전선의 인출구
② 가공전선로와 지중전선로가 접속되는 곳
③ 고압 가공전선로로부터 수전하는 차단기 2차 측
④ 특고압 가공전선로로부터 공급을 받는 수용장소의 인입구

해설 피뢰기의 시설(한국전기설비규정 341.13)
고압 및 특고압의 전로 중 다음에 열거하는 곳 또는 이에 근접한 곳에는 피뢰기를 시설하여야 한다.
- 발전소·변전소 또는 이에 준하는 장소의 가공전선 인입구 및 인출구
- 가공전선로에 접속하는 배전용 변압기의 고압 측 및 특고압 측
- 고압 및 특고압 가공전선로로부터 공급을 받는 수용장소의 인입구
- 가공전선로와 지중전선로가 접속되는 곳

100 ★☆☆
피뢰기 설치기준으로 틀린 것은?

① 가공전선로와 특고압 전선로가 접속되는 곳
② 고압 및 특고압 가공전선로로부터 공급받는 수용장소의 인입구
③ 발전소·변전소 또는 이에 준하는 장소의 가공전선의 인입구 및 인출구
④ 가공전선로에 접속한 1차 측 전압이 35[kV] 이하인 배전용 변압기의 고압 측 및 특고압 측

해설 피뢰기의 시설(한국전기설비규정 341.13)
고압 및 특고압의 전로 중 다음에 열거하는 곳 또는 이에 근접한 곳에는 피뢰기를 시설하여야 한다.
- 발전소·변전소 또는 이에 준하는 장소의 가공전선 인입구 및 인출구
- 가공전선로에 접속하는 배전용 변압기의 고압 측 및 특고압 측
- 고압 및 특고압 가공전선로로부터 공급을 받는 수용장소의 인입구
- 가공전선로와 지중전선로가 접속되는 곳

101 ★☆☆

고압 가공전선로에 시설하는 피뢰기의 접지도체가 접지공사 전용의 것인 경우에 접지저항 값은 몇 [Ω]까지 허용되는가?

① 20   ② 30
③ 50   ④ 75

해설 피뢰기의 접지(한국전기설비규정 341.14)
고압 및 특고압의 전로에 시설하는 피뢰기 접지저항 값은 10[Ω] 이하로 하여야 한다. 다만, 고압 가공전선로에 시설하는 피뢰기를 접지공사를 한 변압기에 근접하여 시설하는 경우로서, 고압 가공전선로에 시설하는 피뢰기의 접지도체가 그 접지공사 전용의 것인 경우에 그 접지공사의 접지저항 값이 30[Ω] 이하까지 허용된다.

THEME 05   옥내 설비의 시설

102 ★★☆

애자사용공사에 의한 고압 옥내배선 등의 시설에서 사용되는 연동선의 공칭단면적은 몇 [mm²] 이상인가?

① 2.5   ② 8
③ 4   ④ 6

해설 고압 옥내배선 등의 시설(한국전기설비규정 342.1)
애자사용공사(건조한 장소로서 전개된 장소에 한한다)에 사용하는 전선
- 공칭단면적 6[mm²] 이상의 연동선 또는 동등 이상의 세기 및 굵기의 고압 절연전선 또는 특고압 절연전선
- 인하용 고압 절연전선

103 ★★☆

고압 옥내배선의 공사방법으로 틀린 것은?

① 케이블공사
② 합성수지관공사
③ 케이블트레이공사
④ 애자사용공사(건조한 장소에 전개된 장소에 한한다.)

해설 고압 옥내배선 등의 시설(한국전기설비규정 342.1)
고압 옥내배선은 다음에 따라 시설하여야 한다.
- 애자사용공사(건조한 장소로서 전개된 장소에 한한다.)
- 케이블공사
- 케이블트레이공사

104 ★★★

건조한 장소로서 전개된 장소에 한하여 고압 옥내배선을 할 수 있는 것은?

① 금속관공사   ② 애자사용공사
③ 합성수지관공사   ④ 가요전선관공사

해설 고압 옥내배선 등의 시설(한국전기설비규정 342.1)
- 애자사용공사(건조한 장소로서 전개된 장소에 한한다)
- 케이블공사
- 케이블트레이공사

105 ★☆☆

고압 옥내배선이 수관과 접근하여 시설되는 경우에는 몇 [cm] 이상 이격시켜야 하는가?

① 15   ② 30
③ 45   ④ 60

해설 고압 옥내배선 등의 시설(한국전기설비규정 342.1)
고압 옥내배선이 다른 고압 옥내배선·저압 옥내전선·관등회로의 배선·약전류 전선 등 또는 수관·가스관이나 이와 유사한 것과 접근하거나 교차하는 경우에는 고압 옥내배선과 다른 고압 옥내배선·저압 옥내전선·관등회로의 배선·약전류 전선 등 또는 수관·가스관이나 이와 유사한 것 사이의 간격(이격거리)은 0.15[m](애자사용공사에 의하여 시설하는 저압 옥내전선이 나전선인 경우에는 0.3[m], 가스계량기 및 가스관의 이음부와 전력량계 및 개폐기와는 0.6[m]) 이상이어야 한다.

106 ★★☆

고압 옥내배선을 애자사용공사로 하는 경우, 전선의 지지점 간의 거리는 전선을 조영재의 면을 따라 붙이는 경우 몇 [m] 이하이어야 하는가?

① 1
② 2
③ 3
④ 5

해설 고압 옥내배선 등의 시설(한국전기설비규정 342.1)

전압	전선과 조영재와의 간격	전선 상호 간격	전선 지지점 간의 거리	
			조영재의 면을 따라 붙이는 경우	조영재에 따라 시설하지 않는 경우
고압	0.05[m] 이상	0.08[m] 이상	2[m] 이하	6[m] 이하

107 ★★☆

애자공사에 의한 고압 옥내배선을 시설하고자 할 경우 전선과 조영재 사이의 간격(이격거리)은 몇 [cm] 이상인가?

① 3
② 4
③ 5
④ 6

해설 고압 옥내배선 등의 시설(한국전기설비규정 342.1)

전압	전선과 조영재와의 간격	전선 상호 간격	전선 지지점 간의 거리	
			조영재의 면을 따라 붙이는 경우	조영재에 따라 시설하지 않는 경우
고압	0.05[m] 이상	0.08[m] 이상	2[m] 이하	6[m] 이하

108 ★★★

옥내 고압용 이동전선의 시설기준에 적합하지 않은 것은?

① 전선은 고압용의 캡타이어케이블을 사용하였다.
② 전로에 지락이 생겼을 때에 자동적으로 전로를 차단하는 장치를 시설하였다.
③ 이동전선과 전기사용기계기구와는 볼트 조임 기타의 방법에 의하여 견고하게 접속하였다.
④ 이동전선에 전기를 공급하는 전로의 중성극에 전용 개폐기 및 과전류 차단기를 시설하였다.

해설 옥내 고압용 이동전선의 시설(한국전기설비규정 342.2)
옥내에 시설하는 고압의 이동전선은 다음에 따라 시설하여야 한다.
- 전선은 고압용의 캡타이어케이블일 것
- 이동전선과 전기사용기계기구와는 볼트 조임 기타의 방법에 의하여 견고하게 접속할 것
- 이동전선에 전기를 공급하는 전로(유도 전동기의 2차 측 전로를 제외한다)에는 전용 개폐기 및 과전류차단기를 각 극(과전류차단기는 다선식 전로의 중성극을 제외한다)에 시설하고, 또한 전로에 지락이 생겼을 때에 자동적으로 전로를 차단하는 장치를 시설할 것

109 ★★★

옥내에 시설하는 고압용 이동전선으로 옳은 것은?

① 6[mm] 연동선
② 비닐외장케이블
③ 옥외용 비닐절연전선
④ 고압용의 캡타이어케이블

해설 옥내 고압용 이동전선의 시설(한국전기설비규정 342.2)
옥내에 시설하는 고압의 이동전선은 다음에 따라 시설하여야 한다.
- 전선은 고압용의 캡타이어케이블일 것
- 이동전선과 전기사용기계기구와는 볼트 조임 기타의 방법에 의하여 견고하게 접속할 것
- 이동전선에 전기를 공급하는 전로(유도전동기의 2차 측 전로 제외)에는 전용 개폐기 및 과전류차단기를 각 극(과전류차단기는 다선식 전로의 중성극 제외)에 시설하고, 또한 전로에 지락이 생겼을 때에 자동적으로 전로를 차단하는 장치를 시설할 것

110

특고압을 옥내에 시설하는 경우 그 사용전압의 최대한도는 몇 [kV] 이하인가?(단, 케이블트레이공사는 제외한다.)

① 25
② 80
③ 100
④ 160

해설 특고압 옥내 전기설비의 시설(한국전기설비규정 342.4)
- 사용전압은 100[kV] 이하일 것. 다만, 케이블트레이공사에 의하여 시설하는 경우에는 35[kV] 이하일 것
- 전선은 케이블일 것
- 케이블은 철재 또는 철근 콘크리트제의 관·덕트 기타의 견고한 방호장치에 넣어 시설할 것

깊은 땅 속 흙더미 바위 더미를 헤치지 않고
광맥을 찾을 수 는 없습니다.

캐낸 원석을 이리저리 깎고 다듬지 않고서는
보석이 될수 없습니다.

가치있는 것은 결코 편하고 쉽지 않습니다.

- 조정민, 『인생은 선물이다』, 두란노

전선로

1. 통칙
2. 가공전선로
3. 옥측·옥상전선로 및 가공·이웃 연결인입선
4. 지중전선로
5. 특수장소의 전선로

CBT 완벽대비 가능한 유형마스터 학습!

THEME	유형분석	관련 번호
THEME 01 통칙	가공전선로 지지물의 철탑오름 및 전주오름 방지, 풍압하중의 종별과 적용 개념에 대해서 묻는 문제가 자주 출제되며, 특히 갑종 풍압하중에 관한 내용은 필수적으로 암기하여야 합니다.	111~141
THEME 02 가공전선로	가공전선의 높이를 구하는 계산문제 위주로 출제되며, 단수 계산 시 반올림에 주의하여야 합니다.	142~256
THEME 03 옥측·옥상전선로 및 가공·이웃 연결인입선	옥측전선로와 옥상 전선로에 관한 문제가 출제되며, 고압일 때 조건에 따른 간격을 명확하게 아는 것이 중요합니다.	257~272
THEME 04 지중전선로	지중함의 시설에 관한 문제는 실기에서도 단답형으로 출제되는 경우가 있으니 정확하게 암기하는 것이 좋습니다. 또한, 지중약전류전선에 관한 개념도 자주 출제되므로 확실하게 암기하는 것이 좋습니다.	273~287
THEME 05 특수장소의 전선로	터널 안 전선로의 시설에 관한 문제에 대한 비중이 높으므로 관련 개념을 확실하게 암기해 두는 것이 중요합니다.	288~297

학습 효과를 높이는 N제 3회독 시스템

챕터별 전체 1회독이 끝났다면 회독 체크표에 날짜를 기입하고 체크표시를 해주세요.

| 회독 체크표 | ☐ 1회독 | 월 일 | ☐ 2회독 | 월 일 | ☐ 3회독 | 월 일 |

CHAPTER 04 전선로

THEME 01 통칙

111 ★☆☆
다음 ( )에 들어갈 내용으로 옳은 것은?

> 가공전선로는 무선설비의 기능에 계속적이고 또한 중대한 장해를 주는 ( )가 생길 우려가 있는 경우에는 이를 방지하도록 시설하여야 한다.

① 전파
② 혼촉
③ 단락
④ 정전기

해설 전파장해의 방지(한국전기설비규정 331.1)
가공전선로는 무선설비의 기능에 계속적이고 또한 중대한 장해를 주는 전파를 발생할 우려가 있는 경우에는 이를 방지하도록 시설하여야 한다.

112 ★★★
가공전선로의 지지물에는 취급자가 오르고 내리는 데에 사용하는 발판 볼트 등은 특별한 경우를 제외하고 지표상 몇 [m] 미만에는 시설하지 않아야 하는가?

① 1.5
② 1.8
③ 2.0
④ 2.2

해설 가공전선로 지지물의 철탑오름 및 전주오름 방지(한국전기설비규정 331.4)
가공전선로의 지지물에 취급자가 오르고 내리는 데에 사용하는 발판 볼트 등을 지표상 1.8[m] 미만에 시설하여서는 아니 된다.

113 ★★★
가공전선로 지지물의 승탑 및 승주 방지를 위한 발판 볼트는 지표상 몇 [m] 미만에 시설하여서는 아니 되는가?

① 1.2
② 1.5
③ 1.8
④ 2.0

해설 가공전선로 지지물의 철탑오름 및 전주오름 방지(한국전기설비규정 331.4)
발판 볼트 등은 1.8[m] 미만에 시설하여서는 안 된다.
다만, 다음의 경우에는 그러하지 아니하다.
- 발판 볼트를 내부에 넣을 수 있는 구조
- 지지물에 철탑오름 및 전주오름 방지 장치를 시설한 경우
- 취급자 이외의 자가 출입할 수 없도록 울타리·담 등을 시설한 경우
- 지지물이 산간 등에 있으며 사람이 쉽게 접근할 우려가 없는 곳

114 ★★☆
가공전선로에 사용하는 지지물의 강도계산에 적용하는 갑종 풍압하중은 단도체 전선의 경우 구성재의 수직투영면적 $1[m^2]$에 대한 몇 [Pa]의 풍압으로 계산하는가?

① 588
② 745
③ 1,255
④ 1,039

해설 풍압하중의 종별과 적용(한국전기설비규정 331.6)

풍압을 받는 구분		구성재의 수직투영면적 $1[m^2]$에 대한 풍압
전선 기타 가섭선	다도체(구성하는 전선이 2가닥마다 수평으로 배열되고 또한 그 전선 상호 간의 거리가 전선의 바깥지름의 20배 이하인 것에 한한다)를 구성하는 전선	666[Pa]
	기타의 것	745[Pa]

| 정답 | 111 ① 112 ② 113 ③ 114 ②

115 ★☆☆

가공전선로의 지지물의 강도계산에 적용하는 풍압하중은 빙설이 많은 지방 이외의 지방에서 저온계절에는 어떤 풍압하중을 적용하는가?(단, 인가가 이웃 연결(연접)되어 있지 않다고 한다.)

① 갑종 풍압하중
② 을종 풍압하중
③ 병종 풍압하중
④ 을종과 병종 풍압하중을 혼용

해설 풍압하중의 종별과 적용(한국전기설비규정 331.6)
- 빙설이 많은 지방 이외의 지방에서는 고온계절에는 갑종 풍압하중, 저온계절에는 **병종 풍압하중**
- 빙설이 많은 지방에서는 고온계절에는 갑종 풍압하중, 저온계절에는 을종 풍압하중
- 빙설이 많은 지방 중 해안지방 기타 저온계절에 최대 풍압이 생기는 지방에서는 고온계절에는 갑종 풍압하중, 저온계절에는 갑종 풍압하중과 을종 풍압하중 중 큰 것

116 ★☆☆

빙설의 정도에 따라 풍압하중을 적용하도록 규정하고 있는 내용 중 옳은 것은?(단, 빙설이 많은 지방 중 해안지방 기타 저온 계절에 최대 풍압이 생기는 지방은 제외한다.)

① 빙설이 많은 지방에서는 고온계절에는 갑종 풍압하중, 저온계절에는 을종 풍압하중을 적용한다.
② 빙설이 많은 지방에서는 고온계절에는 을종 풍압하중, 저온계절에는 갑종 풍압하중을 적용한다.
③ 빙설이 적은 지방에서는 고온계절에는 갑종 풍압하중, 저온계절에는 을종 풍압하중을 적용한다.
④ 빙설이 적은 지방에서는 고온계절에는 을종 풍압하중, 저온계절에는 갑종 풍압하중을 적용한다.

해설 풍압하중의 종별과 적용(한국전기설비규정 331.6)
- 빙설이 많은 지방 이외의 지방에서는 고온계절에는 갑종 풍압하중, 저온계절에는 병종 풍압하중
- **빙설이 많은 지방에서는 고온계절에는 갑종 풍압하중, 저온계절에는 을종 풍압하중**
- 빙설이 많은 지방 중 해안지방 기타 저온계절에 최대 풍압이 생기는 지방에서는 고온계절에는 갑종 풍압하중, 저온계절에는 갑종 풍압하중과 을종 풍압하중 중 큰 것

117 ★★☆

특고압전선로에 사용되는 애자장치에 대한 갑종 풍압하중은 그 구성재의 수직투영면적 $1[m^2]$에 대한 풍압하중을 몇 $[Pa]$을 기초로 하여 계산한 것인가?

① 588
② 666
③ 946
④ 1,039

해설 풍압하중의 종별과 적용(한국전기설비규정 331.6)

풍압을 받는 구분				구성재의 수직투영면적 $1[m^2]$에 대한 풍압
목주				588[Pa]
지지물	철주	원형의 것		588[Pa]
		삼각형 또는 마름모형의 것		1,412[Pa]
		강관에 의하여 구성되는 사각형의 것		1,117[Pa]
		기타의 것		복재가 전·후면에 겹치는 경우에는 1,627[Pa], 기타의 경우에는 1,784[Pa]
	철근콘크리트주	원형의 것		588[Pa]
		기타의 것		882[Pa]
	철탑	단주 (완철류는 제외함)	원형의 것	588[Pa]
			기타의 것	1,117[Pa]
		강관으로 구성되는 것(단주는 제외함)		1,255[Pa]
		기타의 것		2,157[Pa]
전선 기타 가섭선	다도체(구성하는 전선이 2가닥마다 수평으로 배열되고 또한 그 전선 상호 간의 거리가 전선의 바깥지름의 20배 이하인 것에 한한다)를 구성하는 전선			666[Pa]
	기타의 것			745[Pa]
애자장치(특고압 전선용의 것에 한한다)				1,039[Pa]
목주·철주(원형의 것에 한한다) 및 철근 콘크리트주의 완금류(특고압 전선로용의 것에 한한다)				단일재로서 사용하는 경우에는 1,196[Pa], 기타의 경우에는 1,627[Pa]

118 ★★☆

다도체를 구성하는 전선이 2가닥마다 수평으로 배열되고 또한 그 전선 상호 간의 거리가 전선의 바깥지름의 20배 이하인 경우 구성재의 수직 투영면적 $1[m^2]$에 대한 풍압하중은 몇 $[Pa]$인가?

① 444
② 455
③ 666
④ 677

해설 풍압하중의 종별과 적용(한국전기설비규정 331.6)

풍압을 받는 구분		구성재의 수직 투영면적 $1[m^2]$에 대한 풍압
전선 기타 가섭선	다도체(구성하는 전선이 2가닥마다 수평으로 배열되고 또한 그 전선 상호 간의 거리가 전선의 바깥지름의 20배 이하인 것에 한한다)를 구성하는 전선	666[Pa]
	기타의 것	745[Pa]
애자장치(특고압 전선용의 것에 한한다)		1,039[Pa]
목주·철주(원형의 것에 한한다) 및 철근 콘크리트주의 완금류(특고압 전선로용의 것에 한한다)		단일재로서 사용하는 경우에는 1,196[Pa], 기타의 경우에는 1,627[Pa]

119 ★★☆

가공전선로에 사용하는 지지물의 강도계산에 적용하는 갑종 풍압하중을 계산할 때 구성재의 수직 투영면적 $1[m^2]$에 대한 풍압의 기준으로 틀린 것은?

① 목주: 588[Pa]
② 원형 철주: 588[Pa]
③ 원형 철근 콘크리트주: 882[Pa]
④ 강관으로 구성(단주는 제외)된 철탑: 1,255[Pa]

해설 풍압하중의 종별과 적용(한국전기설비규정 331.6)

풍압을 받는 구분			풍압[Pa]
지지물	목주		588
	철주	원형의 것	588
		삼각형 또는 마름모형의 것	1,412
		강관에 의하여 구성되는 사각형의 것	1,117
		기타의 것으로 복재가 전후면에 겹치는 경우	1,627
		기타의 것으로 겹치지 않은 경우	1,784
	철근 콘크리트주	원형의 것	588
		기타의 것	882
	철탑	강관으로 구성되는 것(단주는 제외함)	1,255
		기타의 것	2,157

원형 철근 콘크리트주의 수직 투영면적 $1[m^2]$에 대한 풍압은 588[Pa]이다.

120 ★★☆

철주가 강관에 의하여 구성된 사각형의 것일 때 갑종 풍압하중을 계산하려 한다. 수직 투영면적 $1[m^2]$에 대한 풍압하중은 몇 $[Pa]$을 기초하여 계산하는가?

① 588
② 882
③ 1,117
④ 1,255

해설 풍압하중의 종별과 적용(한국전기설비규정 331.6)

풍압을 받는 구분			풍압[Pa]
지지물	철주	원형의 것	588
		삼각형 또는 마름모형의 것	1,412
		강관에 의하여 구성되는 사각형의 것	1,117
		기타의 것으로 복재가 전후면에 겹치는 경우	1,627
		기타의 것으로 겹치지 않은 경우	1,784
	철근 콘크리트주	원형의 것	588
		기타의 것	882

121 ★★☆

인가가 많이 이웃 연결(연접)되어 있는 장소에 시설하는 가공전선로의 구성재에 병종 풍압하중을 적용할 수 없는 경우는?

① 저압 또는 고압 가공전선로의 지지물
② 저압 또는 고압 가공전선로의 가섭선
③ 사용전압이 35[kV] 이상의 전선에 특고압 가공전선로에 사용하는 케이블 및 지지물
④ 사용전압이 35[kV] 이하의 전선에 특고압 절연전선을 사용하는 특고압 가공전선로의 지지물

해설 풍압하중의 종별과 적용(한국전기설비규정 331.6)
인가가 많이 이웃 연결(연접)되어 있는 장소에 시설하는 가공전선로의 구성재 중 다음의 풍압하중에 대하여는 갑종 풍압하중 또는 을종 풍압하중 대신에 병종 풍압하중을 적용할 수 있다.
• 저압 또는 고압 가공전선로의 지지물 또는 가섭선
• 사용전압이 35[kV] 이하의 전선에 특고압 절연전선 또는 케이블을 사용하는 특고압 가공전선로의 지지물, 가섭선 및 특고압 가공전선을 지지하는 애자장치 및 완금류

122 ★★☆

가공전선로의 지지물이 원형 철근 콘크리트주인 경우 갑종 풍압하중은 몇 $[Pa]$을 기초로 하여 계산하는가?

① 294
② 588
③ 627
④ 1,078

해설 풍압하중의 종별과 적용(한국전기설비규정 331.6)

풍압을 받는 구분			풍압[Pa]
지지물	철근 콘크리트주	원형의 것	588
		기타의 것	882
	철탑	강관으로 구성되는 것(단주는 제외함)	1,255
		기타의 것	2,157

123 ★☆☆

전체의 길이가 $16[m]$이고 설계하중이 $6.8[kN]$ 초과 $9.8[kN]$ 이하인 철근 콘크리트주를 논, 기타 지반이 연약한 곳 이외의 곳에 시설할 때, 묻히는 깊이를 $2.5[m]$보다 몇 $[cm]$ 가산하여 시설하는 경우에 기초의 안전율에 대한 고려를 하지 않아도 되는가?

① 10
② 20
③ 30
④ 40

해설 가공전선로 지지물의 기초의 안전율(한국전기설비규정 331.7)
철근 콘크리트주로서 전체 길이가 14[m] 이상 20[m] 이하이고, 설계하중이 6.8[kN] 초과 9.8[kN] 이하의 것을 논이나 그 밖의 지반이 연약한 곳 이외에 시설하는 경우 그 묻히는 깊이는 설계하중이 6.8[kN] 이하의 기준보다 0.3[m]를 가산하여 시설한다.

124 ★★★

가공전선로의 지지물에 하중이 가하여지는 경우에 그 하중을 받는 지지물의 기초 안전율은 특별한 경우를 제외하고 최소 얼마 이상인가?

① 1.5
② 2
③ 2.5
④ 3

해설 가공전선로 지지물의 기초의 안전율(한국전기설비규정 331.7)
가공전선로의 지지물에 하중이 가하여지는 경우에 그 하중을 받는 지지물의 기초의 안전율은 2(이상 시 상정하중에 대한 철탑의 기초의 안전율은 1.33) 이상이어야 한다.

125 ★★★

철탑의 강도 계산을 할 때 이상 시 상정하중이 가하여지는 경우 철탑의 기초에 대한 안전율은 얼마 이상이어야 하는가?

① 1.33
② 1.83
③ 2.25
④ 2.75

해설 가공전선로 지지물의 기초의 안전율(한국전기설비규정 331.7)
가공전선로의 지지물에 하중이 가하여지는 경우에 그 하중을 받는 지지물의 기초의 안전율은 2(이상 시 상정하중에 대한 철탑의 기초의 안전율은 1.33) 이상이어야 한다.

126 ★★☆

철근 콘크리트주로서 전장이 $15[m]$이고 설계하중이 $8.2[kN]$이다. 이 지지물을 논이나 기타 지반이 연약한 곳 이외에 기초 안전율의 고려없이 시설하는 경우에 그 묻히는 깊이는 기준보다 몇 $[cm]$를 가산하여 시설하여야 하는가?

① 10
② 30
③ 50
④ 70

해설 가공전선로 지지물의 기초의 안전율(한국전기설비규정 331.7)
철근 콘크리트주로서 그 전체의 길이가 14[m] 이상 20[m] 이하이고, 설계하중이 6.8[kN] 초과 9.8[kN] 이하의 것을 논이나 그 밖의 지반이 연약한 곳 이외에 기초 안전율의 고려없이 시설하는 경우에 그 묻히는 깊이는 6.8[kN] 이하의 기준보다 0.3[m]를 가산하여 시설할 것

127 ★★☆

길이 16[m], 설계하중 8.2[kN]의 철근 콘크리트주를 지반이 튼튼한 곳에 시설하는 경우 지지물 기초의 안전율과 무관하려면 땅에 묻는 깊이를 몇 [m] 이상으로 하여야 하는가?

① 2.0
② 2.5
③ 2.8
④ 3.2

해설 가공전선로 지지물의 기초의 안전율(한국전기설비규정 331.7)
가공전선로의 지지물에 하중이 가하여지는 경우에 그 하중을 받는 지지물의 기초의 안전율은 2(단, 이상 시 상정하중에 대한 철탑의 기초에 대하여는 1.33) 이상일 것. 다만, 땅에 묻히는 깊이를 다음의 표에서 정한 값 이상의 깊이로 시설하는 경우에는 그러하지 아니하다.

전장 \ 설계하중	6.8[kN] 이하	6.8[kN] 초과 9.8[kN] 이하	9.8[kN] 초과 14.72[kN] 이하
15[m] 이하	전장×1/6[m] 이상	전장×1/6 +0.3[m] 이상	전장×1/6 +0.5[m] 이상
15[m] 초과 16[m] 이하	2.5[m] 이상	2.5[m] +0.3[m] 이상	–
16[m] 초과 20[m] 이하	2.8[m] 이상	–	–
15[m] 초과 18[m] 이하	–	–	3[m] 이상
18[m] 초과	–	–	3.2[m] 이상

128 ★★☆

전체의 길이가 18[m]이고 설계하중이 6.8[kN]인 철근 콘크리트주를 지반이 튼튼한 곳에 시설하려고 한다. 기초 안전율을 고려하지 않기 위해서는 묻히는 깊이를 몇 [m] 이상으로 시설하여야 하는가?

① 2.5
② 2.8
③ 3
④ 3.2

해설 가공전선로 지지물의 기초의 안전율(한국전기설비규정 331.7)
가공전선로의 지지물에 하중이 가하여지는 경우에 그 하중을 받는 지지물의 기초의 안전율은 2(단, 이상 시 상정하중에 대한 철탑의 기초에 대하여는 1.33) 이상일 것. 다만, 땅에 묻히는 깊이를 다음의 표에서 정한 값 이상의 깊이로 시설하는 경우에는 그러하지 아니하다.

전장 \ 설계하중	6.8[kN] 이하	6.8[kN] 초과 9.8[kN] 이하	9.8[kN] 초과 14.72[kN] 이하
15[m] 이하	전장×1/6[m] 이상	전장×1/6 +0.3[m] 이상	전장×1/6 +0.5[m] 이상
15[m] 초과 16[m] 이하	2.5[m] 이상	2.5[m] +0.3[m] 이상	–
16[m] 초과 20[m] 이하	2.8[m] 이상	–	–
15[m] 초과 18[m] 이하	–	–	3[m] 이상
18[m] 초과	–	–	3.2[m] 이상

129 ★★☆
철탑의 강도 계산에 사용하는 이상 시 상정하중을 계산하는 데에 사용되는 것은?

① 미진에 의한 요동과 철구조물의 인장하중
② 뇌가 철탑에 가하여졌을 경우의 충격하중
③ 이상전압이 전선로에 내습하였을 때 생기는 충격하중
④ 풍압이 전선로에 직각방향으로 가하여지는 경우의 하중

해설 이상 시 상정하중(한국전기설비규정 333.14)
이상 시 상정하중은 풍압이 전선로에 직각방향으로 가하여지는 경우 다음과 같다.
- 수직하중
- 수평 가로(횡)하중
- 수평 종하중

130 ★☆☆
철탑의 강도 계산에 사용하는 이상 시 상정하중의 종류가 아닌 것은?

① 좌굴하중 ② 수직하중
③ 수평 가로(횡)하중 ④ 수평 종하중

해설 이상 시 상정하중(한국전기설비규정 333.14)
이상 시 상정하중은 풍압이 전선로에 직각방향으로 가하여지는 경우 다음과 같다.
- 수직하중
- 수평 가로(횡)하중
- 수평 종하중

131 ★★★
가공전선로의 지지물에 시설하는 지지선(지선)으로 연선을 사용할 경우, 소선(素線)은 몇 가닥 이상이어야 하는가?

① 2가닥 ② 3가닥
③ 5가닥 ④ 9가닥

해설 지지선의 시설(한국전기설비규정 331.11)
- 안전율: 2.5 이상
- 최저 인장하중: 4.31[kN]
- 연선일 경우 소선의 지름이 2.6[mm] 이상인 금속선 3가닥 이상을 꼬아서 사용
- 지중 및 지표상 0.3[m]까지의 부분은 아연도금 철봉 등을 사용
- 도로를 횡단하여 시설하는 지지선(지선)의 높이는 지표상 5[m] 이상, 교통에 지장을 초래할 우려가 없는 경우에는 지표상 4.5[m] 이상, 보도의 경우에는 2.5[m] 이상으로 할 수 있다.
- 가공전선로의 지지물로 사용하는 철탑은 지지선(지선)을 사용하여 그 강도를 분담시켜서는 아니 된다.
- 지선근가는 지지선(지선)의 인장하중을 견디도록 시설할 것

132 ★★★
가공전선로의 지지물에 시설하는 지지선(지선)의 시설 기준으로 옳은 것은?

① 지지선(지선)의 안전율은 2.2 이상이어야 한다.
② 연선을 사용할 경우에는 소선(素線) 3가닥 이상이어야 한다.
③ 도로를 횡단하여 시설하는 지지선(지선)의 높이는 지표상 4[m] 이상으로 하여야 한다.
④ 지중부분 및 지표상 20[cm]까지의 부분에는 내식성이 있는 것 또는 아연도금을 한다.

해설 지지선의 시설(한국전기설비규정 331.11)
- 안전율: 2.5 이상
- 최저 인장하중: 4.31[kN]
- 연선일 경우 소선의 지름이 2.6[mm] 이상인 금속선 3가닥 이상을 꼬아서 사용
- 지중 및 지표상 0.3[m]까지의 부분은 아연도금 철봉 등을 사용
- 도로를 횡단하여 시설하는 지지선(지선)의 높이는 지표상 5[m] 이상, 교통에 지장을 초래할 우려가 없는 경우에는 지표상 4.5[m] 이상, 보도의 경우에는 2.5[m] 이상으로 할 수 있다.
- 가공전선로의 지지물로 사용하는 철탑은 지지선(지선)을 사용하여 그 강도를 분담시켜서는 아니 된다.
- 지선근가는 지지선(지선)의 인장하중을 견디도록 시설할 것

133 ★★★

가공전선로의 지지물에 지지선(지선)을 시설할 때 옳은 방법은?

① 지지선(지선)의 안전율을 2.0으로 하였다.
② 소선은 최소 2가닥 이상의 연선을 사용하였다.
③ 지중의 부분 및 지표상 20[cm]까지의 부분은 아연도금 철봉 등 내부식성 재료를 사용하였다.
④ 도로를 횡단하는 것의 지지선(지선)의 높이는 지표상 5[m]로 하였다.

해설 지지선의 시설(한국전기설비규정 331.11)
- 안전율: 2.5 이상
- 최저 인장하중: 4.31[kN]
- 연선일 경우 소선의 지름이 2.6[mm] 이상인 금속선 3가닥 이상을 꼬아서 사용
- 지중 및 지표상 0.3[m]까지의 부분은 아연도금 철봉 등을 사용
- 도로를 횡단하여 시설하는 지지선(지선)의 높이는 지표상 5[m] 이상, 교통에 지장을 초래할 우려가 없는 경우에는 지표상 4.5[m] 이상, 보도의 경우에는 2.5[m] 이상으로 할 수 있다.
- 가공전선로의 지지물로 사용하는 철탑은 지지선(지선)을 사용하여 그 강도를 분담시켜서는 아니 된다.
- 지선근가는 지지선(지선)의 인장하중을 견디도록 시설할 것

134 ★★★

가공전선로의 지지물에 시설하는 지지선(지선)의 시설기준으로 틀린 것은?

① 지지선(지선)의 안전율을 2.5 이상으로 할 것
② 소선은 최소 5가닥 이상의 강심 알루미늄연선을 사용할 것
③ 도로를 횡단하여 시설하는 지지선(지선)의 높이는 지표상 5[m] 이상으로 할 것
④ 지중 부분 및 지표상 30[cm]까지의 부분에는 내식성이 있는 것을 사용할 것

해설 지지선의 시설(한국전기설비규정 331.11)
- 안전율: 2.5 이상
- 최저 인장하중: 4.31[kN]
- 연선일 경우 소선의 지름이 2.6[mm] 이상인 금속선 3가닥 이상을 꼬아서 사용
- 지중 및 지표상 0.3[m]까지의 부분은 아연도금 철봉 등을 사용
- 도로를 횡단하여 시설하는 지지선(지선)의 높이는 지표상 5[m] 이상, 교통에 지장을 초래할 우려가 없는 경우에는 지표상 4.5[m] 이상, 보도의 경우에는 2.5[m] 이상으로 할 수 있다.
- 가공전선로의 지지물로 사용하는 철탑은 지지선(지선)을 사용하여 그 강도를 분담시켜서는 아니 된다.
- 지선근가는 지지선(지선)의 인장하중을 견디도록 시설할 것

135 ★★☆

가공전선로의 지지물에 지지선(지선)을 시설하려는 경우 이 지지선(지선)의 최저 기준으로 옳은 것은?

① 허용인장하중: 2.11[kN], 소선지름: 2.0[mm], 안전율: 3.0
② 허용인장하중: 3.21[kN], 소선지름: 2.6[mm], 안전율: 1.5
③ 허용인장하중: 4.31[kN], 소선지름: 1.6[mm], 안전율: 2.0
④ 허용인장하중: 4.31[kN], 소선지름: 2.6[mm], 안전율: 2.5

해설 지지선의 시설(한국전기설비규정 331.11)
- 안전율: 2.5 이상
- 최저 인장하중: 4.31[kN]
- 연선일 경우 소선의 지름이 2.6[mm] 이상인 금속선 3가닥 이상을 꼬아서 사용
- 지중 및 지표상 0.3[m]까지의 부분은 아연도금 철봉 등을 사용
- 도로를 횡단하여 시설하는 지지선(지선)의 높이는 지표상 5[m] 이상, 교통에 지장을 초래할 우려가 없는 경우에는 지표상 4.5[m] 이상, 보도의 경우에는 2.5[m] 이상으로 할 수 있다.
- 가공전선로의 지지물로 사용하는 철탑은 지지선(지선)을 사용하여 그 강도를 분담시켜서는 아니 된다.
- 지선근가는 지지선(지선)의 인장하중을 견디도록 시설할 것

136 ★★★
가공전선로의 지지물에 사용하는 지지선(지선)의 시설기준에 관한 내용으로 틀린 것은?

① 지지선(지선)에 연선을 사용하는 경우 소선(素線) 3가닥 이상의 연선일 것
② 지지선(지선)의 안전율은 2.5 이상, 허용 인장하중의 최저는 3.31[kN]으로 할 것
③ 지지선(지선)에 연선을 사용하는 경우 소선의 지름이 2.6[mm] 이상의 금속선을 사용한 것일 것
④ 가공전선로의 지지물로 사용하는 철탑은 지지선(지선)을 사용하여 그 강도를 분담시키지 않을 것

해설 지지선의 시설(한국전기설비규정 331.11)
- 안전율: 2.5 이상
- 최저 인장하중: 4.31[kN]
- 연선일 경우 소선의 지름이 2.6[mm] 이상인 금속선 3가닥 이상을 꼬아서 사용
- 지중 및 지표상 0.3[m]까지의 부분은 아연도금 철봉 등을 사용
- 도로를 횡단하여 시설하는 지지선(지선)의 높이는 지표상 5[m] 이상, 교통에 지장을 초래할 우려가 없는 경우에는 지표상 4.5[m] 이상, 보도의 경우에는 2.5[m] 이상으로 할 수 있다.
- 가공전선로의 지지물로 사용하는 철탑은 지지선(지선)을 사용하여 그 강도를 분담시켜서는 아니 된다.
- 지선근가는 지지선(지선)의 인장하중을 견디도록 시설할 것

137 ★★☆
가공전선로의 지지물에 시설하는 지지선(지선)의 안전율과 허용 인장하중의 최저값은?

① 안전율은 2.0 이상, 허용 인장하중 최저값은 4[kN]
② 안전율은 2.5 이상, 허용 인장하중 최저값은 4[kN]
③ 안전율은 2.0 이상, 허용 인장하중 최저값은 4.4[kN]
④ 안전율은 2.5 이상, 허용 인장하중 최저값은 4.31[kN]

해설 지지선의 시설(한국전기설비규정 331.11)
- 안전율: 2.5 이상
- 최저 인장하중: 4.31[kN]
- 연선일 경우 소선의 지름이 2.6[mm] 이상인 금속선 3가닥 이상을 꼬아서 사용
- 지중 및 지표상 0.3[m]까지의 부분은 아연도금 철봉 등을 사용
- 도로를 횡단하여 시설하는 지지선(지선)의 높이는 지표상 5[m] 이상, 교통에 지장을 초래할 우려가 없는 경우에는 지표상 4.5[m] 이상, 보도의 경우에는 2.5[m] 이상으로 할 수 있다.
- 가공전선로의 지지물로 사용하는 철탑은 지지선(지선)을 사용하여 그 강도를 분담시켜서는 아니 된다.
- 지선근가는 지지선(지선)의 인장하중을 견디도록 시설할 것

138 ★★★
가공전선로의 지지물 중 지지선(지선)을 사용하여 그 강도를 분담시켜서는 안 되는 것은?

① 철탑   ② 목주
③ 철주   ④ 철근 콘크리트주

해설 지지선의 시설(한국전기설비규정 331.11)
- 안전율: 2.5 이상
- 최저 인장하중: 4.31[kN]
- 연선일 경우 소선의 지름이 2.6[mm] 이상인 금속선 3가닥 이상을 꼬아서 사용
- 지중 및 지표상 0.3[m]까지의 부분은 아연도금 철봉 등을 사용
- 도로를 횡단하여 시설하는 지지선(지선)의 높이는 지표상 5[m] 이상, 교통에 지장을 초래할 우려가 없는 경우에는 지표상 4.5[m] 이상, 보도의 경우에는 2.5[m] 이상으로 할 수 있다.
- 가공전선로의 지지물로 사용하는 철탑은 지지선(지선)을 사용하여 그 강도를 분담시켜서는 아니 된다.
- 지선근가는 지지선(지선)의 인장하중을 견디도록 시설할 것

139 ★★☆
지지선(지선) 시설에 관한 설명으로 틀린 것은?

① 지지선(지선)의 안전율은 2.5 이상이어야 한다.
② 철탑은 지지선(지선)을 사용하여 그 강도를 분담시켜야 한다.
③ 지선에 연선을 사용할 경우 소선 3가닥 이상의 연선이어야 한다.
④ 지선근가는 지선의 인장하중에 충분히 견디도록 시설하여야 한다.

해설 지지선의 시설(한국전기설비규정 331.11)
- 안전율: 2.5 이상
- 최저 인장하중: 4.31[kN]
- 연선일 경우 소선의 지름이 2.6[mm] 이상인 금속선 3가닥 이상을 꼬아서 사용
- 지중 및 지표상 0.3[m]까지의 부분은 아연도금 철봉 등을 사용
- 도로를 횡단하여 시설하는 지지선(지선)의 높이는 지표상 5[m] 이상, 교통에 지장을 초래할 우려가 없는 경우에는 지표상 4.5[m] 이상, 보도의 경우에는 2.5[m] 이상으로 할 수 있다.
- 가공전선로의 지지물로 사용하는 철탑은 지지선(지선)을 사용하여 그 강도를 분담시켜서는 아니 된다.
- 지선근가는 지지선(지선)의 인장하중을 견디도록 시설할 것

| 정답 | 136 ② 137 ④ 138 ① 139 ②

140 ★★☆

가공전선로의 지지물에 시설하는 지지선(지선)에 관한 사항으로 옳은 것은?

① 소선은 지름 2.0[mm] 이상인 금속선을 사용한다.
② 도로를 횡단하여 시설하는 지지선(지선)의 높이는 지표상 6.0[m] 이상이다.
③ 지지선(지선)의 안전율은 1.2 이상이고 허용인장하중의 최저는 4.31[kN]으로 한다.
④ 지지선(지선)에 연선을 사용할 경우에는 소선은 3가닥 이상의 연선을 사용한다.

해설 지지선의 시설(한국전기설비규정 331.11)
- 안전율: 2.5 이상
- 최저 인장하중: 4.31[kN]
- 연선일 경우 소선의 지름이 2.6[mm] 이상인 금속선 3가닥 이상을 꼬아서 사용
- 지중 및 지표상 0.3[m]까지의 부분은 아연도금 철봉 등을 사용
- 도로를 횡단하여 시설하는 지지선(지선)의 높이는 지표상 5[m] 이상, 교통에 지장을 초래할 우려가 없는 경우에는 지표상 4.5[m] 이상, 보도의 경우에는 2.5[m] 이상으로 할 수 있다.
- 가공전선로의 지지물로 사용하는 철탑은 지지선(지선)을 사용하여 그 강도를 분담시켜서는 아니 된다.
- 지선근가는 지지선(지선)의 인장하중을 견디도록 시설할 것

141 ★★☆

가공전선로의 지지물에 시설하는 지지선(지선)의 시설기준으로 옳은 것은?

① 지지선(지선)의 안전율은 1.2 이상일 것
② 소선은 최소 5가닥 이상의 연선일 것
③ 도로를 횡단하여 시설하는 지지선(지선)의 높이는 일반적으로 지표상 5[m] 이상으로 할 것
④ 지중 부분 및 지표상 60[cm]까지의 부분은 아연도금을 한 철봉 등 부식하기 어려운 재료를 사용할 것

해설 지지선의 시설(한국전기설비규정 331.11)
- 안전율: 2.5 이상
- 최저 인장하중: 4.31[kN]
- 연선일 경우 소선의 지름이 2.6[mm] 이상인 금속선 3가닥 이상을 꼬아서 사용
- 지중 및 지표상 0.3[m]까지의 부분은 아연도금 철봉 등을 사용
- 도로를 횡단하여 시설하는 지지선(지선)의 높이는 지표상 5[m] 이상, 교통에 지장을 초래할 우려가 없는 경우에는 지표상 4.5[m] 이상, 보도의 경우에는 2.5[m] 이상으로 할 수 있다.
- 가공전선로의 지지물로 사용하는 철탑은 지지선(지선)을 사용하여 그 강도를 분담시켜서는 아니 된다.
- 지선근가는 지지선(지선)의 인장하중을 견디도록 시설할 것

THEME 02 가공전선로

142 ★☆☆

고압 가공전선로를 가공케이블로 시설하는 경우 틀린 것은?

① 조가선(조가용선)은 단면적 22[mm^2]인 아연도강연선을 사용하였다.
② 조가선(조가용선) 및 케이블의 피복에 사용하는 금속체에는 접지공사를 하였다.
③ 케이블은 조가선(조가용선)에 행거로 시설할 경우 그 행거의 간격을 60[cm]로 시설하였다.
④ 조가선(조가용선)의 케이블에 접촉시켜 그 위에 쉽게 부식하지 아니하는 금속 테이프 등을 20[cm] 이하의 간격을 유지하며 나선상으로 감아 붙였다.

해설 가공케이블의 시설(한국전기설비규정 332.2)
케이블은 조가선(조가용선)에 행거로 시설할 것. 이 경우에는 사용전압이 고압인 때에는 그 행거의 간격을 0.5[m] 이하로 시설하여야 한다.

143 ★★☆

고압 가공전선로에 케이블을 조가선(조가용선)에 행거로 시설할 경우 그 행거의 간격은 몇 [cm] 이하로 하여야 하는가?

① 50
② 60
③ 70
④ 80

해설 가공케이블의 시설(한국전기설비규정 332.2)
케이블은 조가선(조가용선)에 행거로 시설할 것. 이 경우에는 사용전압이 고압인 때에는 그 행거의 간격을 0.5[m] 이하로 시설하여야 한다.

| 정답 | 140 ④ 141 ③ 142 ③ 143 ①

144 ★★☆

사용전압이 400[V] 이하인 저압 가공전선은 절연전선인 경우 지름이 몇 [mm] 이상의 경동선이어야 하는가?

① 1.2
② 2.6
③ 3.2
④ 4.0

해설 저압 가공전선의 굵기 및 종류(한국전기설비규정 222.5)
- 전선의 굵기(경동선 기준)

전압	조건	전선의 굵기 및 인장강도
400[V] 이하	절연전선	인장강도 2.3[kN] 이상의 것 또는 지름 2.6[mm] 이상
	절연전선 이외	인장강도 3.43[kN] 이상의 것 또는 지름 3.2[mm] 이상
400[V] 초과 저압 또는 고압	시가지에 시설	인장강도 8.01[kN] 이상의 것 또는 지름 5[mm] 이상
	시가지 외에 시설	인장강도 5.26[kN] 이상의 것 또는 지름 4[mm] 이상

- 사용전압이 400[V] 초과인 저압 가공전선에는 인입용 비닐절연전선을 사용하여서는 아니 된다.
- 저압 가공전선은 나전선(중성선 또는 다중접지된 접지측 전선으로 사용하는 전선에 한한다), 절연전선, 다심형 전선 또는 케이블을 사용하여야 한다.

145 ★★★

저압 가공전선으로 사용할 수 없는 것은?

① 케이블
② 절연전선
③ 다심형 전선
④ 나동복 강선

해설 저압 가공전선의 굵기 및 종류(한국전기설비규정 222.5)
- 전선의 굵기(경동선 기준)

전압	조건	전선의 굵기 및 인장강도
400[V] 이하	절연전선	인장강도 2.3[kN] 이상의 것 또는 지름 2.6[mm] 이상
	절연전선 이외	인장강도 3.43[kN] 이상의 것 또는 지름 3.2[mm] 이상
400[V] 초과 저압 또는 고압	시가지에 시설	인장강도 8.01[kN] 이상의 것 또는 지름 5[mm] 이상
	시가지 외에 시설	인장강도 5.26[kN] 이상의 것 또는 지름 4[mm] 이상

- 사용전압이 400[V] 초과인 저압 가공전선에는 인입용 비닐절연전선을 사용하여서는 아니 된다.
- 저압 가공전선은 나전선(중성선 또는 다중접지된 접지측 전선으로 사용하는 전선에 한한다), 절연전선, 다심형 전선 또는 케이블을 사용하여야 한다.

146 ★☆☆

사용전압이 400[V] 이하인 저압 가공전선은 케이블인 경우를 제외하고는 지름이 몇 [mm] 이상이어야 하는가?(단, 절연전선은 제외한다.)

① 3.2
② 3.6
③ 4.0
④ 5.0

해설 저압 가공전선의 굵기 및 종류(한국전기설비규정 222.5)
사용전압이 400[V] 이하인 저압 가공전선은 케이블인 경우를 제외하고는 인장강도 3.43[kN] 이상의 것 또는 지름 3.2[mm](절연전선인 경우는 인장강도 2.3[kN] 이상의 것 또는 지름 2.6[mm] 이상의 경동선) 이상의 것이어야 한다.

147 ★☆☆

시가지에 시설하는 고압 가공전선으로 경동선을 사용하려면 그 지름은 최소 몇 [mm]이어야 하는가?

① 2.6
② 3.2
③ 4.0
④ 5.0

해설 저·고압 가공전선의 굵기 및 종류(한국전기설비규정 고압: 332.3, 저압: 222.5)
사용전압이 400[V] 초과인 저압 가공전선 또는 고압 가공전선은 케이블인 경우 이외에는 시가지에 시설하는 것은 인장강도 8.01[kN] 이상의 것 또는 지름 5[mm] 이상의 경동선, 시가지 외에 시설하는 것은 인장강도 5.26[kN] 이상의 것 또는 지름 4[mm] 이상의 경동선이어야 한다.

148 ★☆☆
특고압 가공전선은 케이블인 경우 이외에는 단면적이 몇 [mm²] 이상의 경동연선이어야 하는가?

① 8
② 14
③ 22
④ 30

해설 특고압 가공전선의 굵기 및 종류(한국전기설비규정 333.4)
특고압 가공전선은 케이블인 경우 이외에는 인장강도 8.71[kN] 이상의 연선 또는 단면적이 22[mm²] 이상의 경동연선 또는 동등 이상의 인장강도를 갖는 알루미늄 전선이나 절연전선이어야 한다.

149 ★★☆
저압 및 고압 가공전선의 시설기준으로 틀린 것은?

① 사용전압 400[V] 초과의 저압 가공전선에는 인입용 비닐절연전선을 사용하여 시설할 수 있다.
② 사용전압 400[V] 이하인 저압 가공전선은 2.6[mm] 이상의 절연전선을 사용하여 시설할 수 있다.
③ 사용전압 400[V] 초과의 고압 가공전선을 시가지 외에 가설하는 경우 지름 4[mm] 이상의 경동선을 사용하여야 한다.
④ 저압 가공전선으로 다심형 전선을 사용하여야 한다.

해설 저압 가공전선의 굵기 및 종류(한국전기설비규정 222.5)
• 전선의 굵기(경동선 기준)

전압	조건	전선의 굵기 및 인장강도
400[V] 이하	절연전선	인장강도 2.3[kN] 이상의 것 또는 지름 2.6[mm] 이상
	절연전선 이외	인장강도 3.43[kN] 이상의 것 또는 지름 3.2[mm] 이상
400[V] 초과 저압 또는 고압	시가지에 시설	인장강도 8.01[kN] 이상의 것 또는 지름 5[mm] 이상
	시가지 외에 시설	인장강도 5.26[kN] 이상의 것 또는 지름 4[mm] 이상

• 사용전압이 400[V] 초과인 저압 가공전선에는 인입용 비닐절연전선을 사용하여서는 아니 된다.
• 저압 가공전선은 나전선(중성선 또는 다중접지된 접지측 전선으로 사용하는 전선에 한한다), 절연전선, 다심형 전선 또는 케이블을 사용하여야 한다.

150 ★★★
고압 가공전선으로 ACSR(강심알루미늄연선)을 사용할 때의 안전율은 얼마 이상이 되는 처짐 정도(이도)로 시설하여야 하는가?

① 1.38
② 2.2
③ 2.5
④ 4.01

해설 고압 가공전선의 안전율(한국전기설비규정 332.4)
고압 가공전선은 케이블인 경우 이외에는 그 안전율이 경동선 또는 내열 동합금선은 2.2 이상, 그 밖의 전선은 2.5 이상이 되는 처짐 정도(이도)로 시설하여야 한다.

151 ★★★
고압 가공전선이 경동선 또는 내열 동합금선인 경우 안전율의 최소값은?

① 2.0
② 2.2
③ 2.5
④ 4.0

해설 고압 가공전선의 안전율(한국전기설비규정 332.4)
고압 가공전선은 케이블인 경우 이외에는 그 안전율이 경동선 또는 내열 동합금선은 2.2 이상, 그 밖의 전선은 2.5 이상이 되는 처짐 정도(이도)로 시설하여야 한다.

152 ★★★
고압 가공전선으로 경동선을 사용하는 경우 안전율은 얼마 이상이 되는 처짐 정도(이도)로 시설하여야 하는가?

① 2.0
② 2.2
③ 2.5
④ 4.0

해설 고압 가공전선의 안전율(한국전기설비규정 332.4)
고압 가공전선은 케이블인 경우 이외에는 안전율이 경동선 또는 내열 동합금선은 2.2 이상, 그 밖의 전선은 2.5 이상이 되는 처짐 정도(이도)로 시설하여야 한다.

153 ★★☆

사용전압이 $22.9[\text{kV}]$인 가공전선로를 시가지에 시설하는 경우 전선의 지표상 높이는 몇 $[\text{m}]$ 이상인가?(단, 전선은 특고압 절연전선을 사용한다.)

① 6　　　　　② 7
③ 8　　　　　④ 10

해설　시가지 등에서 특고압 가공전선로의 시설(한국전기설비규정 333.1)

사용전압의 구분	지표상의 높이
$35[\text{kV}]$ 이하	10[m](전선이 **특고압 절연전선인 경우에는 8[m]**) 이상
$35[\text{kV}]$ 초과	10[m]에 35[kV]를 초과하는 10[kV] 또는 그 단수마다 0.12[m]를 더한 값 이상

154 ★★☆

$345[\text{kV}]$ 송전선을 사람이 쉽게 들어가지 않는 산지에 시설할 때 전선의 지표상 높이는 몇 $[\text{m}]$ 이상으로 하여야 하는가?

① 7.28　　　　② 7.56
③ 8.28　　　　④ 8.56

해설　특고압 가공전선의 높이(한국전기설비규정 333.7)
높이는 다음 표에서 정한 값 이상이어야 한다.

전압의 범위	일반 장소	도로 횡단	철도 또는 궤도 횡단	횡단보도교의 위
$35[\text{kV}]$ 이하	5[m]	6[m]	6.5[m]	5[m] (특고압 절연전선 또는 케이블: 4[m])
$35[\text{kV}]$ 초과 $160[\text{kV}]$ 이하	6[m]	6[m]	6.5[m]	6[m] (케이블: 5[m])
	산지 등에서 사람이 쉽게 들어갈 수 없는 장소: 5[m] 이상			
$160[\text{kV}]$ 초과	일반장소		가공전선의 높이 $= 6 + $ 단수 $\times 0.12[\text{m}]$	
	철도 또는 궤도 횡단		가공전선의 높이 $= 6.5 + $ 단수 $\times 0.12[\text{m}]$	
	산지		가공전선의 높이 $= 5 + $ 단수 $\times 0.12[\text{m}]$	

단수 $= \dfrac{345-160}{10} = 18.5 \to 19$단

∴ 산지 등에서 사람이 쉽게 들어갈 수 없는 장소이므로 지표상 높이
$= 5 + 19 \times 0.12 = 7.28[\text{m}]$

155 ★★☆

사용전압 $66[\text{kV}]$의 가공전선로를 시가지에 시설할 경우 전선의 지표상 최소 높이는 몇 $[\text{m}]$인가?

① 6.48　　　　② 8.36
③ 10.48　　　　④ 12.36

해설　시가지 등에서 특고압 가공전선로의 시설(한국전기설비규정 333.1)

사용전압의 구분	지표상의 높이
$35[\text{kV}]$ 이하	10[m](전선이 특고압 절연전선인 경우에는 8[m]) 이상
$35[\text{kV}]$ 초과	10[m]에 35[kV]를 초과하는 10[kV] 또는 그 단수마다 0.12[m]를 더한 값 이상

단수 $= \dfrac{66-35}{10} = 3.1 \to 4$단

∴ $10 + 4 \times 0.12 = 10.48[\text{m}]$

156 ★★☆

사용전압 $22.9[\text{kV}]$의 가공전선이 철도를 횡단하는 경우, 전선의 레일면상의 높이는 몇 $[\text{m}]$ 이상인가?

① 5　　　　　② 5.5
③ 6　　　　　④ 6.5

해설　특고압 가공전선의 높이(한국전기설비규정 333.7)
높이는 다음 표에서 정한 값 이상이어야 한다.

전압의 범위	일반 장소	도로 횡단	철도 또는 궤도 횡단	횡단보도교의 위
$35[\text{kV}]$ 이하	5[m]	6[m]	**6.5[m]**	5[m] (특고압 절연전선 또는 케이블: 4[m])
$35[\text{kV}]$ 초과 $160[\text{kV}]$ 이하	6[m]	6[m]	6.5[m]	6[m] (케이블: 5[m])
	산지 등에서 사람이 쉽게 들어갈 수 없는 장소: 5[m] 이상			
$160[\text{kV}]$ 초과	일반장소		가공전선의 높이 $= 6 + $ 단수 $\times 0.12[\text{m}]$	
	철도 또는 궤도 횡단		가공전선의 높이 $= 6.5 + $ 단수 $\times 0.12[\text{m}]$	
	산지		가공전선의 높이 $= 5 + $ 단수 $\times 0.12[\text{m}]$	

157 ★★☆

$22,000[\text{V}]$의 특고압 가공전선으로 경동연선을 시가지에 시설할 경우 전선의 지표상 높이는 몇 $[\text{m}]$ 이상이어야 하는가?

① 4 ② 6
③ 8 ④ 10

해설 시가지 등에서 특고압 가공전선로의 시설(한국전기설비규정 333.1)

사용전압의 구분	지표상의 높이
$35[\text{kV}]$ 이하	10[m](전선이 특고압 절연전선인 경우에는 8[m]) 이상
$35[\text{kV}]$ 초과	10[m]에 35[kV]를 초과하는 10[kV] 또는 그 단수마다 0.12[m]를 더한 값 이상

158 ★★☆

$3,300[\text{V}]$ 고압 가공전선을 교통이 번잡한 도로를 횡단하여 시설하는 경우 지표상 높이를 몇 $[\text{m}]$ 이상으로 하여야 하는가?

① 5.0 ② 5.5
③ 6.0 ④ 6.5

해설 저·고압 가공전선의 높이(한국전기설비규정 고압: 332.5, 저압: 222.7)

설치장소		가공전선의 높이
도로 횡단		지표상 6[m] 이상
철도 또는 궤도 횡단		레일면상 6.5[m] 이상
횡단 보도교 위	저압	노면상 3.5[m] 이상 단, 절연전선 또는 케이블인 경우 3[m] 이상
	고압	노면상 3.5[m] 이상
일반장소		지표상 5[m] 이상. 단, 절연전선 또는 케이블을 사용한 저압 가공전선으로서 교통에 지장이 없도록 하여 옥외조명용에 공급하는 경우 4[m]까지 감할 수 있다.

159 ★★☆

저압 및 고압 가공전선의 높이에 대한 기준으로 틀린 것은?

① 철도를 횡단하는 경우는 레일면상 6.5[m] 이상이다.
② 횡단보도교 위에 시설하는 경우 저압 가공전선은 노면상에서 3[m] 이상이다.
③ 횡단보도교 위에 시설하는 경우 고압 가공전선은 그 노면상에서 3.5[m] 이상이다.
④ 다리의 하부 기타 이와 유사한 장소에 시설하는 저압의 전기 철도용 급전선은 지표상 3.5[m]까지로 감할 수 있다.

해설 저·고압 가공전선의 높이(한국전기설비규정 고압: 332.5, 저압: 222.7)

설치장소		가공전선의 높이
도로 횡단		지표상 6[m] 이상
철도 또는 궤도 횡단		레일면상 6.5[m] 이상
횡단 보도교 위	저압	노면상 3.5[m] 이상 단, 절연전선 또는 케이블인 경우 3[m] 이상
	고압	노면상 3.5[m] 이상
일반장소		지표상 5[m] 이상. 단, 절연전선 또는 케이블을 사용한 저압 가공전선으로서 교통에 지장이 없도록 하여 옥외조명용에 공급하는 경우 4[m]까지 감할 수 있다.

- 다리의 하부 기타 이와 유사한 장소에 시설하는 저압의 전기 철도용 급전선은 지표상 3.5[m]까지로 감할 수 있다.

160 ★★☆

사용전압 $154[\text{kV}]$의 가공전선을 시가지에 시설하는 경우 전선의 지표상의 높이는 최소 몇 $[\text{m}]$ 이상이어야 하는가?(단, 발전소·변전소 또는 이에 준하는 곳의 구내와 구외를 연결하는 첫 번째 지지물(1경간)까지의 가공전선은 제외한다.)

① 7.44 ② 9.44
③ 11.44 ④ 13.44

해설 시가지 등에서 특고압 가공전선로의 시설(한국전기설비규정 333.1)

사용전압의 구분	지표상의 높이
$35[\text{kV}]$ 이하	10[m](전선이 특고압 절연전선인 경우에는 8[m]) 이상
$35[\text{kV}]$ 초과	10[m]에 35[kV]를 초과하는 10[kV] 또는 그 단수마다 0.12[m]를 더한 값 이상

단수 = $\dfrac{154-35}{10} = 11.9 \to 12$단

∴ $10 + 12 \times 0.12 = 11.44[\text{m}]$

161 ★★☆

저압 및 고압 가공전선의 높이는 도로를 횡단하는 경우와 철도를 횡단하는 경우에 각각 몇 [m] 이상이어야 하는가?

① 도로: 지표상 5, 철도: 레일면상 6
② 도로: 지표상 5, 철도: 레일면상 6.5
③ 도로: 지표상 6, 철도: 레일면상 6
④ 도로: 지표상 6, 철도: 레일면상 6.5

해설 저·고압 가공전선의 높이(한국전기설비규정 고압: 332.5, 저압: 222.7)

설치장소		가공전선의 높이
도로 횡단		지표상 6[m] 이상
철도 또는 궤도 횡단		레일면상 6.5[m] 이상
횡단 보도교 위	저압	노면상 3.5[m] 이상 단, 절연전선 또는 케이블인 경우 3[m] 이상
	고압	노면상 3.5[m] 이상
일반장소		지표상 5[m] 이상. 단, 절연전선 또는 케이블을 사용한 저압 가공전선으로서 교통에 지장이 없도록 하여 옥외조명용에 공급하는 경우 4[m]까지 감할 수 있다.

162 ★★☆

사용전압이 $22.9[kV]$인 특고압 가공전선이 도로를 횡단하는 경우 지표상 높이는 최소 몇 [m] 이상인가?

① 4.5
② 5
③ 5.5
④ 6

해설 특고압 가공전선의 높이(한국전기설비규정 333.7)
높이는 다음 표에서 정한 값 이상이어야 한다.

전압의 범위	일반 장소	도로 횡단	철도 또는 궤도 횡단	횡단보도교의 위
35[kV] 이하	5[m]	6[m]	6.5[m]	5[m] (특고압 절연전선 또는 케이블: 4[m])
35[kV] 초과 160[kV] 이하	6[m]	6[m]	6.5[m]	6[m] (케이블: 5[m])
	산지 등에서 사람이 쉽게 들어갈 수 없는 장소: 5[m] 이상			
160[kV] 초과	일반장소	가공전선의 높이 $= 6 + 단수 \times 0.12[m]$		
	철도 또는 궤도 횡단	가공전선의 높이 $= 6.5 + 단수 \times 0.12[m]$		
	산지	가공전선의 높이 $= 5 + 단수 \times 0.12[m]$		

163 ★★☆

교통이 번잡한 도로를 횡단하여 저압 가공전선을 시설하는 경우 지표상 높이는 몇 [m] 이상으로 하여야 하는가?

① 4.0
② 5.0
③ 6.0
④ 6.5

해설 저압 가공전선의 높이(한국전기설비규정 222.7)

설치장소	가공전선의 높이
도로 횡단	지표상 6[m] 이상
철도 또는 궤도 횡단	레일면상 6.5[m] 이상
횡단보도교 위 (저압)	노면상 3.5[m] 이상 단, 절연전선 또는 케이블인 경우 3[m] 이상
일반장소	지표상 5[m] 이상. 단, 절연전선 또는 케이블을 사용하여 교통에 지장이 없도록 하여 옥외조명용에 공급하는 경우 지표상 4[m]까지 감할 수 있다.

164 ★★☆

$22[kV]$의 특고압 가공전선로의 전선을 특고압 절연전선으로 시가지에 시설할 경우 전선의 지표상의 높이는 최소 몇 [m] 이상인가?

① 8
② 10
③ 12
④ 14

해설 시가지 등에서 특고압 가공전선로의 시설(한국전기설비규정 333.1)

사용전압의 구분	지표상의 높이
35[kV] 이하	10[m](전선이 특고압 절연전선인 경우에는 8[m]) 이상
35[kV] 초과	10[m]에 35[kV]를 초과하는 10[kV] 또는 그 단수마다 0.12[m]를 더한 값 이상

165 ★★☆

$345[\text{kV}]$ 가공 송전선로를 평야에 시설할 때 전선의 지표상의 높이는 몇 $[\text{m}]$ 이상으로 하여야 하는가?

① 6.12
② 7.36
③ 8.28
④ 9.48

해설 특고압 가공전선의 높이(한국전기설비규정 333.7)

높이는 다음 표에서 정한 값 이상이어야 한다.

전압의 범위	일반 장소	도로 횡단	철도 또는 궤도 횡단	횡단보도교의 위
$35[\text{kV}]$ 이하	5[m]	6[m]	6.5[m]	5[m] (특고압 절연전선 또는 케이블: 4[m])
$35[\text{kV}]$ 초과 $160[\text{kV}]$ 이하	6[m]	6[m]	6.5[m]	6[m] (케이블: 5[m])
$160[\text{kV}]$ 초과	산지 등에서 사람이 쉽게 들어갈 수 없는 장소: 5[m] 이상			
	일반 장소	가공전선의 높이 = 6 + 단수 × 0.12[m]		
	철도 또는 궤도 횡단	가공전선의 높이 = 6.5 + 단수 × 0.12[m]		
	산지	가공전선의 높이 = 5 + 단수 × 0.12[m]		

평야에 시설하는 경우는 일반 장소에 해당하므로

단수 $= \dfrac{345-160}{10} = 18.5 \rightarrow 19$단

∴ $6 + 19 \times 0.12 = 8.28[\text{m}]$

166 ★★☆

$154[\text{kV}]$ 가공전선을 사람이 쉽게 들어갈 수 없는 산지에 시설하는 경우 전선의 지표상 높이는 몇 $[\text{m}]$ 이상으로 하여야 하는가?

① 5.0
② 5.5
③ 6.0
④ 6.5

167 ★★☆

저고압 가공전선이 철도를 횡단하는 경우 레일면상 높이는 몇 $[\text{m}]$ 이상이어야 하는가?

① 4
② 5
③ 5.5
④ 6.5

해설 저고압 가공전선의 높이(한국전기설비규정 고압: 332.5, 저압: 222.7)

설치장소		가공전선의 높이
도로 횡단		지표상 6[m] 이상
철도 또는 궤도 횡단		레일면상 6.5[m] 이상
횡단 보도교 위	저압	노면상 3.5[m] 이상 단, 절연전선의 경우 3[m] 이상
	고압	노면상 3.5[m] 이상
일반 장소		지표상 5[m] 이상. 단, 절연전선 또는 케이블을 사용하여 교통에 지장이 없도록 하여 옥외조명용에 공급하는 경우 지표상 4[m]까지 감할 수 있다.

| 정답 | 165 ③ 166 ① 167 ④

168 ★★☆

옥외용 비닐절연전선을 사용한 저압 가공전선이 횡단보도교 위에 시설되는 경우에 그 전선의 노면상 높이는 몇 [m] 이상으로 하여야 하는가?

① 2.5 ② 3.0
③ 3.5 ④ 4.0

해설 저압 가공전선의 높이(한국전기설비규정 222.7)

설치장소	가공전선의 높이
도로 횡단	지표상 6[m] 이상
철도 또는 궤도 횡단	레일면상 6.5[m] 이상
횡단보도교 위 (저압)	노면상 3.5[m] 이상 단, 절연전선의 경우 3[m] 이상
일반장소	지표상 5[m] 이상. 단, 절연전선 또는 케이블을 사용하여 교통에 지장이 없도록 하여 옥외조명용에 공급하는 경우 지표상 4[m]까지 감할 수 있다.

169 ★★☆

저압 가공전선 또는 고압 가공전선이 도로를 횡단할 때 지표상의 높이는 몇 [m] 이상으로 하여야 하는가?(단, 농로 기타 교통이 번잡하지 않은 도로 및 횡단보도교는 제외한다.)

① 4 ② 5
③ 6 ④ 7

해설 저·고압 가공전선의 높이(한국전기설비규정 고압: 332.5, 저압: 222.7)

설치장소	가공전선의 높이
도로 횡단	지표상 6[m] 이상
철도 또는 궤도 횡단	레일면상 6.5[m] 이상
횡단보도교 위 (고압)	노면상 3.5[m] 이상
일반장소	지표상 5[m] 이상.

170 ★★☆

인입용 비닐절연전선을 사용한 저압 가공전선은 횡단보도교 위에 시설하는 경우 노면상의 높이는 몇 [m] 이상으로 하여야 하는가?

① 3 ② 3.5
③ 4 ④ 4.5

해설 저압 가공전선의 높이(한국전기설비규정 222.7)

설치장소	가공전선의 높이
도로 횡단	지표상 6[m] 이상
철도 또는 궤도 횡단	레일면상 6.5[m] 이상
횡단보도교 위 (저압)	노면상 3.5[m] 이상 단, 절연전선의 경우 3[m] 이상
일반장소	지표상 5[m] 이상. 단, 절연전선 또는 케이블을 사용하여 교통에 지장이 없도록 하여 옥외조명용에 공급하는 경우 지표상 4[m]까지 감할 수 있다.

171 ★☆☆

고압 가공전선로의 가공지선에 나경동선을 사용하려면 지름 몇 [mm] 이상의 것을 사용하여야 하는가?

① 2.0 ② 3.0
③ 4.0 ④ 5.0

해설 고압 가공전선로의 가공지선(한국전기설비규정 332.6)
고압 가공전선로에 사용하는 가공지선은 인장강도 5.26[kN] 이상의 것 또는 지름 4[mm] 이상의 나경동선을 사용하여야 한다.

| 정답 | 168 ② 169 ③ 170 ① 171 ③

172

특고압 가공전선로에 사용하는 가공지선에는 지름 몇 [mm] 이상의 나경동선을 사용하여야 하는가?

① 2.6
② 3.5
③ 4
④ 5

해설 특고압 가공전선로의 가공지선(한국전기설비규정 333.8)
특고압 가공전선로에 사용하는 가공지선에는 인장강도 8.01[kN] 이상의 나선 또는 지름 5[mm] 이상의 나경동선을 사용한다.

173

다음 (　)에 들어갈 내용으로 옳은 것은?

> 동일 지지물에 저압 가공전선(다중접지된 중성선 제외)과 고압 가공전선을 시설하는 경우 고압 가공전선을 저압 가공전선의 (㉠)로 하고, 별개의 완금류에 시설해야 하며, 고압 가공전선과 저압 가공전선 사이의 간격(이격거리)은 (㉡)[m] 이상으로 한다.

① ㉠ 아래　㉡ 0.5
② ㉠ 아래　㉡ 1
③ ㉠ 위　㉡ 0.5
④ ㉠ 위　㉡ 1

해설 고압 가공전선 등의 병행설치(한국전기설비규정 332.8)
저압 가공전선(다중접지된 중성선 제외)과 고압 가공전선을 동일 지지물에 시설하는 경우에는 다음에 따라야 한다.
- 저압 가공전선을 고압 가공전선의 아래로 하고 별개의 완금류에 시설할 것
- 저압 가공전선과 고압 가공전선 사이의 간격(이격거리)은 0.5[m] 이상일 것. 다만, 각도주(角度柱)·분기주(分岐柱) 등에서 혼촉(混觸)의 우려가 없도록 시설하는 경우에는 그러하지 아니하다.
※ 저압 가공전선을 고압 가공전선의 아래로 → 고압 가공전선을 저압 가공전선의 위로

174

저압 가공전선과 고압 가공전선을 동일 지지물에 시설하는 경우 간격(이격거리)은 몇 [cm] 이상이어야 하는가?(단, 각도주(角度柱)·분기주(分岐柱) 등에서 혼촉(混觸)의 우려가 없도록 시설하는 경우는 제외한다.)

① 50
② 60
③ 70
④ 80

해설 고압 가공전선 등의 병행설치(한국전기설비규정 332.8)
저압 가공전선(다중접지된 중성선은 제외한다)과 고압 가공전선을 동일 지지물에 시설하는 경우에는 다음에 따라야 한다.
- 저압 가공전선을 고압 가공전선의 아래로 하고 별개의 완금류에 시설할 것
- 저압 가공전선과 고압 가공전선 사이의 간격(이격거리)은 0.5[m] 이상일 것. 다만, 각도주·분기주 등에서 혼촉의 우려가 없도록 시설하는 경우에는 그러하지 아니하다.

175

35[kV] 가공전선과 고압 가공전선을 동일 지지물에 병행설치할 때 상호 간의 간격(이격거리)은 일반적인 경우 몇 [m] 이상인가?(단, 특고압 가공전선이 케이블이 아닌 경우이다.)

① 1.0
② 1.2
③ 1.5
④ 2.0

해설 특고압 가공전선과 저고압 가공전선 등의 병행설치(한국전기설비규정 333.17)
사용전압이 35[kV] 이하인 특고압 가공전선과 저압 또는 고압의 가공전선을 동일 지지물에 시설하는 경우에는 다음에 따라야 한다.
- 특고압 가공전선과 저압 또는 고압 가공전선 사이의 간격(이격거리)은 1.2[m] 이상일 것(다만, 특고압 가공전선이 케이블로서 저압 가공전선이 절연전선이거나 케이블일 때 또는 고압 가공전선이 고압 절연전선, 특고압 절연전선 또는 케이블일 때는 0.5[m]까지로 감할 수 있다.)

176 ★★☆

동일 지지물에 고압 가공전선과 저압 가공전선(다중접지된 중성선 제외)을 병행설치할 때 저압 가공전선의 위치는?

① 동일 완금류에 평행되게 시설
② 별도의 규정이 없으므로 임의로 시설
③ 저압 가공전선을 고압 가공전선의 위에 시설
④ 저압 가공전선을 고압 가공전선의 아래에 시설

해설 저고압 가공전선 등의 병행설치(한국전기설비규정 고압: 332.8, 저압: 222.9)
병행설치 시 저압 가공전선의 위치는 고압 가공전선의 아래에 시설하여야 한다.

177 ★☆☆

동일 지지물에 저압 가공전선(다중접지된 중성선은 제외)과 고압 가공전선을 시설하는 경우 저압 가공전선은?

① 고압 가공전선의 위로 하고 동일 완금류에 시설
② 고압 가공전선과 나란하게 하고 동일 완금류에 시설
③ 고압 가공전선의 아래로 하고 별개의 완금류에 시설
④ 고압 가공전선과 나란하게 하고 별개의 완금류에 시설

해설 저고압 가공전선 등의 병행설치(한국전기설비규정 332.8)
저압 가공전선과 고압 가공전선을 동일 지지물에 시설하는 경우에는 다음에 따라야 한다.
• 저압 가공전선을 고압 가공전선의 아래로 하고 별개의 완금류에 시설할 것

178 ★★☆

$66[kV]$ 가공전선과 $6[kV]$ 가공전선을 동일 지지물에 병행설치하는 경우에 특고압 가공전선은 케이블인 경우를 제외하고는 단면적이 몇 $[mm^2]$ 이상인 경동연선을 사용하여야 하는가?

① 22
② 38
③ 50
④ 100

해설 특고압 가공전선과 저고압 가공전선의 등의 병행설치(한국전기설비규정 333.17)
사용전압이 35[kV]를 초과하고 100[kV] 미만인 특고압 가공전선과 저압 또는 고압 가공전선을 동일 지지물에 시설하는 경우에는 다음에 따라 시설하여야 한다.
• 특고압 가공전선로는 제2종 특고압 보안공사에 의할 것
• 특고압 가공전선과 저압 또는 고압 가공전선 사이의 간격(이격거리)은 2[m] 이상일 것. 다만, 특고압 가공전선이 케이블인 경우에 저압 가공전선이 절연전선 혹은 케이블일 때 또는 고압 가공전선이 절연전선 혹은 케이블일 때에는 1[m]까지 감할 수 있다.
• 특고압 가공전선은 케이블인 경우를 제외하고는 인장강도 21.67[kN] 이상의 연선 또는 단면적이 50[mm²] 이상인 경동연선일 것

179 ★★☆

$60[kV]$ 특고압 가공전선과 저압 가공전선을 동일 지지물에 병행설치하여 시설하는 경우 간격(이격거리)은 몇 $[m]$ 이상이어야 하는가?(단, 특고압 가공전선이 케이블인 경우가 아니다.)

① 1
② 2
③ 3
④ 4

해설 특고압 가공전선과 저고압 가공전선 등의 병행설치(한국전기설비규정 333.17)
특고압 가공전선과 특고압 가공전선로의 지지물에 시설하는 저압의 전기기계기구에 접속하는 저압 가공전선을 동일 지지물에 시설하는 경우 특고압 가공전선과 저압 가공전선 사이의 간격(이격거리)은 표에서 정한 값 이상이어야 한다.

사용전압의 구분	간격
$35[kV]$ 이하	1.2[m] (특고압 가공전선이 케이블인 경우에는 0.5[m])
$35[kV]$ 초과 $60[kV]$ 이하	2[m] (특고압 가공전선이 케이블인 경우에는 1[m])
$60[kV]$ 초과	2[m] (특고압 가공전선이 케이블인 경우에는 1[m])에 60[kV]를 초과하는 10[kV] 또는 그 단수마다 0.12[m]를 더한 값

| 정답 | 176 ④ 177 ③ 178 ③ 179 ②

180 ★★★

사용전압이 35,000[V] 이하인 특고압 가공전선과 가공약전류전선을 동일 지지물에 시설하는 경우, 특고압 가공전선로의 보안공사로 적합한 것은?

① 고압 보안공사
② 제1종 특고압 보안공사
③ 제2종 특고압 보안공사
④ 제3종 특고압 보안공사

해설 특고압 가공전선과 가공약전류전선 등의 공용설치(한국전기설비규정 333.19)

사용전압이 35[kV] 이하인 특고압 가공전선과 가공약전류전선 등을 동일 지지물에 시설하는 경우에는 다음에 따라야 한다.
- 특고압 가공전선로는 제2종 특고압 보안공사에 의할 것
- 특고압 가공전선은 가공약전류전선 등의 위로 하고 별개의 완금류에 시설할 것
- 특고압 가공전선은 케이블인 경우 이외에는 인장강도 21.67[kN] 이상의 연선 또는 단면적이 50[mm²] 이상인 경동연선일 것

181 ★★☆

저고압 가공전선과 가공약전류전선 등을 동일 지지물에 시설하는 기준으로 틀린 것은?

① 가공전선을 가공약전류전선 등의 위로 하는 별개의 완금류에 시설할 것
② 전선로의 지지물로서 사용하는 목주의 풍압하중에 대한 안전율은 1.5 이상일 것
③ 가공전선과 가공약전류전선 등 사이의 간격(이격거리)은 저압과 고압 모두 75[cm] 이상일 것
④ 가공전선이 가공약전류전선에 대하여 유도작용에 의한 통신상의 장해를 줄 우려가 있는 경우에는 가공전선을 장애를 줄 우려가 없는 거리에서 전선 위치바꿈(연가)할 것

해설 저고압 가공전선과 가공약전류전선 등의 공용설치(한국전기설비규정 고압: 332.21, 저압: 222.21)
- 가공전선과 가공약전류전선 등 사이의 간격(이격거리)은 가공전선에 저압(다중접지된 중성선 제외)은 0.75[m] 이상, 고압은 1.5[m] 이상일 것
- 전선로의 지지물로서 사용하는 목주의 풍압하중에 대한 안전율은 1.5 이상일 것
- 가공전선을 가공약전류전선 등의 위로하고 별개의 완금류에 시설할 것
- 가공전선이 가공약전류전선에 대하여 유도작용에 의한 통신상의 장해를 줄 우려가 있는 경우 가공전선을 장애를 줄 우려가 없는 거리에서 전선 위치바꿈(연가)할 것

182 ★☆☆

사용전압이 몇 [V]를 초과하는 특고압 가공전선과 가공약전류전선 등은 동일 지지물에 시설하여서는 아니 되는가?

① 6,600
② 22,900
③ 30,000
④ 35,000

해설 특고압 가공전선과 가공약전류전선 등의 공용설치(한국전기설비규정 333.19)

사용전압이 35[kV]를 초과하는 특고압 가공전선과 가공약전류전선 등은 동일 지지물에 시설하여서는 아니 된다.

183 ★★☆

전선의 단면적이 38[mm²]인 경동연선을 사용하고 지지물로는 B종 철주 또는 B종 철근 콘크리트주를 사용하는 특고압 가공전선로를 제3종 특고압 보안공사에 의하여 시설하는 경우 지지물 간 거리(경간)는 몇 [m] 이하이어야 하는가?

① 100
② 150
③ 200
④ 250

해설 특고압 보안공사(한국전기설비규정 333.22)

제3종 특고압 보안공사는 다음에 따라야 한다.
- 특고압 가공전선은 연선일 것
- 지지물 간 거리(경간)는 다음 표에서 정한 값 이하일 것

지지물 종류	지지물 간의 거리
목주·A종 철주 또는 A종 철근 콘크리트주	100[m]
B종 철주 또는 B종 철근 콘크리트주	200[m]
철탑	400[m]

184 ★★☆

시가지에 시설하는 사용전압 170[kV] 이하인 특고압 가공전선로의 지지물이 철탑이고 전선이 수평으로 2 이상 있는 경우에 전선 상호 간의 간격이 4[m] 미만인 때에는 특고압 가공전선로의 지지물 간 거리(경간)는 몇 [m] 이하이어야 하는가?

① 100　　　　　② 150
③ 200　　　　　④ 250

해설 시가지 등에서 특고압 가공전선로의 시설(한국전기설비규정 333.1)

특고압 가공전선로는 전선이 케이블인 경우 또는 전선로를 다음과 같이 시설하는 경우에는 시가지 그 밖에 인가가 밀집한 지역에 시설할 수 있다.

- 특고압 가공전선로의 지지물 간 거리(경간)는 다음 표에서 정한 값 이하일 것

지지물의 종류	지지물 간의 거리
A종 철주 또는 A종 철근 콘크리트주	75[m]
B종 철주 또는 B종 철근 콘크리트주	150[m]
철탑	400[m](단주인 경우에는 300[m]) 다만, 전선이 수평으로 2 이상 있는 경우에 전선 상호 간의 간격이 4[m] 미만인 때에는 250[m]

185 ★★☆

사용전압이 154[kV]인 전선로를 제1종 특고압 보안공사로 시설할 때 경동연선의 굵기는 몇 [mm²] 이상이어야 하는가?

① 55　　　　　② 100
③ 150　　　　　④ 200

해설 특고압 보안공사(한국전기설비규정 333.22)

제1종 특고압 보안공사 시 전선의 단면적은 다음 표에서 정한 값 이상이어야 한다.(단, 케이블인 경우는 제외한다.)

사용전압	전선
100[kV] 미만	인장강도 21.67[kN] 이상의 연선 또는 단면적 55[mm²] 이상의 경동연선 또는 동등 이상의 인장강도를 갖는 알루미늄 전선이나 절연전선
100[kV] 이상 300[kV] 미만	인장강도 58.84[kN] 이상의 연선 또는 단면적 150[mm²] 이상의 경동연선 또는 동등 이상의 인장강도를 갖는 알루미늄 전선이나 절연전선
300[kV] 이상	인장강도 77.47[kN] 이상의 연선 또는 단면적 200[mm²] 이상의 경동연선 또는 동등 이상의 인장강도를 갖는 알루미늄 전선이나 절연전선

186 ★★☆

농사용 저압 가공전선로의 지지점 간 거리는 몇 [m] 이하이어야 하는가?

① 30　　　　　② 50
③ 60　　　　　④ 100

해설 농사용 저압 가공전선로의 시설(한국전기설비규정 222.22)

- 저압 가공전선은 인장강도 1.38[kN] 이상의 것 또는 지름 2[mm] 이상의 경동선일 것
- 저압 가공전선의 지표상의 높이는 3.5[m] 이상일 것
  다만, 저압 가공전선을 사람이 쉽게 출입하지 아니하는 곳에 시설하는 경우에는 3[m]까지로 감할 수 있다.
- 전선로의 지지점 간 거리는 30[m] 이하일 것
- 목주의 굵기는 위쪽 끝(말구) 지름이 0.09[m] 이상일 것

187 ★★☆

단면적 55[mm²]인 경동연선을 사용하는 특고압 가공전선로의 지지물로 장력에 견디는 형태의 B종 철근 콘크리트주를 사용하는 경우, 허용 최대 지지물 간 거리(경간)는 몇 [m]인가?

① 150　　　　　② 250
③ 300　　　　　④ 500

해설 특고압 가공전선로의 지지물 간 거리 제한(한국전기설비규정 333.21)

특고압 가공전선로의 전선에 인장강도 21.67[kN] 이상의 것 또는 단면적이 50[mm²] 이상인 경동연선을 사용하는 경우 그 전선로의 지지물 간 거리(경간)는 그 지지물에 목주·A종 철주 또는 A종 철근 콘크리트주를 사용하는 경우에는 300[m] 이하, B종 철주 또는 B종 철근 콘크리트주를 사용하는 경우에는 500[m] 이하이어야 한다.

188 ★★☆

사용전압이 22.9[kV]인 특고압 가공전선이 건조물 등과 접근상태로 시설되는 경우 지지물로 A종 철근 콘크리트주를 사용하면 그 지지물 간 거리(경간)는 몇 [m] 이하이어야 하는가?(단, 중성선 다중접지 방식의 것으로서 전로에 지락이 생겼을 때에 2초 이내에 자동적으로 이를 전로로부터 차단하는 장치가 되어 있는 것에 한한다.)

① 100
② 150
③ 250
④ 400

해설 25[kV] 이하인 특고압 가공전선로의 시설(한국전기설비규정 333.32)

사용전압이 15[kV]를 초과하고 25[kV] 이하인 특고압 가공전선로(중성선 다중접지식의 것으로서 전로에 지락이 생겼을 때 2초 이내에 자동적으로 이를 전로로부터 차단하는 장치가 되어 있는 것에 한한다)를 다음에 따라 시설하여야 한다.

• 특고압 가공전선이 건조물·도로·횡단보도교·철도·궤도·삭도·가공약전류전선 등·안테나·저압이나 고압의 가공전선 또는 저압이나 고압의 전차선과 접근 또는 교차상태로 시설되는 경우의 지지물 간 거리(경간)는 다음 표에서 정한 값 이하일 것

지지물의 종류	지지물 간 거리
목주·A종 철주 또는 A종 철근 콘크리트주	100[m]
B종 철주 또는 B종 철근 콘크리트주	150[m]
철탑	400[m]

189 ★★☆

B종 철주 또는 B종 철근 콘크리트주를 사용하는 특고압 가공전선로의 지지물 간 거리(경간)는 몇 [m] 이하이어야 하는가?

① 150
② 250
③ 400
④ 600

해설 특고압 가공전선로의 지지물 간 거리 제한(한국전기설비규정 333.21)

특고압 가공전선로의 지지물 간 거리(경간)는 다음 표에서 정한 값 이하여야 한다.

지지물의 종류	지지물 간 거리[m]
목주·A종 철주 또는 A종 철근 콘크리트주	150
B종 철주 또는 B종 철근 콘크리트주	250
철탑	600 (단주인 경우에는 400)

190 ★★☆

고압 가공전선로의 B종 철주의 지지물 간 거리(경간)는 몇 [m] 이하로 해야 하는가?

① 150
② 250
③ 400
④ 600

해설 고압 가공전선로 지지물 간 거리의 제한(한국전기설비규정 332.9)

고압 가공전선로의 지지물 간 거리(경간)는 다음 표에서 정한 값 이하이어야 한다.

지지물의 종류	지지물 간 거리[m]
목주·A종 철주 또는 A종 철근 콘크리트주	150
B종 철주 또는 B종 철근 콘크리트주	250
철탑	600

191 ★★☆

목주, A종 철주 또는 A종 철근 콘크리트 지지물을 사용할 수 없는 보안공사는?

① 제1종 특고압 보안공사
② 제2종 특고압 보안공사
③ 제3종 특고압 보안공사
④ 고압 보안공사

해설 특고압 보안공사(한국전기설비규정 333.22)

제1종 특고압 보안공사는 다음에 따라야 한다.

• 전선에는 압축 접속에 의한 경우 이외에는 지지물과 지지물 중간에 (경간의 도중에) 접속점을 시설하지 아니할 것
• 전선로의 지지물에는 B종 철주·B종 철근 콘크리트주 또는 철탑을 사용할 것

192 ★☆☆

제2종 특고압 보안공사 시 지지물로 사용하는 철탑의 지지물 간 거리(경간)를 400[m] 초과로 하려면 몇 [mm²] 이상의 경동연선을 사용하여야 하는가?

① 38
② 55
③ 82
④ 95

해설 특고압 보안공사(한국전기설비규정 333.22)

제2종 특고압 보안공사 시 지지물 간 거리(경간) 제한
- 전선의 인장강도 38.05[kN] 이상의 연선 또는 단면적이 95[mm²] 이상인 경동연선을 사용하고 지지물에 철탑을 사용하는 경우에는 지지물 간 거리(경간)를 400[m] 초과로 할 수 있다.

193 ★★☆

제1종 특고압 보안공사로 시설하는 전선로의 지지물로 사용할 수 없는 것은?

① 목주
② 철탑
③ B종 철주
④ B종 철근 콘크리트주

해설 특고압 보안공사(한국전기설비규정 333.22)

제1종 특고압 보안공사의 전선로의 지지물에는 B종 철주·B종 철근 콘크리트주 또는 철탑을 사용할 것

194 ★★☆

농사용 저압 가공전선로의 시설기준으로 틀린 것은?

① 사용전압이 저압일 것
② 전선로의 지지물 간 거리(경간)는 40[m] 이하일 것
③ 저압 가공전선의 인장강도는 1.38[kN] 이상일 것
④ 저압 가공전선의 지표상 높이는 3.5[m] 이상일 것

해설 농사용 저압 가공전선로의 시설(한국전기설비규정 222.22)

저압 가공전선로는 농사용 및 구내도로에 시설될 때 지지물 간 거리(경간)는 30[m] 이하일 것

195 ★★★

고압 가공전선로의 지지물로 철탑을 사용한 경우 최대 지지물 간 거리(경간)는 몇 [m] 이하이어야 하는가?

① 300
② 400
③ 500
④ 600

해설 고압 가공전선로 지지물 간거리의 제한(한국전기설비규정 332.9)

고압 가공전선로의 지지물 간 거리(경간)는 다음 표에서 정한 값 이하이어야 한다.

지지물의 종류	지지물 간 거리[m]
목주·A종 철주 또는 A종 철근 콘크리트주	150
B종 철주 또는 B종 철근 콘크리트주	250
철탑	600

196 ★★★

특고압 가공전선로에서 철탑(단주 제외)의 지지물 간 거리(경간)는 몇 [m] 이하로 하여야 하는가?

① 400
② 500
③ 600
④ 700

해설 특고압 가공전선로의 지지물 간 거리 제한(한국전기설비규정 333.21)

특고압 가공전선로의 지지물 간 거리(경간)는 다음 표에서 정한 값 이하이어야 한다.

지지물의 종류	지지물 간 거리[m]
목주·A종 철주 또는 A종 철근 콘크리트주	150
B종 철주 또는 B종 철근 콘크리트주	250
철탑	600 (단주인 경우에는 400)

| 정답 | 192 ④ 193 ① 194 ② 195 ④ 196 ③

197 ★★★

고압 보안공사에서 지지물이 A종 철주인 경우 지지물 간 거리(경간)는 몇 [m] 이하인가?

① 100
② 150
③ 250
④ 400

해설 고압 보안공사(한국전기설비규정 332.10)
고압 보안공사 지지물 간 거리(경간)는 다음 표에서 정한 값 이하이어야 한다.

지지물의 종류	지지물 간 거리[m]
목주·A종 철주 또는 A종 철근 콘크리트주	100
B종 철주 또는 B종 철근 콘크리트주	150
철탑	400

198 ★★☆

고압 가공전선로의 지지물 간 거리(경간)는 B종 철근 콘크리트주로 시설하는 경우 몇 [m] 이하로 하여야 하는가?

① 100
② 150
③ 200
④ 250

해설 고압 가공전선로 지지물 간 거리의 제한(한국전기설비규정 332.9)
고압 가공전선로의 지지물 간 거리(경간)는 다음 표에서 정한 값 이하이어야 한다.

지지물의 종류	지지물 간 거리[m]
목주·A종 철주 또는 A종 철근 콘크리트주	150
B종 철주 또는 B종 철근 콘크리트주	250
철탑	600

199 ★★☆

농사용 저압 가공전선로의 시설에 대한 설명으로 틀린 것은?

① 전선로의 지지점 간 거리는 30[m] 이하일 것
② 목주의 굵기는 위쪽 끝(말구) 지름이 9[cm] 이상일 것
③ 저압 가공전선의 지표상 높이는 5[m] 이상일 것
④ 저압 가공전선은 지름 2[mm] 이상의 경동선일 것

해설 농사용 저압 가공전선로의 시설(한국전기설비규정 222.22)
- 저압 가공전선은 인장강도 1.38[kN] 이상의 것 또는 지름 2[mm] 이상의 경동선일 것
- 저압 가공전선의 지표상의 높이는 3.5[m] 이상일 것. 다만, 저압 가공전선을 사람이 쉽게 출입하지 아니하는 곳에 시설하는 경우에는 3[m]까지로 감할 수 있다.
- 전선로의 지지점 간 거리는 30[m] 이하일 것
- 목주의 굵기는 위쪽 끝(말구) 지름이 0.09[m] 이상일 것

200 ★★★

고압 보안공사 시에 지지물로 A종 철근 콘크리트주를 사용할 경우 지지물 간 거리(경간)는 몇 [m] 이하이어야 하는가?

① 50
② 100
③ 150
④ 400

해설 고압 보안공사(한국전기설비규정 332.10)
고압 보안공사 지지물 간 거리(경간)는 다음 표에서 정한 값 이하이어야 한다.

지지물의 종류	지지물 간 거리[m]
목주·A종 철주 또는 A종 철근 콘크리트주	100
B종 철주 또는 B종 철근 콘크리트주	150
철탑	400

201 ★★☆

154[kV] 가공전선로를 제1종 특고압 보안공사에 의하여 시설하는 경우 사용 전선의 단면적은 몇 [mm²] 이상의 경동연선이어야 하는가?

① 35
② 50
③ 95
④ 150

해설 특고압 보안공사(한국전기설비규정 333.22)
제1종 특고압 보안공사 시 전선의 단면적은 다음 표에서 정한 값 이상이어야 한다.(단, 케이블일 경우는 제외한다.)

사용전압	전선
100[kV] 미만	인장강도 21.67[kN] 이상의 연선 또는 단면적 55[mm²] 이상의 경동연선 또는 동등 이상의 인장강도를 갖는 알루미늄 전선이나 절연전선
100[kV] 이상 300[kV] 미만	인장강도 58.84[kN] 이상의 연선 또는 단면적 150[mm²] 이상의 경동연선 또는 동등 이상의 인장강도를 갖는 알루미늄 전선이나 절연전선
300[kV] 이상	인장강도 77.47[kN] 이상의 연선 또는 단면적 200[mm²] 이상의 경동연선 또는 동등 이상의 인장강도를 갖는 알루미늄 전선이나 절연전선

202 ★★☆

고압 보안공사를 할 때 지지물로 B종 철근 콘크리트주를 사용하면 그 지지물 간 거리(경간)는 몇 [m] 이하인가?

① 75
② 100
③ 150
④ 200

해설 고압 보안공사 경간(한국전기설비규정 332.10)
고압 보안공사 지지물 간 거리(경간)는 다음 표에서 정한 값 이하이어야 한다.

지지물의 종류	지지물 간의 거리[m]
목주·A종 철주 또는 A종 철근 콘크리트주	100
B종 철주 또는 B종 철근 콘크리트주	150
철탑	400

203 ★★☆

22.9[kV] 전선로를 제1종 특고압 보안공사로 시설할 경우 전선으로 경동연선을 사용한다면 그 단면적은 몇 [mm²] 이상의 것을 사용하여야 하는가?

① 38
② 55
③ 80
④ 100

해설 특고압 보안공사(한국전기설비규정 333.22)
제1종 특고압 보안공사 시 전선의 단면적은 다음 표에서 정한 값 이상이어야 한다.(단, 케이블일 경우는 제외한다.)

사용전압	전선
100[kV] 미만	인장강도 21.67[kN] 이상의 연선 또는 단면적 55[mm²] 이상의 경동연선 또는 동등 이상의 인장강도를 갖는 알루미늄 전선이나 절연전선
100[kV] 이상 300[kV] 미만	인장강도 58.84[kN] 이상의 연선 또는 단면적 150[mm²] 이상의 경동연선 또는 동등 이상의 인장강도를 갖는 알루미늄 전선이나 절연전선
300[kV] 이상	인장강도 77.47[kN] 이상의 연선 또는 단면적 200[mm²] 이상의 경동연선 또는 동등 이상의 인장강도를 갖는 알루미늄 전선이나 절연전선

204 ★★☆

제2종 특고압 보안공사 시 B종 철주를 지지물로 사용하는 경우 지지물 간 거리(경간)는 몇 [m] 이하인가?

① 100
② 200
③ 400
④ 500

해설 제2종 특고압 보안공사 지지물 간 거리(한국전기설비규정 333.22)

지지물 종류	지지물 간 거리[m]
목주·A종 철주 또는 A종 철근 콘크리트주	100 이하
B종 철주 또는 B종 철근 콘크리트주	200 이하
철탑	400 이하 (단주인 경우에는 300)

| 정답 | 201 ④ 202 ③ 203 ② 204 ②

205 ★★★

저압 가공전선이 건조물의 상부 조영재 옆쪽으로 접근하는 경우 저압 가공전선과 건조물의 조영재 사이의 간격(이격거리)은 몇 [m] 이상이어야 하는가?(단, 전선에 사람이 쉽게 접촉할 우려가 없도록 시설한 경우와 전선이 고압 절연전선, 특고압 절연전선 또는 케이블인 경우는 제외한다.)

① 0.6　　　② 0.8
③ 1.2　　　④ 2.0

해설 저고압 가공전선과 건조물의 접근(한국전기설비규정 332.11)
간격(이격거리)은 다음 표에서 정한 값 이상이어야 한다.

건조물 조영재의 구분	접근형태	간격
상부 조영재	위쪽	2[m](전선이 고압 절연전선, 특고압 절연전선 또는 케이블인 경우는 1[m])
	옆쪽 또는 아래쪽	1.2[m](전선에 사람이 쉽게 접촉할 우려가 없도록 시설한 경우에는 0.8[m], 고압 절연전선, 특고압 절연전선 또는 케이블인 경우에는 0.4[m])
기타의 조영재		1.2[m](전선에 사람이 쉽게 접촉할 우려가 없도록 시설한 경우에는 0.8[m], 고압 절연전선, 특고압 절연전선 또는 케이블인 경우에는 0.4[m])

206 ★★★

고압 가공전선과 건조물의 상부 조영재와의 옆쪽 간격(이격거리)은 몇 [m] 이상인가?(단, 전선에 사람이 쉽게 접촉할 우려가 있고 케이블이 아닌 경우이다.)

① 1.0　　　② 1.2
③ 1.5　　　④ 2.0

해설 저고압 가공전선과 건조물의 접근(한국전기설비규정 332.11)
간격(이격거리)은 다음 표에서 정한 값 이상이어야 한다.

건조물 조영재의 구분	접근형태	간격
상부 조영재	위쪽	2[m](전선이 고압 절연전선, 특고압 절연전선 또는 케이블인 경우는 1[m])
	옆쪽 또는 아래쪽	1.2[m](전선에 사람이 쉽게 접촉할 우려가 없도록 시설한 경우에는 0.8[m], 고압 절연전선, 특고압 절연전선 또는 케이블인 경우에는 0.4[m])
기타의 조영재		1.2[m](전선에 사람이 쉽게 접촉할 우려가 없도록 시설한 경우에는 0.8[m], 고압 절연전선, 특고압 절연전선 또는 케이블인 경우에는 0.4[m])

207 ★★☆

사용전압이 $22.9[kV]$인 가공전선이 삭도와 제1차 접근상태로 시설되는 경우, 가공전선과 삭도 또는 삭도용 지지기둥(지주) 사이의 간격(이격거리)은 몇 [m] 이상으로 하여야 하는가?(단, 전선으로는 특고압 절연전선을 사용한다.)

① 0.5　　　② 1
③ 2　　　　④ 2.12

해설 특고압 가공전선과 삭도의 접근 또는 교차(한국전기설비규정 333.25)
특고압 가공전선이 삭도와 제1차 접근상태로 시설되는 경우에는 다음 각 호에 따라야 한다.
• 특고압 가공전선과 삭도 또는 삭도용 지지기둥(지주) 사이의 간격(이격거리)은 다음 표에서 정한 값 이상일 것

사용전압의 구분	간격
35[kV] 이하	2[m](전선이 특고압 절연전선인 경우는 1[m], 케이블인 경우는 0.5[m])
35[kV] 초과 60[kV] 이하	2[m]
60[kV] 초과	2[m]에 사용전압이 60[kV]를 초과하는 10[kV] 또는 그 단수마다 0.12[m]을 더한 값

208 ★★★

시가지에 시설하는 $154[kV]$ 가공전선로를 도로와 제1차 접근상태로 시설하는 경우, 전선과 도로와의 간격(이격거리)은 몇 [m] 이상이어야 하는가?

① 4.4　　　② 4.8
③ 5.2　　　④ 5.6

해설 특고압 가공전선과 도로 등의 접근 또는 교차(한국전기설비규정 333.24)
특고압 가공전선이 도로·횡단보도교·철도 또는 궤도(이하 "도로 등"이라 한다)와 제1차 접근상태로 시설되는 경우에는 다음에 따라야 한다.
• 특고압 가공전선로는 제3종 특고압 보안공사에 의할 것
• 특고압 가공전선과 도로 등 사이의 간격(노면상 또는 레일면상의 간격 제외)은 아래 표에서 정한 값 이상일 것. 다만, 특고압 절연전선을 사용하는 사용전압이 35[kV] 이하의 특고압 가공전선과 도로 등 사이의 수평 간격(이격거리)이 1.2[m] 이상인 경우에는 그러하지 아니하다.

사용전압의 구분	간격
35[kV] 이하	3[m]
35[kV] 초과	3[m]에 사용전압이 35[kV]를 초과하는 10[kV] 또는 그 단수마다 0.15[m]를 더한 값

단수 $= \dfrac{154-35}{10} = 11.9 \rightarrow 12$단

$\therefore 3 + 12 \times 0.15 = 4.8[m]$

209 ★★☆

저압 가공전선이 도로·횡단보도교·철도 또는 궤도와 접근상태로 시설되는 경우, 저압 가공전선과 도로·횡단보도교·철도 또는 궤도 사이의 간격(이격거리)은 몇 [m] 이상이어야 하는가?(단, 저압 가공전선과 도로·횡단보도교·철도 또는 궤도와의 수평 간격(이격거리)이 $0.8[m]$인 경우이다.)

① 3
② 3.5
③ 4
④ 4.5

해설 저고압 가공전선과 도로 등의 접근 또는 교차(한국전기설비규정 332.12)

저압 가공전선 또는 고압 가공전선이 도로·횡단보도교·철도·궤도·삭도 또는 저압 전차선(도로 등)과 접근상태로 시설되는 경우에는 다음에 따라야 한다.
- 고압 가공전선로는 고압 보안공사에 의할 것
- 저압 가공전선과 도로 등의 간격(도로나 횡단보도교의 노면상 또는 철도나 궤도의 레일면상의 간격 제외)은 표에서 정한 값 이상일 것. 다만, 저압 가공전선과 도로·횡단보도교·철도 또는 궤도와의 수평 간격(이격거리)은 1[m] 이상인 경우에는 그러하지 아니하다.

도로 등의 구분	간격
도로·횡단보도교·철도 또는 궤도	3[m]
삭도나 그 지지기둥(지주) 또는 저압 전차선	0.6[m] (전선이 고압 절연전선, 특고압 절연전선 또는 케이블인 경우에는 0.3[m])
저압 전차선로의 지지물	0.3[m]

210 ★★☆

특고압 가공전선이 가공약전류전선 등 저압 또는 고압의 가공전선이나 저압 또는 고압의 전차선과 제1차 접근상태로 시설되는 경우 $60[kV]$ 이하 가공전선과 저고압 가공전선 등 또는 이들의 지지물이나 지지기둥(지주) 사이의 간격(이격거리)은 몇 [m] 이상인가?

① 1.2
② 2
③ 2.6
④ 3.2

해설 특고압 가공전선과 저고압 가공전선 등의 접근 또는 교차(한국전기설비규정 333.26)

특고압 가공전선이 가공약전류전선 등 저압 또는 고압의 가공전선이나 저압 또는 고압의 전차선과 제1차 접근상태로 시설되는 경우에는 다음에 따라야 한다.

사용전압의 구분	간격
$60[kV]$ 이하	2[m] 이상
$60[kV]$ 초과	2[m]에 사용전압이 60[kV]를 초과하는 10[kV] 또는 그 단수마다 0.12[m]를 더한 값 이상

211 ★☆☆

특고압 가공전선과 가공약전류전선 사이에 보호망을 시설하는 경우 보호망을 구성하는 금속선 상호 간의 간격은 가로 및 세로를 각각 몇 [m] 이하로 시설하여야 하는가?

① 0.75
② 1.0
③ 1.25
④ 1.5

해설 특고압 가공전선과 저고압 가공전선 등의 접근 또는 교차(한국전기설비규정 333.26)

보호망을 구성하는 금속선 상호의 간격은 가로, 세로 각 1.5[m] 이하일 것

212 ★★☆

고압 가공전선이 교류전차선과 교차하는 경우, 고압 가공전선으로 케이블을 사용하는 경우 이외에는 단면적 몇 $[mm^2]$ 이상의 경동연선(교류전차선 등과 교차하는 부분을 포함하는 지지물 간 거리(경간)에 접속점이 없는 것에 한한다)을 사용하여야 하는가?

① 14
② 22
③ 30
④ 38

해설 고압 가공전선과 교류전차선 등의 접근 또는 교차(한국전기설비규정 332.15)

고압 가공전선은 케이블인 경우 이외에는 인장강도 14.51[kN] 이상의 것 또는 단면적 38[mm^2] 이상의 경동연선(교류 전차선 등과 교차하는 부분을 포함하는 지지물 간 거리(경간)에 접속점이 없는 것에 한한다)일 것

213 ★★★

사용전압이 $154[kV]$인 가공송전선의 시설에서 전선과 식물과의 간격(이격거리)은 일반적인 경우에 몇 $[m]$ 이상으로 하여야 하는가?

① 2.8　　　　② 3.2
③ 3.6　　　　④ 4.2

해설 특고압 가공전선과 식물의 간격(한국전기설비규정 333.30, 333.26)

사용전압의 구분	간격
$60[kV]$ 이하	$2[m]$ 이상
$60[kV]$ 초과	$2[m]$에 사용전압이 $60[kV]$를 초과하는 $10[kV]$ 또는 그 단수마다 0.12[m]를 더한 값 이상

단수 = $\dfrac{154-60}{10} = 9.4 \rightarrow 10$단

∴ $2+10 \times 0.12 = 3.2[m]$

214 ★★★

최대 사용전압이 $360[kV]$인 가공전선이 다리(교량)과 제1차 접근 상태로 시설되는 경우에 전선과 다리(교량)의 간격(이격거리)은 최소 몇 $[m]$ 이상이어야 하는가?

① 5.96　　　　② 6.96
③ 7.95　　　　④ 8.95

해설 특고압 가공전선과 도로 등의 접근 또는 교차(한국전기설비규정 333.24)

사용전압의 구분	간격
$35[kV]$ 이하	$3[m]$ 이상
$35[kV]$ 초과	$3[m]$에 사용전압이 $35[kV]$를 초과하는 $10[kV]$ 또는 그 단수마다 0.15[m]를 더한 값 이상

단수 = $\dfrac{360-35}{10} = 32.5 \rightarrow 33$단

∴ $3+33 \times 0.15 = 7.95[m]$

215 ★☆☆

$154[kV]$ 가공전선과 가공약전류전선이 교차하는 경우에 시설하는 보호망을 구성하는 금속선 중 가공전선의 바로 아래에 시설되는 것 이외의 가공약전류전선을 아연도철선으로 조가하여 시설하는 경우 지름은 몇 $[mm]$ 이상인가?

① 2.6　　　　② 3.2
③ 3.6　　　　④ 4.0

해설 특고압 가공전선과 저고압 가공전선 등의 접근 또는 교차(한국전기설비규정 333.26)

- 보호망은 접지공사를 한 금속제의 망상(그물형)장치로 하고 견고하게 지지할 것
- 보호망을 구성하는 금속선은 그 바깥둘레(외주) 및 특고압 가공전선의 바로 아래(직하)에 시설하는 금속선에는 인장강도 8.01[kN] 이상의 것 또는 지름 5[mm] 이상의 경동선을 사용하고 그 밖의 부분에 시설하는 금속선에는 인장강도 3.64[kN] 이상의 것 또는 지름 4[mm] 이상의 아연도철선을 사용할 것
- 보호망을 구성하는 금속선 상호의 간격은 가로, 세로 각 1.5[m] 이하일 것

216 ★☆☆

고압 가공전선이 가공약전류전선 등과 접근하는 경우에 고압 가공전선과 가공약전류전선 사이의 간격(이격거리)은 몇 $[cm]$ 이상이어야 하는가?(단, 전선은 케이블이다.)

① 20　　　　② 30
③ 40　　　　④ 50

해설 고압 가공전선과 가공약전류전선 등의 접근 또는 교차(한국전기설비규정 332.13)

- 고압 가공전선이 가공약전류전선 등과 접근하는 경우는 고압 가공전선과 가공약전류전선 등 사이의 간격(이격거리)은 0.8[m](전선이 케이블인 경우에는 0.4[m]) 이상일 것
- 가공전선과 약전류전선로 등의 지지물 사이의 간격(이격거리)은 저압은 0.3[m] 이상, 고압은 0.6[m](전선이 케이블인 경우에는 0.3[m]) 이상일 것

217 ★★☆

고압 가공전선 상호 간의 접근 또는 교차하여 시설되는 경우, 고압 가공전선 상호 간의 간격(이격거리)은 몇 [cm] 이상이어야 하는가?(단, 고압 가공전선은 모두 케이블이 아니라고 한다.)

① 50 ② 60
③ 70 ④ 80

해설 고압 가공전선 상호 간의 접근 또는 교차(한국전기설비규정 332.17)

고압 가공전선 상호 간의 간격(이격거리)은 0.8[m](어느 한쪽의 전선이 케이블인 경우에는 0.4[m]) 이상, 하나의 고압 가공전선과 다른 고압 가공전선로의 지지물 사이의 간격(이격거리)은 0.6[m](전선이 케이블인 경우에는 0.3[m]) 이상일 것

218 ★★★

$66[kV]$ 가공전선이 건조물과 제1차 접근상태로 시설되는 경우 가공전선과 건조물 사이의 간격(이격거리)은 최소 몇 $[m]$ 이상이어야 하는가?(단, 전선은 나전선으로 한다.)

① 3.0 ② 3.2
③ 3.4 ④ 3.6

해설 특고압 가공전선과 건조물의 접근(한국전기설비규정 333.23)

사용전압의 구분	간격
35[kV] 이하	3[m] 이상
35[kV] 초과	3[m]에 사용전압이 35[kV]를 초과하는 10[kV] 또는 그 단수마다 0.15[m]를 더한 값 이상

단수 = $\dfrac{66-35}{10} = 3.1 \rightarrow 4$단

∴ $3 + 4 \times 0.15 = 3.6[m]$

219 ★☆☆

특고압 가공전선이 도로 등과 교차하는 경우에 특고압 가공전선이 도로 등의 위에 시설되는 때 설치하는 보호망에 대한 설명으로 옳은 것은?

① 보호망은 접지공사를 하지 않는다.
② 보호망을 구성하는 금속선의 인장강도는 6[kN] 이상으로 한다.
③ 보호망을 구성하는 금속선은 지름 1.0[mm] 이상의 경동선을 사용한다.
④ 보호망을 구성하는 금속선 상호의 간격은 가로, 세로 각 1.5[m] 이하로 한다.

해설 특고압 가공전선과 도로 등의 접근 또는 교차(한국전기설비규정 333.24)

특고압 가공전선이 도로 등과 교차하는 경우에 특고압 가공전선이 도로 등의 위에 시설되는 때에는 다음에 따라야 한다.
- 특고압 가공전선로는 제2종 특고압 보안공사에 의할 것. 다만, 특고압 가공전선과 도로 등 사이에 다음에 의하여 보호망을 시설하는 경우에는 제2종 특고압 보안공사에 의하지 아니할 수 있다.
  - 보호망은 접지공사를 한 금속제의 망상(그물형)장치로 하고 견고하게 지지할 것
  - 보호망을 구성하는 금속선은 그 바깥둘레(외주) 및 특고압 가공전선의 바로 아래(직하)에 시설하는 금속선에는 인장강도 8.01[kN] 이상의 것 또는 지름 5[mm] 이상의 경동선을 사용하고 그 밖의 부분에 시설하는 금속선에는 인장강도 5.26[kN] 이상의 것 또는 지름 4[mm] 이상의 경동선을 사용할 것
  - 보호망을 구성하는 금속선 상호의 간격은 가로, 세로 각 1.5[m] 이하일 것

220 ★★☆

저압 가공전선이 가공약전류전선과 접근하여 시설될 때 저압 가공전선과 가공약전류전선 사이의 간격(이격거리)은 몇 $[cm]$ 이상이어야 하는가?

① 40 ② 50
③ 60 ④ 80

해설 고압 가공전선과 가공약전류전선 등의 접근 또는 교차(한국전기설비규정 332.13)

저압 가공전선이 가공약전류전선 등과 접근하는 경우에 간격(이격거리)은 0.6[m] 이상일 것. 다만, 저압 가공전선이 고압 절연전선, 특고압 절연전선 또는 케이블인 경우로서 저압 가공전선과 가공약전류전선 등 사이의 간격(이격거리)이 0.3[m] 이상인 경우에는 그러하지 아니하다.

221 ★☆☆

가섭선에 의하여 시설하는 안테나가 있다. 이 안테나 주위에 경동연선을 사용한 고압 가공전선이 지나가고 있다면 수평 간격(이격거리)은 몇 [cm] 이상이어야 하는가?

① 40 ② 60
③ 80 ④ 100

해설 고압 가공전선과 안테나의 접근 또는 교차(한국전기설비규정 332.14)

간격(이격거리)은 다음 표의 값 이상이어야 한다.

구분		저압	고압
안테나	일반적인 경우	0.6[m]	0.8[m]
	전선이 고압 절연전선	0.3[m]	0.8[m]
	전선이 케이블인 경우	0.3[m]	0.4[m]

222 ★★★

345[kV] 가공전선이 154[kV] 가공전선과 교차하는 경우 이들 양 전선 상호 간의 간격(이격거리)은 몇 [m] 이상이어야 하는가?

① 4.48 ② 4.96
③ 5.48 ④ 5.82

해설 특고압 가공전선 상호 간의 접근 또는 교차(한국전기설비규정 333.27)

사용전압의 구분	간격
60[kV] 이하	2[m] 이상
60[kV] 초과	2[m]에 사용전압이 60[kV]를 초과하는 10[kV] 또는 그 단수마다 0.12[m]을 더한 값 이상

• 단수 = $\frac{345-60}{10}$ = 28.5 → 29단
• 간격(이격거리): $2 + 29 \times 0.12 = 5.48$[m]

223 ★☆☆

저압 절연전선을 사용한 220[V] 저압 가공전선이 안테나와 접근상태로 시설되는 경우 가공전선과 안테나 사이의 간격(이격거리)은 몇 [cm] 이상이어야 하는가?(단, 전선이 고압 절연전선, 특고압 절연전선 또는 케이블인 경우는 제외한다.)

① 30 ② 60
③ 100 ④ 120

해설 고압 가공전선과 안테나의 접근 또는 교차(한국전기설비규정 332.14)

간격(이격거리)은 다음 표에서 정한 값 이상이어야 한다.

구분		저압	고압
안테나	일반적인 경우	0.6[m]	0.8[m]
	전선이 고압 절연전선	0.3[m]	0.8[m]
	전선이 케이블인 경우	0.3[m]	0.4[m]

224 ★★☆

60[kV] 이하의 특고압 가공전선과 식물과의 간격(이격거리)은 몇 [m] 이상이어야 하는가?

① 2 ② 2.12
③ 2.24 ④ 2.36

해설 특고압 가공전선과 식물의 간격(한국전기설비규정 333.30)

사용전압의 구분	간격
60[kV] 이하	2[m] 이상
60[kV] 초과	2[m]에 사용전압이 60[kV]를 초과하는 10[kV] 또는 그 단수마다 0.12[m]를 더한 값 이상

225 ★★☆

사용전압이 $22.9[kV]$인 특고압 가공전선로를 시가지에 경동연선으로 시설할 경우 단면적은 몇 $[mm^2]$ 이상인가?

① 55
② 100
③ 150
④ 200

해설 시가지 등에서 특고압 가공전선로의 시설(한국전기설비규정 333.1)

전선은 단면적이 다음 표에서 정한 값 이상이어야 한다.

사용전압의 구분	전선
$100[kV]$ 미만	인장강도 21.67[kN] 이상의 연선 또는 단면적 55[mm²] 이상의 경동연선 또는 동등 이상의 인장강도를 갖는 알루미늄 전선이나 절연전선
$100[kV]$ 이상	인장강도 58.84[kN] 이상의 연선 또는 단면적 150[mm²] 이상의 경동연선 또는 동등 이상의 인장강도를 갖는 알루미늄 전선이나 절연전선

226 ★★☆

시가지에 시설하는 $154[kV]$ 가공전선로에 지락 또는 단락이 생겼을 때 몇 초 안에 자동적으로 이를 전로로부터 차단하는 장치를 시설하여야 하는가?

① 1
② 3
③ 5
④ 10

해설 시가지 등에서 특고압 가공전선로의 시설(한국전기설비규정 333.1)

사용전압이 170[kV] 이하인 전로를 다음에 의하여 시설하는 경우 시가지 그 밖에 인가가 밀집한 지역에 시설할 수 있다.
• 사용전압이 100[kV]를 초과하는 특고압 가공전선에 지락 또는 단락이 생겼을 때에는 1초 이내에 자동적으로 이를 전로로부터 차단하는 장치를 시설할 것

227 ★★☆

시가지 또는 그 밖에 인가가 밀집한 지역에 $154[kV]$ 가공전선로의 전선을 케이블로 시설하고자 한다. 이 때 가공전선을 지지하는 애자장치의 $50[\%]$ 충격불꽃방전전압(충격섬락전압) 값이 그 전선의 근접한 다른 부분을 지지하는 애자장치 값의 몇 $[\%]$ 이상이어야 하는가?

① 75
② 100
③ 105
④ 110

해설 시가지 등에서 특고압 가공전선로의 시설(한국전기설비규정 333.1)

사용전압이 170[kV] 이하인 전선로의 특고압 가공전선을 지지하는 애자장치는 50[%] 충격불꽃방전전압(충격섬락전압) 값이 그 전선의 근접한 다른 부분을 지지하는 애자장치 값의 110[%](사용전압이 130[kV]를 초과하는 경우는 105[%]) 이상인 것

228 ★★☆

시가지 등에서 특고압 가공전선로를 시설하는 경우 특고압 가공전선로용 지지물로 사용할 수 없는 것은?(단, 사용전압이 $170[kV]$ 이하인 경우이다.)

① 철탑
② 목주
③ 철주
④ 철근 콘크리트주

해설 시가지 등에서 특고압 가공전선로의 시설(한국전기설비규정 333.1)

사용전압이 170[kV] 이하인 전선로를 다음에 의하여 시설하는 경우 지지물에는 철주·철근 콘크리트주 또는 철탑을 사용하여야 한다.

229 ★★☆

$100[\text{kV}]$ 미만인 특고압 가공전선로를 인가가 밀집한 지역에 시설할 경우 전선로에 사용되는 전선의 단면적이 몇 $[\text{mm}^2]$ 이상의 경동연선이어야 하는가?

① 38　　② 55
③ 100　　④ 150

해설 시가지 등에서 특고압 가공전선로의 시설(한국전기설비규정 333.1)

사용전압	전선
$100[\text{kV}]$ 미만	인장강도 21.67[kN] 이상의 연선 또는 단면적 55[mm²] 이상의 경동연선 또는 동등 이상의 인장강도를 갖는 알루미늄전선이나 절연전선
$100[\text{kV}]$ 이상	인장강도 58.84[kN] 이상의 연선 또는 단면적 150[mm²] 이상의 경동연선 또는 동등 이상의 인장강도를 갖는 알루미늄전선이나 절연전선

231 ★★☆

저압 가공전선로 또는 고압 가공전선로의 기설 가공 약전류전선로가 병행하는 경우에는 유도작용에 의한 통신상의 장해가 생기지 아니하도록 전선과 기설 약전류전선 간의 간격(이격거리)은 몇 $[\text{m}]$ 이상이어야 하는가?(단, 전기철도용 급전선로는 제외한다.)

① 2　　② 4
③ 6　　④ 8

해설 가공약전류전선로의 유도장해 방지(한국전기설비규정 332.1)
저압 가공전선로(전기철도용 급전선로는 제외) 또는 고압 가공전선로(전기철도용 급전선로는 제외)와 기설 가공약전류전선로가 병행하는 경우에는 유도작용에 의하여 통신상의 장해가 생기지 않도록 전선과 기설 약전류전선 간의 간격(이격거리)은 2[m] 이상이어야 한다. 다만, 저압 또는 고압의 가공전선이 케이블인 경우 또는 가공약전류전선로 관리자의 승낙을 받은 경우에는 적용하지 않는다.

230 ★★☆

사용전압이 $60[\text{kV}]$ 이하인 경우 전화선로의 길이 $12[\text{km}]$마다 유도전류는 몇 $[\mu\text{A}]$를 넘지 않도록 하여야 하는가?

① 1　　② 2
③ 3　　④ 5

해설 유도장해의 방지(한국전기설비규정 333.2)
• 사용전압이 60[kV] 이하인 경우에는 전화선로의 길이 12[km]마다 유도전류가 2[μA]를 넘지 아니할 것
• 사용전압이 60[kV]를 넘는 경우에는 전화선로의 길이 40[km]마다 유도전류가 3[μA]를 넘지 아니할 것

232 ★★☆

교류 특고압 가공전선로에서 발생하는 극저주파 전자계는 자계의 경우 지표상 $1[\text{m}]$에서 측정 시 몇 $[\mu\text{T}]$ 이하인가?

① 28.0　　② 46.5
③ 70.0　　④ 83.3

해설 유도장해 방지(기술기준 제17조)
교류 특고압 가공전선로에서 발생하는 극저주파 전자계는 지표상 1[m]에서 전계가 3.5[kV/m] 이하, 자계가 83.3[μT] 이하가 되도록 시설하는 등 상시 정전유도 및 전자유도 작용에 의하여 사람에게 위험을 줄 우려가 없도록 시설하여야 한다.

233 ★★☆

사용전압이 $22.9[\text{kV}]$의 특고압 가공전선로에는 전화선로의 길이 $12[\text{km}]$마다 유도전류가 몇 $[\mu\text{A}]$를 넘지 않아야 하는가?

① 1.5
② 2
③ 2.5
④ 3

해설 유도장해의 방지(한국전기설비규정 333.2)
- 사용전압이 60[kV] 이하인 경우에는 전화선로의 길이 12[km]마다 유도전류가 2[μA]를 넘지 아니하도록 할 것
- 사용전압이 60[kV]를 넘는 경우에는 전화선로의 길이 40[km]마다 유도전류가 3[μA]를 넘지 아니하도록 할 것

234 ★★☆

특고압 가공전선로에서 발생하는 극저주파 전자계는 지표상 $1[\text{m}]$에서 전계가 몇 $[\text{kV/m}]$ 이하가 되도록 시설하여야 하는가?

① 3.5
② 2.5
③ 1.5
④ 0.5

해설 유도장해 방지(기술기준 제17조)
교류 특고압 가공전선로에서 발생하는 극저주파 전자계는 지표상 1[m]에서 전계가 3.5[kV/m] 이하, 자계가 83.3[μT] 이하가 되도록 시설한다.

235 ★★☆

특고압 가공전선로에서 사용전압이 $60[\text{kV}]$를 넘는 경우 전화선로의 길이 몇 $[\text{km}]$마다 유도전류가 $3[\mu\text{A}]$를 넘지 않도록 하여야 하는가?

① 12
② 40
③ 80
④ 100

해설 유도장해의 방지(한국전기설비규정 333.2)
- 사용전압이 60[kV] 이하인 경우에는 전화선로의 길이 12[km]마다 유도전류가 2[μA]를 넘지 아니할 것
- 사용전압이 60[kV]를 넘는 경우에는 전화선로의 길이 40[km]마다 유도전류가 3[μA]를 넘지 아니할 것

236 ★★☆

사용전압 $60,000[\text{V}]$인 특고압 가공전선과 그 지지물·지지기둥·완금류 또는 지선 사이의 간격(이격거리)은 몇 $[\text{cm}]$ 이상이어야 하는가?

① 35
② 40
③ 45
④ 65

해설 특고압 가공전선과 지지물 등의 간격(한국전기설비규정 333.5)

사용전압	간격[m]
15[kV] 미만	0.15
15[kV] 이상 25[kV] 미만	0.2
25[kV] 이상 35[kV] 미만	0.25
35[kV] 이상 50[kV] 미만	0.3
50[kV] 이상 60[kV] 미만	0.35
60[kV] 이상 70[kV] 미만	0.4
70[kV] 이상 80[kV] 미만	0.45
80[kV] 이상 130[kV] 미만	0.65
130[kV] 이상 160[kV] 미만	0.9
160[kV] 이상 200[kV] 미만	1.1
200[kV] 이상 230[kV] 미만	1.3
230[kV] 이상	1.6

237 ★★☆

22.9[kV] 특고압 가공전선과 그 지지물·완금류·지지기둥 또는 지선 사이의 간격(이격거리)은 몇 [cm] 이상이어야 하는가?

① 15 ② 20
③ 25 ④ 30

해설 특고압 가공전선과 지지물 등의 간격(한국전기설비규정 333.5)

특고압 가공전선과 그 지지물·완금류·지지기둥 또는 지선 사이의 간격(이격거리)은 표에서 정한 값 이상이어야 한다. 다만, 기술상 부득이한 경우에 위험의 우려가 없도록 시설한 때에는 표에서 정한 값의 0.8배까지 감할 수 있다.

사용전압	간격[m]
15[kV] 미만	0.15 이상
15[kV] 이상 25[kV] 미만	0.2 이상
25[kV] 이상 35[kV] 미만	0.25 이상
35[kV] 이상 50[kV] 미만	0.3 이상

238 ★★☆

사용전압이 22.9[kV]인 특고압 가공전선로에서 1[km]마다 중성선과 대지 사이의 합성전기저항 값은 몇 [Ω] 이하이어야 하는가?(단, 중성선 다중접지 방식의 것으로서 전로에 지락이 생겼을 때에 2초 이내에 자동적으로 이를 전로로부터 차단하는 장치가 되어 있는 것에 한한다.)

① 5 ② 10
③ 15 ④ 30

해설 25[kV] 이하인 특고압 가공전선로의 시설(한국전기설비규정 333.32)

각 접지도체를 중성선으로부터 분리하였을 경우의 각 접지점의 대지 전기저항 값과 1[km]마다의 중성선과 대지 사이의 합성전기저항 값은 아래의 값 이하여야 한다.

사용전압	각 접지점의 대지전기저항 값	1[km]마다의 합성전기저항 값
15[kV] 이하	300[Ω]	30[Ω]
15[kV] 초과 25[kV] 이하	300[Ω]	15[Ω]

239 ★★☆

사용전압이 25[kV] 이하인 특고압 가공전선이 상부 조영재의 위쪽에 시설되는 경우, 특고압 가공전선과 건조물의 조영재 사이의 간격(이격거리)은 몇 [m] 이상이어야 하는가?(단, 전선의 종류는 특고압 절연전선이라고 한다.)

① 0.5 ② 1.2
③ 2.5 ④ 3.0

해설 25[kV] 이하인 특고압 가공전선로의 시설(한국전기설비규정 333.32)

사용전압이 15[kV]를 초과하고 25[kV] 이하인 특고압 가공전선로(중성선 다중접지식의 것으로서 전로에 지락이 생겼을 때에 2초 이내에 자동적으로 이를 전로로부터 차단하는 장치가 되어 있는 것에 한한다)를 다음에 따라 시설하여야 한다.

- 특고압 가공전선이 건조물과 접근하는 경우에 특고압 가공전선과 건조물의 조영재 사이의 간격(이격거리)은 다음 표에서 정한 값 이상일 것

건조물 조영재의 구분	접근형태	전선의 종류	간격[m]
상부 조영재	위쪽	나전선	3.0
		특고압 절연전선	2.5
		케이블	1.2
	옆쪽 또는 아래쪽	나전선	1.5
		특고압 절연전선	1.0
		케이블	0.5
기타의 조영재	–	나전선	1.5
		특고압 절연전선	1.0
		케이블	0.5

240 ★★★

중성선 다중접지식의 것으로서 전로에 지락이 생겼을 때 2초 이내에 자동적으로 이를 전로로부터 차단하는 장치가 되어 있는 $22.9[\text{kV}]$ 특고압 가공전선이 다른 특고압 가공전선과 접근하는 경우 간격(이격거리)은 몇 $[\text{m}]$ 이상으로 하여야 하는가?(단, 양쪽이 나전선인 경우이다.)

① 0.5　　② 1.0
③ 1.5　　④ 2.0

해설 25[kV] 이하인 특고압 가공전선로의 시설(한국전기설비규정 333.32)
15[kV] 초과 25[kV] 이하 특고압 가공전선로 간격(이격거리)은 다음 표에서 정한 값 이상이어야 한다.

사용전선의 종류	간격[m]
어느 한쪽 또는 양쪽이 나전선인 경우	1.5
양쪽이 특고압 절연전선인 경우	1.0
한쪽이 케이블이고 다른 한쪽이 케이블이거나 특고압 절연전선인 경우	0.5

241 ★★☆

어떤 공장에서 케이블을 사용하는 사용전압이 $22[\text{kV}]$인 가공전선을 건물 옆쪽에서 1차 접근상태로 시설하는 경우, 케이블과 건물의 조영재 간격(이격거리)은 몇 $[\text{cm}]$ 이상이어야 하는가?

① 50　　② 80
③ 100　　④ 120

해설 25[kV] 이하인 특고압 가공전선로의 시설(한국전기설비규정 333.32)
간격(이격거리)은 다음 표에서 정한 값 이상이어야 한다.

건조물의 조영재	접근형태	전선의 종류	간격[m]
상부 조영재	위쪽	나전선	3.0
		특고압 절연전선	2.5
		케이블	1.2
	옆쪽 또는 아래쪽	나전선	1.5
		특고압 절연전선	1.0
		케이블	0.5
기타의 조영재	–	나전선	1.5
		특고압 절연전선	1.0
		케이블	0.5

242 ★★☆

중성선 다중접지식의 것으로 전로에 지락이 생겼을 때에 2초 이내 자동적으로 이를 전로로부터 차단하는 장치가 되어 있는 $22.9[\text{kV}]$ 가공전선로를 상부 조영재의 위쪽에서 접근 상태로 시설하는 경우, 가공전선과 건조물의 간격(이격거리)은 몇 $[\text{m}]$ 이상이어야 하는가?(단, 전선으로는 나전선을 사용한다고 한다.)

① 1.2　　② 1.5
③ 2.5　　④ 3.0

해설 특고압 가공전선과 건조물의 간격(한국전기설비규정 333.23)
간격(이격거리)은 다음 표에서 정한 값 이상이어야 한다.

건조물과 조영재의 구분	전선종류	접근형태	간격
상부 조영재	특고압 절연전선	위쪽	2.5[m]
		옆쪽 또는 아래쪽	1.5[m](전선에 사람이 쉽게 접촉할 우려가 없도록 시설한 경우는 1[m])
	케이블	위쪽	1.2[m]
		옆쪽 또는 아래쪽	0.5[m]
	기타 전선	–	3[m]

상부 조영재의 간격(이격거리)에서 35[kV] 이하의 중성선 다중접지식 전로의 간격(이격거리)은 나전선을 사용 시 3[m]이다.

243 ★★☆

사용전압 $15[\text{kV}]$ 이하인 특고압 가공전선로의 중성선 다중접지시설은 각 접지도체를 중성선으로부터 분리하였을 경우 $1[\text{km}]$ 마다의 중성선과 대지 사이의 합성전기저항 값은 몇 $[\Omega]$ 이하이어야 하는가?

① 30　　② 50
③ 400　　④ 500

해설 25[kV] 이하인 특고압 가공전선로의 시설(한국전기설비규정 333.32)
사용전압이 15[kV] 이하인 특고압 가공전선로(중성선 다중접지식의 것으로서 전로에 지락이 생겼을 때 2초 이내에 자동적으로 이를 전로로부터 차단하는 장치가 되어 있는 것에 한한다.)

각 접지점의 대지 전기저항 값	1[km]마다의 합성 전기저항 값
300[Ω]	30[Ω]

244 ★★★

사용전압이 $22.9[\mathrm{kV}]$인 특고압 가공전선로(중성선 다중접지식의 것으로서 전로의 지락이 생겼을 때에 2초 이내에 자동적으로 이를 전로로부터 차단하는 장치가 되어 있는 것에 한한다)가 상호 간 접근 또는 교차하는 경우 사용전선이 양쪽 모두 케이블인 경우 간격(이격거리)은 몇 $[\mathrm{m}]$ 이상인가?

① 0.25
② 0.5
③ 0.75
④ 1.0

해설 25[kV] 이하인 특고압 가공전선로의 시설(한국전기설비규정 333.32)

특고압 가공전선이 다른 특고압 가공전선과 접근 또는 교차하는 경우의 간격(이격거리)은 다음 표에서 정한 값 이상일 것

전선의 종류	간격[m]
어느 한쪽 또는 양쪽이 나전선	1.5
양쪽이 특고압 절연전선	1
한쪽이 케이블이고 다른 한쪽이 케이블이거나 특고압 절연전선인 경우	0.5

245 ★★☆

사용전압 $15[\mathrm{kV}]$ 이하인 특고압 가공전선로의 중성선 다중접지식에 사용되는 접지도체의 공칭단면적은 몇 $[\mathrm{mm}^2]$의 연동선 또는 이와 동등 이상의 굵기로서 고장전류를 안전하게 통할 수 있는 것이어야 하는가?(단, 전로에 지락이 생긴 경우 2초 이내에 전로로부터 자동차단하는 장치를 하였다.)

① 2.5
② 6
③ 8
④ 16

해설 25[kV] 이하인 특고압 가공전선로의 시설(한국전기설비규정 333.32)

사용전압이 15[kV] 이하인 특고압 가공전선로(중성선 다중접지식의 것으로서 전로에 지락이 생겼을 때 2초 이내에 자동적으로 이를 전로로부터 차단하는 장치가 되어 있는 것에 한한다.)의 중성선의 다중접지 및 중성선의 시설은 다음에 의할 것
• 접지도체는 공칭단면적 6[mm²] 이상의 연동선 또는 이와 동등 이상의 세기 및 굵기의 쉽게 부식하지 않는 금속선으로서 고장 시에 흐르는 전류를 안전하게 통할 수 있는 것일 것

246 ★★★

특고압 가공전선이 건조물과 제1차 접근 상태로 시설되는 경우에 특고압 가공전선로는 어떤 보안공사를 하여야 하는가?

① 고압 보안공사
② 제1종 특고압 보안공사
③ 제2종 특고압 보안공사
④ 제3종 특고압 보안공사

해설 특고압 가공전선과 도로 등의 접근 또는 교차(한국전기설비규정 333.23)
• 특고압 가공전선이 건조물과 제1차 접근상태로 시설되는 경우: 제3종 특고압 보안공사
• 35[kV] 이하인 특고압 가공전선이 건조물과 제2차 접근상태로 시설되는 경우: 제2종 특고압 보안공사
• 35[kV] 초과 400[kV] 미만인 특고압 가공전선이 건조물과 제2차 접근상태에 있는 경우: 제1종 특고압 보안공사

247 ★★☆

$22.9[\mathrm{kV}]$ 특고압 가공전선로의 시설에 있어서 중성선을 다중접지하는 경우에 각각 접지한 곳 상호 간의 거리는 전선로에 따라 몇 $[\mathrm{m}]$ 이하이어야 하는가?

① 150
② 300
③ 400
④ 500

해설 25[kV] 이하인 특고압 가공전선로의 시설(한국전기설비규정 333.32)

사용전압이 15[kV]를 초과하고 25[kV] 이하인 특고압 가공전선로(중성선 다중접지 방식의 것으로서 전로에 지락이 생겼을 때에 2초 이내에 자동적으로 이를 전로로부터 차단하는 장치가 되어있는 것에 한한다)인 경우
• 특고압 가공전선로의 시설에 있어서 중성선을 다중접지하는 경우 각 접지점 상호의 거리는 전선로에 따라 150[m] 이하일 것

248 ★★☆

사용전압이 $15[kV]$ 이하인 특고압 가공전선로의 중성선의 다중접지 및 중성선의 시설기준을 설명한 것 중 틀린 것은?

① 접지한 곳 상호 간의 거리는 전선로에 따라 $300[m]$ 이하로 한다.
② 다중접지한 중성선은 저압전로의 접지 측 전선이나 중성선과 공용할 수 있다.
③ 각 접지도체를 중성선으로부터 분리하였을 경우의 각 접지점의 대지 전기저항값은 $100[\Omega]$ 이하로 한다.
④ 접지도체는 공칭단면적 $6[mm^2]$ 이상의 연동선 또는 이와 동등 이상의 세기 및 굵기의 쉽게 부식하지 않는 금속선으로 한다.

해설 $25[kV]$ 이하인 특고압 가공전선로의 시설(한국전기설비규정 333.32)

각 접지도체를 중성선으로부터 분리하였을 경우의 각 접지점의 대지 전기저항 값과 $1[km]$마다의 중성선과 대지 사이의 합성 전기저항 값은 아래의 값 이하여야 한다.

사용전압	각 접지점의 대지 전기저항 값	$1[km]$마다의 합성 전기저항 값
$15[kV]$ 이하	$300[\Omega]$	$30[\Omega]$
$15[kV]$ 초과 $25[kV]$ 이하	$300[\Omega]$	$15[\Omega]$

249 ★★☆

특고압 가공전선로의 지지물 양쪽의 지지물 간 거리(경간)의 차가 큰 곳에 사용되는 철탑은?

① 내장형 철탑
② 잡아당김형(인류형) 철탑
③ 각도형 철탑
④ 보강형 철탑

해설 특고압 가공전선로의 철주·철근 콘크리트주 또는 철탑의 종류(한국전기설비규정 333.11)

• 직선형: 전선로의 직선 부분(3° 이하의 수평각도를 이루는 곳 포함)에 사용되는 것 다만, 내장형 및 보강형에 속하는 것을 제외한다.
• 각도형: 전선로 중 3°를 초과하는 수평각도를 이루는 곳에 사용하는 것
• 잡아당김형(인류형): 전가섭선을 잡아당기는(인류하는) 곳에 사용하는 것
• 내장형: 전선로의 지지물 양쪽의 지지물 간 거리(경간)의 차가 큰 곳에 사용하는 것
• 보강형: 전선로의 직선 부분에 그 보강을 위하여 사용하는 것

250 ★★☆

전가섭선에 관하여 각 가섭선의 상정 최대장력의 $33[\%]$와 같은 불평균 장력의 수평 종분력에 의한 하중을 더 고려하여야 할 철탑의 유형은?

① 직선형
② 각도형
③ 내장형
④ 잡아당김형(인류형)

해설 상시 상정하중(한국전기설비규정 333.13)

잡아당김형(인류형)·내장형 또는 보강형·직선형·각도형의 철주·철근 콘크리트주 또는 철탑의 경우에는 다음에 따라 가섭선의 불평균 장력에 의한 수평 종하중을 가산한다.

• 잡아당김형(인류형): 전가섭선에 관하여 각 가섭선의 상정 최대장력과 같은 불평균 장력의 수평 종분력에 의한 하중
• 내장형·보강형: 전가섭선에 관하여 각 가섭선의 상정 최대장력의 $33[\%]$와 같은 불평균 장력의 수평 종분력에 의한 하중
• 직선형: 전가섭선에 관하여 각 가섭선의 상정 최대장력의 $3[\%]$와 같은 불평균 장력의 수평 종분력에 의한 하중(단, 내장형은 제외한다)
• 각도형: 전가섭선에 관하여 각 가섭선의 상정 최대장력의 $10[\%]$와 같은 불평균 장력의 수평 종분력에 의한 하중

251 ★★☆

특고압 가공전선로의 지지물로 사용하는 B종 철주에서 각도형은 전선로 중 몇 도를 넘는 수평각도를 이루는 곳에 사용되는가?

① 1
② 2
③ 3
④ 5

해설 특고압 가공전선로의 철주·철근 콘크리트주 또는 철탑의 종류(한국전기설비규정 333.11)

• 직선형: 전선로의 직선 부분(3° 이하의 수평각도를 이루는 곳 포함)에 사용되는 것. 다만, 내장형 및 보강형에 속하는 것을 제외한다.
• 각도형: 전선로 중 3°를 초과하는 수평각도를 이루는 곳에 사용하는 것
• 잡아당김형(인류형): 전가섭선을 잡아당기는(인류하는) 곳에 사용하는 것
• 내장형: 전선로의 지지물 양쪽의 지지물 간 거리(경간)의 차가 큰 곳에 사용하는 것
• 보강형: 전선로의 직선 부분에 그 보강을 위하여 사용하는 것

| 정답 | 248 ③ | 249 ① | 250 ③ | 251 ③ |

252 ★★☆

특고압 가공전선로의 지지물로 사용되는 B종 철주·B종 철근 콘크리트주의 각도형은 전선로 중 최소 몇 도를 초과하는 수평각도를 이루는 곳에 사용하는가?

① 3
② 5
③ 8
④ 10

해설 특고압 가공전선로의 철주·철근 콘크리트주 또는 철탑의 종류(한국전기설비규정 333.11)
- 직선형: 전선로의 직선 부분(3° 이하인 수평각도를 이루는 곳을 포함한다)에 사용하는 것. 다만, 내장형 및 보강형에 속하는 것을 제외한다.
- 각도형: 전선로 중 3°를 초과하는 수평각도를 이루는 곳에 사용하는 것
- 잡아당김형(인류형): 전가섭선을 잡아당기는(인류하는) 곳에 사용하는 것
- 내장형: 전선로의 지지물 양쪽의 지지물 간 거리(경간)의 차가 큰 곳에 사용하는 것
- 보강형: 전선로의 직선 부분에 그 보강을 위하여 사용하는 것

254 ★★☆

저압 가공전선로의 지지물은 목주인 경우에는 풍압하중의 몇 배의 하중을 견디는 강도를 가지는 것이어야 하는가?

① 1.5
② 0.8
③ 1.0
④ 1.2

해설 저압 가공전선로의 지지물의 강도(한국전기설비규정 222.8)
저압 가공전선로의 지지물은 목주인 경우에는 풍압하중의 1.2배의 하중, 기타의 경우에는 풍압하중에 견디는 강도를 가지는 것이어야 한다.

255 ★★☆

고압 가공전선로의 지지물로서 사용하는 목주의 풍압하중에 대한 안전율은 얼마 이상이어야 하는가?

① 1.2
② 1.3
③ 2.2
④ 2.5

해설 고압 가공전선로의 지지물의 강도(한국전기설비규정 332.7)
고압 가공전선로의 지지물로서 사용하는 목주는 다음에 따라 시설하여야 한다.
- 풍압하중에 대한 안전율은 1.3 이상일 것
- 굵기는 위쪽 끝(말구) 지름 0.12[m] 이상일 것

253 ★★★

특고압 가공전선로 중 지지물로서 직선형의 철탑을 연속하여 10기 이상 사용하는 부분에는 몇 기 이하마다 내장 애자장치가 되어 있는 철탑 또는 이와 동등 이상의 강도를 가지는 철탑 1기를 시설하여야 하는가?

① 3
② 5
③ 7
④ 10

해설 특고압 가공전선로의 내장형 등의 지지물 시설(한국전기설비규정 333.16)
특고압 가공전선로 중 지지물로서 직선형의 철탑을 연속하여 10기 이상 사용하는 부분에는 10기 이하마다 장력에 견디는 애자장치가 되어 있는 철탑 또는 이와 동등 이상의 강도를 가지는 철탑 1기를 시설하여야 한다.

256 ★☆☆

특고압 가공전선로의 지지물로 사용하는 철탑은 상시 상정하중 또는 이상 시 상정하중의 몇 배의 하중 중 큰 것에 견뎌야 하는가?(단, 완금류는 제외한다.)

① $\frac{1}{2}$
② $\frac{2}{3}$
③ 1
④ $\frac{3}{2}$

해설 특고압 가공전선로의 철주·철근 콘크리트주 또는 철탑의 강도(한국전기설비규정 333.12)
- 특고압 가공전선로의 지지물로 사용하는 철탑은 고온 계절이나 저온 계절의 어느 계절에서도 상시 상정하중 또는 이상 시 상정하중의 3분의 2배(완금류에 대하여는 1배)의 하중 중 큰 것에 견디는 강도의 것이어야 한다.

THEME 03 — 옥측·옥상전선로 및 가공·이웃 연결인입선

257 ★★☆
저압 옥측전선로에서 목조의 조영물에 시설할 수 있는 공사방법은?

① 금속관공사
② 버스덕트공사
③ 합성수지관공사
④ 케이블공사(무기물절연(MI) 케이블을 사용하는 경우)

해설 옥측전선로(한국전기설비규정 221.2)
저압 옥측전선로는 다음의 공사방법에 의할 것
- 애자공사(전개된 장소에 한한다.)
- 합성수지관공사
- 금속관공사(목조 이외의 조영물에 시설하는 경우에 한한다.)
- 버스덕트공사[목조 이외의 조영물(점검할 수 없는 은폐된 장소는 제외)에 시설하는 경우에 한한다.]
- 케이블공사(연피 케이블, 알루미늄피 케이블 또는 무기물절연(MI) 케이블을 사용하는 경우에는 목조 이외의 조영물에 시설하는 경우에 한한다.)

258 ★☆☆
버스덕트공사에 의한 저압의 옥측배선 또는 옥외배선의 사용전압이 400[V] 이상인 경우의 시설기준에 대한 설명으로 틀린 것은?

① 목조 외의 조영물(점검할 수 없는 은폐장소)에 시설할 것
② 버스덕트는 사람이 쉽게 접촉할 우려가 없도록 시설할 것
③ 버스덕트는 KS C IEC 60529(2006)에 의한 보호등급 IPX4에 적합할 것
④ 버스덕트는 옥외용 버스덕트를 사용하여 덕트 안에 물이 스며들어 고이지 아니하도록 한 것일 것

해설 옥측전선로(한국전기설비규정 221.2)
저압 옥측전선로는 다음의 공사방법에 의할 것
- 버스덕트공사[목조 이외의 조영물(점검할 수 없는 은폐된 장소는 제외한다)에 시설하는 경우에 한한다.]

259 ★★☆
고압 옥측전선로에 사용할 수 있는 전선은?

① 케이블
② 나경동선
③ 절연전선
④ 다심형 전선

해설 고압 옥측전선로의 시설(한국전기설비규정 331.13.1)
고압 옥측전선로의 전선은 케이블이어야 한다.

260 ★★☆
저압 옥상전선로의 시설기준으로 틀린 것은?

① 전개된 장소에 위험의 우려가 없도록 시설할 것
② 전선은 지름 2.6[mm] 이상의 경동선을 사용할 것
③ 전선은 절연전선(옥외용 비닐절연전선은 제외)을 사용할 것
④ 전선은 상시 부는 바람 등에 의하여 식물에 접촉하지 아니하도록 시설하여야 한다.

해설 옥상전선로(한국전기설비규정 221.3)
- 저압 옥상전선로의 전선은 상시 부는 바람 등에 의하여 식물에 접촉하지 아니하도록 시설하여야 한다.
- 저압 옥상전선로는 전개된 장소에 다음에 따르고 또한 위험의 우려가 없도록 시설하여야 한다.
  - 전선은 인장강도 2.30[kN] 이상의 것 또는 지름 2.6[mm] 이상의 경동선을 사용할 것
  - 전선은 절연전선(OW전선 포함) 또는 이와 동등 이상의 절연성능이 있는 것을 사용할 것
  - 전선은 조영재에 견고하게 붙인 지지기둥(지지주) 또는 지지대에 절연성·난연성 및 내수성이 있는 애자를 사용하여 지지하고 또한 그 지지점 간의 거리는 15[m] 이하일 것
  - 전선과 그 저압 옥상전선로를 시설하는 조영재와의 간격(이격거리)은 2[m](전선이 고압 절연전선, 특고압 절연전선 또는 케이블인 경우에는 1[m]) 이상일 것

참고
옥외용 비닐절연전선의 영문 표기는 Outdoor Weather Proof PVC Insulated Wire(OW)이다.

| 정답 | 257 ③ | 258 ① | 259 ① | 260 ③ |

261
특고압으로 시설할 수 없는 전선로는?

① 옥상전선로   ② 지중전선로
③ 가공전선로   ④ 수중전선로

해설 특고압 옥상전선로의 시설(한국전기설비규정 331.14.2)
특고압 옥상전선로(특고압의 인입선의 옥상 부분 제외)는 시설하여서는 안 된다.

262
전개된 장소에서 저압 옥상전선로의 시설기준으로 적합하지 않은 것은?

① 전선은 절연전선을 사용하였다.
② 전선 지지점 간의 거리를 20[m]로 하였다.
③ 전선은 지름 2.6[mm]의 경동선을 사용하였다.
④ 저압 절연전선과 그 저압 옥상전선로를 시설하는 조영재와의 간격(이격거리)을 2[m]로 하였다.

해설 옥상전선로(한국전기설비규정 221.3)
저압 옥상전선로는 전개된 장소에 다음에 따르고 또한 위험의 우려가 없도록 시설하여야 한다.
- 전선은 인장강도 2.30[kN] 이상의 것 또는 지름 2.6[mm] 이상의 경동선을 사용할 것
- 전선은 절연전선(OW전선 포함) 또는 이와 동등 이상의 절연성능이 있는 것을 사용할 것
- 전선은 조영재에 견고하게 붙인 지지기둥(지지주) 또는 지지대에 절연성·난연성 및 내수성이 있는 애자를 사용하여 지지하고 또한 그 지지점 간의 거리는 15[m] 이하일 것
- 전선과 그 저압 옥상전선로를 시설하는 조영재와의 간격(이격거리)은 2[m](전선이 고압 절연전선, 특고압 절연전선 또는 케이블인 경우에는 1[m]) 이상일 것

263
저압 옥상전선로의 시설에 대한 설명으로 틀린 것은?

① 전선은 절연전선을 사용한다.
② 전선은 지름 2.6[mm] 이상의 경동선을 사용한다.
③ 전선은 상시 부는 바람 등에 의하여 식물에 접촉하지 않도록 시설한다.
④ 전선과 옥상전선로를 시설하는 조영재와의 간격(이격거리)을 0.5[m]로 한다.

해설 옥상전선로(한국전기설비규정 221.3)
전선과 그 저압 옥상전선로를 시설하는 조영재와의 간격(이격거리)은 2[m](전선이 고압 절연전선, 특고압 절연전선 또는 케이블인 경우에는 1[m]) 이상이어야 한다.

264
저압 옥상전선로를 전개된 장소에 시설하는 내용으로 틀린 것은?

① 전선은 절연전선일 것
② 전선은 지름 2.5[mm] 이상의 경동선일 것
③ 전선과 그 저압 옥상전선로를 시설하는 조영재와의 간격(이격거리)은 2[m] 이상일 것
④ 전선은 조영재에 내수성이 있는 애자를 사용하여 지지하고 그 지지점 간의 거리는 15[m] 이하일 것

해설 옥상전선로(한국전기설비규정 221.3)
저압 옥상전선로는 전개된 장소에 다음에 따르고 또한 위험의 우려가 없도록 시설하여야 한다.
- 전선은 인장강도 2.30[kN] 이상의 것 또는 지름 2.6[mm] 이상의 경동선을 사용할 것
- 전선은 절연전선(OW전선 포함) 또는 이와 동등 이상의 절연 성능이 있는 것을 사용할 것
- 전선은 조영재에 견고하게 붙인 지지기둥(지지주) 또는 지지대에 절연성·난연성 및 내수성이 있는 애자를 사용하여 지지하고 또한 그 지지점 간의 거리는 15[m] 이하일 것
- 전선과 그 저압 옥상전선로를 시설하는 조영재와의 간격(이격거리)은 2[m](전선이 고압 절연전선, 특고압 절연전선 또는 케이블인 경우에는 1[m]) 이상일 것

265 ★★☆
고압 옥상전선로의 전선이 다른 시설물과 접근하거나 교차하는 경우에는 고압 옥상전선로의 전선과 이들 사이의 간격(이격거리)은 몇 [cm] 이상이어야 하는가?

① 30
② 40
③ 50
④ 60

해설 고압 옥상전선로의 시설(한국전기설비규정 331.14.1)
고압 옥상전선로의 전선이 다른 시설물과 접근하거나 교차하는 경우에는 고압 옥상전선로의 전선과 이들 사이의 간격(이격거리)은 0.6[m] 이상이어야 한다.

266 ★★☆
다음 저압 이웃 연결(연접)인입선의 시설 규정 중 틀린 것은?

① 지지물 간 거리(경간)가 20[m]인 곳에 직경 2.0[mm] DV 전선을 사용하였다.
② 인입선에서 분기하는 점으로부터 100[m]를 넘지 않았다.
③ 폭 4.5[m]의 도로를 횡단하였다.
④ 옥내를 통과하지 않도록 했다.

해설 이웃 연결인입선의 시설(한국전기설비규정 221.1.2)
저압 이웃 연결(연접)인입선은 다음 각 호에 따라 시설하여야 한다.
• 인입선에서 분기하는 점으로부터 100[m]를 초과하는 지역에 미치지 아니할 것
• 폭 5[m]를 초과하는 도로를 횡단하지 아니할 것
• 옥내를 통과하지 아니할 것
• 전선은 인장강도 2.30[kN] 이상의 것 또는 2.6[mm] 이상의 인입용 비닐절연전선일 것
다만, 지지물 간 거리(경간)가 15[m] 이하인 경우에는 1.25[kN] 이상의 것 또는 2.0[mm] 이상의 인입용 비닐절연전선일 것

267 ★★☆
저압 이웃 연결(연접)인입선은 폭 몇 [m]를 초과하는 도로를 횡단하지 아니하는가?

① 5
② 6
③ 7
④ 8

해설 이웃 연결인입선의 시설(한국전기설비규정 221.1.2)
저압 이웃 연결(연접)인입선은 다음에 따라 시설하여야 한다.
• 인입선에서 분기하는 점으로부터 100[m]를 초과하는 지역에 미치지 아니할 것
• 폭 5[m]를 초과하는 도로를 횡단하지 아니할 것
• 옥내를 통과하지 아니할 것
• 전선은 인장강도 2.30[kN] 이상의 것 또는 2.6[mm] 이상의 인입용 비닐절연전선일 것
다만, 지지물 간 거리(경간)가 15[m] 이하인 경우에는 1.25[kN] 이상의 것 또는 2.0[mm] 이상의 인입용 비닐절연전선일 것

268 ★★★
사용전압이 35,000[V] 이하이고 또한 전선에 케이블을 사용하는 경우에 특고압 가공인입선의 높이는 그 특고압 가공인입선이 도로·횡단보도교·철도 및 궤도를 횡단하는 이외의 경우에 한하여 지표상 몇 [m]까지로 감할 수 있는가?

① 3
② 4
③ 5
④ 6

해설 특고압 가공인입선의 시설(한국전기설비규정 331.12.2)
사용전압이 35[kV] 이하이고 또한 전선에 케이블을 사용하는 경우에 특고압 가공인입선의 높이는 그 특고압 가공인입선이 도로·횡단보도교·철도 및 궤도를 횡단하는 이외의 경우에 한하여 지표상 4[m]까지로 감할 수 있다.

269 ★★★
고압 가공인입선이 케이블 이외의 것으로서 그 전선의 아래쪽에 위험표시를 하였다면 전선의 지표상 높이는 몇 [m]까지로 감할 수 있는가?

① 2.5
② 3.5
③ 4.5
④ 5.5

해설 고압 가공인입선의 시설(한국전기설비규정 331.12.1)
- 인장강도 8.01[kN] 이상의 고압 절연전선 또는 지름 5[mm] 이상의 경동선 사용
- 고압 가공인입선의 높이 3.5[m]까지 감할 수 있다.(전선의 아래쪽에 위험표시를 할 경우)
- 고압 이웃 연결(연접)인입선은 시설하여서는 안 된다.

270 ★★☆
고압 인입선 시설에 대한 설명으로 틀린 것은?

① 15[m] 떨어진 다른 수용가에 고압 이웃 연결(연접)인입선을 시설하였다.
② 전선은 5[mm] 경동선과 동등한 세기의 고압 절연전선을 사용하였다.
③ 고압 가공인입선 아래에 위험표시를 하고 지표상 3.5[m]의 높이에 설치하였다.
④ 횡단보도교 위에 시설하는 경우 케이블을 사용하여 노면상에서 3.5[m]의 높이에 시설하였다.

해설 고압 가공인입선의 시설(한국전기설비규정 331.12.1)
- 인장강도 8.01[kN] 이상의 고압 절연전선 또는 5[mm] 이상의 경동선 사용
- 고압 가공인입선의 높이는 3.5[m]까지 감할 수 있다.(전선의 아래쪽에 위험표시를 할 경우)
- 고압 이웃 연결(연접)인입선은 시설하여서는 안 된다.

271 ★☆☆
저압 가공인입선 시설 시 도로를 횡단하여 시설하는 경우 노면상 높이는 몇 [m] 이상으로 하여야 하는가?

① 4
② 4.5
③ 5
④ 5.5

해설 저압 인입선의 시설(한국전기설비규정 221.1.1)
전선의 높이
- 도로(차도와 보도의 구별이 있는 도로인 경우에는 차도)를 횡단하는 경우: 노면상 5[m](기술상 부득이한 경우에 교통에 지장이 없을 때에는 3[m]) 이상
- 철도 또는 궤도를 횡단하는 경우: 레일면상 6.5[m] 이상
- 횡단보도교 위에 시설하는 경우: 노면상 3[m] 이상

272 ★☆☆
저압 가공인입선 시설 시 사용할 수 없는 전선은?

① 절연전선, 다심형 전선, 케이블
② 지름 2.6[mm] 이상의 인입용 비닐절연전선
③ 인장강도 1.2[kN] 이상의 인입용 비닐절연전선
④ 사람의 접촉 우려가 없도록 시설하는 경우 옥외용 비닐절연전선

해설 저압 인입선의 시설(한국전기설비규정 221.1.1)
- 전선이 케이블인 경우 이외에는 인장강도 2.30[kN] 이상의 것 또는 지름 2.6[mm] 이상의 인입용 비닐절연전선일 것
- 전선이 옥외용 비닐절연전선인 경우에는 사람이 접촉할 우려가 없도록 시설할 것
- 전선은 절연전선, 다심형 전선 또는 케이블일 것

THEME 04 지중전선로

273 ★★☆
"지중관로"에 대한 정의로 가장 옳은 것은?

① 지중전선로·지중 약전류 전선로와 지중매설지선 등을 말한다.
② 지중전선로·지중 약전류 전선로와 복합케이블선로·기타 이와 유사한 것 및 이들에 부속되는 지중함을 말한다.
③ 지중전선로·지중 약전류 전선로·지중에 시설하는 수관 및 가스관과 지중매설지선을 말한다.
④ 지중전선로·지중 약전류 전선로·지중 광섬유 케이블선로·지중에 시설하는 수관 및 가스관과 기타 이와 유사한 것 및 이들에 부속하는 지중함 등을 말한다.

해설 용어의 정의(한국전기설비규정 112)
지중관로란 지중전선로·지중 약전류 전선로·지중 광섬유 케이블선로·지중에 시설하는 수관 및 가스관과 기타 이와 유사한 것 및 이들에 부속하는 지중함 등을 말한다.

274 ★☆☆
다음 중 지중전선로의 전선으로 가장 알맞은 것은?

① 절연전선   ② 동복강선
③ 케이블   ④ 나경동선

해설 지중전선로의 시설(한국전기설비규정 334.1)
지중전선로는 전선에 케이블을 사용하고 또한 관로식·암거식 또는 직접 매설식에 의하여 시설하여야 한다.

275 ★★★
지중전선로의 매설방법이 아닌 것은?

① 관로식   ② 암거식
③ 인입식   ④ 직접 매설식

해설 지중전선로의 시설(한국전기설비규정 334.1)
지중전선로는 전선에 케이블을 사용하고 또한 관로식·암거식 또는 직접 매설식에 의하여 시설하여야 한다.

276 ★★☆
지중전선로를 직접 매설식에 의하여 시설할 때, 중량물의 압력을 받을 우려가 있는 장소에 저압 또는 고압의 지중전선을 견고한 트라프 기타 방호물에 넣지 않고도 부설할 수 있는 케이블은?

① PVC 외장 케이블
② 콤바인덕트 케이블
③ 염화비닐 절연 케이블
④ 폴리에틸렌 외장 케이블

해설 지중전선로의 시설(한국전기설비규정 334.1)
저압 또는 고압의 지중전선에 콤바인덕트케이블을 사용하여 시설하는 경우 지중전선을 견고한 트로프 기타 방호물에 넣지 아니하여도 된다.

277 ★★★
지중전선로를 관로식에 의하여 차량 기타 중량물의 압력을 받을 우려가 있는 장소에 시설할 경우에는 그 매설 깊이를 최소 몇 [m] 이상으로 하여야 하는가?

① 1.0   ② 1.2
③ 1.5   ④ 1.8

해설 지중전선로의 시설(한국전기설비규정 334.1)
지중전선로를 관로식에 의하여 시설하는 경우에는 매설 깊이를 1.0[m] 이상으로 하되, 매설 깊이가 충분하지 못한 장소에는 견고하고 차량 기타 중량물의 압력에 견디는 것을 사용할 것. 다만 중량물의 압력을 받을 우려가 없는 곳은 0.6[m] 이상으로 한다.

| 정답 | 273 ④ | 274 ③ | 275 ③ | 276 ② | 277 ① |

278 ★★★
지중전선로를 직접 매설식에 의하여 시설하는 경우에는 매설 깊이를 차량 기타 중량물의 압력을 받을 우려가 있는 장소에서는 몇 [cm] 이상으로 하면 되는가?

① 40
② 60
③ 80
④ 100

해설 지중전선로의 시설(한국전기설비규정 334.1)
지중전선로를 직접 매설식에 의하여 시설하는 경우에는 매설깊이를 차량 기타 중량물의 압력을 받을 우려가 있는 장소에는 1[m] 이상, 기타 장소에는 0.6[m] 이상으로 하고 또한 지중 전선을 견고한 트로프 기타 방호물에 넣어 시설하여야 한다.

279 ★★☆
지중전선로의 시설에 관한 기준으로 옳은 것은?

① 전선은 케이블을 사용하고 관로식, 암거식 또는 직접 매설식에 의하여 시설한다.
② 전선은 절연전선을 사용하고 관로식, 암거식 또는 직접 매설식에 의하여 시설한다.
③ 전선은 나전선을 사용하고 내화성능이 있는 비닐관에 인입하여 시설한다.
④ 전선은 절연전선을 사용하고 내화성능이 있는 비닐관에 인입하여 시설한다.

해설 지중전선로의 시설(한국전기설비규정 334.1)
지중전선로는 전선에 케이블을 사용하고 또한 관로식·암거식(暗渠式) 또는 직접 매설식에 의하여 시설하여야 한다.

280 ★★☆
지중전선로의 시설방식이 아닌 것은?

① 관로식
② 눌러 붙임(압착)식
③ 암거식
④ 직접 매설식

해설 지중전선로의 시설(한국전기설비규정 334.1)
지중전선로는 전선에 케이블을 사용하고 또한 관로식·암거식 또는 직접 매설식에 의하여 시설하여야 한다.

281 ★★★
지중전선로를 직접 매설식에 의하여 시설하는 경우에 차량 기타 중량물의 압력을 받을 우려가 없는 장소의 매설 깊이는 몇 [cm] 이상이어야 하는가?

① 60
② 100
③ 120
④ 150

해설 지중전선로의 시설(한국전기설비규정 334.1)
지중전선로를 직접 매설식에 의하여 시설하는 경우에는 매설 깊이를 차량 기타 중량물의 압력을 받을 우려가 있는 장소에는 1.0[m] 이상, 기타 장소에는 0.6[m] 이상으로 하고 또한 지중전선을 견고한 트로프 기타 방호물에 넣어 시설하여야 한다.

282 ★★☆
지중전선로에 사용하는 지중함의 시설기준으로 틀린 것은?

① 조명 및 세척이 가능한 장치를 하도록 할 것
② 견고하고 차량 기타 중량물의 압력에 견디는 구조일 것
③ 그 안의 고인 물을 제거할 수 있는 구조로 되어 있을 것
④ 뚜껑은 시설자 이외의 자가 쉽게 열 수 없도록 시설할 것

해설 지중함의 시설(한국전기설비규정 334.2)
지중전선로에 사용하는 지중함은 다음에 따라 시설하여야 한다.
- 지중함은 견고하고 차량 기타 중량물의 압력에 견디는 구조일 것
- 지중함은 그 안의 고인 물을 제거할 수 있는 구조로 되어있을 것
- 폭발성 또는 연소성의 가스가 침입할 우려가 있는 것에 시설하는 지중함으로서 그 크기가 1[m³] 이상인 것에는 통풍장치 기타 가스를 방산시키기 위한 장치를 시설할 것
- 지중함의 뚜껑은 시설자 이외의 자가 쉽게 열 수 없도록 시설할 것

| 정답 | 278 ④ 279 ① 280 ② 281 ① 282 ①

283 ★★★
지중전선로에 사용하는 지중함의 시설기준으로 틀린 것은?

① 지중함은 견고하고 차량 기타 중량물의 압력에 견디는 구조일 것
② 지중함은 그 안의 고인 물을 제거할 수 있는 구조로 되어 있을 것
③ 지중함의 뚜껑은 시설자 이외의 자가 쉽게 열 수 없도록 시설할 것
④ 폭발성의 가스가 침입할 우려가 있는 곳에 시설하는 지중함으로서 그 크기가 0.5[m³] 이상인 것에는 통풍장치 기타 가스를 방산시키기 위한 장치를 시설할 것

해설 지중함의 시설(한국전기설비규정 334.2)
지중전선로에 사용하는 지중함은 다음에 따라 시설하여야 한다.
- 지중함은 견고하고 차량 기타 중량물의 압력에 견디는 구조일 것
- 지중함은 그 안의 고인 물을 제거할 수 있는 구조로 되어있을 것
- 폭발성 또는 연소성의 가스가 침입할 우려가 있는 것에 시설하는 지중함으로서 그 크기가 1[m³] 이상인 것에는 통풍장치 기타 가스를 방산시키기 위한 장치를 시설할 것
- 지중함의 뚜껑은 시설자 이외의 자가 쉽게 열 수 없도록 시설할 것

284 ★★★
폭발성 또는 연소성의 가스가 침입할 우려가 있는 것에 시설하는 지중함으로서 그 크기가 몇 [m³] 이상의 것은 통풍장치 기타 가스를 방산시키기 위한 장치를 시설하여야 하는가?

① 0.9 ② 1.0
③ 1.5 ④ 2.0

해설 지중함의 시설(한국전기설비규정 334.2)
- 지중함은 견고하고 차량 기타 중량물의 압력에 견디는 구조일 것
- 지중함은 그 안의 고인 물을 제거할 수 있는 구조로 되어 있을 것
- 폭발성 또는 연소성의 가스가 침입할 우려가 있는 것에 시설하는 지중함으로서 그 크기가 1[m³] 이상인 것에는 통풍장치 기타 가스를 방산시키기 위한 장치를 시설할 것
- 지중함의 뚜껑은 시설자 이외의 자가 쉽게 열 수 없도록 시설할 것

285 ★☆☆
다음 ( )에 들어갈 내용으로 옳은 것은?

> 지중전선로는 기설 지중약전류전선로에 대하여 (ⓐ) 또는 (ⓑ)에 의하여 통신상의 장해를 주지 않도록 기설 약전류전선로로부터 이격시키거나 기타 보호장치를 시설하여야 한다.

① ⓐ 누설전류 ⓑ 유도작용
② ⓐ 단락전류 ⓑ 유도작용
③ ⓐ 단락전류 ⓑ 정전작용
④ ⓐ 누설전류 ⓑ 정전작용

해설 지중약전류전선의 유도장해의 방지(한국전기설비규정 334.5)
지중전선로는 기설 지중약전류전선로에 대하여 누설전류 또는 유도작용에 의하여 통신상의 장해를 주지 아니하도록 기설 약전류전선로로부터 이격시키거나 기타 보호장치를 시설하여야 한다.

286 ★★☆
특고압 지중전선이 지중약전류전선 등과 접근하거나 교차하는 경우에 상호 간의 간격(이격거리)이 몇 [cm] 이하인 때에만 두 전선이 직접 접촉하지 아니하도록 하여야 하는가?

① 15 ② 20
③ 30 ④ 60

해설 지중전선과 지중약전류전선 등 또는 관과의 접근 또는 교차 (한국전기설비규정 334.6)
지중전선이 지중약전류전선 등과 접근하거나 교차하는 경우에 상호 간의 간격(이격거리)이 저압 또는 고압의 지중전선은 0.3[m] 이하, 특고압 지중전선은 0.6[m] 이하인 때에는 지중전선과 지중약전류전선 등 사이에 견고한 내화성의 격벽을 설치하는 경우 이외에는 지중전선을 견고한 불연성 또는 난연성의 관에 넣어 그 관이 지중약전류전선 등과 직접 접촉하지 아니하도록 하여야 한다.

| 정답 | 283 ④ | 284 ② | 285 ① | 286 ④ |

287 ★★☆

지중전선이 지중약전류 전선 등과 접근하거나 교차하는 경우에 상호 간의 간격(이격거리)이 저압 또는 고압의 지중전선이 몇 [cm] 이하일 때, 지중전선과 지중약전류 전선 사이에 견고한 내화성의 격벽(隔壁)을 설치하여야 하는가?

① 10
② 20
③ 30
④ 60

해설 지중전선과 지중약전류 전선 등 또는 관과의 접근 또는 교차(한국전기설비규정 334.6)
지중전선이 지중약전류 전선 등과 접근하거나 교차하는 경우에 상호 간의 간격(이격거리)이 저압 또는 고압의 지중전선은 0.3[m] 이하, 특고압 지중전선은 0.6[m] 이하인 때에는 지중전선과 지중약전류 전선 등 사이에 견고한 내화성의 격벽(隔壁)을 설치하여야 한다.

THEME 05 특수장소의 전선로

288 ★★☆

철도 · 궤도 또는 자동차도의 전용터널 안의 전선로의 시설방법으로 옳은 것은?

① 고압전선을 금속관공사에 의하여 시설하고 이를 레일면상 또는 노면상 2.4[m]의 높이로 시설하였다.
② 고압전선은 지름 3.2[mm]의 경동선의 절연전선을 사용하였다.
③ 저압전선을 애자사용공사에 의하여 시설하고 이를 레일면상 또는 노면상 2.2[m]의 높이로 시설하였다.
④ 저압전선은 지름 2.6[mm]의 경동선의 절연전선을 사용하였다.

해설 터널 안 전선로의 시설(한국전기설비규정 335.1)
철도 · 궤도 또는 자동차 전용 터널 내 전선로

전압	전선의 굵기	사용방법	애자사용공사 시 높이
저압	인장강도 2.30[KN] 이상의 절연전선 또는 지름 2.6[mm] 이상의 경동선의 절연전선	• 애자사용공사 • 케이블공사 • 금속관공사 • 가요전선관공사 • 합성수지관공사	노면상, 레일면상 2.5[m] 이상
고압	인장강도 5.26[KN] 이상의 것 또는 지름 4[mm] 이상의 경동선의 고압절연전선 또는 특고압 절연전선	• 애자사용공사	노면상, 레일면상 3[m] 이상

289 ★★☆

철도 · 궤도 또는 자동차도의 전용터널 안의 전선로의 시설 방법으로 틀린 것은?

① 고압 전선은 케이블공사로 하였다.
② 저압 전선을 가요전선관공사에 의하여 시설하였다.
③ 저압 전선으로 지름 2.0[mm]의 경동선을 사용하였다.
④ 저압 전선을 애자공사에 의하여 시설하고 이를 레일면상 또는 노면상 2.5[m] 이상의 높이로 유지하였다.

해설 터널 안 전선로의 시설(한국전기설비규정 335.1)
철도 · 궤도 또는 자동차 전용 터널 내 전선로

전압	전선의 굵기	사용방법	애자사용공사 시 높이
저압	인장강도 2.30[KN] 이상의 절연전선 또는 지름 2.6[mm] 이상의 경동선의 절연전선	• 애자사용공사 • 케이블공사 • 금속관공사 • 가요전선관공사 • 합성수지관공사	노면상, 레일면상 2.5[m] 이상
고압	인장강도 5.26[KN] 이상의 것 또는 지름 4[mm] 이상의 경동선의 고압절연전선 또는 특고압 절연전선	• 애자사용공사	노면상, 레일면상 3[m] 이상

290 ★★☆

철도 · 궤도 또는 자동차도 전용터널 안 전선로에 경동선을 저압 및 고압 전선으로 사용하는 경우 경동선의 지름은 몇 [mm]인가?

① 저압: 2.6[mm] 이상, 고압: 3.2[mm] 이상
② 저압: 2.6[mm] 이상, 고압: 4[mm] 이상
③ 저압: 3.2[mm] 이상, 고압: 4[mm] 이상
④ 저압: 3.2[mm] 이상, 고압: 4.5[mm] 이상

해설 터널 안 전선로의 시설(한국전기설비규정 335.1)
철도 · 궤도 또는 자동차도 전용터널 내 전선로

전압	전선의 굵기	사용방법	애자사용공사 시 높이
저압	인장강도 2.30[KN] 이상의 절연전선 또는 지름 2.6[mm] 이상의 경동선의 절연전선	• 애자사용공사 • 케이블공사 • 금속관공사 • 가요전선관공사 • 합성수지관공사	노면상, 레일면상 2.5[m] 이상
고압	인장강도 5.26[KN] 이상의 것 또는 지름 4[mm] 이상의 경동선의 고압절연전선 또는 특고압 절연전선	• 애자사용공사	노면상, 레일면상 3[m] 이상

| 정답 | 287 ③ 288 ④ 289 ③ 290 ②

291

터널 내에 교류 220[V]의 애자공사로 전선을 시설할 경우 노면으로부터 몇 [m] 이상의 높이로 유지해야 하는가?

① 2
② 2.5
③ 3
④ 4

해설 터널 안 전선로의 시설(한국전기설비규정 335.1)
철도·궤도 또는 자동차도 전용터널 내 전선로

전압	전선의 굵기	사용방법	애자사용공사 시 높이
저압	인장강도 2.30[KN] 이상의 절연전선 또는 지름 2.6[mm] 이상의 경동선의 절연전선	• 애자사용공사 • 케이블공사 • 금속관공사 • 가요전선관공사 • 합성수지관공사	노면상, 레일면상 2.5[m] 이상
고압	인장강도 5.26[KN] 이상의 것 또는 지름 4[mm] 이상의 경동선의 고압절연전선 또는 특고압 절연전선	• 애자사용공사	노면상, 레일면상 3[m] 이상

292

터널 안의 전선로의 저압전선이 그 터널 안의 다른 저압전선(관등회로의 배선은 제외한다.)·약전류전선 등 또는 수관·가스관이나 이와 유사한 것과 접근하거나 교차하는 경우, 저압전선을 애자공사에 의하여 시설하는 때에는 간격(이격거리)이 몇 [cm] 이상이어야 하는가?(단, 전선이 나전선이 아닌 경우이다.)

① 10
② 15
③ 20
④ 25

해설 터널 안 전선로의 전선과 약전류전선 등 또는 관 사이의 간격(한국전기설비규정 335.2)
터널 안의 전선로의 저압전선이 그 터널 안의 다른 저압전선(관등회로의 배선은 제외한다)·약전류전선 등 또는 수관·가스관이나 이와 유사한 것과 접근하거나 교차하는 경우, 저압전선을 애자공사에 의하여 시설하는 때에는 간격(이격거리)이 0.1[m](전선이 나전선인 경우에 0.3[m]) 이상이어야 한다.

293

저압 수상전선로에 사용되는 전선은?

① 옥외 비닐 케이블
② 600[V] 비닐절연전선
③ 600[V] 고무절연전선
④ 클로로프렌 캡타이어케이블

해설 수상전선로의 시설(한국전기설비규정 335.3)
수상전선로를 시설하는 경우 전선로의 사용전압이 저압인 경우에는 클로로프렌 캡타이어케이블이어야 하며, 고압인 경우에는 캡타이어케이블일 것

294

수상전선로의 시설기준으로 옳은 것은?

① 사용전압이 고압인 경우에는 클로로프렌 캡타이어케이블을 사용한다.
② 수상전선로에 사용하는 부유식 구조물(부대)은 쇠사슬 등으로 견고하게 연결한다.
③ 고압 수상전선로에 지락이 생길 때를 대비하여 전로를 수동으로 차단하는 장치를 시설한다.
④ 수상전선로의 전선은 부유식 구조물(부대)의 아래에 지지하여 시설하고 또한 그 절연피복을 손상하지 아니하도록 시설한다.

해설 수상전선로의 시설(한국전기설비규정 335.3)
• 전선은 전선로의 사용전압이 저압인 경우에는 클로로프렌 캡타이어케이블이어야 하며, 고압인 경우에는 캡타이어케이블일 것
• 수상전선로에 사용하는 부유식 구조물(부대)은 쇠사슬 등으로 견고하게 연결할 것
• 수상전선로의 사용전압이 고압인 경우에는 전로에 지락이 생겼을 때 자동적으로 전로를 차단하기 위한 장치를 시설하여야 한다.
• 수상전선로의 전선은 부유식 구조물(부대)의 위에 지지하여 시설하고 또한 그 절연피복을 손상하지 아니하도록 시설할 것

295 ★★☆
다리(교량)의 윗면에 시설하는 고압 전선로는 전선의 높이를 다리(교량)의 노면상 몇 [m] 이상으로 하여야 하는가?

① 3
② 4
③ 5
④ 6

해설 다리에 시설하는 전선로(한국전기설비규정 335.6)
다리(교량)의 윗면에 시설하는 것은 전선의 높이를 다리(교량)의 노면상 5[m] 이상으로 하여 시설할 것

296 ★★☆
특수장소에 시설하는 전선로의 기준으로 틀린 것은?

① 다리(교량)의 윗면에 시설하는 저압 전선로는 다리(교량) 노면상 5[m] 이상으로 할 것
② 다리(교량)에 시설하는 고압 전선로에서 전선과 조영재 사이의 간격(이격거리)은 20[cm] 이상일 것
③ 저압 전선로와 고압 전선로를 같은 벼랑에 시설하는 경우 고압 전선과 저압 전선 사이의 간격(이격거리)은 50[cm] 이상일 것
④ 벼랑과 같은 수직 부분에 시설하는 전선로는 부득이한 경우에 시설하며, 이때 전선의 지지점 간의 거리는 15[m] 이하로 할 것

해설 다리에 시설하는 전선로(한국전기설비규정 335.6)
전선과 조영재 사이의 간격(전선이 케이블이 아닐 경우)
- 저압 전선로: 0.3[m] 이상
- 고압 전선로: 0.6[m] 이상

297 ★★☆
급경사지에 시설하는 전선로의 시설에 대한 설명으로 틀린 것은?

① 전선의 지지점 간 거리는 15[m] 이하로 한다.
② 전선에 사람이 접촉할 우려가 있는 곳에 시설하는 경우에는 방호장치를 시설한다.
③ 저압과 고압 전선로를 같은 벼랑에 시설하는 경우에는 저압 전선로를 고압 전선로 위에 시설한다.
④ 전선은 케이블인 경우 이외에는 벼랑에 견고하게 붙인 금속제 완금류에 절연성·난연성 및 내수성의 애자로 지지한다.

해설 급경사지에 시설하는 전선로의 시설(한국전기설비규정 335.8)
급경사지에 시설하는 저압 또는 고압의 전선로는 그 전선이 건조물의 위에 시설되는 경우, 도로·철도·궤도·삭도·가공약전류전선 등 가공전선 또는 전차선과 교차하여 시설되는 경우 및 수평거리로 이들과 3[m] 미만에 접근하여 시설되는 경우 이외의 경우로서 기술상 부득이한 경우 이외에는 시설하여서는 아니 된다.
- 전선의 지지점 간의 거리는 15[m] 이하일 것
- 전선은 케이블인 경우 이외에는 벼랑에 견고하게 붙인 금속제 완금류에 절연성, 난연성 및 내수성의 애자로 지지할 것
- 전선에 사람이 접촉할 우려가 있는 곳 또는 손상을 받을 우려가 있는 곳에 시설하는 경우에는 방호장치를 시설할 것
- 저압 전선로와 고압 전선로를 같은 벼랑에 시설하는 경우에는 고압 전선로를 저압 전선로의 위로 하고 또한 고압 전선과 저압 전선 사이의 간격(이격거리)은 0.5[m] 이상일 것

CHAPTER 05

발전소·변전소·개폐소 또는 이에 준하는 곳의 시설

1. 발전소 등의 울타리·담 등의 시설
2. 특고압 전로의 상 및 접속 상태의 표시
3. 보호장치 및 계측장치
4. 상주 감시를 하지 아니하는 변전소의 시설
5. 수소냉각식 발전기 등의 시설
6. 압축공기계통

CBT 완벽대비 가능한 유형마스터 학습!

THEME	유형분석	관련 번호
THEME 01 발전소 등의 울타리·담 등의 시설	발전소 등의 울타리·담 등의 시설 시 간격과 관련된 문제는 출제율이 높으므로 필수 암기하여야 합니다.	298~306
THEME 02 특고압 전로의 상 및 접속 상태의 표시	자주 출제되는 테마는 아니지만, 출제되는 경우 나오는 문제들이 유사하므로 암기해 두면 안전하게 득점을 기대할 수 있습니다.	307~310
THEME 03 보호장치 및 계측장치	발전기, 변압기 등 여러가지 전기기계·기구의 보호장치와 계측장치에 대한 문제가 출제됩니다. 특히 발전기의 보호장치 시설 조건과 관련된 내용은 반드시 암기해야 합니다.	311~334
THEME 04 상주 감시를 하지 아니하는 변전소의 시설	개념에 나와있는 수치를 중심으로 암기해두는 것이 도움이 됩니다.	335~338
THEME 05 수소냉각식 발전기 등의 시설	수소 냉각식 발전기에 대한 시설 기준을 묻는 문제가 출제되며, 제대로 파악하고 있다면 득점에 유리한 테마입니다.	339~344
THEME 06 압축공기계통	압축공기계통에 관한 문제가 자주 출제되므로 수치를 확실하게 암기하는 것이 중요합니다.	345~348

학습 효과를 높이는 N제 3회독 시스템

챕터별 전체 1회독이 끝났다면 회독 체크표에 날짜를 기입하고 체크표시를 해주세요.

회독 체크표	1회독	월 일	2회독	월 일	3회독	월 일

CHAPTER 05 발전소·변전소·개폐소 또는 이에 준하는 곳의 시설

THEME 01 발전소 등의 울타리·담 등의 시설

298 ★★★
사용전압이 $154[kV]$인 모선에 접속되는 전력용 커패시터에 울타리를 시설하는 경우 울타리의 높이와 울타리로부터 충전부분까지 거리의 합계는 몇 $[m]$ 이상 되어야 하는가?

① 2
② 3
③ 5
④ 6

해설 발전소 등의 울타리·담 등의 시설(한국전기설비규정 351.1)

사용전압의 구분	울타리·담 등의 높이와 울타리·담 등으로부터 충전부분까지의 거리의 합계
$35[kV]$ 이하	$5[m]$ 이상
$35[kV]$ 초과 $160[kV]$ 이하	$6[m]$ 이상
$160[kV]$ 초과	$6[m]$에 $160[kV]$를 초과하는 $10[kV]$ 또는 그 단수마다 $0.12[m]$를 더한 값 이상

299 ★★★
변전소에 울타리·담 등을 시설할 때, 사용전압이 $345[kV]$이면 울타리·담 등의 높이와 울타리·담 등으로부터 충전부분까지의 거리의 합계는 몇 $[m]$ 이상으로 하여야 하는가?

① 8.16
② 8.28
③ 8.40
④ 9.72

해설 발전소 등의 울타리·담 등의 시설(한국전기설비규정 351.1)
고압 또는 특고압의 기계기구·모선 등을 옥외에 시설하는 발전소·변전소·개폐소 또는 이에 준하는 곳에는 구내에 취급자 이외의 사람이 들어가지 아니하도록 시설하여야 한다.

사용전압의 구분	울타리·담 등의 높이와 울타리·담 등으로부터 충전부분까지의 거리의 합계
$35[kV]$ 이하	$5[m]$ 이상
$35[kV]$ 초과 $160[kV]$ 이하	$6[m]$ 이상
$160[kV]$ 초과	$6[m]$에 $160[kV]$를 초과하는 $10[kV]$ 또는 그 단수마다 $0.12[m]$를 더한 값 이상

단수 $= \dfrac{345-160}{10} = 18.5 \rightarrow 19$단

∴ $6 + 19 \times 0.12 = 8.28[m]$

| 정답 | 298 ④ 299 ②

300 ★★★

변전소에서 사용전압 $154[kV]$ 변압기를 옥외에 시설할 때 취급자 이외의 사람이 들어가지 않도록 시설하는 울타리는 울타리의 높이와 울타리에서 충전부분까지의 거리의 합계를 몇 $[m]$ 이상으로 하여야 하는가?

① 5　　　　　　② 5.5
③ 6　　　　　　④ 6.5

해설 발전소 등의 울타리·담 등의 시설(한국전기설비규정 351.1)

고압 또는 특고압의 기계기구·모선 등을 옥외에 시설하는 발전소·변전소·개폐소 또는 이에 준하는 곳에는 구내에 취급자 이외의 사람이 들어가지 아니하도록 시설하여야 한다.

사용전압의 구분	울타리·담 등의 높이와 울타리·담 등으로부터 충전부분까지의 거리의 합계
$35[kV]$ 이하	$5[m]$ 이상
$35[kV]$ 초과 $160[kV]$ 이하	$6[m]$ 이상
$160[kV]$ 초과	$6[m]$에 $160[kV]$를 초과하는 $10[kV]$ 또는 그 단수마다 $0.12[m]$를 더한 값 이상

301 ★★☆

특고압의 기계기구·모선 등을 옥외에 시설하는 변전소의 구내에 취급자 이외의 자가 들어가지 못하도록 시설하는 울타리·담 등의 높이는 몇 $[m]$ 이상으로 하여야 하는가?

① 2　　　　　　② 2.5
③ 3　　　　　　④ 3.5

해설 발전소 등의 울타리·담 등의 시설(한국전기설비규정 351.1)

울타리·담 등의 높이는 $2[m]$ 이상으로 하고 지표면과 울타리·담 등의 하단 사이의 간격은 $0.15[m]$ 이하로 할 것

302 ★★☆

고압 또는 특고압 가공전선과 금속제의 울타리가 교차하는 경우 교차점과 좌, 우로 몇 $[m]$ 이내에 개소에 접지설비에 의한 접지공사를 하여야 하는가?(단, 전선에 케이블을 사용하는 경우는 제외한다.)

① 25　　　　　② 35
③ 45　　　　　④ 55

해설 발전소 등의 울타리·담 등의 시설(한국전기설비규정 351.1)

고압 또는 특고압 가공전선(전선에 케이블을 사용하는 경우 제외)과 금속제의 울타리·담 등이 교차하는 경우에 금속제의 울타리·담 등에는 교차점과 좌, 우로 $45[m]$ 이내의 개소에 접지설비에 의한 접지공사를 하여야 한다.

303 ★★☆

사용전압이 $20[kV]$인 변전소에 울타리·담 등을 시설하고자 할 때 울타리·담 등의 높이는 몇 $[m]$ 이상이어야 하는가?

① 1　　　　　　② 2
③ 5　　　　　　④ 6

해설 발전소 등의 울타리·담 등의 시설(한국전기설비규정 351.1)

울타리·담 등의 높이는 $2[m]$ 이상으로 하고 지표면과 울타리·담 등의 하단 사이의 간격은 $0.15[m]$ 이하로 한다.

| 정답 | 300 ③　301 ①　302 ③　303 ②

304 ★★★

35[kV] 이하의 모선에 접속되는 전력용 콘덴서에 울타리를 시설하는 경우에 울타리의 높이와 울타리로부터 충전 부분까지의 거리의 합계는 최소 몇 [m] 이상이 되어야 하는가?

① 3 ② 4
③ 5 ④ 6

해설 발전소 등의 울타리 · 담 등의 시설(한국전기설비규정 351.1)

사용전압의 구분	울타리 · 담 등의 높이와 울타리 · 담 등으로부터 충전부분까지의 거리의 합계
35[kV] 이하	5[m] 이상
35[kV] 초과 160[kV] 이하	6[m] 이상
160[kV] 초과	6[m]에 160[kV]를 초과하는 10[kV] 또는 그 단수마다 0.12[m]를 더한 값 이상

305 ★★★

22.9[kV]의 전압을 변압하는 변전소가 있다. 이 변전소에 울타리를 시설하고자 하는 경우 울타리의 높이와 울타리로부터 충전부분까지 거리의 합계는 몇 [m] 이상으로 하여야 하는가?

① 4 ② 5
③ 6 ④ 8

해설 발전소 등의 울타리 · 담 등의 시설(한국전기설비규정 351.1)

사용전압의 구분	울타리 · 담 등의 높이와 울타리 · 담 등으로부터 충전부분까지의 거리의 합계
35[kV] 이하	5[m] 이상
35[kV] 초과 160[kV] 이하	6[m] 이상
160[kV] 초과	6[m]에 160[kV]를 초과하는 10[kV] 또는 그 단수마다 0.12[m]를 더한 값 이상

306 ★★★

345[kV] 변전소의 충전부분에서 5.98[m] 거리에 울타리를 설치할 경우 울타리 최소 높이는 몇 [m] 인가?

① 2.1 ② 2.3
③ 2.5 ④ 2.7

해설 발전소 등의 울타리 · 담 등의 시설(한국전기설비규정 351.1)
거리의 합계는 다음 표에서 정한 값 이상이어야 한다.

사용전압의 구분	울타리 · 담 등의 높이와 울타리 · 담 등으로부터 충전부분까지의 거리의 합계
35[kV] 이하	5[m]
35[kV] 초과 160[kV] 이하	6[m]
160[kV] 초과	6[m]에 160[kV]를 초과하는 10[kV] 또는 그 단수마다 0.12[m]를 더한 값 이상

- 단수 = $\frac{345-160}{10} = 18.5 \rightarrow 19$단
- 거리의 합계 = $6 + (19 \times 0.12) = 8.28$[m]
- 울타리에서 충전부분까지 거리는 5.98[m]이므로 울타리 최소 높이는 $8.28 - 5.98 = 2.3$[m]이다.

THEME 02 특고압 전로의 상 및 접속 상태의 표시

307 ★★☆
발전소, 변전소에서 특고압 전선로의 접속 상태를 모의모선의 사용 등으로 표시하지 않아도 되는 것은?

① 2회선의 단일모선
② 2회선의 복모선
③ 3회선의 단일모선
④ 4회선의 복모선

해설 특고압전로의 상 및 접속 상태의 표시(한국전기설비규정 351.2)
- 발전소·변전소 또는 이에 준하는 곳의 특고압전로에는 그의 보기 쉬운 곳에 상별(相別) 표시를 하여야 한다.
- 발전소·변전소 또는 이에 준하는 곳의 특고압전로에 대하여는 그 접속 상태를 모의모선(模擬母線)의 사용 기타의 방법에 의하여 표시하여야 한다. 다만, 이러한 전로에 접속하는 특고압전선로의 회선수가 2 이하이고 또한 특고압의 모선이 단일모선인 경우에는 그러하지 아니하다.

308 ★☆☆
변전소에서 오접속을 방지하기 위하여 특고압전로의 보기 쉬운 곳에 반드시 표시해야 하는 것은?

① 상별 표시
② 위험 표시
③ 최대 전류
④ 정격 전압

해설 특고압전로의 상 및 접속 상태의 표시(한국전기설비규정 351.2)
발전소·변전소 또는 이에 준하는 곳의 특고압 전로에는 그의 보기 쉬운 곳에 상별 표시를 하여야 한다.

309 ★☆☆
발전소의 특고압 전로에는 그의 보기 쉬운 곳에 어떤 표시를 반드시 하여야 하는가?

① 모선(母線) 표시
② 상별(相別) 표시
③ 차단(遮斷) 위험 표시
④ 수전(受電) 위험 표시

해설 특고압전로의 상 및 접속 상태의 표시(한국전기설비규정 351.2)
발전소·변전소 또는 이에 준하는 곳의 특고압 전로에는 그의 보기 쉬운 곳에 상별(相別) 표시를 하여야 한다.

310 ★★☆
발전소, 변전소 또는 이에 준하는 곳의 최소 몇 [V]를 초과하는 전로에 그의 보기 쉬운 곳에 상별 표시를 하여야 하는가?

① 7,000
② 13,200
③ 22,900
④ 35,000

해설 특고압 전로의 상 및 접속 상태의 표시(한국전기설비규정 351.2)
- 발전소·변전소 또는 이에 준하는 곳의 특고압(7[kV] 초과) 전로에는 그의 보기 쉬운 곳에 상별 표시를 할 것
- 발전소·변전소 또는 이에 준하는 곳의 특고압 전로에 대하여는 그 접속 상태를 모의모선(模擬母線)의 사용 기타의 방법에 의하여 표시할 것. 단, 이러한 전로에 접속하는 특고압 전선로의 회선수가 2 이하이고 또한 특고압의 모선이 단일모선인 경우에는 그러하지 아니하다.

THEME 03 보호장치 및 계측장치

311 ★★☆
발전기의 내부에 고장이 생긴 경우, 발전기를 자동적으로 전로로부터 차단하는 장치를 설치하여야 하는 발전기의 최소용량[kVA]은?

① 1,000
② 1,500
③ 10,000
④ 15,000

해설 발전기 등의 보호장치(한국전기설비규정 351.3)
발전기에는 다음의 경우에 자동적으로 이를 전로로부터 차단하는 장치를 시설하여야 한다.
• 발전기에 과전류나 과전압이 생긴 경우
• 용량이 500[kVA] 이상인 발전기를 구동하는 수차의 압유장치의 유압 또는 전동식 가이드밴 제어장치, 전동식 니이들 제어장치 또는 전동식 디플렉터 제어장치의 전원전압이 현저히 저하한 경우
• 용량이 100[kVA] 이상인 발전기를 구동하는 풍차(風車)의 압유장치의 유압, 압축공기장치의 공기압 또는 전동식 브레이드 제어장치의 전원전압이 현저히 저하한 경우
• 용량이 2,000[kVA] 이상인 수차 발전기의 스러스트 베어링의 온도가 현저히 상승한 경우
• 용량이 10,000[kVA] 이상인 발전기의 내부에 고장이 생긴 경우
• 정격출력이 10,000[kW]를 초과하는 증기터빈은 그 스러스트 베어링이 현저하게 마모되거나 그의 온도가 현저히 상승한 경우

312 ★☆☆
발전기의 용량에 관계없이 자동적으로 이를 전로로부터 차단하는 장치를 시설하는 경우는?

① 베어링의 과열
② 과전류 인입
③ 압유 제어장치의 전원전압
④ 발전기 내부고장

해설 발전기 등의 보호장치(한국전기설비규정 351.3)
발전기에 과전류나 과전압이 생긴 경우에는 용량에 관계없이 자동적으로 이를 전로로부터 차단하는 장치를 시설하여야 한다.

313 ★★☆
발전기를 구동하는 풍차의 압유장치의 유압, 압축공기장치의 공기압 또는 전동식 브레이드 제어장치의 전원전압이 현저히 저하한 경우 발전기를 자동적으로 전로로부터 차단하는 장치를 시설하여야 하는 발전기 용량은 몇 [kVA] 이상인가?

① 100
② 300
③ 500
④ 1,000

해설 발전기 등의 보호장치(한국전기설비규정 351.3)
용량이 100[kVA] 이상의 발전기를 구동하는 풍차(風車)의 압유장치의 유압, 압축공기장치의 공기압 또는 전동식 브레이드 제어장치의 전원전압이 현저히 저하한 경우 발전기에는 자동적으로 이를 전로로부터 차단하는 장치를 시설하여야 한다.

314 ★★★
발전기를 전로로부터 자동적으로 차단하는 장치를 시설하여야 하는 경우에 해당되지 않는 것은?

① 발전기에 과전류가 생긴 경우
② 용량이 5,000[kVA] 이상인 발전기의 내부에 고장이 생긴 경우
③ 용량이 500[kVA] 이상의 발전기를 구동하는 수차의 압유장치의 유압이 현저히 저하한 경우
④ 용량이 100[kVA] 이상의 발전기를 구동하는 풍차의 압유장치의 유압, 압축공기장치의 공기압이 현저히 저하한 경우

해설 발전기 등의 보호장치(한국전기설비규정 351.3)
발전기에는 다음의 경우에 자동적으로 이를 전로로부터 차단하는 장치를 시설하여야 한다.
• 발전기에 과전류나 과전압이 생긴 경우
• 용량이 500[kVA] 이상인 발전기를 구동하는 수차의 압유장치의 유압 또는 전동식 가이드밴 제어장치, 전동식 니이들 제어장치 또는 전동식 디플렉터 제어장치의 전원전압이 현저히 저하한 경우
• 용량이 100[kVA] 이상인 발전기를 구동하는 풍차(風車)의 압유장치의 유압, 압축공기장치의 공기압 또는 전동식 브레이드 제어장치의 전원전압이 현저히 저하한 경우
• 용량이 2,000[kVA] 이상인 수차 발전기의 스러스트 베어링의 온도가 현저히 상승한 경우
• 용량이 10,000[kVA] 이상인 발전기의 내부에 고장이 생긴 경우
• 정격출력이 10,000[kW]를 초과하는 증기터빈은 그 스러스트 베어링이 현저하게 마모되거나 그의 온도가 현저히 상승한 경우

315 ★★☆

발전기 등의 보호장치의 기준과 관련하여 발전기를 자동적으로 전로로부터 차단하는 장치를 시설하여야 하는 경우로 옳은 것은?

① 발전기에 과전류가 생긴 경우
② 발전기에 역상전류가 생긴 경우
③ 발전기의 전류에 고조파가 포함된 경우
④ 발전기의 부하에 누설전류가 포함된 경우

해설 발전기 등의 보호장치(한국전기설비규정 351.3)
발전기에는 다음의 경우에 자동적으로 이를 전로로부터 차단하는 장치를 시설하여야 한다.
- 발전기에 과전류나 과전압이 생긴 경우
- 용량이 500[kVA] 이상인 발전기를 구동하는 수차의 압유장치의 유압 또는 전동식 가이드밴 제어장치, 전동식 니이들 제어장치 또는 전동식 디플렉터 제어장치의 전원전압이 현저히 저하한 경우
- 용량이 100[kVA] 이상인 발전기를 구동하는 풍차(風車)의 압유장치의 유압, 압축공기장치의 공기압 또는 전동식 브레이드 제어장치의 전원전압이 현저히 저하한 경우
- 용량이 2,000[kVA] 이상인 수차 발전기의 스러스트 베어링의 온도가 현저히 상승한 경우
- 용량이 10,000[kVA] 이상인 발전기의 내부에 고장이 생긴 경우
- 정격출력이 10,000[kW]를 초과하는 증기터빈은 그 스러스트 베어링이 현저하게 마모되거나 그의 온도가 현저히 상승한 경우

316 ★★★

발전기의 보호장치에 있어서 과전류, 압유장치의 유압 저하 및 베어링의 온도가 현저히 상승한 경우 자동적으로 이를 전로로부터 차단하는 장치를 시설하여야 한다. 해당되지 않는 것은?

① 발전기에 과전류가 생긴 경우
② 용량 10,000[kVA] 이상인 발전기의 내부에 고장이 생긴 경우
③ 원자력발전소에 시설하는 비상용 예비발전기에 있어서 비상용 노심냉각장치가 작동한 경우
④ 용량 100[kVA] 이상의 발전기를 구동하는 풍차의 압유장치의 유압, 압축공기장치의 공기압이 현저히 저하한 경우

해설 발전기 등의 보호장치(한국전기설비규정 351.3)
발전기에는 다음의 경우에 자동적으로 이를 전로로부터 차단하는 장치를 시설하여야 한다.
- 발전기에 과전류나 과전압이 생긴 경우
- 용량이 500[kVA] 이상인 발전기를 구동하는 수차의 압유장치의 유압 또는 전동식 가이드밴 제어장치, 전동식 니이들 제어장치 또는 전동식 디플렉터 제어장치의 전원전압이 현저히 저하한 경우
- 용량이 100[kVA] 이상인 발전기를 구동하는 풍차(風車)의 압유장치의 유압, 압축공기장치의 공기압 또는 전동식 브레이드 제어장치의 전원전압이 현저히 저하한 경우
- 용량이 2,000[kVA] 이상인 수차 발전기의 스러스트 베어링의 온도가 현저히 상승한 경우
- 용량이 10,000[kVA] 이상인 발전기의 내부에 고장이 생긴 경우
- 정격출력이 10,000[kW]를 초과하는 증기터빈은 그 스러스트 베어링이 현저하게 마모되거나 그의 온도가 현저히 상승한 경우

317 ★★★

발전기를 자동적으로 전로로부터 차단하는 장치를 반드시 시설하지 않아도 되는 경우는?

① 발전기에 과전류나 과전압이 생긴 경우
② 용량 5,000[kVA] 이상인 발전기의 내부에 고장이 생긴 경우
③ 용량 500[kVA] 이상의 발전기를 구동하는 수차의 압유장치의 유압이 현저히 저하한 경우
④ 용량 2,000[kVA] 이상인 수차 발전기의 스러스트 베어링의 온도가 현저히 상승한 경우

해설 발전기 등의 보호장치(한국전기설비규정 351.3)

발전기에는 다음의 경우에 자동적으로 이를 전로로부터 차단하는 장치를 시설하여야 한다.
- 발전기에 과전류나 과전압이 생긴 경우
- 용량이 500[kVA] 이상인 발전기를 구동하는 수차의 압유장치의 유압 또는 전동식 가이드밴 제어장치, 전동식 니이들 제어장치 또는 전동식 디플렉터 제어장치의 전원전압이 현저히 저하한 경우
- 용량이 100[kVA] 이상인 발전기를 구동하는 풍차(風車)의 압유장치의 유압, 압축공기장치의 공기압 또는 전동식 브레이드 제어장치의 전원전압이 현저히 저하한 경우
- 용량이 2,000[kVA] 이상인 수차 발전기의 스러스트 베어링의 온도가 현저히 상승한 경우
- 용량이 10,000[kVA] 이상인 발전기의 내부에 고장이 생긴 경우
- 정격출력이 10,000[kW]를 초과하는 증기터빈은 그 스러스트 베어링이 현저하게 마모되거나 그의 온도가 현저히 상승한 경우

318 ★★☆

특고압용 타냉식 변압기의 냉각장치에 고장이 생긴 경우를 대비하여 어떤 보호장치를 하여야 하는가?

① 경보장치
② 속도조정장치
③ 온도시험장치
④ 냉매흐름장치

해설 특고압용 변압기의 보호장치(한국전기설비규정 351.4)

특고압용의 변압기에는 그 내부에 고장이 생겼을 경우에 보호하는 장치를 다음 표와 같이 시설하여야 한다.

뱅크용량의 구분	동작조건	장치의 종류
5,000[kVA] 이상 10,000[kVA] 미만	변압기 내부 고장	자동차단장치 또는 경보장치
10,000[kVA] 이상	변압기 내부 고장	자동차단장치
타냉식 변압기(변압기의 권선 및 철심을 직접 냉각시키기 위하여 봉입한 냉매를 강제 순환시키는 냉각 방식을 말한다)	냉각장치에 고장이 생긴 경우 또는 변압기의 온도가 현저히 상승한 경우	경보장치

319 ★★☆

특고압용 변압기로서 그 내부에 고장이 생긴 경우에 반드시 자동 차단되어야 하는 변압기의 뱅크용량은 몇 [kVA] 이상인가?

① 5,000
② 10,000
③ 50,000
④ 100,000

해설 특고압용 변압기의 보호장치(한국전기설비규정 351.4)

뱅크용량의 구분	동작조건	장치의 종류
5,000[kVA] 이상 10,000[kVA] 미만	변압기 내부 고장	자동차단장치 또는 경보장치
10,000[kVA] 이상	변압기 내부 고장	자동차단장치
타냉식 변압기(변압기의 권선 및 철심을 직접 냉각시키기 위하여 봉입한 냉매를 강제 순환시키는 냉각 방식을 말한다)	냉각장치에 고장이 생긴 경우 또는 변압기의 온도가 현저히 상승한 경우	경보장치

변압기의 내부 고장 시 반드시 자동차단장치를 시설해야 하는 기준은 뱅크용량 10,000[kVA] 이상이다.

320 ★★☆

특고압용 변압기의 보호장치인 냉각장치에 고장이 생긴 경우 변압기의 온도가 현저하게 상승한 경우에 이를 경보하는 장치를 반드시 하지 않아도 되는 경우는?

① 유입 풍냉식
② 유입 자냉식
③ 송유 풍냉식
④ 송유 수냉식

해설 특고압용 변압기의 보호장치(한국전기설비규정 351.4)

뱅크용량의 구분	동작조건	장치의 종류
5,000[kVA] 이상 10,000[kVA] 미만	변압기 내부 고장	자동차단장치 또는 경보장치
10,000[kVA] 이상	변압기 내부 고장	자동차단장치
타냉식 변압기(변압기의 권선 및 철심을 직접 냉각시키기 위하여 봉입한 냉매를 강제 순환시키는 냉각 방식을 말한다)	냉각장치에 고장이 생긴 경우 또는 변압기의 온도가 현저히 상승한 경우	경보장치

냉각방식에 따른 변압기의 분류

냉각방식	표시기호	순환방식	냉각방식
유입 자냉식	ONAN	자연	자냉식
유입 풍냉식	ONAF	강제	타냉식
송유 풍냉식	OFAF	강제	타냉식
송유 수냉식	OFWF	강제	타냉식

321 ★★☆

특고압용 변압기의 내부에 고장이 생겼을 경우에 자동차단장치 또는 경보장치를 하여야 하는 최소 뱅크용량은 몇 [kVA]인가?

① 1,000
② 3,000
③ 5,000
④ 10,000

해설 특고압용 변압기의 보호장치(한국전기설비규정 351.4)

특고압용의 변압기에는 그 내부에 고장이 생겼을 경우에 보호하는 장치를 표와 같이 시설하여야 한다.

뱅크용량의 구분	동작조건	장치의 종류
5,000[kVA] 이상 10,000[kVA] 미만	변압기 내부 고장	자동차단장치 또는 경보장치
10,000[kVA] 이상	변압기 내부 고장	자동차단장치
타냉식 변압기(변압기의 권선 및 철심을 직접 냉각시키기 위하여 봉입한 냉매를 강제 순환시키는 냉각방식을 말한다)	냉각장치에 고장이 생긴 경우 또는 변압기의 온도가 현저히 상승한 경우	경보장치

322 ★★★

뱅크용량이 몇 [kVA] 이상인 무효전력 보상장치(조상기)에는 그 내부에 고장이 생긴 경우에 자동적으로 이를 전로로부터 차단하는 보호장치를 하여야 하는가?

① 10,000
② 15,000
③ 20,000
④ 25,000

해설 조상설비의 보호장치(한국전기설비규정 351.5)

조상설비에는 그 내부에 고장이 생긴 경우에 보호하는 장치를 다음 표와 같이 시설하여야 한다.

설비종별	뱅크용량의 구분	자동적으로 전로로부터 차단하는 장치
전력용 커패시터 및 분로리액터	500[kVA] 초과 15,000[kVA] 미만	• 내부에 고장이 생긴 경우 • 과전류가 생긴 경우
	15,000[kVA] 이상	• 내부에 고장이 생긴 경우 • 과전류가 생긴 경우 • 과전압이 생긴 경우
무효전력 보상장치	15,000[kVA] 이상	내부에 고장이 생긴 경우

323 ★★☆

뱅크용량 15,000[kVA] 이상인 분로리액터에서 자동적으로 전로로부터 차단하는 장치가 동작하는 경우가 아닌 것은?

① 내부고장 시
② 과전류 발생 시
③ 과전압 발생 시
④ 온도가 현저히 상승한 경우

해설 조상설비의 보호장치(한국전기설비규정 351.5)

설비종별	뱅크용량의 구분	자동적으로 전로로부터 차단하는 장치
전력용 커패시터 및 분로리액터	500[kVA] 초과 15,000[kVA] 미만	• 내부에 고장이 생긴 경우 • 과전류가 생긴 경우
	15,000[kVA] 이상	• 내부에 고장이 생긴 경우 • 과전류가 생긴 경우 • 과전압이 생긴 경우
무효전력 보상장치	15,000[kVA] 이상	내부에 고장이 생긴 경우

| 정답 | 320 ② 321 ③ 322 ② 323 ④

324 ★★★

조상설비 내부고장, 과전류 또는 과전압이 생긴 경우 자동적으로 차단되는 장치를 해야 하는 전력용 커패시터의 최소 뱅크용량은 몇 [kVA]인가?

① 10,000
② 12,000
③ 13,000
④ 15,000

해설 조상설비의 보호장치(한국전기설비규정 351.5)

설비종별	뱅크용량의 구분	자동적으로 전로로부터 차단하는 장치
전력용 커패시터 및 분로리액터	500[kVA] 초과 15,000[kVA] 미만	• 내부에 고장이 생긴 경우 • 과전류가 생긴 경우
	15,000[kVA] 이상	• 내부에 고장이 생긴 경우 • 과전류가 생긴 경우 • 과전압이 생긴 경우
무효전력 보상장치	15,000[kVA] 이상	내부에 고장이 생긴 경우

325 ★★☆

내부에 고장이 생긴 경우에 자동적으로 전로로부터 차단하는 장치가 반드시 필요한 것은?

① 뱅크용량 1,000[kVA]인 변압기
② 뱅크용량 10,000[kVA]인 무효전력 보상장치(조상기)
③ 뱅크용량 300[kVA]인 분로리액터
④ 뱅크용량 1,000[kVA]인 전력용 커패시터

해설 조상설비의 보호장치(한국전기설비규정 351.5)

조상설비 중에 분로리액터와 전력용 커패시터는 500[kVA] 초과 15,000[kVA] 미만일 때 과전류 차단장치 및 자동차단장치가 필요하다. 변압기는 10,000[kVA] 이상일 때, 무효전력 보상장치(조상기)는 15,000[kVA] 이상일 때 내부 고장 시 자동차단장치가 필요하다.

326 ★★★

변전소의 주요 변압기에 계측장치를 시설하여 측정하여야 하는 것이 아닌 것은?

① 역률
② 전압
③ 전력
④ 전류

해설 계측장치(한국전기설비규정 351.6)

변전소 또는 이에 준하는 곳에는 다음의 사항을 계측하는 장치를 시설하여야 한다. 다만, 전기철도용 변전소는 주요 변압기의 전압을 계측하는 장치를 시설하지 아니할 수 있다.

• 주요 변압기의 전압 및 전류 또는 전력
• 특고압용 변압기의 온도

327 ★★☆

무효전력 보상장치(조상기)를 시설하는 경우 계측하는 장치를 시설하여 계측하는 대상으로 틀린 것은?

① 무효전력 보상장치(조상기)의 전압
② 무효전력 보상장치(조상기)의 전력
③ 무효전력 보상장치(조상기)의 회전자의 온도
④ 무효전력 보상장치(조상기)의 베어링의 온도

해설 계측장치(한국전기설비규정 351.6)

무효전력 보상장치(조상기)를 시설하는 경우에는 다음의 사항을 계측하는 장치 및 동기검정장치를 시설하여야 한다.

• 무효전력 보상장치(조상기)의 전압 및 전류 또는 전력
• 무효전력 보상장치(조상기)의 베어링 및 고정자의 온도

| 정답 | 324 ④ 325 ④ 326 ① 327 ③

328 ★★★
발·변전소의 주요 변압기에 시설하지 않아도 되는 계측장치는?

① 역률계
② 전압계
③ 전력계
④ 전류계

해설 계측장치(한국전기설비규정 351.6)
발전소와 변전소 모두 다음의 사항을 계측하는 장치를 시설하여야 한다.
• 주요 변압기의 전압 및 전류 또는 전력
• 특고압용 변압기의 온도

329 ★★☆
발전소에서 계측하는 장치를 시설하여야 하는 사항에 해당하지 않는 것은?

① 특고압용 변압기의 온도
② 발전기의 회전수 및 주파수
③ 발전기의 전압 및 전류 또는 전력
④ 발전기의 베어링(수중 메탈 제외) 및 고정자의 온도

해설 계측장치(한국전기설비규정 351.6)
발전소에서는 다음의 사항을 계측하는 장치를 시설하여야 한다.
• 발전기·연료전지 또는 태양전지 모듈의 전압 및 전류 또는 전력
• 발전기의 베어링(수중 메탈 제외) 및 고정자의 온도
• 주요 변압기의 전압 및 전류 또는 전력
• 특고압용 변압기의 온도

330 ★★☆
발전소에서 장치를 시설하여 계측하지 않아도 되는 것은?

① 발전기의 회전자 온도
② 특고압용 변압기의 온도
③ 발전기의 전압 및 전류 또는 전력
④ 주요 변압기의 전압 및 전류 또는 전력

해설 계측장치(한국전기설비규정 351.6)
발전소에서는 다음의 사항을 계측하는 장치를 시설하여야 한다.
• 발전기·연료전지 또는 태양전지 모듈(복수의 태양전지 모듈을 설치하는 경우에는 그 집합체)의 전압 및 전류 또는 전력
• 발전기의 베어링(수중 메탈을 제외한다) 및 고정자(固定子)의 온도
• 주요 변압기의 전압 및 전류 또는 전력
• 특고압용 변압기의 온도

331 ★★★
$154/22.9[kV]$용 변전소의 변압기에 반드시 시설하지 않아도 되는 계측장치는?

① 전압계
② 전류계
③ 역률계
④ 온도계

해설 계측장치(한국전기설비규정 351.6)
변전소 또는 이에 준하는 곳에는 다음의 사항을 계측하는 장치를 시설하여야 한다. 다만, 전기철도용 변전소는 주요 변압기의 전압을 계측하는 장치를 시설하지 아니할 수 있다.
• 주요 변압기의 전압 및 전류 또는 전력
• 특고압용 변압기의 온도

332 ★★☆
발전소에서 계측장치를 시설하지 않아도 되는 것은?

① 특고압용 변압기의 온도
② 특고압용 변압기의 절연내력
③ 발전기의 베어링 및 고정자 온도
④ 발전기의 전압 및 전류 또는 전력

해설 계측장치(한국전기설비규정 351.6)
발전소에서는 다음의 사항을 계측하는 장치를 시설하여야 한다.
• 발전기의 전압 및 전류 또는 전력
• 발전기의 베어링 및 고정자의 온도
• 주요 변압기의 전압 및 전류 또는 전력
• 특고압용 변압기의 온도

333 ★★★
변전소 또는 이에 준하는 곳에 사용되는 특고압용 변압기의 계측장치로 반드시 시설하여야 하는 것은?

① 절연　　② 용량
③ 유량　　④ 온도

해설 계측장치(한국전기설비규정 351.6)
변전소 또는 이에 준하는 곳에는 다음의 사항을 계측하는 장치를 시설하여야 한다. 다만, 전기철도용 변전소는 주요 변압기의 전압을 계측하는 장치를 시설하지 아니할 수 있다.
• 주요 변압기의 전압 및 전류 또는 전력
• 특고압용 변압기의 온도

334 ★★☆
동기발전기를 사용하는 전력계통에 시설하여야 하는 장치는?

① 비상속도조절기(조속기)
② 분로리액터
③ 동기검정장치
④ 절연유 유출방지설비

해설 계측장치(한국전기설비규정 351.6)
동기발전기를 시설하는 경우에는 동기검정장치를 시설하여야 한다. 다만, 동기발전기를 연계하는 전력계통에는 그 동기발전기 이외의 전원이 없는 경우 또는 동기발전기의 용량이 그 발전기를 연계하는 전력계통의 용량과 비교하여 현저히 적은 경우에는 그러하지 아니하다.

THEME 04 상주 감시를 하지 아니하는 변전소의 시설

335 ★☆☆
사용전압이 $170[kV]$ 이하의 변압기를 시설하는 변전소로서 기술원이 상주하여 감시하지는 않으나 수시로 순회하는 경우, 기술원이 상주하는 장소에 경보장치를 시설하지 않아도 되는 경우는?

① 옥내변전소에 화재가 발생한 경우
② 제어회로의 전압이 현저히 저하한 경우
③ 운전조작에 필요한 차단기가 자동적으로 차단한 후 재연결(재폐로)한 경우
④ 수소냉각식 무효전력 보상장치(조상기)는 그 무효전력 보상장치(조상기) 안의 수소의 순도가 90[%] 이하로 저하한 경우

해설 상주 감시를 하지 아니하는 변전소의 시설(한국전기설비규정 351.9)
변전소의 기술원이 그 변전소에 상주하여 감시하지 아니하는 변전소 중 사용전압이 170 [kV] 이하의 변압기를 시설하는 변전소로서 기술원이 수시로 순회하거나 변전제어소에서 상시 감시하는 경우는 다음에 따라 시설하여야 한다.
• 다음의 경우에는 변전제어소 또는 기술원이 상주하는 장소에 경보장치를 시설할 것
  – 운전조작에 필요한 차단기가 자동적으로 차단한 경우(차단기가 재연결(재폐로)한 경우 제외)
  – 주요 변압기의 전원 측 전로가 무전압으로 된 경우
  – 제어회로의 전압이 현저히 저하한 경우
  – 옥내변전소에 화재가 발생한 경우
  – 출력 3,000[kVA]를 초과하는 특고압용 변압기는 그 온도가 현저히 상승한 경우
  – 특고압용 타냉식변압기는 그 냉각장치가 고장난 경우
  – 무효전력 보상장치(조상기)는 내부에 고장이 생긴 경우
  – 수소냉각식 무효전력 보상장치(조상기)는 그 무효전력 보상장치(조상기) 안의 수소의 순도가 90[%] 이하로 저하한 경우, 수소의 압력이 현저히 변동한 경우 또는 수소의 온도가 현저히 상승한 경우
  – 가스 절연기기(압력의 저하에 의하여 절연파괴 등이 생길 우려가 없는 경우 제외)의 절연가스의 압력이 현저히 저하한 경우
• 수소냉각식 무효전력 보상장치를 시설하는 변전소는 그 무효전력 보상장치 안의 수소의 순도가 85[%] 이하로 저하한 경우에 그 무효전력 보상장치를 전로로부터 자동적으로 차단하는 장치를 시설할 것

336 ★★☆
변전소를 관리하는 기술원이 상주하는 장소에 경보장치를 시설하지 아니하여도 되는 것은?

① 무효전력 보상장치(조상기) 내부에 고장이 생긴 경우
② 주요 변압기의 전원 측 전로가 무전압으로 된 경우
③ 특고압용 타냉식 변압기의 냉각장치가 고장난 경우
④ 출력 2,000[kVA] 특고압용 변압기의 온도가 현저히 상승한 경우

해설 상주 감시를 하지 아니하는 변전소의 시설(한국전기설비규정 351.9)
다음의 경우에는 변전제어소 또는 기술원이 상주하는 장소에 경보장치를 시설할 것
- 운전조작에 필요한 차단기가 자동적으로 차단한 경우(차단기가 재연결(재폐로)한 경우 제외)
- 주요 변압기의 전원 측 전로가 무전압으로 된 경우
- 제어회로의 전압이 현저히 저하한 경우
- 옥내변전소에 화재가 발생한 경우
- 출력 3,000[kVA]를 초과하는 특고압용 변압기의 그 온도가 현저히 상승한 경우
- 특고압용 타냉식변압기는 그 냉각장치가 고장난 경우
- 무효전력 보상장치(조상기)는 내부에 고장이 생긴 경우
- 수소냉각식 무효전력 보상장치(조상기)는 그 무효전력 보상장치(조상기) 안의 수소의 순도가 90[%] 이하로 저하한 경우, 수소의 압력이 현저히 변동한 경우 또는 수소의 온도가 현저히 상승한 경우
- 가스절연기기(압력의 저하에 의하여 절연파괴 등이 생길 우려가 없는 경우 제외)의 절연가스의 압력이 현저히 저하한 경우

337 ★☆☆
구외로부터 전송된 몇 [kV] 초과의 전기를 변성하기 위한 변압기 기타 전기설비의 통합체를 변전소라 하는가?

① 30
② 38
③ 50
④ 55

해설 상주 감시를 하지 아니하는 변전소의 시설(한국전기설비규정 351.9)
변전소(50[kV]를 초과하는 특고압의 전기를 변성하기 위한 것을 포함한다.)의 운전에 필요한 지식 및 기능을 가진 자(기술원)가 그 변전소에 상주하여 감시를 하지 아니하는 변전소는 경보 장치를 시설할 것

338 ★☆☆
상주 감시를 하지 않는 변전소에서 수소냉각식 무효전력 보상장치(조상기)를 시설하는 경우, 무효전력 보상장치(조상기) 안의 수소의 순도가 몇 [%] 이하로 저하한 경우 경보장치를 설치해야 하는가?

① 70
② 80
③ 90
④ 95

해설 상주 감시를 하지 아니하는 변전소의 시설(한국전기설비규정 351.9)
다음의 경우에는 변전제어소 또는 기술원이 상주하는 장소에 경보장치를 시설할 것
- 운전조작에 필요한 차단기가 자동적으로 차단한 경우(차단기가 재연결(재폐로)한 경우 제외)
- 주요 변압기의 전원 측 전로가 무전압으로 된 경우
- 제어회로의 전압이 현저히 저하한 경우
- 옥내변전소에 화재가 발생한 경우
- 출력 3,000[kVA]를 초과하는 특고압용 변압기의 그 온도가 현저히 상승한 경우
- 특고압용 타냉식변압기는 그 냉각장치가 고장난 경우
- 무효전력 보상장치(조상기)는 내부에 고장이 생긴 경우
- 수소냉각식 무효전력 보상장치(조상기)는 그 무효전력 보상장치(조상기) 안의 수소의 순도가 90[%] 이하로 저하한 경우, 수소의 압력이 현저히 변동한 경우 또는 수소의 온도가 현저히 상승한 경우
- 가스절연기기(압력의 저하에 의하여 절연파괴 등이 생길 우려가 없는 경우 제외)의 절연가스의 압력이 현저히 저하한 경우

THEME 05 수소냉각식 발전기 등의 시설

339 ★★★
수소냉각식 발전기 및 이에 부속하는 수소냉각장치에 대한 시설기준으로 틀린 것은?

① 발전기 내부의 수소의 온도를 계측하는 장치를 시설할 것
② 발전기 내부의 수소의 순도가 70[%] 이하로 저하한 경우에 경보를 하는 장치를 시설할 것
③ 발전기는 기밀구조의 것이고 또한 수소가 대기압에서 폭발하는 경우에 생기는 압력에 견디는 강도를 가지는 것일 것
④ 발전기 내부의 수소의 압력을 계측하는 장치 및 그 압력이 현저히 변동한 경우에 이를 경보하는 장치를 시설할 것

해설 수소냉각식 발전기 등의 시설(한국전기설비규정 351.10)
수소냉각식의 발전기·무효전력 보상장치(조상기) 또는 이에 부속하는 수소냉각장치는 다음에 따라 시설하여야 한다.
- 발전기 또는 무효전력 보상장치(조상기)는 기밀구조(氣密構造)의 것이고 또한 수소가 대기압에서 폭발하는 경우에 생기는 압력에 견디는 강도를 가지는 것일 것
- 발전기 축의 밀봉부에는 질소 가스를 봉입할 수 있는 장치 또는 발전기축의 밀봉부로부터 누설된 수소 가스를 안전하게 외부에 방출할 수 있는 장치를 설치할 것
- 발전기 안 또는 무효전력 보상장치(조상기) 안의 수소의 순도가 85[%] 이하로 저하한 경우에 이를 경보하는 장치를 시설할 것
- 발전기 안 또는 무효전력 보상장치(조상기) 안의 수소의 압력을 계측하는 장치 및 그 압력이 현저히 변동한 경우에 이를 경보하는 장치를 시설할 것
- 발전기 안 또는 무효전력 보상장치(조상기) 안의 수소의 온도를 계측하는 장치를 시설할 것
- 발전기 안 또는 무효전력 보상장치(조상기) 안으로 수소를 안전하게 도입할 수 있는 장치 및 발전기 안 또는 무효전력 보상장치 안의 수소를 안전하게 외부로 방출할 수 있는 장치를 시설할 것
- 수소를 통하는 관은 동관 또는 이음매 없는 강판이어야 하며 또한 수소가 대기압에서 폭발하는 경우에 생기는 압력에 견디는 것일 것
- 수소를 통하는 관·밸브 등은 수소가 새지 아니하는 구조로 되어 있을 것
- 발전기 또는 무효전력 보상장치(조상기)에 붙인 유리제의 점검 창 등은 쉽게 파손되지 아니하는 구조로 되어 있을 것

340 ★★☆
수소냉각식 발전기 등의 시설기준으로 틀린 것은?

① 발전기 안 또는 무효전력 보상장치(조상기) 안의 수소의 온도를 계측하는 장치를 시설할 것
② 발전기 축의 밀봉부로부터 수소가 누설될 때 누설된 수소를 외부로 방출하지 않을 것
③ 발전기 안 또는 무효전력 보상장치(조상기) 안의 수소의 순도가 85[%] 이하로 저하한 경우에 이를 경보하는 장치를 시설할 것
④ 발전기 또는 무효전력 보상장치(조상기)는 수소가 대기압에서 폭발하는 경우에 생기는 압력에 견디는 강도를 가지는 것일 것

해설 수소냉각식 발전기 등의 시설(한국전기설비규정 351.10)
수소냉각식의 발전기·무효전력 보상장치(조상기) 또는 이에 부속하는 수소 냉각 장치는 다음에 따라 시설하여야 한다.
- 발전기 내부 또는 무효전력 보상장치(조상기) 내부의 수소의 압력 및 온도를 계측하는 장치 및 그 압력 및 온도가 현저히 변동한 경우에 이를 경보하는 장치를 시설할 것
- 발전기 축의 밀봉부에는 질소 가스를 봉입할 수 있는 장치 또는 발전기 축의 밀봉부로부터 누설된 수소 가스를 안전하게 외부에 방출할 수 있는 장치를 시설할 것
- 발전기 내부 또는 무효전력 보상장치(조상기) 내부의 수소의 순도가 85[%] 이하로 저하한 경우에 이를 경보하는 장치를 시설할 것
- 발전기 또는 무효전력 보상장치(조상기)는 기밀구조(氣密構造)의 것이고 또한 수소가 대기압에서 폭발하는 경우에 생기는 압력에 견디는 강도를 가지는 것일 것

341 ★★☆

수소냉각식 발전기 및 이에 부속하는 수소냉각장치의 시설에 대한 설명으로 틀린 것은?

① 발전기 안의 수소의 밀도를 계측하는 장치를 시설할 것
② 발전기 안의 수소의 순도가 85[%] 이하로 저하한 경우에 이를 경보하는 장치를 시설할 것
③ 발전기 안의 수소의 압력을 계측하는 장치 및 그 압력이 현저히 변동한 경우에 이를 경보하는 장치를 시설할 것
④ 발전기는 기밀구조의 것이고 또한 수소가 대기압에서 폭발하는 경우에 생기는 압력에 견디는 강도를 가지는 것일 것

해설 수소냉각식 발전기 등의 시설(한국전기설비규정 351.10)

수소냉각식 발전기·무효전력 보상장치(조상기) 또는 이에 부속하는 수소 냉각 장치는 다음에 따라 시설하여야 한다.

- 발전기 내부 또는 무효전력 보상장치(조상기) 내부의 수소의 순도가 85[%] 이하로 저하한 경우에 이를 경보하는 장치를 시설할 것
- 발전기 내부 또는 무효전력 보상장치(조상기) 내부의 수소의 압력을 계측하는 장치 및 그 압력이 현저히 변동한 경우에 이를 경보하는 장치를 시설할 것
- 발전기 또는 무효전력 보상장치(조상기)는 기밀구조의 것이고 또한 수소가 대기압에서 폭발하는 경우에 생기는 압력에 견디는 강도를 가지는 것일 것
- 발전기 안의 수소의 온도를 계측하는 장치를 시설할 것

342 ★★☆

수소냉각식의 발전기·무효전력 보상장치(조상기)에 부속하는 수소냉각 장치에서 필요 없는 장치는?

① 수소의 압력을 계측하는 장치
② 수소의 온도를 계측하는 장치
③ 수소의 유량을 계측하는 장치
④ 수소의 순도 저하를 경보하는 장치

해설 수소냉각식 발전기 등의 시설(한국전기설비규정 351.10)

수소냉각식 발전기·무효전력 보상장치(조상기) 또는 이에 부속하는 수소 냉각 장치는 다음에 따라 시설하여야 한다.

- 발전기 안 또는 무효전력 보상장치(조상기) 안의 수소의 순도가 85[%] 이하로 저하한 경우에 이를 경보하는 장치를 시설할 것
- 발전기 안 또는 무효전력 보상장치(조상기) 안의 수소의 압력을 계측하는 장치 및 그 압력이 현저히 변동한 경우에 이를 경보하는 장치를 시설할 것
- 발전기 안 또는 무효전력 보상장치(조상기) 안의 수소의 온도를 계측하는 장치를 시설할 것

343 ★★★

수소냉각식 발전기·무효전력 보상장치(조상기) 또는 이에 부속하는 수소냉각장치의 시설방법으로 틀린 것은?

① 발전기 안 또는 무효전력 보상장치(조상기) 안의 수소의 순도가 85[%] 이하로 저하한 경우에 경보장치를 시설할 것
② 발전기 또는 무효전력 보상장치(조상기)는 기밀구조의 것이고 또한 수소가 대기압에서 폭발할 때 생기는 압력에 견디는 강도를 가지는 것일 것
③ 발전기 또는 무효전력 보상장치(조상기) 외부의 수소의 압력을 계측하는 장치 및 그 압력이 현저히 변동할 경우에 이를 경보하는 장치를 시설할 것
④ 발전기 축의 밀봉부에는 질소 가스를 봉입할 수 있는 장치와 누설한 수소 가스를 안전하게 외부에 방출할 수 있는 장치를 설치할 것

해설 수소냉각식 발전기 등의 시설(한국전기설비규정 351.10)
수소냉각식 발전기·무효전력 보상장치(조상기) 또는 이에 부속하는 수소 냉각 장치는 다음에 따라 시설하여야 한다.
• 발전기 또는 무효전력 보상장치(조상기) 안의 수소의 순도가 85[%] 이하로 저하한 경우에는 이를 경보하는 장치를 시설해야 한다.
• 발전기 또는 무효전력 보상장치(조상기)는 기밀구조의 것이고 또한 수소가 대기압에서 폭발할 때 생기는 압력에 견디는 것일 것
• 발전기 안 또는 무효전력 보상장치(조상기) 안의 수소의 압력을 계측하는 장치 및 그 압력이 현저히 변동할 경우에 이를 경보하는 장치를 시설할 것
• 발전기 축의 밀봉부에는 질소 가스를 봉입할 수 있는 장치와 누설한 수소 가스를 안전하게 외부에 방출할 수 있는 장치를 설치할 것

344 ★★☆

수소냉각식 발전기 등의 시설기준으로 틀린 것은?

① 발전기 안의 수소의 온도를 계측하는 장치를 시설할 것
② 수소를 통하는 관은 수소가 대기압에서 폭발하는 경우에 생기는 압력에 견디는 강도를 가질 것
③ 발전기 안의 수소의 순도가 85[%] 이하로 저하한 경우에 이를 경보하는 장치를 시설할 것
④ 발전기 안의 수소의 압력을 계측하는 장치 및 그 압력이 일정한 경우에 이를 경보하는 장치를 시설할 것

해설 수소냉각식 발전기 등의 시설(한국전기설비규정 351.10)
수소냉각식 발전기·무효전력 보상장치(조상기) 또는 이에 부속하는 수소 냉각 장치는 다음에 따라 시설하여야 한다.
• 발전기 내부 또는 무효전력 보상장치(조상기) 내부의 수소의 순도가 85[%] 이하로 저하한 경우에는 이를 경보하는 장치를 시설할 것
• 발전기 내부 또는 무효전력 보상장치(조상기) 내부의 수소의 온도를 계측하는 장치를 시설할 것
• 발전기 내부 또는 무효전력 보상장치(조상기) 내부의 수소의 압력을 계측하는 장치 및 그 압력이 현저히 변동한 경우에 이를 경보하는 장치를 시설할 것
• 수소를 통하는 관은 동관 또는 이음매 없는 강판이어야 하며 또한 수소가 대기압에서 폭발하는 경우에 생기는 압력에 견디는 강도의 것일 것

THEME 06 압축공기계통

345 ★★☆
발전소, 변전소, 개폐소 또는 이에 준하는 곳에서 차단기에 사용하는 압축공기장치는 사용압력의 몇 배의 수압으로 몇 분간 연속하여 가했을 때 이에 견디고 새지 않아야 하는가?

① 1.25배, 15분 ② 1.25배, 10분
③ 1.5배, 15분   ④ 1.5배, 10분

해설 압축공기계통(한국전기설비규정 341.15)
발전소·변전소·개폐소 또는 이에 준하는 곳에서 개폐기 또는 차단기에 사용하는 압축공기장치는 최고 사용압력의 1.5배의 수압을 계속하여 10분간 가하여 시험을 한 경우에 이에 견디고 또한 새지 아니할 것

346 ★★☆
발전소의 개폐기 또는 차단기에 사용하는 압축공기장치의 주 공기탱크에 시설하는 압력계의 최고 눈금의 범위로 옳은 것은?

① 사용압력의 1배 이상 2배 이하
② 사용압력의 1.15배 이상 2배 이하
③ 사용압력의 1.5배 이상 3배 이하
④ 사용압력의 2배 이상 3배 이하

해설 압축공기계통(한국전기설비규정 341.15)
주 공기탱크 또는 이에 근접한 곳에는 사용압력의 1.5배 이상 3배 이하의 최고 눈금이 있는 압력계를 시설할 것

347 ★☆☆
발전소의 압축공기장치의 사용압력이 $10[\mathrm{kg/cm^2}]$ 이다. 주 공기탱크 압력계의 눈금은 최대 몇 $[\mathrm{kg/cm^2}]$까지 사용할 수 있는가?

① 15 ② 20
③ 25 ④ 30

해설 압축공기계통(한국전기설비규정 341.15)
주 공기탱크 또는 이에 근접한 곳에는 사용압력의 1.5배 이상 3배 이하의 최고 눈금이 있는 압력계를 시설할 것
압력계의 눈금 범위 $= 10 \times 1.5 \sim 10 \times 3 [\mathrm{kg/cm^2}]$
$= 15 \sim 30 [\mathrm{kg/cm^2}]$

348 ★★★
발전소·변전소·개폐소 또는 이에 준하는 곳에서 개폐기 또는 차단기에 사용하는 압축공기장치의 공기압축기는 최고 사용압력의 1.5배의 수압을 연속하여 몇 분간 가하여 시험을 하였을 때에 이에 견디고 또한 새지 아니하여야 하는가?

① 5   ② 10
③ 15 ④ 20

해설 압축공기계통(한국전기설비규정 341.15)
발전소·변전소·개폐소 또는 이에 준하는 곳에서 개폐기 또는 압축공기장치는 최고 사용압력의 1.5배의 수압(수압을 연속하여 10분간 가하여 시험을 하기 어려울 때에는 최고 사용압력의 1.25배의 기압)을 연속하여 10분간 가하여 시험을 하였을 때에 이에 견디고 또한 새지 아니할 것

| 정답 | 345 ④ 346 ③ 347 ④ 348 ②

CHAPTER 06

전력보안통신설비

1. 시설기준
2. 시설높이와 간격
3. 보안장치
4. 가공 통신 인입선 시설
5. 무선용 안테나

CBT 완벽대비 가능한 유형마스터 학습!

THEME	유형분석	관련 번호
THEME 01 시설기준	전력보안통신설비를 시설하지 않아도 되는 경우에 대한 문제가 출제됩니다.	349~352
THEME 02 시설높이와 간격	전선의 시설높이와 간격을 묻는 문제가 자주 출제되므로 조건에 맞는 수치를 반드시 암기해야 합니다.	353~367
THEME 03 보안장치	각 구분에 따른 보안장치의 그림과 기호별 의미를 이해하는 것이 중요한 테마입니다.	368~375
THEME 04 가공 통신 인입선 시설	출제율이 낮은 테마로 각 지표상의 높이를 알아두는 것이 득점에 도움이 됩니다.	376
THEME 05 무선용 안테나	무선용 안테나를 지지하는 철탑 등의 시설 또는 시설 제한에 대한 문제가 출제됩니다.	377~381

학습 효과를 높이는 N제 3회독 시스템

챕터별 전체 1회독이 끝났다면 회독 체크표에 날짜를 기입하고 체크표시를 해주세요.

회독 체크표	☐ 1회독	월 일	☐ 2회독	월 일	☐ 3회독	월 일

CHAPTER 06 전력보안통신설비

THEME 01 시설기준

349 ★★☆
전력보안통신용 전화설비를 시설하여야 하는 곳은?

① 2개 이상의 발전소 상호 간
② 원격감시제어가 되는 변전소
③ 원격감시제어가 되는 급전소
④ 원격감시제어가 되지 않는 발전소

해설 전력보안통신설비의 시설 요구사항(한국전기설비규정 362.1)
- 원격감시제어가 되지 아니하는 발전소·원격감시제어가 되지 아니하는 변전소(이에 준하는 곳으로서 특고압의 전기를 변성하기 위한 곳 포함)·개폐소·전선로 및 이를 운용하는 급전소 및 급전분소 간
- 2개 이상의 급전소(분소) 상호 간과 이들을 통합 운용하는 급전소(분소) 간
- 수력설비 중 필요한 곳, 수력설비의 안전상 필요한 양수소(量水所) 및 강수량 관측소와 수력발전소 간
- 동일 수계에 속하고 안전상 긴급연락의 필요가 있는 수력발전소 상호 간
- 동일 전력계통에 속하고 또한 안전상 긴급연락의 필요가 있는 발전소·변전소(이에 준하는 곳으로서 특고압의 전기를 변성하기 위한 곳 포함) 및 개폐소 상호 간
- 발전소·변전소(이에 준하는 곳으로서 특고압의 전기를 변성하기 위한 곳 포함)·개폐소·급전소 및 기술원 주재소와 전기설비의 안전상 긴급연락의 필요가 있는 기상대·측후소·소방서 및 방사선 감시계측 시설물 등의 사이
- 배전자동화 주장치가 시설되어 있는 배전센터, 전력수급조절을 총괄하는 중앙급전사령실
- 전력보안통신 데이터를 중계하거나, 교환장치가 설치된 정보통신실

350 ★★★
전력보안통신용 전화설비를 시설하지 않아도 되는 것은?

① 원격감시제어가 되지 아니하는 발전소
② 원격감시제어가 되지 아니하는 변전소
③ 2개 이상의 급전소 상호 간과 이들을 통합 운용하는 급전소 간
④ 발전소로서 전기 공급에 지장을 미치지 않고, 휴대용 전력보안통신 전화설비에 의하여 연락이 확보된 경우

해설 전력보안통신설비의 시설 요구사항(한국전기설비규정 362.1)
전력보안통신설비의 시설 장소는 다음과 같다.
- 원격감시제어가 되지 아니하는 발전소·변전소·개폐소, 전선로 및 이를 운용하는 급전소 및 급전분소 간
- 2개 이상의 급전소(분소) 상호 간과 이들을 통합 운용하는 급전소(분소) 간
- 발전소·변전소 및 개폐소와 기술원 주재소 간. 다만, 다음 어느 항목에 적합하고 또한 휴대용이거나 이동형 전력통신보안설비에 의하여 연락이 확보된 경우에는 그러하지 아니하다.
  – 발전소로서 전기의 공급에 지장을 미치지 않는 곳
  – 상주감시를 하지 않는 변전소로서 그 변전소에 접속되는 전선로가 동일 기술원 주재소에 의하여 운용되는 곳

351 ★☆☆
전력보안통신선 시설에서 가공전선로의 지지물에 시설하는 가공통신선에 직접 접속하는 통신선의 종류로 틀린 것은?

① 조가선(조가용선)
② 절연전선
③ 광섬유 케이블
④ 일반 통신용 케이블 이외의 케이블

해설 전력보안통신설비의 시설 요구사항(한국전기설비규정 362.1)
가공전선로의 지지물에 시설하는 가공통신선에 직접 접속하는 통신선은 절연전선, 일반 통신용 케이블 이외의 케이블, 광섬유 케이블이어야 한다.

352 ★☆☆

특고압 가공전선로의 지지물에 시설하는 통신선 또는 이에 직접 접속하는 통신선 중 옥내에 시설하는 부분은 몇 [V] 초과의 저압 옥내배선의 규정에 준하여 시설하도록 하고 있는가?

① 150
② 300
③ 380
④ 400

해설 특고압 가공전선로 전선 첨가설치 통신선에 직접 접속하는 옥내 통신선의 시설(한국전기설비규정 362.7)

특고압 가공전선로의 지지물에 시설하는 통신선 또는 이에 직접 접속하는 통신선 중 옥내에 시설하는 부분은 400[V] 초과의 저압 옥내배선의 규정에 준하여 시설한다.

THEME 02 시설높이와 간격

353 ★★☆

사용전압이 22.9[kV]인 가공전선로의 다중접지한 중성선과 첨가통신선의 간격(이격거리)은 몇 [cm] 이상이어야 하는가?(단, 특고압 가공전선로는 중성선 다중접지식의 것으로 전로에 지락이 생긴 경우 2초 이내에 자동적으로 이를 전로로부터 차단하는 장치가 되어 있는 것으로 한다.)

① 60
② 75
③ 100
④ 120

해설 전력보안통신선의 시설 높이와 간격(한국전기설비규정 362.2)

가공전선로의 지지물에 시설하는 통신선은 다음에 따른다.
- 통신선은 가공전선의 아래에 시설할 것
- 통신선과 저압 가공전선 또는 특고압 가공전선로의 다중접지를 한 중성선 사이의 간격(이격거리)은 0.6[m] 이상일 것
- 통신선과 고압 가공전선 사이의 간격(이격거리)은 0.6[m] 이상일 것
- 통신선은 고압 가공전선로 또는 특고압 가공전선로의 지지물에 시설하는 기계기구에 부속되는 전선과 접촉할 우려가 없도록 지지물 또는 완금류에 견고하게 시설할 것

354 ★★★

전력보안 가공통신선을 횡단보도교 위에 시설하는 경우 그 노면상 높이는 몇 [m] 이상인가?(단, 가공전선로의 지지물에 시설하는 통신선 또는 이에 직접 접속하는 가공통신선은 제외한다.)

① 3
② 4
③ 5
④ 6

해설 전력보안통신선의 시설 높이와 간격(한국전기설비규정 362.2)

시설장소		가공 통신선	첨가 통신선	
			고·저압	특고압
도로 위 (지표상)	일반적인 경우	5[m]	6[m]	6[m]
	교통에 지장이 없는 경우	4.5[m]	5[m]	-
철도 횡단(레일면상)		6.5[m]	6.5[m]	6.5[m]
횡단 보도교 위 (노면상)	일반적인 경우	3[m]	3.5[m]	5[m]
	절연전선과 동등 이상의 절연효력이 있는 것(고·저압)이나 광섬유 케이블을 사용하는 것(특고압)	-	3[m]	4[m]
기타의 장소		3.5[m]	4[m]	5[m]

※ 첨가통신선 = 가공전선로의 지지물에 시설하는 통신선 또는 이에 직접 접속하는 가공통신선

355 ★★☆

특고압 가공전선로의 지지물에 시설하는 통신선 또는 이에 직접 접속하는 통신선이 도로·횡단보도교·철도·궤도 또는 삭도와 교차하는 경우에는 통신선은 지름 몇 [mm]의 경동선이나 이와 동등 이상의 세기의 것이어야 하는가?

① 4
② 4.5
③ 5
④ 5.5

해설 전력보안통신선의 시설 높이와 이격거리(한국전기설비규정 362.2)

통신선이 도로·횡단보도교·철도의 레일 또는 삭도와 교차하는 경우에는 통신선은 연선의 경우 단면적 16[mm²](단선의 경우 지름 4[mm])의 절연전선과 동등 이상의 절연 효력이 있는 것, 인장강도 8.01[kN] 이상의 것 또는 연선의 경우 단면적 25[mm²](단선의 경우 지름 5[mm])의 경동선일 것

| 정답 | 352 ④ 353 ① 354 ① 355 ③

356 ★★★

전력보안 가공통신선의 시설 높이에 대한 기준으로 옳은 것은?

① 철도의 궤도를 횡단하는 경우에는 레일면상 5[m] 이상
② 횡단보도교 위에 시설하는 경우에는 그 노면상 3[m] 이상
③ 도로(차도와 도로의 구별이 있는 도로는 차도) 위에 시설하는 경우에는 지표상 2[m] 이상
④ 교통에 지장을 줄 우려가 없도록 도로(차도와 도로의 구별이 있는 도로는 차도) 위에 시설하는 경우에는 지표상 2[m]까지로 감할 수 있다.

해설 전력보안통신선의 시설 높이와 간격(한국전기설비규정 362.2)

시설장소		가공 통신선	첨가통신선	
			고·저압	특고압
도로 위 (지표상)	일반적인 경우	5[m]	6[m]	6[m]
	교통에 지장이 없는 경우	4.5[m]	5[m]	–
철도 횡단(레일면상)		6.5[m]	6.5[m]	6.5[m]
횡단 보도교 위 (노면상)	일반적인 경우	3[m]	3.5[m]	5[m]
	절연전선과 동등 이상의 절연효력이 있는 것(고·저압)이나 광섬유 케이블을 사용하는 것(특고압)	–	3[m]	4[m]
기타의 장소		3.5[m]	4[m]	5[m]

※ 첨가통신선 = 가공전선로의 지지물에 시설하는 통신선 또는 이에 직접 접속하는 가공통신선

357 ★★☆

특고압 가공전선로의 지지물에 시설하는 통신선 또는 이에 직접 접속하는 통신선이 도로·횡단보도교·철도의 레일 등 또는 교류 전차선 등과 교차하는 경우의 시설기준으로 옳은 것은?

① 인장강도 4.0[kN] 이상의 것 또는 지름 3.5[mm] 경동선일 것
② 통신선이 케이블 또는 광섬유 케이블일 때에는 간격(이격거리)의 제한이 없다.
③ 통신선과 삭도 또는 다른 가공약전류전선 등 사이의 간격(이격거리)은 20[cm] 이상으로 할 것
④ 통신선이 도로·횡단보도교·철도의 레일과 교차하는 경우에는 통신선은 지름 4[mm]의 절연전선과 동등 이상의 절연효력이 있을 것

해설 전력보안통신선의 시설 높이와 간격(한국전기설비규정 362.2)

- 통신선이 도로·횡단보도교·철도의 레일 또는 삭도와 교차하는 경우에는 통신선은 연선의 경우 단면적 16[mm²](단선의 경우 지름 4[mm])의 절연전선과 동등 이상의 절연효력이 있는 것. 인장강도 8.01[kN] 이상의 것 또는 연선의 경우 단면적 25[mm²](단선의 경우 지름 5[mm])의 경동선일 것
- 통신선과 삭도 또는 다른 가공약전류전선 등 사이의 간격(이격거리)은 0.8[m](통신선이 케이블 또는 광섬유 케이블일 때는 0.4[m]) 이상으로 할 것

358 ★★☆

3상 4선식 $22.9[kV]$, 중성선 다중접지 방식의 특고압 가공전선 아래에 통신선을 첨가하고자 한다. 특고압 가공전선과 통신선과의 간격(이격거리)은 몇 $[cm]$ 이상인가?

① 60 ② 75
③ 100 ④ 120

해설 전력보안 통신선의 시설 높이와 간격(한국전기설비규정 362.2)
통신선과 특고압 가공전선(특고압 가공전선로의 다중 접지를 한 중성선 제외) 사이의 간격(이격거리)은 1.2[m](25[kV] 이하인 특고압 가공전선의 시설은 0.75[m]) 이상일 것. 다만, 특고압 가공전선이 케이블인 경우에 통신선이 절연전선과 동등 이상의 절연성능이 있는 것인 경우에는 0.3[m] 이상으로 할 수 있다.

359 ★★★

전력보안 가공통신선을 시설할 때 철도의 궤도를 횡단하는 경우에는 레일면상 몇 $[m]$ 이상의 높이이어야 하는가?

① 5 ② 5.5
③ 6 ④ 6.5

해설 전력보안 통신선의 시설 높이와 간격(한국전기설비규정 362.2)

시설장소		가공 통신선	첨가통신선	
			고·저압	특고압
도로 위 (지표상)	일반적인 경우	5[m]	6[m]	6[m]
	교통에 지장이 없는 경우	4.5[m]	5[m]	–
철도 횡단(레일면상)		6.5[m]	6.5[m]	6.5[m]
횡단 보도교 위 (노면상)	일반적인 경우	3[m]	3.5[m]	5[m]
	절연전선과 동등 이상의 절연효력이 있는 것(고·저압)이나 광섬유 케이블을 사용하는 것(특고압)	–	3[m]	4[m]
기타의 장소		3.5[m]	4[m]	5[m]

※ 첨가통신선 = 가공전선로의 지지물에 시설하는 통신선 또는 이에 직접 접속하는 가공통신선

360 ★★★

고압 가공전선로의 지지물에 시설하는 통신선의 높이는 도로를 횡단하는 경우 교통에 지장을 줄 우려가 없다면 지표상 몇 $[m]$까지로 감할 수 있는가?

① 4 ② 4.5
③ 5 ④ 6

해설 전력보안 통신선의 시설 높이와 간격(한국전기설비규정 362.2)

시설장소		가공 통신선	첨가통신선	
			고·저압	특고압
도로 위 (지표상)	일반적인 경우	5[m]	6[m]	6[m]
	교통에 지장이 없는 경우	4.5[m]	5[m]	–
철도 횡단(레일면상)		6.5[m]	6.5[m]	6.5[m]
횡단 보도교 위 (노면상)	일반적인 경우	3[m]	3.5[m]	5[m]
	절연전선과 동등 이상의 절연효력이 있는 것(고·저압)이나 광섬유 케이블을 사용하는 것(특고압)	–	3[m]	4[m]
기타의 장소		3.5[m]	4[m]	5[m]

※ 첨가통신선 = 가공전선로의 지지물에 시설하는 통신선 또는 이에 직접 접속하는 가공통신선

361 ★★☆

특고압 가공전선로의 지지물에 시설하는 통신선 또는 이에 직접 접속하는 통신선과 삭도 또는 다른 가공약전류전선 등 사이의 간격(이격거리)은 몇 [cm]인가?(단, 통신선은 케이블이다.)

① 30
② 40
③ 50
④ 60

해설 전력보안통신선의 시설높이와 간격(한국전기설비규정 362.2)
통신선과 삭도 또는 다른 가공약전류전선 등 사이의 간격(이격거리)은 0.8[m](통신선이 케이블 또는 광섬유 케이블일 때는 0.4[m]) 이상일 것

362 ★★★

가공전선로의 지지물에 시설하는 통신선 또는 이에 직접 접속하는 가공통신선의 높이에 대한 설명 중 틀린 것은?

① 도로를 횡단하는 경우에는 지표상 6[m] 이상으로 한다.
② 철도 또는 궤도를 횡단하는 경우에는 레일면상 6[m] 이상으로 한다.
③ 횡단보도교의 위에 시설하는 경우에는 그 노면상 5[m] 이상으로 한다.
④ 도로를 횡단하는 경우, 저압이나 고압의 가공전선로의 지지물에 시설하는 통신선이 교통에 지장을 줄 우려가 없는 경우에는 지표상 5[m]까지 감할 수 있다.

해설 전력보안 통신선의 시설높이와 간격(한국전기설비규정 362.2)
간격(이격거리)은 다음 표에서 정한 값 이상이어야 한다.

시설장소		가공통신선	첨가통신선	
			고·저압	특고압
도로 위 (지표상)	일반적인 경우	5[m]	6[m]	6[m]
	교통에 지장이 없는 경우	4.5[m]	5[m]	—
철도 횡단(레일면상)		6.5[m]	6.5[m]	6.5[m]
횡단 보도교 위 (노면상)	일반적인 경우	3[m]	3.5[m]	5[m]
	절연전선과 동등 이상의 절연효력이 있는 것(고·저압)이나 광섬유 케이블을 사용하는 것(특고압)	—	3[m]	4[m]
기타의 장소		3.5[m]	4[m]	5[m]

※ 첨가통신선 = 가공전선로의 지지물에 시설하는 통신선 또는 이에 직접 접속하는 가공통신선

363 ★★☆

가공전선로의 지지물에 시설하는 통신선 또는 이에 직접 접속하는 가공통신선의 높이는 도로를 횡단하는 경우에는 지표상 몇 [m] 이상이어야 하는가?

① 5.5
② 6
③ 6.5
④ 7

해설 전력보안통신선의 시설 높이와 간격(한국전기설비규정 362.2)
가공전선로의 지지물에 시설하는 통신선 또는 이에 직접 접속하는 가공통신선의 높이는 도로를 횡단하는 경우에는 지표상 6[m] 이상이어야 한다.

364 ★★☆

다음 중 전력보안통신설비를 시설하여야 하는 곳은?

① 원격감시 제어가 되는 변전소
② 2개 이상의 발전소 상호 간
③ 원격감시 제어가 되는 발전소
④ 2개 이상의 급전소 상호 간

해설 전력보안통신설비의 시설(한국전기설비규정 362)
다음 각 호에 열거하는 곳에는 전력 보안 통신용 전화 설비를 시설하여야 한다.
- 원격감시 제어가 되지 아니하는 발전소·원격감시 제어가 되지 아니하는 변전소
- 2개 이상의 급전소 상호 간과 이들을 통합 운용하는 급전소 간
- 수력 설비 중 필요한 곳. 수력 설비의 안전상 필요한 양수소(量水所) 및 강수량 관측소와 수력 발전소 간
- 동일 수계에 속하고 안전상 긴급 연락의 필요가 있는 수력 발전소 상호 간
- 동일 전력 계통에 속하고 또한 안전상 긴급연락의 필요가 있는 발전소·변전소(이에 준하는 곳으로서 특고압의 전기를 변성하기 위한 곳을 포함한다) 및 개폐소 상호 간
- 발전소·변전소 및 개폐소와 기술원 주재소 간. 다만, 다음 어느 항목에 적합하고 또한 휴대용 또는 이동용 전력 보안 통신 전화 설비에 의하여 연락이 확보된 경우에는 그러하지 아니하다.
  – 발전소로서 전기의 공급에 지장을 미치지 않는 곳
  – 상주감시를 하지 않는 변전소(사용전압이 35[kV] 이하의 것에 한한다)로서 그 변전소에 접속되는 전로가 동일 기술원 주재소에 의하여 운용되는 곳
- 발전소·변전소(이에 준하는 곳으로서 특고압의 전기를 변성하기 위한 곳을 포함한다)·개폐소·급전소 및 기술원 주재소와 전기설비의 안전상 긴급연락의 필요가 있는 기상대·측후소·소방서 및 방사선 감시계측 시설물 등의 사이

365 ★☆☆
전력보안 가공통신선(광섬유 케이블은 제외)을 조가 할 경우 조가선(조가용선)은?

① 금속으로 된 단선
② 강심 알루미늄 연선
③ 금속선으로 된 연선
④ 알루미늄으로 된 단선

해설 조가선 시설기준(한국전기설비규정 362.3)
조가선(조가용선)은 단면적 38[mm²] 이상의 아연도강연선을 사용할 것
※ 아연도강연선은 금속으로 된 연선이다.

366 ★★☆
전력보안통신선에 사용되는 조가선(조가용선)의 시설 기준으로 맞지 않는 것은?

① 단면적 38[mm²] 이상의 아연도강연선일 것
② 시설방향은 특고압주인 경우 특고압 중성도체와 같은 방향으로 시설할 것
③ 시설방향은 저압주인 경우 저압선과 같은 방향으로 시설할 것
④ 시설높이는 도로횡단 시 지표상 5[m] 이상이 되도록 시설할 것

해설 조가선 시설기준(한국전기설비규정 362.3)
• 단면적 38[mm²] 이상의 아연도강연선일 것
• 조가선(조가용선)의 시설높이: 전력보안 가공 통신선의 높이와 동일
  – 도로횡단 시 지표상 6[m] 이상
• 조가선(조가용선) 시설방향
  – 특고압주: 특고압 중성도체와 같은 방향
  – 저압주: 저압선과 같은 방향

367 ★★☆
조가선(조가용선)은 단면적 몇 [mm²] 이상의 아연도강연선을 사용하여야 하는가?

① 20   ② 26
③ 38   ④ 45

해설 조가선 시설기준(한국전기설비규정 362.3)
조가선(조가용선)은 단면적 38[mm²] 이상의 아연도강연선을 사용할 것

THEME 03 보안장치

368 ★★☆
다음 그림에서 L_1은 어떤 크기로 동작하는 기기의 명칭인가?

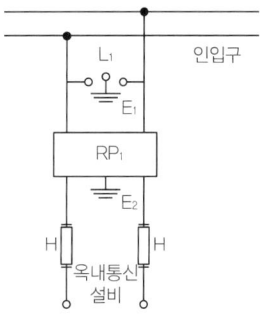

① 교류 1,000[V] 이하에서 동작하는 단로기
② 교류 1,000[V] 이하에서 동작하는 피뢰기
③ 교류 1,500[V] 이하에서 동작하는 단로기
④ 교류 1,500[V] 이하에서 동작하는 피뢰기

해설 특고압 가공전선로 전선 첨가설치 통신선의 시가지 인입 제한 (한국전기설비규정 362.5)
• RP_1: 교류 300[V] 이하에서 동작하고, 최소 감도전류가 3[A] 이하로서 최소 감도전류 때의 따라 움직임(응동)시간이 1사이클 이하이고 또한 전류 용량이 50[A], 20초 이상인 자동복구성(자복성)이 있는 릴레이 보안기
• L_1: 교류 1[kV] 이하에서 동작하는 피뢰기
• E_1 및 E_2: 접지
• H: 250[mA] 이하에서 동작하는 열 코일

369 ★★☆

특고압 가공전선로의 지지물에 첨가하는 통신선 보안장치에 사용되는 피뢰기의 동작전압은 교류 몇 [V] 이하인가?

① 300
② 600
③ 1,000
④ 1,500

해설 특고압 가공전선로 전선 첨가설치 통신선의 시가지 인입 제한 (한국전기설비규정 362.5)

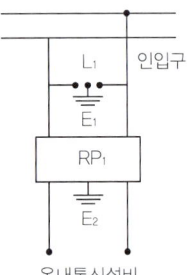

- RP₁: 교류 300[V] 이하에서 동작하고, 최소 감도전류가 3[A] 이하로서 최소 감도전류 때의 따라 움직임(응동)시간이 1사이클 이하이고 또한 전류 용량이 50[A], 20[초] 이상인 자동복구성(자복성)이 있는 릴레이 보안기
- L₁: 교류 1[kV] 이하에서 동작하는 피뢰기

370 ★☆☆

특고압 가공전선로의 지지물에 시설하는 통신선 또는 이것에 직접 접속하는 통신선일 경우에 설치하여야 할 보안장치로서 모두 옳은 것은?

① 특고압용 제2종 보안장치, 고압용 제2종 보안장치
② 특고압용 제1종 보안장치, 특고압용 제3종 보안장치
③ 특고압용 제2종 보안장치, 특고압용 제3종 보안장치
④ 특고압용 제1종 보안장치, 특고압용 제2종 보안장치

해설 특고압 가공전선로 전선 첨가설치 통신선의 시가지 인입 제한 (한국전기설비규정 362.5)

특고압 가공전선로의 지지물에 첨가하는 통신선 또는 이에 직접 접속하는 통신선과 시가지의 통신선과의 접속점에 특고압용 제1종 보안장치, 특고압용 제2종 보안장치 또는 이에 준하는 보안장치를 시설하여야 한다.

371 ★★☆

아래 그림은 전력보안통신설비의 보안장치이다. RP₁에 대한 설명으로 틀린 것은?

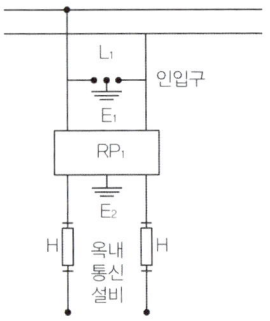

① 전류용량은 50[A]이다.
② 자동복구성(자복성)이 없는 릴레이 보안기이다.
③ 최소 감도전류 때의 따라 움직임(응동)시간이 1사이클 이하이다.
④ 교류 300[V] 이하에서 동작하고, 최소 감도전류가 3[A] 이하이다.

해설 특고압 가공전선로 전선 첨가설치 통신선의 시가지 인입 제한 (한국전기설비규정 362.5)

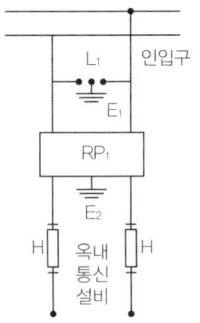

RP₁: 교류 300[V] 이하에서 동작하고, 최소 감도전류가 3[A] 이하로서 최소 감도전류 때의 따라 움직임(응동)시간이 1사이클 이하이고 또한 전류용량이 50[A], 20초 이상인 자동복구성(자복성)이 있는 릴레이 보안기
L₁: 교류 1[kV] 이하에서 동작하는 피뢰기
E₁ 및 E₂: 접지
H: 250[mA]이하에서 동작하는 열 코일

372 ★★☆

그림은 전력선 반송 통신용 결합장치의 보안장치이다. 그림에서 F는 무엇인가?

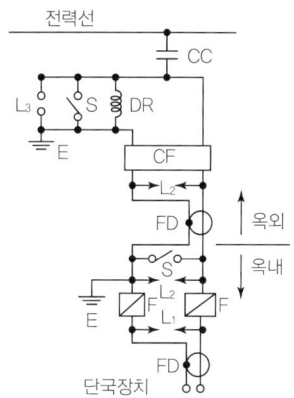

① 방전갭 ② 퓨즈
③ 배류 선륜 ④ 접지형 개폐기

해설 전력선 반송 통신용 결합장치의 보안장치(한국전기설비규정 362.11)

FD: 동축 케이블
F: 정격전류 10[A] 이하의 포장 퓨즈
DR: 전류용량 2[A] 이상의 배류 선륜
L_1: 교류 300[V] 이하에서 동작하는 피뢰기
L_2: 동작 전압이 교류 1.3[kV]를 초과하고 1.6[kV] 이하로 조정된 방전갭
L_3: 동작 전압이 교류 2[kV]를 초과하고 3[kV] 이하로 조정된 구상 방전갭
S: 접지용 개폐기
CF: 결합 필터
CC: 결합 커패시터(결합 안테나를 포함한다)
E: 접지

373 ★★☆

그림은 전력선 반송 통신용 결합장치의 보안장치이다. 여기에서 CC는 어떤 커패시터인가?

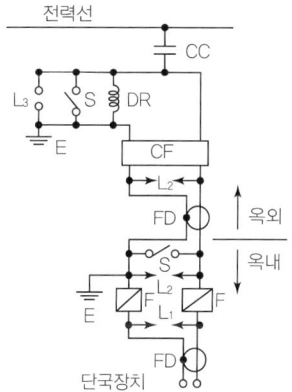

① 결합 커패시터 ② 전력용 커패시터
③ 정류용 커패시터 ④ 축전용 커패시터

해설 전력선 반송 통신용 결합장치의 보안장치(한국전기설비규정 362.11)

FD: 동축 케이블
F: 정격전류 10[A] 이하의 포장 퓨즈
DR: 전류 용량 2[A] 이상의 배류 선륜
L_1: 교류 300[V] 이하에서 동작하는 피뢰기
L_2: 동작 전압이 교류 1.3[kV]를 초과하고 1.6[kV] 이하로 조정된 방전갭
L_3: 동작 전압이 교류 2[kV]를 초과하고 3[kV] 이하로 조정된 구상 방전갭
S: 접지용 개폐기
CF: 결합 필터
CC: 결합 커패시터(결합 안테나 포함)
E: 접지

374 ★★☆

그림은 전력선 반송 통신용 결합장치의 보안장치이다. 여기에서 FD는 무엇인가?

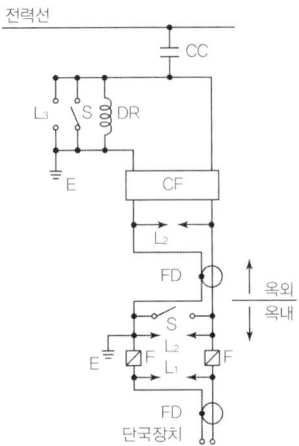

① 절연전선 ② 결합 필터
③ 동축 케이블 ④ 배류중계선륜

해설 전력선 반송 통신용 결합장치의 보안장치(한국전기설비규정 362.11)

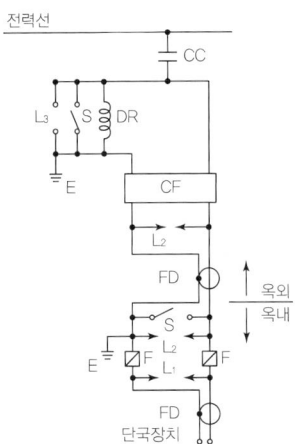

FD: 동축 케이블
F: 정격전류 10[A] 이하의 포장 퓨즈
DR: 전류용량 2[A] 이상의 배류 선륜
L_1: 교류 300[V] 이하에서 동작하는 피뢰기
L_2: 동작전압이 교류 1.3[kV]를 초과하고 1.6[kV] 이하로 조정된 방전갭
L_3: 동작전압이 교류 2[kV]를 초과하고 3[kV] 이하로 조정된 구상 방전갭
S: 접지용 개폐기
CF: 결합 필터
CC: 결합 커패시터(결합 안테나 포함)
E: 접지

375 ★★☆

그림은 전력선 반송 통신용 결합장치의 보안장치를 나타낸 것이다. S의 명칭으로 옳은 것은?

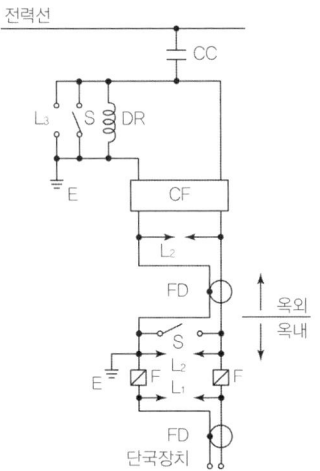

① 동축 케이블 ② 결합 콘덴서
③ 접지용 개폐기 ④ 구상용 방전갭

해설 전력선 반송 통신용 결합장치의 보안장치(한국전기설비규정 362.11)

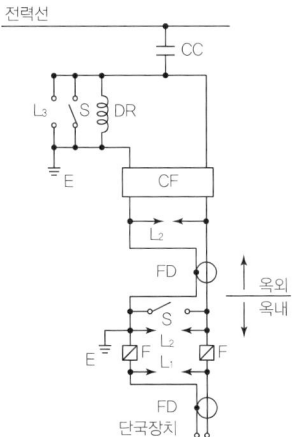

FD: 동축 케이블
F: 정격전류 10[A] 이하의 포장 퓨즈
DR: 전류 용량 2[A] 이상의 배류 선륜
L_1: 교류 300[V] 이하에서 동작하는 피뢰기
L_2: 동작 전압이 교류 1,300[V]를 초과하고 1,600[V] 이하로 조정된 방전갭
L_3: 동작 전압이 교류 2[kV]를 초과하고 3[kV] 이하로 조정된 구상 방전갭
S: 접지용 개폐기
CF: 결합 필터
CC: 결합 커패시터(결합 안테나 포함)
E: 접지

THEME 04 가공 통신 인입선 시설

376 ★☆☆
특고압 가공전선로의 지지물에 시설하는 가공 통신 인입선은 조영물의 붙임점에서 지표상의 높이를 몇 [m] 이상으로 하여야 하는가?(단, 교통에 지장이 없고 또한 위험의 우려가 없을 때에 한한다.)

① 2.5
② 3
③ 3.5
④ 4

해설 가공 통신 인입선 시설(한국전기설비규정 362.12)
특고압 가공전선로의 지지물에 시설하는 통신선 또는 이에 직접 접속하는 가공통신선의 지지물에서의 지지점 및 분기점 이외의 가공통신 인입선 부분의 높이 및 다른 가공약전류전선 등 사이의 간격(이격거리)은 교통에 지장이 없고 또한 위험의 우려가 없을 때에 한하여 노면상의 높이는 5[m] 이상, 조영물의 붙임점에서 지표상의 높이는 3.5[m] 이상으로 하여야 한다.

THEME 05 무선용 안테나

377 ★★★
무선용 안테나를 지지하는 목주의 풍압하중에 대한 안전율은?

① 1.2 이상
② 1.5 이상
③ 2.0 이상
④ 2.2 이상

해설 무선용 안테나 등을 지지하는 철탑 등의 시설(한국전기설비규정 364.1)
전력보안통신설비인 무선통신용 안테나를 지지하는 목주·철주·철근 콘크리트주 또는 철탑은 다음에 따라 시설하여야 한다.
• 목주는 풍압하중에 대한 안전율은 1.5 이상이어야 한다.
• 철주·철근 콘크리트주 또는 철탑의 기초 안전율은 1.5 이상이어야 한다.

378 ★★☆
전력보안통신설비의 무선용 안테나 등을 지지하는 철근 콘크리트주 또는 철탑의 기초 안전율은 얼마 이상이어야 하는가?

① 1.2
② 1.33
③ 1.5
④ 1.8

해설 무선용 안테나 등을 지지하는 철탑 등의 시설(한국전기설비규정 364.1)
전력보안통신설비인 무선통신용 안테나를 지지하는 목주·철주·철근 콘크리트주 또는 철탑은 다음에 따라 시설하여야 한다.
• 목주는 풍압하중에 대한 안전율은 1.5 이상이어야 한다.
• 철주·철근 콘크리트주 또는 철탑의 기초 안전율은 1.5 이상이어야 한다.

379 ★★★
전력보안통신설비인 무선통신용 안테나를 지지하는 철주의 풍압하중에 대한 안전율은 얼마 이상으로 해야 하는가?

① 0.5
② 0.9
③ 1.2
④ 1.5

해설 무선용 안테나 등을 지지하는 철탑 등의 시설(한국전기설비규정 364.1)
전력보안통신설비인 무선통신용 안테나를 지지하는 목주·철주·철근 콘크리트주 또는 철탑은 다음에 따라 시설하여야 한다.
• 목주는 풍압하중에 대한 안전율은 1.5 이상이어야 한다.
• 철주·철근 콘크리트주 또는 철탑의 기초 안전율은 1.5 이상이어야 한다.

| 정답 | 376 ③ 377 ② 378 ③ 379 ④

380 ★★☆

무선용 안테나 등을 지지하는 철탑의 기초 안전율은 얼마 이상이어야 하는가?

① 1.0 ② 1.5
③ 2.0 ④ 2.5

해설 무선용 안테나 등을 지지하는 철탑 등의 시설(한국전기설비규정 364.1)

전력보안 통신설비인 무선통신용 안테나를 지지하는 목주·철주·철근 콘크리트주 또는 철탑은 다음에 따라 시설하여야 한다.
- 목주는 풍압하중에 대한 안전율은 1.5 이상이어야 한다.
- 철주·철근 콘크리트주 또는 철탑의 기초 안전율은 1.5 이상이어야 한다.

381 ★☆☆

전력보안통신설비로 무선용 안테나 등의 시설에 관한 설명으로 옳은 것은?

① 항상 가공전선로의 지지물에 시설한다.
② 피뢰침 설비가 불가능한 개소에 시설한다.
③ 접지와 공용으로 사용할 수 있도록 시설한다.
④ 전선로의 주위 상태를 감시할 목적으로 시설한다.

해설 무선용 안테나 등의 시설 제한(한국전기설비규정 364.2)

무선용 안테나 및 화상감시용 설비 등은 전선로의 주위 상태를 감시할 목적으로 시설하는 것 이외에는 가공전선로의 지지물에 시설하여서는 아니 된다.

| 정답 | 380 ② 381 ④

에듀윌이
너를
지지할게
ENERGY

쉼은 멈춤이고,
쉼은 내려놓음이며,
쉼은 나눔입니다.

기계는 쉬지 않는 것이 능력이고
사람은 쉴 줄 아는 것이 능력입니다.

– 조정민, 『사람이 선물이다』, 두란노

전기사용장소의 시설

1. 배선설비
2. 조명설비
3. 특수설비

CBT 완벽대비 가능한 유형마스터 학습!

THEME	유형분석	관련 번호
THEME 01 배선설비	출제 비중이 높은 테마로, 나전선의 사용 제한에 대해서 확실하게 암기해 두고 가는 것이 좋습니다.	382~434
THEME 02 조명설비	코드의 사용 전압과, 콘센트의 시설, 점멸기의 시설 등을 구분지어 파악하는 것이 중요합니다. 또한 1[kV] 이하 방전등에 관한 표는 자주 출제되는 부분이므로 필수로 암기해야 합니다.	435~457
THEME 03 특수설비	전기울타리, 전기욕기 등의 내용으로 전로의 사용 전압에 따른 절연저항값을 확실하게 암기하고 있어야 합니다.	458~494

학습 효과를 높이는 N제 3회독 시스템

챕터별 전체 1회독이 끝났다면 회독 체크표에 날짜를 기입하고 체크표시를 해주세요.

| 회독 체크표 | ☐ 1회독 | 월 일 | ☐ 2회독 | 월 일 | ☐ 3회독 | 월 일 |

CHAPTER 07 전기사용장소의 시설

THEME 01 배선설비

382 ★★★
저압 옥내배선에 사용하는 연동선의 최소 굵기는 몇 [mm²]인가?

① 1.5
② 2.5
③ 4.0
④ 6.0

해설 저압 옥내배선의 사용전선(한국전기설비규정 231.3.1)
저압 옥내배선은 단면적 2.5[mm²] 이상의 연동선 또는 이와 동등 이상의 강도 및 굵기의 것이어야 한다.

383 ★☆☆
저압 옥내배선과 옥내 저압용의 전구선의 시설방법으로 틀린 것은?

① 쇼케이스 내의 배선에 0.75[mm²]의 캡타이어케이블을 사용하였다.
② 전광표시등용 전선으로 1.0[mm²]의 연동선을 사용하여 금속관에 넣어 시설하였다.
③ 전광표시장치의 배선으로 1.5[mm²]의 연동선을 사용하고 합성수지관에 넣어 시설하였다.
④ 조영물에 고정시키지 아니하고 백열전등에 이르는 전구선으로 0.55[mm²]의 케이블을 사용하였다.

해설 저압 옥내배선의 사용전선(한국전기설비규정 231.3.1)
전광표시등, 제어회로에 사용되는 연동선은 단면적 1.5[mm²] 이상을 사용하며 캡타이어케이블은 0.75[mm²] 이상을 사용한다.
[참고] 출제 오류로 인한 복수 정답 문제입니다.

384 ★★☆
400[V] 이하인 전광표시장치에 사용하는 저압 옥내배선을 금속관공사로 시설할 경우 연동선의 단면적은 몇 [mm²] 이상 사용하여야 하는가?

① 0.75
② 1.25
③ 1.5
④ 2.5

해설 저압 옥내배선의 사용전선(한국전기설비규정 231.3.1)
저압 옥내배선은 단면적 2.5[mm²] 이상의 연동선 또는 이와 동등 이상의 강도 및 굵기의 것. 다만, 400[V] 이하인 경우 다음에 의하여 시설할 수 있다.
- 전광표시장치 기타 이와 유사한 장치 또는 제어회로용 배선을 합성수지관, 금속관, 금속몰드, 금속덕트, 플로어덕트, 셀룰러덕트공사에 의하는 경우 단면적 1.5[mm²] 이상인 연동선
- 전광표시장치 등의 배선에 과전류가 생긴 때 자동차단장치를 시설한 경우 단면적 0.75[mm²] 이상인 다심 케이블 또는 다심 캡타이어케이블

385 ★★☆
저압 옥내배선의 사용전선으로 틀린 것은?

① 단면적 2.5[mm²] 이상의 연동선
② 사용전압이 400[V] 이하의 전광표시장치 배선 시 단면적 0.75[mm²] 이상의 다심 캡타이어케이블
③ 사용전압이 400[V] 이하의 전광표시장치 배선 시 단면적 1.5[mm²] 이상의 연동선
④ 사용전압이 400[V] 이하의 전광표시장치 배선 시 단면적 0.5[mm²] 이상의 다심 케이블

해설 저압 옥내배선의 사용전선(한국전기설비규정 231.3.1)
저압 옥내배선의 전선은 단면적 2.5[mm²] 이상의 연동선 또는 이와 동등 이상의 강도 및 굵기의 것을 사용해야 한다. 단, 옥내배선의 사용전압이 400[V] 이하인 경우로 다음 중 어느 하나에 해당하는 경우에는 그렇지 아니하다.
- 전광표시장치 기타 이와 유사한 장치 또는 제어회로 등에 사용하는 배선에 단면적 1.5[mm²] 이상의 연동선을 사용하고 이를 합성수지관공사·금속관공사·금속몰드공사·금속덕트공사·플로어덕트공사 또는 셀룰러덕트공사에 의하여 시설하는 경우
- 전광표시장치 기타 이와 유사한 장치 또는 제어회로 등의 배선에 단면적 0.75[mm²] 이상인 다심 케이블 또는 다심 캡타이어케이블을 사용하고 또한 과전류가 생겼을 때에 자동적으로 전로에서 차단하는 장치를 시설하는 경우

정답 382 ② 383 ②, ④ 384 ③ 385 ④

386 ★★☆

옥내배선의 사용전압이 400[V] 이하일 때 전광표시장치·기타 이와 유사한 장치 또는 제어회로 등의 배선에 다심 케이블을 시설하는 경우 배선의 단면적은 몇 [mm²] 이상인가?

① 0.75
② 1.5
③ 1
④ 2.5

해설 저압 옥내배선의 사용전선(한국전기설비규정 231.3.1)

저압 옥내배선은 2.5[mm²] 이상의 연동선 또는 이와 동등 이상의 강도 및 굵기의 것. 다만, 400[V] 이하인 경우 다음에 의하여 시설할 수 있다.
- 전광표시장치 기타 이와 유사한 장치 또는 제어회로 등에 사용하는 배선에 단면적 1.5[mm²] 이상의 연동선을 사용하고 이를 합성수지관, 금속관, 금속몰드, 금속덕트, 플로어덕트 또는 셀룰러덕트공사에 의하여 시설하는 경우
- 전광표시장치 기타 이와 유사한 장치 또는 제어회로 등의 배선에 단면적 0.75[mm²] 이상인 다심 케이블 또는 다심 캡타이어케이블을 사용하고 또한 과전류가 생겼을 때에 자동적으로 전로에서 차단하는 장치를 시설하는 경우
- 진열장 안에서 단면적 0.75[mm²] 이상인 코드 또는 캡타이어케이블을 사용하는 경우

387 ★☆☆

저압 옥내배선용 전선의 굵기는 연동선을 사용할 때 몇 [mm²] 이상의 것을 사용하여야 하는가?

① 0.75
② 1
③ 1.5
④ 2.5

해설 저압 옥내배선의 사용전선(한국전기설비규정 231.3.1)

저압 옥내배선은 2.5[mm²] 이상의 연동선 또는 이와 동등 이상의 강도 및 굵기의 것. 다만, 400[V] 이하인 경우 다음에 의하여 시설할 수 있다.
- 전광표시장치 기타 이와 유사한 장치 또는 제어회로 등에 사용하는 배선에 단면적 1.5[mm²] 이상의 연동선을 사용하고 이를 합성수지관, 금속관, 금속몰드, 금속덕트, 플로어덕트 또는 셀룰러덕트공사에 의하여 시설하는 경우
- 전광표시장치 기타 이와 유사한 장치 또는 제어회로 등의 배선에 단면적 0.75[mm²] 이상인 다심 케이블 또는 다심 캡타이어케이블을 사용하고 또한 과전류가 생겼을 때에 자동적으로 전로에서 차단하는 장치를 시설하는 경우
- 진열장 안에서 단면적 0.75[mm²] 이상인 코드 또는 캡타이어케이블을 사용하는 경우

388 ★★☆

배선공사 중 전선이 반드시 절연전선이 아니라도 상관없는 공사방법은?

① 금속관공사
② 합성수지관공사
③ 애자사용공사
④ 플로어덕트공사

해설 나전선의 사용 제한(한국전기설비규정 231.4)

옥내에 시설하는 저압전선은 다음의 경우를 제외하고 나전선을 사용하여서는 아니 된다.
- 애자공사에 의하여 전개된 곳에 다음의 전선을 시설하는 경우
  - 전기로용 전선
  - 전선의 피복 절연물이 부식하는 장소에 시설하는 전선
  - 취급자 이외의 자가 출입할 수 없도록 설비한 장소에 시설하는 전선
- 버스덕트공사에 의하여 시설하는 경우
- 라이팅덕트공사에 의하여 시설하는 경우
- 접촉 전선을 시설하는 경우

애자공사는 나전선을 사용할 수 있으므로 정답은 ③이다.

389 ★★☆

옥내배선에서 나전선을 사용할 수 없는 것은?

① 애자공사에 의하여 전개된 장소에 시설하는 경우로 전선의 피복 절연물이 부식하는 장소의 전선
② 애자공사에 의하여 전개된 장소에 시설하는 경우로 취급자 이외의 자가 출입할 수 없도록 설비한 장소의 전선
③ 전용의 개폐기 및 과전류 차단기가 시설된 전기기계기구의 저압 전선
④ 애자공사에 의하여 전개된 장소에 시설하는 경우로 전기로용 전선

해설 나전선의 사용 제한(한국전기설비규정 231.4)

옥내에 시설하는 저압전선은 다음의 경우를 제외하고 나전선을 사용하여서는 아니 된다.
- 애자공사에 의하여 전개된 곳에 다음의 전선을 시설하는 경우
  - 전기로용 전선
  - 전선의 피복 절연물이 부식하는 장소에 시설하는 전선
  - 취급자 이외의 자가 출입할 수 없도록 설비한 장소에 시설하는 전선
- 버스덕트공사에 의하여 시설하는 경우
- 라이팅덕트공사에 의하여 시설하는 경우
- 접촉 전선을 시설하는 경우

390 ★★☆
옥내에 시설하는 저압전선에 나전선을 사용할 수 있는 경우는?

① 버스덕트공사에 의하여 시설하는 경우
② 금속덕트공사에 의하여 시설하는 경우
③ 합성수지관공사에 의하여 시설하는 경우
④ 후강전선관공사에 의하여 시설하는 경우

> **해설** 나전선의 사용 제한(한국전기설비규정 231.4)
> 옥내에 시설하는 저압전선에는 나전선을 사용하여서는 아니 된다. 다만, 다음 중 어느 하나에 해당하는 경우에는 그러하지 아니하다.
> • 애자사용공사에 의하여 전개된 곳에 다음의 전선을 시설하는 경우
>   − 전기로용 전선
>   − 전선의 피복 절연물이 부식하는 장소에 시설하는 전선
>   − 취급자 이외의 자가 출입할 수 없도록 설비한 장소에 시설하는 전선
> • 버스덕트공사에 의하여 시설하는 경우
> • 라이팅덕트공사에 의하여 시설하는 경우
> • 접촉 전선을 시설하는 경우

391 ★★☆
옥내에 시설하는 저압 전선으로 나전선을 사용하고 공사방법으로 애자사용공사에 의하여 전개된 곳에 시설하는 방법이 아닌 것은?

① 전기로용 전선
② 금속덕트용 전선
③ 전선의 피복 절연물이 부식하는 장소에 시설하는 전선
④ 취급자 이외의 자가 출입할 수 없도록 설비한 장소에 시설하는 전선

> **해설** 나전선의 사용 제한(한국전기설비규정 231.4)
> 옥내에 시설하는 저압전선은 다음의 경우를 제외하고 나전선을 사용하여서는 아니 된다.
> • 애자공사에 의하여 전개된 곳에 다음의 전선을 시설하는 경우
>   − 전기로용 전선
>   − 전선의 피복 절연물이 부식하는 장소에 시설하는 전선
>   − 취급자 이외의 자가 출입할 수 없도록 설비한 장소에 시설하는 전선
> • 버스덕트공사에 의하여 시설하는 경우
> • 라이팅덕트공사에 의하여 시설하는 경우
> • 접촉 전선을 시설하는 경우

392 ★★☆
옥내에 시설하는 저압전선에 나전선을 사용할 수 있는 경우는?

① 금속관공사에 의하여 시설
② 합성수지관공사에 의하여 시설
③ 라이팅덕트공사에 의하여 시설
④ 취급자 이외의 자가 쉽게 출입할 수 있는 장소에 시설

> **해설** 나전선의 사용 제한(한국전기설비규정 231.4)
> 옥내에 시설하는 저압전선은 다음의 경우를 제외하고 나전선을 사용하여서는 아니 된다.
> • 애자공사에 의하여 전개된 곳에 다음 전선을 시설하는 경우
>   − 전기로용 전선
>   − 전선의 피복 절연물이 부식하는 장소에 시설하는 전선
>   − 취급자 이외의 자가 출입할 수 없도록 설비한 장소에 시설하는 전선
> • 버스덕트공사에 의해 시설하는 경우
> • 라이팅덕트공사에 의해 시설하는 경우
> • 접촉 전선을 시설하는 경우

393 ★★☆
옥내의 저압전선으로 나전선 사용이 허용되지 않는 경우는?

① 금속관공사에 의하여 시설하는 경우
② 버스덕트공사에 의하여 시설하는 경우
③ 라이팅덕트공사에 의하여 시설하는 경우
④ 애자공사에 의하여 전개된 곳에 전기로용 전선을 시설하는 경우

> **해설** 나전선의 사용 제한(한국전기설비규정 231.4)
> 옥내에 시설하는 저압전선에는 나전선을 사용하여서는 아니 된다. 다만, 다음의 어느 하나에 해당하는 경우에는 그러하지 아니하다.
> • 애자공사에 의하여 전개된 곳에 다음의 전선을 시설하는 경우
>   − 전기로용 전선
>   − 전선의 피복 절연물이 부식하는 장소에 시설하는 전선
>   − 취급자 이외의 자가 출입할 수 없도록 설비한 장소에 시설하는 전선
> • 버스덕트공사에 의하여 시설하는 경우
> • 라이팅덕트공사에 의하여 시설하는 경우
> • 접촉 전선을 시설하는 경우

| 정답 | 390 ① 391 ② 392 ③ 393 ①

394
수용가 설비의 인입구로부터 기기까지의 전압강하는 저압수전인 경우 조명인 경우는 몇 [%] 이하인가?

① 1[%] ② 3[%]
③ 5[%] ④ 6[%]

해설 수용가 설비에서의 전압강하(한국전기설비규정 232.3.9)

설비의 유형	조명[%]	기타[%]
저압으로 수전하는 경우	3	5
고압 이상으로 수전하는 경우	6	8

395
사무실 건물의 조명설비에 사용되는 백열전등 또는 방전등에 전기를 공급하는 옥내전로의 대지전압은 몇 [V] 이하인가?

① 250 ② 300
③ 350 ④ 400

해설 옥내전로의 대지전압의 제한(한국전기설비규정 231.6)
백열전등(전기스탠드 등 제외) 또는 방전등에 전기를 공급하는 옥내전로의 대지전압은 300[V] 이하이어야 한다.

396
전등 또는 방전등에 저압으로 전기를 공급하는 옥내의 전로의 대지전압은 몇 [V] 이하이어야 하는가?

① 100 ② 200
③ 300 ④ 400

해설 옥내전로의 대지전압의 제한(한국전기설비규정 231.6)
백열전등(전기스탠드 등 제외) 또는 방전등에 전기를 공급하는 옥내의 전로의 대지전압은 300[V] 이하이어야 한다.

397
애자공사에 의한 저압 옥내배선 시설 중 틀린 것은?

① 전선은 인입용 비닐절연전선일 것
② 전선 상호 간의 간격은 6[cm] 이상일 것
③ 전선의 지지점 간의 거리는 전선을 조영재의 윗면에 따라 붙일 경우에는 2[m] 이하일 것
④ 전선과 조영재 사이의 간격(이격거리)은 사용전압이 400[V] 이하인 경우에는 2.5[cm] 이상일 것

해설 애자공사(한국전기설비규정 232.56)
- 전선의 종류: 절연전선. 단, 옥외용 비닐절연전선(OW) 및 인입용 비닐절연전선(DV)은 제외한다.

전압		전선과 조영재와의 간격	전선 상호 간격	전선 지지점 간의 거리	
				조영재의 윗면 또는 옆면	조영재에 따라 시설하지 않는 경우
저압	400[V] 이하	25[mm] 이상			—
	400[V] 초과	건조한 장소 25[mm] 이상	0.06[m] 이상	2[m] 이하	6[m] 이하
		기타의 장소 45[mm] 이상			

398
사용전압이 380[V]인 옥내배선을 애자공사로 시설할 때 전선과 조영재 사이의 간격(이격거리)은 몇 [cm] 이상이어야 하는가?

① 2 ② 2.5
③ 4.5 ④ 6

해설 애자공사(한국전기설비규정 232.56)

전압		전선과 조영재와의 간격	전선 상호 간격	전선 지지점 간의 거리	
				조영재의 윗면 또는 옆면	조영재에 따라 시설하지 않는 경우
저압	400[V] 이하	25[mm] 이상			—
	400[V] 초과	건조한 장소 25[mm] 이상	0.06[m] 이상	2[m] 이하	6[m] 이하
		기타의 장소 45[mm] 이상			

399 ★★☆

애자공사를 습기가 많은 장소에 시설하는 경우 전선과 조영재 사이의 간격(이격거리)은 몇 [cm] 이상이어야 하는가? (단, 사용전압은 440[V]인 경우이다.)

① 2.0
② 2.5
③ 4.5
④ 6.0

해설 애자공사 시설조건(한국전기설비규정 232.56.1)

전압		전선과 조영재와의 간격	전선 상호 간격	전선 지지점 간의 거리	
				조영재의 윗면 또는 옆면	조영재에 따라 시설하지 않는 경우
저압	400[V] 이하	25[mm] 이상	0.06 [m] 이상	2[m] 이하	—
	400[V] 초과	건조한 장소: 25[mm] 이상			6[m] 이하
		기타의 장소: 45[mm] 이상			

400 ★★☆

애자공사에 의한 저압 옥내배선을 시설할 때 전선의 지지점 간의 거리는 전선을 조영재의 윗면에 따라 붙일 경우 몇 [m] 이하인가?

① 1.5
② 2
③ 2.5
④ 3

해설 애자공사(한국전기설비규정 232.56)

전압		전선과 조영재와의 간격	전선 상호 간격	전선 지지점 간의 거리	
				조영재의 윗면 또는 옆면	조영재에 따라 시설하지 않는 경우
저압	400[V] 이하	25[mm] 이상	0.06 [m] 이상	2[m] 이하	—
	400[V] 초과	건조한 장소: 25[mm] 이상			6[m] 이하
		기타의 장소: 45[mm] 이상			

401 ★★☆

애자공사에 의한 저압 옥내배선을 시설할 때 사용전압이 400[V] 초과인 경우 전선과 조영재와의 간격(이격거리)은 몇 [cm] 이상이어야 하는가?(단, 건조한 장소이다.)

① 2.5
② 5
③ 7.5
④ 10

해설 애자공사(한국전기설비규정 232.56)

전압		전선과 조영재와의 간격	전선 상호 간격	전선 지지점 간의 거리	
				조영재의 윗면 또는 옆면	조영재에 따라 시설하지 않는 경우
저압	400[V] 이하	25[mm] 이상	0.06 [m] 이상	2[m] 이하	—
	400[V] 초과	건조한 장소: 25[mm] 이상			6[m] 이하
		기타의 장소: 45[mm] 이상			

402 ★★☆

저압 옥내배선을 애자공사에 의하여 조영재의 옆면에 따라 시설하는 경우 전선 지지점 간의 거리는 몇 [m] 이하이어야 하는가?

① 1
② 2
③ 6
④ 8

해설 애자공사(한국전기설비규정 232.56)

전압		전선과 조영재와의 간격	전선 상호 간격	전선 지지점 간의 거리	
				조영재의 윗면 또는 옆면	조영재에 따라 시설하지 않는 경우
저압	400[V] 이하	25[mm] 이상	0.06 [m] 이상	2[m] 이하	—
	400[V] 초과	건조한 장소: 25[mm] 이상			6[m] 이하
		기타의 장소: 45[mm] 이상			

| 정답 | 399 ③ 400 ② 401 ① 402 ②

403 ★☆☆
금속제 가요전선관공사에 의한 저압 옥내배선의 시설기준으로 틀린 것은?

① 가요전선관 안에는 전선에 접속점이 없도록 한다.
② 옥외용 비닐절연전선을 제외한 절연전선을 사용한다.
③ 점검할 수 없는 은폐된 장소에는 1종 가요전선관을 사용할 수 있다.
④ 금속제 가요전선관을 사용하는 경우에 습기 많은 장소에 시설하는 때에는 비닐 피복 가요전선관으로 한다.

해설 금속제 가요전선관공사 시설조건(한국전기설비규정 232.13.1)
금속제 가요전선관 및 부속품의 시설(한국전기설비규정 232.13.3)
가요전선관공사에 의한 저압 옥내배선의 시설
- 전선은 절연전선(옥외용 비닐절연전선을 제외)일 것
- 전선은 연선일 것. 다만, 단면적 10[mm^2](알루미늄선은 단면적 16[mm^2]) 이하인 것은 그러하지 아니하다.
- 가요전선관 안에는 전선에 접속점이 없도록 할 것
- 가요전선관은 2종 금속제 가요전선관일 것. 다만, 전개된 장소이거나 점검할 수 있는 은폐된 장소(옥내배선의 사용전압이 400[V] 초과인 경우에는 전동기에 접속하는 부분으로서 가요성을 필요로 하는 부분에 사용하는 것에 한한다) 또는 점검 불가능한 은폐장소에 기계적 충격을 받을 우려가 없는 조건일 경우에는 1종 가요전선관(습기가 많은 장소 또는 물기가 있는 장소에는 비닐 피복 1종 가요전선관에 한한다)을 사용할 수 있다.
- 습기 많은 장소 또는 물기가 있는 장소에 시설하는 때에는 비닐 피복 가요전선관일 것

404 ★★☆
일반 주택의 저압 옥내배선을 점검하였더니 다음과 같이 시설되어 있었을 경우 시설기준에 적합하지 않은 것은?

① 합성수지관의 지지점 간의 거리를 2[m]로 하였다.
② 합성수지관 안에서 전선의 접속점이 없도록 하였다.
③ 금속관공사에 옥외용 비닐절연전선을 제외한 절연전선을 사용하였다.
④ 인입구에 가까운 곳으로서 쉽게 개폐할 수 있는 곳에 개폐기를 각 극에 시설하였다.

해설 저압 옥내전로 인입구에서의 개폐기의 시설(한국전기설비규정 212.6.2)
합성수지관공사 시설조건(한국전기설비규정 232.11.1)
합성수지관 및 부속품의 시설(한국전기설비규정 232.11.3)
금속관공사 시설조건(232.12.1)
- 저압 옥내전로에는 인입구에 가까운 곳으로서 쉽게 개폐할 수 있는 곳에 개폐기를 각 극에 시설하여야 한다.
- 전선은 합성수지관 안에서 접속점이 없도록 해야 한다.
- 합성수지관 지지점 간의 거리는 1.5[m] 이하로 하고, 또한 그 지지점은 관의 끝, 관과 박스의 접속점 및 관 상호 간의 접속점 등에 가까운 곳에 시설해야 한다.
- 금속관공사의 전선은 절연전선(옥외용 비닐절연전선을 제외한다)이어야 한다.

405 ★★★
금속제 가요전선관공사에 있어서 저압 옥내배선의 시설기준에 맞지 않는 것은?

① 전선은 절연전선일 것
② 가요전선관 안에는 전선에 접속점이 없을 것
③ 단선 사용 시 단면적 15[mm^2] 이하일 것
④ 일반적으로 가요전선관은 2종 금속제 가요전선관일 것

해설 금속제 가요전선관공사 시설조건(한국전기설비규정 232. 13.1)
가요전선관공사에 의한 저압 옥내배선의 시설
- 전선은 절연전선(옥외용 비닐절연전선을 제외한다)일 것
- 전선은 연선일 것(다만, 단면적 10[mm^2](알루미늄선은 단면적 16[mm^2]) 이하인 것은 그러하지 아니하다.)
- 가요전선관 안에는 전선에 접속점이 없도록 할 것
- 가요전선관은 2종 금속제 가요전선관일 것. 다만, 전개된 장소이거나 점검할 수 있는 은폐된 장소(옥내배선의 사용전압이 400[V] 초과인 경우에는 전동기에 접속하는 부분으로서 가요성을 필요로 하는 부분에 사용하는 것에 한한다) 또는 점검 불가능한 은폐장소에 기계적 충격을 받을 우려가 없는 조건일 경우에는 1종 가요전선관(습기가 많은 장소 또는 물기가 있는 장소에는 비닐 피복 1종 가요전선관에 한한다)을 사용할 수 있다.

406 ★☆☆
금속관공사에 의한 저압 옥내배선 시설에 대한 설명으로 잘못된 것은?

① 인입용 비닐절연전선을 사용했다.
② 18[mm²]의 알루미늄선을 사용했다.
③ 전선은 연선을 사용했다.
④ 금속관 안에서 접속점이 없도록 시설했다.

해설 금속관공사 시설조건(한국전기설비규정 232.12.1)
- 전선은 절연전선(옥외용 비닐절연전선을 제외한다)일 것
- 전선은 연선일 것. 다만, 다음의 것은 적용하지 않는다.
  - 짧고 가는 금속관에 넣은 것
  - 단면적 10[mm²](알루미늄선은 단면적 16[mm²]) 이하의 것
- 전선은 금속관 안에서 접속점이 없도록 할 것

407 ★★☆
합성수지관공사에 대한 설명 중 옳은 것은?

① 합성수지관 안에 전선의 접속점이 있어야 한다.
② 전선은 반드시 옥외용 비닐절연전선을 사용하여야 한다.
③ 합성수지관 내 단면적 6[mm²] 경동선을 넣을 수 없다.
④ 이중천장(반자 속 포함) 내에는 시설할 수 없다.

해설 합성수지관공사 시설조건(한국전기설비규정 232.11.1)
- 전선은 절연전선(옥외용 비닐절연전선을 제외한다)일 것
- 전선은 연선일 것. 다만, 다음의 것은 적용하지 않는다.
  - 짧고 가는 합성수지관에 넣은 것
  - 단면적 10[mm²](알루미늄선은 단면적 16[mm²]) 이하의 것
- 전선은 합성수지관 안에서 접속점이 없도록 할 것
- 중량물의 압력 또는 현저한 기계적 충격을 받을 우려가 없도록 시설할 것
- 이중천장(반자 속 포함) 내에는 시설할 수 없다.

408 ★★★
가요전선관공사에 의한 저압 옥내배선의 시설기준에 적합한 것은?

① 옥외용 비닐절연전선을 사용하였다.
② 2종 금속제 가요전선관을 사용하였다.
③ 전선관 안에서 전선을 접속하였다.
④ 전선은 연동선으로 단면적 16[mm²]의 단선을 사용하였다.

해설 금속제 가요전선관공사(한국전기설비규정 232.13)
- 전선은 절연전선(옥외용 비닐절연전선을 제외한다)일 것
- 전선은 연선일 것. 다만, 단면적 10[mm²](알루미늄선은 단면적 16[mm²]) 이하인 것은 그러하지 아니하다.
- 가요전선관 안에는 전선에 접속점이 없도록 할 것
- 가요전선관은 2종 금속제 가요전선관일 것

409 ★★★
가요전선관공사에 의한 저압 옥내배선으로 틀린 것은?

① 2종 금속제 가요전선관을 사용하였다.
② 전선으로 옥외용 비닐절연전선을 사용하였다.
③ 규격에 적당한 단면적 4[mm²]의 단선을 사용하였다.
④ 접지공사를 하였다.

해설 금속제 가요전선관공사(한국전기설비규정 232.13)
가요전선관공사에 의한 저압 옥내배선의 시설
- 전선은 절연전선(옥외용 비닐절연전선을 제외한다)일 것
- 전선은 연선일 것. 다만, 단면적 10[mm²](알루미늄선은 단면적 16[mm²]) 이하인 것은 그러하지 아니하다.
- 가요전선관 안에는 전선에 접속점이 없도록 할 것
- 가요전선관은 2종 금속제 가요전선관일 것
- 가요전선관공사는 접지공사를 할 것

410 ★★★
금속관공사에 의한 저압 옥내배선 시설에 대한 설명으로 틀린 것은?

① 인입용 비닐절연전선을 사용했다.
② 옥외용 비닐절연전선을 사용했다.
③ 짧고 가는 금속관에 단선을 사용했다.
④ 단면적 10[mm²] 이하의 전선을 사용했다.

해설 금속관공사(한국전기설비규정 232.12)
- 전선은 절연전선(옥외용 비닐절연전선을 제외)일 것
- 전선은 연선일 것. 다만, 다음의 것은 적용하지 않는다.
  - 짧고 가는 금속관에 넣은 것
  - 단면적 10[mm²](알루미늄선은 단면적 16[mm²]) 이하의 것
- 전선은 금속관 안에서 접속점이 없도록 할 것

411 ★★☆
금속제 가요전선관공사에 의한 저압 옥내배선 시설에 대한 설명으로 틀린 것은?

① 옥외용 비닐전선을 제외한 절연전선을 사용한다.
② 단면적 16[mm^2]의 알루미늄선을 사용했다.
③ 전선은 연선을 사용했다.
④ 가요전선관공사는 접지공사를 하지 않는다.

해설 금속제 가요전선관공사(한국전기설비규정 232.13)
가요전선관공사에 의한 저압 옥내배선의 시설
- 전선은 절연전선(옥외용 비닐절연전선을 제외한다)일 것
- 전선은 연선일 것. 다만, 단면적 10[mm^2](알루미늄선은 단면적 16[mm^2]) 이하인 것은 그러하지 아니하다.
- 관 상호 간 및 관과 박스 기타의 부속품은 견고하고 또한 전기적으로 완전하게 접속할 것
- 가요전선관공사는 접지공사를 할 것

412 ★★☆
금속관공사에서 절연부싱을 사용하는 가장 주된 목적은?

① 관의 끝이 터지는 것을 방지
② 관내 해충 및 이물질 출입 방지
③ 관의 끝 부분에서 조영재의 접촉 방지
④ 관의 끝 부분에서 전선 피복의 손상 방지

해설 금속관 및 부속품의 시설(한국전기설비규정 232.12.3)
관의 끝 부분에는 전선의 피복이 손상하지 아니하도록 부싱을 사용할 것

413 ★★☆
금속관공사에 의한 저압 옥내배선의 방법으로 틀린 것은?

① 전선으로 연선을 사용하였다.
② 옥외용 비닐절연전선을 사용하였다.
③ 콘크리트에 매설하는 관은 두께 1.2[mm] 이상을 사용하였다.
④ 금속관 안에서 접속점이 없도록 시설하였다.

해설 금속관공사(한국전기설비규정 232.12)
- 전선은 절연전선(옥외용 비닐절연전선을 제외한다)일 것
- 전선은 연선일 것. 다만, 다음의 것은 적용하지 않는다.
  - 짧고 가는 금속관에 넣은 것
  - 단면적 10[mm^2](알루미늄선은 단면적 16[mm^2]) 이하의 것
- 전선은 금속관 안에서 접속점이 없도록 할 것
- 콘크리트에 매설하는 금속관의 두께는 1.2[mm] 이상일 것

414 ★★☆
저압 옥내배선을 금속관공사에 의하여 시설하는 경우에 대한 설명 중 옳은 것은?

① 전선은 옥외용 비닐절연전선을 사용하여야 한다.
② 전선은 굵기에 관계없이 연선을 사용하여야 한다.
③ 콘크리트에 매설하는 금속관의 두께는 1.2[mm] 이상이어야 한다.
④ 금속관 내부에서 전선을 접속하였다.

해설 금속관공사(한국전기설비규정 232.12)
- 전선은 절연전선(옥외용 비닐절연전선을 제외한다)일 것
- 전선은 연선일 것. 다만, 다음의 것은 적용하지 않는다.
  - 짧고 가는 금속관에 넣은 것
  - 단면적 10[mm^2](알루미늄선은 단면적 16[mm^2]) 이하의 것
- 전선은 금속관 안에서 접속점이 없도록 할 것
- 콘크리트에 매설하는 금속관의 두께는 1.2[mm] 이상일 것

415 ★★☆
금속몰드 배선공사에 대한 설명으로 틀린 것은?

① 금속몰드 안에서 전선을 접속하였다.
② 접속점을 쉽게 점검할 수 있도록 시설할 것
③ 황동제 또는 동제의 몰드는 폭이 5[cm] 이하, 두께 0.5[mm] 이상인 것일 것
④ 몰드 상호 간에 전기적으로 완전하게 접속하였다.

해설 금속몰드공사(한국전기설비규정 232.22)
- 전선은 절연전선(옥외용 비닐절연 전선을 제외한다)일 것
- 금속몰드 안에는 전선에 접속점이 없도록 할 것
- 금속몰드의 사용전압이 400[V] 이하로 옥내의 건조한 장소로 전개된 장소 또는 점검할 수 있는 은폐장소에 한하여 시설할 수 있다.
- 황동제 또는 동제의 몰드는 폭이 50[mm] 이하, 두께 0.5[mm] 이상인 것일 것
- 몰드 상호 간 및 몰드 박스 기타의 부속품과는 견고하고 또한 전기적으로 완전하게 접속할 것

416 ★★☆
플로어덕트공사에 의한 저압 옥내배선에서 연선을 사용하지 않아도 되는 전선(구리선)의 단면적은 최대 몇 [mm²]인가?

① 2 ② 4
③ 6 ④ 10

해설 플로어덕트공사 시설조건(한국전기설비규정 232.32.1)
- 전선은 절연전선(옥외용 비닐절연전선을 제외한다)일 것
- 전선은 연선일 것. 다만, 단면적 10[mm²](알루미늄선은 단면적 16[mm²]) 이하인 것은 그러하지 아니하다.
- 플로어덕트 안에는 전선에 접속점이 없도록 할 것. 다만, 전선을 분기하는 경우에 접속점을 쉽게 점검할 수 있을 때에는 그러하지 아니하다.

417 ★★☆
플로어덕트공사에 사용하는 전선인 알루미늄선이 연선이 아닐 때 단면적은 최소 몇 [mm²]를 초과하여야 하는가?

① 6 ② 10
③ 16 ④ 25

해설 플로어덕트공사 시설조건(한국전기설비규정 232.32.1)
- 전선은 절연전선(옥외용 비닐절연전선을 제외한다)일 것
- 전선은 연선일 것. 다만, 단면적 10[mm²](알루미늄선은 단면적 16[mm²]) 이하인 것은 그러하지 아니하다.
- 플로어덕트 안에는 전선에 접속점이 없도록 할 것. 다만, 전선을 분기하는 경우에 접속점을 쉽게 점검할 수 있을 때에는 그러하지 아니하다.

418 ★★☆
버스덕트공사에 의한 저압 옥내배선 시설공사에 대한 설명으로 틀린 것은?

① 덕트(환기형의 것을 제외)의 끝부분은 막지 말 것
② 덕트 상호 간 및 전선 상호 간은 견고하고 또한 전기적으로 완전하게 접속할 것
③ 덕트(환기형의 것을 제외)의 내부에 먼지가 침입하지 아니하도록 할 것
④ 덕트를 조영재에 붙이는 경우에는 덕트의 지지점 간의 거리를 3[m] 이하로 하고 또한 견고하게 붙일 것

해설 버스덕트공사 시설조건(한국전기설비규정 232.61.1)
- 덕트 상호 간 및 전선 상호 간은 견고하고 또한 전기적으로 완전하게 접속할 것
- 덕트를 조영재에 붙이는 경우에는 덕트의 지지점 간의 거리를 3[m] 이하로 하고 또한 견고하게 붙일 것
- 덕트의 끝부분은 막을 것
- 덕트의 내부에 먼지가 침입하지 아니하도록 할 것
- 덕트는 접지공사를 할 것

| 정답 | 415 ① 416 ④ 417 ③ 418 ①

419 ★★☆
금속덕트공사에 적당하지 않은 것은?

① 전선은 절연전선을 사용한다.
② 덕트의 끝부분은 항시 개방시킨다.
③ 덕트 안에는 전선의 접속점이 없도록 한다.
④ 덕트의 안쪽 면 및 바깥 면에는 산화 방지를 위하여 아연도금을 한다.

해설 금속덕트공사(한국전기설비규정 232.31)
- 전선은 절연전선(옥외용 비닐절연전선을 제외한다)일 것
- 금속덕트 안에는 전선의 접속점이 없도록 할 것
- 덕트의 끝부분은 막을 것
- 안쪽 면 및 바깥 면에는 산화 방지를 위하여 아연도금 또는 이와 동등 이상의 효과를 가지는 도장을 한 것일 것

420 ★★★
라이팅덕트공사에 의한 저압 옥내배선 공사 시설기준으로 틀린 것은?

① 덕트의 끝부분은 막을 것
② 덕트는 조영재에 견고하게 붙일 것
③ 덕트는 조영재를 관통하여 시설할 것
④ 덕트의 지지점 간의 거리는 2[m] 이하로 할 것

해설 라이팅덕트공사 시설조건(한국전기설비규정 232.71.1)
- 덕트 상호 간 및 전선 상호 간은 견고하게 또한 전기적으로 완전히 접속할 것
- 덕트는 조영재에 견고하게 붙일 것
- 덕트의 지지점 간의 거리는 2[m] 이하로 할 것
- 덕트의 끝부분은 막을 것
- 덕트는 조영재를 관통하여 시설하지 아니할 것

421 ★★★
금속덕트공사에 의한 저압 옥내배선에서, 금속덕트에 넣은 전선의 단면적의 합계는 일반적으로 덕트 내부 단면적의 몇 [%] 이하이어야 하는가?(단, 전광표시장치 기타 이와 유사한 장치 또는 제어회로 등의 배선만을 넣는 경우는 제외한다.)

① 20 ② 30
③ 40 ④ 50

해설 금속덕트공사 시설조건(한국전기설비규정 232.31.1)
금속덕트에 넣은 전선의 단면적(절연피복의 단면적을 포함한다)의 합계는 덕트의 내부 단면적의 20[%](전광표시장치 기타 이와 유사한 장치 또는 제어회로 등의 배선만을 넣는 경우에는 50[%]) 이하일 것

422 ★★☆
금속덕트공사에 의한 저압 옥내배선공사 시설에 대한 설명으로 틀린 것은?

① 저압 옥내배선의 덕트에 접지공사를 한다.
② 금속덕트는 두께 1.0[mm] 이상인 철판으로 제작하고 덕트 상호 간에 완전히 접속한다.
③ 덕트를 조영재에 붙이는 경우 덕트 지지점 간의 거리를 3[m] 이하로 견고하게 붙인다.
④ 금속덕트에 넣은 전선의 단면적의 합계가 덕트의 내부 단면적의 20[%] 이하가 되도록 한다.

해설 금속덕트공사(한국전기설비규정 232.31)
금속덕트공사에 의한 저압 옥내배선은 다음에 따라 시설하여야 한다.
- 전선은 절연전선(옥외용 비닐절연전선을 제외한다)일 것
- 금속덕트에 넣은 전선의 단면적(절연피복의 단면적을 포함한다)의 합계는 덕트의 내부 단면적의 20[%](전광표시장치 기타 이와 유사한 장치 또는 제어회로 등의 배선만을 넣는 경우에는 50[%]) 이하일 것
- 덕트에 접지공사를 할 것
- 금속덕트 안에는 전선에 접속점이 없도록 할 것
- 폭이 40[mm] 이상이고 또한 두께가 1.2[mm] 이상인 철판 또는 동등 이상의 기계적 강도를 가지는 금속제의 것으로 견고하게 제작한 것일 것
- 덕트를 조영재에 붙이는 경우에는 덕트의 지지점 간의 거리를 3[m] 이하로 하고 또한 견고하게 붙일 것

423 ★★★

라이팅덕트공사에 의한 저압 옥내배선에서 덕트의 지지점 간의 거리는 몇 [m] 이하인가?

① 2　　② 3
③ 4　　④ 5

해설 라이팅덕트공사(한국전기설비규정 232.71)
- 라이팅덕트 지지점 간의 거리는 **2[m]** 이하일 것
- 라이팅덕트는 조영재를 관통하여 시설하지 말 것
- 덕트의 끝은 막을 것

424 ★★★

저압 옥내배선을 금속덕트공사로 할 경우 금속덕트에 넣는 전선의 단면적(절연 피복의 단면적 포함)의 합계는 덕트 내부 단면적의 몇 [%]까지 할 수 있는가?

① 20　　② 30
③ 40　　④ 50

해설 금속덕트공사(한국전기설비규정 232.31)
전선은 절연전선(OW 제외)으로 금속덕트에 넣는 전선의 단면적(절연 피복 포함) 합계는 덕트 내부 단면적의 **20[%]**(전광표시장치 기타 이와 유사한 장치 또는 제어회로용 배선만을 넣는 경우는 50[%]) 이하일 것

425 ★★☆

제어회로용 배선만을 금속덕트에 넣는 경우 전선의 단면적의 합계는 덕트의 내부 단면적의 몇 [%] 이하이어야 하는가?

① 10　　② 20
③ 32　　④ 50

해설 금속덕트공사(한국전기설비규정 232.31)
전선은 절연전선(OW 제외)으로 금속덕트에 넣는 전선의 단면적(절연 피복 포함)의 합계는 덕트 내부 단면적의 20[%](전광표시장치 기타 이와 유사한 장치 또는 제어회로용 배선만을 넣는 경우는 **50[%]**) 이하일 것

426 ★★☆

케이블공사에 의한 저압 옥내배선의 시설방법에 대한 설명으로 틀린 것은?

① 전선은 케이블 및 캡타이어케이블로 한다.
② 콘크리트 안에는 전선의 접속점을 만들지 아니한다.
③ 전선을 넣는 방호장치의 금속제 부분에는 접지공사를 한다.
④ 전선을 조영재의 옆면에 따라 붙이는 경우 전선의 지지점 간의 거리를 케이블은 3[m] 이하로 한다.

해설 케이블공사(한국전기설비규정 232.51)
케이블공사에 의한 저압 옥내배선은 다음에 따라 시설하여야 한다.
- 전선은 케이블 및 캡타이어케이블일 것
- 콘크리트 안에는 전선에 접속점을 만들지 아니할 것
- 전선을 조영재의 아랫면 또는 옆면에 따라 붙이는 경우에는 전선의 지지점 간의 거리를 케이블은 **2[m]**(사람이 접촉할 우려가 없는 곳에서 수직으로 붙이는 경우에는 6[m]) 이하 캡타이어케이블은 1[m] 이하로 하고 또한 그 피복을 손상하지 아니하도록 붙일 것
- 전선을 넣는 방호장치의 금속제 부분·금속제의 전선 접속함 및 전선의 피복에 사용하는 금속체에는 접지공사를 할 것

427 ★★☆

케이블트레이공사에 사용할 수 없는 케이블은?

① 연피 케이블　　② 난연성 케이블
③ 캡타이어케이블　　④ 알루미늄피 케이블

해설 케이블트레이공사(한국전기설비규정 232.41)
전선은 **연피 케이블**, **알루미늄피 케이블** 등 **난연성 케이블** 또는 기타 케이블(적당한 간격으로 연소(延燒)방지 조치를 하여야 한다) 또는 금속관 혹은 합성수지관 등에 넣은 절연전선을 사용하여야 한다.

정답 423 ①　424 ①　425 ④　426 ④　427 ③

428 ★★★
케이블트레이공사에 사용하는 케이블트레이에 적합하지 않은 것은?

① 비금속재 케이블트레이는 난연성 재료가 아니어도 된다.
② 금속재의 것은 방식처리를 한 것이거나 내식성 재료의 것이어야 한다.
③ 금속제 케이블트레이 계통은 기계적 및 전기적으로 완전하게 접속하여야 한다.
④ 케이블트레이가 방화구획의 벽 등을 관통하는 경우에 관통부는 불연성의 물질로 충전하여야 한다.

해설 케이블트레이의 선정(한국전기설비규정 232.41.2)
- 금속재의 것은 방식처리를 한 것이거나 내식성 재료의 것이어야 한다.
- 비금속재 케이블트레이는 난연성 재료의 것이어야 한다.
- 금속제 케이블트레이시스템은 기계적 및 전기적으로 완전하게 접속하여야 한다.
- 케이블트레이가 방화구획의 벽, 마루, 천장 등을 관통하는 경우에 관통부는 불연성의 물질로 충전하여야 한다.

429 ★★☆
케이블트레이공사에 사용하는 케이블트레이에 적합하지 않은 것은?

① 케이블트레이의 안전율은 1.7 이상이어야 한다.
② 금속재의 것은 내식성 재료의 것이어야 한다.
③ 전선의 피복 등을 손상시킬 돌기 등이 없이 매끈하여야 한다.
④ 지지대는 트레이 자체 하중과 포설된 케이블 하중을 견딜 수 있는 강도를 가져야 한다.

해설 케이블트레이의 선정(한국전기설비규정 232.41.2)
- 수용된 모든 전선을 지지할 수 있는 적합한 강도의 것이어야 한다. 이 경우 케이블트레이의 안전율은 1.5 이상으로 하여야 한다.
- 지지대는 트레이 자체 하중과 포설된 케이블 하중을 견딜 수 있는 강도를 가져야 한다.
- 전선의 피복 등을 손상시킬 돌기 등이 없이 매끈하여야 한다.
- 금속재의 것은 방식처리를 한 것이거나 내식성 재료의 것이어야 한다.
- 측면 레일 또는 이와 유사한 구조재를 부착하여야 한다.
- 배선의 방향 및 높이를 변경하는 데 필요한 부속재 또는 기구를 갖춘 것이어야 한다.
- 비금속제 케이블트레이는 난연성 재료의 것이어야 한다.

430 ★★☆
케이블을 지지하기 위하여 사용하는 금속제 케이블트레이의 종류가 아닌 것은?

① 사다리형 ② 통풍 밀폐형
③ 그물망(메시)형 ④ 바닥 밀폐형

해설 케이블트레이 공사(한국전기설비규정 232.41)
케이블트레이의 종류: 사다리형, 펀칭형, 그물망(메시)형, 바닥 밀폐형 기타 이와 유사한 구조물을 포함

431 ★★★
케이블트레이공사에 사용하는 케이블트레이의 시설기준으로 틀린 것은?

① 케이블트레이 안전율은 1.3 이상이어야 한다.
② 비금속제 케이블트레이는 난연성 재료의 것이어야 한다.
③ 전선의 피복 등을 손상시킬 돌기 등이 없이 매끈해야 한다.
④ 금속제 트레이는 접지공사를 하여야 한다.

해설 케이블트레이의 선정(한국전기설비규정 232.41.2)
- 수용된 모든 전선을 지지할 수 있는 적합한 강도의 것이어야 한다. 이 경우 케이블트레이의 안전율은 1.5 이상으로 하여야 한다.
- 전선의 피복 등을 손상시킬 수 있는 돌기 등이 없이 매끈하여야 한다.
- 금속제 케이블트레이 시스템은 기계적 또는 전기적으로 완전하게 접속하여야 하며 금속제 트레이는 접지공사를 하여야 한다.
- 비금속제 케이블드레이는 난연성 재료의 것이어야 한다.

432 ★★★
케이블트레이공사에 사용되는 케이블트레이가 수용되는 모든 전선을 지지할 수 있는 적합한 강도의 것일 경우 케이블트레이의 안전율은 얼마 이상으로 하여야 하는가?

① 1.1 ② 1.2
③ 1.3 ④ 1.5

해설 케이블트레이의 선정(한국전기설비규정 232.41.2)
- 케이블트레이의 안전율은 1.5 이상이어야 한다.
- 접선의 피복 등을 손상시킬 수 있는 돌기 등이 없이 매끈하여야 한다.
- 금속제 케이블트레이 계통은 기계적 또는 전기적으로 완전하게 접속하여야 한다.

433 ★★★

케이블트레이공사 적용 시 적합한 사항은?

① 난연성 케이블을 사용한다.
② 케이블트레이의 안전율은 2.0 이상으로 한다.
③ 케이블트레이 안에서 전선 접속은 허용하지 않는다.
④ 매끈하지 않은 전선을 사용한다.

해설 케이블 트레이공사(한국전기설비규정 232.41)
- 전선은 연피 케이블, 알루미늄피 케이블 등 난연성 케이블, 기타 케이블 또는 금속관 혹은 합성수지관 등에 넣은 절연전선을 사용하여야 한다.
- 수용된 모든 전선을 지지할 수 있는 적합한 강도의 것이어야 한다. 이 경우 케이블트레이의 안전율은 1.5 이상으로 하여야 한다.
- 금속제 케이블트레이시스템은 기계적 및 전기적으로 완전하게 접속하여야 하며 금속제 트레이는 접지공사를 하여야 한다.
- 전선의 피복 등을 손상시킬 수 있는 돌기 등이 없이 매끈하여야 한다.
- 금속재의 것은 방식처리를 한 것이나 내식성 재료의 것이어야 한다.
- 비금속제 케이블트레이는 난연성 재료의 것이어야 한다.

434 ★☆☆

사용전압이 440[V]인 이동기중기용 접촉전선을 애자사용공사에 의하여 옥내의 전개된 장소에 시설하는 경우 사용하는 전선으로 옳은 것은?

① 인장강도가 3.44[kN] 이상인 것 또는 지름 2.6[mm]의 경동선으로 단면적이 8[mm^2] 이상인 것
② 인장강도가 3.44[kN] 이상인 것 또는 지름 3.2[mm]의 경동선으로 단면적이 18[mm^2] 이상인 것
③ 인장강도가 11.2[kN] 이상인 것 또는 지름 6[mm]의 경동선으로 단면적이 28[mm^2] 이상인 것
④ 인장강도가 11.2[kN] 이상인 것 또는 지름 8[mm]의 경동선으로 단면적이 18[mm^2] 이상인 것

해설 옥내에 시설하는 저압 접촉전선 배선(한국전기설비규정 232.81)
저압 접촉전선을 애자공사에 의하여 옥내의 전개된 장소에 시설하는 경우에는 다음에 따라야 한다.
- 전선은 인장강도 11.2[kN] 이상의 것 또는 지름 6[mm]의 경동선으로 단면적이 28[mm^2] 이상인 것일 것. 다만, 사용전압이 400[V] 이하인 경우에는 인장강도 3.44[kN] 이상 또는 지름 3.2[mm] 이상의 경동선으로 단면적이 8[mm^2] 이상인 것을 사용할 수 있다.

THEME 02 조명설비

435 ★☆☆

옥내에 시설하는 사용전압이 400[V] 이상인 저압의 이동전선은 0.6/1[kV] EP 고무 절연 클로로프렌 캡타이어케이블로서 단면적이 몇 [mm^2] 이상이어야 하는가?

① 0.5
② 0.75
③ 1.25
④ 1.4

해설 코드 및 이동전선(한국전기설비규정 234.3)
옥내에서 조명용 전원코드 또는 이동전선을 습기가 많은 장소 또는 수분이 있는 장소에 시설할 경우에는 고무코드(사용전압이 400[V] 이하인 경우에 한함) 또는 0.6/1[kV] EP 고무절연 클로로프렌 캡타이어케이블로서 단면적이 0.75[mm^2] 이상인 것이어야 한다.

436 ★☆☆

아파트 세대 욕실에 "비데용 콘센트"를 시설하고자 한다. 다음의 시설방법 중 적합하지 않은 것은?

① 콘센트는 접지극이 없는 것을 사용한다.
② 습기가 많은 장소에 시설하는 콘센트는 방습장치를 하여야 한다.
③ 콘센트를 시설하는 경우에는 절연변압기(정격용량 3[kVA] 이하인 것에 한한다)로 보호된 전로에 접속하여야 한다.
④ 콘센트를 시설하는 경우에는 인체감전보호용 누전차단기(정격감도전류 15[mA] 이하, 동작시간 0.03초 이하의 전류동작형의 것에 한한다)로 보호된 전로에 접속하여야 한다.

해설 콘센트의 시설(한국전기설비규정 234.5)
욕조나 샤워시설이 있는 욕실 또는 화장실 등 인체가 물에 젖어있는 상태에서 전기를 사용하는 장소에 콘센트를 시설하는 경우에는 다음에 따라 시설하여야 한다.
- 「전기용품 및 생활용품 안전관리법」의 적용을 받는 인체감전보호용 누전차단기(정격감도전류 15[mA] 이하, 동작시간 0.03초 이하의 전류동작형의 것에 한한다) 또는 절연변압기(정격용량 3[kVA] 이하인 것에 한한다)로 보호된 전로에 접속하거나, 인체감전보호용 누전차단기가 부착된 콘센트를 시설하여야 한다.
- 콘센트는 접지극이 있는 방적형 콘센트를 사용하여 접지하여야 한다.
- 습기가 많은 장소 또는 수분이 있는 장소에 시설하는 콘센트 및 기계기구용 콘센트는 접지용 단자가 있는 것을 사용하여 접지하고 방습장치를 하여야 한다.

437 ★☆☆
욕조나 샤워시설이 있는 욕실 또는 화장실 등 인체가 물에 젖어있는 상태에서 전기를 사용하는 장소에 콘센트를 시설하는 경우에 적합한 누전차단기는?

① 정격감도전류 15[mA] 이하, 동작시간 0.03초 이하의 전류동작형 누전차단기
② 정격감도전류 15[mA] 이하, 동작시간 0.03초 이하의 전압동작형 누전차단기
③ 정격감도전류 20[mA] 이하, 동작시간 0.3초 이하의 전류동작형 누전차단기
④ 정격감도전류 20[mA] 이하, 동작시간 0.3초 이하의 전압동작형 누전차단기

해설 콘센트의 시설(한국전기설비규정 234.5)
욕조나 샤워시설이 있는 욕실 또는 화장실 등 인체가 물에 젖어있는 상태에서 전기를 사용하는 장소에 콘센트를 시설하는 경우에는 다음에 따라 시설하여야 한다.
• 「전기용품 및 생활용품 안전관리법」의 적용을 받는 인체감전보호용 누전차단기(정격감도전류 15[mA] 이하, 동작시간 0.03초 이하의 전류동작형의 것에 한한다) 또는 절연변압기(정격용량 3[kVA] 이하인 것에 한한다)로 보호된 전로에 접속하거나 인체감전보호용 누전차단기가 부착된 콘센트를 시설하여야 한다.

438 ★★☆
샤워 시설이 있는 욕실 등 인체가 물에 젖어 있는 상태에서 전기를 사용하는 장소에 콘센트를 시설할 경우 인체감전보호용 누전차단기의 정격감도전류는 몇 [mA] 이하인가?

① 5
② 10
③ 15
④ 20

해설 콘센트의 시설(한국전기설비규정 234.5)
욕조나 샤워 시설이 있는 욕실 또는 화장실 등 인체가 물에 젖어있는 상태에서 전기를 사용하는 장소에 콘센트를 시설하는 경우에는 다음에 따라 시설하여야 한다.
• 「전기용품 및 생활용품 안전관리법」의 적용을 받는 인체감전보호용 누전차단기(정격감도전류 15[mA] 이하, 동작시간 0.03초 이하의 전류동작형의 것에 한한다) 또는 절연변압기(정격용량 3[kVA] 이하인 것에 한한다)로 보호된 전로에 접속하거나, 인체감전보호용 누전차단기가 부착된 콘센트를 시설하여야 한다.
• 콘센트는 접지극이 있는 방적형 콘센트를 사용하여 접지하여야 한다.

439 ★★☆
점멸기의 시설에서 센서등(타임스위치 포함)을 시설하여야 하는 곳은?

① 공장
② 상점
③ 사무실
④ 아파트 현관

해설 점멸기의 시설(한국전기설비규정 234.6)
다음의 경우에는 센서등(타임스위치 포함)을 시설하여야 한다.
• 「관광진흥법」과 「공중위생관리법」에 의한 관광숙박업 또는 숙박업(여인숙업을 제외한다)에 이용되는 객실의 입구등은 1분 이내에 소등되는 것
• 일반주택 및 아파트 각 호실의 현관등은 3분 이내에 소등되는 것

440 ★★★
일반주택 및 아파트 각 호실의 현관등은 몇 분 이내에 소등되는 타임스위치를 시설하여야 하는가?

① 1분
② 3분
③ 5분
④ 10분

해설 점멸기의 시설(한국전기설비규정 234.6)
• 「관광진흥법」과 「공중위생관리법」에 의한 관광숙박업 또는 숙박업(여인숙업을 제외한다)에 이용되는 객실의 입구등은 1분 이내에 소등되는 것
• 일반주택 및 아파트 각 호실의 현관등은 3분 이내에 소등되는 것

441 ★★★
관광숙박업 또는 숙박업을 하는 객실의 입구등에 조명용 전등을 설치할 때는 몇 분 이내에 소등되는 타임스위치를 시설하여야 하는가?

① 1분
② 3분
③ 5분
④ 10분

해설 점멸기의 시설(한국전기설비규정 234.6)
• 「관광진흥법」과 「공중위생관리법」에 의한 관광숙박업 또는 숙박업(여인숙업을 제외한다)에 이용되는 객실의 입구등은 1분 이내에 소등되는 것
• 일반주택 및 아파트 각 호실의 현관등은 3분 이내에 소등되는 것

| 정답 | 437 ① | 438 ③ | 439 ④ | 440 ② | 441 ① |

442 ★☆☆
조명용 전등의 시설에 대한 설명으로 틀린 것은?

① 가정용 전등은 등기구마다 점멸이 가능하도록 한다.
② 국부 조명설비는 그 조명대상에 따라 점멸할 수 있도록 시설한다.
③ 일반주택 및 아파트 각 호실의 현관등은 3분 이내에 소등되도록 한다.
④ 「관광진흥법」과 「공중위생관리법」에 의한 숙박업에 이용되는 객실의 입구등은 5분 이내에 소등되도록 한다.

해설 점멸기의 시설(한국전기설비규정 234.6)
- 가정용 전등은 매 등기구마다 점멸이 가능하도록 할 것
- 다음의 경우에는 센서등(타임스위치 포함)을 시설하여야 한다.
  - 「관광진흥법」과 「공중위생관리법」에 의한 관광숙박업 또는 숙박업(여인숙업을 제외한다)에 이용되는 객실의 입구등은 1분 이내에 소등되는 것
  - 일반주택 및 아파트 각 호실의 현관등은 3분 이내에 소등되는 것
- 국부 조명설비는 그 조명대상에 따라 점멸할 수 있도록 시설할 것

443 ★☆☆
건조한 곳에 시설하고 또한 내부를 건조한 상태로 사용하는 진열장 안의 사용전압이 400[V] 이하의 배선을 외부에서 보기 쉬운 곳에 한하여 코드 또는 캡타이어케이블을 직접 조영재에 밀착하여 배선할 수 있다. 이때 배선의 단면적은 몇 [mm^2] 이상의 코드 또는 캡타이어케이블인가?

① 0.5
② 0.75
③ 1.0
④ 1.2

해설 진열장 또는 이와 유사한 것의 내부 배선(한국전기설비규정 234.8)
- 건조한 장소에 시설하고 또한 내부를 건조한 상태로 사용하는 진열장 또는 이와 유사한 것의 내부에 사용전압이 400[V] 이하의 배선을 외부에서 잘 보이는 장소에 한하여 코드 또는 캡타이어케이블로 직접 조영재에 밀착하여 배선할 수 있다.
- 배선은 단면적 0.75[mm^2] 이상의 코드 또는 캡타이어케이블일 것
- 위에서 규정한 배선 또는 이것에 접속하는 이동전선과 다른 사용전압이 400[V] 이하인 배선과의 접속은 꽂음 플러그 접속기 기타 이와 유사한 기구를 사용하여 시공하여야 한다.

444 ★☆☆
진열장 내의 배선으로 사용전압 400[V] 이하에 사용하는 코드 또는 캡타이어케이블의 최소 단면적은 몇 [mm^2]인가?

① 1.25
② 1.0
③ 0.75
④ 0.5

해설 진열장 또는 이와 유사한 것의 내부 배선(한국전기설비규정 234.8)
- 건조한 장소에 시설하고 또한 내부를 건조한 상태로 사용하는 진열장 또는 이와 유사한 것의 내부에 사용전압이 400[V] 이하의 배선을 외부에서 잘 보이는 장소에 한하여 코드 또는 캡타이어케이블로 직접 조영재에 밀착하여 배선할 수 있다.
- 배선은 단면적 0.75[mm^2] 이상의 코드 또는 캡타이어케이블일 것
- 배선 또는 이것에 접속하는 이동전선과 다른 사용전압이 400[V] 이하인 배선과의 접속은 꽂음 플러그 접속기 기타 이와 유사한 기구를 사용하여 시공하여야 한다.

445 ★★☆
건조한 곳에 시설하고 또한 내부를 건조한 상태로 사용하는 진열장 안의 저압 옥내배선공사에 사용할 수 있는 전압은 몇 [V] 이하인가?

① 110
② 220
③ 400
④ 380

해설 진열장 또는 이와 유사한 것의 내부배선(한국전기설비규정 234.8)
건조한 곳에 시설하고 내부를 건조한 상태로 사용하는 진열장 또는 진열장 안의 사용전압이 400[V] 이하인 저압 옥내배선은 외부에서 보기 쉬운 곳에 한하여 단면적 0.75[mm^2] 이상의 코드 또는 캡타이어케이블로 직접 조영재에 밀착하여 배선할 수 있다.

446 ★★☆
전주외등의 시설 시 사용하는 공사방법으로 틀린 것은?

① 애자공사 ② 케이블공사
③ 금속관공사 ④ 합성수지관공사

해설 전주외등 배선(한국전기설비규정 234.10.3)
배선은 단면적 2.5[mm²] 이상의 절연전선 또는 이와 동등 이상의 절연성능이 있는 것을 사용하고 다음 공사방법 중에서 시설하여야 한다.
- 케이블공사
- 합성수지관공사
- 금속관공사

447 ★★☆
옥내에 시설하는 사용전압이 400[V] 초과, 1,000[V] 이하인 전개된 장소로서 건조한 장소가 아닌 기타의 장소의 관등회로 배선공사로서 적합한 것은?

① 애자공사 ② 금속몰드공사
③ 금속덕트공사 ④ 합성수지몰드공사

해설 관등회로의 배선(한국전기설비규정 234.11.4)
관등회로의 사용전압이 400[V] 초과이고, 1[kV] 이하인 전개된 장소로서 건조한 장소가 아닌 기타의 장소의 관등회로는 애자공사를 하여야 한다.

448 ★★★
1[kV] 이하 방전등에 전기를 공급하는 옥내전로의 대지전압은 몇 [V] 이하이어야 하는가?

① 150 ② 300
③ 400 ④ 600

해설 1[kV] 이하 방전등(한국전기설비규정 234.11)
- 관등회로의 사용전압이 1[kV] 이하인 방전등을 옥내에 시설할 경우에 적용한다.
- 방전등을 옥측 또는 옥외에 시설할 경우에도 이 규정에 의한다.
- 방전등에 전기를 공급하는 전로의 대지전압은 300[V] 이하로 하여야 하며, 다음에 의하여 시설하여야 한다. 다만, 대지전압이 150[V] 이하의 것은 적용하지 않는다.
  - 방전등은 사람이 접촉될 우려가 없도록 시설할 것
  - 방전등용 안정기는 옥내배선과 직접 접속하여 시설할 것

449 ★★☆
관등회로의 사용전압이 1[kV] 이하인 방전등을 옥내에 시설할 경우, 방전등에 전기를 공급하는 전로의 대지전압을 몇 [V] 이하로 하여야 하는가?

① 100 ② 150
③ 300 ④ 450

해설 1[kV] 이하 방전등(한국전기설비규정 234.11)
- 관등회로의 사용전압이 1[kV] 이하인 방전등을 옥내에 시설할 경우에 적용한다.
- 방전등을 옥측 또는 옥외에 시설할 경우에도 이 규정에 의한다.
- 방전등에 전기를 공급하는 전로의 대지전압은 300[V] 이하로 하여야 하며, 다음에 의하여 시설하여야 한다. 다만, 대지전압이 150[V] 이하의 것은 적용하지 않는다.
  - 방전등은 사람이 접촉될 우려가 없도록 시설할 것
  - 방전등용 안정기는 옥내배선과 직접 접속하여 시설할 것

450 ★☆☆
사용전압이 400[V] 미만인 쇼윈도 또는 쇼케이스 안의 배선공사에 캡타이어케이블을 사용하여 직접 조영재에 접촉하여 시설하는 경우 전선의 붙임점 간의 거리는 최대 몇 [m] 이하로 하는가?

① 0.3 ② 0.5
③ 0.7 ④ 1

해설 진열장 또는 이와 유사한 것의 내부 관등회로 배선(한국전기설비규정 234.11.5)
- 전선은 단면적이 0.75[mm²] 이상인 코드 또는 캡타이어케이블일 것
- 전선은 건조한 목재·석재 등 기타 이와 유사한 절연성이 있는 조영재에 그 피복을 손상하지 아니하도록 기구로 붙일 것
- 전선의 붙임점 간의 거리는 1[m] 이하로 하고 또한 배선에는 전구 또는 기구의 중량을 지지시키지 아니할 것

| 정답 | 446 ① 447 ① 448 ② 449 ③ 450 ④

451 ★☆☆
다음 중 옥내의 네온방전등을 공사하는 방법으로 옳은 것은?

① 전선 상호 간의 간격은 4[cm] 이상일 것
② 관등회로의 배선은 점검할 수 없는 은폐된 장소에 시설할 것
③ 관등회로의 배선은 애자사용공사에 의할 것
④ 전선의 지지점 간의 거리는 2[m] 이하로 할 것

해설 네온방전등 관등회로의 배선(한국전기설비규정 234.12.3)
옥내에 시설하는 관등회로의 배선은 애자공사에 의하여 시설하고 또한 다음에 의할 것
- 전선은 네온관용 전선을 사용할 것
- 배선은 외상을 받을 우려가 없고 사람이 접촉될 우려가 없는 노출장소에 시설할 것
- 전선은 조영재의 옆면 또는 아랫면에 붙일 것. 다만, 전선을 노출된 장소에 시설하는 경우에 공사 여건상 부득이한 때에는 조영재의 윗면에 부착할 수 있다.
- 전선의 지지점 간의 거리는 1[m] 이하로 할 것
- 전선 상호 간의 간격(이격거리)은 60[mm] 이상일 것

452 ★★☆
옥내의 네온방전등 공사의 방법으로 옳은 것은?

① 전선 상호 간의 간격은 6[cm] 이상일 것
② 관등회로의 배선은 케이블공사에 의할 것
③ 전선의 지지점 간의 거리는 2[m] 이하로 할 것
④ 관등회로의 배선은 점검할 수 없는 은폐된 장소에 시설할 것

해설 네온방전등(관등회로의 배선)(한국전기설비규정 234.12.3)
옥내에 시설하는 관등회로의 배선은 애자공사에 의하여 시설하고 또한 다음에 의할 것
- 전선은 네온관용 전선일 것
- 전선은 조영재의 옆면 또는 아랫면에 붙일 것. 다만, 전선을 노출된 장소에 시설하는 경우에 공사 여건상 부득이한 때에는 조영재의 윗면에 부착할 수 있다.
- 배선은 외상을 받을 우려가 없고 사람이 접촉될 우려가 없는 노출장소 또는 점검할 수 있는 은폐장소에 시설할 것
- 전선의 지지점 간의 거리는 1[m] 이하일 것
- 전선 상호 간의 간격은 60[mm] 이상일 것

453 ★★☆
수중조명등에 전기를 공급하기 위해 사용되는 절연변압기에 대한 설명으로 틀린 것은?

① 절연변압기 2차 측 전로의 사용전압은 150[V] 이하이어야 한다.
② 절연변압기의 2차 측 전로에는 반드시 접지공사를 하며, 그 저항값은 5[Ω] 이하가 되도록 하여야 한다.
③ 절연변압기 2차 측 전로의 사용전압이 30[V] 이하인 경우에는 1차 권선과 2차 권선 사이에 금속제의 혼촉방지판이 있어야 한다.
④ 절연변압기의 2차 측 전로의 사용전압이 30[V]를 초과하는 경우에는 그 전로에 지락이 생겼을 때에 자동적으로 전로를 차단하는 장치가 있어야 한다.

해설 수중조명등(한국전기설비규정 234.14)
- 절연변압기의 2차 측 전로의 사용전압은 150[V] 이하일 것
- 절연변압기의 2차 측 전로는 접지하지 말 것
- 수중조명등의 절연변압기는 그 2차 측 전로의 사용전압이 30[V] 이하인 경우는 1차 권선과 2차 권선 사이에 금속제의 혼촉방지판을 설치한다.
- 수중조명등의 절연변압기는 2차 측 전로의 사용전압이 30[V]를 초과하는 경우에는 그 전로에 지락이 생겼을 때에 자동적으로 전로를 차단하는 정격감도전류 30[mA] 이하의 누전차단기를 시설하여야 한다.

454 ★★☆
수중조명등에 사용되는 절연변압기의 2차 측 전로의 사용전압이 몇 [V]를 초과하는 경우에는 그 전로에 지락이 생겼을 때 자동적으로 전로를 차단하는 장치를 하여야 하는가?

① 30　　　② 60
③ 150　　④ 300

해설 수중조명등(한국전기설비규정 234.14)
수중조명등은 2차 측 전로의 사용전압이 30[V]를 초과하는 경우에는 그 전로에 지락이 생겼을 때 자동적으로 전로를 차단하는 정격감도전류 30[mA] 이하의 누전차단기를 할 것

455 ★★☆
교통신호등 회로의 사용전압이 몇 [V]를 넘는 경우는 전로에 지락이 생겼을 경우 자동적으로 전로를 차단하는 누전차단기를 시설하는가?

① 60
② 150
③ 300
④ 450

해설 교통신호등 누전차단기(한국전기설비규정 234.15.6)
교통신호등 회로의 사용전압이 150[V]를 넘는 경우는 전로에 지락이 생겼을 경우 자동적으로 전로를 차단하는 누전차단기를 시설할 것

456 ★★☆
교통신호등 제어장치의 2차 측 배선의 최대 사용전압은 몇 [V] 이하이어야 하는가?

① 150
② 250
③ 300
④ 400

해설 교통신호등 사용전압(한국전기설비규정 234.15.1)
교통신호등 제어장치의 2차 측 배선의 최대 사용전압은 300[V] 이하이어야 한다.

457 ★★☆
교통신호등의 시설기준에 관한 내용으로 틀린 것은?

① 제어장치의 금속제 외함에는 접지공사를 한다.
② 교통신호등 회로의 사용전압은 300[V] 이하로 한다.
③ 교통신호등 회로의 인하선은 지표상 2[m] 이상으로 시설한다.
④ LED를 광원으로 사용하는 교통신호등의 설치는 KS C 7528 'LED 교통신호등'에 적합한 것을 사용한다.

해설 교통신호등의 인하선(한국전기설비규정 234.15.4)
교통신호등의 전구에 접속하는 인하선의 지표상의 높이는 2.5[m] 이상일 것

THEME 03 특수설비

458 ★★☆
전기울타리의 시설에 관한 규정 중 틀린 것은?

① 전선과 수목 사이의 간격(이격거리)은 50[cm] 이상이어야 한다.
② 전기울타리는 사람이 쉽게 출입하지 아니하는 곳에 설치하여야 한다.
③ 전선은 인장강도 1.38[kN] 이상의 것 또는 지름 2[mm] 이상의 경동선이어야 한다.
④ 전기울타리용 전원장치에 전기를 공급하는 전로의 사용전압은 250[V] 이하이어야 한다.

해설 전기울타리의 시설(한국전기설비규정 241.1.3)
- 전기울타리는 사람이 쉽게 출입하지 아니하는 곳에 시설할 것
- 전선은 인장강도 1.38[kN] 이상의 것 또는 지름 2[mm] 이상의 경동선일 것
- 전선과 이를 지지하는 기둥 사이의 간격(이격거리)은 25[mm] 이상일 것
- 전선과 다른 시설물(가공전선을 제외한다) 또는 수목과의 간격(이격거리)은 0.3[m] 이상일 것
- 전기울타리용 전원장치에 전원을 공급하는 전로의 사용전압은 250[V] 이하일 것

459 ★★★
목장에서 가축의 탈출을 방지하기 위하여 전기울타리를 시설하는 경우 전선은 인장강도가 몇 [kN] 이상의 것이어야 하는가?

① 1.38
② 2.78
③ 4.43
④ 5.93

해설 전기울타리의 시설(한국전기설비규정 241.1.3)
- 전기울타리는 사람이 쉽게 출입하지 아니하는 곳에 시설할 것
- 전선은 인장강도 1.38[kN] 이상의 것 또는 지름 2[mm] 이상의 경동선일 것
- 전선과 이를 지지하는 기둥 사이의 간격(이격거리)은 25[mm] 이상일 것
- 전선과 다른 시설물(가공전선을 제외한다) 또는 수목과의 간격(이격거리)은 0.3[m] 이상일 것

460 ★★☆
전기울타리용 전원장치에 전기를 공급하는 전로의 사용전압은 몇 [V] 이하이어야 하는가?

① 150 ② 200
③ 250 ④ 300

해설 전기울타리(한국전기설비규정 241.1)
- 사용전압: 250[V] 이하
- 전선: 지름 2[mm] 이상의 경동선
- 전선과 이를 지지하는 기둥과의 간격(이격거리)은: 25[mm] 이상
- 전선과 다른 시설물 또는 수목과의 간격(이격거리)은: 0.3[m] 이상

461 ★★☆
전기욕기에 전기를 공급하기 위한 전원장치에 내장되어 있는 전원변압기의 2차 측 전로의 사용전압은 몇 [V] 이하인 것을 사용하여야 하는가?

① 5   ② 10
③ 20 ④ 30

해설 전기욕기 전원장치(한국전기설비규정 241.2.1)
- 전기욕기에 전기를 공급하기 위한 전기욕기용 전원장치(내장되는 전원변압기의 2차 측 전로의 사용전압이 10[V] 이하인 것에 한한다.)는 「전기용품 및 생활용품 안전관리법」에 의한 안전기준에 적합하여야 한다.
- 전기욕기용 전원장치는 욕실 이외의 건조한 곳으로서 취급자 이외의 자가 쉽게 접촉하지 아니하는 곳에 시설하여야 한다.

462 ★★☆
전기온상용 발열선은 그 온도가 몇 [℃]를 넘지 않도록 시설하여야 하는가?

① 50   ② 60
③ 80   ④ 100

해설 발열선의 시설(한국전기설비규정 241.5.2)
전기온상의 발열선의 시설은 다음에 의하여 시설하여야 한다.
- 발열선은 그 온도가 80[℃]를 넘지 않도록 시설할 것
- 발열선 및 발열선에 직접 접속하는 전선은 전기온상선일 것
- 발열선 및 발열선에 직접 접속하는 전선은 손상을 받을 우려가 있는 경우에는 방호장치를 할 것

463 ★★☆
자동적으로 차단하는 보호장치를 설치한 전격살충기의 전격격자는 지표 또는 바닥에서 몇 [m] 이상의 높은 곳에 시설하여야 하는가?

① 1.8 ② 2
③ 2.8 ④ 3.5

해설 전격살충기의 시설(한국전기설비규정 241.7.1)
전격살충기는 다음에 따라 시설하여야 한다.
- 전격살충기는 지표상 또는 바닥에서 3.5[m] 이상의 높이가 되도록 시설한다. 다만, 자동적으로 차단하는 보호장치를 설치한 것은 지표상 또는 바닥에서 1.8[m] 높이까지로 감할 수 있다.
- 전격살충기의 전격격자와 다른 시설물 또는 식물 사이의 간격(이격거리)은 0.3[m] 이상일 것

464 ★★☆
전격살충기의 시설방법으로 틀린 것은?

① 「전기용품 및 생활용품 안전관리법」의 적용을 받은 것을 설치한다.
② 전용 개폐기를 가까운 곳에 쉽게 개폐할 수 있게 시설한다.
③ 전격격자가 지표상 3.5[m] 높이가 되도록 시설한다.
④ 전격격자와 다른 시설물 사이의 간격(이격거리)은 20[cm] 이상으로 한다.

해설 전격살충기의 시설(한국전기설비규정 241.7.1)
- 전격살충기에 전기를 공급하는 전로에는 전용 개폐기를 전격살충기에서 가까운 곳에 쉽게 개폐할 수 있도록 시설할 것
- 전격살충기는 전격격자가 지표상 또는 바닥에서 3.5[m] 이상의 높이가 되도록 시설할 것. 다만, 2차 측 개방 전압이 7[kV] 이하인 절연변압기를 사용하고 또한 보호격자의 내부에 사람이 손을 넣거나 보호격자에 사람이 접촉할 때에 절연변압기의 1차 측 전로를 자동적으로 차단하는 보호장치를 설치한 것은 지표상 또는 바닥에서 1.8[m] 높이까지로 감할 수 있다.
- 전격살충기의 전격격자와 다른 시설물 또는 식물 사이의 간격(이격거리)은 0.3[m] 이상일 것
- 전격살충기를 시설한 곳에는 위험표시를 할 것
- 「전기용품 및 생활용품 안전관리법」의 적용을 받는 것일 것

465 ★★★
전격살충기는 전격격자가 지표상 또는 바닥에서 몇 [m] 이상이 되도록 설치하여야 하는가?

① 1.5
② 2.5
③ 3.5
④ 4.5

해설 전격살충기의 시설(한국전기설비규정 241.7.1)
전격살충기는 다음에 따라 시설한다.
- 전격살충기는 「전기용품 및 생활용품 안전관리법」의 적용을 받는 것
- 전격살충기에 전기를 공급하는 전로에는 전용 개폐기를 전격살충기에서 가까운 곳에 쉽게 개폐할 수 있도록 시설
- 전격살충기는 전격격자가 지표상 또는 바닥에서 3.5[m] 이상의 높이가 되도록 시설할 것. 다만, 2차 측 개방 전압이 7[kV] 이하인 절연변압기를 사용하고 또한 보호격자의 내부에 사람이 손을 넣거나 보호격자에 사람이 접촉할 때에 절연변압기의 1차 측 전로를 자동적으로 차단하는 보호장치를 설치한 것은 지표상 또는 바닥에서 1.8[m] 높이까지로 감할 수 있다.
- 전격살충기의 전격격자와 다른 시설물 또는 식물 사이의 간격(이격거리)은 0.3[m] 이상일 것
- 전격살충기를 시설한 곳에는 위험표시를 할 것

466 ★★☆
어느 유원지의 어린이 놀이기구인 놀이용(유희용) 전차에 전기를 공급하는 전로의 사용전압은 교류인 경우 몇 [V] 이하이어야 하는가?

① 20
② 40
③ 60
④ 100

해설 놀이용 전차(전원장치)(한국전기설비규정 241.8.2)
놀이용(유희용) 전차에 전기를 공급하는 전원장치는 다음에 의하여 시설하여야 한다.
- 전원장치의 2차 측 단자의 최대 사용전압은 직류의 경우 60[V] 이하, 교류의 경우 40[V] 이하일 것
- 전원장치의 변압기는 절연변압기일 것

467 ★★☆
( ) 안에 들어갈 내용으로 옳은 것은?

> 놀이용(유희용) 전차에 전기를 공급하는 전로의 사용전압은 직류의 경우는 (Ⓐ)[V] 이하, 교류의 경우는 (Ⓑ)[V] 이하이어야 한다.

① Ⓐ 60 Ⓑ 40
② Ⓐ 40 Ⓑ 60
③ Ⓐ 30 Ⓑ 60
④ Ⓐ 60 Ⓑ 30

해설 놀이용 전차 전원장치(한국전기설비규정 241.8.2)
놀이용(유희용) 전차에 전기를 공급하는 전원장치는 다음에 의하여 시설하여야 한다.
- 전원장치의 2차 측 단자의 최대사용전압은 직류의 경우 60[V] 이하, 교류의 경우 40[V] 이하일 것
- 전원장치의 변압기는 절연변압기일 것

468 ★★★
놀이용(유희용) 전차의 시설방법으로 틀린 것은?

① 놀이용(유희용) 전차에 전기를 공급하는 전로에는 전용 개폐기를 시설할 것
② 놀이용(유희용) 전차에 전기를 공급하기 위하여 사용하는 접촉전선은 제3레일 방식에 의하여 시설할 것
③ 놀이용(유희용) 전차에 전기를 공급하는 전원장치의 사용전압은 직류의 경우 60[V] 이하, 교류의 경우는 40[V] 이하일 것
④ 놀이용(유희용) 전차 안에 승압용 변압기를 시설하는 경우 그 변압기의 2차 전압은 300[V] 이하일 것

해설 놀이용 전차(한국전기설비규정 241.8)
- 놀이용(유희용) 전차에 전기를 공급하는 전원장치의 사용전압은 직류의 경우는 60[V] 이하, 교류의 경우는 40[V] 이하일 것
- 놀이용(유희용) 전차에 전기를 공급하기 위하여 사용하는 접촉전선은 제3레일 방식에 의하여 시설할 것
- 놀이용(유희용) 전차에 전기를 공급하는 전로의 사용전압으로 전기를 변성하기 위하여 사용하는 변압기의 1차 전압은 400[V] 이하일 것
- 놀이용(유희용) 전차 안에 승압용 변압기를 시설하는 경우에는 그 변압기의 2차 전압은 150[V] 이하일 것
- 변압기는 절연변압기일 것
- 놀이용(유희용) 전차에 전기를 공급하는 전로에는 전용 개폐기를 시설할 것

469 ★★★
놀이용(유희용) 전차의 시설에서 전차 안의 전로 및 전기공급설비의 시설방법 중 틀린 것은?

① 전로의 사용전압은 직류 60[V] 이하, 교류 40[V] 이하일 것
② 놀이용(유희용) 전차에 전기를 공급하는 전로에는 전용 개폐기를 시설할 것
③ 전로와 대지 절연저항은 사용전압에 대한 누설전류가 규정전류의 2,000분의 1을 넘지 않을 것
④ 놀이용(유희용) 전차 안에 승압용 변압기를 시설하는 경우에는 그 변압기의 2차 전압은 150[V] 이하일 것

해설 놀이용 전차의 시설(한국전기설비규정 241.8)
놀이용(유희용) 전차 안의 전로와 대지와의 절연저항은 사용전압에 대한 누설전류가 규정전류의 5,000분의 1을 넘지 않도록 유지하여야 한다.

470 ★★☆
이동형의 용접 전극을 사용하는 아크 용접장치의 시설기준으로 틀린 것은?

① 용접변압기는 절연변압기일 것
② 용접변압기의 1차 측 전로의 대지전압은 300[V] 이하일 것
③ 용접변압기의 2차 측 전로에는 용접변압기에 가까운 곳에 쉽게 개폐할 수 있는 개폐기를 시설할 것
④ 용접변압기의 2차 측 전로 중 용접변압기로부터 용접전극에 이르는 부분의 전로는 용접 시 흐르는 전류를 안전하게 통할 수 있는 것일 것

해설 아크 용접기(한국전기설비규정 241.10)
이동형의 용접 전극을 사용하는 아크 용접장치는 다음에 따라 시설하여야 한다.
- 용접변압기는 절연변압기일 것
- 용접변압기의 1차 측 전로의 대지전압은 300[V] 이하일 것
- 용접변압기의 1차 측 전로에는 용접변압기에 가까운 곳에 쉽게 개폐할 수 있는 개폐기를 시설할 것
- 용접변압기의 2차 측 전로 중 용접변압기로부터 용접전극에 이르는 부분 및 용접변압기로부터 피용접재에 이르는 부분(전기기계기구 안의 전로를 제외한다)의 전로는 용접 시 흐르는 전류를 안전하게 통할 수 있는 것일 것

471 ★★★
이동형의 용접 전극을 사용하는 아크 용접장치의 용접변압기의 1차 측 전로의 대지전압은 몇 [V] 이하이어야 하는가?

① 60
② 150
③ 300
④ 400

해설 아크 용접기(한국전기설비규정 241.10)
이동형 용접 전극을 사용하는 아크 용접장치는 다음에 의하여 시설한다.
- 용접변압기는 절연변압기일 것
- 용접변압기의 1차 측 전로의 대지전압은 300[V] 이하일 것
- 용접변압기의 1차 측 전로에는 용접 변압기의 가까운 곳에 쉽게 개폐할 수 있는 개폐기를 시설할 것

| 정답 | 468 ④ 469 ③ 470 ③ 471 ③

472 ★★☆

발열선을 도로, 주차장 또는 조영물의 조영재에 고정시켜 시설하는 경우, 발열선에 전기를 공급하는 전로의 대지전압은 몇 [V] 이하이어야 하는가?

① 220 ② 300
③ 380 ④ 600

해설 도로 등의 전열장치(한국전기설비규정 241.12)
발열선을 도로, 주차장 또는 조영물의 조영재에 고정시켜 시설하는 경우에는 전로의 대지전압은 300[V] 이하이어야 한다.

473 ★★★

소세력 회로의 최대 사용전압이 15[V]라면, 절연변압기의 2차 단락전류는 몇 [A] 이하이어야 하는가?

① 1 ② 3
③ 5 ④ 8

해설 소세력 회로(한국전기설비규정 241.14)
- 소세력 회로에 전기를 공급하기 위한 변압기는 절연변압기(대지전압 300[V] 이하)일 것
- 절연변압기의 2차 단락전류는 다음 표에서 정한 값 이하의 것일 것. 다만, 그 변압기의 2차 측 전로에 표에서 정한 값 이하의 과전류 차단기를 시설하는 경우에는 그러하지 아니하다.

소세력 회로의 최대 사용전압의 구분	2차 단락전류[A]	과전류 차단기의 정격전류[A]
15[V] 이하	8	5
15[V] 초과 30[V] 이하	5	3
30[V] 초과 60[V] 이하	3	1.5

474 ★★★

소세력 회로의 최대 사용전압이 15[V] 이하이고, 절연변압기의 2차 단락전류가 8[A] 이하일 때 과전류 차단기의 정격전류는 몇 [A] 이하인가?

① 8 ② 5
③ 1.5 ④ 3

해설 소세력 회로의 시설(한국전기설비규정 241.14)
- 소세력 회로에 전기를 공급하기 위한 변압기는 절연변압기(대지전압 300[V] 이하)일 것
- 절연변압기의 2차 단락전류는 다음 표에서 정한 값 이하의 것일 것. 다만, 그 변압기의 2차 측 전로에 표에서 정한 값 이하의 과전류 차단기를 시설하는 경우에는 그러하지 아니하다.

소세력 회로의 최대 사용전압의 구분	2차 단락전류[A]	과전류 차단기의 정격전류[A]
15[V] 이하	8	5
15[V] 초과 30[V] 이하	5	3
30[V] 초과 60[V] 이하	3	1.5

475 ★★☆

전기부식방지 시설은 지표 또는 수중에서 1[m] 간격의 임의의 2점(양극의 주위 1[m] 이내의 거리에 있는 점 및 울타리의 내부점을 제외) 간의 전위차가 몇 [V]를 넘으면 안 되는가?

① 5 ② 10
③ 25 ④ 30

해설 전기부식방지 회로의 전압 등(한국전기설비규정 241.16.3)
- 사용전압은 직류 60[V] 이하일 것
- 양극(陽極)은 지중에 매설하거나 수중에서 쉽게 접촉할 우려가 없는 곳에 시설할 것
- 지중에 매설하는 양극(양극의 주위에 도전 물질을 채우는 경우에는 이를 포함한다)의 매설깊이는 0.75[m] 이상일 것
- 수중에 시설하는 양극과 그 주위 1[m] 이내의 거리에 있는 임의점과의 사이의 전위차는 10[V]를 넘지 아니할 것
- 지표 또는 수중에서 1[m] 간격의 임의의 2점 간의 전위차가 5[V]를 넘지 아니할 것

476 ★★☆

전기부식방지 시설을 시설할 때 전기부식방지용 전원장치로부터 양극 및 피방식체까지의 전로의 사용전압은 직류 몇 [V] 이하이어야 하는가?

① 20
② 40
③ 60
④ 80

해설 전기부식방지 회로의 전압 등(한국전기설비규정 241.16.3)
- 사용전압은 직류 60[V] 이하일 것
- 양극(陽極)은 지중에 매설하거나 수중에서 쉽게 접촉할 우려가 없는 곳에 시설할 것
- 지중에 매설하는 양극(양극의 주위에 도전 물질을 채우는 경우에는 이를 포함한다)의 매설깊이는 0.75[m] 이상일 것
- 수중에 시설하는 양극과 그 주위 1[m] 이내의 거리에 있는 임의점 사이의 전위차는 10[V]를 넘지 아니할 것

477 ★★☆

지중 또는 수중에 시설되어 있는 금속체의 부식을 방지하기 위한 전기부식 방지 회로의 사용전압은 직류 몇 [V] 이하이어야 하는가?(단, 전기부식 방지 회로는 전기부식 방지용 전원장치로부터 양극 및 피방식체까지의 전로를 말한다.)

① 30
② 60
③ 90
④ 120

해설 전기부식 방지 시설(한국전기설비규정 241.16.3)
- 사용전압은 직류 60[V] 이하일 것
- 양극(陽極)은 지중에 매설하거나 수중에서 쉽게 접촉할 우려가 없는 곳에 시설할 것
- 지중에 매설하는 양극(양극의 주위에 도전 물질을 채우는 경우에는 이를 포함한다)의 매설깊이는 0.75[m] 이상일 것
- 수중에 시설하는 양극과 그 주위 1[m] 이내의 거리에 있는 임의점과의 사이의 전위차는 10[V]를 넘지 아니할 것

478 ★☆☆

전기부식방지 시설에서 전원장치를 사용하는 경우로 옳은 것은?

① 전기부식방지 회로의 사용전압은 교류 60[V] 이하일 것
② 지중에 매설하는 양극(+)의 매설 깊이는 50[cm] 이상일 것
③ 지표 또는 수중에서 1[m] 간격의 임의의 2점 간의 전위차는 7[V]를 넘지 말 것
④ 수중에 시설하는 양극(+)과 그 주위 1[m] 이내의 거리에 있는 임의점과의 사이의 전위차는 10[V]를 넘지 말 것

해설 전기부식방지 시설(한국전기설비규정 241.16.3)
지중 또는 수중에 시설되는 금속체의 부식을 방지하기 위하여 지중 또는 수중에 시설하는 양극과 금속체 간에 방식 전류를 통하는 시설로 다음과 같이 한다.
- 사용전압은 직류 60[V] 이하일 것
- 지중에 매설하는 양극의 매설 깊이는 0.75[m] 이상일 것
- 수중에 시설하는 양극과 그 주위 1[m] 안의 임의의 점과의 전위차는 10[V] 이내, 지표 또는 수중에서 1[m] 간격을 갖는 임의의 2점 간의 전위차는 5[V] 이내이어야 한다.
- 전선은 케이블인 경우를 제외하고 2[mm] 경동선 이상이어야 한다.

479 ★☆☆

옥내에 시설하는 저압용 배선기구의 시설에 관한 설명으로 틀린 것은?

① 옥내에 시설하는 저압용 배선기구의 충전 부분은 노출되지 않도록 시설한다.
② 옥내에 시설하는 저압용 비포장 퓨즈는 불연성으로 제작한 함 내부에 시설하여야 한다.
③ 옥내에 시설하는 저압용의 배선기구에 전선을 접속하는 경우에는 나사로 고정해서는 안 된다.
④ 욕실 등 인체가 물에 젖어 있는 상태에서 전기를 사용하는 장소에서는 인체감전보호용 누전차단기가 부착된 콘센트를 시설하여야 한다.

해설 전기자동차 전원공급설비의 저압전로 시설(한국전기설비규정 241.17.2)
옥내에 시설하는 저압용의 배선기구에 전선을 접속하는 경우에는 나사로 고정시키거나 기타 이와 동등 이상의 효력이 있는 방법에 의하여 견고하게 또한 전기적으로 완전히 접속하고 접속점에 장력이 가하여지지 아니하도록 하여야 한다.

| 정답 | 476 ③ 477 ② 478 ④ 479 ③

480 ★★★

폭연성 먼지(분진)가 많은 장소의 저압 옥내배선에 적합한 배선공사방법은?

① 금속관공사 ② 애자사용공사
③ 합성수지관공사 ④ 가요전선관공사

해설 폭연성 먼지 위험장소(한국전기설비규정 242.2.1)

폭연성 먼지(분진) 또는 화약류의 분말이 전기설비에 발화원이 되어 폭발할 우려가 있는 곳에 시설하는 저압 옥내배선, 저압 관등회로 배선은 금속관공사 또는 케이블공사(캡타이어케이블을 사용하는 것을 제외)에 의할 것

481 ★☆☆

석유류를 저장하는 장소의 전등배선에 사용하지 않는 공사방법은?

① 케이블공사 ② 금속관공사
③ 애자공사 ④ 합성수지관공사

해설 위험물 등이 존재하는 장소(한국전기설비규정 242.4)

셀룰로이드·성냥·석유류 기타 타기 쉬운 위험한 물질(이하 '위험물'이라 한다)을 제조하거나 저장하는 곳에는 금속관공사, 케이블공사 및 합성수지관공사를 시설하여야 한다.

482 ★★☆

폭연성 먼지(분진) 또는 화약류의 분말이 전기설비가 발화원이 되어 폭발할 우려가 있는 곳에 시설하는 저압 관등회로 배선의 공사방법으로 옳은 것은?

① 금속관공사 ② 애자사용공사
③ 합성수지관공사 ④ 캡타이어케이블공사

해설 폭연성 먼지 위험장소(한국전기설비규정 242.2.1)

폭연성 먼지(분진) 또는 화약류의 분말이 전기설비에 발화원이 되어 폭발할 우려가 있는 곳에 시설하는 저압 옥내 전기설비는 다음에 따르고 또한 위험의 우려가 없도록 시설하여야 한다.

- 저압 옥내배선, 저압 관등회로 배선, 소세력 회로의 전선(저압 옥내배선 등)은 금속관공사 또는 케이블공사(캡타이어케이블을 사용하는 것을 제외)에 의할 것

483 ★★★

폭연성 먼지(분진) 또는 화약류의 분말이 전기설비가 발화원이 되어 폭발할 우려가 있는 곳에 시설하는 저압 옥내 전기설비를 케이블공사로 할 경우 관이나 방호장치에 넣지 않고 노출로 설치할 수 있는 케이블은?

① 미네럴인슈레이션케이블
② 고무절연 비닐 시스케이블
③ 폴리에틸렌절연 비닐 시스케이블
④ 폴리에틸렌절연 폴리에틸렌 시스케이블

해설 폭연성 먼지 위험장소(한국전기설비규정 242.2.1)

전선은 개장된 케이블 또는 미네럴인슈레이션케이블을 사용하는 경우 이외에는 관 기타의 방호장치에 넣어 사용할 것

484 ★★★
화약류 저장소의 전기설비 시설에 있어서 틀린 것은?

① 전기기계기구는 전폐형으로 시설한다.
② 케이블이 손상될 우려가 없도록 시설한다.
③ 전용 개폐기 및 과전류 차단기는 화약류 저장소 안에 둔다.
④ 과전류 차단기에서 저장소 입구까지의 배선에는 케이블을 사용한다.

해설 화약류 저장소에서 전기설비의 시설(한국전기설비규정 242.5.1)
화약류 저장소 안에는 전기설비를 시설하여서는 아니 된다. 다만, 조명기구에 전기를 공급하기 위한 전기설비(개폐기 및 과전류 차단기를 제외한다)는 다음에 따라 시설하는 경우에는 그러하지 아니하다.
• 전로의 대지전압은 300[V] 이하일 것
• 전기기계기구는 전폐형의 것일 것
• 케이블을 전기기계기구에 인입할 때에는 인입구에서 케이블이 손상될 우려가 없도록 시설할 것
즉, 개폐기나 과전류 차단기는 화약류 저장소 안에는 설치할 수 없다.

485 ★★☆
화약류 저장소에 전기설비를 시설할 때의 사항으로 틀린 것은?

① 전로의 대지전압이 400[V] 이하이어야 한다.
② 개폐기 및 과전류차단기는 화약류 저장소 밖에 둔다.
③ 옥내배선은 금속관배선 또는 케이블배선에 의하여 시설한다.
④ 과전류차단기에서 저장소 인입구까지의 배선에는 케이블을 사용한다.

해설 화약류 저장소에서 전기설비의 시설(한국전기설비규정 242.5.1)
• 전로의 대지전압은 300[V] 이하일 것
• 개폐기 및 과전류차단기는 화약류 저장소 안에 시설하지 않을 것
• 옥내배선은 금속관배선 또는 케이블배선에 의하여 시설할 것
• 과전류차단기에서 저장소 인입구까지의 배선에는 케이블을 사용할 것

486 ★★★
무대, 무대마루 밑, 오케스트라 박스, 영사실 기타 사람이나 무대 도구가 접촉할 우려가 있는 곳에 시설하는 저압 옥내배선, 전구선 또는 이동전선은 사용전압이 몇 [V] 이하이어야 하는가?

① 60   ② 110
③ 220 ④ 400

해설 전시회, 쇼 및 공연장의 전기설비(사용전압)(한국전기설비규정 242.6.2)
무대, 무대마루 밑, 오케스트라 박스, 영사실 기타 사람이나 무대 도구가 접촉할 우려가 있는 곳에 시설하는 저압 옥내배선, 전구선 또는 이동전선은 사용전압이 400[V] 이하이어야 한다.

487 ★★☆
사람이 상시 통행하는 터널 안의 배선(전기기계기구 안의 배선, 관등회로의 배선, 소세력 회로의 전선 및 출퇴표시등 회로의 전선은 제외)의 시설기준에 적합하지 않은 것은?(단, 사용전압이 저압의 것에 한한다.)

① 애자공사로 시설하였다.
② 공칭단면적 $2.0[mm^2]$의 연동선을 사용하였다.
③ 애자사용배선 시 전선의 높이는 노면상 2.5[m]로 시설하였다.
④ 전로에는 터널의 입구 가까운 곳에 전용 개폐기를 시설하였다.

해설 사람이 상시 통행하는 터널 안의 배선의 시설(한국전기설비규정 242.7.1)
공칭단면적 $2.5[mm^2]$의 연동선과 동등 이상의 세기 및 굵기의 절연전선(옥외용 비닐절연전선 및 인입용 비닐절연전선을 제외한다)을 사용하여 애자공사에 의하여 시설하고 또한 이를 노면상 2.5[m] 이상의 높이로 할 것. 또한 전로에는 터널의 입구 가까운 곳에 전용 개폐기를 시설할 것

| 정답 | 484 ③ 485 ① 486 ④ 487 ②

488 ★☆☆
사람이 상시 통행하는 터널 안 배선의 시설기준으로 틀린 것은?

① 사용전압은 저압에 한한다.
② 전로에는 터널의 입구에 먼 곳에 전용 개폐기를 시설한다.
③ 애자사용공사에 의하여 시설하고 이를 노면상 2.5[m] 이상의 높이에 시설한다.
④ 공칭단면적 2.5[mm^2]의 연동선과 동등 이상의 세기 및 굵기의 절연전선을 사용한다.

해설 사람이 상시 통행하는 터널 안의 배선의 시설(한국전기설비규정 242.7.1)

사람이 상시 통행하는 터널 안의 배선은 그 사용전압이 저압의 것에 한하고 또한 다음에 따라 시설하여야 한다.
- 공칭단면적 2.5[mm^2]의 연동선과 동등 이상의 세기 및 굵기의 절연전선(옥외용 비닐절연전선 및 인입용 비닐절연전선을 제외한다)을 사용하여 애자공사에 의하여 시설하고 또한 이를 노면상 2.5[m] 이상의 높이로 할 것
- 전로에는 터널의 입구에 가까운 곳에 전용 개폐기를 시설할 것

489 ★★★
사람이 상시 통행하는 터널 안의 배선을 애자사용공사에 의하여 시설하는 경우 설치 높이는 노면상 몇 [m] 이상이어야 하는가?

① 1.5
② 2.0
③ 2.5
④ 3.0

해설 사람이 상시 통행하는 터널 안의 배선의 시설(한국전기설비규정 242.7.1)

사람이 상시 통행하는 터널 안의 배선은 그 사용전압이 저압의 것에 한하고 또한 다음에 따라 시설하여야 한다.
- 공칭단면적 2.5[mm^2]의 연동선과 동등 이상의 세기 및 굵기의 절연전선(옥외용 비닐절연전선 및 인입용 비닐절연전선을 제외한다)을 사용하여 애자공사에 의하여 시설하고 또한 이를 노면상 2.5[m] 이상의 높이로 할 것
- 전로에는 터널의 입구에 가까운 곳에 전용 개폐기를 시설할 것

490 ★☆☆
터널 등에 시설하는 사용전압이 220[V]인 전구선이 0.6/1[kV] EP 고무절연 클로로프렌 캡타이어케이블일 경우 단면적은 최소 몇 [mm^2] 이상이어야 하는가?

① 0.5
② 0.75
③ 1.25
④ 1.4

해설 터널 등의 전구선 또는 이동전선 등의 시설(한국전기설비규정 242.7.4)

터널 등에 시설하는 사용전압이 400[V] 이하인 저압의 전구선 또는 이동전선은 다음에 따라 시설할 것
- 전구선은 단면적 0.75[mm^2] 이상의 300/300[V] 편조 고무코드 또는 0.6/1[kV] EP 고무 절연 클로로프렌 캡타이어케이블일 것
- 이동전선은 300/300[V] 편조 고무코드, 비닐 코드 또는 캡타이어케이블일 것

491 ★☆☆
의료장소의 안전을 위한 비단락보증 절연변압기에 대한 설명으로 옳은 것은?

① 정격출력은 5[kVA] 이하이다.
② 정격출력은 10[kVA] 이하이다.
③ 2차 측 정격전압은 직류 250[V] 이하이다.
④ 2차 측 정격전압은 교류 300[V] 이하이다.

해설 의료장소의 안전을 위한 보호 설비(한국전기설비규정 242.10.3)

비단락보증 절연변압기의 2차 측 정격전압은 교류 250[V] 이하로 하며 공급방식은 단상 2선식, 정격출력은 10[kVA] 이하로 하여야 한다.

492 ★☆☆

의료장소 중 그룹 1 및 그룹 2의 의료 IT 계통에 시설되는 전기설비의 시설기준으로 틀린 것은?

① 의료용 절연변압기의 정격출력은 15[kVA] 이하로 한다.
② 의료용 절연변압기의 2차 측 정격전압은 교류 250[V] 이하로 한다.
③ 전원 측에 강화절연을 한 의료용 절연변압기를 설치하고 그 2차 측 전로는 접지하면 안 된다.
④ 절연감시장치를 설치하되 절연저항이 50[kΩ] 까지 감소하면 표시설비 및 음향설비로 경보를 발하도록 한다.

해설 의료장소의 안전을 위한 보호 설비(한국전기설비규정 242.10.3)

- 전원 측에 이중 또는 강화절연을 한 비단락보증 절연변압기를 설치하고 그 2차 측 전로는 접지하지 말 것
- 비단락보증 절연변압기는 함 속에 설치하여 충전부가 노출되지 않도록 하고 의료장소의 내부 또는 가까운 외부에 설치할 것
- 비단락보증 절연변압기의 2차 측 정격전압은 교류 250[V] 이하로 하며 공급방식은 단상 2선식, 정격출력은 10[kVA] 이하로 할 것
- 3상 부하에 대한 전력공급이 요구되는 경우 비단락보증 3상 절연변압기를 사용할 것
- 비단락보증 절연변압기의 과부하 전류 및 초과 온도를 지속적으로 감시하는 장치를 설치할 것
- 절연감시장치를 설치하되 절연저항이 50[kΩ] 까지 감소하면 표시설비 및 음향설비로 경보를 발하도록 할 것

493 ★★☆

그룹 2의 의료장소에 상용전원 공급이 중단될 경우 15초 이내에 최소 몇 [%]의 조명에 비상전원을 공급하여야 하는가?

① 30
② 40
③ 50
④ 60

해설 의료장소 내의 비상전원(한국전기설비규정 242.10.5)

절환시간 15초 이내에 비상전원을 공급하는 장치 또는 기기
- 15초 이내에 전력공급이 필요한 생명유지장치
- 그룹 2의 의료장소에 최소 50[%]의 조명, 그룹 1의 의료장소에 최소 1개의 조명

494 ★★★
의료장소의 수술실에서 전기설비의 시설에 대한 설명으로 틀린 것은?

① 의료용 절연변압기의 정격출력은 10[kVA] 이하로 한다.
② 의료용 절연변압기의 2차 측 정격전압은 교류 250[V] 이하로 한다.
③ 의료용 절연변압기의 과부하 전류 및 초과 온도를 지속적으로 감시하는 장치를 설치한다.
④ 전원 측에 강화절연을 한 의료용 절연변압기를 설치하고 그 2차 측 전로는 접지한다.

해설 의료장소의 안전을 위한 보호설비(한국전기설비규정 242.10.3)
- 전원 측에 이중 또는 강화절연을 한 비단락보증 절연변압기를 설치하고 그 2차 측 전로는 접지하지 말 것
- 비단락보증 절연변압기는 함 속에 설치하여 충전부가 노출되지 않도록 하고 의료장소의 내부 또는 가까운 외부에 설치할 것
- 비단락보증 절연변압기의 2차 측 정격전압은 교류 250[V] 이하로 하며 공급방식은 단상 2선식, 정격출력은 10[kVA] 이하로 할 것
- 3상 부하에 대한 전력공급이 요구되는 경우 비단락보증 3상 절연변압기를 사용할 것
- 비단락보증 절연변압기의 과부하 전류 및 초과 온도를 지속적으로 감시하는 장치를 설치할 것

전기철도설비

1. 통칙
3. 전기철도의 변전방식
4. 전기철도의 전차선로
6. 전기철도의 설비를 위한 보호
7. 전기철도의 안전을 위한 보호

CBT 완벽대비 가능한 유형마스터 학습!

THEME	유형분석	관련 번호
THEME 01 총칙	전기철도의 용어인 조가선과 급전선 등의 의미를 묻는 문제가 자주 출제됩니다. 내용을 정확하게 이해하기보다는 각 용어의 특징을 아는 것이 중요합니다.	495~496
THEME 03 전기철도의 변전방식	변전소의 설비에 대해서 묻는 문제가 출제됩니다. 설비 부분을 중점적으로 학습한다면 득점에 유리합니다.	497~498
THEME 04 전기철도의 전차선로	전기철도의 전선 설치방식을 묻는 문제가 주로 출제됩니다. 가공방식, 강체방식, 제3레일방식은 필수로 암기하는 것이 좋습니다.	499~501
THEME 06 전기철도의 설비를 위한 보호	보호계전방식 신뢰성, 선택성, 협조성 등에 용이하도록 구성되었다는 것을 파악하는게 중요합니다.	502
THEME 07 전기철도의 안전을 위한 보호	출제 비중이 낮은 테마로, 교류 전기철도 급전시스템의 최대 허용 접촉전압 표를 암기해 두면 좋습니다.	503~505

학습 효과를 높이는 N제 3회독 시스템

챕터별 전체 1회독이 끝났다면 회독 체크표에 날짜를 기입하고 체크표시를 해주세요.

| 회독 체크표 | ☐ 1회독 | 월 일 | ☐ 2회독 | 월 일 | ☐ 3회독 | 월 일 |

CHAPTER 08 전기철도설비

THEME 01 통칙

495 ★★☆
전기철도차량에 전력을 공급하는 전차선의 전선 설치(가선) 방식에 포함되지 않는 것은?

① 가공방식
② 강체방식
③ 제3레일방식
④ 지중조가선방식

해설 전기철도의 용어 정의(한국전기설비규정 402)
전선 설치(가선)방식: 전기철도차량에 전력을 공급하는 전차선의 전선 설치(가선)방식으로 가공방식, 강체방식, 제3레일방식으로 분류한다.

496 ★☆☆
다음 ( )의 ㉠, ㉡에 들어갈 내용으로 옳은 것은?

> 전기철도용 급전선이란 전기철도용 (㉠)(으)로부터 다른 전기철도용 (㉠) 또는 (㉡)에 이르는 전선을 말한다.

① ㉠: 급전소 ㉡: 개폐소
② ㉠: 궤전선 ㉡: 변전소
③ ㉠: 변전소 ㉡: 전차선
④ ㉠: 전차선 ㉡: 급전소

해설 용어 정의(한국전기설비규정 112)
전기철도용 급전선이란 전기철도용 변전소로부터 다른 전기철도용 변전소 또는 전차선에 이르는 전선을 말한다.

THEME 03 전기철도의 변전방식

497 ★★☆
전기철도의 변전방식 중 변전소 용량은 급전구간별 정상적인 열차부하조건에서 몇 시간의 최대출력을 기준으로 하는가?

① 1시간
② 2시간
③ 3시간
④ 4시간

해설 변전소의 용량(한국전기설비규정 421.3)
- 변전소의 용량은 급전구간별 정상적인 열차부하조건에서 1시간 최대출력 또는 순시 최대출력을 기준으로 결정하고, 연장급전 등 부하의 증가를 고려하여야 한다.
- 변전소의 용량 산정 시 현재의 부하와 장래의 수송수요 및 고장 등을 고려하여 변압기 뱅크를 구성하여야 한다.

498 ★☆☆
급전용 변압기는 교류 전기철도의 경우 어떤 변압기의 적용을 원칙으로 하고, 급전계통에 적합하게 선정하여야 하는가?

① 3상 정류기용 변압기
② 단상 정류기용 변압기
③ 3상 스코트전선연결(결선) 변압기
④ 단상 스코트전선연결(결선) 변압기

해설 변전소의 설비(한국전기설비규정 421.4)
급전용 변압기는 직류 전기철도의 경우 3상 정류기용 변압기, 교류 전기철도의 경우 3상 스코트전선연결(결선) 변압기의 적용을 원칙으로 하고, 급전계통에 적합하게 선정하여야 한다.

| 정답 | 495 ④ | 496 ③ | 497 ① | 498 ③ |

THEME 04 전기철도의 전차선로

499 ★★☆
귀선로에 대한 설명으로 틀린 것은?

① 나전선을 적용하여 가공식 가설을 원칙으로 한다.
② 사고 및 지락 시에도 충분한 허용전류용량을 갖도록 하여야 한다.
③ 비절연보호도체, 매설접지도체, 레일 등으로 구성하여 단권변압기 중성점과 공통접지에 접속한다.
④ 비절연보호도체의 위치는 통신유도장해 및 레일전위의 상승의 경감을 고려하여 결정하여야 한다.

해설 귀선로(한국전기설비규정 431.5)
- 귀선로는 사고 및 지락 시에도 충분한 허용전류용량을 갖도록 하여야 한다.
- 귀선로는 비절연보호도체, 매설접지도체, 레일 등으로 구성하여 단권변압기 중성점과 공통접지에 접속한다.
- 비절연보호도체의 위치는 통신유도장해 및 레일전위의 상승의 경감을 고려하여 결정하여야 한다.

500 ★☆☆
직류 750[V]의 전차선과 차량 간의 최소 절연간격(이격거리)은 동적일 경우 몇 [mm]인가?

① 25
② 100
③ 150
④ 170

해설 전차선로의 충전부와 차량 간의 절연이격(한국전기설비규정 431.3)
차량과 전차선로나 충전부 간의 절연이격은 다음 표에 제시되어 있는 정적 및 동적 최소 절연간격(이격거리) 이상을 확보하여야 한다. 동적 절연이격의 경우 팬터그래프가 통과하는 동안의 일시적인 전선의 움직임을 고려하여야 한다.

시스템 종류	공칭전압[V]	동적[mm]	정적[mm]
직류	750	25	25
	1,500	100	150
단상교류	25,000	170	270

501 ★★☆
급전선에 대한 설명으로 틀린 것은?

① 급전선은 비절연보호도체, 매설접지도체, 레일 등으로 구성하여 단권변압기 중성점과 공통접지에 접속한다.
② 가공식은 전차선의 높이 이상으로 전차선로 지지물에 병행 설치하며, 나전선의 접속은 직선접속을 원칙으로 한다.
③ 선상승강장, 인도교, 과선교 또는 교량 하부 등에 설치할 때에는 최소 절연간격(이격거리) 이상을 확보하여야 한다.
④ 신설 터널 내 급전선을 가공으로 설계할 경우 지지물의 취부는 C찬넬 또는 매입전을 이용하여 고정하여야 한다.

해설 급전선로(한국전기설비규정 431.4)
- 급전선은 나전선을 적용하여 가공식으로 가설을 원칙으로 한다. 다만, 전기적 영향에 대한 최소 간격이 보장되지 않거나 지락, 불꽃 방전 등의 우려가 있을 경우에는 급전선을 케이블로 하여 안전하게 시공하여야 한다.
- 가공식은 전차선의 높이 이상으로 전차선로 지지물에 병행 설치하며 나전선의 접속은 직선접속을 원칙으로 한다.
- 신설 터널 내 급전선을 가공으로 설계할 경우 지지물의 취부는 C찬넬 또는 매입전을 이용하여 고정하여야 한다.
- 선상승강장, 인도교, 과선교 또는 다리 하부 등에 설치할 때에는 최소 절연간격(이격거리) 이상을 확보하여야 한다.

참고
귀선로는 비절연보호도체, 매설접지도체, 레일 등으로 구성하여 단권변압기 중성점과 공통접지에 접속한다.

| 정답 | 499 ① 500 ① 501 ①

THEME 06 전기철도의 설비를 위한 보호

502 ★☆☆
전기철도의 설비를 보호하기 위해 시설하는 피뢰기의 시설기준으로 틀린 것은?

① 피뢰기는 변전소 인입 측 및 급전선 인출 측에 설치하여야 한다.
② 피뢰기는 가능한 한 보호하는 기기와 가깝게 시설하되, 누설전류 측정이 용이하도록 지지대와 절연하여 설치한다.
③ 피뢰기는 개방형을 사용하고 유효 보호거리를 증가시키기 위하여 방전개시전압 및 제한전압이 낮은 것을 사용한다.
④ 피뢰기는 가공전선과 직접 접속하는 지중케이블에서 낙뢰에 의해 절연파괴의 우려가 있는 케이블 단말에 설치하여야 한다.

해설 피뢰기 설치장소(한국전기설비규정 451.3)
- 다음의 장소에 피뢰기를 설치하여야 한다.
  - 변전소 인입 측 및 급전선 인출 측
  - 가공전선과 직접 접속하는 지중케이블에서 낙뢰에 의해 절연파괴의 우려가 있는 케이블 단말
- 피뢰기는 가능한 한 보호하는 기기와 가깝게 시설하되 누설전류 측정이 용이하도록 지지대와 절연하여 설치한다.

피뢰기의 선정(한국전기설비규정 451.4)
피뢰기는 다음의 조건을 고려하여 선정한다.
- 피뢰기는 **밀봉형**을 사용하고 유효 보호거리를 증가시키기 위하여 방전개시전압 및 제한전압이 낮은 것을 사용한다.
- 유도뢰서지에 대하여 2선 또는 3선의 피뢰기 동시동작이 우려되는 변전소 근처의 단락 전류가 큰 장소에는 속류차단 능력이 크고 또한 차단성능이 회로조건의 영향을 받을 우려가 적은 것을 사용한다.

THEME 07 전기철도의 안전을 위한 보호

503 ★★★
순시조건(t≤0.5초)에서 교류 전기철도 급전시스템에서의 레일 전위의 최대 허용 접촉전압(실횻값)은 몇 [V] 이하이어야 하는가?

① 60
② 65
③ 440
④ 670

해설 레일 전위의 위험에 대한 보호(한국전기설비규정 461.2)
교류 전기철도 급전시스템에서의 레일 전위의 최대 허용 접촉전압은 다음 표의 값 이하여야 한다. 단, 작업장 및 이와 유사한 장소에서는 최대 허용 접촉전압이 25[V](실횻값)를 초과하지 않아야 한다.

시간 조건	최대 허용 접촉전압(실횻값)
순시조건(t≤0.5초)	670[V]
일시적 조건 (0.5초<t≤300초)	65[V]
영구적 조건(t>300초)	60[V]

504 ★☆☆

전기부식(전식)방지대책에서 매설금속체 측의 누설전류에 의한 전기부식(전식)의 피해가 예상되는 곳에 고려하여야 하는 방법으로 틀린 것은?

① 절연코팅
② 배류장치 설치
③ 변전소 간 간격 축소
④ 저준위 금속체를 접속

해설 전기부식방지대책(한국전기설비규정 461.4)
매설금속체 측의 누설전류에 의한 전기부식(전식)의 피해가 예상되는 곳은 다음 방법을 고려하여야 한다.
- 배류장치 설치
- 절연코팅
- 매설금속체 접속부 절연
- 저준위 금속체를 접속
- 궤도와의 간격(이격거리) 증대
- 금속판 등의 도체로 차폐

505 ★★☆

직류 전기철도 시스템이 매설 배관 또는 케이블과 인접할 경우 누설전류를 피하기 위해 최대한 이격시켜야 하며, 주행레일과 최소 몇 [m] 이상 거리를 유지하여야 하는가?

① 5
② 2
③ 1
④ 0.5

해설 누설전류 간섭에 대한 방지(한국전기설비규정 461.5)
직류 전기철도 시스템이 매설 배관 또는 케이블과 인접할 경우 누설전류를 피하기 위해 최대한 이격시켜야 하며, 주행레일과 최소 1[m] 이상의 거리를 유지하여야 한다.

분산형 전원설비

1. 통칙
2. 전기저장장치
3. 태양광발전설비
4. 풍력발전설비

CBT 완벽대비 가능한 유형마스터 학습!

THEME	유형분석	관련 번호
THEME 01 통칙	용어의 정의에 관해서 묻는 문제가 출제됩니다. 각 용어의 특징을 파악하는 것이 중요합니다.	506~507
THEME 02 전기저장장치	옥내, 옥측 또는 옥외에 시설할 때 어떠한 공사로 시설하는 것인지 명확하게 알아두어야 합니다. 또한 옥내전로의 대지전압 제한을 암기하는 것이 중요합니다.	508~510
THEME 03 태양광발전설비	이 챕터에서 가장 출제 비중이 높은 테마로, 태양광설비의 시설기준을 명확하게 파악하는 것이 중요합니다.	511~516
THEME 04 풍력발전설비	출제율이 낮은 테마로, 풍력터빈의 계측장치의 시설을 알아두는 것이 좋습니다.	517~518

학습 효과를 높이는 N제 3회독 시스템

챕터별 전체 1회독이 끝났다면 회독 체크표에 날짜를 기입하고 체크표시를 해주세요.

회독 체크표	1회독	월 일	2회독	월 일	3회독	월 일

CHAPTER 09 분산형 전원설비

THEME 01 통칙

506 ★☆☆
전력계통의 일부가 전력계통의 전원과 전기적으로 분리된 상태에서 분산형 전원에 의해서만 가압되는 상태를 무엇이라 하는가?

① 계통연계 ② 접속설비
③ 단독운전 ④ 단순 병렬운전

해설 용어 정의(한국전기설비규정 112)
단독운전이란 전력계통의 일부가 전력계통의 전원과 전기적으로 분리된 상태에서 분산형 전원에 의해서만 운전되는 상태를 말한다.

507 ★☆☆
계통 연계하는 분산형 전원설비를 설치하는 경우 자동적으로 분산형 전원설비를 전력계통으로부터 분리하기 위한 장치 시설 및 해당 계통과의 보호협조를 실시하여야 하는 경우로 알맞지 않은 것은?

① 단독운전 상태
② 연계한 전력계통의 이상 또는 고장
③ 조상설비의 이상 발생 시
④ 분산형 전원설비의 이상 또는 고장

해설 계통 연계용 보호장치의 시설(한국전기설비규정 503.2.4)
계통 연계하는 분산형 전원설비를 설치하는 경우 다음에 해당하는 이상 또는 고장 발생 시 자동적으로 분산형 전원설비를 전력계통으로부터 분리하기 위한 장치 시설 및 해당 계통과의 보호협조를 실시하여야 한다.
• 분산형 전원설비의 이상 또는 고장
• 연계한 전력계통의 이상 또는 고장
• 단독운전 상태

THEME 02 전기저장장치

508 ★★☆
주택의 전기저장장치의 축전지에 접속하는 부하 측 옥내전로에 지락이 생겼을 때 자동적으로 전로를 차단하는 장치를 시설한 경우에 주택의 옥내전로의 대지전압은 직류 몇 [V]까지 적용할 수 있는가?

① 150 ② 300
③ 400 ④ 600

해설 옥내전로의 대지전압 제한(한국전기설비규정 511.1.3)
주택의 전기저장장치의 축전지에 접속하는 부하 측 옥내배선을 다음에 따라 시설하는 경우에 주택의 옥내전로의 대지전압은 직류 600[V]까지 적용할 수 있다.
• 전로에 지락이 생겼을 때 자동적으로 전로를 차단하는 장치를 시설할 것
• 사람이 접촉할 우려가 없는 은폐된 장소에서 합성수지관공사, 금속관공사 및 케이블공사에 의하여 시설하거나, 사람이 접촉할 우려가 없도록 케이블공사에 의하여 시설하고 전선에 방호장치를 시설할 것

509 ★☆☆
전기저장장치에 자동으로 전로로부터 차단하는 장치를 시설하여야 하는 경우로 틀린 것은?

① 과저항이 발생한 경우
② 과전압이 발생한 경우
③ 제어장치에 이상이 발생한 경우
④ 이차전지 모듈의 내부 온도가 상승할 경우

해설 제어 및 보호장치의 시설(한국전기설비규정 511.2.7)
• 과전압, 저전압, 과전류가 발생한 경우
• 제어장치에 이상이 발생한 경우
• 이차전지 모듈의 내부 온도가 상승할 경우

| 정답 | 506 ③ | 507 ③ | 508 ④ | 509 ① |

510 ★★★
전기저장장치의 시설 중 제어 및 보호장치에 관한 사항으로 옳지 않은 것은?

① 상용전원이 정전되었을 때 비상용 부하에 전기를 안정적으로 공급할 수 있는 시설을 갖출 것
② 전기저장장치의 접속점에는 쉽게 개폐할 수 없는 곳에 개방상태를 육안으로 확인할 수 있는 전용의 개폐기를 시설하여야 한다.
③ 직류 전로에 과전류 차단기를 설치하는 경우 직류 단락전류를 차단하는 능력을 가지는 것이어야 하고, "직류용" 표시를 하여야 한다.
④ 전기저장장치의 직류 전로에는 지락이 생겼을 때에 자동적으로 전로를 차단하는 장치를 시설하여야 한다.

해설 제어 및 보호장치의 시설(한국전기설비규정 511.2.7)
- 전기저장장치가 비상용 예비전원 용도를 겸하는 경우에는 다음에 따라 시설하여야 한다.
  - 상용전원이 정전되었을 때 비상용 부하에 전기를 안정적으로 공급할 수 있는 시설을 갖출 것
  - 관련 법령에서 정하는 전원유지시간 동안 비상용 부하에 전기를 공급할 수 있는 충전용량을 상시 보존하도록 시설할 것
- 전기저장장치의 접속점에는 쉽게 개폐할 수 있는 곳에 개방상태를 육안으로 확인할 수 있는 전용의 개폐기를 시설하여야 한다.
- 전기저장장치는 정격 운전 범위를 초과하는 다음의 경우가 발생했을 때 자동으로 전로로부터 차단하는 장치를 시설하여야 한다.
  - 과전압, 저전압, 과전류가 발생한 경우
  - 제어장치에 이상이 발생한 경우
  - 이차전지 모듈의 내부 온도가 상승할 경우
- 직류 전로에 과전류 차단기를 설치하는 경우 직류 단락전류를 차단하는 능력을 가지는 것이어야 하고, "직류용" 표시를 하여야 한다.
- 전기저장장치의 직류 전로에는 지락이 생겼을 때에 자동적으로 전로를 차단하는 장치를 시설하여야 한다.
- 발전소 또는 변전소 혹은 이에 준하는 장소에 전기저장장치를 시설하는 경우 전로가 차단되었을 때에 경보하는 장치를 시설하여야 한다.

THEME 03 태양광발전설비

511 ★☆☆
태양전지 발전소에 태양전지 모듈 등을 시설할 경우 사용전선(연동선)의 공칭단면적은 몇 $[mm^2]$ 이상인가?

① 1.6
② 2.5
③ 5
④ 10

해설 전기저장장치의 시설기준(한국전기설비규정 522.1.1)
전선은 공칭단면적 2.5$[mm^2]$ 이상의 연동선 또는 이와 동등 이상의 세기 및 굵기의 것일 것

512 ★★☆
태양전지 모듈의 직렬군 최대개방전압이 직류 750$[V]$ 초과 1,500$[V]$ 이하인 시설장소에서 시행해야 하는 안전조치로 알맞지 않은 것은?

① 태양전지 모듈을 지상에 설치하는 경우 울타리·담 등을 시설하여야 한다.
② 태양전지 모듈을 일반인이 쉽게 출입할 수 있는 옥상 등에 시설하는 경우는 식별이 가능하도록 위험 표시를 하지 않아도 된다.
③ 태양전지 모듈을 일반인이 쉽게 출입할 수 없는 옥상·지붕에 설치하는 경우는 모듈 프레임 등 쉽게 식별할 수 있는 위치에 위험 표시를 하여야 한다.
④ 태양전지 모듈을 주차장 상부에 시설하는 경우 차량의 출입 등에 의한 구조물, 모듈 등의 손상이 없도록 하여야 한다.

해설 태양광발전설비 설치장소의 요구사항(한국전기설비규정 521.1)
태양전지 모듈의 직렬군 최대개방전압이 직류 750[V] 초과 1,500[V] 이하인 시설장소는 다음에 따라 울타리 등의 안전조치를 하여야 한다.
- 태양전지 모듈을 지상에 설치하는 경우는 울타리·담 등을 시설하여야 한다.
- 태양전지 모듈을 일반인이 쉽게 출입할 수 있는 옥상 등에 시설하는 경우는 식별이 가능하도록 위험 표시를 하여야 한다.
- 태양전지 모듈을 일반인이 쉽게 출입할 수 없는 옥상·지붕에 설치하는 경우는 모듈 프레임 등 쉽게 식별할 수 있는 위치에 위험 표시를 하여야 한다.
- 태양전지 모듈을 주차장 상부에 시설하는 경우는 차량의 출입 등에 의한 구조물, 모듈 등의 손상이 없도록 하여야 한다.

513 ★★★

태양광설비에 시설하여야 하는 계측기의 계측대상에 해당하는 것은?

① 전압과 전류
② 전력과 역률
③ 전류와 역률
④ 역률과 주파수

해설 태양광설비의 계측장치(한국전기설비규정 522.3.6)
태양광설비에는 전압과 전류 또는 전압과 전력을 계측하는 장치를 시설하여야 한다.

514 ★★☆

태양광설비의 계측장치로 알맞은 것은?

① 역률을 계측하는 장치
② 습도를 계측하는 장치
③ 주파수를 계측하는 장치
④ 전압과 전력을 계측하는 장치

해설 태양광설비의 계측장치(한국전기설비규정 522.3.6)
태양광설비에는 전압과 전류 또는 전압과 전력을 계측하는 장치를 시설하여야 한다.

515 ★☆☆

태양전지 모듈의 시설에 대한 설명으로 옳은 것은?

① 충전 부분은 노출하여 시설할 것
② 출력배선은 극성별로 확인 가능토록 표시할 것
③ 전선은 공칭단면적 1.5[mm²] 이상의 연동선을 사용할 것
④ 전선을 옥내에 시설할 경우에는 애자사용공사에 준하여 시설할 것

해설 태양광설비의 시설(전기배선)(한국전기설비규정 522.1.1)
- 전선은 공칭단면적 2.5[mm²] 이상의 연동선 또는 이와 동등 이상의 세기 및 굵기의 것일 것
- 옥내에 시설할 경우에는 합성수지관공사, 금속관공사, 금속제 가요전선관공사 또는 케이블공사로 시설할 것
- 모듈의 출력배선은 극성별로 확인 가능토록 표시할 것
- 충전 부분은 노출되지 아니하도록 시설할 것

| 정답 | 513 ① 514 ④ 515 ②

516 ★★☆

태양전지 발전소에 시설하는 태양전지 모듈, 전선 및 개폐기 기타 기구의 시설기준에 대한 내용으로 틀린 것은?

① 충전 부분은 노출되지 아니하도록 시설할 것
② 옥내에 시설하는 경우에는 전선을 케이블공사로 시설할 수 있다.
③ 태양전지 모듈의 프레임은 지지물과 전기적으로 완전하게 접속하여야 한다.
④ 태양전지 모듈을 병렬로 접속하는 전로에는 과전류 차단기를 시설하지 않아도 된다.

해설 태양광발전설비(한국전기설비규정 520)
- 태양전지 모듈, 전선, 개폐기 및 기타 기구는 충전 부분이 노출되지 않도록 시설하여야 한다.
- 배선설비공사는 옥내에 시설할 경우에는 합성수지관공사, 금속관공사, 금속제 가요전선관공사, 케이블공사에 준하여 시설할 것
- 태양전지 모듈의 프레임은 지지물과 전기적으로 완전하게 접속하여야 한다.
- 모듈을 병렬로 접속하는 전로에는 그 전로에 단락전류가 발생할 경우에 전로를 보호하는 과전류 차단기 또는 기타 기구를 시설하여야 한다. 단, 그 전로가 단락전류에 견딜 수 있는 경우에는 그러하지 아니하다.

THEME 04 풍력발전설비

517 ★★☆

풍력터빈에 설비의 손상을 방지하기 위하여 시설하는 운전상태를 계측하는 계측장치로 틀린 것은?

① 조도계　　② 압력계
③ 온도계　　④ 풍속계

해설 풍력터빈 계측장치의 시설(한국전기설비규정 532.3.7)
풍력터빈에는 설비의 손상을 방지하기 위하여 운전 상태를 계측하는 다음의 계측장치를 시설하여야 한다.
- 회전속도계
- 나셀(nacelle) 내의 진동을 감시하기 위한 진동계
- 풍속계
- 압력계
- 온도계

518 ★☆☆

풍력발전설비의 시설기준에 대한 설명으로 틀린 것은?

① 간선의 시설 시 단자의 접속은 기계적, 전기적 안전성을 확보하도록 하여야 한다.
② 나셀 등 풍력발전기 상부시설에 접근하기 위한 안전한 시설물을 강구하여야 한다.
③ 100[kW] 이상의 풍력터빈은 나셀 내부의 화재 발생 시, 이를 자동으로 소화할 수 있는 화재방호설비를 시설하여야 한다.
④ 풍력발전기에서 출력배선에 쓰이는 전선은 CV선 또는 TFR-CV선을 사용하거나 동등 이상의 성능을 가진 제품을 사용하여야 한다.

해설 풍력발전설비(한국전기설비규정 530)
- 나셀 등의 접근 시설: 나셀 등 풍력발전기 상부시설에 접근하기 위한 안전한 시설물을 강구하여야 한다.
- 간선의 시설 시 단자의 접속은 기계적, 전기적 안전성을 확보하도록 하여야 한다.
- 화재방호설비 시설: 500[kW] 이상의 풍력터빈은 나셀 내부의 화재 발생 시, 이를 자동으로 소화할 수 있는 화재방호설비를 시설하여야 한다.
- 간선의 시설기준: 풍력발전기에서 출력배선에 쓰이는 전선은 CV선 또는 TFR-CV선을 사용하거나 동등 이상의 성능을 가진 제품을 사용하여야 하며, 전선이 지면을 통과하는 경우에는 피복이 손상되지 않도록 별도의 조치를 취하여야 한다.

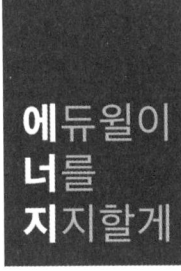

끝이 좋아야 시작이 빛난다.

- 마리아노 리베라(Mariano Rivera)

여러분의 작은 소리
에듀윌은 크게 듣겠습니다.

본 교재에 대한 여러분의 목소리를 들려주세요.
공부하시면서 어려웠던 점, 궁금한 점,
칭찬하고 싶은 점, 개선할 점, 어떤 것이라도 좋습니다.

에듀윌은 여러분께서 나누어 주신 의견을
통해 끊임없이 발전하고 있습니다.

에듀윌 도서몰 book.eduwill.net
- 부가학습자료 및 정오표: 에듀윌 도서몰 → 도서자료실
- 교재 문의: 에듀윌 도서몰 → 문의하기 → 교재(내용, 출간) / 주문 및 배송

꿈을 현실로 만드는 에듀윌

공무원 교육
- 선호도 1위, 신뢰도 1위! 브랜드만족도 1위!
- 합격자 수 2,100% 폭등시킨 독한 커리큘럼

자격증 교육
- 9년간 아무도 깨지 못한 기록 합격자 수 1위
- 가장 많은 합격자를 배출한 최고의 합격 시스템

직영학원
- 검증된 합격 프로그램과 강의
- 1:1 밀착 관리 및 컨설팅
- 호텔 수준의 학습 환경

종합출판
- 온라인서점 베스트셀러 1위!
- 출제위원급 전문 교수진이 직접 집필한 합격 교재

어학 교육
- 토익 베스트셀러 1위
- 토익 동영상 강의 무료 제공

콘텐츠 제휴 · B2B 교육
- 고객 맞춤형 위탁 교육 서비스 제공
- 기업, 기관, 대학 등 각 단체에 최적화된 고객 맞춤형 교육 및 제휴 서비스

부동산 아카데미
- 부동산 실무 교육 1위!
- 상위 1% 고소득 창업/취업 비법
- 부동산 실전 재테크 성공 비법

학점은행제
- 99%의 과목이수율
- 17년 연속 교육부 평가 인정 기관 선정

대학 편입
- 편입 교육 1위!
- 최대 200% 환급 상품 서비스

국비무료 교육
- '5년우수훈련기관' 선정
- K-디지털, 산대특 등 특화 훈련과정
- 원격국비교육원 오픈

에듀윌 교육서비스 **공무원 교육** 9급공무원/소방공무원/계리직공무원 **자격증 교육** 공인중개사/주택관리사/손해평가사/감정평가사/노무사/전기기사/경비지도사/검정고시/소방설비기사/소방시설관리사/사회복지사1급/대기환경기사/수질환경기사/건축기사/토목기사/직업상담사/전기기능사/산업안전기사/건설안전기사/위험물산업기사/위험물기능사/유통관리사/물류관리사/행정사/한국사능력검정/한경TESAT/매경TEST/KBS한국어능력시험·실용글쓰기/IT자격증/국제무역사/무역영어 **어학 교육** 토익 교재/토익 동영상 강의 **세무/회계** 전산세무회계/ERP정보관리사/재경관리사 **대학 편입** 편입 영어·수학/연고대/의약대/경찰대/논술/면접 **직영학원** 공무원학원/소방학원/공인중개사 학원/주택관리사 학원/전기기사 학원/편입학원 **종합출판** 공무원·자격증 수험교재 및 단행본 **학점은행제** 교육부 평가인정기관 원격평생교육원(사회복지사2급/경영학/CPA) **콘텐츠 제휴·B2B 교육** 교육 콘텐츠 제휴/기업 맞춤 자격증 교육/대학취업역량 강화 교육 **부동산 아카데미** 부동산 창업CEO/부동산 경매 마스터/부동산 컨설팅 **주택취업센터** 실무 특강/실무 아카데미 **국비무료 교육(국비교육원)** 전기기능사/전기(산업)기사/소방설비(산업)기사/IT(빅데이터/자바프로그램/파이썬)/게임그래픽/3D프린터/실내건축디자인/웹퍼블리셔/그래픽디자인/영상편집(유튜브) 디자인/온라인 쇼핑몰광고 및 제작(쿠팡, 스마트스토어)/전산세무회계/컴퓨터활용능력/ITQ/GTQ/직업상담사

교육 문의 **1600-6700** www.eduwill.net

• 2022 소비자가 선택한 최고의 브랜드 공무원·자격증 교육 1위 (조선일보) • 2023 대한민국 브랜드만족도 공무원·자격증·취업·학원·편입 부동산 실무 교육 1위 (한경비즈니스) • 2017/2022 에듀윌 공무원 과정 최종 환급자 수 기준 • 2023년 성인 자격증, 공무원 직영학원 기준 • YES24 공인중개사 부문, 2025 에듀윌 공인중개사 1차 기출응용 예상문제집 민법 및 민사특별법 (2025년 6월 월별 베스트) • 교보문고 취업/수험서 부문, 2020 에듀윌 농협은행 6급 NCS 직무능력평가+실전모의고사 4회 (2020년 1월 27일~2월 5일, 인터넷 주간 베스트) 그 외 다수 • YES24 컴퓨터활용능력 부문, 2024 컴퓨터활용능력 1급 필기 초단기끝장(2023년 10월 3~4주 주별 베스트) 그 외 다수 • YES24 신규 자격증 부문, 2024 에듀윌 데이터분석 준전문가 ADsP 2주끝장(2024년 4월 2주, 9월 5주 주별 베스트) • 인터파크 자격시험 부문, 에듀윌 한국사능력검정시험 2주끝장 심화 (1, 2, 3급) (2020년 6~8월 월간 베스트) 그 외 다수 • YES24 국어 외국어 사전영어 토익/TOEIC 실전문제/모의고사 분야 베스트셀러 1위 (에듀윌 토익 READING RC 4주끝장 리딩 종합서, 2022년 9월 4주 주별 베스트) • 에듀윌 토익 교재 입문~실전 인강 무료 제공 (2022년 최신 강좌 기준/109강) • 2024년 종강반 중 모든 평가항목 정상 참여자 기준, 99% (평생교육원 기준) • 2008년~2024년까지 234만 누적수강학점으로 과목 운영 (평생교육원 기준) • 에듀윌 국비교육원 구로센터 고용노동부 지정 '5년우수훈련기관' 선정 (2023~2027) • KRI 한국기록원 2016, 2017, 2019년 공인중개사 최다 합격자 배출 공식 인증 (2025년 현재까지 업계 최고 기록)

YES24 수험서 자격증 한국산업인력공단 전기분야 건축전기설비 베스트셀러 1위
(2021년 2월~10월, 12월, 2022년 1월~9월, 12월, 2023년 1월~6월, 9월, 12월, 2024년 1월~2월, 5월, 10월~12월, 2025년 1월~5월 월별 베스트)
2023, 2022, 2021 대한민국 브랜드만족도 전기기사 교육 1위(한경비즈니스)
2020, 2019 한국소비자만족지수 전기기사 교육 1위(한경비즈니스, G밸리뉴스)

2026 에듀윌 전기
전기설비기술기준 필기 +무료특강

기사맛집 합격 레시피

1 끝맺음 노트: 핵심이론+빈출문제+최신기출 CBT 모의고사 3회
   혜택받기 교재 내 별책부록 제공

2 최신기출 CBT 모의고사 무료 해설강의(3회분)
   혜택받기 교재 내 'QR코드 스캔' 또는 'URL 링크'로 접속

3 한국전기설비규정 용어 표준화 및 국문순화 신구비교표 제공(PDF)
   혜택받기 교재 내 'QR코드 스캔' 또는 'URL 링크'로 접속

고객의 꿈, 직원의 꿈, 지역사회의 꿈을 실현한다

에듀윌 도서몰
book.eduwill.net
- 부가학습자료 및 정오표: 에듀윌 도서몰 > 도서자료실
- 교재 문의: 에듀윌 도서몰 > 문의하기 > 교재(내용, 출간) / 주문 및 배송